RICHARD O. PRUM

Die Evolution der Schönheit

Darwins vergessene Theorie zur Partnerwahl

Aus dem Englischen
von Frank Born

NATURKUNDEN

*Für Ann,
die meine vielen Fantastereien
beflügelt und toleriert.*

NATURKUNDEN NO. 83

herausgegeben von Judith Schalansky
bei Matthes & Seitz Berlin

MUTTER GOOSE: Was ist, was nur Natur uns lehrt?
TOM: Was Schönheit ist, und was sie mehrt.

Igor Stravinsky, *The Rake's Progress (Der Wüstling)*
Oper in drei Akten
Eine Fabel von W. H. Auden und Chester Kallman

Inhalt

Einführung
9

KAPITEL 1

Darwins *wirklich* gefährliche Idee
27

KAPITEL 2

Beauty Happens – Die Nullhypothese der Schönheit
71

KAPITEL 3

Schnurrvogel-Tänze
111

KAPITEL 4

Ästhetische Innovation und Dekadenz
147

KAPITEL 5

Straße frei für Entensex
179

KAPITEL 6

Das Schöne *aus* dem Biest
219

KAPITEL 7

Erst *Bromance*, dann *Romance*
247

KAPITEL 8

Beauty Happens –
auch beim Menschen

271

KAPITEL 9

Pleasure Happens –
Die Nullhypothese
des Genusses

319

KAPITEL 10

Der Lysistrata-
Effekt

341

KAPITEL 11

Homo sapiens
wird queer

371

KAPITEL 12

Die ästhetische
Auffassung
des
Lebens

395

Danksagung

421

Register

424

Farbtafeln

448

Einführung

Ich begann Vögel zu beobachten und zu studieren, als ich zehn Jahre alt war, und eigentlich hatte ich in meinem Leben nie etwas anderes vor – was ein Glück ist, denn heute wäre ich wohl für keine andere Arbeit mehr zu gebrauchen.

Alles begann mit Ferngläsern. Ich bekam mein erstes Fernglas als Viertklässler, und binnen sechs Monaten wurde ich zum Vogelbeobachter. Davor hatte ich viel Zeit damit verbracht, Fakten aus dem *Guinness-Buch der Rekorde* auswendig zu lernen und mir von meinen Geschwistern Quizfragen dazu stellen zu lassen. Am meisten interessierten mich dabei die Rekorde im Bereich extremer menschlicher »Leistungen«, wie etwa der größte oder schwerste Mann, sowie die mittlerweile eingestellte Kategorie der »gastronomischen« Rekorde, wie die größte Menge innerhalb von fünf Minuten verspeister Wellhornschnecken. Mit dem Fernglas rückte nun jedoch die Außenwelt in den Blickpunkt. Meine unspezifische Kauzigkeit fand schnell etwas, das ihr Struktur gab und auf das sie sich stürzen konnte: Vögel.

Der nächste Katalysator war ein Buch. Meine Familie lebte in dem kleinen Örtchen Manchester Center in Vermont, das in einem wundschönen Tal, eingebettet zwischen den Taconic Mountains und den Green Mountains liegt. Als ich dort eines Tages in einer kleinen, lokalen Buchhandlung stöberte, fiel mein Blick auf Roger Tory Petersons *A Field Guide to the Birds.* Ich war völlig fasziniert von den Gemälden des Rotkardinals, des Abendkernbeißers und des Papageitauchers auf dem Umschlag. Das Buch hatte ein angenehmes, handliches Format. Beim Durchblättern stellte ich mir sofort die ganzen Orte vor, die ich aufsuchen müsste, um all diese Vögel zu sehen – mit dem Buch in der Gesäßtasche, versteht sich. Ich zeigte das Buch meiner Mutter und gab ihr nicht gerade subtil zu verstehen, dass ich es gern mit nach Hause nehmen würde. »Nun ja«, sagte sie ermutigend, »du hast ja bald Geburtstag!« Etwa einen Monat später bekam ich zu meinem zehnten Geburtstag tatsächlich einen Vogelführer geschenkt, allerdings den *anderen*, nämlich *Birds of North America* von Chandler Robbins, in dem die Texte und Bereichskarten jeweils gegenüber den Farbtafeln angeordnet waren. Es war ein tolles Buch, das allerdings so schlecht gebunden war, dass ich vor Ende meiner Grundschulzeit noch mehrere Exemplare verschleißen sollte.

Ausgestattet mit einem klobigen alten Familienfernglas begann ich, unsere ländliche Umgebung zu durchstreifen und nach Vögeln Ausschau zu halten. Nach etwa einem Jahr besorgte ich mir dann ein neues Fernglas, ein Bausch & Lomb Custom 7×35. Das Geld dafür verdiente ich mir mit Rasenmähen und Zeitungaustragen. Zu meinem nächsten Geburtstag bekam ich eine Schallplatte mit Vogelstimmen und begann, sie auswendig zu lernen. Meine anfängliche Neugier wurde zur Besessenheit und später zu einer glühenden Leidenschaft. Das Vogelbeobachten brachte meinen Puls an einem guten Tag zum Rasen – und manchmal tut es das noch heute.

Viele Menschen verstehen nicht, was jemanden an Vögeln so dermaßen fesseln kann. Was machen diese *Birdwatcher* da eigentlich in den Wäldern, Sümpfen und Feldern? Der Schlüssel zum Verständnis der Leidenschaft der Vogelbeobachtung liegt in der Erkenntnis, dass es sich im Grunde um eine Jagd handelt. Doch im Unterschied zu anderen Jagden bewahrt man die Trophäen, die man dabei sammelt, im Kopf auf. Der eigene Geist ist natürlich ein hervorragender Ort für eine Trophäensammlung, denn man kann sie überall hin mitnehmen. Sie landet nicht als Staubfänger an einer Wand oder auf dem Speicher. Die Erfahrungen, die man bei der Vogelbeobachtung macht, werden zu einem Teil des eigenen Lebens, einem Teil dessen, wer man ist. Und weil Vogelbeobachter Menschen sind, werden diese Erinnerungen – wie die meisten menschlichen Erinnerungen – mit der Zeit immer besser. Die Farben der Gefieder werden im Rückblick satter, die Gesänge lieblicher und die vielen vagen Bestimmungsmerkmale treten immer klarer und deutlicher hervor.

EINFÜHRUNG

Das aufregende Kribbeln bei der Vogelbeobachtung weckt den Wunsch, mehr Vögel zu sehen – die frühesten Ankömmlinge und die spätesten Abflügler, den größten und den kleinsten – und ihre Gewohnheiten zu kennen. Vor allem erzeugt es den Wunsch, *neue* Vögel zu entdecken – solche, die man noch nie zuvor gesehen hat – und über die eigenen Sichtungen Buch zu führen. Viele Vogelbeobachter führen eine »Lebensliste« aller Vogelarten, die sie in ihrem Leben gesehen haben; einen neuen Vogel auf dieser Liste nennt man *lifer*.

Die meisten Kinder denken wahrscheinlich nicht darüber nach, was sie den Rest ihres Lebens machen werden, ich hingegen war mir sehr sicher. Mit zwölf wusste ich, dass ich Vögel beobachten würde. Das *Birding*, also das Beobachten von Vögeln, war eine offene Einladung zu Abenteuern, die direkt von den prächtig bebilderten Seiten des *National Geographic*-Magazin ausgesprochen wurde. Es drängte mich bald zu immer entlegeneren und exotischeren Lebensräumen und Schauplätzen. Als ich 1976 wieder einmal in einem Buchladen stöberte – dieses Mal in Begleitung meines Vaters –, stieß ich auf den prachtvollen, neuen *Guide to the Birds of Panama* von Robert Ridgely. Das Buch kostete fünfzehn Dollar und damit mehr als ich besaß. Normalerweise ließen sich meine Eltern darauf ein, bei solch wertvollen Anschaffungen die Hälfte dazuzugeben, also fragte ich meinen Vater, ob er bereit sei, den Betrag mit mir zu teilen. Er schaute mich ungläubig an und fragte: »Aber Ricky, wann kommst *du* denn nach *Panama*?« Meine jugendliche Stimme war bestimmt brüchig, als ich antwortete: »Aber verstehst du denn nicht, Dad? Man kauft *erst* das Buch, und *dann* fährt man los!« Ich muss wohl ziemlich überzeugend geklungen haben, denn ich nahm das Buch mit nach Hause, und es bildete den Anfang meiner lebenslangen Faszination für neotropische Vögel.

Das Endziel der Vogelbeobachtung besteht natürlich darin, irgendwann *alle* Vögel der Welt zu kennen. Sämtliche der über zehntausend Arten. Es geht nicht nur darum, Wissen über sie zu erwerben, so wie etwa über die Gesetze der Schwerkraft, die Höhe des Mount Everest oder die Tatsache, dass Robert Earl Hughes mit 485 Kilogramm der schwerste Mensch der Welt war. Bei der Vogelbeobachtung geht es vielmehr um ein intimeres, tieferes Wissen über die Tiere.

Um zu verdeutlichen, was ich meine, versuchen Sie sich vorzustellen, wie es für einen *Birdwatcher* ist, wenn er einen Vogel sieht. Nicht irgendeinen, sondern einen ganz besonderen Vogel, beispielsweise einen männlichen Fichtenwaldsänger (*Setophaga fusca*) [↗ Farbtafel 1]. Ich kann mich noch genau an meine erste Sichtung eines Fichtenwaldsänger-Männchens erinnern, das um das Jahr 1973 herum an einem strahlenden Morgen im Mai in einer dünn belaubten Papier-Birke in meinem Vorgarten in Manchester Center hockte. Ich habe in den darauffolgenden Jahren Fichtenwaldsänger in großer Zahl und an vielen Orten gesehen, von ihren Brutplätzen im borealen Nadelwaldgürtel entlang des Allagash River im Norden des Bundesstaates Maine bis zu ihren Überwinterungsgebieten in den Nebelwäldern der ecuadorianischen Anden. Ich *kenne* den Fichtenwaldsänger.

Jedem, der einen Fichtenwaldsänger sieht, fallen natürlich dessen markant schwarzes Körpergefieder, die strahlend orangen Muster an Kopf und Kehle und die weißen Flecken auf den Flügeln, am Bauch und am Schwanz auf. Der Anblick eines Fichtenwaldsängers hinterlässt einen wirklich überwältigenden und bleibenden Eindruck. Bei der Vogelbeobachtung geht es jedoch um mehr als nur darum, einen Vogel zu sehen und das visuelle Erlebnis auf sich wirken zu lassen. Es geht darum, alle physischen Merkmale des Vogels zu erkennen *und* in der Lage zu sein, dieser Beobachtung die korrekte Bezeichnung beziehungsweise den richtigen Eigennamen zuzuordnen.[1]

Wenn ein Vogelbeobachter einen Fichtenwaldsänger oder irgendeinen anderen Vogel sieht, den er identifiziert hat, dann unterscheidet sich seine Erfahrung neurologisch von der einfachen Sinneswahrnehmung jenes kühnen Musters aus Schwarz, Orange und Federn. Wir wissen, dass das so ist, weil mittels funktioneller Magnetresonanztomographie gezeigt werden konnte, dass bei Vogelbeobachtern, anders als bei untrainierten Personen, das Modul für die Gesichtserkennung in der Sehrinde des Gehirns aktiviert wird, um Vogelarten und Federkleider zu erkennen und zu identifizieren.[2] Mit anderen Worten, wenn ein *Birder* einen

---

[1] Bei der Vogelbeobachtung geht es ums Erkennen. Weil die Bezeichnungen der Vogelarten Eigennamen sind, schreiben Ornithologen deren Trivialnamen im Englischen immer groß. Dies ist dann im Englischen auch die einzige Möglichkeit einen Eistaucher (»Common Loon«, *Gavia immer*) von einem gewöhnlichen Spinner (»common loon«) oder einen Königsbussard (»Ferruginous Hawk«, *Buteo regalis*) von irgendeinem Bussard, der einfach nur rostfarben (*ferruginous*) ist, zu unterscheiden.

EINFÜHRUNG

Fichtenwaldsänger identifiziert, nutzt er die gleichen Gehirnareale, die man zum Erkennen bekannter Gesichter benutzt – wie dem von Jennifer Aniston, Abraham Lincoln oder Ihrer Tante Lou.[3] Durch die Vogelbeobachtung lernt das Gehirn, einen Strom naturkundlicher Wahrnehmungen in Begegnungen mit identifizierbaren Individuen zu verwandeln. Der Unterschied ist derselbe wie der zwischen einem Gang durch ein Meer von Fremden in der Stadt und einem Gang über den Flur seiner alten Schule, wo man jedes Gesicht sofort erkennt. Der entscheidende Unterschied zwischen dem, was ein Vogelbeobachter erlebt, und einem einfachen Waldspaziergang, ist das, was jeweils im Gehirn passiert.

Im Englischen lässt sich der Unterschied nur schwer wiedergeben, da es für beide Bedeutungen nur das eine Verb *to know* gibt. In vielen anderen Sprachen gibt es dagegen zwei verschiedene Verben, im Deutschen etwa *wissen* und *kennen*. Das eine bedeutet, dass man über eine Sache, einen Begriff oder eine Idee Bescheid weiß oder sie versteht, das andere, dass man mit einer Sache oder Person aus eigener Erfahrung vertraut ist. Im Spanischen unterscheidet man die Begriffe *saber* und *conocer*, im Französischen *savoir* und *connaître*. Der wesentliche Unterschied zwischen dem *Birdwatching* und einer einfachen Beobachtung liegt darin, dass es bei ersterem um den Brückenschlag zwischen diesen beiden Bedeutungen von *to know* – wissen und kennen – geht: um eine Verknüpfung der Vertrautheit und der persönlichen Erfahrung mit der Kenntnis und dem Verständnis von Fakten. Es geht um das Ansammeln von Wissen über die Natur durch eigene, persönliche Erfahrung. Aus diesem Grund ist es für einen Vogelbeobachter so wichtig, den Vogel wirklich in der Natur gesehen zu haben und nicht nur auf einer Buchseite. Zu wissen, dass der Vogel existiert, ohne ihn selbst gesehen zu haben, ist bloß Wissen ohne Erfahrung – *savoir* ohne *connaissance* – und damit nie genug.

[2] Vgl. Isabel Gauthier u. a., »Expertise for Cars and Birds Recruits Brain Areas Involved in Face Recognition«, in: *Nature Neuroscience* 3 (2000), S. 191–197; für eine weitere Diskussion über die Neurobiologie visueller Fachkenntnisse siehe dagegen Assaf Harel u. a., »Beyond Perceptual Expertise: Revisiting the Neural Substrates of Expert Object Recognition«, in: *Frontiers in Human Neuroscience* 7:885 (2013), S. 1–11, sowie die dort genannten weiteren Verweise.
[3] Die Vogelbeobachtung könnte sich also diesen sozialen Teil des Gehirns neurologisch zunutze machen – es könnte aber auch sein, dass sich dieser Gehirnteil zuerst entwickelt hat, um Vogelarten und andere Tiere und Pflanzen zu erkennen, die als mögliche Nahrungsquellen oder Bedrohungen in Frage kamen, und dass die Funktion der sozialen Wiedererkennung erst später evolutionär kooptiert wurde. Das *Birdwatching* könnte somit zu den allerersten Funktionen des Geistes gehören.

Als ich aufs College kam, entdeckte ich, dass der Wissenschaftszweig der Evolutionsbiologie denjenigen Aspekt der Vögel behandelte, der für mich der faszinierendste war: ihre ungeheure Vielfalt und ihre unzähligen ausgeprägten Unterschiede. Die Evolution war die Erklärung dafür, wie die zehntausend Vogelarten wurden, was sie sind. Ich erkannte, dass ich mit meiner Vogelbeobachtung – diesem ganzen kognitiven Briefmarkensammeln – die Grundlage für ein weitaus größeres intellektuelles Projekt geschaffen hatte: die lebenslange wissenschaftliche Erforschung der Evolution der Vögel.

In den über vierzig Jahren der Beobachtung von Vögeln und dreißig Jahren des Studiums ihrer Evolution hatte ich die Freude und das Glück, eine enorme Bandbreite an wissenschaftlichen Themen zu erforschen. Ich hatte in dieser Zeit die Gelegenheit, Vögel auf allen Kontinenten zu beobachten und mehr als ein Drittel der weltweiten Vogelarten zu sehen – wobei ich nicht daran zweifle, dass mein zwölfjähriges Ich maßlos enttäuscht darüber wäre, wie langsam meine Fortschritte bei der unmöglichen Aufgabe waren, sie *alle* zu sehen. Ich habe in den Regenwäldern Südamerikas gearbeitet und das bis dahin unbekannte Balzverhalten der Schnurrvögel (*Pipridae*) entdeckt. Ich habe das Syrinx oder Stimmkopf genannte winzige Lautbildungsorgan von Vögeln seziert, um anhand dieses anatomischen Merkmals die evolutionären Beziehungen der Arten zu rekonstruieren. Ich habe über die Biogeografie der Vögel gearbeitet (die Verbreitung der Vogelarten auf der Erde), über die Entwicklung und Evolution von Federn und über den Ursprung der Vogelfedern in theropoden Dinosauriern. Ich habe die Physik und Chemie der Gefiederfärbung und die Tetrachromasie der Vögel (sie besitzen vier Arten von Farbrezeptoren zum Sehen) erforscht.

Während dieser Streifzüge haben meine Forschungen immer wieder überraschende Wendungen genommen und mich zu Themen geführt, die zu untersuchen ich mir nie hätte vorstellen können – so wie das schockierend gewaltsame Sexualleben der Enten. An manchen Stellen brachten meine Forschungen Zusammenhänge ans Licht, die vollkommen unerwartet waren. So führten beispielsweise getrennte Initiativen zur Erforschung der Färbung von Vogelfedern und zur Evolution von Dinosaurierfedern schließlich zur gemeinschaftlichen Entdeckung der spektakulären Farben der Federn, mit denen sich ein 150 Mil-

EINFÜHRUNG

lionen Jahre alter, gefiederter Dinosaurier – *Anchiornis huxleyi* – schmückte [↗Farbtafel 15].

Lange Zeit dachte ich, meine Forschung sei nichts weiter als ein eklektischer Mischmasch aus »Sachen, auf die Rick steht«. In den letzten Jahren habe ich jedoch bemerkt, dass sich ein Großteil meiner Arbeit tatsächlich um eine große Frage dreht: die Evolution der Schönheit. Ich meine nicht die Schönheit, wie *wir* sie empfinden. Was mich interessiert, ist vielmehr die Schönheit der Vögel *füreinander*. Insbesondere fasziniert mich die schwierige Aufgabe, zu verstehen, wie die sozialen und sexuellen Entscheidungen von Vögeln so viele Aspekte ihrer Evolution angetrieben haben.

Vögel beobachten einander in verschiedenen sozialen Kontexten, sie bewerten, was sie beobachtet haben, und sie fällen soziale Entscheidungen – sie treffen eine echte Wahl. Sie wählen aus, mit wem sie Schwärme bilden, welches Vogelmäulchen sie füttern und ob sie ein bestimmtes Gelege bebrüten wollen oder nicht. Und die wichtigste soziale Entscheidung, die Vögel treffen, ist natürlich, mit wem sie sich paaren.

Vögel richten sich bei der Partnerwahl nach ihren Präferenzen für bestimmte Gefieder, Farben, Gesänge und Balzhandlungen. Das Ergebnis ist die Entwicklung sexueller Ornamente – und Vögel haben eine Menge davon! Wissenschaftlich betrachtet umfasst sexuelle Schönheit alle wahrnehmbaren Merkmale, die bei einem Partner wünschenswert sind. Im Laufe von Jahrmillionen und über viele Vogelarten hinweg hat die Partnerwahl zu einer explosiven Vielfalt an sexueller Schönheit bei Vögeln geführt.

Ornamente unterscheiden sich in ihrer Funktion von anderen Teilen des Körpers. Sie dienen nicht allein der ökologischen oder physiologischen Interaktion mit der physikalischen Welt. Sexualornamente wirken vielmehr in der Interaktion mit *Beobachtern* – durch die Art und Weise, wie Sinneswahrnehmungen und kognitive Bewertungen anderer Organismen in deren Beobachtern subjektive Erfahrungen erzeugen. Und mit subjektiver Erfahrung meine ich die nicht beobachtbaren, inneren mentalen Qualitäten, die durch einen Strom sensorischer und kognitiver Ereignisse hervorgerufen werden, wie den Anblick der Farbe Rot, den Duft einer Rose oder das Empfinden von Schmerz, Hunger oder Verlangen. Die entscheidende Funktion der Sexualornamente liegt darin, im Beobachter Begehren und Zuneigung zu wecken.

Was können wir über die subjektive Erfahrung des Begehrens bei Tieren überhaupt wissen? Schließlich ist die subjektive Erfahrung quasi per definitionem unmessbar und nicht quantifizierbar. Wie Thomas Nagel in seinem klassischen Text *What Is It Like to Be a Bat?* dargelegt hat, umfasst die subjektive Erfahrung eines Organismus – sei es eine Fledermaus, eine Flunder oder ein Mensch – einen Begriff davon, *wie es ist*, als dieser Organismus ein perzeptives oder kognitives Ereignis zu erleben.[4] Ist man jedoch keine Fledermaus, wird man nie in der Lage sein, die Erfahrung einer Wahrnehmung der dreidimensionalen »akustischen Struktur« der Welt per Echolot zu begreifen. Wir können uns zwar vorstellen, dass unsere individuellen subjektiven Erfahrungen denen anderer Individuen und möglicherweise sogar denen anderer Tierarten qualitativ ähnlich sind, bestätigen können wir dies freilich nie, denn wir können die Qualitäten unserer inneren mentalen Erfahrungen nicht wirklich mit anderen teilen. Selbst bei uns Menschen, die wir unsere Gedanken und Erfahrungen in Worten ausdrücken können, bleibt der eigentliche Inhalt und die eigentliche Qualität der inneren Sinneserfahrungen für jeden anderen letztlich unerkennbar und der wissenschaftlichen Messung und Reduktion unzugänglich.

Die meisten Wissenschaftler reagieren daher allergisch auf die Idee, subjektive Erfahrungen wissenschaftlich zu erforschen oder auch nur deren Existenz zuzugeben. Wenn wir sie nicht messen können, kommen solche Phänomene für viele Biologen nicht als Gegenstand der Naturwissenschaft in Frage. Für mich ist die Idee der subjektiven Erfahrung dagegen absolut entscheidend für das Verständnis der Evolution. Meiner Meinung nach brauchen wir eine Evolutionstheorie, die die subjektiven Erfahrungen von Tieren miteinschließt, wenn wir zu einer korrekten wissen-

---

4 In seinem klassischen Aufsatz *What Is It Like to Be a Bat?* (1974) erklärt Thomas Nagel, ein Organismus habe ein Bewusstsein, wenn seine Sinneserfahrung über bestimmte Qualitäten verfüge, das heißt, wenn es »irgendwie ist«, dieser Organismus zu sein. Ich möchte dahingestellt sein lassen, ob dies eine fruchtbare Definition des Bewusstseins ist, wovon ich jedoch überzeugt bin, ist, dass es reichlich Beweise dafür gibt, dass viele Organismen – einschließlich Vögeln – über einen Strom sensorischer und kognitiver Erfahrungen verfügen, der in seinen Qualitäten variiert. Diese sensorischen und kognitiven Qualitäten führen letztlich zu ökologischen, sozialen und sexuellen Entscheidungen, die für die ästhetische Evolution grundlegend sind. Vgl. Thomas Nagel, *What Is It Like to Be a Bat? / Wie ist es, eine Fledermaus zu sein?*, Englisch / Deutsch, übers. u. hrsg. v. Ulrich Diehl, Stuttgart 2016.

schaftlichen Darstellung der Natur gelangen wollen. Sie zu ignorieren, bedeutet ein intellektuelles Risiko, denn die subjektiven Erfahrungen von Tieren haben kritische und entscheidende Auswirkungen auf ihre Evolution. Wenn sich aber die subjektive Erfahrung nicht auf Messungen reduzieren lässt, wie können wir sie dann wissenschaftlich erforschen? Ich glaube, wir können hier etwas von der Physik lernen. Werner Heisenberg wies Anfang des 20. Jahrhunderts nach, dass man Ort und Impuls eines Elektrons nicht gleichzeitig bestimmen kann. Doch obwohl die Heisenberg'sche Unschärferelation bewies, dass sich das Elektron nicht auf die Newton'sche Mechanik reduzieren lässt, gingen die Physiker nicht dazu über, das Problem des Elektrons aufzugeben oder zu ignorieren. Sie ersannen vielmehr neue Möglichkeiten, um sich ihm zu nähern. Entsprechend muss auch die Biologie neue Methoden zur Erforschung der subjektiven Erfahrungen von Tieren entwickeln. Wir können nicht messen oder wissen, wie diese Erfahrungen im Detail aussehen, aber wir können uns an sie heranpirschen und wie beim Elektron auf indirektem Wege fundamentale Dinge über sie lernen. Wie wir noch sehen werden, können wir beispielsweise untersuchen, wie sich die subjektive Erfahrung entwickelt, indem wir der Evolution der Ornamente und der sexuellen Präferenzen für diese unter eng verwandten Organismen nachspüren.

Ich fasse die Entwicklungsprozesse, die von den sensorischen Urteilen und kognitiven Entscheidungen individueller Organismen vorangetrieben werden, unter den Begriff der ästhetischen Evolution. Will man die ästhetische Evolution erforschen, muss man sich mit beiden Seiten der sexuellen Anziehung beschäftigen: dem Objekt der Begierde und der Form des Begehrens selbst – Biologen sprechen in diesem Zusammenhang von Ausdrucksmerkmalen und Paarungspräferenzen. Die Folgen des sexuellen Begehrens lassen sich beobachten, indem man untersucht, welche Partner bevorzugt werden. Umso mehr können wir die Evolution des sexuellen Begehrens dadurch untersuchen, dass wir die Objekte dieses Begehrens erforschen – die Ornamente, die für eine bestimmte Art spezifisch sind, und wie sich diese Ornamente zwischen verschiedenen Arten entwickelt haben.

Das Verständnis der Wirkungsweise der sexuellen Selektion führt zu der verblüffenden Erkenntnis, dass sich Begehren und Objekt des Begehrens koevolutionär entwickeln. Die meisten Beispiele sexueller Schönheit sind, wie ich später noch genauer erläutern werde, Folgen der Koevolution; das heißt, die Art des Ausdrucksmerkmals und die Paarungspräferenz entsprechen einander nicht zufällig, sondern haben sich im Verlauf der Evolution wechselseitig beeinflusst. Dieser koevolutionäre Mechanismus lässt die außerordentliche ästhetische Vielfalt der Natur entstehen. Das vorliegende Buch ist somit letztlich eine Naturgeschichte der Schönheit und des Begehrens.

Wie unterscheidet sich nun die ästhetische Evolution von anderen Arten der Evolution? Um den Unterschied herauszuarbeiten, wollen wir die »normale« evolutionäre Anpassung durch natürliche Selektion – den Evolutionsmechanismus, der bekanntermaßen von Charles Darwin entdeckt wurde – mit der ästhetischen Evolution durch Partnerwahl vergleichen, einer weiteren erstaunlichen Entdeckung Darwins. Eines der bekanntesten Beispiele Darwins für die evolutionäre Anpassung in der Vogelwelt sind die Schnäbel der Galápagosfinken.[5] Die etwa fünfzehn verschiedenen Arten von Galápagosfinken haben sich alle aus einem gemeinsamen Vorfahren entwickelt und unterscheiden sich hauptsächlich durch die Größe und Form ihrer Schnäbel. Bestimmte Schnabelformen und -größen sind besonders geeignet, um bestimmte Pflanzensamen zu bearbeiten und zu öffnen; große Schnäbel eignen sich besser zum Knacken größerer, härterer Samen, während kleinere Schnäbel besser mit kleineren und feineren Samenarten zurechtkommen. Weil die Umwelt der Galápagosinseln hinsichtlich der Größe, Härte und Häufigkeit von Pflanzensamen, die in bestimmten Gegenden und zu bestimmten Zeiten verfügbar sind, variiert, können manche Finken in bestimmten Umgebungen besser überleben als andere. Und weil Schnabelgröße und -form in hohem Maße vererbbar sind, führt das differenzielle Überleben von Schnabelformen *innerhalb* einer Generation von Galápagosfinken zu einer evolutionären Veränderung der Schnabelformen *über* Generationen hinweg. Dieser Evolutionsmechanismus – den man natürliche Selektion nennt – führt zu einer evolutionären Anpassung (Adaptation), weil

[5] Einen Überblick über die Forschungsergebnisse von Peter und Rosemary Grant zur Evolution der Schnäbel von Galápagos-Finken bietet das Buch Peter R. Grant, *Ecology and Evolution of Darwin's Finches*, Princeton, N.J. 1999, sowie der Klassiker von Jonathan Weiner *Der Schnabel des Finken oder Der kurze Atem der Evolution. Was Darwin noch nicht wußte*, München 1994.

die nachfolgenden Generationen Schnabelformen entwickelt haben, die in ihrer Umwelt besser funktionieren und damit unmittelbar zu einer Verbesserung für das individuelle Überleben und die Fekundität beitragen (die individuelle Fortpflanzungsfähigkeit, Energie und Ressourcen, um viele Eier zu legen, größere Eier zu legen und viele gesunde Nachkommen großzuziehen).

Stellen wir uns im Unterschied dazu die Evolution eines ornamentalen Attributs vor, etwa des Gesangs der Drossel oder des irisierenden Gefieders des Kolibris.[6] Diese Merkmale entwickeln sich als Reaktion auf ganz andere Kriterien als bei der natürlichen Selektion der Schnabelform. Sexualornamente sind ästhetische Merkmale, die sich als Resultat von Paarungsentscheidungen aufgrund individueller Bewertungen entwickelt haben. Sie funktionieren durch die Wahrnehmung und Einschätzung anderer Individuen mittels Partnerwahl. Die kumulative Wirkung vieler individueller Paarungsentscheidungen prägt die Evolution des Ornaments. Mit anderen Worten: Die Angehörigen dieser Spezies sind aktive Kräfte ihrer eigenen Evolution.

Wie schon Darwin erkannte, führen die Evolution durch natürliche Selektion und die ästhetische Evolution durch Partnerwahl zu vollkommen unterschiedlichen Variationsmustern in der Natur. So gibt es zum Beispiel nur eine begrenzte Anzahl von Möglichkeiten, mit einem Vogelschnabel ein Samenkorn zu knacken, und daher auch nur eine begrenzte Anzahl von Variationen der Schnabelgröße und -form, um dies zu bewerkstelligen. Entsprechend haben samenfressende Vögel aus über einem Dutzend unterschiedlicher Familien unabhängig voneinander und konvergent sehr ähnliche, robuste, finkenartige Schnabelformen entwickelt, um ebenjener physischen Aufgabe gerecht zu werden. Doch einen Partner anzulocken ist eine unvergleichlich ungewissere, weniger klar umgrenzte und dynamischere Herausforderung als das Aufknacken eines Samenkorns. Jede Art entwickelt ihre eigene Lösung für die Aufgabe der intersexuellen Kommunikation und Anziehung – Darwin sprach in diesem Zusammenhang von unabhängigen »Schönheitsmaßstäben«. Kein Wunder also, dass jede der über zehntausend Vogelarten auf der Welt ihr eigenes und einzigartiges

[6] Natürlich kann auch die Schnabelform durch ästhetische sexuelle und soziale Selektion beeinflusst sein. Die gewaltigen und prächtigen Schnäbel der Tukane der Gattung *Ramphastos* und vieler Nashornvögel sind Beispiele für komplexe soziale Signale, die sich nicht allein durch natürliche Selektion aufgrund ihrer ökologischen Funktion entwickelt haben.

ästhetisches Repertoire an Ornamenten und Präferenzen entwickelt hat, um diese Aufgabe zu bewältigen. Das Resultat ist die fast unergründliche Vielfalt der biologischen Schönheit auf der Erde.

Nun stehe ich vor einem Problem – einem wissenschaftlichen Problem. Auch wenn die evolutionsbiologische Forschung für mich eine wahre Freude war, gibt es in der Wissenschaftsgemeinde natürlich Meinungsvielfalt, Meinungsverschiedenheiten und intellektuelle Konflikte. Und wie sich zeigt, laufen meine Ideen zur ästhetischen Schönheit dem Hauptstrom der Evolutionsbiologie zuwider – nicht erst in den letzten Jahrzehnten, sondern seit fast anderthalb Jahrhunderten, ja, eigentlich schon seit der Zeit Darwins. Die meisten Evolutionsbiologen sind damals wie heute der Auffassung, dass sich sexuelle Ornamente und sexuelles Ausdrucksverhalten – das Wort »Schönheit« wird hier meist vermieden – entwickeln, weil sie spezifische und glaubwürdige Informationen über die Qualität und Verfassung potenzieller Sexualpartner liefern. Gemäß diesem Paradigma der »ehrlichen Signale« (*honest signaling*) funktioniert die erstaunliche Darbietung des stahlblauen »Smileys« auf den aufrichtbaren Brustfedern des männlichen Kragenparadiesvogels (*Lophorina superba*) [↗Farbtafel 2] wie eine Art Dating-App-Profil für Vögel, das dem anspruchsvollen Kragenparadiesvogelweibchen eine Vielzahl wertvoller und wichtiger Informationen liefert. Aus was für einer »Familie« stammt er? Kommt er aus einem guten Ei? Ist er in einem guten Nest aufgewachsen? Steht er gut im Futter? Hat er ein gepflegtes Äußeres? Hat er irgendwelche Geschlechtskrankheiten? Vogelarten, die dauerhafte Paare bilden, können einem solchen Balzverhalten noch zusätzliche Informationen entnehmen: Wird er oder sie unser Revier energisch gegen Konkurrenten verteidigen? Wird er/sie mich beim Füttern unterstützen und mich beschützen, wird er/sie unseren Nachkommen ein guter Vater / eine gute Mutter sein und mir treu bleiben?

Folgt man dieser »Biomatch.com«-Theorie der Ornamente, so geht es bei der Schönheit einzig und allein um Nützlichkeit. Nach dieser Ansicht richten sich die subjektiven Paarungspräferenzen der Individuen nach den objektiven Qualitäten der verfügbaren Partner. Schönheit ist demnach nur deshalb begehrenswert, weil sich dahinter andere, reale Vorzüge verbergen, wie Stärke, Gesundheit oder gute Gene. Die sexuelle Schönheit mag zwar durchaus sinnlich angenehm sein, doch eigentlich ist die sexuelle Selektion in dieser Sichtweise nur eine weitere Form der natürlichen Selektion; zwischen den evolutionären Kräften, die auf die Schnäbel der Galápagosfinken einwirken, und denen, die das Balzverhalten der Paradiesvögel prägen, besteht demzufolge kein grundlegender Unterschied. Schönheit ist nur die Dienerin der natürlichen Selektion.

Diese Auffassung unterscheidet sich sehr stark von meiner eigenen Sicht der Schönheit und ihrer Entstehung. Auch wenn ich ein wenig zögere, es zuzugeben, finde ich den Prozess der Anpassung durch natürliche Selektion ziemlich langweilig. Mir ist als Evolutionsbiologe natürlich bewusst, dass er eine fundamentale und allgegenwärtige Kraft in der Natur darstellt. Ich will seine ungeheure Bedeutung auch gar nicht leugnen. Aber der Prozess der Anpassung durch natürliche Selektion ist *nicht* gleichbedeutend mit der Evolution selbst. Große Teile des Evolutionsprozesses und der Evolutionsgeschichte lassen sich nicht ausschließlich mit der natürlichen Selektion erklären. Ich vertrete in diesem Buch die These, dass die Evolution oft viel eigenartiger, seltsamer, historisch kontingenter, individualisierter und weniger vorhersehbar und verallgemeinerbar ist, als es die Adaptation erklären kann.

Die Evolution kann sogar »dekadent« sein, insofern sie Sexualornamente hervorbringt, die nicht nur keinerlei Signale bezüglich der objektiven Qualität des Partners liefern, sondern dem Fortbestand und der Fruchtbarkeit von Signalgeber und Wählendem de facto abträglich sind. Kurzum, die Individuen können bei der Verfolgung ihrer subjektiven Vorlieben Partnerentscheidungen treffen, die *maladaptiv* sind – indem sie zu einer schlechteren Anpassung des Organismus an seine Umwelt führen. Nicht wenige Evolutionsbiologen würden argumentieren, dass so etwas unmöglich sei, aber ich bin da anderer Auffassung und dieses Buch ist meine Erklärung dafür, warum das so ist. Meine Hoffnung ist, ganz allgemein gesprochen, meiner Leserschaft klarzumachen, dass die natürliche Selektion allein unmöglich die Vielfalt, Komplexität und Extremität der Sexualornamente erklären kann, die wir in der Natur vorfinden. Die natürliche Selektion ist nicht die einzige Gestaltungsquelle in der Natur.

Zu welcher Art von wissenschaftlichen Fragen man neigt und welche Art von wissenschaftlichen Antworten man befriedigend findet, ist, so glaube ich, eine sehr persönliche Angelegenheit. Aus irgendeinem Grund übten die Aspekte des Evolutionsprozesses, die sich vereinfachenden, adaptiven Erklärungen entziehen, auf mich immer eine stärkere Faszination aus. Irgendwie hat die Verknüpfung meines persönlichen lebenslangen Interesses für Vögel mit der Wissenschaft ihrer Evolution meine Sichtweise verändert. Die ästhetische Theorie der Evolution wurde jedoch, wie ich auf den folgenden Seiten darlegen werde, zuallererst von Charles Darwin selbst vorgebracht und verfochten, der dafür zu seiner Zeit scharf kritisiert wurde. Tatsächlich wurde Darwins ästhetische Theorie der Partnerwahl innerhalb der Evolutionsbiologie derart marginalisiert, dass sie nahezu in Vergessenheit geraten ist.[7] Der heutige »Neodarwinismus« – dem zufolge die sexuelle Selektion nur eine weitere Form der natürlichen Selektion ist – ist zwar äußerst populär, aber keineswegs darwinistisch. Vielmehr stammt die adaptationistische Sichtweise von Darwins intellektuellem Gefolgsmann und späterem Gegenspieler Alfred Russel Wallace. Meine These lautet, dass die ästhetische Evolution dem Darwinismus den echten Darwin zurückgibt, indem sie zeigt, dass die subjektiven Entscheidungen von Tieren bei der Partnerwahl eine wichtige und oft entscheidende Rolle für die Evolution spielen. Aber können wir die Schönheit wirklich als eine Eigenschaft behandeln, auf die Tiere reagieren? Der Schönheitsbegriff ist derart beladen mit vorgefassten Meinungen, Erwartungen und Missverständnissen, dass es vielleicht klüger wäre, weiterhin jeden wissenschaftlichen Gebrauch des Wortes zu vermeiden. Weshalb sollte man einen so problematischen und vorbelasteten Begriff verwenden? Warum soll man sich nicht einfach wie bisher des gesäuberten und nichtästhetischen Vokabulars bedienen, das von den meisten Biologen bevorzugt wird?

Ich habe viel über diese Frage nachgedacht. Und ich habe mich dazu entschieden, Schönheit als wissenschaftlichen Begriff zu verwenden, weil ich wie

---

[7] Mein Dank gebührt an dieser Stelle Mary Jane West-Eberhard, sowohl für ihre klassischen Arbeiten zur sexuellen und sozialen Selektion (vgl. Mary Jane West-Eberhard, »Sexual Selection, Social Competition, and Evolution«, in: *Proceedings of the American Philosophical Society* 123 [1979], S. 222–234, und dies., »Sexual Selection, Social Competition, and Speciation«, in: *Quarterly Review of Biology* 58 [1983], S. 155–183) als auch ihre jüngsten Abhandlungen zur adaptiven Partnerwahl und ihr Eintreten für »Darwins vergessene Theorie« (dies., »Darwin's Forgotten Idea. The Social Essence of Sexual Selection«, in: *Neuroscience and Biobehavioral Reviews* 46 [2014], S. 501–508).

Darwin der Auffassung bin, dass das Wort auf umgangssprachliche Weise genau das erfasst, was die biologische Anziehung beinhaltet. Indem wir anerkennen, dass Organismen – seien es nun Walddrosseln, Laubenvögel, Schmetterlinge oder Menschen – die sexuellen Signale, die sie präferieren, *schön* finden, sind wir gezwungen, uns mit der ganzen Tragweite dessen auseinanderzusetzen, was es heißt, ein fühlendes Wesen zu sein, das soziale und sexuelle Entscheidungen trifft. Wir sind gezwungen, die Darwin'sche Möglichkeit in Betracht zu ziehen, dass Schönheit nicht bloß durch Anpassungsvorteile geprägte Nützlichkeit ist. Schönheit und Begehren können in der Natur genauso irrational, unberechenbar und dynamisch sein wie in unserer eigenen persönlichen Erfahrung.

Dieses Buch stellt den Versuch dar, die Schönheit wieder in die Wissenschaften zu tragen – um so Darwins ursprüngliche ästhetische Vorstellung der Partnerwahl wiederzubeleben und Schönheit zu einem Thema und Untersuchungsgegenstand des wissenschaftlichen Mainstreams zu erheben.

Darwins Idee der Partnerwahl enthält noch einen weiteren kontroversen Aspekt, für den ich mich ebenfalls auf den folgenden Seiten starkmachen werde. Indem er den Mechanismus der Evolution durch Partnerwahl ins Spiel brachte, legte Darwin nahe, dass weibliche Präferenzen eine starke und unabhängige Kraft für die Entwicklung biologischer Vielfalt darstellen können. Es überrascht nicht, dass die Wissenschaftler der viktorianischen Zeit seinen revolutionären Gedanken, Frauen hätten die kognitive Fähigkeit oder die Möglichkeit, selbstständige Entscheidungen bezüglich der Wahl ihrer Partner zu treffen, ins Lächerliche zogen. Doch die Idee der sexuellen Wahlfreiheit – oder der sexuellen Autonomie – bedarf einer Wiederbelebung. Wir werden uns in diesem Buch einer Aufgabe widmen, die längst überfällig ist – seit 140 Jahren, um genau zu sein – und uns mit der Evolution der sexuellen Autonomie und deren Implikationen für menschliche und nichtmenschliche Eigenschaften und Verhaltensweisen beschäftigen.

Meine Forschungen über das oft gewalttätige Sexualverhalten von Wasservögeln haben mich gelehrt, dass die größte Gefahr für die weibliche sexuelle Autonomie in der sexuellen Nötigung durch sexuelle Gewalt und soziale Kontrolle seitens der Männchen liegt. Wir werden anhand von Studien an Enten und anderen Vögeln die verschiedenen evolutionären Antworten auf die männliche Zwangsbegattung erkunden. Wie wir sehen werden, kann sich die Partnerwahl in Richtungen entwickeln, welche die weibliche Wahlfreiheit ausdrücklich *vergrößern*. Kurz, wir werden feststellen, dass es sich bei der reproduktiven Wahlfreiheit nicht bloß um eine politische Ideologie handelt, die von modernen Frauenrechtlerinnen und Feministinnen erfunden wurde. Auch für Tiere ist die Freiheit der Wahl von Bedeutung.

Ich werde dann einen Sprung von den Vögeln zu den Menschen machen und untersuchen, inwiefern die sexuelle Autonomie entscheidend für das Verständnis der Evolution vieler der einzigartigen und charakteristischen Merkmale menschlicher Sexualität sind, einschließlich der biologischen Wurzeln des weiblichen Orgasmus, des knochenlosen menschlichen Penis sowie des Begehrens und der Präferenz gleichgeschlechtlicher Sexualpartner. Die ästhetische Evolution und der Geschlechterkonflikt dürften außerdem auch eine wichtige Rolle bei der Entstehung der menschlichen Intelligenz, Sprache, Sozialstruktur und materiellen Kultur sowie der Vielfältigkeit menschlicher Schönheit gespielt haben.

Kurzum, die evolutionäre Dynamik der Partnerwahl ist essenziell für das Verständnis unserer selbst.

Ich interessiere mich schon mein ganzes Berufsleben lang für die Theorie der ästhetischen Evolution und habe mich im Laufe der Jahre an ihre Randständigkeit innerhalb der Evolutionsbiologie gewöhnt. Aber ich kann mich noch ganz genau an den Moment erinnern, als mir klar wurde, wie stark der Widerstand gegenüber der ästhetischen Evolution eigentlich ist und dass die Stärke dieses Widerstands im Grunde ein Maß für die Bedrohung ist, die diese Idee für das adaptationistische Denken des evolutionsbiologischen Mainstreams darstellt. In jenem Moment habe ich erkannt, wie notwendig es ist, dieses Buch zu schreiben.

Die Erleuchtung kam mir vor ein paar Jahren während eines Besuchs an einer amerikanischen Universität, als ich einem Fachkollegen beim Mittagessen meine Ansichten über die Evolution der Sexualornamente erläuterte. Mein Gastgeber unterbrach mich jeweils nach wenigen Sätzen und brachte Einwände vor, die ich beantwortete, bevor ich mit der Darlegung meiner Sichtweise fortfahren konnte. Als ich es gegen Ende des Mittagessens endlich geschafft hatte, meine Ansichten über die Evolution durch Partnerwahl vollständig zu erklären, rief er aus: »Aber das ist doch *Nihilismus!*« Was ich für eine überzeugende und ehrfurchtgebietende Erklärung der Vielfalt von Ornamenten in der Natur hielt, war für meinen evolutionsbiologischen Kollegen allem Anschein nach eine trostlose Sicht auf die Welt, die ihm, sollte er sie übernehmen, jedes Gefühl für den Sinn und Zweck des Lebens rauben würde. Denn wenn die Partnerwahl zur Evolution von Ornamenten führt, die keine Anzeichen für die Qualität des Partners, sondern einfach nur schön sind – müsste man dann nicht annehmen, dass das Universum nicht rational ist? In diesem Augenblick wurde mir klar, warum es notwendig war, Darwins ästhetische Sicht der Evolution zu übernehmen und sie einem breiteren Publikum zu erläutern.

Meine wissenschaftliche Auffassung ist unmittelbar aus meiner Erfahrung der natürlichen Welt als Vogelbeobachter und Naturkundler sowie meiner wissenschaftlichen Forschungsarbeit hervorgegangen – *connaissance* und *savoir*. Diese Tätigkeit hat mir enormes intellektuelles und persönliches Vergnügen bereitet. Das wissenschaftliche Arbeiten hat mich in meiner ganzen Karriere noch nie so sehr begeistert und inspiriert. Ich bekomme schon eine Gänsehaut, wenn ich nur an die Evolution der Schönheit der Vögel denke. Und doch würde genau diese Weltsicht einigen meiner Berufskollegen offenbar jeden Grund rauben, morgens aufzustehen. Ich möchte mit diesem Buch versuchen zu erklären, warum ich glaube, dass diese subtilere und weniger deterministische Sicht der Evolution zu einem reicheren, genaueren und wissenschaftlicheren Verständnis der Natur führt als die gängige adaptationistische Sichtweise. Wenn wir die Evolution durch sexuelle Selektion betrachten, dann sehen wir eine Welt der Freiheit und der Wahl, die ungeheuer begeisternd ist – eine Welt von größerer Schönheit als sich ohne sie erklären ließe.

KAPITEL 1

Darwins *wirklich* gefährliche Idee

Die Anpassung durch natürliche Selektion gehört zu den erfolgreichsten und wirkmächtigsten Ideen in der Geschichte der Wissenschaft, und dies zu Recht. Sie vereint das gesamte Gebiet der Biologie und hat viele andere Disziplinen wie die Anthropologie, die Psychologie, die Ökonomie, die Soziologie und sogar die Geisteswissenschaften stark beeinflusst. Das einzigartige Genie hinter der Theorie der natürlichen Selektion, Charles Darwin, ist mindestens genauso berühmt wie seine berühmteste Idee.

Nun könnte man vielleicht meinen, da ich die nonkonformistische These der eingeschränkten Macht der Anpassung durch natürliche Selektion vertrete, sei ich »über Darwin hinaus« und wolle den kulturellen/wissenschaftlichen Personenkult verunglimpfen, der sein Erbe umgibt. Ganz im Gegenteil. Ich möchte dieses Erbe feiern, hoffe darüber hinaus aber auch, das populäre Bild ein wenig zurechtrücken zu können, indem ich ein neues Licht auf einige Darwin'sche Ideen werfe, die in den letzten fast anderthalb Jahrhunderten vernachlässigt, verzerrt, ignoriert und beinahe vergessen worden sind. Dabei geht es mir nicht um eine talmudistische Interpretation, die Darwin Wort für Wort analysiert; mein Fokus liegt vielmehr auf der Wissenschaft von heute, denn ich glaube, dass Darwins Ideen einen Wert für die Wissenschaft unserer Zeit haben, der noch nicht voll ausgeschöpft worden ist.

Der Versuch, den Reichtum von Darwins Ideen zu vermitteln, bringt mich in die wenig beneidenswerte Lage, meine Leserschaft davon überzeugen zu müssen, dass wir den wahren Darwin eigentlich gar nicht kennen und dass er ein noch größerer, kreativerer und scharfsinniger Denker war, als ihm ohnehin schon zugeschrieben wird. Ich bin davon überzeugt, dass der Großteil derer, die sich heute als Darwinisten betrachten – die Neodarwinisten –, Darwin völlig falsch verstanden haben. Der wahre Darwin ist aus der modernen wissenschaftlichen Hagiografie herausgeschnitten worden.

Der Philosoph Daniel Dennett bezeichnete die Evolution durch natürliche Selektion – das Thema von Darwins erstem großen Werk *On the Origin of Species by Means of Natural Selection* – als »Darwins gefährliche Idee«.[8] Ich vertrete hier die Auffassung, dass Darwins *wirklich* gefährliche Idee sein Konzept der ästhetischen Evolution durch Partnerwahl ist, dem er in seinem zweiten großen Buch, *The Descent of Man, and Selection in Relation to Sex*, nachging.[9]

Warum ist die Idee der darwinischen Partnerwahl so gefährlich? Für die Neodarwinisten ist sie es in erster Linie, weil sie anerkennt, dass der natürlichen Auslese als evolutionärer Kraft und als wissenschaftlicher Erklärung der biologischen Welt Grenzen gesetzt sind. Die natürliche Selektion kann, so behauptet Darwin in *Die Abstammung des Menschen*, nicht die einzige wirkende Dynamik der Evolution sein, weil sich mit ihr die außerordentliche Vielfalt an Ornamenten, die wir in der biologischen Welt vorfinden, nicht vollständig erklären lässt.

Darwin hat sich lange mit diesem Dilemma herumgeschlagen. In einem Brief an den Botaniker Asa Gray schrieb er bekanntlich: »Der Anblick einer Feder in einem Pfauenschwanze macht mir übel, sobald ich sie anstaune!«[10] Mit seinem extravaganten Design, das anders als andere vererbbare Merkmale, die sich durch natürliche Selektion herausbilden, offenkundig keinerlei Überlebenswert besitzt, schien der Pfauenschwanz alles in Frage zu stellen, was Darwin in *Über die Entstehung der Arten* geschrieben hatte. Die Einsicht, zu der er schließlich gelangte – dass hier noch eine andere evolutionäre Kraft wirken musste –, war

---

[8] Daniel C. Dennett, *Darwin's Dangerous Idea. Evolution and the Meanings of Life*, New York 1995. In der deutschen Übersetzung lautet der Titel *Darwins gefährliches Erbe. Die Evolution und der Sinn des Lebens*, Hamburg 1997 [Anm. d. Übers.]. Siehe auch Charles Darwin, *Über die Entstehung der Arten im Thier- und Pflanzen-Reich durch natürliche Züchtung, oder Erhaltung der vervollkommneten Rassen im Kampfe um's Daseyn*, Stuttgart 1860.

[9] Charles Darwin, *The Descent of Man, and Selection in Relation to Sex*, London 1871; dt. *Die Abstammung des Menschen und die geschlechtliche Zuchtwahl*, Stuttgart 1871.

[10] Charles Darwin, »Brief an Asa Gray, 3. April [1860]«, in: ders., *Sein Leben, dargestellt in einem autobiographischen Capitel und in einer ausgewählten Reihe seiner veröffentlichten Briefe*, hrsg. von seinem Sohne Francis Darwin, Stuttgart 1893, S. 263.

in den Augen seiner streng adaptationistischen Anhänger eine unverzeihliche Apostasie. Die Folge war, dass die darwinische Theorie der Partnerwahl weitgehend unterdrückt, fehlinterpretiert und umgedeutet wurde und in Vergessenheit geriet.

Die Idee der ästhetischen Evolution durch Partnerwahl ist so gefährlich, dass der Darwinismus selbst von ihr reingewaschen werden musste, um die alles erklärende Macht der natürlichen Selektion zu bewahren. Erst wenn Darwins ästhetischer Blick auf die Evolution wieder zum biologischen und kulturellen Mainstream gehört, wird die Wissenschaft in der Lage sein, die Vielfalt der Schönheit in der Natur zu erklären.

Charles Darwin gehörte der ländlichen Gentry im England des 19. Jahrhunderts an und war damit ein privilegierter Vertreter der elitärsten Klasse eines expandierenden Weltreiches.[11] Doch er war nicht einfach ein untätiges Mitglied der Oberschicht. Mit der ihm eigenen Gewissenhaftigkeit sowie mit Ausdauer und Fleiß nutzte er sein Privileg (und sein großzügiges unabhängiges Einkommen), um den Forscherdrang seines hartnäckigen und unnachgiebigen Intellekts zu befriedigen. Er ließ sich von seinen Interessen leiten und entdeckte dadurch schließlich die Grundlagen der modernen Evolutionsbiologie. Für das hierarchische viktorianische Weltbild, nach dem der Mensch sich vollkommen vom Rest des Tierreichs unterschied und auf einem Sockel weit über diesem thronte, bedeutete dies einen schweren Schlag. Charles Darwin wurde zum Radikalen wider Willen. Die kreative Wirkung seines intellektuellen Radikalismus – dessen Implikationen für die Wissenschaft und die Kultur im Allgemeinen – ist bis heute noch nicht vollständig erfasst und gewürdigt worden.

Das traditionelle Bild des jungen Darwin ist das eines mittelmäßigen und undisziplinierten Schülers, der am liebsten draußen umherstreifte, um Käfer zu sammeln. Seine ursprünglich eingeschlagene medizinische Laufbahn brach er ab und ging ziellos unterschiedlichen Interessen nach, ohne sich erkennbar auf irgendetwas festzulegen, bis ihm die Möglichkeit geboten wurde, seine berühmte Reise mit der Beagle anzutreten. Der Legende nach wurde Darwin durch

11 Eine vorzügliche Biografie von Charles Darwin ist Janet Brownes zweibändiges Werk *Charles Darwin. Voyaging. Volume I of a Biography*, London 1995, und *Charles Darwin. The Power of Place. Volume II of a Biography*, London 2002.

seine Weltreisen zu einem anderen Menschen und entwickelte sich zu dem revolutionären Wissenschaftler, als den wir ihn heute kennen.

Ich halte es für wahrscheinlicher, dass Darwin als junger Mann mit demselben unersättlichen, ruhigen, aber hartnäckigen Intellekt ausgestattet war, den er in seinem späteren Leben offenbarte, einem Intellekt, der ihm ein instinktives Gespür dafür verlieh, was gute Wissenschaft auszeichnet. Unmittelbar vor der Veröffentlichung von *Über die Entstehung der Arten* im Jahr 1859 bezeichnete er das gigantische kreationistische Magnum Opus des weltberühmten Harvard-Professors Louis Agassiz, den *Essay on Classification*, als »vollkommen unbrauchbaren Quatsch!«.[12] Als Medizinstudent dürfte Darwin, so glaube ich, den Großteil seiner biologischen Ausbildung ähnlich beurteilt haben. Und er hätte damit recht gehabt; denn das meiste, was in den 1820er Jahren als Medizin gelehrt wurde, war tatsächlich unbrauchbarer Quatsch. Es gab weder ein zentrales mechanistisches Verständnis der Funktionsweise des Körpers noch ein umfassendes wissenschaftliches Konzept der Krankheitsursachen. Medizinische Behandlungen waren ein Sammelsurium aus belanglosen Placebos, hochwirksamen Giften und gefährlicher Quacksalberei. Es wäre schwierig, mehr als eine Handvoll medizinischer Behandlungsmethoden der damaligen Zeit zu nennen, von denen wir heute noch annehmen können, dass sie irgendjemandem in irgendeiner Weise genützt haben könnten. In seiner Autobiografie berichtet Darwin über seine Erfahrungen der Vorlesungen an der Royal Medical Society in Edinburgh: »Es wurde dort viel unnützes Zeug gesprochen«.[13] Ich vermute, dass Darwin erst bis in die unerforschten Gebiete der Südhalbkugel vordringen musste, um außerhalb der engstirnigen Dogmen seiner Zeit den intellektuellen Freiraum zu finden, in dem sich sein weitreichender, brillanter und immer neugieriger Geist vollständig entfalten konnte.

Als er seine eigenen ungefilterten Beobachtungen anstellen konnte, führte ihn das, was er sah, zu den beiden großen biologischen Entdeckungen, die er in der *Entstehung der Arten* offenbarte: dem Me-

---

[12] Charles Darwin, »Brief an T.H. Huxley vom 13.3.1859«, {http://www.darwinproject.ac.uk/letter/?docId=letters/DCP-LETT-2430.xml}, letzter Zugriff 27.1.2019. Siehe auch Louis Agassiz, *Die Classification des Thierreichs*, Marburg 1866.

[13] Charles Darwin, »Autobiographie«, in: ders., *Sein Leben*, S. 5–72, hier S. 17.

[14] Charles Darwin, *Über die Entstehung der Arten durch natürliche Zuchtwahl oder die Erhaltung der begünstigten Rassen im Kampfe um's Dasein*, Stuttgart ³1867, S. 570. [Alle nachfolgenden Zitate beziehen sich auf diese Ausgabe.]

chanismus der Evolution durch natürliche Selektion und der Idee, dass alle Organismen historisch von einem einzigen gemeinsamen Vorfahren abstammen und somit in einem »großen Baum des Lebens« miteinander verwandt sind. Die in manchen Kreisen bis heute andauernden Debatten darüber, ob diese Ideen an öffentlichen Schulen gelehrt werden sollen, lässt uns erahnen, wie groß die Herausforderung für Darwins Leser vor anderthalb Jahrhunderten gewesen sein muss.

Bei der Auseinandersetzung mit den heftigen Attacken, die nach der Veröffentlichung auf die *Entstehung der Arten* einprasselten, hatte Darwin mit drei Problemen zu kämpfen. Das erste war, dass es keinerlei brauchbare Theorie der Genetik gab. Ohne das Werk von Gregor Mendel zu kennen, scheiterte Darwin bei dem Versuch, eine funktionierende Theorie der Vererbung zu entwickeln, die dem Mechanismus der natürlichen Auslese zugrunde lag. Darwins zweites Problem war der evolutionäre Ursprung der Menschheit, der Natur des Menschen und der menschlichen Vielfalt. Beim Thema menschliche Evolution übte er sich in der *Entstehung der Arten* in Zurückhaltung und kam lediglich zu dem ausweichenden Schluss: »Neues Licht wird auf den Ursprung der Menschheit und ihre Geschichte fallen.«[14]

Darwins drittes großes Problem war der Ursprung der unnützen Schönheit. Wenn die Triebfeder der natürlichen Selektion der unterschiedliche Überlebenserfolg vererbbarer Variationen war, wie ließ sich dann die ausufernde Pracht des Pfauenschwanzes erklären, die ihn so beunruhigte? Der Schwanz half dem Pfauenhahn offensichtlich nicht zu überleben; vielmehr war die große Schleppe ein regelrechtes Hindernis, weil sie ihn langsamer und zu einer leichteren Beute für Raubtiere machte. Besonders hatten es Darwin die Augenflecken im Pfauenrad angetan. Er hatte argumentiert, dass die Perfektion des menschlichen Auges durch die Evolution vieler aufeinanderfolgender Fortschritte im Laufe der Zeit erklärbar sei. Jeder evolutionäre Fortschritt sorgte demnach für eine kleine Verbesserung der Fähigkeit des Auges, Licht zu erkennen, Schatten von Licht zu unterscheiden, zu fokussieren, Bilder zu erzeugen, Farben zu differenzieren und so weiter – alles Eigenschaften, die zum Überleben des Tieres beitrugen. Doch welchem Zweck konnten die verschiedenen Zwischenstufen der Evolution der Augen auf dem Pfauenschwanz gedient haben? Ja, welchem Zweck dienen die »perfekten« Augenflecken des Pfaus eigentlich heute? Wenn das Problem, die Evolution des Menschenauges zu erklären, eine intellektuelle Herausforderung war, so war das Erklärungsproblem der Augenflecken des Pfaus ein intellektueller Albtraum. Darwin durchlebte diesen Albtraum. Das ist der Kontext, in dem er 1860 jene oft zitierten Zeilen an seinen amerikanischen Freund, den Harvard-Botaniker Asa Gray schrieb: »Der Anblick einer Feder in einem Pfauenschwanze macht mir übel, sobald ich sie anstaune!«

Mit der Veröffentlichung von *Die Abstammung des Menschen und die geschlechtliche Zuchtwahl* im Jahr 1871 nahm Darwin sowohl das Problem der Ursprünge der Menschheit als auch das der Evolution der Schönheit mutig in Angriff. Er schlägt in diesem Buch einen zweiten, unabhängigen Mechanismus der Evolution vor – die sexuelle Selektion –, um die Rüstungen und Schmückungen, die Kämpfe und die Schönheit zu erklären. Während die Ergebnisse der natürlichen Selektion vom differenziellen Überleben vererbbarer Variationen abhängen, werden die Ergebnisse der sexuellen Selektion vom differenziellen sexuellen Erfolg bestimmt – also von denjenigen erblichen Merkmalen, die zum Erfolg bei der Partnergewinnung beitragen.

Nach Darwins Vorstellung sind bei der sexuellen Selektion zwei verschiedene und potenziell gegensätzliche evolutionäre Mechanismen am Werk. Der erste Mechanismus, den er das Gesetz des Kampfes nennt, ist das Ringen von Individuen desselben – häufig männlichen – Geschlechts um die sexuelle Kontrolle über die Individuen des jeweils anderen Geschlechts. Darwin vertrat die These, dass der Kampf um sexuelle Kontrolle die Entwicklung von großen Körpern, Angriffswaffen wie Hörnern, Geweihen und Sporen sowie Mechanismen der physischen Kontrolle zur Folge hatte. Bei dem zweiten sexuellen Selektionsmechanismus, den er den Geschmack für das Schöne nennt, geht es um den Vorgang, mit dem die Mitglieder des einen – häufig weiblichen – Geschlechts ihre Partner nach ihren eigenen angeborenen Vorlieben auswählen. Darwins These lautet, dass die Partnerwahl zur Entwicklung vieler der so angenehmen und schönen Merkmale in der Natur geführt hat. Diese ornamentalen Attribute umfassen alles vom Gesang, dem bunten Gefieder und dem Balzverhalten der

Vögel bis zu den leuchtend blauen Gesichtern und Hinterteilen des Mandrills (*Mandrillus sphinx*). In einer ausführlichen Studie über das Leben der Tiere überprüfte Darwin die Hinweise auf die sexuelle Selektion bei vielen verschiedenen Arten, von Spinnen und Insekten bis hin zu Vögeln und Säugetieren. Die beiden Mechanismen – das Gesetz des Kampfes und der Geschmack für das Schöne – sind seine Vorschläge, um die Evolution der Aufrüstung und der Ausschmückung in der Natur zu erklären.

In *Die Abstammung des Menschen* präsentiert Darwin schließlich die explizite Theorie der evolutionären Ursprünge des Menschen, deren Formulierung er in *Entstehung der Arten* noch vermieden hatte. Das Buch beginnt mit einer langen Erörterung der Kontinuität zwischen Menschen und anderen Tieren, die das Konstrukt der menschlichen Besonderheit und Einzigartigkeit Schritt für Schritt untergräbt. Wegen der offensichtlichen kulturellen Brisanz des Themas nimmt Darwin sich viel Zeit, um seine Argumentation für die evolutionäre Kontinuität sorgfältig aufzubauen. Erst im letzten Kapitel – »Allgemeine Zusammenfassung und Schluss« – enthüllt er die aufwieglerische Konklusion, auf die alles Vorherige hinausläuft: »Wir lernen daraus, dass der Mensch von einem behaarten Vierfüsser abstammt«.[15]

Nach einer Abhandlung über die Funktionsweise der sexuellen Selektion in der Tierwelt analysiert Darwin dann deren Einfluss auf die menschliche Evolution. Angefangen mit unseren pelzlosen Körpern über die enorme geografische, ethnische und tribale Vielfalt menschlicher Erscheinungsformen bis hin zu unserem hochgradig sozialen Charakter, der Sprache und der Musik liefert Darwin starke Beweise dafür, dass die sexuelle Selektion eine entscheidende Rolle bei der Formung der menschlichen Spezies gespielt hat:

> Muth, Kampfsucht, Ausdauer, Kraft und Grösse des Körpers, Waffen aller Art, musikalische Organe, sowohl vocale als instrumentale, glänzende Farben, Streifen und Zeichnungen und ornamentale Anhänge, Alles ist indirect […] durch den Einfluss der Liebe und Eifersucht durch die Anerkennung des Schönen […] und durch die Ausübung einer Wahl [erlangt worden].[16]

[15] Charles Darwin, *Die Abstammung des Menschen und die geschlechtliche Zuchtwahl*, Bd. II, Stuttgart 1872, S. 342.
[16] Ebd., S. 354.

Auch wenn die Auseinandersetzung mit zwei so komplexen und kontroversen Themen wie der Evolution der Schönheit und den Ursprüngen der Menschheit in einem Band eine intellektuelle Großtat war, gilt *Die Abstammung des Menschen* allgemein als schwieriges oder sogar fehlerhaftes Werk. Darwin dachte womöglich, dass er durch den langsamen und schrittweisen Aufbau seiner Argumentation, durch seine nüchterne und weitschweifige Prosa und durch das Zitieren so vieler gelehrter Autoritäten, die seine Ideen stützten, jeden vernünftigen Leser dazu bringen könnte, die Unausweichlichkeit seiner radikalen Schlussfolgerungen zu akzeptieren. Doch seine rhetorische Taktik ging nicht auf und am Ende wurde *Die Abstammung* von allen Seiten kritisiert: sowohl von den kreationistischen Gegnern, die der Idee der Evolution grundsätzlich ablehnend gegenüberstanden, als auch von Fachkollegen, welche zwar die natürliche Selektion anerkannten, die sexuelle Selektion jedoch entschieden zurückwiesen. Bis heute hat *Die Abstammung des Menschen* nie die gleiche intellektuelle Wirkung entfalten können wie *Über die Entstehung der Arten*.[17]

Das Bemerkenswerteste und Revolutionärste an Darwins Theorie der Partnerwahl ist, dass sie explizit *ästhetisch* ausgerichtet ist. Darwin erklärt den evolutionären Ursprung der Schönheit in der Natur als Folge der Tatsache, dass die Tiere die Fähigkeit entwickelten, *füreinander* schön zu sein. Das Radikale an dieser Idee war, dass sie Organismen – insbesondere weibliche Organismen – zu wirkenden Kräften ihrer eigenen Evolution erklärte. Anders als die natürliche Selektion, die aus äußeren, auf den Organismus einwirkenden Kräften in der Natur wie Konkurrenz, Räuber-Beute-Beziehungen, Klima und Geografie hervorgeht, ist die sexuelle Selektion ein potenziell unabhängiger, selbstgesteuerter Prozess, bei dem die (hauptsächlich weiblichen) Organismen selbst das Sagen haben. Darwin schreibt den weiblichen Tieren einen »Geschmack für das Schöne« und ein »ästhetisches Vermögen« zu. Von den männlichen heißt es, dass sie die Weibchen zu »bestricken« versuchen:

> Bei der grossen Majorität der Thiere ist [...] der Geschmack für das Schöne auf die Reize des andern Geschlechts beschränkt.* Die reizenden Klänge,

welche viele männliche Vögel während der Zeit der Liebe von sich geben, werden gewiss von den Weibchen bewundert, für welche Thatsache später noch Beweise werden beigebracht werden. Wären weibliche Vögel nicht im Stande, die schönen Farben, den Schmuck, die Stimmen ihrer männlichen Genossen zu würdigen, so würde alle die Mühe und Sorgfalt, welche diese darauf verwenden, ihre Reize vor den Weibchen zu entfalten, weggeworfen sein, und dies lässt sich unmöglich annehmen.[18]

Im Ganzen scheinen die Vögel unter allen Thieren die ästhetischsten zu sein, natürlich mit Ausnahme des Menschen, und sie haben auch nahezu denselben Geschmack für das Schöne wie wir haben.[19]

[Vögel] bestricken die Weibchen durch vocale und instrumentale Musik der mannichfaltigsten Arten.[20]

Aus heutiger wissenschaftlicher und kultureller Sicht mag Darwins ästhetische Wortwahl altertümlich, anthropomorph und vielleicht sogar beschämend albern klingen. Und möglicherweise hilft dies zu erklären, warum seine ästhetische Sicht der Partnerwahl heute wie die verrückte Tante auf dem evolutionären Dachboden behandelt wird, über die man nicht reden darf. Unsere heutige Furcht vor dem Anthropomorphismus war Darwin offenkundig fremd. Da er sich entschieden dafür einsetzte, die bis dahin unhinterfragte Barriere zwischen dem Menschen und anderen Lebensformen einzureißen, ist sein ästhetischer Sprachgebrauch nicht bloß ein kurioser Manierismus oder eine altmodische viktorianische Marotte. Er ist vielmehr ein integraler Bestandteil seines wissenschaftlichen Arguments über das Wesen des Evolutionsprozesses. Darwin macht hier eindeutige Aussagen über die sensorischen und kognitiven Fähigkeiten von Tieren sowie die evolutionären Folgen dieser Fähigkeiten. Nachdem er den Menschen und alle anderen Organismen auf verschiedenen Zweigen desselben großen Baums des Lebens platziert hat, bedient er sich der gewöhnlichen Sprache, um

[17] Janet Browne behandelt in ihrer Darwin-Biografie *Die Abstammung des Menschen* nur auf wenigen Seiten, während der Wirkung von *Über die Entstehung der Arten* über einhundert Seiten gewidmet sind; vgl. Browne, *Charles Darwin. The Power of Place.*
[18] Charles Darwin, *Die Abstammung des Menschen und die geschlechtliche Zuchtwahl*, Bd. I, dritte gänzlich umgearbeitete Auflage, Stuttgart 1875, S. 119.
* Der mit * gekennzeichnete Satz wurde in der zweiten Auflage hinzugefügt.
[19] Darwin, *Die Abstammung des Menschen*, Bd. II, S. 33.
[20] Ebd., S. 32.

eine außergewöhnliche wissenschaftliche Behauptung aufzustellen, nämlich dass die subjektiven Sinneserfahrungen von Menschen mit denen der Tiere wissenschaftlich vergleichbar sind.

Die erste Implikation von Darwins Sprachstil ist, dass Tiere ihre möglichen Partner aufgrund von Urteilen über deren ästhetischen Reiz auswählen. Für viele viktorianische Leser, selbst diejenigen, die mit der Evolutionstheorie sympathisierten, war dies vollkommen absurd. Es schien unmöglich, dass Tiere feine ästhetische Urteile treffen können. Selbst wenn sie imstande sein sollten, Unterschiede in der Farbe des Gefieders oder der Töne des Gesangs ihrer Verehrer *wahrzunehmen*, so wurde doch die Vorstellung, sie könnten kognitiv zwischen diesen differenzieren und dann eine bestimmte Vorliebe für die eine oder andere Variation zeigen, als lächerlich erachtet.

Diese Einwände aus der viktorianischen Zeit sind definitiv widerlegt. Darwins Hypothese, dass Tiere sensorische Urteile fällen und Partnerpräferenzen vornehmen können, wird heute durch eine Vielzahl von Beweisen gestützt und ist allgemein anerkannt. Zahlreiche Experimente mit verschiedensten Tierarten – von Vögeln bis hin zu Fischen, von Heuschrecken bis hin zu Motten – haben gezeigt, dass Tiere die Fähigkeit besitzen, sensorische Beurteilungen vorzunehmen, die ihre Paarungsentscheidungen beeinflussen.[21]

Auch wenn Darwins These der kognitiven Wahl der Tiere mittlerweile die anerkannte Lehrmeinung ist, so bleibt die zweite Implikation seiner ästhetischen Theorie der sexuellen Selektion heute genauso revolutionär und kontrovers wie zu der Zeit, als er sie zum ersten Mal vorbrachte. Indem er Worte wie »Schönheit«, »Geschmack«, »bestricken«, »schätzen«, »bewundern« oder »lieben« verwendet, deutet Darwin an, dass sich Partnerpräferenzen für Merkmale entwickeln können, die für das wählende Tier keinerlei praktischen, sondern ausschließlich ästhetischen Wert besitzen. Kurz, Darwin stellt die These auf, dass Schönheit sich in erster Linie entwickelt, weil sie für den Beobachter *angenehm* ist.

Darwins Ansichten über diese Frage entwickelten sich mit der Zeit. In einer frühen Erörterung der sexuellen Selektion in *Über die Entstehung der Arten* schreibt er: »Bei vielen Thieren unterstützt geschlechtliche Auswahl noch die

die Partnerwahl auf Gegenseitigkeit und beide Geschlechter zeigen dasselbe Ausdrucksverhalten und dieselben koevolutionären Paarungspräferenzen. Bei polyandrischen Arten wie den Wassertretern (*Phalaropus*) oder den Blatthühnchen (*Jacanidae*) können sich erfolgreiche Weibchen mit mehreren Männchen paaren. Diese Weibchen sind größer und farbenprächtiger als die Männchen, und sie sind es, die Balzverhalten zeigen und Gesänge anstimmen, um Partner anzulocken, während es den Männchen obliegt, eine Partnerin zu wählen, ein Nest zu bauen und sich um die Brut zu kümmern. Darwin beobachtete allerdings, dass die evolutionäre Kraft der sexuellen Selektion bei vielen der am reichsten geschmückten Tierarten vorwiegend auf dem Wege der Weibchenwahl wirkt, weswegen sich dieses Buch hauptsächlich auf die weibliche Partnerwahl konzentriert. Wenn *weibliche* ästhetische Vorlieben den Prozess vorangetrieben haben, dann war das *weibliche* sexuelle Begehren dafür verantwortlich, die extremsten Formen des sexuellen Ausdrucksverhaltens, die wir in der Natur beobachten können, hervorzubringen, zu bestimmen und zu gestalten. Es ist letztlich die weibliche sexuelle Selbstbestimmung, die im Wesentlichen zur Evolution der natürlichen Schönheit geführt hat. Zu Darwins Zeit war dies ein sehr verstörender Gedanke – und für viele ist er das heute noch.

Weil das Konzept der sexuellen Autonomie innerhalb der Evolutionsbiologie nur unzureichend erforscht ist, lohnt es sich, den Begriff zu definieren und sich seine weitreichenden Konsequenzen vor Augen zu führen. Autonomie ist – ob in der Ethik, der politischen Philosophie, der Soziologie oder der Biologie – die Fähigkeit eines individuellen Akteurs, eine informierte, unabhängige und nicht erzwungene Entscheidung zu treffen. Sexuelle Autonomie bedeutet also die Fähigkeit eines individuellen Organismus, eine informierte, unabhängige und nicht erzwungene *sexuelle* Entscheidung darüber zu treffen, mit wem er sich paaren will. Die einzelnen Elemente von Darwins Konzept der sexuellen Autonomie – das heißt die Sinneswahrnehmung, die kognitiven Fähigkeiten zur sensorischen Beurteilung und zur Partnerwahl, die Möglichkeit der Unabhängigkeit von sexuellem Zwang und so weiter – sind in der heutigen Evolutionsbiologie allesamt anerkannt. Doch nur wenige Evolutionsbiologen haben seit Darwin diese Punkte so klar miteinander verbunden, wie er es tat.

In *Die Abstammung des Menschen* präsentierte Darwin seine Hypothese, dass die weibliche sexuelle Autonomie – der Geschmack für das Schöne – eine unabhängige und transformative evolutionäre Kraft in der Geschichte des Lebens ist. Er stellte außerdem die Hypothese auf, dass es daneben manchmal eine eigenständige Kraft der männlichen sexuellen Kontrolle gibt, die genauso stark oder sogar noch stärker sein kann: das Gesetz des Kampfes, der Wettkampf gleichgeschlechtlicher Artgenossen um die Kontrolle über die Paarung mit dem anderen Geschlecht. Bei einigen Arten ist einer dieser Evolutionsmechanismen der beherrschende, was das Ergebnis der sexuellen Selektion angeht, bei anderen jedoch – Enten zum Beispiel, wie wir noch sehen werden – kommt es sowohl auf die weibliche Wahl als auch auf den männlichen Konkurrenzkampf und Zwang an und beide können zu einem ausufernden Konflikt zwischen den Geschlechtern führen. Darwin fehlte der intellektuelle Rahmen, um die Dynamik des Geschlechterkonflikts vollständig zu beschreiben, aber ihm war vollkommen klar, dass er existierte – beim Menschen und bei anderen Tieren.

Kurzum, *Die Abstammung des Menschen* war mechanistisch genauso innovativ und analytisch durchdacht wie *Über die Entstehung der Arten*, den meisten seiner Zeitgenossen ging das Werk jedoch eindeutig zu weit.

Bei seiner Veröffentlichung im Jahr 1871 wurde Darwins Theorie der sexuellen Selektion direkt heftig attackiert – genauer gesagt: Teile von ihr. Darwins Konzept der innergeschlechtlichen Konkurrenz unter männlichen Tieren – das Gesetz des Kampfes – wurde sofort und fast einhellig akzeptiert. Die Vorstellung männlicher Konkurrenzkämpfe um die Dominanz über die weibliche Sexualität war in der patriarchalen viktorianischen Kultur, in der Darwin lebte, nicht schwer zu vermitteln. So schrieb etwa der Biologe St. George Mivart in einer gleich nach Erscheinen des Buches zunächst anonym verfassten Rezension:

> Unter der Überschrift der geschlechtlichen Zuchtwahl fasst Darwin zwei sehr unterschiedliche Prozesse zusammen. Der eine besteht in der Ausübung überlegener Stärke oder Aktivität, dank der es einem Männchen gelingt, Weibchen in Besitz zu nehmen und Rivalen fernzuhalten. Dies ist

zweifellos eine *vera causa*, kann aber eher als eine Art der »natürlichen Zuchtwahl« denn als ein Zweig der »geschlechtlichen Zuchtwahl« angesehen werden.[25]

Mit diesen wenigen Worten etablierte Mivart eine Betrachtungsweise, die bis heute fortwirkt. Er griff das Element aus Darwins Theorie der sexuellen Selektion heraus, dem er zustimmte, – den männlichen Konkurrenzkampf – und behauptete im direkten Widerspruch zu Darwins eigener Ansicht, es handele sich dabei nur um eine andere Form der natürlichen Selektion und nicht um eine unabhängige Kraft. Aber immerhin erkannte er an, dass es sie gab. Für den anderen Aspekt von Darwins sexueller Selektionstheorie galt dies nicht.

Bei seiner Betrachtung der weiblichen Partnerwahl ging Mivart zum Angriff über: »Der zweite Prozess besteht in der angeblichen Präferenz oder Wahl, die das Weibchen aufgrund der Attraktivität oder Schönheit von Form, Farbe, Geruch oder Stimme, die ein Männchen besitzen kann, zugunsten bestimmter Partner frei ausübt.«[26]

Mivarts Hinweis auf die »frei ausgeübte Wahl« ist der Beleg dafür, dass Darwins Theorie für seine viktorianischen Leser die weibliche sexuelle Selbstbestimmung implizierte. Die Vorstellung, dass ein Tier irgendeine Art von Wahl treffen könne, war für Mivart jedoch vollkommen unmöglich:

> Selbst in den von Herrn Darwin speziell ausgewählten Fällen gibt es nicht den Hauch eines Beweises, der auch nur ansatzweise zeigen würde, dass irgendein Tier über das notwendige Reflexionsvermögen verfügt. [...] Es lässt sich nicht leugnen, dass, wenn man das gesamte Tierreich betrachtet, nichts auf einen Fortschritt der Geisteskraft aufseiten der Tiere hindeutet.[27]

Mivart behauptet, dass Tieren die notwendigen sensorischen Kräfte, kognitiven Fähigkeiten und der freie Wille fehlen, um sexuelle Entscheidungen auf der Grundlage von Balzmerkmalen treffen zu können. Sie könnten daher unmöglich aktive Kräfte oder selektive Akteure ihrer eigenen Evolution sein. Bei der Erörterung der Rolle der Pfauhenne für die Evolution des Pfauenschwanzes findet

25 St. George Mivart, »Review of *The Descent of Man*, by Charles Darwin«, in: *Quarterly Review* 131 (1871), S. 47–90, hier S. 53.
26 Ebd.
27 Ebd., S. 75 f.

Mivart die Idee der von den weiblichen Tieren ausgeübten Wahl besonders absurd: »[D]ie Unbeständigkeit der *lasterhaften weiblichen Capricen* ist so geartet, dass aus ihrem selektiven Handeln keine Konstanz der Färbung hervorgehen kann.«[28]

In Mivarts Augen waren die weiblichen sexuellen »Capricen« so unbeständig – will heißen: die wankelmütigen Weiber bevorzugen etwas in der einen Minute und in der nächsten schon wieder etwas anderes –, dass sie niemals zur Entwicklung von etwas so wunderbar Komplexem wie dem Schwanz des Pfaus hätten führen können.

Wir müssen uns Mivarts Wortwahl genauer ansehen, denn einige der von ihm verwendeten Ausdrücke haben in der englischen Umgangssprache über die letzten 140 Jahre einen Bedeutungswandel erfahren. Das Wort *vicious* [lasterhaft], mit dem er die weiblichen Capricen charakterisiert, bedeutet heute »boshaft«, »bösartig«, »gemein«, »heimtückisch« oder »grausam«, seine ursprüngliche Bedeutung war jedoch »unmoralisch«, »verderbt« »niederträchtig« oder, im buchstäblichen Sinne, vom Laster [*vice*] gekennzeichnet.[29] Ebenso steht das englische Wort *caprice* heute eher für eine reizende, harmlose Laune, während es in der viktorianischen Zeit die weniger schöne Bedeutung eines willkürlichen »Sinneswandels ohne ersichtliches oder angemessenes Motiv« hatte.[30] Für Mivart hatte das Konzept der weiblichen Partnerwahl demnach nicht nur den Beiklang von Unbeständigkeit, sondern auch von einer nicht zu rechtfertigenden Unmoral und Sünde.

Mivart räumt ein, dass die Darbietungen der Männchen eine Rolle bei der sexuellen Erregung spielen könnten: »Die männliche Zurschaustellung kann dazu dienen, ihrem Nervensystem und dem des Männchens das notwendige Maß an Stimulation zu liefern. Lustvolle Empfindungen, möglicherweise von großer Heftigkeit, können sich mithin auf beide auswirken.«[31]

Mivarts Beschreibung der »Stimulation«, die »lustvolle Empfindungen« erzeugt, liest sich wie ein Ratschlag für ein erfülltes Sexualleben aus einem viktorianischen Ehehandbuch. So gesehen braucht das Weibchen nur einen ausreichenden Reiz, um in ihm

---

28 Ebd., S. 59; Hervorhebung hinzugefügt.
29 Vgl. den Eintrag zu »*vicious*« in: *Oxford English Dictionary (OED)*, Oxford 2009.
30 Vgl. den *OED*-Eintrag zu »*caprice*«.
31 Mivart, »Review«, S. 62.
32 Ebd., S. 48; Hervorhebung hinzugefügt.

eine passende sexuelle Reaktion hervorzurufen und sein Sexualverhalten mit dem des Männchens zu koordinieren.

Wenn die sexuellen Darbietungen jedoch lediglich den Zweck haben, »das notwendige Maß an Stimulation zu liefern«, dann haben die Weibchen kein eigenes, individuelles und autonomes sexuelles Begehren. Vielmehr sollten sie notwendigerweise und rechtzeitig auf die kunstfertigen Stimulationsbemühungen ihrer Verehrer reagieren. Diese Vorstellung, die dem weiblichen sexuellen Begehren jede Eigenständigkeit abspricht, hallt bis ins folgende Jahrhundert nach und erreicht ihren Höhepunkt mit Freuds Theorie der sexuellen Reaktion des Menschen (siehe Kapitel 9). Nach dieser physiologischen Interpretation der weiblichen sexuellen Lust müssen Männer nie die Möglichkeit in Betracht ziehen, dass »sie vielleicht einfach nicht auf dich steht«. Das Fehlen der weiblichen sexuellen Reaktion bedeutet immer, dass mit *ihrer* Physiologie etwas nicht stimmt – kurzum: dass sie frigide ist. Wie wir sehen werden, ist es wahrscheinlich kein Zufall, dass die Wiederentdeckung der biologischen Theorie der Evolution durch Partnerwahl, die breite Anerkennung der weiblichen Autonomie in der westlichen Kultur und der Untergang der Freud'schen Auffassung der weiblichen Sexualität alle in einem kurzen Zeitraum stattfanden, der mit dem Aufkommen der Frauenbewegung in den 1970er Jahren zusammenfiel.

Mivarts Rezension von *Die Abstammung des Menschen* begründete noch einen weiteren dauerhaften intellektuellen Trend. Er war der Allererste, der Darwin als Verräter an seinem eigenen großartigen Vermächtnis darstellte – als einen Verräter am *wahren* Darwinismus: »Die Herabstufung des Gesetzes der ›natürlichen Zuchtwahl‹ auf eine untergeordnete Position kommt praktisch einer Abkehr von der darwinistischen Theorie gleich; denn das charakteristische Merkmal dieser Theorie war ja gerade *die vollkommene Zulänglichkeit der ›natürlichen Zuchtwahl‹.*«[32]

Nur wenige Wochen nach der Veröffentlichung von *Die Abstammung des Menschen* griff Mivart das Buch auf eine Weise an, die immer noch gebräuchlich ist – indem er nämlich *Über die Entstehung der Arten* zitierte, um gegen *Die Abstammung des Menschen* zu argumentieren. Darwins große Errungenschaft hatte für Mivart darin bestanden, eine einzige, »vollkommen zulängliche« Theorie der biologischen Evolution hervorgebracht zu haben. Indem er nun die Theorie der natürlichen Selektion mit einem Mechanismus verwässerte, der größtenteils auf der Macht ästhetischer subjektiver Erfahrungen – *lasterhaften weiblichen Capricen* – basierte, hatte er in Mivarts Augen das Maß des Hinnehmbaren überschritten. Viele Evolutionsbiologen würden dem heute noch zustimmen.

Mivarts Attacken auf die sexuelle Selektion lösten viele weitere aus. Die konsequenteste, schonungsloseste und wirkungsvollste Kritik an dieser Theorie kam jedoch von Alfred Russel Wallace. Wallace war als Mitentdecker der natürlichen Selektionstheorie berühmt. Im Jahr 1859 hatte er Darwin aus dem indonesischen Dschungel ein Manuskript geschickt, in dem er eine ganz ähnliche Theorie formulierte und Darwin um Rat und Unterstützung bat. Weil dieser befürchtete, nach jahrzehntelanger Arbeit an seiner Theorie der natürlichen Selektion von dem Jüngeren überflügelt zu werden, entschloss er sich zu einer raschen Veröffentlichung von Wallaces Manuskript gemeinsam mit einer kurzen Zusammenfassung seiner eigenen Theorie. Anschließend beeilte er sich, das vollständige Manuskript von *Entstehung der Arten* zu publizieren. Als Wallace dann nach England zurückkehrte, waren Darwin und seine Theorie bereits weltberühmt.

Es gibt keinen Beleg dafür, dass Wallace ihm dies jemals vorgehalten hat – und er hätte es auch gar nicht gekonnt. Darwin hatte bereits seit über zwanzig Jahren an der Idee der natürlichen Selektion gearbeitet, während Wallace erst am Anfang seiner Überlegungen stand. Uneinigkeit herrschte jedoch beim Thema der Partnerwahl und Wallace focht diesen Aspekt der Darwin'schen Theorie heftig an.[33] Die beiden Männer diskutierten ihre gegensätzlichen Ansichten in einer Reihe von Publikationen sowie in einer persönlichen Korrespondenz, die bis zu Darwins Tod im Jahr 1882 anhielt, ohne dass einer der beiden seinen Standpunkt aufgegeben hätte. In seiner, wie sich he-

[33] Einen sehr guten historischen Überblick über die Debatte zwischen Darwin und Wallace bietet Helena Cronin, *The Ant and the Peacock. Altruism and Sexual Selection from Darwin to Today*, Cambridge 1991.

[34] Charles Darwin, »A Preliminary Notice to ›On the Modification of a Race of Syrian Street Dogs by Means of Sexual Selection‹ by Dr. Van Dyck«, in: *Proceedings of the Zoological Society of London* 25 (1882), S. 367–369, hier S. 367. Darwin macht ein einziges Zugeständnis an die Kritiker der sexuellen Selektion: »Es kann freilich sein, dass ich sie zu weit ausgedehnt habe, beispielsweise im Fall der merkwürdig geformten Hörner und Mandibeln der männlichen Blatthornkäfer« (ebd.). Mit anderen Worten: Noch kurz vor seinem Tod gab Darwin gegenüber den Kritikern der Partnerwahl kaum einen Zentimeter nach – oder höchstens die Hornlänge eines Blatthornkäfers.

[35] Alfred Russel Wallace, *Die Tropenwelt nebst Abhandlungen verwandten Inhaltes*, Braunschweig 1879, S. 220.

rausstellen sollte, letzten wissenschaftlichen Publikation schreibt Darwin: »Ich darf hier vielleicht sagen, dass ich nach reiflicher Abwägung der verschiedenen Argumente, die gegen das Prinzip der geschlechtlichen Zuchtwahl vorgebracht worden sind, nach wie vor fest von dessen Wahrheit überzeugt bin.«[34]

Im Gegensatz zu Darwin, der seine Ansichten immer sehr höflich und zurückhaltend äußerte, verschärfte Wallace nach dessen Tod seine Angriffe auf die Evolution durch Partnerwahl sogar noch und hielt sie bis zu seinem eigenen Ableben 1913 aufrecht. Er war damit schließlich so erfolgreich, dass das Thema der sexuellen Selektion in der Evolutionsbiologie nahezu vollständig marginalisiert wurde und bis in die 1970er Jahre in Vergessenheit geriet.

Wallace verwendete sehr viel Energie darauf, zu zeigen, dass es sich bei den von Darwin beschriebenen »ornamentalen« Geschlechtsunterschieden gar nicht um Ornamente handelte und dass Darwins Theorie der Partnerwahl unnötig sei, um die Vielfalt der Tiere zu erklären. Wie Mivart stand Wallace der Möglichkeit, dass Tiere über sensorische und kognitive Fähigkeiten zur Partnerwahl verfügten, skeptisch gegenüber. Er war davon überzeugt, dass der Mensch von Gott als besonderes Wesen geschaffen und mit kognitiven Fähigkeiten ausgestattet worden war, die Tieren fehlten. Darwins Konzept der Partnerwahl verstieß somit gegen Wallaces geistliche Theorie der Sonderstellung des Menschen.

Angesichts der überwältigenden Beweise in Form von kunstvollen Ornamenten und komplexem Ausdrucksverhalten, besonders bei Vögeln, konnte Wallace die Evolution durch Partnerwahl allerdings nie vollständig zurückweisen. Als er jedoch deren Möglichkeit einräumen sollte, bestand er auf der Ansicht, sexuelle Ornamente hätten sich nur entwickeln können, weil sie einen adaptiven, praktischen Wert besäßen. In seinem 1878 erschienenen Buch *Die Tropenwelt nebst Abhandlungen verwandten Inhaltes* heißt es dann auch unter der Überschrift »Natürliche Zuchtwahl im Widerstreit gegen geschlechtliche Zuchtwahl«: »Wir vermögen die vorliegenden Thatsachen nur durch die Annahme zu erklären, dass Farbe und Schmuck mit Gesundheit, Kraft und überhaupt mit Tüchtigkeit zum Kampfe ums Dasein vereint ist.«[35]

Wallace bringt hier die Idee zum Ausdruck, dass die sexuellen Darbietungen »ehrliche« Anzeichen der Qualität und Verfassung darstellen – heute eine vollkommen anerkannte Lehrmeinung über die sexuelle Selektion. Wie aber kann es sein, dass ausgerechnet der Mann, dem das Verdienst gebührt, die Theorie der sexuellen Selektion für über ein Jahrhundert ruiniert zu haben, etwas niederschreibt, was ebenso gut in einem modernen Biologiebuch, ja im Grunde in jedem aktuellen Text über die Partnerwahl stehen könnte? Die Antwort lautet, dass die heutige Mehrheitsmeinung über die Partnerwahl genauso strikt antidarwinistisch ist wie Wallaces Kritik.

Wallace war der erste, der die heute überaus populäre »Biomatch.com«-Hypothese geäußert hat, der zufolge Schönheit immer ein reichhaltiges Profil an praktischen Informationen über die adaptiven Fähigkeiten potenzieller Partner liefert. Diese Sicht der Evolution ist so allgegenwärtig geworden, dass sie sogar Eingang in die Rede des US-Notenbankchefs Ben Bernanke anlässlich der Abschlussfeier der Princeton University 2013 fand. Bernanke ermahnte die Absolventen darin: »Denken Sie daran, dass körperliche Schönheit der Weg der Evolution ist, uns zu versichern, dass die andere Person nicht zu viele Darmparasiten hat.«[36]

Heutzutage stimmen die meisten Forscher mit Wallace darin überein, dass die gesamte sexuelle Selektion einfach eine Form der natürlichen Selektion ist. Wallace ging jedoch noch weiter und lehnte den Begriff »sexuelle Selektion« beziehungsweise »geschlechtliche Zuchtwahl« grundsätzlich ab. In dem oben zitierten Absatz schreibt er weiter:

> [F]indet aber ein solcher Zusammenhang [zwischen Schmuck und Gesundheit, Kraft und »Tüchtigkeit zum Kampfe ums Dasein«], wie ich überzeugt bin, wirklich statt, dann bedürfen wir der Annahme einer auf Farbe oder sonstigen Schmuck gerichteten geschlechtlichen Zuchtwahl nicht, für die ohnehin die Beweisgründe schwach, ja nichtig sind. Vielmehr bringt dann die natürliche Zuchtwahl, eine Ursache, deren Vorhandensein erwiesen ist, von selbst alle diese Wirkungen hervor. [...] [D]amit fällt jede Veranlassung zur Annahme der, ohnehin als wirkungslos nachgewiesenen, willkürlichen geschlechtlichen Zuchtwahl seitens der Weibchen fort.[37]

Es waren natürlich die willkürlichen und ästhetischen Elemente von Darwins Theorie der sexuellen Selektion, die Wallace als unnötig, überflüssig und »wirkungslos« ablehnte. Die meisten Evolutionsbiologen würden dem auch heute noch zustimmen.

Wie Mivart unternahm Wallace, der in Darwins ästhetischer Ketzerei eine Bedrohung ihres gemeinsamen geistigen Erbes sah, Schritte, um Darwins vermeintlichen Fehler zu korrigieren. Im Vorwort zu seinem 1889 erschienenen Buch *Darwinism* schreibt er:

> Selbst bei der Verwerfung der Art der geschlechtlichen Zuchtwahl, welche aus freier Wahl seitens des Weibchens hervorgehen soll, trete ich nur für eine grössere Wirksamkeit der natürlichen Zuchtwahl ein. Und dies ist vorzugsweise Darwin'sche Lehre, so dass ich für mein Werk den Anspruch erheben kann, dass es dem reinen Darwinismus das Wort redet.[38]

Wallace behauptet hier, darwinistischer zu sein als Darwin selbst! Nachdem er mit Darwin zu dessen Lebzeiten erfolglos über die Frage der Partnerwahl gestritten hatte, beginnt er nur wenige Jahre nach dessen Tod damit, den Darwinismus nach seinem *eigenen* Bild umzuformen.

Wir erleben in den zitierten Textstellen die Geburtsstunde des Adaptationismus – der Überzeugung, dass die Adaptation, die evolutionäre Anpassung durch natürliche Selektion, eine universell starke Kraft ist, die im Evolutionsprozess *immer* dominiert. Oder um es mit den bemerkenswert absolutistischen Worten von Wallace auszudrücken: »Die natürliche Zuchtwahl [...] ist überall und im grössten Maasstabe thätig« – so gross, dass sie jeden anderen Evolutionsmechanismus »vernichten« muss.[39]

Wallace setzte die Umwandlung von Darwins fruchtbarem, kreativem und vielfältigem Erbe zu jener monolithischen, intellektuell verarmten Theorie in Gang, mit der er heute fast ausnahmslos in Verbindung gebracht wird. Vor allem erfand Wallace auch den typischen adaptationistischen Argumentationsstil: ein reines sturköpfiges Beharren.

[36] Ben S. Bernanke, »The Ten Suggestions«, *Princeton University's 2013 Baccalaureate Remarks*, 2. Juni 2013, {www.princeton.edu/news/2013/06/02/princeton-universitys-2013-baccalaureate-remarks}, letzter Zugriff 6.6.2018.
[37] Wallace, *Die Tropenwelt*, S. 219 f.
[38] Alfred Russel Wallace, *Der Darwinismus. Eine Darlegung der Lehre von der natürlichen Zuchtwahl und einiger ihrer Anwendungen*, Braunschweig 1891, S. ix f.
[39] Wallace, *Die Tropenwelt*, S. 219.

Das ist beileibe keine Lappalie. Der Darwin, den wir geerbt haben, wurde infolge des übergroßen Einflusses von Wallace auf die Evolutionsbiologie des 20. Jahrhunderts aufpoliert, zurechtgestutzt und auf ideologische Reinheit getrimmt. Die wahre Tiefe und Kreativität von Darwins Ideen, insbesondere seine ästhetische Sicht der Evolution, wurden aus der Geschichte gestrichen. Alfred Russel Wallace mag die Schlacht um das Verdienst der Entdeckung der natürlichen Selektion verloren haben, aber den Krieg darum, wie sich die Evolutionsbiologie und der Darwinismus im 20. Jahrhundert entwickeln sollten, hat er gewonnen. Nach über hundert Jahren macht mich das immer noch stinksauer.

In dem Jahrhundert nach der Veröffentlichung der *Abstammung des Menschen* ist die Theorie der sexuellen Selektion nahezu vollständig in den Hintergrund gedrängt worden. Es gab zwar vereinzelte Versuche, das Thema wiederzubeleben, aber Wallaces Diffamierung der Partnerwahl war so erfolgreich, dass eine Generation nach der anderen allein die natürliche Selektion heranziehen sollte, um Sexualornamente und Ausdrucksverhalten zu erklären.[40]

In diesem hundert Jahre währenden dunklen Zeitalter der Partnerwahltheorie gab es dennoch einen Mann, der einen fundamentalen Beitrag zu dem Thema leistete. In einem Aufsatz von 1915 und einem Buch von 1930 schlug der britische Statistiker und Genetiker Ronald Aylmer Fisher einen genetischen Mechanismus zur Evolution der Partnerwahl vor, der auf Darwins ästhetischen Ansichten aufbaute und sie ausweitete.[41] Leider wurden seine Ideen zur sexuellen Selektion in den folgenden fünfzig Jahren jedoch weitgehend ignoriert.

Fisher war ein begabter Mathematiker, der großen Einfluss auf die Wissenschaft hatte, weil er mit seinem Werk sowohl das grundlegende Handwerkszeug als auch die intellektuelle Struktur entwickelte, die der modernen Statistik zugrunde liegt. In erster Linie war er jedoch Biologe, und seine statistischen Forschungen entsprangen unmittelbar dem Wunsch nach einem genaueren Verständnis der Funktionsweise von Genetik und Evolution in der Natur, in der Landwirtschaft und in menschlichen Bevölkerungsgruppen. Sein Interesse an der Genetik

---

[40] Einen interessanten Überblick über die verschiedenen Studien zur Partnerwahl im frühen 20. Jahrhundert liefert Erika Lorraine Milam, *Looking for a Few Good Males. Female Choice in Evolutionary Biology*, Baltimore 2010.
[41] Vgl. Ronald A. Fisher, »The Evolution of Sexual Preference«, in: *Eugenics Review* 7 (1915), S. 184–191, und ders., *The Genetical Theory of Natural Selection*, Oxford 1930.

und an der Evolution hing zum Teil mit seinem leidenschaftlichen Eintreten für die Eugenik zusammen – jener mittlerweile in Verruf geratenen Theorie und Sozialbewegung, die sich für gesellschaftliche, politische und rechtliche Maßnahmen zur Regulierung der Fortpflanzung einsetzte, um die Gattung Mensch genetisch zu verbessern und die »Rassenreinheit« zu bewahren. Ungeachtet seiner fürchterlichen Überzeugungen lieferten seine Untersuchungen einige brillante wissenschaftliche Ergebnisse – die am Ende mit seinen eugenischen Ansichten im Widerspruch standen.

Fisher sorgte mit einer kritischen Beobachtung für eine nachhaltige Neuausrichtung der Debatte über die sexuelle Selektion: Die Evolution von Sexualornamenten zu erklären, sei einfach; unter sonst gleichen Bedingungen sollten sich die Ausdrucksmerkmale entsprechend den vorherrschenden Paarungspräferenzen entwickeln. Die kritischere wissenschaftliche Frage ist, warum und wie sich Paarungspräferenzen entwickeln. Diese Einsicht bleibt für alle aktuellen Diskussionen über die Evolution durch sexuelle Selektion grundlegend.

Fisher schlug eigentlich ein zweistufiges Evolutionsmodell vor: In der ersten Phase entwickeln sich demnach die ursprünglichen Paarungspräferenzen, in einer anschließenden zweiten Phase erfolgt dann die koevolutionäre Ausgestaltung von Merkmal und Präferenz.[42] Die erste Phase, die vollkommen auf einer Linie mit Wallace liegt, besagt, dass sich Präferenzen in erster Linie für Merkmale entwickeln, die ehrliche und genaue Anzeichen für Gesundheit, Kraft und Überlebensfähigkeit sind. Die natürliche Selektion stellt sicher, dass die nach diesen Merkmalen getroffene Paarungsentscheidung zu objektiv besseren Partnern und zu genetisch angelegten Paarungspräferenzen zugunsten dieser besseren Partner führt. Nach dieser Ursprungsphase jedoch, so vermutete Fisher in seinem Zweistufenmodell, sorgt die bloße Existenz der Paarungspräferenzen dafür, dass sich das Ausdrucksmerkmal von seiner ursprünglichen ehrlichen Qualitätsinformation *ablöst*, indem eine neue, unvorhersehbare, ästhetisch gesteuerte evolutionäre Kraft entsteht: die sexuelle Anziehung des Merkmals selbst. Wenn es nun aber gar keine Korrelation zwischen Merkmal und Qualität

[42] Die zwei Stufen von Fishers Modell haben zu Verwirrung darüber geführt, was genau das »Fisher'sche« Element der sexuellen Selektion eigentlich ist. Bezieht es sich auf die erste, adaptive oder auf die zweite, willkürliche Phase? Oder ist es eine Kombination aus beiden? In diesem Buch ist mit »Fishers Prozess« durchgängig Fishers innovative Beschreibung der zweiten Phase des sexuellen Selektionsprozesses gemeint.

mehr gibt, wird das Merkmal deshalb nicht etwa weniger attraktiv für einen potenziellen Sexualpartner; es wird sich weiterentwickeln und immer ausgefeilter werden, einfach weil es präferiert wird.

Die Kraft, die letztlich die anschließende Evolution der Partnerwahl vorantreibt, ist laut Fishers Zweistufenmodell die *Wahl* durch den Partner selbst. Dies ist eine exakte Umkehrung der Wallace'schen Ansicht, die natürliche Zuchtwahl müsse die sexuelle »vernichten«: Willkürliche ästhetische Entscheidungen (à la Darwin) übertrumpfen Entscheidungen, die aufgrund von Anpassungsvorteilen (à la Wallace) getroffen wurden, weil das Merkmal, das ursprünglich aus einem adaptiven Grund bevorzugt wurde, zu einer eigenen Quelle der Anziehung geworden ist. Sobald das Merkmal attraktiv ist, werden seine Anziehungskraft und Beliebtheit zum Selbstzweck. Die Paarungspräferenz gleicht für Fisher einem Trojanischen Pferd. Selbst wenn die Partnerwahl ursprünglich dazu dient, Merkmale zu verstärken, die adaptive Informationen tragen, wird das Verlangen nach dem präferierten Merkmal irgendwann das Diktat der natürlichen Selektion bei der Bestimmung des Evolutionsergebnisses untergraben. Das Verlangen nach Schönheit wird bleiben und das Verlangen nach Wahrheit untergraben.

Wie geschieht dies? Fisher vermutete, dass durch genetische Kovariation (das heißt, durch korrelierte Erbgutvaration) eine positive Rückkopplungsschleife zwischen dem Sexualornament und der Präferenz für dieses Ornament entsteht. Um zu verstehen, wie dies funktionieren könnte, stellen Sie sich eine Vogelpopulation mit einer genetischen Variation eines Ausdrucksmerkmals – sagen wir, der Schwanzfederlänge – und der Paarungspräferenzen für verschiedene Schwanzfederlängen vor. Weibchen, die Männchen mit langen Schwanzfedern bevorzugen, finden Partner, die diese längeren Schwanzfedern haben, und Weibchen, die kürzere Schwanzfedern bevorzugen, finden entsprechend Männchen mit kürzeren Schwanzfedern. Der Vorgang der Partnerwahl bedeutet, dass die Variation der Gene in Bezug auf Merkmale und Präferenzen innerhalb der Population nicht mehr zufällig auftritt. Vielmehr werden die meisten Individuen bald Gene für korrelierte Merkmale und Präferenzen haben – also Gene für lange Schwanzfedern *und* für die Präferenz langer Schwanzfedern oder Gene für kurze

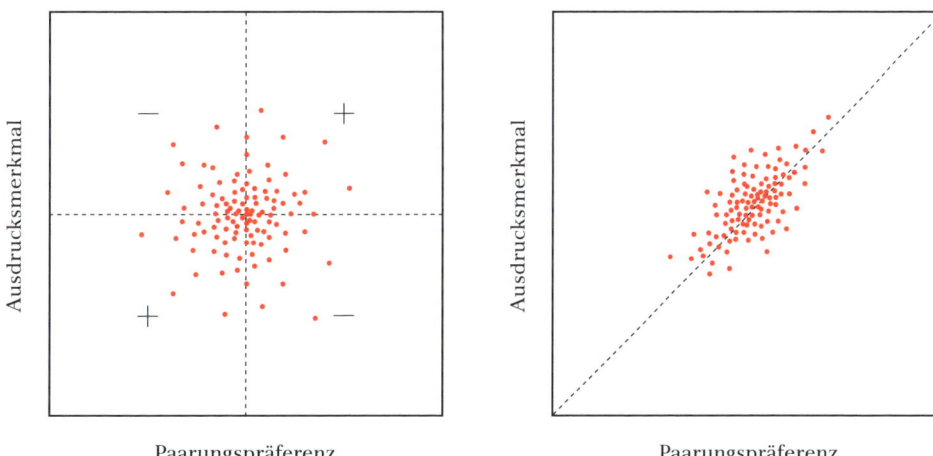

Evolution der genetischen Kovarianz zwischen einem Ausdrucksmerkmal – zum Beispiel der Schwanzfederlänge – und der Präferenz für dieses Merkmal.
(Links) Eine Population startet mit Individuen (rote Punkte), bei denen eine Zufallsverteilung der genetischen Variation des Ausdrucksmerkmals (Vertikalachse) und der Paarungspräferenz (Horizontalachse) herrscht. Als Folge der Präferenz finden viele Paarungen zwischen Individuen des oberen rechten und unteren linken Quadranten statt, die dieselbe Variation der Schwanzfederlänge aufweisen und präferieren (Pluszeichen). In den anderen Bereichen der Verteilung, wo Präferenzen und Merkmale nicht übereinstimmen (Minuszeichen), gibt es weniger Paarungen. (Rechts) Das Resultat ist die Evolution der Kovariation von Genen für Merkmal und Präferenz (gestrichelte Linie).

Schwanzfedern *und* für die Präferenz kurzer Schwanzfedern. Entsprechend wird es immer weniger Individuen geben, die Gene für kurze Schwanzfedern und für die Präferenz langer Schwanzfedern haben und umgekehrt. Der bloße Vorgang der Partnerwahl führt zu einer Destillation und Konzentration der genetischen Variation von Merkmal und Präferenz in korrelierten Verbindungen. Für Fisher war diese Beobachtung eine schlichte mathematische Tatsache. Das Ergebnis zeigt, was Paarungspräferenz bedeutet.

Die Folge der genetischen Kovariation ist die koevolutionäre Entwicklung der Gene für eine bestimmte Eigenschaft und der Präferenz für diese Eigenschaft. Treffen Weibchen ihre Partnerwahl aufgrund bestimmter Ausdrucksmerkmale – etwa langer Schwanzfedern –, dann selektieren sie damit *auch* in-

direkt bestimmte Partnerwahlgene, weil sie Männchen auswählen, deren Mütter wahrscheinlich ebenfalls Gene für die Präferenz langer Schwanzfedern besaßen.

Das Ergebnis ist eine starke positive Rückkopplungsschleife, bei der die Partnerwahl zum selektierenden Agens der Evolution der Paarungspräferenz selbst wird. Fisher bezeichnete diese sich selbst verstärkende sexuelle Selektion als »Weglauf-Prozess« (*runaway process*).[43] Die Selektion bestimmter Merkmale sorgt für eine evolutionäre Veränderung der Paarungspräferenzen, diese Veränderung der Paarungspräferenzen erzeugt weitere evolutionäre Veränderungen der Merkmale und so weiter.

Die Form der Schönheit und das Verlangen danach prägen einander durch einen koevolutionären Prozess. Fisher benannte somit einen eindeutigen genetischen Mechanismus für das gemeinsame »Fortschreiten« von Merkmal und Präferenz, wie es Darwin zum ersten Mal am Beispiel des Argusfasans beschrieben hatte (vgl. die Zitate auf S. 33–35).

Fishers koevolutionärer Mechanismus erklärt auch den potenziellen evolutionären Nutzen der Paarungspräferenz. Wenn das Weibchen einen Partner mit einem sexuell attraktiven Merkmal wählt – nehmen wir einmal mehr die langen Schwanzfedern –, wird sein männlicher Nachwuchs dieses sexuell attraktive Merkmal eher erben. Und wenn auch andere Weibchen der Population lange Schwanzfedern bevorzugen, wird es am Ende mehr Nachkommen haben, weil seine männlichen Kinder für jene anderen Weibchen sexuell attraktiv sind. Dieser evolutionäre Vorteil ist der indirekte genetische Nutzen, der nur auf der Partnerwahl beruht. Wir nennen ihn indirekt, weil er nicht *direkt* das Überleben oder die Fekundität (die Fähigkeit, Nachwuchs zu bekommen und großzuziehen) des wählenden Weibchens selbst, ja nicht einmal das Überleben seiner Kinder betrifft. Der Nutzen entsteht vielmehr durch den Fortpflanzungserfolg seiner sexuell attraktiven Söhne, der eine größere Verbreitung seiner Gene (sprich: mehr Enkelkinder) nach sich zieht.

Fishers Selbstverstärkungs- bzw. Weglauf-Prozess funktioniert in etwa wie die niederländische Tulpenmanie der 1630er Jahre, die spekulative Finanzmarktblase der 1920er Jahre oder, um einen jüngeren Fall zu nennen, die überbewerteten Immobilienmärkte, die 2008 zum Beinahe-Zusammenbruch des gesamten

---

[43] Fisher, *The Genetical Theory of Natural Selection*, S. 137.

Weltbankensystems führten. All dies sind Beispiele dafür, was passiert, wenn der Wert von etwas von seinem »eigentlichen« Wert abgekoppelt und nicht nur weiterhin als gültig betrachtet wird, sondern sogar noch steigt. Was spekulative Marktblasen antreibt, ist das Begehren selbst. Will heißen: Etwas ist begehrenswert, weil es begehrt wird, beliebt, weil es beliebt ist. Die Partnerwahl nach Fisher ist somit die genetische Version des »irrationalen Überschwangs« einer Marktblase. (Wir werden im zweiten Kapitel auf diese ökonomische Analogie zurückkommen.)

Fisher betonte, dass Paarungspräferenzen sich nicht deshalb weiterentwickeln, weil das jeweils ausgewählte Männchen in irgendeiner Weise besser wäre als die anderen. Es kann sogar sein, dass sexuell erfolgreiche Männchen *schlechtere* Überlebenschancen und eine *schwächere* Gesundheit oder Verfassung entwickeln. Wenn ein Ausdrucksmerkmal von jedem anderen extrinsischen Maßstab für die Qualität des Paarungspartners – also der allgemeinen genetischen Qualität, Krankheitsresistenz, Futterqualität oder der Fähigkeit, Elternaufwand zu betreiben – entkoppelt wird, so bezeichnen wir dieses Merkmal als willkürlich. Willkürlich bedeutet in diesem Zusammenhang nicht zufällig, wahllos oder unerklärlich; es bedeutet lediglich, dass das Merkmal außer seinem Vorhandensein keine anderen Informationen vermittelt. Es existiert einfach, um beobachtet und bewertet zu werden. Willkürliche Merkmale sind weder ehrlich noch unehrlich, da sie keinerlei Informationen kodieren, über die man lügen könnte. Sie sind bloß attraktiv beziehungsweise *nur schön*.

Dieser Evolutionsmechanismus funktioniert in etwa wie die Haute Couture. Der Unterschied zwischen erfolgreicher und erfolgloser Kleidung ergibt sich (in Wirklichkeit) nicht aus Variationen der Funktion oder der objektiven Qualität, sondern aus flüchtigen Ideen darüber, was subjektiv ansprechend ist – die Mode der Saison. Fishers Modell der Partnerwahl mündet in der Evolution von Merkmalen, die keinerlei funktionalen Vorteil bieten und sogar nachteilig für ihre Träger sein können – so wie modische Schuhe, in denen einem die Füße wehtun, oder Kleidungsstücke, die so spärlich sind, dass sie den Körper nicht vor den Elementen schützen können. In Fishers Welt sind die Tiere der evolutionären Mode unterworfen, sie entwickeln extravagante und willkürliche Darbietungen und Geschmäcke, die gänzlich »bedeutungslos« sind und bei denen es um nichts anderes geht als um wahrnehmbare Qualitäten.

Fisher hat nie ein explizites mathematisches Modell des Selbstverstärkungsprozesses vorgelegt (was spätere Biologen dann, wie wir bald sehen werden, nachholten). Manch einer hat die Vermutung geäußert, er sei als Mathematiker derart begabt gewesen, dass er seine Ergebnisse für offensichtlich und keiner weiteren Erklärung bedürftig hielt. In diesem Fall hätte sich Fisher jedoch gründlich geirrt, denn es gab vieles, das erst noch entdeckt werden musste. Ich glaube vielmehr, dass Fisher wusste, dass es noch eine Menge Arbeit gab. Die Frage ist dann natürlich, warum er sich nicht daran gemacht hat. Meiner Ansicht nach hat er sein Weglauf-Modell deshalb nicht weiterverfolgt, weil er merkte, dass die Implikationen dieses Evolutionsmechanismus in völligem Widerspruch zu seiner Unterstützung der Eugenik-Bewegung standen. Denn schließlich folgt aus seinem Modell, dass die adaptive Partnerwahl – die Art von Wahl, die nötig ist, um eine Spezies eugenisch zu »verbessern« – evolutionär instabil ist und fast zwangsläufig von der willkürlichen Partnerwahl unterminiert wird, jenem irrationalen Begehren, das die Schönheit weckt. Und mit dieser Einschätzung hatte Fisher recht!

Ungefähr hundert Jahre nach dem Erscheinen von Darwins *Abstammung des Menschen* kehrte die Idee der sexuellen Selektion allmählich wieder in den evolutionären Mainstream zurück.[44] Warum dauerte es so lange? Zwar bedürfte es einer eingehenden historischen und soziologischen Untersuchung, um meine Vermutung zu überprüfen, aber ich glaube, es war kein Zufall, dass die Evolutionsbiologie die Partnerwahl – insbesondere die Weibchenwahl – genau in dem Moment endlich wieder als ein echtes evolutionäres Phänomen in Betracht zog, als sich Frauen in den Vereinigten Staaten und in Europa politisch zu organisieren und für Gleichberechtigung, sexuelle Freiheit und den Zugang zu Verhütungsmitteln zu demonstrieren begannen. Es wäre schön, wenn die Erkenntnisse der Evolutionsbiologen einen Einfluss auf diese positiven kulturellen Entwicklungen gehabt hätten, aber leider zeigt die Geschichte, dass das Gegenteil der Fall war.

Mit dem wiedererwachten wissenschaftlichen Interesse an der Partnerwahl flammte auch der Streit zwischen der ästhetischen Sicht (Darwin/Fisher) und einer modernisierten Version des Adaptationismus (Wallace) wieder auf. In den Jahren 1981 und 1982, mehr als fünfzig Jahre, nachdem Fisher sein Modell der sexuellen Selektion veröffentlicht hatte, wurde dieses von den Biomathematikern Russell Lande und Mark Kirkpatrick unabhängig voneinander bestätigt und weiter ausgebaut.[45] Inspiriert von Fishers Theorie wandten Lande und Kirkpatrick verschiedene mathematische Verfahren an, um die koevolutionäre Dynamik zwischen Partnerwahl und Ausdrucksmerkmalen zu erforschen, und kamen zu sehr ähnlichen Ergebnissen. Sie zeigten, dass Merkmale und Präferenzen allein aufgrund des Vorteils sexuell attraktiver Nachkommen koevolvieren können. Darüber hinaus konnten sie beweisen, dass der Prozess der Partnerwahl eine Kovarianz zwischen den Genen für ein bestimmtes Ausdrucksmerkmal und den Genen für die Präferierung dieses Merkmals erzeugt.

Die Modelle der sexuellen Selektion nach Lande und Kirkpatrick lieferten auch den mathematischen Beweis, dass sich Ausdrucksmerkmale im Gleichgewicht zwischen natürlicher und sexueller Selektion entwickeln. So kann zum Beispiel ein Männchen die optimale Schwanzfederlänge für sein Überleben (und damit einen natürlichen Selektionsvorteil) haben, aber wenn es nicht sexy genug ist, um auch nur ein Weibchen anzulocken (und damit einen sexuellen Selektionsnachteil hat), kann es seine Gene nicht an die nächste Generation weitergeben. Entsprechend kann ein Männchen die perfekte Schwanzfederlänge zum Anlocken von Weibchen (und damit einen sexuellen Selektionsvorteil) haben, wenn es jedoch so extravagant ausgestattet ist, dass es nicht lange genug überlebt, um überhaupt ein Weibchen zu gewinnen (und damit einen natürlichen Selektionsnachteil hat), wird es seine Gene ebenfalls nicht weitergeben können. Lande und Kirkpatrick bestätigten Fishers und Darwins Intuition, dass durch natürliche und sexuelle Selektion von Ausdrucksmerkmalen ein Gleichgewicht zwischen den beiden entgegengesetzten Kräf-

[44] Dieses neue Bewusstsein zeigte sich in dem von Bernard Grant Campbell herausgegebenen Sammelband *Sexual Selection and the Descent of Man. 1871–1971*, Chicago 1972, das einen äußerst einflussreichen Beitrag von Robert Trivers über das differenzielle reproduktive Investment enthielt.

[45] Russell Lande, »Models of Speciation by Sexual Selection on Polygenic Traits«, in: *Proceedings of the National Academy of Sciences of the United States of America* 78, 6 (1981), S. 3721–3725; Mark Kirkpatrick, »Sexual Selection and the Evolution of Female Choice«, in: *Evolution* 82 (1982), S. 1–12.

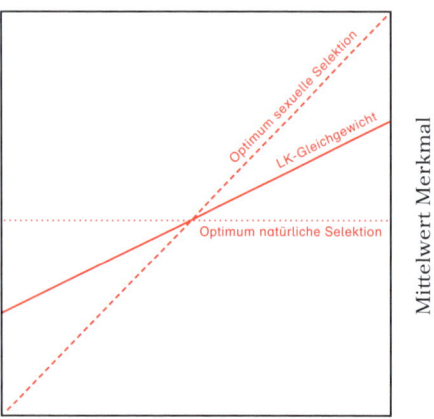

Lande-Kirkpatrick-Modell der Evolution eines Ausdrucksmerkmals – wie der Schwanzfederlänge – und der Präferenz für dieses Merkmal. Der Mittelwert des Ausdrucksmerkmals in einer Population (Vertikalachse) evolviert zu einem Gleichgewicht (durchgehende Linie) zwischen dem durch natürliche Selektion begünstigten Merkmalswert (horizontale Linie) und dem durch sexuelle Selektion begünstigten Merkmalswert (gestrichelte Linie).

ten entsteht. In diesem Gleichgewicht kann das Männchen immer noch recht weit vom Optimum der natürlichen Selektion entfernt sein, aber das ist der Preis, wenn man sich mit sexuell autonomen, wählerischen Weibchen einlässt.

Bei der Definition dieses Gleichgewichts gingen Lande und Kirkpatrick allerdings weit über Fisher und Darwin hinaus. Unter Verwendung unterschiedlicher mathematischer Raster fanden beide heraus, dass das Gleichgewicht zwischen natürlicher und sexueller Selektion nicht auf einen einzigen Punkt beschränkt ist. Vielmehr existiert eine Linie von Gleichgewichten – es gibt buchstäblich eine unendliche Anzahl möglicher stabiler Gleichgewichtspunkte zwischen natürlicher und sexueller Selektion eines bestimmten Merkmals. Im Grunde ist für *jedes* wahrnehmbare Ausdrucksmerkmal eine Kombination aus der auf dieses Merkmal einwirkenden sexuellen und natürlichen Selektion denkbar, die zu einem stabilen Gleichgewicht führen kann. Dies ist die wahre Bedeutung eines »willkürlichen« Merkmals: Praktisch jede wahrnehmbare Eigenschaft kann potenziell als sexuelles Ornament fungieren. Je weiter sich ein Ausdrucksmerkmal vom Optimum der natürlichen Selektion entfernt, desto stärker muss natürlich sein sexueller Vorteil sein, damit es sich entwickeln kann.

Wie kommen die sexuelle und die natürliche Selektion der Ausdrucksmerkmale in die Waage? Oder anders gefragt: Wie entwickeln sich Populationen auf ein Gleichgewicht zu? Auch hier liefern Lande und Kirkpatrick ein reichhaltiges mathematisches Arsenal, um Fishers sprachliches, nichtmathematisches Modell zu untermauern. Um sich zu einem stabilen Gleichgewicht zu entwickeln, müssen *sowohl* das Ausdrucksmerkmal *als auch* die Paarungspräferenz *koevolvieren*. Mit anderen Worten, um zu bekommen, was sie wollen (das heißt, um sich in

Richtung eines Gleichgewichts zu entwickeln), müssen die Weibchen das männliche Ausdrucksmerkmal selektieren und es verändern. Weil aber Merkmale und Präferenzen genetisch korrelieren, bedeutet Koevolution, dass die Weibchen auch verändern müssen, was *sie* wollen. Dieser Evolutionsprozess gleicht, um einen (etwas überstrapazierten) Vergleich heranzuziehen, ein wenig einer Ehe: Auch Ehegatten versuchen oft, den jeweils anderen zu verändern, häufig mit Erfolg. Doch der Prozess zum Erreichen einer stabilen Lösung erfordert in der Regel eine Veränderung *sowohl* des Verhaltens des einen Ehegatten *als auch* der Einstellung des anderen zu diesem Verhalten.

In der Theorie kann die ästhetische Koevolution manchmal so rasch verlaufen, dass sich die Ausdrucksmerkmale nicht schnell genug entwickeln können, um mit den zunehmend radikaleren Präferenzen einer Population Schritt zu halten. Lande hat gezeigt, dass sich Populationen, wenn die genetische Korrelation zwischen Präferenz und Merkmalen stark genug ist, theoretisch sogar von der Linie des Gleichgewichts *weg*entwickeln können; das heißt, die Gleichgewichtslinie kann instabil werden. Dieser Prozess gilt als die ultimative Umsetzung von Fishers »Weglauf-Prozess«, bei dem sich die Partnerwahl am Ende *selbst* so rapide ändert, dass sich ihre ständig evolvierenden Präferenzen *nie* erfüllen lassen und das Begehren nie ganz gestillt werden kann.

Schließlich erklären die mathematischen Modelle von Lande und Kirkpatrick auch, wie die Partnerwahl die Evolution neuer Arten vorantreiben kann. Wenn Populationen einer bestimmten Spezies voneinander isoliert werden (zum Beispiel, wenn ein neuer Gebirgszug entsteht, sich Wüsten bilden oder Flüsse ihren Lauf ändern), dann sind diese Populationen verschiedenen zufälligen Einflüssen unterworfen. Jede Unterpopulation wird letztlich eine eigene ästhetische Richtung einschlagen, zu einem bestimmten Punkt auf der Gleichgewichtslinie divergieren und einen eigenen, differenzierten Schönheitsmaßstab entwickeln: längere oder kürzere Schwanzfedern, höhere oder tiefere Gesänge, rote oder gelbe Bäuche, blaue Köpfe, kahle Köpfe oder gar blaue kahle Köpfe. Die Möglichkeiten sind endlos. Wenn die isolierten Populationen weit genug auseinander divergieren, kann der Prozess der ästhetischen sexuellen Selektion zu einer vollkommen neuen Art führen – ein Vorgang, den man Speziation nennt. Nach dieser Theorie gleicht die ästhetische Evolution einem Kreisel. Die Aktion der Partnerwahl erzeugt ein inneres Gleichgewicht, welches bestimmt, was innerhalb einer Population als sexuell schön gilt. Zufällige Störungen an der Spitze – entweder innere Kräfte wie Mutationen oder äußere Faktoren wie die Isolation einer Population durch geografische Barrieren – können jedoch dafür sorgen, dass sich die Spitze auf ein neues Gleichgewicht zubewegt.

Im Gesamtresultat fördert die Partnerwahl die Evolution von immer weiter eskalierenden, sich immer stärker diversifizierenden Schönheitsmaßstäben innerhalb von Populationen und Arten. Nahezu alles ist möglich – dafür liefern einige der Vögel, die diese Seiten bevölkern, hinreichend Beweise. Ich nenne sie aus gutem Grund ästhetische Extremisten.

Russell Lande und Mark Kirkpatrick wurden unmittelbar von Darwins und Fishers vergessenen Mechanismen der ästhetischen Partnerwahl inspiriert. Der moderne, adaptationistische, neowallaceanische Mechanismus der Partnerwahl musste freilich von Grund auf neu erfunden werden, weil sich niemand mehr an Wallaces eigene Theorie der ehrlichen Werbung erinnerte. In logischer Hinsicht haben die modernen Versionen dennoch eine frappierende Ähnlichkeit mit der von Wallace, teilen sie doch dessen grundsätzliches Beharren auf der größeren Wirksamkeit der natürlichen Selektion. Die natürliche Selektion *muss* wahr und vollkommen zulänglich sein, weil sie eine so mächtige und rational attraktive Idee ist.

Der Hauptvertreter der neowallaceanischen Sicht der adaptiven Partnerwahl in den 1970er und 80er Jahren war Amotz Zahavi, ein charismatischer und energischer israelischer Ornithologe mit wildem Hang zur Unabhängigkeit. 1975 veröffentlichte Zahavi seine Theorie des »Handicap-Prinzips«.[46] Sie war ein wissenschaftlicher Megahit, ein enormer Anreiz zur Erforschung der Partnerwahl und ist bis heute über 2500-mal zitiert worden. Zahavi hielt seine Ideen für gänzlich neu. Seiner Meinung nach »lehnte [Wallace] die Theorie der sexuellen Selektion durch Partnerwahl vollkommen ab.«[47] Zahavis wunderbar intuitive Idee des Handicap-Prinzips ist dann aber im Kern eben doch neowallaceanisch: »Ich würde sagen,

---

[46] Amotz Zahavi, »Mate Selection – A Selection for a Handicap«, in: *Journal of Theoretical Biology* 53 (1975), S. 205–214; vgl. auch Amotz und Avishag Zahavi, *Signale der Verständigung. Das Handicap-Prinzip*, Frankfurt a. M. 1998.
[47] Zahavi, »Mate Selection«, S. 205.
[48] Ebd., S. 207.
[49] Ebd.

dass die sexuelle Selektion erfolgreich ist, weil sie die Fähigkeit des wählenden Geschlechts verbessert, Qualität beim gewählten Geschlecht zu erkennen.«[48]

Zahavi reformuliert zwar exakt Wallaces Hypothese der adaptiven Partnerwahl, er verzichtet aber auf dessen Rhetorik, indem er nicht von »natürlicher Selektion« spricht, sondern den neu rehabilitierten Begriff der »sexuellen Selektion« verwendet, um sie zu beschreiben. Zahavi verleiht der Wallace'schen Logik jedoch auch noch eine ganz eigene Note. Der entscheidende Punkt aller sexuellen Zurschaustellungen ist für ihn, dass diese für den Signalgeber eine kostspielige *Last* bedeuten – ein Handicap im wahrsten Sinne des Wortes. Das ornamentale Handicap beweise durch seine bloße Existenz die überlegene Qualität des Signalgebers, weil dieser trotz dieses Nachteils überleben konnte. Zahavi schreibt, dass »die sexuelle Selektion nur durch die Wahl eines Merkmals wirkt, das die Überlebenschance des Organismus verschlechtert. [...] Man kann das Handicap als eine Art Test betrachten«.[49]

Je aufwendiger das Ausdrucksmerkmal ist, desto höher sind die Kosten, desto größer ist das Handicap, desto strenger ist der Test und desto besser ist der Partner. Das Individuum, das sich von einem Partner mit einem solchen kostspieligen Merkmal angezogen fühlt, reagiert nicht auf dessen subjektive Schönheit, die mit den Kosten indirekt zusammenhängt, sondern auf die Aussagekraft des Merkmals über die Fähigkeit des Männchens, sich über die Kosten hinwegzusetzen. Das ist das Handicap-Prinzip.

Inwiefern ist nun das gehandicapte Männchen besser? Für Zahavi war klar, dass es auf *jede erdenkliche* Art besser sein kann. Seine Anhänger etablierten dagegen die Sichtweise, dass der adaptive Nutzen ehrlicher Signale im Wesentlichen auf zwei Arten erfolgt: direkt oder indirekt. Der direkte Nutzen der Partnerwahl umfasst alle Vorteile für die Gesundheit, das Überleben oder die Fortpflanzungsfähigkeit des wählenden Partners selbst. Zu diesem direkten adaptiven Nutzen kann gehören, dass ein Partner gewählt wird, der einen besonders guten Schutz vor Räubern gewährt, ein besseres Revier mit mehr Nahrung oder besseren Nistplätzen bietet, keine Geschlechtskrankheiten hat, besser imstande ist, in die Aufzucht und den Schutz der Nachkommen zu investieren, oder den Aufwand der Partnersuche reduziert. Der indirekte adaptive

Nutzen besteht in der besseren genetischen Ausstattung, den »guten Genen« (*good genes*), die an die Nachkommen des wählenden Weibchens weitergegeben werden und deren Überlebens- und Fortpflanzungsfähigkeit verbessern. Wie beim indirekten Nutzen durch begehrenswerte Nachkommen in Fishers Modell nützt auch der indirekte Benefit der guten Gene nicht der Wählenden selbst, sondern führt zu einer größeren Zahl von Enkeln. Anders als bei Fisher liegt der Vorteil hier jedoch nicht in der größeren Attraktivität der Nachkommen; vielmehr sind diese tatsächlich *besser* darin, zu überleben und sich fortzupflanzen, und nicht nur darin, Partner zu finden und zu befruchten. Die *good genes* sind folglich *andere* als die Gene für das Ausdrucksmerkmal selbst und müssten theoretisch männlichen *und* weiblichen Nachkommen vererbbare Vorteile bringen.[50]

Sowohl der direkte Nutzen als auch die guten Gene sind adaptive Vorteile der Partnerwahl; sie können, wie es Wallace erstmals formulierte, nur eintreten, wenn eine beobachtbare Variation des Merkmals bei potenziellen Fortpflanzungspartnern mit irgendeinem zusätzlichen Vorteil korreliert, der die Überlebens- oder Fortpflanzungsfähigkeit des wählenden Weibchens oder seiner Nachkommen erhöht. Diese Korrelationen ergeben sich aus der Wechselwirkung zwischen der sexuellen Selektion nach Paarungs- bzw. Befruchtungserfolg *und* der natürlichen Selektion nach Überlebens- und Fortpflanzungsfähigkeit. Zahavis Handicap-Prinzip war ein neuer Vorschlag, um zu erklären, *wie* die adaptive Korrelation zwischen einem Ausdrucksmerkmal und der Qualität eines Paarungspartners entsteht und aufrechterhalten werden kann.

Zahavi setzte sich mit unbeirrbarem Eifer für das Handicap-Prinzip ein. Seine Idee hatte allerdings einen großen Schwachpunkt: Wenn der sexuelle Vorteil eines Ornaments direkt proportional zu dessen

---

[50] Einige Forscher haben nahegelegt, dass gute Gene und die Lande-Kirkpatrick-Mechanismen nur Punkte innerhalb eines Kontinuums indirekter genetischer Vorteile seien (vgl. Hanna Kokko u. a., »The Sexual Selection Continuum«, in: *Proceedings of the Royal Society of London B* 269 [2002], S. 1331–1340. Allerdings machen diese Mechanismen diametral entgegengesetzte Vorhersagen über die evolvierte »Bedeutung« sexueller Ornamente und lassen sich immer noch am besten als eigenständige Evolutionsmechanismen verstehen (vgl. Richard O. Prum, »The Lande-Kirkpatrick Mechanism Is the Null Model of Evolution by Intersexual Selection. Implications for Meaning, Honesty, and Design in Intersexual Signals«, in: *Evolution* 64 [2010], S. 3085–3100, und ders., »Aesthetic Evolution by Mate Choice: Darwin's Really Dangerous Idea«, in: *Philosophical Transactions of the Royal Society of London B* 367 [2012], S. 2253–2265).

[51] Mark Kirkpatrick, »The Handicap Mechanism of Sexual Selection Does Not Work«, in: *The American Naturalist* 127, 2 (1986), S. 222–240.

[52] Eine Audioversion des Sketches kann man sich unter {www.youtube.com/watch?v=Ht7Jmp4tZsk} anhören.

Überlebenskosten ist, dann heben sich die beiden Kräfte gegenseitig auf und weder das kostspielige Ornament noch die Präferenz für dieses Merkmal können sich entwickeln. In einem 1986 erschienenen Artikel mit der kühnen Überschrift »Der Handicap-Mechanismus der sexuellen Selektion funktioniert nicht« lieferte Mark Kirkpatrick einen mathematischen Beweis für diese evolutionäre Falle.[51]

Stellen wir uns, um das Problem besser zu verstehen, eine logische Fortsetzung von Zahavis Handicap-Prinzip vor. Ich nenne sie das »Smucker's-Prinzip«. Die amerikanische Brotaufstrich-Firma Smucker's ist nach ihrem Gründer Jerome Monroe Smucker benannt, der 1897 in Orrville, Ohio, eine Apfelweinpresse in Betrieb nahm. Die ältere Leserschaft erinnert sich vielleicht noch an den eingängigen Werbeslogan des Unternehmens: »With a name like Smucker's, it has to be good!« Das heißt, wenn eine Firma trotz eines so unattraktiven, so abschreckenden, so *kostspieligen* Namens wie Smucker's überleben kann, dann ist das der *Beweis* dafür, dass ihr Brotaufstrich wirklich gut sein muss. Der Werbeslogan von Smucker's verkörpert also das Handicap-Prinzip.

Aber sehen wir uns die Implikationen des Smucker's-Prinzips einmal etwas genauer an. Was wäre, wenn Smucker's Gelee plötzlich in Konkurrenz zu einem anderen Brotaufstrich mit einem noch schlimmeren und kostspieligeren Namen stünde? Würde dieser noch schlimmere und abstoßendere Name nicht auf eine noch *höhere* Qualität des Brotaufstrichs hindeuten? Was begrenzt die Möglichkeit immer schlimmerer und kostspieligerer Namen, die auf immer höherwertigere Gelees hindeuten?

Glücklicherweise ist genau dieses Gedankenexperiment schon einmal durchgeführt worden, und zwar als Parodie der Smucker's-Werbung in einem Sketch in der Fernsehshow *Saturday Night Live* in den 1970er Jahren:[52]

> JANE CURTIN: Mit einem Namen wie *Flucker's* muss es ja gut sein!
> CHEVY CHASE: Hey, warte mal 'ne Sekunde, ich habe hier eine Marmelade mit dem Namen *Nasenhaar*. Also, wenn die *Nasenhaar* heißt, kann man sich ja vorstellen, wie gut sie sein muss. Mmh mmh!!
> DAN AYKROYD: Moment mal, Leute, aber kennt ihr schon die Marmelade

namens *Todeslager*? Das ist *Todeslager*! Suchen Sie einfach nach dem Stacheldraht auf dem Etikett. Mit einem Namen wie *Todeslager* kann sie ja nur unfassbar gut sein! Einfach unheimlich gute Marmelade!

Im weiteren Verlauf werden die Namen noch schlimmer. John Belushi wirbt für eine Marmelade namens *Hundekotze, Affeneiter* und Chevy Chase kontert mit einem weiteren neuen Produkt namens *Schmerzhaftes Rektaljucken*. Der Wettstreit endet mit einem Gelee, dessen Name so abstoßend ist, dass er Übelkeit auslöst und daher im Fernsehen nicht genannt werden darf. »So gut, dass Ihnen schlecht davon wird!«, verkündet Jane Curtin, bevor sie sich mit den Worten »Fragen Sie nach dem Namen!« verabschiedet.

Das »Smucker's-Prinzip« offenbart den inneren logischen Fehler von Zahavis »Handicap-Prinzip«. Wie Kirkpatrick mathematisch nachgewiesen hat, wird der Signalgeber nie einen Vorteil erzielen, wenn der sexuelle Benefit des Signals direkt an dessen Kosten geknüpft ist. Die Handicaps werden vielmehr an ihrer eigenen kostspieligen Last scheitern. Für uns heißt das zum Glück: Wir können uns getrost darauf verlassen, dass es nie ein Gelee mit Namen *Schmerzhaftes Rektaljucken* geben wird.

Des Weiteren zeigt das Smucker's-Prinzip, dass Zahavis Handicap-Prinzip grundsätzlich unvereinbar mit der ästhetischen Natur sexueller Darbietungen ist. Diese entwickeln sich ja, weil sie attraktiv sind und nicht widerlich aufschlussreich oder abstoßend ehrlich. Wenn der einzige Zweck sexueller Darbietungen darin bestünde mitzuteilen, dass man imstande ist, eine große Last zu überleben, warum sollten die Geschlechtsmerkmale dann schmückend sein? Warum ist Akne nicht sexuell attraktiv? Sie ist schließlich häufig ein ehrliches Indiz für einen Hormonanstieg bei Jugendlichen und müsste somit verlässliche Informationen über Jugend und Fruchtbarkeit liefern. Warum entwickeln Organismen keine *echten* Handicaps wie etwa nur teilweise ausgebildete Körperteile? Warum kauen sich einzelne Organismen nicht einen Arm oder ein Bein ab, um zu demonstrieren, wie gut sie ohne dieses Anhängsel überleben können? Oder warum nicht gleich zwei Gliedmaßen? Das würde wirklich etwas über ihre Widerstandsfähigkeit aussagen! Oder warum stechen sie sich kein

Auge aus? Der Grund ist natürlich, dass das Handicap-Prinzip nichts mit dem fundamental ästhetischen Wesen der Partnerwahl zu tun hat und daher für die Natur nahezu irrelevant ist.

Im Jahr 1990 kam der Oxford-Professor Alan Grafen dem schwächelnden Handicap-Prinzip zur Hilfe.[53] Es ging um viel, stand doch das gesamte neowallaceanische Paradigma der Partnerwahl auf dem Spiel. Natürlich war Grafen gezwungen, Kirkpatricks Beweis für das Scheitern des Handicap-Prinzips in der ursprünglichen Formulierung von Zahavi anzuerkennen. Es gelang ihm jedoch, mathematisch nachzuweisen, dass ein nichtlineares Verhältnis zwischen Schmuckkosten und Partnerqualität die Theorie retten konnte. Mit anderen Worten: Wenn Männchen von geringerer Qualität einen verhältnismäßig höheren Preis zahlen, um ein attraktives Merkmal zu entwickeln oder zur Schau zu stellen, als Männchen von höherer Qualität, kann das Handicap evolvieren. Wenn das Handicap einem Test gleicht, dann bekommen, so Grafen, qualitativ bessere Individuen im Grunde einen *leichteren* Test.[54] Die einzige Möglichkeit, das Handicap-Prinzip zu reparieren, bestand sozusagen darin, es zu zerstören.

Nachdem er einen Weg zur Rettung der Handicaps gefunden hatte, fragte Grafen danach, wie zwischen den beiden plausiblen evolutionären Alternativen zu entscheiden sei, dem Handicap im Sinne Zahavis und der Fisher'schen Selbstverstärkung, wie sie von Lande und Kirkpatrick ausgearbeitet worden war:

> Nach dem Handicap-Prinzip […] haben das Auftreten und die Form der sexuellen Selektion Sinn und Verstand. […] Dies steht im Gegensatz zum Fisher-Prozess, bei dem die Form des Signals

[53] Alan Grafen, »Sexual Selection Unhandicapped by the Fisher Process«, in: *Journal of Theoretical Biology* 144 (1990), S. 473–516.

[54] Um sich die nichtlinearen Kosten von Ausdrucksmerkmalen verständlich zu machen, kann man sich diese Kosten auch als Geld vorstellen. Es geht dann darum, dass einige Individuen qualitativ arm sind und nicht genug haben, während andere qualitativ reich sind und aus dem Vollen schöpfen können. So wie ein Dollar für einen Armen mehr wert ist als für einen Reichen, muss das qualitätsarme Individuum einen relativ höheren Preis für seine Ornamente bezahlen als das qualitätsreiche. Aber ist die Variation der Qualität in natürlichen Populationen ebenso ungleich verteilt wie der Reichtum? Das wissen wir nicht, weil diese Grundannahme des Handicap-Prinzips, soweit mir bekannt ist, bei keiner Tierart je explizit überprüft worden ist. Nachdem das Handicap-Prinzip dank Grafens Vorschlag (s. o.) vor dem unmittelbaren intellektuellen Ruin gerettet war, hat anscheinend niemand noch einmal nachgeforscht, ob es überhaupt wahr ist.

mehr oder weniger willkürlich ist und es mehr oder weniger eine Frage des Zufalls ist, ob eine Spezies eine Runde der sich selbst verstärkenden Selektion durchlaufen hat.[55]

Ganz in der Tradition von Wallace spricht sich Grafen für die beruhigende Adaptation mit »Sinn und Verstand« und gegen die entnervende Willkür des ästhetischen Darwinismus aus. Dann setzt er zum Todesstoß an: »An den Fisher-Lande-Prozess als Erklärung der sexuellen Selektion zu glauben, ohne eine Fülle von Beweisen vorzulegen, ist methodisch niederträchtig.«[56]

Mir ist keine andere aktuelle wissenschaftliche Debatte bekannt, in der eine Seite als *niederträchtig* gebrandmarkt worden wäre! Nicht einmal die um die kalte Fusion! Hier haben wir es eindeutig nicht mit einer normalen wissenschaftlichen Auseinandersetzung zu tun. In einer Art und Weise, die frappierend an den moralisierenden Tonfall von St. George Mivart erinnert, lässt Grafens übertriebene Reaktion das ganze intellektuelle Ausmaß erkennen, das hier auf dem Spiel steht. Darwins *wirklich* gefährliche Idee – die ästhetische Evolution – ist so bedrohlich für den Adaptationismus, dass man sie als niederträchtig abstempeln muss. Fast hundert Jahre nachdem Wallace für seine reine Form des Darwinismus eintrat, legt Grafen dieselbe Wallace'sche Beharrlichkeit an den Tag, um die Debatte erneut zu gewinnen.

Grafen traf mit seiner Argumentation einen Nerv. Auch wenn persönlicher Trost kein wissenschaftlich belastbares Kriterium ist, *möchten* viele Menschen – auch Wissenschaftler – gerne glauben, dass es in der Welt irgendwie mit »Sinn und Verstand« zugeht. Obwohl Grafen eigentlich nur gezeigt hat, dass es Bedingungen gibt, unter denen das Handicap-Prinzip wirken *kann*, diskreditierte er Fishers Theorie doch so sehr, dass die meisten Evolutionsbiologen zu dem Schluss kamen, das Prinzip könne nicht nur wirksam sein, sondern *sei* es auch – und zwar immer. Wenn es »niederträchtig« ist, an die alternative Hypothese zu glauben, hat man kaum eine Wahl. Seitdem dominiert die adaptive Partnerwahl den wissenschaftlichen Diskurs.

Beim Vergleich der intellektuellen Stile von Zahavi und Fisher bezeichnet Grafen Fishers Idee als »neunmalklug«, doch würden am Ende »Zahavis von den Fakten ausgehende Bemühungen triumphieren«.[57] Diese Unterscheidung zwischen Cleverness und Faktentreue findet sich auch in einem Narrativ wieder, das die Vertreter der willkürlichen Partnerwahl nach Fisher als oberschlaue Mathematiker ohne jedes Verständnis für die Natur hinstellt, während den adaptationistischen Anhängern des Handicap-Prinzips die Rolle der bodenständigen und rechtschaffenen Naturkundler zuerkannt wird. Matt Ridley hat diese Unterscheidung 1993 in seinem Buch *The Red Queen* (dt. *Eros und Evolution*) lebendig dargestellt:

> Der Zwiespalt zwischen Fisherianern und den Genqualitätsanhängern tat sich in den siebziger Jahren auf, als die Tatsache der Weibchenwahl schließlich zur Befriedigung der meisten Wissenschaftler bewiesen und begründet schien. Diejenigen, die aus der mathematisch-theoretischen Ecke kamen – blasse, exzentrische Typen, die sich meist in inniger Umarmung mit ihrem Computer befinden –, wurden zu Fisherianern. Naturalisten und Feldforscher – bärtige, verschwitzte Typen mit Stiefeln – entwickelten sich allmählich zu Anhängern des Genqualitätslagers.[58]

Ironischerweise muss ich feststellen, dass man mich aus dem historischen Narrativ meiner eigenen Disziplin herausgeschrieben hat. Ich habe etliche Jahre meines Lebens in tropischen Wäldern auf verschiedenen Kontinenten mit dem Studium des Balzverhaltens von Vögeln zugebracht. Ich war genau so ein »bärtiger, verschwitzter Typ mit Stiefeln« wie die anderen Feldforscher. Und doch war ich seit Mitte der 1980er Jahre auch ein glühender und wissbegieriger »Fisherianer«. Gemäß dem Narrativ von Grafen und Ridley gibt es mich gar nicht. Auch Darwin existiert nicht, ein Naturforscher, der ganz gewiss seine Zeit im Feld verbracht hat. Und noch sonderbarer ist, dass dasselbe auch für Grafen gilt, der in erster Linie Mathematiker ist. Leider lässt Ridleys Szenario auch alle weiblichen Naturalistinnen und Feldforscherinnen unberücksichtigt. (Sorry, Jane Goodall und Rosemary Grant!) Die Funktion einer derartigen intellektuellen Fabel besteht natürlich darin, die tatsächliche Komplexität der Probleme zu verschleiern und sich mit rhetorischen Mitteln auf eine höhere Stufe zu

55 Grafen, »Sexual Selection«, S. 487.
56 Ebd.
57 Ebd.
58 Matt Ridley, *Eros und Evolution. Die Naturgeschichte der Sexualität*, München 1995, S. 202.

Der Autor – »bärtig, verschwitzt und mit Stiefeln« – im Feld beim Aufnehmen von Vogelstimmen mit Tonbandgerät und Parabolmikrofon in 2900 Metern Höhe in der Nähe des Laguna Puruhanta in den ecuadorianischen Anden 1987.

stellen, indem die Adaptationisten als romantische Figuren mit einem tieferen persönlichen Bezug zur Natur und zur Erkenntnis dargestellt werden.

Die geistigen Ursprünge der ästhetischen Evolution liegen nicht in der abstrakten Mathematik, sondern in Darwins eigener, kühner Erkenntnis der evolutionären Folgen der subjektiven ästhetischen Erfahrungen von Tieren sowie der intellektuellen Unzulänglichkeit der natürlichen Selektion, das Phänomen der Schönheit in der Natur zu erklären. Fast 150 Jahre später ist der beste Weg, um zu verstehen, wie die Schönheit ins Dasein gekommen ist, immer noch der, in Darwins Fußstapfen zu treten.

Die Debatte Darwin gegen Wallace, ästhetisch gegen adaptationistisch, ist auch heute noch von entscheidender Bedeutung für die Wissenschaft. Jedes Mal, wenn wir Untersuchungen über die Partnerwahl anstellen, bedienen wir uns intellektueller Werkzeuge, die durch diese Debatte geprägt wurden, und es ist wichtig, dass wir uns der Geschichte dieser Werkzeuge bewusst sind.

Zu diesen Werkzeugen gehört die Sprache, mit der wir evolutionsbiologische Begriffe definieren. Betrachten wir zum Beispiel die Geschichte des Wortes »Fitness«. Für Darwin hatte es die normale, alltagssprachliche Bedeutung von körperlicher Eignung. Fit zu sein hieß für ihn, fähig zu sein, eine Aufgabe zu erledigen. Die Darwin'sche Fitness ist die körperliche Fähigkeit, die Aufgaben zu bewältigen, die zur Sicherung des Überlebens und der Fortpflanzungsfähigkeit notwendig sind. Im Zuge der Entwicklung der Populationsgenetik zu Beginn des 20. Jahrhunderts wurde der Begriff jedoch mathematisch neu definiert und bezeichnete nun den differenziellen Erfolg der eigenen Gene in nachfolgenden Generationen. Diese breitere und umfassendere Neudefinition vereinte alle Quellen des differenziellen genetischen Erfolges – Überleben, Fortpflanzungsfähigkeit *und* Paarung/Befruchtung – in einer einzigen Variable unter dem allgemeinen Etikett der »adaptiven natürlichen Selektion«. Die Neudefinition des Fitnessbegriffs geschah genau zu der Zeit, als die sexuelle Selektion durch Partnerwahl als für die Evolutionsbiologie irrelevant erklärt und vollkommen zurückgewiesen worden war. Die Neudefinition hatte also den Effekt, dass Darwins ursprüngliche, subtile Unterscheidung zwischen der *natürlichen Selektion* von Merkmalen, die das Überleben und die Fortpflanzungsfähigkeit sichern, und der *sexuellen Selektion* von Merkmalen, die zu einem unterschiedlichen Paarungs- und Befruchtungserfolg führen, zunichte gemacht und eliminiert wurde.[59] Dieses mathematisch bequeme, aber intellektuell verworrene neue Fitnesskonzept hat das Verständnis von Evolution und ihrer Wirkungsweise grundlegend verändert, und es ist seitdem schwierig geworden, die Möglichkeit eines eigenständigen, unabhängigen, nichtadaptiven sexuellen Selektionsmechanismus überhaupt anzusprechen. *Wenn es zur Fitness beiträgt, muss es ja wohl adaptiv sein, oder etwa nicht?* Das Konzept der sexuellen Selektion durch Partnerwahl im Sinne Darwins und Fishers ist im Grunde aus dem Vokabular der Biologie gestrichen worden. Es ist sprachlich unmöglich geworden, ein echter Darwinist zu sein.

Hinter der Reduktion der intellektuellen Komplexität des ästhetischen Darwinismus stand – zumindest in Teilen – die Überzeugung, dass eine Verein-

[59] Auf genau diesen Punkt geht Ernst Mayr in seinem Beitrag zum Jubiläumsband anlässlich des hundertsten Jahrestages des Erscheinens von Darwins *Die Abstammung des Menschen* ein; vgl. Ernst Mayr, »Sexual Selection and Natural Selection«, in: Campbell (Hg.), *Sexual Selection*, S. 87–104.

heitlichung der Begriffe eine allgemeine wissenschaftliche Tugend sei, dass es ein grundlegendes Ziel der Wissenschaft sein müsse, weniger und dafür überzeugendere, breiter anwendbare singuläre Theorien, Gesetze und Systeme zu entwickeln. Manchmal funktioniert die Vereinheitlichung in der Wissenschaft hervorragend, wenn dabei aber die auftretenden spezifischen Eigenschaften bestimmter Phänomene reduziert, eliminiert oder ignoriert werden, ist sie zum Scheitern verurteilt. Genau dieser Verlust von geistigem Gehalt findet statt, wenn ein komplexer Gegenstand einfach *eskamotiert* wird, statt ihn als etwas Eigenständiges zu *explizieren*.

Mit der Behauptung, dass die Evolution durch Partnerwahl ein besonderer Prozess mit einer eigenen, spezifischen inneren Logik sei, wendete Darwin sich gegen den starken wissenschaftlichen und intellektuellen Hang zur Einfachheit und Vereinheitlichung. Viele von Darwins viktorianischen Gegenspielern waren natürlich gerade erst vom religiösen Monotheismus zum materialistischen Evolutionismus konvertiert. Ihr historischer Monotheismus könnte sie anfällig für einen starken neuen Monoideismus gemacht haben: Sie ersetzten einen einzigen allmächtigen Gott durch eine einzige allmächtige Idee – die der natürlichen Selektion. Tatsächlich sollten sich die heutigen Vertreter des Adaptationismus fragen, warum *sie* es für notwendig halten, die gesamte Natur mit einer einzigen starken Theorie beziehungsweise einem einzigen Prozess zu erklären. Ist der Wunsch nach wissenschaftlicher Vereinheitlichung einfach der Geist des Monotheismus, der in aktuellen wissenschaftlichen Erklärungen schlummert? Dies ist eine weitere Implikation von Darwins *wirklich* gefährlicher Idee.

Wenn die Evolutionsbiologie eine authentisch darwinistische Sichtweise einnehmen will, muss sie wie er anerkennen, dass die natürliche und die sexuelle Selektion zwei *unabhängige* Evolutionsmechanismen sind.[60] In diesem Rahmen ist die adaptive Partnerwahl ein Prozess, der durch das *Zusammenspiel* von sexueller und natürlicher Selektion stattfindet. Diese Ausdrucksweise werde ich im ganzen Buch beibehalten.

[60] In der Evolutionsbiologie werden in der Regel vier Mechanismen der biologischen Evolution angenommen: Mutation, Rekombination, Gendrift und natürliche Selektion. Diese neo-wallaceanische Einteilung definiert sexuelle Selektion als eine Form der adaptiven natürlichen Selektion. Um der Evolutionsbiologie wieder einen Rahmen zu geben, der berechtigterweise als darwinistisch bezeichnet werden darf, sollte die sexuelle Selektion als ein unabhängiger fünfter Evolutionsmechanismus in diese Liste mit aufgenommen werden.

Um die Evolution der Schönheit und die Möglichkeiten ihrer Erforschung besser zu verstehen, werfen wir nun einen Blick auf das Sexualleben der Vögel. Es gibt dafür keinen besseren Anfangspunkt als Darwins »ausserordentlich interessant[en]« Argusfasan.

KAPITEL 2

Beauty Happens – Die Nullhypothese der Schönheit

In den hügeligen Regenwäldern der Malaiischen Halbinsel, Sumatras und Borneos lebt eines der ästhetisch extremsten Tiere des Planeten – der Argusfasan (*Argusianus grayi*), über den es bei Darwin heißt, dass er »einen guten Beleg dafür darbietet, dass die raffinirteste Schönheit nur als Reizmittel für das Weibchen dienen kann und zu keinem andern Zwecke.«[61]

Das Argusfasanweibchen ist ein großer, kräftiger Vogel, dessen Federkleid ein komplexes, fein geschlängeltes, aber eintöniges Tarnmuster aus schokoladenbraunen, rotbraunen, schwarzen und hellbraunen Wirbeln aufweist. Seine Beine sind leuchtend rot, die Federn im Gesicht sind spärlich und lassen die darunterliegende blaugraue Haut erkennen. Was den Argusfasanhahn auf den ersten Blick am deutlichsten von der Henne unterscheidet, sind die stark verlängerten Schwanz- und Flügelfedern. Sie überragen seinen Körper um über einen Meter. Insgesamt misst der männliche Argusfasan fast zwei Meter von der Schnabelspitze bis zum Schwanzende. Doch abgesehen von der Länge scheint sein Gefieder dem des unauffälligen Weibchens ganz ähnlich zu sein und er sieht nicht besonders eindrucksvoll aus. Seine wahren Reize bleiben verborgen und werden bis zum Höhepunkt seiner Balz um das Weibchen nicht offenbart, was nur sehr wenige Menschen auf der Welt jemals außerhalb eines Zoos miterlebt haben.

Einen Argusfasan in freier Wildbahn zu sehen, ist sehr schwierig. Die Tiere sind außerordentlich scheu und verschwinden beim ersten Anzeichen einer Annäherung im Wald. Der Ornithologe und Fasan-Fan William Beebe (1872–1962)

61 Darwin, *Die Abstammung des Menschen*, Bd. II, S. 84.

gehörte zu den ersten Wissenschaftlern, die das Imponierverhalten des Argusfasans in freier Natur beobachten konnten. Beebe arbeitete als Kurator der Zoologischen Vereinigung des New Yorker Zoos und wurde später weltberühmt für seine Erforschung der Tiefsee in einer Bathysphäre – einem primitiven U-Boot für tiefe Tauchgänge. Beebe sah seinen ersten Argusfasan – einen Hahn –, wie er eine schlammige Böschung im tropischen Borneo hinabstieg, um aus einer Pfütze, die sich in einer Wildschweinsuhle gesammelt hatte, Regenwasser zu trinken. Er beschreibt diese erste Sichtung ekstatisch in seinem 1922 erschienenen Buch *Monograph of the Pheasants,* wo er seinem Gefühl des Triumphs sowohl in der Sprache des stolzen Vogelbeobachters als auch in der des amerikanischen Abenteurers aus der Kolonialzeit, der er war, Ausdruck verlieh: »[S]o flüchtig der Blick auch gewesen war, verspürte ich doch eine große Überlegenheit gegenüber meinen weißen Mitmenschen auf der ganzen Welt, die nie einen Argusfasan in seiner angestammten Heimat gesehen hatten.«[62]

Wie es für die meisten ästhetischen Extremisten im Vogelreich typisch ist, ist der Argusfasan polygyn, das heißt, ein Männchen paart sich mehrfach mit verschiedenen Weibchen. Die Möglichkeit der Mehrfachpaarung erzeugt freilich Konkurrenz unter den Männchen um die Gunst der Weibchen. Einige attraktive Männchen sind äußerst erfolgreich, andere überhaupt nicht. Das Resultat ist eine starke sexuelle Selektion zugunsten jeglicher Ausdrucksmerkmale, die von den Weibchen bevorzugt werden. Nachdem das Weibchen ein Männchen gewählt hat, ist dessen Beteiligung an der Fortpflanzung beendet und es spielt im Leben seiner Partnerin und deren Nachkommen keine weitere Rolle mehr. Das Weibchen ist allein dafür verantwortlich, aus Blättern am Boden ein Nest zu bauen, sein Gelege aus zwei Eiern zu bebrüten, seine Küken zu beschützen sowie sie und sich selbst mit Nahrung zu versorgen, indem es den Waldboden nach Früchten und Insekten absucht. Weibchen wie Männchen fliegen nur ungern. Wenn sie bedroht werden, fliehen sie normalerweise, indem sie weglaufen. Nachts fliegen sie jedoch zum Schlafen auf einen niedrigen Ast – außer wenn das Weibchen seine Eier ausbrütet, denn dann bleibt es auf seinem Nest sitzen.

Der männliche Argusfasan lebt für sich allein und führt ein Junggesellendasein. Um sich eine Bühne zu schaffen, die groß und makellos genug ist, um

---

[62] William Beebe, *A Monograph of the Pheasants*, Volume IV, London 1922, S. 134.

Ein männlicher Argusfasan bereitet seinen Balzplatz vor.

seinem außergewöhnlichen Balzritual Platz zu bieten, säubert er eine vier bis sechs Meter große Fläche, bis nur noch nackter Waldboden übrigbleibt. An der ausgewählten Stelle, bei der es sich häufig um einen Hügelkamm oder eine Anhöhe im Wald handelt, sammelt er gewissenhaft alle Blätter, Wurzeln und Stöckchen auf, und trägt sie an den Rand des Balzplatzes. Wie ein moderner Gartenarbeiter (nur ohne Gehörschutz) setzt er seine riesigen Flügelfedern als Laubbläser ein, indem er sie rhythmisch hin und her bewegt und so die restlichen Schmutzteile von seinem Hof pustet, bis dieser komplett sauber ist. Er stutzt sämtliche blättrige Pflanzen und Ranken, die von oben in das Areal hineinwachsen, indem er die Zweige mit seinem Schnabel abschneidet. Sobald sein Hof für den Vorgang der Paarung bereit ist, braucht er nur noch eine Besucherin.

Um sein Publikum anzulocken, stößt der Argushahn am frühen Morgen und Abend sowie in Mondnächten von seinem Hof aus Rufe aus. Sein Ruf ist ein lauter, eindringlicher, zweitöniger Aufschrei, *kwao-waao*, woraus sich der Name der Spezies in verschiedenen südostasiatischen Sprachen ableitet, beispielsweise *kuau* in Malaysia oder *kuaow* in Sumatra. Der Schrei ist laut und durchdringend genug, um über große Entfernungen hinweg gehört zu werden. Weil der Vogel so scheu ist, ist sein Ruf in der Regel das einzige, was ein menschlicher Besucher vom Argusfasan in freier Wildbahn mitbekommt.

Vor einigen Jahren verbrachte ich fünf Tage in einer Forschungsstation in der Danum-Valley-Conservation-Area, einem Naturschutzgebiet im Nordosten der Insel Borneo, in dessen Umgebung der Argusfasan lebt. Eines Nachmittags wanderten wir einen stark bewaldeten Pfad am Fluss entlang, als ich das laute *kwao-waao* des Argushahns vernahm, genau wie Beebe es beschrieben hatte. Der Ruf war so laut, dass ich dachte, der Vogel müsse gleich hinter der nächsten Wegbiegung sitzen. Ich war zuerst starr vor Aufregung, doch ich merkte schnell, dass er aus beträchtlicher Entfernung vom *anderen* Flussufer herüberrief. Selbst wenn der Hahn weitergerufen hätte, hätten wir es nicht mehr geschafft, ihn noch bei Tageslicht zu erreichen. Und selbst wenn wir das Glück gehabt hätten, ihn an seinem Balzplatz aufzuspüren, wäre er höchstwahrscheinlich verstummt, sobald wir in seine Nähe gekommen wären, um unentdeckt im umliegenden Wald zu entschwinden. Mir blieb nur der verlockende Widerhall seines Rufes als einziger Beweis seiner Existenz und so kann ich nur erahnen, wie es für Beebe gewesen sein muss, diesen erstaunlichen Vogel wirklich zu Gesicht zu bekommen.

Bis in die Dämmerung hinein hatten wir die blutegelverseuchten Wälder nach Vögeln durchpirscht, und als wir am Abend zur Forschungsstation zurückkehrten, trafen wir dort den französischen Freund einer Forscherin aus dem Camp, der Künstler war. Er war dort, um »den Wald zu malen«, wie er uns erzählte. Dann fragte er uns beiläufig, ob wir einen ungewöhnlichen Vogel identifizieren könnten, auf den er am Vormittag bei einem Bummel in der Nähe des Camps gestoßen sei. Völlig unbekümmert beschrieb er uns ein großes, fast zwei Meter langes Federvieh, das nur 300 Meter vom Hauptgelände entfernt über die unbefestigte Zufahrtsstraße gelaufen sei. Nachdem wir tagelang durch die Wälder gestapft waren, ohne auch nur einen flüchtigen Blick auf den Vogel werfen zu können, den er einfach so, ohne jede Anstrengung – und ohne jede Ahnung – zu Gesicht bekommen hatte, konnte ich meinen Neid über sein großes, unverdientes Glück kaum verbergen. Beim Kratzen meiner Blutegelbisse erlebte ich das Gegenteil von Beebes Gefühl der »großen Überlegenheit« und konnte nur noch stille Flüche gegen die Götter der Vogelbeobachtung vor mich hin brummeln.

BEAUTY HAPPENS – DIE NULLHYPOTHESE DER SCHÖNHEIT 75

Stolzieren des männlichen Argusfasans bei der Balz.

Es ist schon eine große Herausforderung, den Argusfasan überhaupt in freier Natur zu Gesicht zu bekommen, aber mitanzusehen, was das Männchen bei seinem Werben um das Weibchen mit seinen enormen Flügel- und Schwanzfedern veranstaltet, erfordert ausführliche Vorbereitungen und kann zu einer recht langwierigen Qual werden. William Beebe versuchte, den Fasan aus einem Schirmzelt, das er neben einem Balzplatz aufgestellt hatte, sowie aus einem Versteck auf einem Baum zu beobachten, doch beide Bemühungen scheiterten. Schließlich ließ er seine Helfer ein großes Erdloch hinter einem Baum in der Nähe eines Balzplatzes graben. In dieser Mulde hockte er, unter Zweigen versteckt, fast eine Woche lang jeden Tag, bis er endlich beobachtete, wie das Männchen einen vollständigen Balztanz für seinen weiblichen Gast aufführte. Beebe ahnte es nicht, aber er hatte es verhältnismäßig leicht! Fünfzig Jahre später verbrachte der Ornithologe G. W. H. Davison über einen Zeitraum von drei Jahren ganze 191 Tage mit der Beobachtung von Argusfasanen in Malaysia.[63] Während seiner 700 Beobachtungsstunden sah Davison nur *eine einzige Besucherin*. Das entspricht einer Arbeitszeit von über einem halben Jahr bei vierzig Wochenstunden. Man kann sich vorstellen, dass nur wenige Menschen je diese Geduld aufbrachten; die meisten Beobachtungen des Balzverhaltens von Argusfasanen stammen von Tieren in Gefangenschaft.[64]

[63] Geoffrey W. H. Davison, »Sexual Displays of the Great Argus Pheasant *Argusianus argus*«, in: *Zeitschrift für Tierpsychologie* 58, 3 (1982), S. 185–202.

Wenn ein Argusfasanweibchen den Hof eines Männchens betritt, geschieht Folgendes: Das Männchen zeigt zunächst einige vorbereitende Verhaltensmuster, wie ein ritualisiertes Picken vom Boden und ein ausgeprägtes stilisiertes Stolzieren auf seinen leuchtend roten Beinen. Schließlich rennt es in weiten Kreisen um die Henne herum, wobei es seine Flügel so krümmt, dass deren Oberseiten sichtbar werden. Wenn der Hahn nur noch etwa einen oder zwei Meter von der Henne entfernt ist, nimmt er plötzlich und ohne Vorwarnung eine komplett neue Form an und bringt unvorstellbar komplizierte Farbmuster auf seinen über einen Meter langen Flügelfedern zum Vorschein. Dann geschieht etwas, das die Biologen in unerklärlicher Zurückhaltung als »Frontalbewegung« bezeichnen: Der Hahn beugt sich zur Henne hinab und entfaltet die kunstvollen Federn seiner geöffneten Flügel zu einem riesigen, fächerförmigen Kegel, der sich über seinen Kopf hinaus ausdehnt und die Henne zur Hälfte umhüllt. Der richtungsweisende niederländische Tierverhaltensforscher Johan Bierens de Haan verglich diesen Kegel 1926 mit der Form eines durch einen Windstoß umgestülpten Regenschirms.[65]

In dieser außergewöhnlichen Pose steckt der Hahn seinen Kopf *unter* eine seiner Schwingen und späht durch eine am »Handgelenk« des Flügels gebildete Lücke zwischen den Federn auf das Weibchen, um dessen Reaktion auf seine Vorführung abzuschätzen. Durch die Lücke in seinen angespannten Flügeln kann das Weibchen gerade noch das tiefe Blau der Gesichtshaut erkennen, die das winzige Auge umgibt. Um sich in dieser außergewöhnlichen Pose halten zu können, setzt das Männchen athletisch einen Satz Krallen vor den anderen wie ein Sprinter im Startblock. Während es sich vor der Henne bückt, hebt es den Rücken, stellt seine langen Schwanzfedern auf und schwingt sie rhythmisch auf und ab, sodass das Weibchen sie sporadisch über dem umgekehrten Kegel seiner Flügelfedern oder in der Lücke, die sich manchmal zwischen dem rechten und linken Flügel auftut, aufblitzen sieht. Die Spitzen des Kegels aus Flügelfedern wogen über dem Kopf des Weibchens wie ein portables Mini-Amphitheater. Nach wiederholtem pulsierendem Schütteln des umgestülpten Federkegels, das insgesamt zwei bis fünfzehn Sekunden andauert, verwandelt sich das

---

64 Man kann sich das Balzverhalten des Argusfasans in diversen Amateurvideos von Tieren in Gefangenschaft auf YouTube anschauen.
65 Johan Bierens de Haan (1926), zitiert nach Davison, »Sexual Displays of the Great Argus Pheasant«.

Männchen zurück in seine »normale« Vogelgestalt und setzt für ein paar Sekunden das ritualisierte Picken auf dem Boden fort, bevor es seine Darbietung wiederholt.

Bislang hat diese Beschreibung des theatralischen Imponierverhaltens des Männchens, so dramatisch sie auch ist, das wirklich Allerbemerkenswerteste an der »Frontalbewegung« des Argusfasans noch gar nicht erfasst: die übertriebenen Muster auf seinen Flügelfedern. Wenn er seine Pose des umgeklappten Regenschirms einnimmt, enthüllt er dabei die Oberseiten seiner Flügelfedern,

Die »Frontalbewegung« des balzenden männlichen Argusfasans.

die bei angelegten und geschlossenen Flügeln größtenteils verdeckt sind. Die Verwandlung ist unglaublich spektakulär. Die Farben seiner Flügelfedern liegen zwar auf einer Palette aus gedämpften Tönen zwischen Schwarz, Dunkelbraun, Rotbraun, Goldbraun, Hellbraun, Weiß und Grau, aber die ungeheure Pracht und Komplexität des Musters, in dem sie angeordnet sind, sucht im Tierreich ihresgleichen. Von den winzigsten, submillimetergroßen Punkten auf einzelnen Federn bis zum Gesamtmuster des voll entfalteten, über einen Meter breiten Federkegels erzeugen die vierzig Flügelfedern des Argusfasans zusammen einen Paisley-Effekt von derart überwältigender Komplexität, dass der Pfauenschwanz dagegen glatt verblasst. [↗ Farbtafel 3] Ich kenne nichts in der Natur, das den fantastischen Feinheiten dieses Designs gleichkommt.

Jede einzelne Feder ist so komplex gemustert wie ein Zebra, ein Leopard, ein Falterfisch an einem tropischen Riff, ein Schmetterlingsschwarm oder ein Strauß Orchideen. Das Gesamtbild ist so reich verziert wie ein Perserteppich. Jede Flügelfeder ist so dicht bepackt mit abwechselnden Zonen aus gepunkteten, gestreiften und wirbelnden Farbwellen, das man ein eigenes Buch über sie schreiben könnte.

Die kürzeren Handschwingen, die an den Knochen der »Finger« und »Hände« an der Spitze des Vogelflügels sitzen, bilden die untere Hälfte des Kegels. Diese Federn haben dunkle Schäfte, hellgraue Spitzen und verschiedene hellbraune Zonen mit kompliziert angeordneten braunen Punkten oder sind rötlich braun mit weißen Sprenkeln. Am berühmtesten ist der Argusfasan freilich für die Farbmuster auf seinen Armschwingen, die am Unterarmknochen des Vorderflügels, der Elle oder Ulna, befestigt sind; sie bilden die obere Hälfte des Federkegels. Jede Armschwinge ist über einen Meter lang und an der Spitze fast fünfzehn Zentimeter breit. Der zentrale Schaft (Rhachis) jeder Feder ist leuchtend weiß und teilt die Feder in zwei Hälften, die mit völlig verschiedenen Farbmustern geschmückt sind. Die Innenfahnen zeigen eine Anordnung schwärzlicher Punkte auf einem grauen Farbverlauf. Auf den Außenfahnen der Armschwinge gehen die gewundenen dunkelbraunen und leuchtend hellbraunen Streifen (die den Vogel so gut tarnen, wenn die Flügel in Ruhestellung angelegt sind) in wellenförmige Streifenmuster aus Hellbraun und Schwarz über. Der Rhachis am nächsten befindet sich auf der Außenfahne eine Reihe bemerkenswerter goldgelb-brauner, von kräftigem Schwarz umrandeter Kugeln [↗ Farbtafel 4]. Diesen Kugeln – die oft als Ocellen oder Augenflecken bezeichnet werden – verdankt die Spezies ihren Namen. Carl von Linné taufte die Fasanart 1766 nach dem alles sehenden, hundertäugigen Riesen Argos aus der griechischen Mythologie. Allerdings hat der Argusfasan dreimal so viele »Augen« wie sein Namensvetter!

An jeder Armschwinge sind von der Basis bis zur Spitze zwölf bis zwanzig dieser wunderschönen goldenen Kugeln strahlenförmig aufgereiht. Ich bezeichne diese runden, goldenen Flecken als »Kugeln«, weil sie, wie durch den geschickten Pinsel eines Malers, eine subtile und raffinierte Konterschattierung aufweisen und so eine verblüffend realistische optische Täuschung von dreidimensionaler Tiefe erzeugen. Das Goldbraun in der Mitte der Kugel wird unten von einem dunklen Fleck umrandet, wie von Wimperntusche, sodass der Eindruck eines Schattenwurfs entsteht. Am anderen Ende des Kreises geht das Goldgelb subtil in eine strahlend weiße Sichel über, die wie ein »Glanzlicht« aussieht – wie die glänzende Oberfläche eines prächtigen runden Apfels. Wie Darwin bemerkte, ist die Farbschattierung auf jeder Kugel genau so ausgerichtet, dass sie, wenn die Armschwingen als riesiger Kegel über und um das Weibchen gelegt werden, den verblüffenden Eindruck erwecken, die goldenen Kugeln seien dreidimensionale Objekte, die im Raum schweben und wie durch einen Lichtschacht, der durch das Blätterdach des Waldes dringt, *von oben* beleuchtet werden. Wenn das Männchen während der Balz seine Armschwingen in die Luft reckt, wird diese 3-D-Illusion noch zusätzlich dadurch verstärkt, dass Hintergrundlicht *durch* jene unpigmentierten weißen Glanzpunkte fällt und sie so noch strahlender und leuchtender erscheinen lässt.

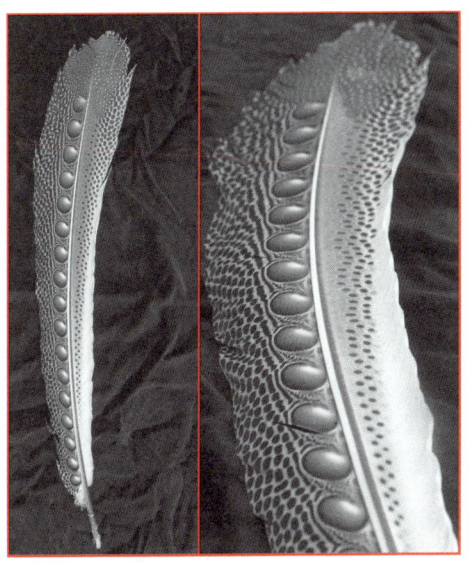

(Links) Die »goldenen Kugeln« auf den Armschwingen des männlichen Argusfasans vergrößern sich leicht in Richtung Federspitze. (Rechts) Die erzwungene Perspektive lässt die Kugeln fast gleich groß erscheinen, wenn sie aus dem Blickwinkel des Weibchens während der Balz betrachtet werden. Fotos: Michael Doolittle.

Eine weitere optische Täuschung entsteht dadurch, dass die goldenen Kugeln auf der Unterseite der Armschwingen an der Basis ungefähr einen Zentimeter breit sind und dann zur Spitze hin auf bis zu zweieinhalb Zentimeter anwachsen. Weil die Flecken faktisch größer werden, je weiter sie vom Auge der Henne entfernt sind, erzeugen sie den Effekt der *erzwungenen Perspektive*, das heißt, von ihrem Standpunkt aus betrachtet, erscheinen die Kugeln *gleich groß*.

Zusammengenommen ergeben die Elemente des männlichen Balzverhaltens eine Sinneserfahrung von schwindelerregender Komplexität – eine pulsierende, schimmernde Halbkugel aus dreihundert senkrecht erleuchteten goldenen Kugeln, die plötzlich in der Luft schwebend vor einem gefiederten Hintergrundteppich aus Flecken, Punkten und Wirbeln auftaucht. Die Goldkugeln scheinen nach außen zu strömen, weg vom Zentrum der Darbietung, wo flüchtig das herausspähende schwarze Auge und das blaue Gesicht des Hahns zu erkennen ist. Die Wirkung ist insgesamt grandios.

Welchen Eindruck machen nun all diese fabelhaften Ornamente auf den weiblichen Argusfasan? Beobachter schildern die weibliche Reaktion einhellig als komplett unbeeindruckt bis gar nicht wahrnehmbar. Bei William Beebe heißt es: »Es steht für mich außer Frage, dass die wunderbare Färbung, die vollendete

Kugel-und-Sockel-Illusion durch die Ocellen, das rhythmische Zittern der Federn, das diese Kugeln zum Kreisen bringt – dass all diese Dinge die nonchalante kleine Henne als ästhetische Phänomene völlig kalt lassen.«[66]

Indem er dem Argusfasanweibchen jede Möglichkeit einer ästhetischen Erfahrung abspricht, praktiziert Beebe eine merkwürde Art von umgekehrtem Anthropomorphismus. Wenn wir Menschen das Balzverhalten des Männchens ehrfurchteinflößend finden, müsste dann, so denken wir, die »kleine Henne« nicht eine stärkere, sichtbare Reaktion darauf zeigen? Müsste sie sich nicht so verhalten, wie wir fühlen? Beebe war monatelang im Dschungel unterwegs gewesen und hatte wochenlang in irgendwelchen Verstecken gekauert, um diese Darbietung zu beobachten, und vielleicht war das der Grund, dass er nun von dem Fasanweibchen erwartete, wenigstens etwas von der Begeisterung zu zeigen, die er selbst verspürte, als er die Vorführung endlich von seinem schlammigen Erdloch aus mitansehen durfte. Seine Schlussfolgerung, dass sie seine Begeisterung nicht teilte, ließ ihn an der Möglichkeit zweifeln, dass die Darbietung des Männchens irgendeine ästhetische Wirkung auf sie gehabt haben könnte. Die Theorie der sexuellen Selektion besagt jedoch, dass jedes aufwendige Ornament das Resultat einer ebenso aufwendigen, koevolutionär entstandenen Fähigkeit zur ästhetischen Wahrnehmung ist. Ein extremer ästhetischer Ausdruck ist immer eine Folge extremer ästhetischer Misserfolge – das heißt der Ablehnung durch potenzielle Fortpflanzungspartner. Männliche Argusfasane haben eben deshalb so extreme Ornamente, weil die meisten Männchen *nicht* als Partner ausgewählt werden. Eine ruhige, unbeeindruckte Argushenne verhält sich daher eigentlich genau so, wie wir es erwarten sollten – nämlich wie eine erfahrene, gebildete Kennerin, die eines von vielen außergewöhnlichen Werken begutachtet, die ihr zur Prüfung vorliegen, und nicht wie ein erregter Naturforscher, der gerade die Begegnung seines Lebens hat. Und nach dem, was ich in Videos solcher Balzvorführungen gesehen habe, würde ich die Argushenne tatsächlich genau so beschreiben – in hochkonzentrierter Aufmerksamkeit verharrend, während sie ihren kritischen Blick auf den Auftritt des Männchens wirft. Das Fasanweibchen mag beim Betrachten der männlichen Bemühungen leidenschaftslos wirken, aber es sind ihre besonnenen Paarungsentscheidungen über Jahrmillionen, die

---

[66] Beebe, *A Monograph of the Pheasants*, S. 122.

den koevolutionären Antrieb geliefert haben, der in der Darbietung hunderter schimmernder, in der Luft kreisender goldener Kugeln gipfelte.

Die prachtvollen Federn und aufwendigen Darbietungen des Argusfasans sind in unserem Bemühen, die Ursprünge der Schönheit in der Natur zu verstehen, seit Langem ein wichtiges Beweisstück, das allerdings verschiedene Denker zu diametral entgegengesetzten Schlüssen geführt hat. In seinem antievolutionistischen Traktat *The Reign of Law* führt der Duke of Argyll 1867 die »Kugel- und-Sockel«-Verzierungen auf den Flügelfedern des Argusfasans als Zeichen der Hand Gottes in der Schöpfung an.[67] Darwin hält dagegen, der Argusfasan sei ein Beleg für die Evolution der Schönheit durch Partnerwahl, und kommt zu dem Schluss: »Es ist zweifellos eine merkwürdige Thatsache, dass das Weibchen diesen beinahe menschlichen Grad von Geschmack besitzen soll.«[68] Als die Theorie der Partnerwahl ein Jahrhundert lang in der intellektuellen Versenkung verschwand, taten sich die Biologen schwer damit, Begründungen für ästhetische Extreme wie den Argusfasan zu finden. William Beebe bezeichnete Darwins Theorie als intellektuell verlockend – »Darwins Ideen sind von der Art, die wir als Menschen liebend gerne annehmen würden«[69] –, aber letztlich nicht überzeugend. Aufgrund seiner schlechten Meinung von den kognitiven und ästhetischen Fähigkeiten weiblicher Fasane konnte Beebe die Idee der sexuellen Selektion einfach nicht akzeptieren: »Sie erscheint unmöglich vorstellbar, so gerne wir auch an sie glauben würden, und ich persönlich wäre auch bereit, hier und da einmal fünfe gerade sein zu lassen, um diese angenehme psychologisch ästhetische Möglichkeit zuzugeben; aber ich kann es nicht.«[70]

Aber wie erklärte Beebe dann die Evolution des männlichen Argusfasans? Er konnte es nicht. Seine Schlussfolgerung lautet: »Es ist einer dieser Fälle, in denen man den Mut haben sollte, zu sagen: ›Ich weiß es nicht.‹«[71] Ausgerechnet ein Mann, der Jahre seines Lebens damit verbracht hatte, dem Ausdrucksverhalten dieser sagenhaft schönen Kreatur und vieler anderer Fasane nachzuspüren, fand also Darwins Erklärung für deren Schönheit »unmöglich«. Dies zeigt das wahre Ausmaß des geistigen

67 Vgl. George Douglas Campbell, Duke of Argyll, *The Reign of Law*, London 1867, S. 202 f.
68 Darwin, *Die Abstammung des Menschen*, Bd. II, S. 85.
69 Beebe, *A Monograph of the Pheasants*, S. 123.
70 Ebd., S. 155.
71 Ebd., S. 123.

Verlusts an, der auf Wallaces Desavouierung von Darwins Theorie der Partnerwahl folgte.

Heute wird das grundlegende Konzept der Partnerwahl dagegen von allen Biologen anerkannt. Es herrscht folglich völlige Übereinstimmung darüber, dass sich das Schmuckgefieder und das Verhalten des Argusfasans durch die Einwirkung weiblicher sexueller Vorlieben und Wünsche – also durch sexuelle Wahl – entwickelt haben. Wir sind uns heute einig, dass sich Ornamente entwickeln, weil Individuen die Fähigkeit und die Freiheit besitzen, ihre Sexualpartner zu wählen – und sie wählen diejenigen, deren Ornamente sie präferieren. Durch diesen Prozess verändern die Wählenden evolutionär *sowohl* die Objekte ihrer Begierde *als auch* die Form ihres eigenen Begehrens. Es ist ein wahrer Tanz der Koevolution zwischen Schönheit und Begehren.

Nicht einig sind sich die Biologen darüber, ob sich Paarungspräferenzen für Ornamente entwickeln, die beständig ehrliche, praktische Informationen liefern – über gute Gene beziehungsweise direkte Vorzüge wie Gesundheit, Kraft, kognitive Fähigkeiten und andere Eigenschaften, die den Wählenden nützen –, oder es sich nur um bedeutungslose, willkürliche (wenn auch fabelhafte) Ergebnisse koevolutionärer Moden handelt. Die meisten Biologen sind mit der ersten Hypothese einverstanden. Ich bin es nicht. Genauer gesagt glaube ich, dass die adaptive Partnerwahl vorkommen *kann*, aber wahrscheinlich eher selten ist, während die Mechanismen der Partnerwahl, wie sie von Darwin und Fisher erdacht und von Lande und Kirkpatrick modelliert wurden, vermutlich nahezu überall greifen.

Wahr bleibt aber auch, dass das Argument der Schönheit als Nützlichkeit seit Darwins *Abstammung des Menschen* überaus erfolgreich ist. Der Zweck dieses Kapitels besteht darin, zu zeigen, inwieweit dieser faule Konsens weiterbesteht. Er besteht zu einem großen Teil deshalb weiter, weil er von einem unwissenschaftlichen Glauben an die ultimative Gültigkeit seiner eigenen Schlussfolgerungen gestützt wird.

Im Jahr 1997 reichte ich ein Manuskript bei der Zeitschrift *The American Naturalist* ein, einem erstklassigen wissenschaftlichen Fachblatt für Ökologie und

Evolutionsbiologie. Der Artikel behandelte die willkürlichen und die ehrlichen Werbungsmechanismen bei der Partnerwahl, um zu bestimmen, welche der beiden bei der Evolution bestimmter Balzmuster von Vögeln zur Anwendung kamen, die ich beobachtet hatte.[72] In einem Abschnitt des Manuskripts diskutierte ich eine spezifische Sequenz eines Balzverhaltens bei einer Gruppe von Schnurrvögeln, auch Manakins oder Pipras genannt (mehr dazu in den Kapiteln 3, 4 und 7). Mittels einer Vergleichsuntersuchung des Balzverhaltens verschiedener Arten innerhalb der Gruppe beschrieb ich, wie die Männchen einer Spezies – der des Östlichen Weißkehlpipras – eine neuartige Haltung mit gestrecktem Schnabel entwickelt hatten, die eine angestammte Haltung mit gestrecktem Schwanz ablöste, die zum Standardrepertoire der Balz gehört hatte. Es war, als ob die Evolution die alte Pose mit einer Ausstechform herausgeschnitten und die neue an exakt derselben Stelle der Verhaltenssequenz eingefügt hätte. Ich äußerte die Ansicht, dass diese Verhaltensänderung wahrscheinlich nicht evolviert war, weil sie bessere Informationen über die Qualität des Paarungspartners lieferte – ansonsten hätte sie sich bei *allen* Pipras herausgebildet –, sondern sich eher als Reaktion auf willkürliche, koevolutionäre ästhetische Paarungspräferenzen entwickelt hatte.

Bei wissenschaftlichen Fachzeitschriften werden die eingesandten Manuskripte im Rahmen des sogenannten Peer-Review-Verfahrens an anonyme Gutachter geschickt; dabei handelt es sich um andere Fachwissenschaftler, zu denen oft auch eigene Konkurrenten gehören. Die Kommentare der Gutachter dienen dem Herausgeber als Entscheidungshilfe, ob der Artikel publiziert werden soll, und dem Autor als Anregung für Verbesserungen. In meinem Fall hassten die anonymen Gutachter den erwähnten Abschnitt des Textes. Sie argumentierten, ich könne nicht behaupten, dass diese neue Haltung durch willkürliche Partnerwahl evolviert war, weil ich nicht ausdrücklich jede der vielen adaptiven Hypothesen zurückgewiesen hätte, die sie sich vorstellen konnten. So hätte ich beispielsweise nicht überprüft, ob die den Schnabel reckenden männlichen Weißkehlpipras ihre überlegene Kraft oder Krankheitsresistenz offenbarten. Ich antwortete, dass regloses Verharren in einer Pose anstatt in einer anderen wahrscheinlich

[72] Richard O. Prum, »Phylogenetic Tests of Alternative Intersexual Selection Mechanisms. Macroevolution of Male Traits in a Polygynous Clade (Aves: Pipridae)«, in: *The American Naturalist* 149 (1997), S. 668–692.

nicht dazu geeignet sei, irgendwelche zusätzlichen Informationen über Kraft oder genetische Qualität zu übermitteln, es sei denn, wir nähmen an, dass die Haltung mit gestrecktem Schwanz bei den angestammten Vögeln evolviert sei, um zu zeigen, ob sie von Pomilben befallen sind, während sich die Haltung mit gestrecktem Schnabel entwickelt haben müsse, um über die Möglichkeit eines jüngeren Problems der Evolutionsgeschichte, wie etwa den Befall mit Halsmilben, Auskunft zu geben. Das schien mir nicht sehr wahrscheinlich, aber der Gutachter bestand darauf, dass die Last des Beweises für die Arbitrarität der Ausdrucksmerkmale bei mir liege. Dies machte es natürlich unmöglich, meine These zu »beweisen«, und schließlich strich ich den Abschnitt aus dem Manuskript, um meinen Artikel veröffentlichen zu können.

Die Auseinandersetzung beschäftigte mich noch lange nach Erscheinen des Artikels im Jahr 1997. Wie viele jener adaptiven Hypothesen würde ich überprüfen müssen, so fragte ich mich, bevor ich den Schluss ziehen durfte, dass ein bestimmtes Ausdrucksmerkmal willkürlich ist – das heißt, dass es keine Informationen über irgendwelche anderen Qualitäten als seine eigene Attraktivität enthält? Wann würde ich mit dieser Aufgabe je fertig werden? Selbst wenn es mir gelänge, jede adaptive Hypothese zu überprüfen, die ihnen einfiel, wären noch längst nicht alle Hürden beseitigt, denn ich hätte damit nur *eine* Gruppe von Gutachtern zufriedengestellt. Ihre Argumentation implizierte jedoch, dass ich noch weitere Hypothesen überprüfen müsste, um auch andere skeptische Gutachter zu überzeugen, und dann wieder andere und immer so weiter. Der kreative Einfallsreichtum der Gutachter würde nie enden, und deshalb käme auch der Versuch, die Beliebigkeit eines bestimmten Merkmals zu beweisen, nie zu einem Ende. Ich saß in der Falle. Die geltenden Beweisstandards machten es mir unmöglich, jemals abschließend festzustellen, dass sich irgendein Merkmal zu willkürlicher Schönheit entwickelt hatte. Es war im Grunde unmöglich geworden, ein zeitgenössischer Darwinist zu sein.

Ich erkannte, dass es Alan Grafens Beweismaßstab war, der mich in diese Zwickmühle gebracht hatte: »An den Fisher-Lande-Prozess als Erklärung der sexuellen Selektion zu glauben, ohne eine Fülle von Beweisen vorzulegen, ist methodisch niederträchtig.«

Grafen war natürlich nicht der Erste, der die Forderung nach einer »Fülle von Beweisen« aufstellte, die in der Wissenschaft eine lange und geachtete Tradition hat. Carl Sagan erklärte schon in den 1970er Jahren in Bezug auf die Parapsychologie: »Außergewöhnliche Behauptungen erfordern außergewöhnliche Beweise.« Im Grunde geht dieser berühmte »Sagan-Standard« auf den französischen Mathematiker Pierre-Simon Laplace zurück, der schrieb: »Das Gewicht der Beweise für eine außergewöhnliche Behauptung muss proportional zu deren Seltsamkeit sein.«

Ob man sich also auf Grafens Maßstab der Beweisfülle beruft, hängt davon ab, für wie *seltsam* man die Partnerwahltheorie nach Darwin und Fisher hält. Aber woran bemisst sich die *Seltsamkeit* einer Hypothese? Sollen wir uns von unserem Bauchgefühl, das uns sagt, wie die Welt funktionieren *sollte*, diktieren lassen, wie wir unsere wissenschaftlichen Forschungen über die Frage, wie sie *wirklich* funktioniert, zu betreiben haben? Grafen argumentierte, die tröstliche Tatsache, dass Zahavis Handicap-Prinzip »Sinn und Verstand« habe, müsse uns veranlassen, die schreckliche Seltsamkeit der willkürlichen Partnerwahl abzulehnen.

Es liegt fraglos in der menschlichen Natur, sich ein rationales und geordnetes Universum zu wünschen. Kein Geringerer als Albert Einstein rückte einst von der Quantenmechanik ab – deren geistige Grundlagen er größtenteils selbst gelegt hatte –, weil sie Unsicherheit und Unberechenbarkeit in die Welt der Physik brachte. Im Zuge seiner Ablehnung der Quantenmechanik schrieb er den berühmten Satz: »Gott würfelt nicht.« Letzten Endes triumphierte die Quantenmechanik jedoch trotz ihrer anhaltenden Seltsamkeit, weil die Voraussagekraft der Theorie so groß war, dass sie sich nicht länger ignorieren ließ. Unser Verständnis der physikalischen Gesetze des Universums hat sich seitdem unendlich weiterentwickelt und die Physik war gezwungen, ein seltsameres Universum anzunehmen.

In der Evolutionsbiologie lässt sich die Vorliebe für Erklärungen mit »Sinn und Verstand« leider nicht so leicht unterkriegen. In der Frage der Partnerwahl hat uns die Sehnsucht nach Sinn und Verstand eine müde und verbrauchte Wissenschaft beschert, der es durchweg nicht gelingt, die Schönheit in der Natur zu erklären. Der gegenwärtige adaptationistische »Konsens« steht auf überraschend schwachen Füßen. Um zum Kern der Frage vorzudringen, was mit ihm nicht stimmt, müssen wir die Grundlagen des wissenschaftlichen Prozesses erforschen.

Wenn wir eine wissenschaftliche Hypothese überprüfen, müssen wir eine Annahme – etwa die, dass ein spezifischer Mechanismus für die Produktion der Beobachtungen verantwortlich ist, die wir über die Welt machen – mit der allgemeineren Annahme vergleichen, dass nichts Besonderes geschieht, dass also keine spezifische oder besondere Erklärung nötig ist, um die gemachten Beobachtungen zu erklären. In der Naturwissenschaft und der Statistik ist diese Hypothese, dass »nichts Besonderes geschieht«, als Nullhypothese beziehungsweise Nullmodell bekannt. Ein unglaublich erfreulicher und glücklicher Zufall, der keinerlei Einfluss auf die Stichhaltigkeit meines Arguments hat, will es, dass das Konzept der Nullhypothese 1935 von keinem anderen als Ronald A. »Runaway« Fisher ins Leben gerufen wurde, der den Begriff prägte und wie folgt erklärte: »Wir können diese Hypothese als ›Nullhypothese‹ bezeichnen, und es ist festzustellen, dass die Nullhypothese nie bestätigt oder bewiesen, sondern im Verlauf der Prüfung möglicherweise widerlegt wird.«[73]

Bevor wir also sagen können, dass ein bestimmter Prozess oder Mechanismus, der uns interessiert, stattfindet, müssen wir zunächst die Nullhypothese verwerfen, dass *nichts Besonderes* geschieht. Die Verwerfung der Null führt zu der positiven Schlussfolgerung, dass tatsächlich *etwas* Unterscheidbares vor sich geht. Die Nullhypothese ist jedoch, wie Fisher bemerkt, intellektuell asymmetrisch. Man kann Belege finden, um sie zu verwerfen, aber man kann sie *nie* wirklich beweisen. Aufgrund der logischen Struktur des wissenschaftlichen Folgerns ist es, mit anderen Worten, möglich, genügend Beweise dafür zu liefern, *dass* etwas Besonderes geschieht, aber es ist unmöglich, eindeutig zu beweisen, dass *nichts* Besonderes geschieht.

Die Nullhypothese ist natürlich mehr als nur ein provisorisches intellektuelles Werkzeug, das wir einsetzen, um eine wissenschaftliche Aufgabe zu erledigen. Manchmal ist sie sogar eine akkurate Beschreibung der Realität. Manchmal

---

73 Vgl. den *OED*-Eintrag zu »*null*«.

ist »nichts Besonderes« genau das, was wirklich geschieht! Und wenn die Null eine akkurate Beschreibung der Welt ist, besteht ihre Aufgabe darin, die Wissenschaft davor zu bewahren, untragbaren Fantastereien nachzugehen. Nullhypothesen schützen die Wissenschaft im Grunde vor deren eigenen verrückten Annahmen und glaubensbasierten Einbildungen.

Leider gibt es fundamentale Gründe, warum Menschen, professionelle Wissenschaftler eingeschlossen, zu der Annahme neigen, dass *etwas Besonderes* geschehen müsse. Das menschliche Gehirn erhält zahlreiche Belohnungen für das Entdecken schwer erkennbarer Muster im Strom der sensorischen Informationen und kognitiven Einzelheiten. Die Fähigkeit, in nicht offensichtlichen Situationen herauszufinden, was vor sich geht, ist vielleicht der grundlegendste Vorteil der Intelligenz. Sie könnten sich zum Beispiel überlegen: »Ich sehe die frischen Spuren des Wasserbüffels im Schlamm. Ich habe bemerkt, dass die Tiere jeden Morgen zum Trinken hierherkommen. Wenn ich mich morgen ganz früh hinter dem Busch dort verstecke, kann ich einen töten und essen!« Aber die kognitive Fähigkeit, die Welt als sinnerfüllt und von Ursache und Wirkung beherrscht zu interpretieren, kann uns auch zu falschen Schlussfolgerungen führen und uns glauben machen, es *müsse* etwas Besonderes geschehen, obwohl in Wirklichkeit gerade nichts Besonderes geschieht. Spukgeschichten, Wunder, Magie, Astrologie, Verschwörungstheorien, sportliche Glücksträhnen, Glückswürfel oder Teamflüche sind Beispiele für den grenzenlosen Wunsch des Menschen nach schlüssigen Erklärungen, wo diese gar nicht notwendig sind.

Viele Menschen geben ihrem irrationalen Verlangen nach *sinnvollen* Erklärungen unserer chaotischen Welt nach, oft auf eine Weise, die so etabliert ist, dass wir nie auf die Idee kommen, ihre Gültigkeit in Frage zu stellen. So liefert zum Beispiel eine ganze Wirtschaftsnachrichtenbranche laufend Erklärungen darüber, was sich auf den Märkten tut, obwohl dort aller Wahrscheinlichkeit nach meistens gar nichts Besonderes passiert. Die Wirtschaftsnachrichtenkanäle verbreiten einen endlosen Strom von Finanzberichten über »Ereignisse« an den globalen Finanzmärkten. Sie erklären voller Überzeugung, dass der Hang Seng Index im Plus, der Londoner FTSE-Index im Minus oder der Dow Jones Futures unverändert sei, und nennen als Gründe die jüngsten Arbeitslosenzahlen, eine ausgehandelte Staatsschuldenregelung oder einen aktuellen Quartalsbericht. Die Nullhypothese lautet natürlich, dass Marktaktivitäten aus der Gesamtwirkung von Millionen unabhängig getroffener Entscheidungen von Einzelpersonen resultieren, die, wie John Maynard Keynes so schön sagte, versuchen, »besser als die Masse zu raten, wie sich die Masse verhalten wird«.[74] Dieses Nullmodell, dem zufolge es gar keine gemeinsame oder verallgemeinerbare äußere Ursache für die Marktschwankungen gibt, wird in den Wirtschaftsnachrichten jedoch *nie* in Betracht gezogen. Das mag daran liegen, dass Wirtschaftsredaktionen schließlich selbst Wirtschaftsunternehmen sind. Eine aufrichtige Berichterstattung über die Nullhypothese wäre sehr schlecht für die Bilanz. Es dürfte wohl kaum jemand einschalten, wenn ein Sender die Nullnachricht ankündigen würde: »Beliebige Dinge geschahen heute an der Wall Street! *Einzelheiten um zwanzig nach*!« Die Wirtschaftsjournalisten gehen davon aus, dass alles irgendwie mit Sinn und Verstand geschieht und dass es ihre Aufgabe ist, dies als wahr zu berichten, selbst wenn es erfunden werden muss.

Nullhypothesen sind für die Wissenschaft unverzichtbar, auch dann, wenn sie schrecklich falsch sind, denn nur aus dem Versuch, Beweise zu ihrer Verwerfung zu finden, kann ein besseres Verständnis hervorgehen. Eine Nullhypothese lautet zum Beispiel: »Zigaretten verursachen keinen Lungenkrebs.« Demnach hat Lungenkrebs viele verschiedene Ursachen, und Rauchen hat keine generellen Auswirkungen auf das Lungenkrebsrisiko. Viele Menschen rauchen Zigaretten und viele Raucher bekommen Lungenkrebs, aber gemäß der Nullhypothese besteht hier kein Kausalzusammenhang. Interessanterweise war Ronald A. Fisher in den 1950er Jahren ein enthusiastischer und energischer Befürworter dieser speziellen, fürchterlich falschen Nullhypothese, die inzwischen endgültig widerlegt worden ist.[75] Eine aktuelle Nullhypothese lautet: »Die globale Erwärmung wird nicht durch die menschliche Produktion atmosphärischer Treibhausgase verursacht.« Die Aufgabe des Wissenschaftlers besteht in solchen Fällen darin, die Nullhypothese zu widerlegen, indem er die zu ihrer Verwerfung notwendigen Beweise sammelt. Mit anderen Worten, die wissenschaftliche Beweislast

---

[74] John Maynard Keynes, *Allgemeine Theorie der Beschäftigung, des Zinses und des Geldes*, Berlin ⁵1974, S. 174.
[75] Für eine ausführliche Diskussion von Fishers Eintreten für die Sicherheit des Rauchens siehe Paul D. Stolley, »When Genius Errs. R. A. Fisher and the Lung Cancer Controversy«, in: *American Journal of Epidemiology* 133 (1991), S. 416–425.

liegt immer bei denen, die zeigen wollen, dass etwas Bestimmtes geschieht, nicht bei denen, die das nicht glauben.

Nach jahrelangem Kampf gegen Grafens Maßstab der Beweisfülle erkannte ich schließlich, dass es auf dem Gebiet der Evolutionsbiologie zugeht wie bei den Finanzmarktberichten. Die Evolutionsbiologen sind zu der Überzeugung gelangt, dass ein ganz bestimmter sinnvoller Prozess – die adaptive Partnerwahl – immer und überall am Werk sein *muss*. Warum sind sie derart überzeugt? Bei genauerer Betrachtung stellt man fest, dass dahinter eigentlich nur der Glaube steckt, die Welt *müsse* so sein. Erinnern wir uns daran, dass Wallace bei seiner Zurückweisung der Darwin'schen Partnerwahl zum Prinzip erklärt hatte, dass »[d]ie natürliche Zuchtwahl [...] überall und im grössten Maasstabe thätig [ist]«. An der intellektuellen Rechtfertigung hat sich nicht viel verändert.

Obwohl er so vielen Menschen immer noch seltsam erscheint, ist der Mechanismus der sexuellen Selektion nach Lande und Kirkpatrick nicht nur eine Alternativhypothese zur adaptiven Partnerwahl; er ist das geeignete *Nullmodell* für die Evolution sexueller Ausdrucksmerkmale und Paarungspräferenzen.[76] Er beschreibt, wie die Evolution durch Partnerwahl abläuft, wenn nichts Besonderes geschieht, das heißt, wenn die Partner einfach wählen, was sie bevorzugen – Punkt. Weil die Evolution genetische Variation erfordert, nimmt das Lande-Kirkpatrick-Modell eine genetische Variation von Merkmalen und Präferenzen an. Es nimmt jedoch nicht an, dass die Partner in ihrer Qualität variieren, dass irgendwelche Ausdrucksmerkmale mit dieser Qualität korrelieren oder dass die Merkmale aufgrund natürlicher Selektion präferiert werden. Darum ist es das Nullmodell.[77]

[76] Für weitere Einzelheiten siehe Prum, »The Lande-Kirkpatrick Mechanism«, und ders., »Aesthetic Evolution by Mate Choice«.

[77] Ein anderes berühmtes Nullmodell der Evolutionsbiologie ist das Hardy-Weinberg-Gesetz, das die Frequenz von Genotypen einer Population aufgrund der Frequenz der Allele oder Genvariationen angibt. Das Hardy-Weinberg-Gesetz sagt uns, welche Genotypfrequenzen in einer Population zu erwarten sind, wenn nichts anderes geschieht – einschließlich nichtzufälliger Paarung, Immigration, Emigration und Selektion. Biologen können dann anhand beobachteter Abweichungen vom Hardy-Weinberg-Gleichgewicht zeigen, dass in einer Population *etwas* Besonderes geschieht. Fisher stellte seine Theorie der Partnerwahl interessanterweise erstmals 1915 vor, nur sieben Jahre nach der Veröffentlichung von Hardy und Weinberg. Wie das Hardy-Weinberg-Gesetz lässt sich auch Fishers Theorie am besten als ein Versuch verstehen, die evolutionären Konsequenzen aus der alleinigen Existenz der genetischen Variation zu beschreiben. Im Fall der Partnerwahl handelt es sich allerdings um eine genetische Variation der Präferenz, die eine andere genetische Variation des Ausdrucksmerkmals selektiert. Die Modelle von Lande und Kirkpatrick sind mathematische Umsetzungen dieses Prozesses.

Wenn der Lande-Kirkpatrick-Mechanismus das geeignete Nullmodell für die Evolution von Merkmalen und Präferenzen ist, so lässt er sich nicht beweisen. Grafens Ruf nach einer »Fülle von Beweisen« für den Fisher-Lande-Prozess entfaltete mithin gerade deshalb eine so große rhetorische Wirkung, weil er *das Unmögliche* forderte.[78] Schachmatt! Das war die Falle, in der ich steckte, als mir klar wurde, dass ich meine Gutachter niemals würde zufriedenstellen können. Und das ist auch der Grund, warum es 150 Jahre nach *Die Abstammung des Menschen* und 25 Jahre nach Grafens Artikel von 1990 noch immer keine allgemein akzeptierten Lehrbuchbeispiele für die willkürliche Partnerwahl gibt. Punkt. Grafens Schachzug war erfolgreich.

Die gegenwärtige Partnerwahlforschung ist eine Fallstudie über die intellektuellen Gefahren, die einer Wissenschaft drohen, wenn sie keine Nullhypothese oder kein Nullmodell hat. Ohne ein solches Nullmodell wird die adaptive Partnerwahl unwissenschaftlich vor ihrer Widerlegung geschützt. Sie wird zur vorherbestimmten Antwort auf alle Fragen zur Evolution und Funktion ästhetischer Merkmale. Wenn sich zeigen lässt, dass ein Merkmal mit einer besseren genetischen Ausstattung (*good genes*) oder direkten Vorteilen korreliert, wird das adaptive Modell für korrekt erklärt. Findet sich keine solche Korrelation, interpretiert man das Ergebnis lediglich als mangelnde Anstrengung bei dem Versuch, zu beweisen, dass das Modell korrekt ist. In diesem Rahmen besteht das höchste Forschungsziel für jeden jungen Wissenschaftler oder Doktoranden nur noch darin, das, was ohnehin schon jeder weiß, auf irgendeine erfreulich unerwartete, neue Weise nachzuweisen, auf die bis dahin noch niemand gekommen ist. Das ganze Unternehmen der adaptiven Partnerwahl ist aufgrund der tröstlichen Aussicht, dass es in der Natur mit »Sinn und Verstand« zugeht, bereitwillig angenommen worden und hat sich zu einem glaubensbasierten empirischen Programm zur Beibringung von Belegen entwickelt, um eine allgemein akzeptierte Wahrheit zu *bestätigen*. Nullmodelle haben die Funktion, zu verhindern, dass diese Art von glaubensbasierter Konformität in der Wissenschaft die Oberhand gewinnt.

»*Stuff happens* – Dinge passieren eben.« So lächerlich oder sogar flapsig dieser Satz erscheinen mag, erfasst er doch in seiner Schlichtheit das Wesen des

---

78 Vgl. Grafen, »Sexual Selection«, S. 487.

Nullmodells. Im Kontext der Evolution durch Partnerwahl können wir diese Nullaussage umformulieren zu »*Beauty happens* – Schönheit kommt einfach vor«. (Wir reden hier, um noch einmal daran zu erinnern, von der Schönheit, wie sie das Tier wahrnimmt.) Als Nullmodell für die Ursprünge der ästhetischen Merkmale in der Natur bietet uns die Annahme, dass Schönheit einfach passiert, eine erfrischende, neue Perspektive auf die Evolution der sexuellen Schönheit. *Beauty Happens* ist ein Slogan, den Darwin meines Erachtens sowohl verstanden als auch begrüßt hätte.

An diesem Punkt ist es wichtig, noch einmal zu betonen, dass eine durch und durch ästhetische Theorie der Partnerwahl *sowohl* die Möglichkeit des willkürlichen Nullmodells (*Beauty Happens*) *als auch* die des Modells der adaptiven Partnerwahl (ehrliche Anzeichen für gute Gene und direkte Vorteile) umfasst. Auch ein Maserati oder eine Rolex können schließlich nicht nur ästhetisch ansprechend sein, sondern auch praktische Funktionen haben, wie schnelles Fahren oder akkurate Zeitmessung. Die ästhetische Perspektive schließt mithin auch andere mögliche Erklärungen für die Evolution spezifischer Ausdrucksmerkmale ein. Die adaptive Sicht lässt dagegen die Möglichkeit der willkürlichen Partnerwahl im Sinne Fishers nicht zu. Sie ist das glatte Gegenteil von inklusiv.

Wie soll die Wissenschaft der Partnerwahl nun weiter vorgehen? Wenn wir ein bestimmtes Sexualornament oder Ausdrucksverhalten betrachten, müssen wir uns die einfache Frage stellen: Hat sich das Merkmal entwickelt, weil es ehrliche Informationen über gute Gene oder direkte Vorteile liefert oder weil es einfach nur sexuell attraktiv ist? Nur wenn wir zuerst die Nullhypothese widerlegen, dass Schönheit einfach passiert, kann dieses wissenschaftliche Forschungsprogramm vorankommen.

Die Wissenschaft der Partnerwahl braucht eine Revolution des Nullmodells. Auch wenn diese Botschaft für Forscher, die sich für dieses Feld entschieden haben, um ihre adaptationistischen Interessen zu verfolgen, wenig tröstlich sein mag, gibt es gute Belege aus anderen Bereichen der Evolutionsbiologie dafür, dass Nullmodell-Revolutionen erfolgreich *und* intellektuell fruchtbar sein können – auch für Adaptationisten. Auf dem Gebiet der molekularen Evolution führte eine Nullmodell-Revolution in den 1970er und 1980er Jahren zur allgemeinen Einführung der neutralen Theorie der Evolution von DNA-Sequenzen. Seitdem muss man, bevor man behaupten kann, bei bestimmten DNA-Austauschen handle es sich um Anpassungen, zuerst die Nullhypothese verwerfen, dass diese Veränderungen lediglich neutrale Variationen sind, die durch zufällige Gendrift innerhalb der Population evolviert sind. In der Biozönologie führte eine Nullmodell-Revolution in den 1980er und 1990er Jahren zur allgemeinen Annahme von Nullmodellen der Strukturen ökologischer Lebensgemeinschaften. Seitdem muss man zuerst ein Nullmodell der zufälligen Zusammensetzung der Lebensgemeinschaft verwerfen, bevor man behaupten kann, eine Biozönose sei durch Konkurrenz strukturiert. Auf beiden Feldern haben selbst die glühendsten Anhänger der natürlichen Selektion die neutralen beziehungsweise Nullmodelle letztlich übernommen, weil es ihnen damit leichter und besser möglich war, Anpassungshypothesen zu überprüfen und zu stützen. Es ist entscheidend, dass die Wissenschaft der Evolution ein Nullmodell der sexuellen Selektion annimmt.

Gegner der Anwendung von neutralen Modellen in der Evolutionsbiologie beklagen zuweilen, die vorgeschlagenen Modelle seien zu »komplex«, um als Nullmodelle geeignet zu sein. Ihrer Meinung nach müssten Nullmodelle einfacher und sparsamer sein. Doch diese Sichtweise missdeutet die intellektuelle Funktion des Nullmodells. Wenn zum Beispiel Zigaretten Lungenkrebs verursachen, dann ist die kausale Erklärung der meisten Lungenkrebsarten ziemlich einfach: Zigaretten. Wäre die Nullhypothese wahr, dass Zigaretten keinen Krebs verursachen, so wären dessen tatsächliche Ursachen weitaus variabler, individueller *und* komplexer. Nullmodelle sind also nicht notwendigerweise einfachere Erklärungen. Das Nullmodell ist vielmehr die Hypothese, dass der vorgeschlagene allgemeine kausale Mechanismus nicht vorhanden ist. In der Evolution ist der entscheidende kausale Mechanismus die natürliche Selektion und deshalb ist die *Beauty-Happens*-Hypothese das geeignete Nullmodell.

Mit dem Wissen darüber, was auf dem Spiel steht, wenn wir auf das Nullmodell verzichten, können wir uns nun wieder der Betrachtung des männlichen Argusfasans zuwenden. Als erstes müssen wir uns mit der *ganzen* Bandbreite der ästhetischen Komplexität auseinandersetzen, die eine evolutionsbiologische Erklärung verlangt. Zur Gesamtheit der Sexualornamente des männlichen Argusfasans gehört die Reinigung des Reviers und des Balzareals, das Aufsuchen des Areals, die Lautäußerungen, das vielfältige Ausdrucksrepertoire des Hahns einschließlich all seiner Bewegungen, die Hautfarbe des Gesichts sowie die Größe, Form, Musterung und Pigmentierung jeder Feder. Das gesamte Balzverhalten des Argusfasans gleicht einer Oper oder einem Broadway-Musical. Es besteht aus Musik, Tanz, aufwendigen Kostümen, Beleuchtung und sogar *Trompe-l'œil*-Effekten, auch wenn das Ganze auf einer intimen Bühne und als Einpersonenstück aufgeführt wird.

Eine Möglichkeit der Betrachtung dieser ästhetischen Komplexität liegt darin, sich jedes einzelne Detail als eine evolutionäre gestalterische »Entscheidung« vorzustellen. Auf wie viele solcher Entscheidungen käme man, wenn man den Argusfasan »mit allem Drum und Dran« beschreiben wollte? Wir beginnen am Ende einer Armschwingenfeder und sehen, dass die breite Spitze grau ist, nicht braun, mit großen Punkten, die rötlich braun sind und nicht weiß, hellbraun oder schwarz. Folgen wir der Feder in Richtung Basis, ändert sich die Hintergrundfarbe zu Hellbraun, während die Punkte farblich unverändert bleiben, kleiner werden, dichter aneinanderrücken und schließlich zu einem echten Wabenmuster zusammenlaufen. Jedes einzelne dieser Details könnte auch anders sein. Und tatsächlich *ist* jedes Detail bei jeder anderen Vogelart auf der Welt anders. Wenn man als Evolutionsbiologe überzeugt ist, dass die natürliche Selektion die Form verschiedener Ausdrucksmerkmale bestimmt, dann reicht es nicht, nur die bloße Existenz eines Ornaments zu beschreiben; man ist auch genötigt, den Ursprung und die Beibehaltung jedes einzelnen *spezifischen* Formelements zu erklären. Im Fall des Argusfasans geht die Zahl unabhängiger ästhetischer Größen in die Hunderte oder sogar Tausende – ein praktisch unermesslicher Grad an Komplexität.

Das Paradigma der adaptiven Partnerwahl behauptet, dass jedes einzelne dieser Merkmale als ehrliches Anzeichen für gute Gene oder direkte Vorteile *spezifisch* evolviert sei. Mit anderen Worten, jede Einzelheit hat sich so und nicht anders entwickelt, weil sie *besser* als jede andere mögliche Variation geeignet ist, Qualitätsinformationen zu liefern. Die meisten Forscher auf dem Gebiet der Partnerwahl sehen ihre Aufgabe darin, zu zeigen, *dass* diese These wahr ist, und nicht darin, zu überprüfen, *ob* sie wahr ist. Ohne ein Nullmodell, das eine Verwerfung der adaptationistischen Erklärung zulässt, bleibt ihnen auch gar nichts anderes übrig. Studie für Studie greifen die Forscher verschiedenste Aspekte des männlichen Schmucks heraus und versuchen sie mit den gesundheitlichen und genetischen Informationen in Zusammenhang zu bringen, die sie angeblich enthalten; dabei zeigen bestenfalls nur einige wenige Merkmale aus dem gesamten Repertoire des Ausdrucksverhaltens überhaupt Anzeichen für einen möglichen Zusammenhang mit der Paarungsqualität. Aus dieser sehr begrenzten Teilstichprobe ihrer Daten ziehen die Biologen dann allgemeine Schlüsse über die Rolle der ehrlichen Signalgebung im Prozess der sexuellen Selektion als ganzer. Die überwiegende Mehrheit der Daten ist zwangsläufig nicht geeignet, die adaptationistische Theorie der Partnerwahl zu bestätigen. Die Folge ist, dass die überwiegende Mehrheit der ornamentalen Details unerklärt bleibt und die adaptationistische Erklärung der Partnerwahl dennoch triumphiert.

Wir werden nie zu einer befriedigenden Erklärung der Evolution gelangen, wenn wir nur die Daten untersuchen, die so »funktionieren«, wie es sich der Forscher erhofft. Weil jede Untersuchung, mit der sich der adaptive Wert einer ornamentalen Eigenschaft nicht bestätigen lässt, als gescheitert angesehen wird – als gescheitertes, weil nicht ausreichendes Bemühen, die Daten zu finden, die beweisen, dass das adaptationistische Modell der Partnerwahl zutreffend ist –, werden solche Studien gar nicht erst veröffentlicht. Auf diese Weise verhindert das gegenwärtige Paradigma, dass wir diese Daten jemals zu Gesicht bekommen, die eigentlich fundiert beschreiben, wie die Welt ist und wie sie so geworden ist. Tatsächlich stehen die Daten vollkommen in Einklang mit dem *Beauty-Happens*-Modell. So kann uns die adaptationistische Weltsicht blind gegenüber der wahren Natur der Realität machen. Und diese Blindheit beeinflusst in jedem Fall unsere Fähigkeit, den Argusfasan zu »sehen«.

Die Partnerwahl beim Argusfasan in freier Natur zu erforschen, wäre leider äußerst schwierig. Erinnern wir uns, dass G. W. H. Davison in den siebenhundert Stunden, in denen er über drei Jahre hinweg Hähne beobachtete, nur einen einzigen Besuch einer Henne sah. Kopulationen sah er keine. Wenn man Dutzende Nester von Argusfasanen fände, könnte man möglicherweise mittels DNA-Analyse der Küken deren Väter identifizieren. Man müsste dann allerdings auch eine Vielzahl von versteckten Kameras an mehreren Balzarealen anbringen, um die Muster der weiblichen Besuche und die Variationen des Ausdrucksverhaltens bei erfolgreichen und erfolglosen Hähnen aufzuzeichnen. Außerdem müsste man diese Hähne einfangen und Informationen über ihre Gesundheit, Verfassung und genetische Variation erfassen. Das Ganze wäre ein *riesiges* und teures Unterfangen.

Lassen wir die Schwierigkeit, bei wild lebenden Fasanen an diese Daten zu kommen, einmal beiseite und beschäftigen uns mit der Frage, ob die Hennen einen adaptiven Nutzen aus ihrer Wahl des Partners ziehen können. Den grundlegendsten Nutzen bieten gute Gene, also vererbbare Genvariationen, welche die – männlichen wie weiblichen – Nachkommen der Henne mit Überlebens- und Fekunditätsvorteilen ausstatten würden.

Auch wenn die Gute-Gene-Hypothese wissenschaftsgeschichtlich äußerst erfolgreich war und nach wie vor verbreitet ist, macht sie gerade empirisch harte Zeiten durch. Viele Studien fanden keinerlei Belege für eine Korrelation zwischen der Genqualität der Männchen und den sexuellen Vorlieben der Weibchen. Eine neuere »Metaanalyse« – das heißt, eine umfangreiche statistische Studie mehrerer Datensätze von vielen unabhängigen Untersuchungen verschiedener Spezies – *fand* zum Beispiel signifikante Belege für die willkürliche Partnerwahl nach Fisher, aber *nichts*, was die Idee erhärten könnte, dass Männchen, die bevorzugt werden, gute Gene liefern.[79] Die Ergebnisse beruhen auf der wissenschaftlichen Fachliteratur, der vermutlich eher an der Veröffentlichung »positiver« Resultate – also solcher, die die Gute-Gene-Hypothese stützen – gelegen ist. »Negative« Ergebnisse werden dagegen, wie bereits besprochen, häufiger als wissenschaftliche Fehlschläge betrachtet und landen auf dem Müll. Dass es der Metaanalyse nicht gelang, Belege für die Gute-Gene-Hypothese zu finden, ist daher vermutlich nur die Spitze des Daten-Eisbergs. Eine riesige Datenmenge bleibt unsichtbar unter der Oberfläche verborgen und dieser gigantische Klumpen unveröffentlichter, privat aufbewahrter Daten ist

---

[79] Vgl. Zofia M. Prokop u. a., »Meta-analysis Suggests Choosy Females Get Sexy Sons More Than ›Good Genes‹«, in: *Evolution* 66 (2012), S. 2665–2673.

wahrscheinlich überwältigend negativ. Es wird immer deutlicher, dass gute Gene eine faszinierende Idee sind, die in der Natur nicht viel Unterstützung findet.

Der andere adaptive Nutzen, den männliche Argusfasane den Weibchen, die sie als Partner wählen, bieten könnten, liegt in der Form direkter Vorteile, die sich für das Überleben und die Fortpflanzungsfähigkeit des Weibchens selbst ergeben. Bei monogamen Vögeln, die soziale Paare zur Aufzucht ihrer Jungen bilden, können diese direkten Vorteile unter anderem darin bestehen, ein gemeinsames Revier zu verteidigen, das reich an hochwertigen Ressourcen ist, bei der Brutpflege zu helfen, Schutz vor Räubern zu bieten und andere Beiträge zu einem erfolgreichen Familienleben zu leisten. Der männliche Argusfasan betreibt jedoch weder Brutpflege noch sonst irgendeinen Fortpflanzungsaufwand. Er liefert nur Spermien. Weil die Weibchen nach der Paarung sofort weggehen, um allein ihre Eier auszubrüten und ihre Jungen großzuziehen, beschränkt sich ihre Interaktion mit Männchen auf die Besuche, die sie verschiedenen Hähnen abstatten, um sich einen Partner auszusuchen, sowie den kurzen Moment der Kopulation, sobald sie ihre Entscheidung getroffen haben. Es gibt also für sie nur zwei Möglichkeiten, vom Männchen einen direkten Vorteil zu erhalten. Erstens könnten die präferierten Männchen solche sein, deren Balzsignale die Weibchenwahl effizienter machen, indem sie den Zeitaufwand verringern und das mit dem Aufsuchen des Männchens verbundene Prädationsrisiko minimieren. Die ganze Prozedur, die mit der Beurteilung des Balzverhaltens einhergeht, ist jedoch alles andere als effizient. Das Weibchen muss weite Strecken zurücklegen (wahrscheinlich mehrere Kilometer), um verschiedene Männchen zu besuchen, und es muss jedes von ihnen aus nächster Nähe beobachten, um seine Darbietung richtig begutachten zu können. Die andere Möglichkeit ist, dass die männliche Aufführung ehrliche Informationen über das Nichtvorhandensein sexuell übertragbarer Erkrankungen liefert. Auch dies scheint allerdings sehr unwahrscheinlich. Eine Selektion zur Vermeidung sexuell übertragbarer Krankheiten würde zu einer starken natürlichen Auslese zuungunsten des polygynen Systems führen, das die Übertragung solcher Krankheiten stark fördert, und nicht zur Selektion extremer, koevolutionärer ästhetischer Merkmale und Präferenzen.

Auch ohne weitere Daten von freilebenden Tieren gibt es mithin ausgezeichnete Gründe für die Annahme, dass es sich beim Argusfasan um ein evolutionäres Beispiel für den *Beauty-Happens*-Mechanismus handelt.

Eine weitere intellektuelle Hürde für die adaptive Partnerwahl ist die schiere Komplexität der Darbietung des Argusfasans. Das Handicap-Prinzip besagt, dass die Ehrlichkeit eines Merkmals durch die Kosten gewährleistet ist, die es dem Individuum verursacht. Diese umfassen sowohl die Entwicklungskosten seiner Herstellung als auch die Überlebenskosten, die mit dem Besitz des Merkmals verbunden sind. Die Kosten der Signalehrlichkeit stellen jedoch für eine adaptationistische Erklärung der vielfältigen Ornamente im Ausdrucksrepertoire des Argusfasans eine weitere Belastung dar. Gemäß der Theorie muss jede dieser ornamentalen Dimensionen einen *unabhängigen Kanal* von Qualitätsinformationen bieten, um die *Zusatzkosten* zu tragen, die ihre Ehrlichkeit gewährleisten. Wenn ein kostspieliges Schmuckdetail innerhalb des Repertoires keine unabhängigen qualitativen Informationen lieferte, dann hätte es sich entweder nie entwickelt oder es wäre von der natürlichen Selektion als redundant und überflüssig eliminiert worden. Das Handicap-Prinzip bedeutet somit reale Einschränkungen für die Evolution ästhetisch komplexer Repertoires von vielfältigen Ausdrucksmerkmalen. Und doch gibt es ästhetische Komplexität nicht nur beim Argusfasan, sondern in der gesamten Natur.

Für den evolutionären *Beauty-Happens*-Mechanismus stellen Repertoires mit multiplen Merkmalen und vielen unabhängigen ornamentalen Dimensionen natürlich gar kein Problem dar. Das Modell sagt sie sogar voraus. Es ist wahrscheinlich, dass die Partnerwahl, wenn sie freie Hand hat, evolutionäre Selbstverstärkungsprozesse in Gang setzt, die sowohl die Komplexität des *Repertoires* der Ornamente als auch die Komplexität der einzelnen Ornamente betreffen.[80]

Einige Vertreter der Theorie der ehrlichen Werbung haben die These geäußert, die komplexen ornamentalen Repertoires könnten als adaptives *multimodales* Ausdrucksverhalten wirken. Gemäß dieser

---

[80] Vgl. Andrew Pomiankowski, Yoh Iwasa, »Evolution of Multiple Sexual Preferences by Fisher's Runaway Process of Sexual Selection«, in: *Proceedings of the Royal Society of London B* 253 (1993), S. 173–181; sowie Yoh Iwasa, Andrew Pomiankowski, »The Evolution of Mate Preferences for Multiple Sexual Ornaments, in: *Evolution* 48 (1994), S. 853–867.

Ansicht ähnelt das ästhetische Repertoire des Argusfasans einem Schweizer Messer; jeder Aspekt der Darbietung entspricht jeweils einer Klinge, die optimal an eine bestimmte Kommunikationsaufgabe innerhalb der allgemeinen Mission der ehrlichen und effizienten Anlockung von Weibchen angepasst ist. Jedes Ausdrucksverhalten übermittelt einen bestimmten Kanal von Qualitätsinformationen durch eine spezifische sensorische Modalität. Das Konzept des »multimodalen« Ausdrucksverhaltens ist ein Versuch, die ästhetische Komplexität auf eine beherrschbare Menge individualisierter, rationaler Nützlichkeiten zu reduzieren. Es vermeidet jedoch nicht das Problem der vielfachen überflüssigen Kosten.

Doch bevor wir weitermachen, sollten wir uns zunächst einmal die Frage stellen: Ist das überhaupt möglich? Wie viele unabhängige Kanäle, die Informationen über die Qualität des Männchens liefern, hat das Weibchen zu bewerten? Das ist schwer zu sagen, denn soweit ich weiß, hat noch nie jemand diese Frage gestellt. Dennoch glaube ich, dass man darüber einige relevante Betrachtungen anstellen kann. Wie würde man vorgehen, wenn man die Gesundheit und die genetische Qualität eines Menschen möglichst genau bestimmen wollte? Ärzte versuchen dies unter anderem durch regelmäßige Kontrolluntersuchungen herauszufinden. Wie viel lässt sich aus den Ergebnissen einer jährlichen körperlichen Untersuchung über die zukünftige Gesundheit eines Menschen aussagen? Nun, der amerikanische Fachärzteverband für Allgemeinmediziner (American Academy of Family Physicians) hat kürzlich festgestellt, dass es über die routinemäßige Gewichts- und Blutdrucküberwachung hinaus *keinerlei Hinweise* auf die medizinische Wirksamkeit regelmäßiger körperlicher Untersuchungen gibt.[81] Abgesehen von der Messung des Körpergewichts und des Blutdrucks liefern die Beobachtungen des Arztes nicht mit ausreichender Häufigkeit relevante Informationen über zukünftige gesundheitliche Entwicklungen, um jährliche Kontrolluntersuchungen effektiv zu machen. Zu einer ärztlichen Untersuchung gehören natürlich viele spezifische Fragen und die Anwendung zahlreicher invasiver Verfahren – wie zum Beispiel Bluttests –, die weiblichen Argusfasanen bei der Begutachtung ihrer potenziellen Partner nicht zur Verfügung stehen. Fasanenhennen haben keine Blutdruckmessgeräte, Stethoskope oder EKG-Geräte.

Doch auch mit all unseren Apparaten und unserem fortschrittlichen medizinischen Wissen liefern regelmäßige detaillierte Untersuchungen des menschlichen Körpers und mündliche Befragungen *nicht* genügend nützliche Informationen über gesundheitliche Folgen, als dass sie sich lohnen würden.

Die Wahrheit ist, dass es selbst mit modernstem Wissen und wissenschaftlichen Instrumenten sehr schwierig ist, die genetische Qualität eines Tieres genau einzuschätzen und seine zukünftige Gesundheit vorauszusagen.[82] Können wir von der Argusfasanhenne erwarten, dass sie die Gesundheit ihrer potenziellen Paarungspartner besser beurteilen kann als menschliche Ärzte?

Aber gehen wir einmal weiter als ein typischer Hausarzt und stellen uns vor, wir könnten das gesamte Genom jedes einzelnen Patienten sequenzieren. Was lässt sich über die potenziellen Gesundheitsrisiken dieser Patienten aus deren Genom in Erfahrung bringen? Nun, wir würden etwas über die Möglichkeit seltener Erkrankungen erfahren, die durch einzelne Gene hervorgerufen werden, wie die Mukoviszidose oder das Tay-Sachs-Syndrom. Aber wir würden erstaunlich wenig über die Risiken der komplexen Krankheiten herausfinden, die für die meisten Tode verantwortlich sind – wie Herzerkrankungen, Schlaganfall, Krebs, Alzheimer, psychische Störungen oder Drogenabhängigkeit. Tatsächlich ist die scheinbar unaufhaltsame Welle der Genom-Medizin seit Anfang des 20. Jahrhunderts ins Stocken geraten, weil sich aus den Genomdaten *kaum* prognostische Informationen über komplexe Krankheiten gewinnen lassen. Es ist zum Beispiel problemlos möglich, Dutzende genetische Variationen zu finden, die einen signifikanten Zusammenhang mit Herzerkrankungen aufweisen. Aber wenn man die Wirkungen all dieser Gene zusammennimmt, dann erklären sie bis auf einige seltene Genvariationen, die auf bestimmte ethnische Gruppen beschränkt sind, weniger als zehn Prozent des Vererbungsrisikos von Herzerkrankungen. Selbst mit *vollständigen genomischen* Informationen bleibt die Vorhersage der genetischen Qualität und der zukünftigen gesundheitlichen Entwicklung also eine fundamentale Herausforderung. Dies ist der Grund

81 Ateev Mehrotra, Allan Prochazka, »Improving Value in Health Care – Against the Annual Physical«, in: *New England Journal of Medicine* 373 (2015), S. 1485–1487.

82 Man könnte argumentieren, jährliche Kontrolluntersuchungen seien nicht kosteneffizient, weil die amerikanische Bevölkerung so gesund sei oder weil sich der menschliche Phänotyp genau so entwickelt habe, dass er Informationen über genetische Qualität, Gesundheit und Verfassung vor anderen verberge, statt sie zu offenbaren. Ich bezweifle jedoch, dass eine dieser Erklärungen zutrifft.

dafür, dass die US-Behörde für Lebens- und Arzneimittel FDA im Jahr 2013 privaten Genanalyse-Firmen wie 23andMe untersagt hat, ihren Kunden ohne besondere Genehmigung Informationen über genetische Krankheitsrisiken zu verkaufen.[83] Die meisten statistischen Zusammenhänge zwischen einzelnen Genen und Erkrankungen sind derzeit so vage und schwach, dass man es für grundsätzlich irreführend hielt, solche Informationen an die Kunden weiterzugeben.

Wir müssen also auch hier die Frage stellen: Ist es wahrscheinlich, dass der weibliche Argusfasan fundiertere Schlussfolgerungen über die genetische Eignung eines potenziellen Partners ziehen kann als ein Wissenschaftler, der das vollständige Genom kennt? Theoretisch ist es natürlich möglich, dass das Fasanweibchen dazu imstande ist, nur müsste man dies tatsächlich empirisch untersuchen, statt einfach nur blind darauf zu vertrauen. Dass die Humangenomforschung nicht in der Lage ist, verlässliche Werkzeuge zu finden, um die komplexesten Gesundheitsfolgen vorherzusagen, ist für die Gute-Gene-Hypothese hochgradig relevant und ein weiterer Grund zur Skepsis gegenüber der Möglichkeit, aus jedem Ornament den adaptiven Wert eines Partners beurteilen zu können.

Der intellektuelle Kollaps eines berüchtigten Mechanismus der ehrlichen Signalgebung liefert uns amüsante Einblicke in das gesellschaftliche Phänomen der Partnerwahlforschung. Der dänische Evolutionsbiologe Anders Møller stellte in seinen 1990 und 1992 veröffentlichten Arbeiten die These auf, dass die Körpersymmetrie eines Individuums dessen genetische Qualität offenbare und dass sich bilateralsymmetrische Ausdrucksmerkmale durch die adaptive Wahl von Partnern mit besserer Genqualität entwickelten. Møllers Daten legten nahe, dass weibliche Rauchschwalben (*Hirundo rustica*) die Männchen mit den längsten und symmetrischsten äußeren Schwanzfedern bevorzugen. Rasch gab es eine wahre Flut von Publikationen, welche die symmetriebasierte Partnerwahl bei einer Vielzahl von Organismen unterstützten.

---

83 Alberto Gutierrez (Direktor der Abteilung für In-vitro-Diagnostik und Einhaltung der Strahlensicherheit der FDA) an Anne Wojcicki (Vorstandschefin von 23andMe), 22.11.2013, FDA doc. GEN1300666. Die FDA hat 23andMe später die Genehmigung erteilt, Tests für spezifische genetische Störungen zu vertreiben.
84 Zitiert nach Jonah Lehrer, »The Truth Wears Off. Is There Something Wrong with the Scientific Method?«, in: *The New Yorker*, 13.12.2010.
85 Ebd.

Ironischerweise wurde die Idee, dass die Symmetrie ein ehrliches Anzeichen für die genetische Qualität ist, wie ein irrationaler Fisher'scher Weglauf-Prozess immer populärer, weil sie einfach so populär war. Ein Wissenschaftler, der von der Idee begeistert war und versuchte, die Ergebnisse in eigenen Versuchen zu reproduzieren, musste verzweifelt feststellen, dass ihm dies nicht gelang. »Leider konnte ich den Effekt nicht finden«, wird er in einem Artikel zitiert, der 2010 im *New Yorker* erschien.[84] »Aber das Schlimmste war, dass ich, als ich diese Nullresultate vorlegte, Schwierigkeiten hatte, sie zu veröffentlichen. Die Fachzeitschriften wollten nur bestätigende Daten. Die Idee war zu aufregend, um sie zu widerlegen, zumindest damals.«[85] Wieder einmal war der adaptationistische Hang zur Bestätigung am Werk.

Gegen Ende der 1990er Jahre begann die Unterstützung für die Idee, dass Symmetrie die genetische Qualität anzeigt, jedoch plötzlich nachzulassen. Es erschienen ein paar kritische Artikel, dann noch ein paar mehr. Metaanalysen mehrerer Datensätze zeigten dann 1999, dass sich die Unterstützung der Idee einfach in Luft aufgelöst hatte.[86]

Natürlich gibt man als Wissenschaftler nur ungern zu, dass man ein Sklave der Mode ist wie jeder andere auch. In zeitgenössischen Besprechungen der Partnerwahl im Tierreich findet diese peinliche Episode daher so gut wie keine Erwähnung. Die Begeisterung für die Idee der ehrlichen Symmetrie ist jedoch ein solches Paradebeispiel für eine Wissenschaft, die auf jeden fahrenden Zug aufspringt, dass sie in dem oben genannten Artikel im *New Yorker* über die Soziologie des Scheiterns in der Wissenschaft an prominenter Stelle erwähnt wurde. Leider lebt sie in adaptationistischen Theorien der menschlichen sexuellen Anziehung, der Neurobiologie und den Kognitionswissenschaften immer noch weiter. Man sollte meinen, die Nachricht über ihren Kollaps und Misskredit habe sich nach Jahrzehnten endlich auch bis zu den Evolutionspsychologen herumgesprochen, die sie immer noch predigen. Doch die »Ehrlichkeit der Symmetrie« ist zu einer Zombie-Idee geworden – sie ist so attraktiv, dass sie immer weiterlebt, obwohl sie mehrfach widerlegt wurde.[87]

86 Vgl. A. Richard Palmer, »Detecting Publication Bias in Meta-analyses. A Case Study of Fluctuating Asymmetry and Sexual Selection«, in: *The American Naturalist* 154.2 (1999), S. 220–233, und Michael D. Jennions, Anders P. Møller, »Relationships Fade with Time. A Meta-analysis of Temporal Trends in Publication in Ecology and Evolution«, in: *Proceedings of the Royal Society of London B* 269 (2002), S. 43–48.

Die Symmetrie-Hypothese hätte ohnehin nie mehr bieten können als eine sehr bruchstückhafte Erklärung der Evolution komplexer Ornamente wie der Muster auf den Schwung- und Schwanzfedern des Argusfasans. Selbst wenn es eine natürliche Selektion zugunsten vollkommen symmetrischer Signale gäbe, könnte sie nicht die Myriaden von anderen spezifischen und komplexen Details im Gefieder und im Ausdrucksverhalten des Fasans erklären.

Eine neu aufkommende adaptive Partnerwahl-Hypothese bedient sich direkt bei Wallaces Darwin-Kritiken. Die These lautet, dass sich das aufwendige Balzverhalten beim Männchen entwickle, um der potenziellen Partnerin Kraft, Energie und Leistungsfähigkeit anzuzeigen.[88] Demnach präferieren Weibchen solche Darbietungen, gerade *weil* sie die Herzfrequenz des Männchens steigern, seine Energiereserven erschöpfen und es an die Grenzen seiner physiologischen Leistungsfähigkeit bringen. Die besten Tänze deuten auf starke, fitte Typen hin. Leider scheitert diese populäre Idee in mehrfacher Hinsicht daran, *spezifische* Details komplexer Balzrepertoires wie dem des Argusfasans zu erklären. Man kann sich ja viele Verhaltensweisen vorstellen, die für das Männchen eine weitaus härtere physiologische Prüfung bedeuten würden als seine relativ energiearme Darbietung. Warum haben sich also nicht extreme Herausforderungen seiner Physiologie entwickelt?

Ich erkenne natürlich an, dass die Männchen vieler Arten ein physiologisch anspruchsvolles Ausdrucksverhalten zeigen. Aber der Umstand, dass physiologische Kosten entstehen, bedeutet nicht, dass diese Kosten ehrliche Anzeichen für Qualität sind. Ausdrucksmerkmale evolvieren zu einem Gleichgewicht zwischen natürlichen und sexuellen Selektionsvorteilen, und dieses Gleichgewicht kann alles andere als optimal für die Gesundheit oder das Überleben sein. Wo Schönheit entsteht, entstehen auch Kosten.[89]

Die Frage ist, ob die physiologischen Herausforderungen zufällige Folgen extremer ästhetischer

---

87 Ein Grund dafür, dass die Idee der »ehrlichen Symmetrie« in der evolutionären Psychologie und Neurobiologie weiterlebt, liegt darin, dass sie den Evolutionsbiologen derart peinlich ist, dass sie nicht mehr diskutiert wird. Dieses intellektuelle Vakuum erlaubt es anderen Disziplinen, die Idee weiter zu zitieren, als ob sie fest etabliert wäre.

88 Siehe zum Beispiel John Byers u.a., »Female Mate Choice Based upon Male Motor Performance«, in: *Animal Behaviour* 79 (2010), S. 771–778, und Julia Barske u.a., »Female Choice for Male Motor Skills«, in: *Proceedings of the Royal Society of London B* 278 (2011), S. 3523–3528.

Leistungen oder der eigentliche Sinn und Zweck der ganzen Darbietung sind. Oder um ein ähnliches Beispiel zu nehmen: Mögen wir die außergewöhnlichen Sprünge, Pirouetten und so weiter von Balletttänzern, weil diese Darbietungen die Ausführenden an die Grenzen ihrer physiologischen und anatomischen Leistungsfähigkeit bringen? Oder ergeben sich diese physiologischen Herausforderungen für die Tänzer als Folge des Versuchs, dem Publikum eine Kunst zu präsentieren, die ihm gefällt? Schätzen wir diese körperlichen Meisterleistungen wegen ihrer ästhetischen Wirkung auf uns? Oder weil viele Balletttänzer auf dem mühsamen Weg dorthin schmerzhafte und schlimme Fuß- und Beinverletzungen erleiden müssen?

Es gibt keinen Grund anzunehmen, dass die Liebe zum Ballett oder irgendeiner anderen menschlichen Kunstform darauf beruht, wie viel Schmerz und Mühe sie die Künstler kostet. Und genauso gibt es keinen Grund zu glauben, dass das Weibchen des Argusfasans oder irgendeine andere Spezies ihren Partner danach auswählt, wie viel er während seiner Balzvorführung durchmacht. Was zählt, ist immer die Raffinesse der Darbietung; die physiologischen Anforderungen, die damit einhergehen, sind zweitrangig. Wer etwas anderes glaubt, verwechselt evolutionäre Ursache und Wirkung. Und schließlich können wir uns, wie beim Argusfasan, noch viel kostspieligere Darbietungen vorstellen, die aber nicht präferiert werden. So ist es für Musiker auch ungeheuer schwierig, die atonale Konzertmusik des 20. Jahrhunderts, von Berg bis Boulez, richtig zu spielen, was aber nicht bedeutet, dass sie beim Publikum auch gut ankommt.[90]

Eine interessante Möglichkeit, sich die Partnerwahl-Debatte zwischen Wallace und Darwin verständlich

89 Die überwältigende Mehrheit der Arbeiten über kostspielige ehrliche Signale geht davon aus, dass die Existenz kostspieliger Merkmale ein Beweis für Zahavis Handicap-Prinzip sei. Doch auch das Nullmodell nach Lande und Kirkpatrick sagt die Evolution kostspieliger Merkmale voraus; die Abweichung zwischen dem Lande-Kirkpatrick-Gleichgewicht und dem Optimum der natürlichen Selektion liefert ein genaues Maß für die Kosten der sexuellen Attraktivität (vgl. die Abbildung auf Seite 56). Um die Nullhypothese zu verwerfen, dass Schönheit einfach vorkommt, müssen die Forscher zeigen, dass es spezifische Korrelationen der kostspieligen Merkmale mit Variationen direkter Vorteile oder guter Gene gibt. Dies wird weitaus seltener geleistet.
90 Der Vergleich mit dem Ballett und der Musik mag etwas überdreht wirken, doch es gibt durchaus Versuche, die Ästhetik menschlicher Künste und Darbietungen mit derselben adaptationistischen Logik zu erklären. Der Kunstphilosoph Denis Dutton vertritt zum Beispiel die Ansicht, die menschliche Fähigkeit zu künstlerischen Schöpfungen und Leistungen habe sich dadurch entwickelt, dass bevorzugt Partner mit ehrlichen Anzeichen für gute Gene sowie geistige und körperliche Leistungsfähigkeit gewählt wurden (vgl. Denis Dutton, *The Art Instinct. Beauty, Pleasure, and Human Evolution*, New York 2009).

zu machen, besteht darin, den Wert der Schönheit mit dem Wert des Geldes zu vergleichen. Unter dem alten »Goldstandard« besaß der Dollar einen Wert, weil jeder Dollar gegen ein kleines Stückchen Gold eingetauscht werden konnte. Der Wert des Dollars war *extrinsisch*, das heißt, der Dollar hatte einen Wert, weil er für etwas anderes von Wert stand – eben Gold.[91] Um die Mitte des 20. Jahrhunderts setzte sich bei Ökonomen und Regierungen jedoch die Erkenntnis durch, dass der Wert des Geldes lediglich eine »gesellschaftliche Erfindung« ist.[92] Heute ist der Wert eines Dollars *intrinsisch*, das heißt, er hat einen Wert, weil die Menschen sich im Allgemeinen einig sind, dass er einen Wert hat. Es gibt kein Gold dahinter.

Die adaptationistische Sicht der Schönheit funktioniert wie der Goldstandard. Ihr zufolge hat Schönheit keinen Wert an sich; ihr Wert entsteht nur dadurch, dass sie für andere, *extrinsische* Werte steht wie gute Gene oder direkte Vorteile. Gemäß der Sicht von Darwin und Fisher funktioniert die Schönheit dagegen wie alle modernen Währungen: Sie hat nur darum einen Wert, weil die Tiere evolutionär die Übereinkunft entwickelt haben, dass sie einen Wert hat. Der Wert der Schönheit ist intrinsisch und sie kann um ihrer selbst willen evolvieren. Wie das Geld ist die Schönheit eine »gesellschaftliche Erfindung«, und das Nullmodell nach Lande und Kirkpatrick ist die mathematische Beschreibung dieses Prozesses.

Eiserne Befürworter einer Rückkehr zum Goldstandard – die nach dem englischen Wort für Goldkäfer auch als »*Goldbugs*« bezeichnet werden – sind noch immer fest davon überzeugt, dass der Verzicht auf den Goldstandard eine unverantwortliche und unmoralische Abkehr von der Vernunft war. Wie evolutionäre *Goldbugs* sind die Neowallaceaner davon überzeugt, dass hinter jedem Sexualornament ein evolutionsmäßiger Goldtopf stehen muss, angefüllt mit guten Genen oder direkten Vorteilen der Partnerwahl, und

---

[91] Die weitere Ironie des Goldstandards liegt darin, dass Gold selbst ein intrinsischer Wert unterstellt wird. Es ist zwar ein relativ träges Metall mit einer Fülle von nützlichen physikalischen Eigenschaften, aber die Tatsache, dass sich Gold als »universeller« Wertstandard etabliert hat, ist ein willkürliches kulturelles Phänomen. Diese Beobachtung zeigt, wie schwierig es ist, irgendein Wertesystem zu etablieren, das nicht zufälligen ästhetischen Einflüssen unterliegt.

[92] Dieser sehr passende Ausdruck (*social contrivance*) stammt von Paul A. Samuelson, »An Exact Consumption-Loan Model of Interest With or Without the Social Contrivance of Money«, in: *Journal of Political Economy* 66 (1958), S. 467–482.

[93] Ich verlasse hier kurz meinen Grundsatz, dass unter Schönheit *koevolutionär entwickelte Anziehung* verstanden werden soll. Obgleich wir offensichtlich von dem Regenbogen angezogen werden, kann er sich unmöglich koevolutionär mit unserer Bewertung entwickelt haben. Vgl. Richard O. Prum, »Coevolutionary Aesthetics in Human and Biotic Artworlds«, in: *Biology and Philosophy* 28 (2013), S. 811–832.

sie verteidigen diese Ansicht damit, dass sie einfach Sinn und Verstand habe. Und wie die *Goldbugs* sind die Neowallaceaner schnell damit bei der Hand, andere Ansichten als »niederträchtig« abzustempeln.

Dieser Vergleich lässt uns auch besser verstehen, warum *Beauty Happens* das geeignete Nullmodell der Evolution durch sexuelle Selektion ist. Stellen Sie sich vor, das nächste Mal, wenn Sie einen schönen Regenbogen sehen, erschiene plötzlich ein grün gewandeter Kobold und verspräche Ihnen, dass am Ende des Regenbogens ein Topf mit Gold auf Sie warte.[93] Dann fragen Sie sich: »Wie lautet die Nullhypothese?« Sie lautet ganz offensichtlich, dass der Wert des Regenbogens intrinsisch ist und es an seinem Ende kein Gold gibt. Und bevor Sie diesen Topf mit Gold am Ende des Regenbogens nicht gefunden haben und die Nullhypothese verwerfen können, müssen Sie an ihr festhalten. In ähnlicher Weise postuliert die Theorie der adaptiven Partnerwahl, dass hinter jedem Sexualornament ein evolutionärer Goldtopf voll mit guten Genen und direkten Vorteilen stehe. Wie lautet die Nullhypothese? Sie lautet natürlich, dass es keine guten Gene oder direkten Vorteile gibt, bevor man sie nicht nachweisen kann. Die Beweislast liegt bei denen, die an die adaptive Partnerwahl glauben.[94] Einige dieser Ornamente werden sich tatsächlich als Signale für Qualität erweisen. Andere (in meinen Augen die meisten) werden dies nicht. Wir sollten den evolutionären Kobolden genauso wenig vertrauen wie denen im grünen Gewand!

Es gibt weitere Ähnlichkeiten zwischen der Wissenschaft der Partnerwahl und der »trostlosen Wis-

94 Die Analogie zwischen dem Wert der Schönheit und dem des Geldes lässt uns auch erkennen, wie viel emotionale Energie zur Verteidigung der adaptiven Partnerwahl aufgewendet wird. So wie die modernen Wirtschaftswissenschaften die *Goldbugs* vom Markt verdrängt haben, stellt auch die Zufallshypothese der Schönheit eine existenzielle Bedrohung für die adaptationistische Weltsicht dar. Warum? Weil diese, um St. George Mivarts Ausdruck zu verwenden, auf dem Bekenntnis zur »vollkommenen Zulänglichkeit der ›natürlichen Zuchtwahl‹« als Erklärung für funktionales Design in der Natur beruht (vgl. Mivart, »Review of *The Descent of Man*«, S. 48). Das Zugeständnis eines *intrinsischen* evolutionären Wertes der Schönheit würde die Möglichkeit eröffnen, Partnerwahl und ästhetische Evolution von der Adaptation abzukoppeln. Die vollkommene Zulänglichkeit der Adaptation wäre somit hinfällig. Eine weitere Parallele zwischen Theorien des Geld- und des Schönheitswertes ergibt sich aus der Beobachtung, dass die meisten Währungen am Anfang durch ein extrinsisches Gut wie das Gold gestützt wurden. Die gesellschaftliche Erfindung des Wertes entsteht später, sobald die betreffende Währung zu einem ökonomischen Tauschmedium geworden ist. Diese historische Transformation vom extrinsischen zum intrinsischen Wert entspricht exakt dem Fisher'schen Zweistufenmodell der Evolution von Merkmalen und Präferenzen. Die erste Stufe beginnt mit dem adaptiven Indikator eines korrelierten extrinsischen adaptiven Nutzens, doch die Entstehung von Paarungspräferenzgenen schafft eine neue Wertmöglichkeit – den indirekten genetischen Nutzen, attraktive Nachkommen zu haben.

senschaft« der Ökonomie. Beide Disziplinen diskutieren aktiv über das Wesen und die Bedeutung von »Marktblasen«. In den letzten Jahrzehnten des 20. Jahrhunderts entwickelte sich ein neuer, amerikanisch geprägter Kapitalismus, der sich durch immer komplexere mathematische Modelle des Investments und Risikomanagements auszeichnet, sowie durch den systematischen Abbau regulatorischer Kontrollen, die bis dahin noch einige der riskanteren Unternehmungen der Finanzinstitute eingedämmt hatten. Im Ergebnis sollte dies zu einer beispiellosen neuen Ära des globalen Wachstums und Wohlstands führen. Stattdessen führte es zur weltweiten Finanzkrise von 2008. Ganz offensichtlich ist mit dem Wirtschaftsmodell, das eine solche Instabilität verhindern sollte, etwas grundlegend schiefgelaufen. Wie konnten die Ökonomen dermaßen danebenliegen?

Den Kern dieses Versagens bildete der apriorische Glaube an eine starke rationale Idee, die Markteffizienzhypothese, die besagt, dass ein freier Markt bei offenem Zugang zu genauen Informationen stets den wahren, korrekten Wert eines Anlagegutes ermittelt. Nach der Markteffizienzhypothese sind Spekulationsblasen unmöglich. Das kommt Ihnen bekannt vor? Der Wirtschaftswissenschaftler Paul Krugman kommt zu dem Schluss: »Der Glaube an die Markteffizienzhypothese machte viele, wenn nicht die meisten Ökonomen blind gegenüber der Entstehung der größten Finanzblase der Geschichte.«[95]

Ich glaube, dass die meisten Evolutionsbiologen ebenso blind gegenüber der Tatsache der willkürlichen Partnerwahl sind.

Um mehr über die Parallelen zwischen Partnerwahlforschung und Konjunkturzyklus herauszufinden, traf ich mich eines Mittags mit meinem Yale-Kollegen und Nachbarn, dem Wirtschaftsnobelpreisträger Robert Shiller zum Essen. Shiller ist ein renommierter Immobilienmarktexperte und Vertreter der Verhaltensökonomik; die *New York Times* taufte ihn 2005 »Mr. Bubble«, nachdem er schon frühzeitig davor gewarnt hatte, dass die Immobilienpreise innerhalb der nächsten Generation um vierzig Prozent sinken könnten. Es dauerte nur drei Jahre, bis sich seine Vorhersagen erfüllten.

In seinem mittlerweile zum Klassiker avancierten Buch *Irrationaler Überschwang* aus dem Jahr 2000

[95] Paul Krugman, »How Did Economists Get It So Wrong?«, in: *New York Times Sunday Magazine*, 6. 9. 2009, S. 36–43.
[96] Vgl. Robert J. Shiller, *Irrationaler Überschwang. Warum eine lange Baisse an der Börse unvermeidlich ist*, Frankfurt a. M. 2000.
[97] Persönliches Gespräch mit Shiller am 16. 9. 2013.

erläutert Shiller, welche Rolle die menschliche Psychologie bei der Schwankungsanfälligkeit vieler Wirtschaftsmärkte spielt.[96] Eine spekulative Finanzmarktblase entsteht, wie er schreibt, wenn Preiserhöhungen das Vertrauen von Investoren anfachen und zu gesteigerten Erwartungen auf zukünftige Gewinne führen. Das Resultat ist eine positive Rückkopplungsschleife, bei der jede Erhöhung der Vermögenspreise größeres Vertrauen, gesteigerte Erwartungen, mehr Investitionen und höhere Preise zur Folge hat. Solchen ökonomischen Rückkopplungsschleifen wohnt zum Teil dieselbe Dynamik inne wie dem *Beauty-Happens*-Mechanismus. Wie die sexuellen Darbietungen können auch die Vermögenswerte allein von ihrer Popularität angetrieben werden und von extrinsischen Wertquellen völlig abgekoppelt sein.

Ich fragte Bob, was er von der Idee hielt, dass es Ähnlichkeiten zwischen den intellektuellen Rahmenbedingungen der Makroökonomie und der Evolutionsbiologie geben könnte. Für ihn war besonders auffällig, wie sehr sich die Argumente glichen, die von Vertretern der Markteffizienztheorie und der adaptationistischen Evolutionsbiologie ins Feld geführt werden. Seine Antwort leuchtete mir vollkommen ein:

> Vielen Ökonomen reicht schon die bloße Existenz eines Vermögenswertes zu einem bestimmten Preis als Hinweis darauf, dass dieser Preis den Wert exakt widerspiegeln muss. Das ähnelt sehr dem Argument, dass die Existenz eines bestimmten Baumes oder Vogels in einer bestimmten Umwelt beweisen soll, dass das Lebewesen eine optimale Lösung für die Herausforderung des Überlebens gefunden haben muss, weil es noch von keinem ökologischen Konkurrenten verdrängt worden ist. Beide benutzen ihre jeweilige Sichtweise, um die Welt so zu interpretieren, dass diese Sichtweise gestärkt wird.[97]

Eine solche Logik führt zu empirischen geistigen Disziplinen, denen es mehr um die Bestätigung der eigenen Weltsicht als um ein präzises Verständnis der Welt geht.

Für den Titel ihres 2009 erschienenen Buches über Verhaltensökonomik griffen Bob und sein Co-Autor George Akerlof den von John Maynard Keynes geprägten Begriff der *Animal Spirits* auf, der die psychologischen Beweggründe bezeichnet, von denen menschliche ökonomische Entscheidungen beeinflusst werden.[98] Sie dokumentieren in ihrem Buch, dass Forschungen über *Animal Spirits* in den Wirtschaftswissenschaften gering geschätzt und unterdrückt werden, weil diese irrationalen Einflüsse eben als grundsätzlich unwissenschaftlich und einer quantitativen, wissenschaftlichen Disziplin nicht würdig erachtet werden. Ich glaube, dass es eine parallele intellektuelle Bewegung in der Evolutionsbiologie gibt, die ironischerweise versucht, die Erforschung der *Animal Spirits* von Tieren zu unterdrücken! Die Theorie der adaptiven Partnerwahl besagt, dass sexuelles Begehren immer unter der strikten Kontrolle des letztlich rationalen Bedürfnisses nach einem extrinsisch besseren Partner steht. In einer kuriosen anthropomorphischen Umkehrung der Natur werden somit nun tierische Leidenschaften als rationaler angesehen als unsere eigenen.

Einige Wochen nach meinem Mittagessen mit Bob veröffentlichte eine Gruppe von Wirtschaftswissenschaftlern die Ergebnisse eines randomisierten kontrollierten Experiments über die Dynamik von Internet-Popularität.[99] Die Forscher hatten nach dem Zufallsprinzip positive und negative Bewertungen in den Kommentarspalten einer großen Nachrichten-Website abgegeben und konnten zeigen, dass Popularität *allein* durch Popularität selbst angetrieben werden kann – die Autoren sprechen hier von einem positiven Herdeneffekt –, völlig unabhängig von der Qualität des eigentlichen Inhalts. Mit anderen Worten, wenn etwas im Netz viral geht, ist das häufig einfach Zufall. Als ich Bob das nächste Mal traf, erwähnte ich diese neue Studie als anschaulichen experimentellen Beweis für die Rolle von Rückkopplungsschleifen bei der Entstehung willkürlicher Popularitätsblasen. »Wirst du in deinem Buch darüber schreiben?«, fragte er. »Ich habe mir nämlich überlegt, die Studie auch in meinem Buch zu zitieren!« Wer hätte gedacht, dass ein Ornithologe und ein Wirtschaftswissenschaftler darum konkurrieren könnten, über dieselbe Forschung zu berichten?

Der Argusfasan und die vielen anderen Vögel, denen wir auf den folgenden Seiten begegnen werden, stellen die konventionelle, adaptationistische

---

[98] Vgl. George A. Akerlof, Robert J. Shiller, *Animal Spirits. Wie Wirtschaft wirklich funktioniert*, Frankfurt a. M. 2009.
[99] Vgl. Lev Muchnik u. a., »Social Influence Bias. A Randomized Experiment«, in: *Science* 341 (2013), S. 647–651.
[100] Vgl. Prum, »The Lande-Kirkpatrick Mechanism«.

Evolutionstheorie in ästhetischer Hinsicht vor extreme Herausforderungen. Die neowallaceanische adaptive Partnerwahl mag im Moment populärer sein, aber ohne Darwins breite ästhetische Perspektive können wir die ganze Komplexität, Vielfalt und evolutionäre Radiation der intersexuellen Schönheit in der Natur nicht erklären. Nur die *Beauty-Happens*-Hypothese lässt eine echte Auseinandersetzung mit der ganzen explosiven Vielfalt der Sexualornamente zu.

Ich zweifle freilich nicht daran, dass sinnvolle, ehrliche und effiziente Signale der Partnerqualität evolvieren *können*. Es gibt Umstände, unter denen die Paarungspräferenzen tatsächlich der natürlichen Selektion unterliegen. Und es mag auch Umstände geben, unter denen sich die Signal-Ehrlichkeit zu derartiger Robustheit entwickelt, dass sie vom irrationalen Überschwang des ästhetischen Begehrens nicht untergraben werden kann. Solange wir jedoch davon ausgehen, dass dies immer der Fall ist, werden wir nie zu einem genuinen Verständnis der Vielfalt der Natur gelangen. Wir müssen ein nichtadaptives Nullmodell verwenden, um die Falsifizierbarkeit der adaptiven Partnerwahl aufrechtzuerhalten. Andernfalls betreiben wir keine Wissenschaft mehr.

Auch wenn ich der adaptiven Partnerwahl skeptisch gegenüberstehe, behaupte ich nicht, dass »der Kaiser gar keine Kleider anhat«.[100] Ich glaube eher, dass »der Kaiser einen Lendenschurz trägt«. Ich will damit sagen, dass sich die überwiegende Mehrheit der intersexuellen Signale in meinen Augen nur als willkürliche evolutionäre Folge der Tatsache erklären lässt, dass Schönheit einfach vorkommt, während das Paradigma der adaptiven Partnerwahl wahrscheinlich ungefähr den Anteil am gesamten »Korpus« der intersexuellen Signale in der Natur abdeckt, den jenes bescheidene Kleidungsstück verhüllt. Wie sollen wir jemals herausfinden, ob diese Einschätzung korrekt ist? Als Evolutionsbiologe gibt es nur den Weg, den *Beauty-Happens*-Mechanismus als Nullmodell der Evolution durch Partnerwahl anzunehmen und dann zu schauen, wohin die wissenschaftliche Arbeit führt.

KAPITEL 3

Schnurrvogel-Tänze

Wie und warum hat sich die Schönheit von und zwischen Vogelarten im Lauf von Jahrmillionen verändert? Wie entscheidet sich, was eine bestimmte Art schön findet? Kurzum, wie sieht die Evolutionsgeschichte der Schönheit im Vogelreich aus?

Es scheint unmöglich, diese Fragen zu beantworten, aber uns stehen im Grunde viele wissenschaftliche Werkzeuge zur Verfügung, um uns produktiv mit ihnen zu befassen. Eine der Schwierigkeiten beim Verständnis der Evolution der Schönheit ist die Komplexität tierischer Zurschaustellungen und Paarungspräferenzen. Zum Glück müssen wir keine schicke neue Art der Systemwissenschaft erfinden, um diese komplexen ästhetischen Repertoires untersuchen zu können, denn die Wissenschaft der Naturgeschichte – die Beobachtung und Beschreibung des Lebens von Organismen in ihrer natürlichen Umwelt – stattet uns mit genau den Werkzeugen aus, die wir brauchen. Die Naturgeschichte war ein entscheidender Bestandteil von Darwins wissenschaftlicher Methode und bildet bis heute die Grundlage großer Teile der Evolutionsbiologie.

Sobald wir Informationen über einzelne Spezies gesammelt haben, brauchen wir andere wissenschaftliche Methoden, um sie zu vergleichen, zu analysieren und ihre komplizierte und oft hierarchische Evolutionsgeschichte zu enthüllen. Die wissenschaftliche Disziplin, die uns dies ermöglicht, heißt Phylogenetik. Phylogenese ist die Geschichte evolutionärer Verwandtschaften von Organismen – was Darwin den »großen Baum des Lebens« nannte.

Darwin schlug vor, dass die Entdeckung des Baums des Lebens zu einem

Hauptzweig der Evolutionsbiologie werden sollte. Leider zeigte diese während des 20. Jahrhunderts kaum Interesse an phylogenetischer Forschung.[101] In den letzten Jahrzehnten wurden jedoch leistungsfähige neue Methoden zur Rekonstruktion und Analyse von Phylogenesen entwickelt, sodass das Interesse wiedererwacht ist. Da uns nun die beiden entscheidenden intellektuellen Werkzeuge zur Erforschung der Evolution der Schönheit – die Naturgeschichte und die Phylogenetik – zur Verfügung stehen, ist die Zeit so reif wie noch nie, um danach zu fragen, wie sich die Schönheit und der Geschmack für das Schöne entwickeln.

Dies wird uns helfen, den Prozess der evolutionären Radiation – der Diversifikation *unter* den Arten – auf eine neue Weise zu verstehen. Unter adaptiver Radiation versteht man in der Evolutionsbiologie den Prozess, durch den sich aus einem gemeinsamen Vorfahren auf dem Wege der natürlichen Selektion eine Diversität von Arten mit einer großen Varietät von Ökologien oder anatomischen Strukturen entwickelt. Ein kanonisches Beispiel für die adaptive Radiation ist die erstaunliche Vielfalt der Darwinfinken (*Geospizinae*) auf den Galápagosinseln. In diesem Kapitel werden wir allerdings eine andere Gruppe von Vögeln – die neotropischen Schnurrvögel – untersuchen, um eine andere Art von evolutionärem Prozess zu verstehen: die *ästhetische Radiation*. Diese bezeichnet den Prozess der Diversifikation und Elaboration aus einem gemeinsamen Vorfahren durch einen Mechanismus der ästhetischen Selektion – insbesondere die Partnerwahl.[102] Die ästhetische Radiation schließt die Möglichkeit der adaptiven Partnerwahl nicht aus, sie umfasst aber auch die einzig aufgrund von sexueller Schönheit getroffene willkürliche Partnerwahl mitsamt deren oft dramatischen koevolutionären Folgen.

---

101 Die Abkehr von der Erforschung der organismischen Phylogenese vollzog sich während der ersten zwei Drittel des 20. Jahrhunderts und wurde von der Vorstellung genährt, dass Genetik und Populationsgenetik am besten zur Untersuchung evolutionärer Fragen geeignet seien. Die Folge war, dass es sich bei der um die Mitte des 20. Jahrhunderts aufkommenden »neuen Synthese« in der Evolutionsbiologie um eine weitgehend ahistorische Wissenschaft handelte, gestützt auf eine populationsgenetische Maschinerie, die eine Nachahmung der Zustandsgleichung idealer Gase – $PV = nRT$ – anstrebte: Druck mal Volumen gleich Stoffmenge mal molare Gaskonstante mal Temperatur. In den letzten Jahrzehnten des 20. Jahrhunderts bedurfte es einer großen intellektuellen Anstrengung, um der Phylogenese und der Phylogenetik ihren gebührenden Platz innerhalb der Evolutionsbiologie zurückzuerkämpfen, was einen guten Grundriss für die zukünftige Wiederherstellung der darwinischen ästhetischen Evolution liefert. Zur Geschichte der frühen intellektuellen Auseinandersetzung um die Wiedereinführung der Phylogenetik in die Evolutionsbiologie siehe David L. Hull, *Science as a Process. An Evolutionary Account of the Social and Conceptional Development of Science*, Chicago 1988.

Die Wissenschaft der Schönheit verlangt, dass wir das Labor und das Museum verlassen und ins Feld gehen. Meine Jugend als Vogelbeobachter erwies sich zum Glück als großartige Grundübung für die naturgeschichtliche Feldforschung an Vögeln. Das zweite wichtige Element dieses Zweiges der Schönheitsforschung – die Phylogenetik – entdeckte ich als Student an der Harvard University. Richtig eingetaucht bin ich in das Studium der Ornithologie im Herbst 1979, als ich ein Einführungsseminar über die Biogeografie südamerikanischer Vögel besuchte, das von Dr. Raymond A. Paynter, dem Kurator für Vögel am Museum für vergleichende Zoologie (MCZ) der Harvard University, geleitet wurde. Dank Dr. Paynter lernte ich den intellektuellen Zauber von Naturkundemuseen kennen. Im fünften Stock des riesigen alten Backsteingebäudes war die Vogelabteilung untergebracht und dort wurden in mehreren Räumen Hunderttausende wissenschaftliche Vogelpräparate kuratiert. Während meiner Studienzeit war das MCZ meine geistige Heimat. Ich verbrachte viel Zeit in den Vogelsammlungen, erledigte bibliografische Arbeiten oder kuratorische Aufgaben für Paynter und roch meistens wie eine Mottenkugel.

Dr. Paynter selbst war intellektuell viel zu konservativ und vorsichtig, um sich für das neue, revolutionäre Gebiet der Phylogenetik zu interessieren. Aber ich entdeckte bald, dass über die Konzepte und Methoden dieses Feldes weiter unten in der Romer Library während der wöchentlichen Treffen der Diskussionsgruppe Biogeografie und Systematik heiß debattiert wurde.[103] Rückblickend war diese Zeit in Harvard eine goldene Ära der Phylogenetik. Viele der damals bei den Treffen jener »revolutionären Zelle« in der Romer Library anwesenden Studenten leisteten später wesentliche Beiträge auf diesem Gebiet und sorgten mit dafür, dass die Phylogenese mittlerweile wieder zum evolutionsbiologischen Mainstream gehört.

102 Die ästhetische Evolution kann auch durch verschiedene Mechanismen der sozialen Selektion vonstattengehen. Wenn Vogeleltern zum Beispiel Entscheidungen darüber treffen, welchen Kükenschnabel sie füttern sollen, können sich die Gefieder und Schnabelmuster dahin entwickeln, die Aufmerksamkeit der Eltern zu erregen. Dieser Prozess kann zur Evolution des »Kindchenschemas« – attraktiven Babys – führen.
103 Die Gruppe wurde von dem Ichthyologen und Fachbereichsberater Bill Fink geleitet. Zu den Studierenden gehörten damals Michael Donoghue, ein Pflanzensystematiker, der heute Mitglied der US-amerikanischen National Academy of Sciences und mein Kollege in Yale ist, Wayne Maddison, ein Spinnensystematiker, der gemeinsam mit seinem eineiigen Zwillingsbruder David Maddison die Computerprogramme MacClade, Mesquite und andere Software entwickelt hat, die phylogenetische Analysen der Merkmalsevolution möglich machten, Brent Mishler, ein Botaniker, der heute Kurator des Herbariums der University of California in Berkeley ist, sowie Jonathan Coddington, ein Spinnensystematiker, der mittlerweile am Smithsonian arbeitet.

Meine eigene Arbeit wurde durch diese wöchentlichen Diskussionen in den frühen 1980er Jahren nachhaltig geprägt. Ich entwickelte eine Faszination für phylogenetische Methoden und war begierig, die Stammbäume von Vögeln zu rekonstruieren. Für mein Examensprojekt beschäftigte ich mich mit der Phylogenese und Biogeografie von Tukanen und Bartvögeln. An meinem Pult, dass ich mir selbst auf einem großen Tisch unter dem hoch aufragenden Skelett eines ausgestorbenen Moas in Raum 507 der Vogelsammlung eingerichtet hatte, machte ich begeistert Beobachtungen an Tukangefiedern und Skelettmerkmalen und erstellte meine ersten Phylogenesen.[104] Ich habe das Glück gehabt, dass ich seither kontinuierlich mit wissenschaftlichen Vogelsammlungen ersten Ranges zu tun hatte. Nur rieche ich mittlerweile nicht mehr nach Mottenkugeln.[105]

Als mein Studienabschluss nahte, machte ich mir Gedanken, was ich als nächstes tun könnte, und suchte nach einem Forschungsprogramm, in dem ich mein Können und meine Leidenschaft als Vogelbeobachter mit meiner neuen Begeisterung für die Phylogenese von Vögeln kombinieren konnte. Vor meinem Doktorandenstudium wollte ich unbedingt nach Südamerika, um mehr von jenen Vögeln zu sehen, die ich nur aus den Schubladen des MCZ kannte. (Es gab damals nur sehr wenige Bestimmungsbücher über tropische Vögel, insofern war das Durchstöbern einer Museumssammlung im Grunde die beste Möglichkeit, etwas über diese Tiere in Erfahrung zu bringen, bevor man sie in natura betrachten konnte.) Ich war fasziniert von der Forschungsarbeit des Harvard-Studenten Jonathan Coddington, der anhand der Phylogenese von Spinnen Hypothesen über die Evolution ihres Verhaltens beim Bau von Radnetzen überprüfte, und wollte in ähnlicher Weise mit Hilfe der Phylogenese die Evolution des Verhaltens von Vögeln untersuchen.[106]

Ungefähr zu dieser Zeit lernte ich Kurt Fristrup kennen, einen Harvard-Studenten, der über das Verhalten des leuchtend hell orangefarbenen Tiefland-

---

[104] Die Forschungsergebnisse wurden veröffentlicht in Richard O. Prum, »Phylogenetic Interrelationships of the Barbets (*Capitonidae*) and Toucans (*Ramphastidae*) Based on Morphology with Comparisons to DNA-DNA Hybridization«, in: *Zoological Journal of the Linnean Society* 92 (1988), S. 313–343, und in Joel Cracraft, Richard O. Prum, »Patterns and Processes of Diversification. Speciation and Historical Congruence in Some Neotropical Birds«, in: *Evolution* 42 (1988), S. 603–620.

[105] Wie alle modernen Arbeitsplätze mussten sich auch die Naturkundemuseen an Arbeitsschutz- und Gesundheitsvorschriften zur Begrenzung der Belastung mit gefährlichen Chemikalien anpassen. Seit einigen Jahrzehnten wird Paradichlorbenzol (Mottenkugeln) daher in Museen nicht mehr zur Schädlingsbekämpfung eingesetzt.

Felsenhahns (*Rupicola rupicola*, Cotingidae) [↗Farbtafel 5] gearbeitet hatte, einen der erstaunlichsten Vögel des Planeten. Kurt schlug vor: »Warum gehst du nicht nach Surinam und kartografierst die Balzplätze von Schnurrvögeln?« Rückblickend war dies einer der folgenreichsten beruflichen Ratschläge, die ich je erhalten habe.

Auf einem dürren Zweig in acht Metern Höhe in der sonnengefleckten unteren Baumschicht eines tropischen Regenwaldes in Surinam hockt ein winziger, glänzend schwarzer Vogel mit leuchtend goldgelbem Kopf, strahlend weißen Augen und rubinroten Schenkeln – ein männlicher Gelbkopfpipra (*Ceratopipra erythrocephala*) [↗Farbtafel 6].[107] Er wiegt etwa eine drittel Unze (zehn Gramm) oder etwas weniger als zwei Vierteldollarmünzen. Er hat einen kurzen Hals und einen kurzen Schwanz, die seinen Körper kompakt erscheinen lassen, doch seine nervöse Energie täuscht über sein fast plumpes Aussehen hinweg. Er singt ein hohes, sanftes, absteigendes, gepfiffenes *Puuu* und späht aufgeregt um sich, um immer alles im Blick zu haben. Manchmal erwidert ein zweites Männchen von seinem Sitzplatz in einem benachbarten Baum aus den Pfiff und dann ein drittes in der Nähe. Das erste Männchen antwortet unverzüglich. Seine große Aufmerksamkeit gilt offenbar vor allem seiner sozialen Umgebung. Insgesamt gibt es eine Gruppe von fünf Männchen in dem Wald. Sie sind durch das Blattwerk voreinander versteckt, befinden sich aber alle in Hörweite zueinander.

Als Reaktion auf die Rufe aus der Nachbarschaft richtet sich das Männchen wie eine Statue auf, wobei sein leuchtend bunter Schnabel nach oben zeigt. Es stößt ein energisches, synkopisches und raues *Puu-prrrrr-pt!* aus und fliegt dann plötzlich von seinem Sitz auf einen zwanzig Meter entfernten anderen Zweig. Nach einigen Sekunden fliegt es schnell zurück zu seinem Hauptsitzplatz, wobei es im Flug ein zunehmendes Crescendo aus sieben oder mehr *Kju*-Lauten von sich gibt. Seine Flugbahn ist eine sanfte S-Kurve und verläuft zuerst vom Sitzplatz nach unten und dann über ihn hinaus. Der Vogel landet von oben

106 Vgl. Jonathan A. Coddington, »The Monophyletic Origin of the Orb Web«, in: William A. Shear (Hg.), *Spiders. Webs, Behavior, and Evolution*, Stanford, CA 1986, S. 319–363.
107 Die Grundlagen des Verhaltens und der Fortpflanzung des Gelbkopfpipras beschreiben David W. Snow, »A Field Study of the Golden-headed Manakin, *Pipra erythrocephala*, in Trinidad, W.I.«, in: *Zoologica* 47 (1962), S. 183–198, und Alan Lill, »Lek Behavior in the Golden-headed Manakin, *Pipra erythrocephala*, in Trinidad (West Indies)«, in: *Advances in Ethology* 18 (1976), S. 1–83.

auf dem Zweig und stößt dabei einen scharfen, lebhaften *Szzzkkkt!*-Laut aus. Unmittelbar nach der Landung neigt das Männchen seinen Kopf, hält seinen Körper waagerecht zum Ast und reckt mit ausgestreckten Beinen seinen Rücken empor, wobei sich seine leuchtend roten Schenkel vor dem schwarzen Bauch abzeichnen wie eine aufreizend farbige Reithose. Dann gleitet es *rückwärts* den Zweig entlang und vollführt dabei wie auf Rollschuhen die winzigen, schnellen Schrittchen eines eleganten »Moonwalks«.[108] Inmitten dieser Bewegung lässt es für einen kurzen Augenblick seine rundlichen schwarzen Flügel senkrecht über dem Rücken nach oben schnellen. Nachdem es dreißig Zentimeter auf dem Zweig zurückgeglitten ist, senkt das Männchen plötzlich seinen Schwanz, breitet ihn fächerförmig aus, lässt seine Flügel noch einmal senkrecht nach oben schnellen und nimmt wieder seine normale Haltung ein.

Wenige Augenblicke später kommt das zweite Gelbkopfpipra-Männchen angeflogen und setzt sich ungefähr vier bis fünf Meter entfernt auf einen anderen Zweig. Das erste Männchen fliegt sofort zu ihm und so sitzen sie still nebeneinander – aber einander abgewandt – in ihrer dramatischen aufrechten Haltung. Angespannt, kampfbereit, aber einander tolerierend sind die beiden Männchen intensiv miteinander beschäftigt.

Diese Szene beschreibt nur einige kurze Augenblicke in der bizarren Sozialwelt eines Gelbkopfpipra-Leks. Ein Lek ist eine Aggregation von männlichen Balzplätzen. Im Lek balzende Männchen verteidigen Territorien, doch in diesen Territorien gibt es nichts, was Weibchen zur Fortpflanzung gebrauchen könnten, außer Spermien. Das Weibchen findet hier keine besonderen Ressourcen vor, sei es Nahrung, Nistplätze, Nistmaterial oder sonstige materielle Unterstützung. Gelbkopfpipras verteidigen einzelne, vier bis neun Meter große Territorien, wobei zwei bis fünf solcher Territorien zusammengehören. Leks sind nichts anderes als Orte, an denen Männchen sich zur Schau stellen, um Weibchen dazu zu verlocken, sich mit ihnen zu paaren. In der Brutzeit suchen die Weibchen ein oder mehrere Leks auf, beobachten das männliche Imponierverhalten, begutachten dieses

---

108 Meine ehemalige Doktorandin Kimberly Bostwick war die erste, die – in einem Interview für den Dokumentarfilm *Deep Jungle* aus der vom Public Broadcasting Service (PBS) produzierten Reihe *Nature* im Jahr 2005 – das Rückwärtsgleiten der *Ceratopipra*-Schnurrvögel als Moonwalk beschrieb.
109 Eine Übersicht über die Biologie von Leks liefern Jacob Höglund, Rauno V. Alatalo, *Leks*, Princeton, NJ 1995. Die Evolution von Leks wird ausführlich in Kapitel 7 behandelt.

Verhalten und wählen dann eines der Männchen zur Paarung aus.

Die Lek-Paarung ist eine Form der Polygynie (ein Männchen mit mehreren potenziellen Weibchen), die aus der Weibchenwahl resultiert.[109] In einem Lek-Paarungssystem können die Weibchen jeden beliebigen Partner auswählen und sie bevorzugen häufig fast einhellig einen kleinen Teil der verfügbaren Männchen. So können sich also relativ wenige Männchen mit relativ vielen Weibchen paaren. Der Paarungserfolg ist hier in einer ähnlichen Schieflage wie die gegenwärtige Einkommensverteilung bei Menschen. Die sexuell erfolgreichsten Männchen sind sehr erfolgreich und für die Hälfte oder mehr aller Paarungen verantwortlich, während andere Männchen in einem bestimmten Jahr eventuell gar nicht zum Zug kommen. Manche Männchen finden ihr Leben lang keinen Sexualpartner.

Das Ausdrucksverhalten des Rückwärtsgleitens beim männlichen Gelbkopfpipra.

Nach der Paarung bauen die weiblichen Gelbkopfpipras Nester, legen Gelege mit zwei Eiern, bebrüten sie, und kümmern sich ganz allein um die heranwachsende Brut, ohne jede Hilfe durch die Männchen, deren Beitrag zur Fortpflanzung mit ihrer Samenspende endet. Weil die Weibchen die ganze Arbeit machen, sind sie nicht auf die Männchen angewiesen, und diese Unabhängigkeit gewährt ihnen fast vollständige sexuelle Autonomie. Die Freiheit der Partnerwahl hat zur Entwicklung extremer Präferenzen geführt; es werden nur die wenigen Männchen ausgewählt, deren verhaltensmäßige und morphologische Merkmale den sehr hohen Ansprüchen der Weibchen genügen. Alle übrigen sind Verlierer im Paarungsspiel. Die ästhetische Extremität der männlichen Schnurrvögel ist daher die evolutionäre Folge eines extremen ästhetischen *Scheiterns*, welches aus der starken sexuellen Selektion durch Partnerwahl resultiert.

Schnurrvogel-Weibchen wählen ihre Partner seit ungefähr fünfzehn Millionen Jahren in Leks aus. Im Laufe der Zeit haben sich die Eigenschaften, die sie präferieren, zu einer außerordentlichen Vielfalt von Merkmalen und Verhaltensweisen unter den etwa 54 Schnurrvogel-Arten entwickelt, die vom südlichen Mexiko bis zum nördlichen Argentinien verbreitet sind. Schnurrvogel-Leks gehören zu den kreativsten und extremsten Laboratorien der ästhetischen Evolution in der Natur. Für mich erwiesen sie sich als der perfekte Ort, um zu studieren, wie Schönheit passiert.

Inspiriert von Coddingtons revolutionärer Spinnenforschung und Fristrups hilfreichem Vorschlag machte ich mich im Herbst 1982 auf den Weg nach Surinam, einer kleinen, kulturell karibischen, ehemaligen niederländischen Kolonie im Nordosten Südamerikas, wo ich fünf Monate lang blieb, um nach Schnurrvögeln zu suchen. Ich arbeitete im surinamischen Brownsberg-Naturpark, einem 500 Meter hohen, von tropischem Regenwald bedeckten Tafelberg, der wenige Stunden südlich der Hauptstadt Paramaribo über rote, unbefestigte Straßen zu erreichen ist. Einige Tage nach meiner ersten Sichtung von Gelbkopfpipras entdeckte ich einen Säbelpipra (*Manacus manacus*), auch Weißsäbelpipra oder Mönchschnurrvogel genannt.[110] Ich ging eines Morgens über den Hauptparkweg durch den jungen Sekundärwald, als ich plötzlich einen scharfen *Knall* im dichten Gebüsch hörte, der klang wie eine Spielzeugpistole oder ein kleiner Feuerwerkskörper. Im Dickicht am Straßenrand erspähte ich einen auffällig gefiederten Säbelpipra [↗ Farbtafel 7]. Der obere Teil des Kopfes, der Rücken, die Flügel und der Schwanz des Männchens dieser Spezies sind schwarz und es hat eine leuchtend weiße Unterseite, die zu einem Kragen um seinen Nacken ausläuft. Nur einen Meter über dem Boden hockend stieß dieses Männchen einen lauten *Tschi-Puu*-Ruf aus, der sogleich von einem wenige Meter entfernten anderen Männchen erwidert wurde.

Im Unterschied zum Gelbkopfpipra balzt der Säbelpipra nah am Waldboden und die Männchen

---

110 Darstellungen des Balzverhaltens und der Fortpflanzung des Säbelpipras liefern David W. Snow, »A Field Study of the Black and White Manakin, *Manacus manacus*, in Trinidad, W.I.«, in: *Zoologica* 47 (1962), S. 65–104, sowie Alan Lill, »Social Organization and Space Utilization in the Lek-Forming White-bearded Manakin, *M. manacus trinitatus* Hartert«, in: *Zeitschrift für Tierpsychologie* 36 (1974), S. 513–530. Den Mechanismus zur Erzeugung der mechanischen Knallgeräusche mit den Flügeln beschreiben Kimberly S. Bostwick, Richard O. Prum, »High-Speed Video Analysis of Wing-Snapping in Two Manakin Clades (Pipridae: Aves)«, in: *Journal of Experimental Biology* 206 (2003), S. 3693–3706.

scharen sich wenige Meter voneinander entfernt in sehr kleinen Balzterritorien. Nachdem ich ein paar Minuten geduldig gewartet hatte, folgte plötzlich eine wahre Flut von Darbietungen. Das erste Männchen flog in eine kleine Arena hinab – ein Fleckchen nackten Waldbodens von etwa einem Meter Durchmesser – und begann, zwischen kleinen Schösslingen an den Rändern des Platzes rasch hin und her zu hüpfen. Jeder seiner Sprünge wurde von einem scharfen *Peng!* untermalt, den es mit seinen Schwungfedern erzeugt. Wenn es sich niederließ, war sein Körper wie verwandelt. Die zuvor glatten, weißen Federn an seinem Hals waren nun aufgeplustert und formten einen bauschigen weißen Bart, der *über* seine Schnabelspitze hinaus reichte. Nach kurzer Zeit knallten und riefen mehrere Männchen gleichzeitig. Im Sitzen stießen die Männchen gelegentlich rasche, explosive Folgen von Knall-Lauten aus, die so dicht aufeinanderfolgten, dass sie zu einem Schnurren oder einer Art verächtlichem Furzgeräusch verschwammen. So plötzlich die Aufregung begonnen hatte, so schnell ebbte die Welle der Darbietungen auch wieder ab und das Lek kam zur Ruhe, bis auf ein paar vereinzelte *Tschi-Puu*-Rufe mit langen Pausen dazwischen.

Im Gegensatz zu den eleganten Flug- und Sitzstangendarbietungen der Gelbkopfpipras ist das Werbeverhalten der Säbelpipras rüpelhaft und ungestüm. Die Männchen drängen sich wild hüpfend und Knall-Laute ausstoßend aneinander. Säbelpipra-Männchen sind wie durchtrainierte Turner, die mit athletischer Präzision kurze Flüge und Sprünge ausführen.

Der Vergleich der grundverschiedenen Balzrepertoires allein dieser beiden Schnurrvogelarten führt uns das zentrale Dilemma ihrer ästhetischen Evolution vor Augen. Wie konnten sie sich derart unterschiedlich entwickeln? Das wahre Ausmaß dieses Rätsels tritt zutage, wenn wir uns klar machen, dass jede einzelne der ungefähr 54 Arten von Schnurrvögeln ihr ganz eigenes Repertoire von Gefiederschmuck, Balzverhalten und akustischen Signalen entwickelt hat; das sind 54 verschiedene »Schönheitsideale«! Da fast alle Arten innerhalb dieser Familie im Lek balzen, können wir davon ausgehen, dass alle Schnurrvögel von einem gemeinsamen, ebenfalls im Lek balzenden Vorfahren abstammen, der vor etwa fünfzehn Millionen Jahren gelebt hat, wie sich aus zeitkalibrierten molekularen Phylogenie-Analysen ableiten lässt.[111] Warum haben also die Weibchen der einzelnen Schnurrvogel-Arten so überaus unterschiedliche Paarungspräferenzen – ihren jeweils eigenen darwinischen Schönheitsmaßstab – entwickelt? Und wie hat sich diese ästhetische Radiation ereignet? Zur Beantwortung dieser Frage müssen wir die Geschichte der Schönheit durch den Baum des Lebens erforschen.

Es gibt einen Grund dafür, dass die Schnurrvögel ein so gutes Beispiel für die Evolution der Schönheit sind, und dieser Grund hat mit ihrem Familienleben zu tun. Über 95 Prozent der mehr als 10 000 Vogelarten auf der Welt werden von zwei aufmerksamen und fleißigen Eltern aufgezogen. Schnurrvögel gehören nicht dazu. Der britische Ornithologe David Snow, ein Pionier auf dem Gebiet der Schnurrvogel-Forschung, schlug in seinem hinreißenden Buch *The Web of Adaptation* von 1976 als erster eine evolutionäre Erklärung für ihr außergewöhnliches Brutsystem vor.[112] Das Buch ist ein eindrucksvoller Bericht über die Abenteuer, die Snow und seine Frau bei der Erforschung der Leks von Schnurr- und Schmuckvögeln in Trinidad, Guyana und Costa Rica erlebten. (Ich hatte das Buch während meiner Highschool-Zeit mit großer Begeisterung gelesen und meine immer noch lebendige Erinnerung daran war einer der Gründe, warum ich so positiv auf Kurt Fristrups Vorschlag reagierte, Schnurrvögel in Surinam zu erforschen.) Snow stellte die Hypothese auf, dass eine Ernährung, die hauptsächlich aus Früchten besteht, wie es bei den Schnurrvögeln der Fall ist, das Familienleben der Tiere neu ordnen und eine Kaskade von Effekten für deren soziale Evolution auslösen kann.

Stellen Sie sich vor, sie müssten sich von Insekten ernähren. Wahrscheinlich denken Sie, dass das kein einfaches Leben wäre, und Sie haben recht. Insekten lassen sich schwer finden, sind stachelig und schwierig zu handhaben, sie schmecken nicht und

---

111 Für den Nachweis des frühen, evolutionären Ursprungs der Lek-Paarung beim gemeinsamen Vorfahren der Schnurrvögel siehe Richard O. Prum, »Phylogenetic Analysis of the Evolution of Alternative Social Behavior in the Manakins (Aves: Pipridae)«, in: *Evolution* 48 (1994), S. 1657–1675. Die einzige Art der Familie, die nicht im Lek balzt, der Helmpipra (*Antilophia galeata*), ist die Schwestergruppe der gemeinsam im Lek balzenden Gattung *Chiroxiphia* und ist tief in der Phylogenese der Familie verwurzelt. Wir können daraus schließen, dass das Fehlen der Lek-Paarung beim *Antilophia* ein evolutionärer Verlust oder Umschwung bei dieser Spezies ist. Die Ursprungsalter der lebenden Gruppen von Vögeln sind ein wenig umstritten, aber die jüngsten, gut belegten Schätzungen gehen bei den Schnurrvögeln von einem Alter von etwa fünfzehn Millionen Jahren aus. Vgl. dazu Richard O. Prum u. a., »A Comprehensive Phylogeny of Birds (Aves) Using Targeted Next-Generation DNA Sequencing«, in: *Nature* 526 (2015), S. 569–573.
112 Vgl. David W. Snow, *The Web of Adaptation. Bird Studies in the American Tropics*, Ithaca 1976.

sind manchmal sogar giftig. Sich von Insekten ernähren zu müssen, ist harte Arbeit, weil Insekten ganz einfach nicht gefressen werden wollen. Eine Familie mit Insekten großzuziehen, ist daher fast immer eine Aufgabe für *zwei* Vögel.

Eine Ernährung, die hauptsächlich aus Früchten besteht, ist dagegen ein Traum – ein Land, wo Milch und Honig fließen –, denn Früchte *wollen* gegessen werden.[113] Früchte sind hochkalorische Bestechungsgeschenke in Nahrungsform, die von Pflanzen angeboten werden, um Tiere dazu zu verleiten, ihren Samen zu verschlucken, zu transportieren und weit von der Elternpflanze entfernt abzulegen.

Ein Säbelpipra-Männchen landet mit aufgestellten Halsfedern auf einem Schössling in seiner Balzarena.

Mit der Frucht verführt die Pflanze mobile Organismen dazu, nach ihrer Pfeife zu tanzen und ihren Nachwuchs zu verbreiten. Infolgedessen macht die Frucht Werbung für sich, ist leicht zu finden, oft einfach zu handhaben und reichlich vorhanden. Fruchtfresser wie die Schnurrvögel gehorchen der Pflanze, indem sie die Samen aus den Früchten, die sie verzehren, auf ihrem Weg durch den Wald wieder hochwürgen und ausscheiden.

Wenn das Leben für die Fruchtfresser so leicht ist, warum werden dann nicht einfach beide Eltern eingebunden, um noch viel mehr Kinder großzuziehen? Das Problem, sagt Snow, sind Nesträuber. Viele Küken bedeuten große Betriebsamkeit im Nest, die wiederum Prädatoren anlockt und so das Risiko erhöht, die ganze Brut zu verlieren. Snow argumentiert, dass die Limitierung des Geleges – also der Anzahl der Eier, die pro Brutperiode gelegt werden – auf zwei es einem Weibchen ermöglicht, ihre Familie ganz alleine sicher und erfolgreich großzuziehen. Indem es sich hauptsächlich von reichlich vorhandenen Früchten ernährt, kann ein einzelnes Schnurrvogel-Weibchen sein eigenes Nest

[113] Interessanterweise sind diese Sinnbilder eines unbeschwerten Genusslebens – Milch und Honig – beide Naturprodukte, die sich koevolutionär genau dazu entwickelt haben, begehrenswert zu sein und verzehrt zu werden.

114 Snows Früchtefresser-Hypothese für die Evolution der Polygynie wird durch die Beobachtung gestützt, dass viele Vögel mit Lek-Paarung tatsächlich tropische Frugivoren sind, wie die Schnurrvögel, die Schmuckvögel, die Paradiesvögel und die Laubenvögel. Eine ähnliche ökologische Situation betrifft Tiere, die sich ausschließlich von Nektar ernähren, wie die Kolibris. Wie Früchte, *will* Nektar verzehrt werden; die Pflanze produziert ihn als Bestechung, um tierische Bestäuber anzulocken. Entsprechend kümmern sich bei den Kolibris allein die Weibchen um die Brutpflege. Die rein weibliche Brutpflege tritt auch bei Nestflüchtern auf, die sich gleich nach dem Schlüpfen schon selbst ernähren können, wie Fasanen, Haushühnern, Raufußhühnern und deren Verwandten. Weil Nestflüchter nur vor Räubern beschützt werden müssen, kann ein Elternteil die Arbeit ebenso gut erledigen wie zwei. Im Extremfall des vollständigen Brutparasitismus legt das Weibchen seine Eier in die Nester anderer Vogelarten und es findet gar keine Brutpflege vonseiten eines biologischen Elternteils statt. In allen diesen Fällen hat die uniparentale Brutpflege zur Evolution einer starken sexuellen Selektion durch Weibchenwahl und territorialer Balzaufführungen der Männchen in Arenen oder Leks geführt.

115 George Evelyn Hutchinson, ein Pionier der Ökologie aus Yale, schrieb in seinem Buch *The Ecological Theater and the Evolutionary Play*, New Haven 1965, dass Umweltbedingungen und ökologische Interaktionen den Rahmen schaffen, in dem der evolutionäre Wandel stattfindet. Eine frugivore Ernährung schafft demnach Bedingungen, welche die Evolution polygyner Brutsysteme und extremer Paarungs-

bauen, die Eier legen, sie ausbrüten, die Küken ganz alleine füttern, bis sie flügge sind, und den Nestraub gering halten.

Snow vertritt die These, dass sich die Lek-Balz bei den Schnurrvögeln entwickelt hat, als eine evolutionäre Nahrungsumstellung auf Früchte dazu führte, dass die Männchen »von der Brutpflege emanzipiert« wurden. Die Weibchen nutzten ihre Möglichkeit zur Partnerwahl, um die verfügbaren Männchen zu selektieren, und das Ergebnis war eine gigantische ästhetische Elaboration und Diversifikation des männlichen Werbeverhaltens.[114] Snows Szenario dieser Vorgänge war freilich noch unvollständig, weil er noch kein Verständnis der sexuellen Selektion besaß. Wir wissen inzwischen, dass unbegrenzte Möglichkeiten der Partnerwahl zur Evolution selektiver Paarungspräferenzen führen – die Tiere werden wählerisch.

Vögel, die in Leks balzen, spielen in diesem Buch deshalb eine so große Rolle, weil diese Paarungssysteme die stärksten Selektionskräfte in der Natur erzeugen und die ästhetisch extremsten – und oft bezaubernden – Formen sexueller Kommunikation hervorbringen.[115]

Ich war von meinen Sichtungen der Leks von Gelbkopf- und Säbelpipras am Brownsberg begeistert und begann mit dem Versuch, die männlichen Territorien innerhalb der Leks zu kartografieren, wie es Kurt Fristrup vorgeschlagen hatte. Allerdings hatten es mir die Tänze, die sie dort vollführten, weit mehr angetan als die räumlichen Beziehungen ihrer Reviere. Außerdem hatten David Snow und Alan Lill bereits ausführlich zu diesen häufigen und weit verbreiteten Arten publiziert.[116] Ich wollte mich auf Schnurrvögel konzentrieren, die noch nicht so gut erforscht waren.

Mein wirkliches intellektuelles Ziel war es, den praktisch unbekannten Östlichen Weißkehlpipra (*Corapipo gutturalis*) und den Weißstirnpipra (*Lepidothrix serena*) zu finden, die Berichten zufolge beide am Brownsberg vorkommen sollten. Das Männchen des Östlichen Weißkehlpipras hat eine tief glänzende, schillernde blauschwarze Farbe und einen eleganten schneeweißen Kehlfleck, der sich V-förmig über die Brust erstreckt [↗ Farbtafel 8]. Die Spezies war so wenig bekannt, dass sie in François Haverschmidts *Birds of Surinam* von 1968 nicht vorkam;[117] allerdings war sie unlängst von Vogelbeobachtern am Brownsberg gesichtet worden.[118] Im Unterschied dazu ist der männliche Weißstirnpipra samtschwarz mit königsblauem Bürzel, schneeweißer Stirn, bananengelbem Bauch und einem orange-gelben Fleck auf seiner schwarzen Brust [↗ Farbtafel 9]. Über diese Art in ihrer natürlichen Umgebung war nur sehr wenig bekannt.

Unter den Hunderten von Vogelarten in einem tropischen Regenwald eine bestimmte Spezies zu finden, ist eine echte Herausforderung. Zur damaligen Zeit waren die Gesänge der Weißstirn- und Weißkehlpipras noch nicht wissenschaftlich beschrieben worden und es gab auch keinerlei Aufnahmen. Die einzige Möglichkeit, diese Vögel aufzuspüren, war, mich beharrlich suchend durch die gesamte Avifauna zu bewegen, bis ich sie gefunden hatte. Das bedeutete, dass ich mich jeden Tag auf den Weg machte, neuen Vogelgesängen lauschte, diesen nachspürte,

präferenzen fördern. Andere ökologische Bedingungen können zu anderen, *sehr* verschiedenen Brutsystemen führen, die einen starken Einfluss auf ästhetische Evolutionsmuster haben. Bei der überwiegenden Mehrheit der Vogelarten findet eine Paarbindung statt und Männchen und Weibchen kümmern sich gemeinsam um die Brut. Bei vielen dieser Arten, etwa bei Lunden und Pinguinen, haben beide Geschlechter identische Sexualornamente ausgebildet. Solche Ornamente evolvieren durch *wechselseitige Partnerwahl*, bei der beide Geschlechter dieselben Merkmale und Präferenzen aufweisen und beide wählen. Einige Watvögel haben polyandrische Brutsysteme, in denen sich ein Weibchen mit mehreren Männchen paart. Beim Steppenläufer (*Pedionomus torquata*), der Buntschnepfe (*Rostratula benghalensis*) und dem langzehigen Rotstirn-Blatthühnchen (*Jacana jacana*) sind beispielsweise die Weibchen größer und bunter als die Männchen und sie übernehmen den Gesang und die Verteidigung des Reviers gegen andere Weibchen. Hat ein Weibchen ein Revier von ausreichend guter Qualität, kann sie *viele* Männchen zum Nisten anlocken. Jedes dieser kleineren Männchen baut ein Nest, brütet ein Gelege mit den Eiern aus, die das Weibchen legt, und zieht in dessen qualitativ hochwertigem Habitat die Jungen groß. Bei diesen *polyandrischen* Arten wird die Partnerwahl vom *Männchen* getroffen. Die Schwankung beim Fortpflanzungserfolg zwischen den erfolgreichsten und den erfolglosesten Weibchen ist allerdings längst nicht so groß wie die bei männlichen Vögeln mit Lek-Balz. Polyandrische Vögel entwickeln daher auch nicht solche ästhetischen Extreme wie die polygynen Vögel mit Lek-Paarung.

sie identifizierte, lernte und zu meinem anwachsenden mentalen Katalog von Vogelstimmen hinzufügte, die *nicht* von den Schnurrvögeln stammten, die ich suchte. Das war natürlich trotzdem außerordentlich spannend, denn fast *alle* Vögel waren neu für mich. So fand ich auf meinen Erkundungsgängen so legendäre neotropische Vögel wie den Prachthaubenadler (*Spizaetus ornatus*), den Rotnacken-Topaskolibri (*Topaza pella*), die Große Bartameisenpitta (*Grallaria varia*), den Flammenkopf (*Oxyruncus cristatus*), den Weißkehl-Schnäppertyrann (*Contopus albogularis*), den Schwarzkopfkardinal (*Periporphyrus erythromelas*) und die Ziertangare (*Cyanicterus cyanicterus*). Das Verzeichnis der Vögel am Brownsberg enthielt jedoch über 300 Arten. Wenn ich also die beiden Schnurrvögel finden wollte, denen mein Hauptaugenmerk galt, musste ich mich ranhalten.

Am Ende der ersten Woche fand ich neben einem Trampelpfad auf dem flachen Gipfel des Brownsbergs mein erstes territoriales Weißstirnpipra-Männchen. Der Werbegesang dieser Spezies erwies sich als einer der am wenigsten beeindruckenden von allen Schnurrvögeln. Es handelt sich um ein einzelnes, schlichtes *Wriiiep* mit der beiläufigen, rollenden, froschigen Klangfülle eines kurzen Pfiffs auf einer Polizeipfeife. In den Notizen über jenen Tag meiner Erstentdeckung beschrieb ich den Gesang damals als einen »kurzen, sporadischen, furzartigen Triller«. Das Balzrepertoire des Weißstirnpipras stellte sich ebenfalls als relativ schlicht heraus – absoluter Durchschnitt im ästhetischen Spektrum der Schnurrvogel-Familie. Die Darbietung des Männchens besteht hauptsächlich darin, dass es etwa einen halben Meter über dem Boden zwischen dünnen, senkrechten Schösslingen hin und her fliegt, die einen zentralen »Hof« von ungefähr einem Meter Durchmesser umgeben.

Es gab zwei Arten dieser Schauflüge. Manche erfolgten »schnurstracks« zwischen den Schösslingen, wobei der Vogel im Flug herumschnellte, sodass er bei der Landung nach innen in Richtung Hof blickte und sofort zum Rückflug bereit war. Diese »Direktflüge« setzte er bis zu zwanzig Sekunden lang fort. Zwischendurch blieb er manchmal für einen Moment auf einem Schössling sitzen und präsentierte seinen azurblauen Bürzel und seinen weißen Stirnfleck. Die andere Art waren »Hummelflüge«, bei denen das Männchen zwischen zwei Schösslingen hin und her flog, bei jeder Berührung sofort wieder von dem Zweig wegschnellte und mit fast senkrecht aufgerichtetem Körper und rasch schwirrenden Flügeln in der Luft schwebte. Dadurch entstand der etwas unheimliche optische Eindruck einer bunten Kugel, die in Kniehöhe über dem Boden zwischen den Schösslingen schwebte.

Bei meinen tagelangen Beobachtungen sah ich nur zwei wahrscheinliche Besuche durch Weibchen. Ich sage »wahrscheinlich«, weil alle jungen Schnurrvogel-Männchen dasselbe grüne Gefieder haben wie die Weibchen. In keinem Fall gelang es mir, eine Kopulation zu beobachten, die das Geschlecht des Besuchers bestätigt hätte. Marc Théry hat dieselbe Art später in Französisch-Guayana beobachtet.[119] Er entdeckte, dass die Weibchen den Männchen zuerst auf ihren Hin- und Rückflügen durch die Arena folgen, um sich dann auf einem kleinen waagrechten Ast am Rand des Platzes niederzulassen. Daraufhin fliegt das Männchen auf und bespringt das Weibchen zur Kopulation.

Nachdem ich die Weißstirnpipras entdeckt hatte, suchte ich nun morgens abwechselnd deren Leks auf, um sie weiter zu beobachten, und begab mich an anderen Tagen auf die Suche nach weiteren Schnurrvogel-Arten, die es in dem Park gab. Ich stieß bald auf den männlichen Weißscheitelpipra (*Dixiphia pipra*); dieser ist kohlrabenschwarz, hat einen leuchtend weißen Scheitel und strahlend rote Augen, und ich beobachtete ihn mehrere Tage lang. Etwas länger dauerte es, den Nördlichen Zwergpipra (*Tyranneutes virescens*) zu finden, einen wahrhaft winzigen und erstaunlich unscheinbaren, olivgrünen Vogel mit einem häufig verborgenen, kleinen gelben Scheitelstreif, der nicht mehr als sieben Gramm wiegt – ungefähr so viel wie einzweidrittel Teelöffel Salz. Das Männchen lässt von einem dünnen Zweig in etwa drei bis fünf Metern Höhe ein sanftes, hicksendes kleines Trillern hören. Als ich das erste Mal ein singendes Männchen bemerkte, war es so reglos und unauffällig, dass ich zehn Minuten brauchte, um den Vogel auch zu sehen, obwohl er direkt in meinem Blickfeld hockte.

116 Vgl. Snow, »A Field Study of the Black and White Manakin«, und ders., »A Field Study of the Golden-headed Manakin«, sowie Lill, »Social Organization and Space Utilization in the Lek-Forming White-bearded Manakin«, und ders., »Lek Behavior in the Golden-headed Manakin«.
117 Vgl. François Haverschmidt, *Birds of Surinam*, Edinburgh 1968.
118 Vgl. Gerlof Fokko Mees, »Additions to the Avifauna of Suriname«, in: *Zoologische Mededelingen* 38 (1974), S. 55–68.
119 Vgl. Marc Théry, »Display Repertoire and Social Organization of the White-fronted and White-throated Manakins«, in: *The Wilson Bulletin* 102 (1990), S. 123–130.

Ich freute mich, diese Vögel gefunden zu haben, aber weil das Balzverhalten sowohl des Weißscheitel- als auch des Zwergpipras schon Anfang der 1960er Jahre von David Snow beschrieben worden war, war ich nach wie vor entschlossen, den geheimnisvollen Östlichen Weißkehlpipra zu finden.[120]

Vom Balzverhalten dieses Schnurrvogels wusste man nur aus einer kurzen Notiz von T. A.W. Davis, die 1949 in der britischen Ornithologen-Zeitschrift *Ibis* erschienen war und anekdotisch von einer Einzelbeobachtung berichtete.[121] Eines Morgens hatte Davis im nahegelegenen Britisch-Guayana gesehen, wie eine Gruppe aus Männchen und »Weibchen« miteinander verkehrte. (Davis zog nicht in Betracht, dass es sich bei diesen grünen »Weibchen« auch um männliche Jungvögel gehandelt haben könnte.) Er beobachtete einige bemerkenswerte männliche Vorführungen und sah sogar, wie ein Paar auf einem moosbewachsenen umgestürzten Baumstamm kopulierte. Zum Balzverhalten gehörte eine Pose, bei der das Männchen den Schnabel nach oben streckte und dabei seine weiße Kehle zeigte, und eine andere, bei der es die Flügel ausbreitete und sich »langsam wellenförmig kriechend« über den Stamm bewegte. Niemand hatte je von einem solchen Ausdrucksverhalten bei irgendeiner Schnurrvogel-Art berichtet und ich war begierig, es selbst zu sehen.

Irgendwann Mitte Oktober ging ich über den Irene-Val-Wanderweg, der nach dem herrlichen Irene Wasserfall benannt ist, den Berg hinab in niedriger gelegene Wälder. Es war ein Morgen voller Aktivitäten in einem Tropenwald voller Vögel. Plötzlich hörte ich dicht neben meinem Kopf etwas vorbeizischen. Zuerst dachte ich, ich wäre von Kolibris im Sturzflug angegriffen worden, aber als ich nach oben schaute, erblickte ich voller Überraschung ein Weißkehlpipra-Männchen, das direkt über dem Weg auf einem Ast saß. Dann fiel mir ein, dass ich gerade über einen großen Baumstamm gestiegen war, der mitten auf dem Weg lag. Fasziniert von dem Gedanken, dass ich das Männchen möglicherweise mitten in seiner Balz gestört haben könnte, zog ich mich zurück und nutzte die Blätter des Waldes als vorübergehendes Versteck. Sofort flog das Männchen in einem rasanten Wirbel aus schwirrenden Flügeln, federnden Sprüngen, Knallgeräuschen und quietschenden Rufen zurück auf den Baumstamm. Zu dem ersten gesellten

120 Vgl. David W. Snow, »The Displays of the Manakins *Pipra pipra* and *Tyranneutes virescens*«, in: *Ibis* 103 (1961), S. 110–113.
121 Vgl. T.A.W. Davis, »Display of White-throated Manakins *Corapipo gutturalis*«, in: *Ibis* 91 (1949), S. 146 f.

sich bald noch zwei andere ausgewachsene und zwei noch nicht geschlechtsreife Männchen – die man an ihrem vorwiegend grünen, dem Weibchen ähnelnden Gefieder und ihren Zorro-artigen Gesichtsmasken erkennen konnte. Im Zeitraum von zwei Minuten hatte ich mehr Weißkehlpipra-Darbietungen gesehen als T. A. W. Davis im Jahr 1949, und ich wusste, dass sich mir eine große wissenschaftliche Chance bot. In den folgenden Monaten sollte ich tagelang Weißkehlpipras beobachten und dabei geradezu süchtig nach der Erforschung von Leks werden.

Auch wenn die Balzrepertoires von Schnurrvögeln eigentlich immer aufsehenerregend sind, so erreichten doch die Darbietungen des männlichen Östlichen Weißkehlpipras mit ihrer unglaublichen Fülle von Verhaltenselementen einen Grad von Komplexität, der mir vollkommen neu war. Sein Werbegesang ist ein hohes, dünnes, gepfiffenes *Ssiu-ssie-ie-ie*, manchmal abgekürzt zu *Ssiu-ssie*. Es singt diesen Ruf sehr ruhig, höchstens wenige Male pro Minute, von einem zwei bis fünf Meter hohen Sitzplatz aus. Die akustische und akrobatische Glanzleistung seines Balzrepertoires ist jedoch die Darbietung, die es beim Anfliegen des Baumstamms hinlegt. Von einem vier bis zehn Meter weit entfernten Ast aus fliegt das Männchen in Richtung Stamm und lässt dabei im Flug ein Crescendo aus drei bis fünf schrillen *Ssie*-Lauten ertönen. Dann steht es plötzlich dreißig Zentimeter über seinem Ziel in der Luft, erzeugt mit einem auffälligen Flügelschlag einen scharfen Knall und lässt sich auf den Stamm sinken. Sofort nach der Landung prallt es zurück, dreht sich mitten im Flug, stößt einen quietschenden, heiseren, schlecht gelaunt klingenden *Tickie-yeah*-Ruf aus und landet etwa einen halben Meter versetzt wieder auf dem Stamm. Es landet direkt in einer kauernden Haltung mit weit nach oben gestrecktem Schnabel, sodass sein V-förmiger schneeweißer Kehlfleck deutlich sichtbar ist. Ich beobachtete auch einen alternativen Anflug auf den Baumstamm – den »Schmetterlingsflug« –, bei dem ein Männchen langsam in Wellen zum Stamm hinabflatterte, mit einer Reihe schwerfälliger, übertriebener Flügelschläge, wobei es seinen Körper die ganze Zeit senkrecht hielt.

Auf dem Baumstamm angekommen, zeigt das glänzend blauschwarze Männchen weitere Darbietungen. Manchmal duckt es sich, senkt den Schnabel zum Stamm, hält die Handgelenke seiner Flügel leicht zuckend über dem

Die Stammanflug-Vorführung des Östlichen Weißkehlpipra-Männchens.

Rücken und rennt dabei auf dem Stamm hin und her. Bei der Vorführung des »Flügelzitterns« hält es seinen Körper waagerecht, wobei es abwechselnd seine Flügel rasant öffnet und schließt und dabei die leuchtend weißen Flecken aufblitzen lässt, die bei angelegten Flügeln versteckt sind. Mit jedem der abwechselnden Flügelschläge schiebt das Männchen jeweils den Fuß derselben Seite nach hinten und schleicht so rückwärts den Stamm entlang. Das ist das von Davis beobachtete »langsame wellenförmige Kriechen«.

Jedes Männchen balzt an mehreren Stämmen innerhalb eines etwa zwanzig Meter großen Reviers. Von Zeit zu Zeit steigt die Aufregung innerhalb eines solchen Territoriums, wenn sich eine rüpelhafte, umherziehende Schar von zwei bis sechs Männchen unterschiedlichen Alters dazugesellt und mit dem Revierhalter gemeinsam balzt. Zu solchen Trupps gehören sowohl ausgewachsene Männchen, die möglicherweise eigene Reviere besitzen, sich aber vorübergehend der umherziehenden Gruppenbalz angeschlossen haben, als auch männliche Jungvögel in verschiedenen präadulten Gefiederstadien, die offensichtlich noch kein eigenes Revier haben. Diese Gruppendarbietungen sind *nicht* aufeinander abgestimmt, sondern eher eine hochkompetitive Form der Aufwiegelei. Die Männchen wetteifern um den Zugang zu dem einen Baumstamm, zeigen nacheinander ihre hektischen Stammanflug-Vorführungen und verdrängen einander dabei oft von ihrem Balzplatz. Während dieses Wettstreits um die Kontrolle über den Stamm »bombardieren« sie sich gegenseitig, indem sie sich im Tiefflug nähern und am tiefsten Punkt genau über dem Kopf des Männchens auf dem Stamm einen mechanischen Knall ausstoßen. Das Ganze endet mitunter in einem wilden Hagel aus Knallgeräuschen und Stammanflug-Rufen von unterschiedlichen Männchen in schneller Folge: *Peng-tickie-yeah – Peng – Peng-tickie-yeah – Peng!*

Während meiner monatelangen Beobachtungen von Baumstämmen des Östlichen Weißkehlpipras sah ich nur zwei Besuche von Weibchen. Ein oder zwei grüngefiederte Individuen saßen auf einem Stamm und betrachteten intensiv ein balzendes Männchen, das eine Reihe von Anflug-Darbietungen oder Flügel-Zitter-Vorführungen zeigte. Interessanterweise kehrte es der Besucherin beim Flügelzittern den Rücken zu und kroch *rückwärts* auf sie zu. Selbst in der

Die Darbietungen des Schnabel-Streckens (oben) und des Flügelzitterns (unten) beim Östlichen Weißkehlpipra-Männchen.

Haltung mit gestrecktem Schnabel, die seine leuchtend weiße Kehle zum Vorschein bringt, stand es mit dem Rücken zum Weibchen. Mit hoch erhobenem Schnabel lugte es dann oft nervös über die Schulter, um zu kontrollieren, wie die Besucherin auf seine Vorführung reagierte. Ich selbst habe keine Kopulationen beobachtet. Aber sowohl T. A. W. Davis in den 1940er Jahren in Britisch-Guayana als auch Marc Théry in Französisch-Guayana viele Jahre später berichten, dass die Begattung auf dem Baumstamm nach einer Reihe dieser Balzvorführungen stattfindet, indem das Männchen unmittelbar nach dem Zurückschnellen von einem seiner Stammanflüge das Weibchen bespringt.[122]

Im November 1982 kam ein außergewöhnlicher – und außergewöhnlich talentierter – Vogelbeobachter am Brownsberg an. Sein Name war Tom Davis und er war ein schlaksiger, zwei Meter großer, unflätiger Telefontechniker und legendärer *Birdwatcher* aus Woodhaven im New Yorker Bezirk Queens mit einer großen Gabe zur Vogelbestimmung und der Besessenheit eines Audiophilen in

[122] Vgl. Théry, »Display Repertoire and Social Organization of the White-fronted and White-throated Manakins«.

Bezug auf die Aufzeichnung von Vogelstimmen in der freien Natur. Durch eine Reihe von vogelkundlichen Reisen war Tom zu einem erstklassigen Experten für die Vögel Surinams geworden. Als er ankam, erzählte er mir, dass er im Jahr zuvor auf einer Bank mit Blick auf das bewaldete Tal, von wo aus er seit vielen Jahren Vogelbeobachtungen durchführte, eine spektakuläre Flugdarbietung Östlicher Weißkehlpipras *über dem Baumkronendach* beobachtet habe.[123]

An unserem allerersten Tag im Feld nahm Tom mich zu einem Aussichtspunkt mit, von dem aus er mir diese neue Flugdarbietung zeigen konnte, die sich zwischen fünfzehn und dreißig Metern *oberhalb* der höchsten Baumwipfel des Waldes abspielte. Nachdem wir ungefähr dreißig Minuten gewartet hatten, sah ich ein Männchen zum Himmel aufsteigen, wobei es eindringlich eine Reihe von *SSIE ... SSIE ... SSIE*-Lauten ausstieß, die sogar noch lauter, durchdringender und nachdrücklicher klangen als die vergleichbaren Klänge, die ich bei den Stammanflug-Vorführungen gehört hatte. Das aufsteigende Männchen flog mit bizarr aufgeplustertem Gefieder und sah aus wie ein schwarz-weißer Wattebausch. Nachdem es den Scheitelpunkt seines Fluges erreicht hatte, stürzte es plötzlich wieder hinab in den Wald. Im Jahr zuvor hatte Tom eine Entdeckung gemacht, die mir jetzt keine Ruhe mehr ließ: Einige der Flugschauen über dem Baumkronendach endeten mit einem lauten, mechanischen *Peng!*, bevor das Männchen wieder im Wald verschwand.

In den darauffolgenden Wochen gelang es mir, die einzelnen Puzzleteile der Balzsequenz zusammenzufügen. Bei meinen Balz-Beobachtungen an einem Baumstamm hörte ich eines Tages über mir eine besonders intensive Version der *SSIE*-Rufe, die das Männchen bei seinen Flügen über die Baumkronen von sich gibt, und sah plötzlich, wie der Vogel durch eine Öffnung im Baumkronendach zum Stamm hinab raste und eine vollständige Anflug-Vorführung hinlegte. Erst da wurde mir klar, dass ich nach oben hätte schauen sollen! Binnen weniger Tage gelangen mir mehrere Beobachtungen von Weißkehlpipra-Männchen, die nach ihren Flügen oberhalb der Baumwipfel durch das Blätterdach herabstürzten.

Ich bin mir sicher, dass ich diese Flugvorführungen allein nie entdeckt hätte, da ich ja die ganze Zeit mit der Überwachung des Balzverhaltens auf den Baumstämmen im Wald beschäftigt war. Tom Davis' fantastische Beobachtungen

---

[123] Vgl. Thomas H. Davis, »A Flight-Song Display of the White-throated Manakin«, in: *The Wilson Bulletin* 94 (1982), S. 594 f.

waren also ein ganz wesentlicher Teil der Geschichte. Die genaue Funktion dieses besonders extraganten Verhaltens – eine Weibchenwerbung über mehrere Morgen Wald? – bleibt rätselhaft.

Mein ornithologisches *Wanderjahr* in Surinam hat für mich persönlich und intellektuell große Veränderungen bewirkt. Ich hatte es direkt von der Uni aus an eine entlegene und exotische Ecke der Welt geschafft, und ich hatte Erfolg. Während meines fünfmonatigen Aufenthalts nutzte ich mein Talent als Vogelbeobachter, um Hunderte von Vogelarten zu sichten. Bis zu meiner Abreise waren mir einzigartige wissenschaftliche Beobachtungen von bis dahin unbekanntem Lek-Verhalten gelungen, die bedeutend genug waren, um darüber meine ersten wissenschaftlichen Arbeiten zu verfassen, die einige Jahre später in den anerkannten ornithologischen Fachzeitschriften *The Auk* und *Ibis* veröffentlicht wurden.[124] Darüber hinaus hatte ich gute Fortschritte bei der Entwicklung eines Promotionsprojekts über die Evolution des Verhaltens von Schnurrvögeln gemacht.

Im nächsten Jahr hatte ich die Gelegenheit, nach Südamerika zurückzukehren und als Feldassistent für die Doktorandin Nina Pierpont aus Princeton zu arbeiten, die die Ökologie der Baumsteiger in Cocha Cashu erforschte – einer entlegenen biologischen Forschungsstation in der südöstlichen Amazonasregion Perus. Meine Forschungstätigkeit in Cocha Cashu sollte sich als entscheidend für mein späteres Leben erweisen, denn ich lernte dort Ann Johnson kennen, eine Studentin des Bowdoin College, die dort als Assistentin der Princeton-Studentin Jenny Price das Sozialverhalten von Weißflügel-Trompetervögeln (*Psophia leucoptera*) erforschte. Ann und ich verliebten uns in jenem Sommer und sind seitdem ein Paar. Sie arbeitet als Produzentin und Kamerafrau von Natur- und Wissenschaftsdokumentationen fürs Fernsehen. Wir haben drei Söhne.

Im Herbst 1984 begann ich mein Promotionsstudium der Evolutionsbiologie an der University of Michigan. Inspiriert durch die Vielfalt und Komplexität des Balzverhaltens der Schnurrvögel in Surinam wählte ich als Dissertationsthema eine groß angelegte Vergleichsstudie über die Evolution des Verhaltens in der Familie der Schnurrvögel. Ich wollte anhand der Phylogenese –

[124] Vgl. Richard O. Prum, »Observations of the White-fronted Manakin (*Pipra serena*) in Suriname«, in: *The Auk* 102 (1985), S. 384–387, und ders., »The Displays of the White-throated Manakin *Corapipo gutturalis* in Suriname«, in: *Ibis* 128 (1986), S. 91–102.

des Stammbaums – der Schnurrvögel die Entwicklung ihres Lek-Balzverhaltens erforschen. Dieses neu entstehende Wissenschaftsgebiet vereinte die Phylogenese mit der Verhaltensbiologie beziehungsweise Ethologie zu einer neuen, lebendigen Disziplin: der phylogenetischen Ethologie. Ihr Ziel war es, die Evolution des Verhaltens vergleichend durch dessen Geschichte zu untersuchen. Auch wenn ich es damals nicht erkannte, waren dies meine ersten Schritte zur Erforschung der ästhetischen Radiation.

In meinem ersten Jahr an der Graduate School machte mich meine Bürokollegin Rebecca Irwin mit dem klassischen Werk von Ronald A. Fisher und den revolutionär neuen Arbeiten zur Partnerwahl von Russell Lande und Mark Kirkpatrick bekannt. Dies war mein erster Kontakt mit der Wissenschaft der Partnerwahl und den großen intellektuellen Konflikten zwischen der ästhetischen/darwinistischen und der adaptationistischen Weltsicht. Ich ahnte allerdings schon damals, dass die ergebnisoffenen und willkürlichen Qualitäten der Fisher-Hypothese mehr mit dem zu tun hatten, wie die Natur funktionierte, als die Theorien der ehrlichen Signalgebung.

Ich wollte unbedingt wieder nach Südamerika, um meine Feldforschung an den Schnurrvögeln fortzusetzen. Ich wusste nicht wohin, aber besonders hatten es mir die Anden angetan, die eine Fülle großartiger Vogelbeobachtungen versprachen. In meinem ersten Sommer an der Graduate School im Jahr 1985 beantragte ich daher, mit Ann Feldforschung in den ecuadorianischen Anden zu betreiben, um das unbekannte Lek-Balzverhalten des sagenumwobenen Goldschwingenpipras (*Masius chrysopterus*) zu entdecken. Ich hatte keine bessere Rechtfertigung für mein Forschungsvorhaben als die Tatsache, dass so gut wie nichts über diesen Vogel bekannt war. Natürlich erzählte ich weder meinen Beratern noch den Stipendienstellen etwas davon, dass ich mir gerade diesen Vogel ausgesucht hatte, weil er schön war und zufällig in den Anden lebte, wo es für jeden Vogelliebhaber ein wahres Vergnügen sein musste, nach ihm zu suchen. Unter anderem dank meiner jüngsten Publikationserfolge der Beschreibungen des Balzverhaltens von Schnurrvögeln gelang es mir dann aber doch, ein paar kleinere Zuschüsse zu ergattern, um dieses riskante Projekt zu finanzieren. Sogar der in Ann Arbour ansässige Outdoor-Ausrüster Bivouac stimmte zu, den Kauf der Campingausrüstung zu subventionieren, die wir für unsere Feldforschung brauchen würden, was mein kleines Budget weiter aufbesserte.

Der Goldschwingenpipra ist in jeder Hinsicht ein auffallend prachtvoller Vogel [↗ Farbtafel 10]. Das Gefieder des Männchens ist vorwiegend samtschwarz, mit einem plüschigen, leuchtend gelben Scheitel, der sich in einem buschigen Kamm leicht über den Schnabel hinaus erstreckt wie die Tolle eines Rock'n'Rollers aus den Fünfzigerjahren. Der Hinterscheitel ist bei Populationen, die den Osthang der Anden bewohnen, leuchtend rot und bei Bewohnern der Westhänge rötlich braun. Auf beiden Seiten des Scheitels trägt das Männchen zwei winzige, schwarze, gefiederte Hörner. Die wirklich verblüffenden Merkmale seines Gefieders sind jedoch normalerweise dezent versteckt. Wenn der Vogel sitzt, erscheinen Flügel und Schwanz vollkommen schwarz. Im Flug zeigt sich dann jedoch, dass die Innenfahne jeder Schwungfeder genauso goldgelb leuchtet wie sein Scheitel. Wie wir entdecken sollten, ist das plötzliche Aufblitzen des Goldes seiner Flügel ein wichtiger Bestandteil der männlichen Balz und erzeugt einen ebenso atemberaubenden wie unerwarteten visuellen Effekt.

Als Ann und ich in Ecuador ankamen, bezog sich unser gesamtes Wissen über diesen Vogel lediglich auf fünfzig Jahre alte Präparate aus dem Museum. Es gab 1985 keine Aufnahmen des Goldschwingenpipras in den Sammlungen des Cornell Lab of Ornithology oder der British Library of Wildlife Sounds; wir wussten also nicht, wie sich der Vogel anhörte. Auch über seine Brutzeiten wussten wir nichts, da dies zu den vielen Dingen gehörte, die bei dieser Spezies vollkommen unbekannt waren.

Wir begannen unsere Suche in Mindo, einem 1600 Meter hoch und westlich der Hauptstadt Quito gelegenen kleinen Ort an den Westhängen der Anden. Inzwischen hat sich Mindo zu einem belebten Ökotourismus-Ziel entwickelt, doch 1985 war es noch ein verschlafenes Dorf, dessen schlammige Straßen nur ein paar Dutzend Häuser säumten. Die Wälder um Mindo beherbergten jedoch eine vielfältige Vogelwelt. Wir waren begeistert, als wir Goldschwingenpipras zwischen Schwärmen leuchtender Tangaren nach Früchten suchen sahen. Aber wir fanden weder territoriale Männchen noch irgendwelche Hinweise auf Gesangs- oder Balzaktivitäten. Als uns die neugierigen Einheimischen fragten, ob wir den Vogel gefunden hätten, den wir suchten, mussten wir antworten: »La época no está buena.« Es ist nicht die richtige Zeit. Wir hatten natürlich keine Ahnung, wann die richtige Zeit *war*.

Nach einem Monat in Mindo ohne Erfolg bekamen wir einen tollen Tipp von dem nach Ecuador ausgewanderten amerikanischen Ornithologen und Vogelzeichner Paul Greenfield, der später gemeinsam mit Robert Ridgely das großartige Werk *The Birds of Ecuador* veröffentlichen sollte.[125] Paul hatte vor Kurzem Vogelbeobachtungen entlang einer Mini-Eisenbahnstrecke unternommen, die parallel zur kolumbianischen Grenze von der Stadt Ibarra in den nördlichen Anden bis hinunter nach San Lorenzo an der Pazifikküste verlief. Im Nebelwald um die winzige Siedlung El Placer hatte er sehr viele Goldschwingenpipras gesehen. Wenn wir einen neuen Ort mit anderer geografischer Beschaffenheit, Höhenlage und anderen Wetterverhältnissen aufsuchten, so schlug er vor, wäre dort ja vielleicht gerade Brutzeit und wir würden die balzenden Männchen finden, nach denen wir suchten.

Wir fuhren nach El Placer – was wörtlich »das Vergnügen« bedeutet – mit einer Schmalspurbahn, die, wie ein Stadtbus, nur aus einem einzigen Wagen bestand. Dieser eine Wagen machte einmal am Tag eine Rundfahrt zur Küste und zurück. Die »Stadt« El Placer war im Grunde nur eine Ansammlung von ungefähr zehn groben, zinnbedeckten Bretterbuden für die Familien der Arbeiter, die diesen Abschnitt der Bahnlinie in Stand hielten. Außer den Häusern gab es in El Placer nur noch eine leere Schule, ein Büro der Eisenbahngesellschaft, das auch als kleines Geschäft diente, und ein paar schlammige Fußwege in den umliegenden Wald.

El Placer gehört wahrscheinlich zu den niederschlagsreichsten Orten der Erde. In den sechs Wochen, in denen wir dort waren, regnete oder nieselte es ununterbrochen. Selbst in den niedrigeren Höhenlagen um fünf bis sechshundert Meter war der Wald sehr kühl und moosbewachsen. Es handelte sich um einen sekundären Nebelwald, der Jahrzehnte nach dem Bau der Eisenbahnstrecke wieder nachgewachsen war. Schon am ersten Morgen fanden wir dort eine wunderschöne Vogelwelt, darunter auch Goldschwingenpipras.

---

125 Robert S. Ridgley, Paul J. Greenfield, *The Birds of Ecuador*, 2 Bände, London 2001.

SCHNURRVOGELTÄNZE

Das erste Exemplar dieser Art, das wir sahen, hockte etwa zwei Meter über dem Boden ruhig auf einem Zweig im dichten, bemoosten Wald. Bei den schwachen Lichtverhältnissen sah sein samtschwarzes Gefieder aus wie ein heller Schwamm, aber sein goldener Scheitel leuchtete deutlich hervor. Der Vogel ließ etwa dreimal in der Minute einen kurzen, tiefen, krächzenden, froschartigen *Nurrt*-Ruf hören, der so nichtssagend war, dass wir ihn leicht für den zufälligen Laut eines Frosches oder Insekts hätten halten können. In den Balzpausen sehen Schnurrvogel-Männchen manchmal aus wie untätige Arbeiter bei einer ziemlich langweiligen Tätigkeit, die auf das Ende ihrer langen Schicht warten. Die sitzende und ziemlich träge Haltung dieses Männchens war also ein hervorragendes Indiz dafür, dass es sich in seinem Revier befand. Mein Verdacht sollte sich bald bestätigen, als wir in etwa zwanzig Metern Entfernung auf der anderen Seite des Pfades ein zweites rufendes Männchen hörten und lokalisieren konnten. Dies war ein deutlicher Hinweis auf ein Lek mit mehreren Männchen und ein großartiger Fund nach unseren wochenlangen fruchtlosen Erkundungen in Mindo.

Aufgrund der Unvorhersehbarkeit des Verhaltens von Wildvögeln kann man nie wirklich sicher sein, ob die ersten Augenblicke der Beobachtung auch die letzten oder aber der Beginn monatelanger weiterer Studien sein werden. Daher muss man immer so vorgehen, als ob die ersten Sichtungen die einzige Chance wären, die man bekommt. Wir stellten unverzüglich Tonbandgeräte auf und legten Notizbücher an, um das Verhalten und den Gesang der beiden Goldschwingenpipra-Männchen aufzuzeichnen. Dabei notierten wir die Eigenschaften des Gesangs, die Geschwindigkeit des Wechselgesangs zwischen den beiden sowie die Position ihrer Singplätze.

Nach etwa einer Stunde hörte ich ein merkwürdig vertrautes Geräusch, das aus der Gegend des ersten singenden Männchens kam. Es begann mit einem hohen, dünnen, absteigenden Pfeifen und endete mit einem beschleunigten, synkopischen Riff – *ssiiiiiiiiiiiiiiiiiiiie-tsiet-tsiie-nurrrt!* Ich musste sofort an den Balzruf des Östlichen Weißkehlpipras in Surinam beim Anfliegen des Baumstamms denken. Die Ähnlichkeit war so groß, dass ich verwirrt war. Wir waren Tausende von Kilometern vom Gebiet des Östlichen Weißkehlpipras im Nordosten Südamerikas entfernt; wie war das möglich? Die unerwartete, ja

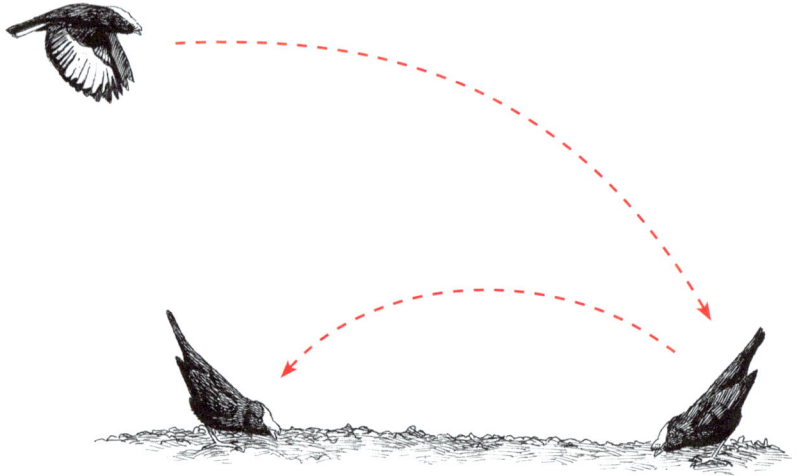

Die Stammanflug-Vorführung des Goldschwingenpipra-Männchens.

unvorstellbare Lösung dieses Rätsels sollte bald klar werden, nur wollte ich sie noch nicht wahrhaben.

Ich kehrte zurück, um das erste Goldschwingenpipra-Männchen in seinem Revier zu beobachten, und was ich während der folgenden Minuten sah, war zutiefst überraschend, genauer gesagt: Es war eine wissenschaftliche Offenbarung. Das Männchen setzte seinen Gegengesang fort und tauschte weiter *Nurrrt*-Rufe mit dem Nachbarn aus, doch dann flog es von seinem gewohnten Sitzplatz auf und in den dunklen Wald hinein. Nach wenigen Augenblicken hörte ich dann jedoch, wie der langgezogene, dünne, hohe, anhaltende, absteigende *Siiiiiiiiiiiiiie*-Ton durch die Luft näherkam. Dann sah ich, wie das Goldschwingenpipra-Männchen aus der Luft herabstürzte und auf einer großen, freiliegenden Brettwurzel eines Baumes direkt vor mir landete. Sofort nach der Landung schnellte es zurück in die Luft, drehte sich im Flug um, wobei es die leuchtend goldenen Flecken auf seinen Flügeln aufblitzen ließ, und landete, das Gesicht seiner ersten Landeposition zugewandt, wieder auf der Wurzel. Als es sich niederließ, verharrte es in einer gestreckten Pose mit glattem Körpergefieder, wobei es den Schnabel nach unten an die Oberfläche der Wurzel senkte und den Schwanz in einem 45- bis 60-Grad-Winkel in die Luft reckte.

SCHNURRVOGELTÄNZE

So schnell, wie das Gehirn eine optische Täuschung in ein vollkommen neues Bild verwandelt, das davor nicht wahrnehmbar war, trat mir in diesem Augenblick eine ganze Reihe wissenschaftlicher Schlussfolgerungen klar und deutlich vor Augen. Die Rufe, die denen des Östlichen Weißkehlpipras so überraschend ähnelten, waren die Balzrufe des Goldschwingenpipras beim Anflug auf den Baumstamm. Die vielen bemerkenswerten Ähnlichkeiten im Balzverhalten dieser beiden Arten waren Verhaltenshomologien – ähnliche Verhaltensweisen, die beide von einem lange zurückliegenden gemeinsamen Vorfahren geerbt hatten, dessen Existenz bis dahin niemand auch nur vermutet hätte. Weil die Männchen der beiden Arten vollkommen unterschiedlich aussehen und verschiedenen Gattungen angehören, hatte niemand je die Hypothese aufgestellt, dass sie eng verwandt sein könnten. Nachdem ich jedoch ihr Balzverhalten beobachtet hatte, war mir sofort völlig klar, dass der Östliche Weißkehlpipra (*Corapipo gutturalis*) und die anderen Schnurrvögel der Gattung *Corapipo* die nächsten Verwandten des Goldschwingenpipras waren.[126]

Mein Erstaunen über diese Entdeckung ist nur schwer in Worte zu fassen. Ich erlebte eine wahre Epiphanie, den krönenden Abschluss nach wochenlangem vergeblichem Suchen, neun Monaten der Vorbereitung auf die Reise in die Anden, fünf Monaten der Feldforschung in Surinam, jahrelangem akademischem Studium der Ornithologie und der Naturwissenschaften und einem Parallelleben als Vogelbeobachter. Alle diese Einflüsse waren in einem einzigen Augenblick zusammengelaufen und hatten eine bis dahin vollkommen ungeahnte Verbindung ans Licht gebracht. In der ganzen langen Zeit der Planung jener Anden-Expedition auf der Suche nach dem Goldschwingenpipra kam mir nicht einmal der Gedanke, dass ich die Phylogenese der Familie der Schnurrvögel neu schreiben könnte. In meinen kühnsten Träumen hätte ich mir das nicht vorstellen können.

Mit dem umwerfenden Resultat der Expedition hatte ich den persönlichen Beweis, dass es sich wirklich lohnt, auf die Stimme der eigenen ornithologischen Inspiration zu hören. Glück zu haben, lohnt sich natürlich auch, denn ohne meine vorherigen Beobachtungen des Weißkehlpipras, die mir als einer der wenigen Menschen auf der Welt vergönnt waren, wäre es mir nie möglich

[126] Es gibt drei weitere Schnurrvogel-Arten der Gattung *Corapipo* in den kolumbianischen und in den venezolanischen Anden (*C. leucorrhoa*) sowie im Hochland des südlichen Mittelamerikas (*C. altera* und *C. heteroleuca*).

gewesen, jenen Moment zu erleben. Diese Beobachtungen des Weißkehlpipras erwiesen sich als einzigartige und wesentliche Vorbereitung für das Verständnis der evolutionären Implikationen dessen, was ich in El Placer erlebte. Darüber hinaus ergaben sich aus diesem neu entdeckten evolutionären Muster auch fundamentale Erkenntnisse über den Prozess der sexuellen Selektion durch Partnerwahl und die Konsequenzen für die Zusammenstellung komplexer Repertoires ornamentaler Attribute und verführerischer Signale. Auch dreißig Jahre später schwingen diese Entdeckungen noch immer in meiner Arbeit mit.

In den darauffolgenden Wochen sollten Ann und ich über 150 Stunden damit zubringen, das Werbeverhalten des Goldschwingenpipras zu beobachten, auf Tonband aufzunehmen und zu filmen. Noch viel mehr Zeit kostete die Analyse der genauen Einzelheiten der Vielzahl von Verhaltenshomologien, die seit ihrem gemeinsamen Vorgänger zwischen diesen beiden Arten bestanden. Offensichtlich hatte eine gemeinsame Urart vor langer Zeit ein einzigartiges Balzrepertoire entwickelt, dessen Elemente zum Teil bis heute vom Goldschwingen- und vom Weißkehlpipra zur Schau gestellt werden.

Klar war aber auch, dass sich andere Teile aus diesem Repertoire im Laufe der Zeit auseinanderentwickelt und verändert hatten und dass jede Spezies jeweils eigene Ausdruckselemente herausgebildet hatte. Ich entdeckte viele solcher Unterschiede zwischen ihnen. So nehmen zum Beispiel die Goldschwingenpipra-Männchen bei der Ankunft auf dem Baumstamm nicht wie die Weißkehlpipras die Haltung mit gerecktem Schnabel ein und bewegen sich nicht auffällig hin und her. Sie zeigen auch nichts, das dem Flügelzittern des Östlichen Weißkehlpipras gleichkäme, obwohl ihre Flügel einen prächtigen goldenen Fleck aufweisen, mit dem sie bei einer solchen Vorführung prahlen könnten. Der männliche Goldschwingenpipra zeigt dafür ein ganz eigenes und einzigartiges Ausdrucksverhalten. Sobald er auf dem Stamm gelandet ist, läuft er hin und her und »verbeugt« sich zu jeder Seite, wobei er sich aufplustert, den Schwanz leicht nach oben reckt und die winzigen Hörnchen beiderseits des goldenen Scheitels aufstellt. Dann beugt er sich im mechanischen Rhythmus eines Aufziehspielzeugs beim jüdischen Gebet nach vorn, sodass er mit dem Schnabel

SCHNURRVOGELTÄNZE

Die Haltung mit gestrecktem Schwanz (rechts) und das Verbeugen zu jeder Seite (links) des männlichen Goldschwingenpipras.

fast den Stamm berührt, richtet sich wieder auf, macht ein paar Schritte zur Seite und dreht sich dabei leicht, verbeugt sich wieder, geht ein paar Schritte zurück, verbeugt sich wieder und so weiter. Die Männchen, die wir beobachteten, setzten diese Vorführung zehn bis sechzig Sekunden lang ohne Unterbrechung fort. Weder der Östliche Weißkehlpipra noch irgendeine andere Schnurrvogel-Art weist ein auch nur annähernd vergleichbares Verhalten auf.

Diese aufregenden Entdeckungen halfen zu beweisen, dass die ästhetischen Repertoires von Schnurrvögeln hierarchisch komplex sind. Ihre visuellen, akustischen und akrobatischen Darbietungen setzen sich aus Verhaltenselementen zusammen, die sie von ihren gemeinsamen Urahnen geerbt haben, und anderen, die sich später in jeder Art auf jeweils einzigartige Weise entwickelt haben. Die Schönheit der Schnurrvögel lässt sich nicht allein anhand ihres aktuellen Umwelt- und Populationskontextes verstehen, sondern ist abhängig von ihrer phylogenetischen Geschichte. Die vollständige Evolutionsgeschichte der Schönheit ist nur im Kontext der Phylogenese verständlich. Die Geschichte der Schönheit ist ein Baum.

Um detailliert herauszuarbeiten, welche Verhaltensweisen sich an welcher Verzweigung des Baumes evolutionär verändert hatten, musste ich eine dritte Schnurrvogel-Art finden, mit der ich den Goldschwingen- und den Östlichen Weißkehlpipra vergleichen konnte. Ebenso wie man mehr als zwei Datenpunkte braucht, um einen statistischen Trend zu beschreiben, ist es schwierig, evolutionsgeschichtliche Details aus einem Vergleich von nur zwei Tierarten abzuleiten. So haben zum Beispiel Klammeraffen Schwänze, Menschen dagegen nicht. Klar ist, dass hier irgendeine Entwicklung stattgefunden haben muss, seit diese beiden Arten einen gemeinsamen Vorfahren hatten, aber in welche Richtung ist sie verlaufen? Hat der Klammeraffe einen Schwanz entwickelt? Oder hat der Mensch ihn verloren? Erst durch die Betrachtung einer dritten, entfernter verwandten Spezies – etwa eines Lemuren, eines Spitzhörnchens oder eines Hundes – lässt sich schließen, dass das evolutionäre Ereignis der *Verlust* des Schwanzes bei einem Vorfahren des Menschen nach der gemeinsamen Ahnenschaft mit dem Klammeraffen war.

Welche dritte Spezies konnte ich also heranziehen, um die Evolutionsgeschichte der Goldschwingen- und Weißkehlpipras zu rekonstruieren? Sie musste eng genug mit diesen beiden verwandt sein, um mir nützen zu können. (Im obigen Beispiel hätte mir ein Vergleich der Primaten mit Seeigeln, Würmern oder Quallen nichts über die Entwicklungsgeschichte ihrer Schwänze sagen können.) Glücklicherweise veröffentlichten Barbara und David Snow kurz nach meiner Rückkehr aus Ecuador im Herbst 1985 eine wunderbare Beschreibung des kaum bekannten Balzverhaltens des Rotbürzelpipras (*Ilicura militaris*) aus den unteren Bergwäldern Südostbrasiliens.[127] Das Gefieder des männlichen Rotbürzelpipras weist die klaren, gestochen scharfen, kräftigen Farbmuster eines Spielzeugsoldaten auf, worauf sein wissenschaftlicher Name hindeutet [↗ Farbtafel 11]. Das Männchen ist unten grau, an Rücken und Schwanz schwarz, an den Flügeln grün, hat einen roten Bürzel und eine leuchtend rote, plüschige Stirnkrone. Die mittleren Federn seines schwarzen Schwanzes laufen spitz zu und sind doppelt so lang wie die anderen Schwanzfedern.

Das Weibchen ist oben olivgrün und unten matt grünlich-grau mit etwas verlängerten mittleren Schwanzfedern. Weil die Rotbürzelpipra-Männchen *vollkommen* anders aussehen als die Goldschwingen- und die Weißkehlpipras, kam nie die Vermutung auf, dass die drei Arten eng miteinander verwandt sein könnten. Als ich jedoch Snows Beschreibungen des Balzrepertoires der Rotbürzelpipras las, erkannte ich, dass viele ihrer Verhaltensweisen

---

127 Vgl. Barbara K. Snow, David W. Snow, »Display and Related Behavior of Male Pin-tailed Manakins«, in: *The Wilson Bulletin* 97 (1985), S. 273–282.

denen der Goldschwingen- und Weißkehlpipras ähnelten, und war nun von ihrer Verwandtschaft überzeugt. Indem ich den Rotbürzelpipra in meine Analyse aufnahm, war ich imstande, viele offene Fragen über die Entwicklung der Verhaltensrepertoires der Goldschwingen- und Weißkehlpipras zu klären. Durch einen Vergleich der drei Spezies konnte ich bestimmen, welche Verhaltensweisen sich beim gemeinsamen Vorfahren aller drei Arten entwickelt hatten, welche neuen Verhaltensweisen bei dem Vorfahren dazugekommen waren, den nur die Goldschwingen- und die Weißkehlpipras gemeinsam hatten, und welche Verhaltenselemente sich jeweils ausschließlich bei einer der drei Arten entwickelt hatten.

Die Balzpose mit gestrecktem Schwanz beim männlichen Rotbürzelpipra

Als erstes betrachtete ich beispielsweise die Entwicklung der männlichen Balzstätten. Die meisten Schnurrvögel balzen auf dünnen Ästen. Goldschwingen- und Weißkehlpipras sind die einzigen in der Familie, die auf den bemoosten Stämmen gefallener Bäume balzen. Rotbürzelpipras balzen hingegen auf den Oberflächen dicker waagerechter Äste, die im Grunde lebendigen Stämmen gleichen, nur dass sie sich oben im Baum befinden. Es scheint also, dass sich das Balzen auf dicken Ästen beim gemeinsamen Vorfahren der drei Arten aus der Balz der ursprünglichen Schnurrvögel auf dünnen Ästen entwickelt hat. Später hat sich dann beim exklusiv gemeinsamen Vorfahren der Goldschwingen- und Weißkehlpipras die Balz auf gefallenen Baumstämmen oder Brettwurzeln entwickelt.

Ein weiteres Merkmal, das ich untersuchte, war die Pose mit gestrecktem Schwanz. Rotbürzelpipras nehmen auf ihren dicken Balzästen eine Haltung ein, die homolog zu der des Goldschwingenpipras ist, aber in nichts dem Verhalten des Weißkehlpipras gleicht. Also zog ich den Schluss, dass sich die Haltung mit gestrecktem Schwanz beim gemeinsamen Vorfahren aller drei Arten entwickelt hatte, aber in der Abstammungslinie der Weißkehlpipras verloren ging und durch die neue Haltung mit gestrecktem Schnabel ersetzt wurde.

Mittels eines genauen Vergleichs der Verhaltensweisen aller drei Arten entwickelte ich eine umfassende Hypothese zur Geschichte der Verhaltensdiversifikation innerhalb der Gruppe.[128] Ihre Balzrepertoires enthielten jeweils körperliche, stimmliche und Ausdruckselemente und hatten sich vielfältig und kreativ entwickelt: durch die Aufnahme vollkommen neuartiger Elemente in das Repertoire, durch die Verfeinerung bestehender Elemente auf neue Weisen und durch die Kombination von Elementen und den Verlust ursprünglicher Elemente. Ich konnte eine völlig neue hierarchische Sichtweise der koevolutionären Geschichte der Schönheit der Schnurrvögel präsentieren.

Für meine Dissertation ging ich noch einen Schritt weiter und erstellte mit Hilfe neuer Informationen über die Anatomie der Schnurrvögel eine weitgehend vollständige und gut geklärte Phylogenese dieser gesamten Familie.[129] Die Forschungsarbeit umfasste Hunderte von Sektionen der Syringen – der winzigen Lautbildungsorgane der Vögel – aller Schnurrvogel-Arten. Diesen evolutionären Baum benutzte ich dann dazu, meine Hypothesen über die Verhaltenshomologie zu überprüfen. Ich fand zum Beispiel gemeinsame Merkmale der Syrinx-Struktur, die meine Hypothese bestätigten, dass die Gattungen der Rotbürzel-, Goldschwingen- und Weißkehlpipras einen exklusiv gemeinsamen Vorfahren hatten. Diese Merkmale zeigten auch, was ich aufgrund ihres Balzverhaltens vermutet hatte, nämlich dass Goldschwingen- und Weißkehlpipras enger miteinander verwandt sind als einer der beiden mit den Rotbürzelpipras.

Aus dem, was wir heute über die ästhetische Radiation der Schnurrvögel wissen, lassen sich viele evolutionsbiologische Lehren darüber ziehen, wie Schönheit im Baum des Lebens »passiert«. Wir haben gelernt, dass die ästhetischen Repertoires der Schnurrvögel viele Elemente enthalten, die älter sind als die jeweilige Spezies selbst. Wir erkennen, dass die Balzrepertoires der einzelnen Arten sowohl vom evolutionären Vermächtnis der jeweiligen Art – also von dem, was sie von ihren verschiedenen Vorgängern geerbt haben – abhängen als auch

---

128 Vgl. Richard O. Prum, Ann E. Johnson, »Display Behavior, Foraging Ecology, and Systematics of the Golden-winged Manakin (*Masius chrysopterus*)«, in: *The Wilson Bulletin* 87 (1987), S. 521–539.
129 Vgl. Richard O. Prum, »Phylogenetic Analysis of the Evolution of Display Behavior in the Neotropical Manakins (Aves: Pipridae)«, in: *Ethology* 84 (1990), S. 202–231, und ders., »Syringeal Morphology, Phylogeny, and Evolution of the Neotropical Manakins (Aves: Pipridae)«, in: *American Museum Novitates* 3043 (1992), S. 1–65.

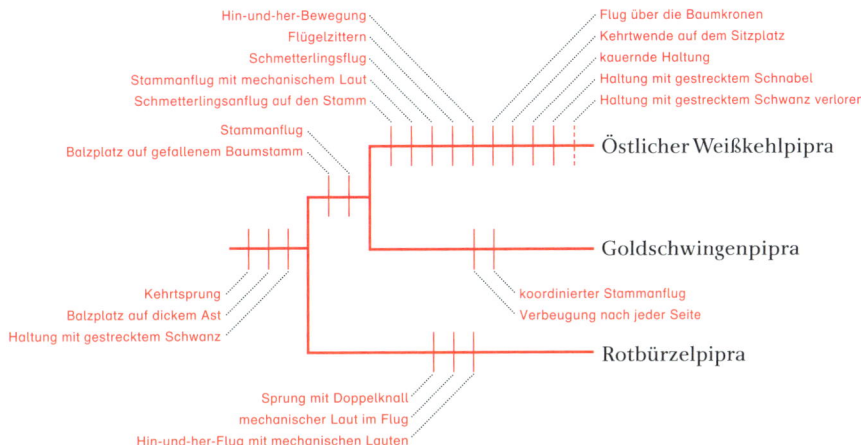

Phylogenese des Östlichen Weißkehl-, des Goldschwingen- und des Rotbürzelpipras mit Darstellung der evolutionären Ursprünge und Verluste von Verhaltenselementen in den Balzrepertoires der jeweiligen Art und ihrer gemeinsamen Vorfahren. Auf der Grundlage von Prum, »Phylogenetic Tests of Alternative Intersexual Selection Mechanisms«.

von neuen Ausdruckselementen – ästhetischen Verfeinerungen, Neuerungen oder Verlusten –, die sich ausschließlich bei dieser Spezies entwickelt haben.

Wie die Elemente eines bestimmten Balzrepertoires im Laufe der Zeit entstehen, lässt uns die in sich zufällige und unberechenbare Natur des ästhetischen Evolutionsprozesses erkennen. Von einer gemeinsamen Geschichte ausgehend entwickeln sich Schwesterarten in viele unterschiedliche und unvorhersehbare ästhetische Richtungen. Durch jede ästhetische Veränderung erzeugt die Partnerwahl auch neue ästhetische Möglichkeiten, die eine evolutionäre Kaskade von Effekten auslösen können. Dazu gehört die Entwicklung weiterer ästhetischer Extremität und Komplexität. Sobald die Schönheit einmal da ist, entwickeln sich die verschiedenen Arten von ihren gemeinsamen ursprünglichen Repertoires aus in immer unterschiedlichere, willkürliche Richtungen. Besonders wenn die Tiere einer starken sexuellen Selektion unterliegen, wie die Pipras und andere Vögel mit Lek-Paarung, führt das Vorhandensein der Schönheit im Verlauf langer evolutionärer Zeiträume zu explosiven ästhetischen Auffächerungen.

Meine Feldforschung 1982 in Surinam hat mich auf einen Erkundungspfad geführt, den ich bis heute weiterverfolge (wenn auch in den letzten Jahrzehnten aufgrund des fortschreitenden Verlusts meines Gehörs in vermindertem Umfang). In den Jahrzehnten dazwischen habe ich ornithologische Forschungen in zwölf neotropischen Ländern durchgeführt und hatte das Glück, fast vierzig Schnurrvogel-Arten in freier Wildbahn beobachten zu können. (Ich arbeitete nach wie vor eifrig daran, auch noch den Rest zu sehen.) Einige dieser Arten beobachtete ich stunden-, tage-, ja manchmal monatelang, um ihre Gewohnheiten kennenzulernen, ihren Tagesrhythmus zu erforschen, ihre Balzgesänge und -tänze zu beschreiben und ihre Sozialbeziehungen zu dokumentieren. Dies half mir beim Aufbau einer reichhaltigen naturgeschichtlichen Wissensdatenbank über die Verhaltenskomplexität und die ästhetische Vielfalt der Schnurrvögel.

Doch mein stetig wachsendes Wissen über die Diversität der Schnurrvögel lehrte mich auch, größere, fundamentalere Fragen nach der Wirkungsweise der Evolution in der Natur zu stellen. Anfangs waren die Schnurrvögel für mich schöne bunte Tiere mit herrlich bizarrem Balz- und Sozialverhalten. Später sah ich in ihnen dann ein großartiges Beispiel dafür, wie die komplexen Mechanismen der Partnerwahl die Verhaltensevolution unter den Arten beeinflussen. In jüngster Zeit betrachte ich die Spezies als eines der weltweit besten Beispiele für die ästhetische Radiation. Wie wir noch sehen werden (in Kapitel 7), haben die Schnurrvogel-Weibchen nicht nur die Balzrepertoires der Männchen verändert; sie haben vielmehr das Wesen der männlichen Sozialbeziehungen komplett umgekrempelt. Das Ganze ist eine erstaunliche Geschichte über die transformative Kraft der Weibchenwahl.

Schnurrvögel sind nur ein kleines Puzzleteil im riesigen Gesamtbild der Schönheit der Vogelwelt. Es gibt über zehntausend Vogelarten auf der Welt, vom einfachsten Spatz bis zum erlesensten Schnurrvogel. Jede einzelne Vogelart weist spezifische Sexualornamente auf, die bei der Balzkommunikation und der Partnerwahl zum Einsatz kommen. Daher ist klar, dass die Fähigkeit zur Partnerwahl bei Vögeln von einem Vorfahren stammen muss, der *allen* Vögeln gemeinsam ist, möglicherweise sogar aus einer Abstammungslinie der gefiederten theropoden Dinosaurier, die bis ins Jura zurückreicht. Ausgehend von diesem einen gemeinsamen Vorfahren hat sich das Repertoire ästhetischer Merkmale und Paarungspräferenzen koevolutionär immer weiter entwickelt und in die vielen tausend verschiedenen Formen der Schönheit in der Vogelwelt aufgefächert, die es heute gibt. Die Geschwindigkeit des koevolutionären Wandels hat sich auf verschiedenen phylogenetischen Zweigen zu verschiedenen Zeiten vermindert oder erhöht, weil Umweltveränderungen zu Variationen des Brutsystems und der Brutpflege beitrugen, die ihrerseits wieder zu gewaltigen Variationen von Art und Stärke der sexuellen Selektion durch Partnerwahl führten. Währenddessen haben sich in vielen Abstammungslinien der Vögel weiter Paarungspräferenzen entwickelt, manchmal bei beiden Geschlechtern, manchmal nur bei den Weibchen oder, sehr viel seltener, nur bei den Männchen, und die ästhetischen Repertoires des jeweiligen Geschlechts sind entsprechend koevolviert. Jede Abstammungslinie und jede Spezies entwickelte sich auf einer ihr eigenen, unvorhersehbaren ästhetischen Verlaufskurve. Das Ergebnis ist das Aufblühen von über zehntausend verschiedenen ästhetischen Welten mit über zehntausend koevolutionären Verhaltens- und Begehrensrepertoires.

Ähnliches hat sich auf zahllosen unterschiedlichen Zweigen im gesamten Baum des Lebens ereignet. Überall da, wo die soziale Gelegenheit und die sensorische/kognitive Fähigkeit zur Partnerwahl aufkeimte – von Pfeilgiftfröschen und Chamäleons bis zu Pfauenspinnen oder Tanzfliegen – setzte ein ästhetischer Evolutionsprozess ein. Dieser ästhetische Evolutionsprozess ist in der Geschichte des Lebens hunderte oder tausende Male aufgetreten, sogar bei Pflanzen, die schmuckvolle Blüten verschiedener Formen, Größen, Farben und Gerüche entwickelt haben, um tierische Bestäuber dazu zu verführen, ihre Gameten (in Form von Pollen) auf andere Blüten zu verteilen, die darauf warten, befruchtet zu werden.

Wann immer sich in der lebendigen Welt die Chance dazu bot, haben die subjektiven Erfahrungen und kognitiven Entscheidungen von Tieren die Evolution der Biodiversität ästhetisch geprägt. Die Geschichte der Schönheit in der Natur ist eine überwältigende und unendliche Geschichte.

KAPITEL 4

Ästhetische Innovation und Dekadenz

In der unteren Baumschicht eines moosbewachsenen Nebelwaldes in den westlichen Anden von Ecuador singt von einem dünnen Zweig herab ein kleiner kakaobrauner Vogel mit roter Stirnkrone. *Bip-Bip-WANNGG!* Es klingt wie die Rückkopplung der E-Gitarre einer Elfe. Drei andere Männchen in Hörweite rufen mit wachsender Aufregung in rascher Folge zurück. Es handelt sich um territoriale männliche Keulenschwingenpipras (*Machaeropterus deliciosus*), die in einem Lek balzen, um Partnerinnen anzulocken. Die seltsame Akustik ihrer Gesänge ist mit einer Bewegung verknüpft, die sogar noch seltsamer ist. Sie öffnen für ihre elektronisch klingenden Lieder nicht etwa ihre Schnäbel, sondern lassen ihre Flügel seitlich hervorschnellen, um die einleitenden *Bip*-Laute zu erzeugen, reißen dann blitzartig ihre Flügel über dem Rücken hoch, versetzen ihre geschwollenen und verdrehten inneren Schwungfedern in rasend schnelle seitliche Schwingungen und erzeugen so jenen ungewöhnlichen *WANNGG*-Klang [↗ Farbtafel 12]. Diese Keulenschwingenpipra-Männchen *singen mit ihren Flügeln.*

Wir haben bereits gesehen, dass viele andere Schnurrvögel bei der Balz Peng- und Knallgeräusche mit ihren Flügelfedern machen. Der Östliche Weißkehlpipra erzeugt einen lauten Knall, während er über seinem Balzstamm in der Luft steht. Der Säbelpipra lässt sein explosives *Peng!* ertönen, wenn er zwischen der Balzarena und den umliegenden Schösslingen hin und her hüpft, und produziert ein lautes, an Flatulenzen erinnerndes Schnurren – eine schnelle Folge von Knallgeräuschen –, während er auf seinem Sitzplatz über dem Balzhof hockt.

Das Säbelpipra-Männchen erzeugt das schnurrende Flügelgeräusch, indem es seine Schwingen rasch über dem Rücken zusammenschlägt.

Die vielen Variationen von Schnurr-, Knack- und Knallgeräuschen bei den Schnurrvögeln werden alle mit den Federn erzeugt.

Die Existenz dieser nichtstimmlichen Mitteilungsklänge ist in evolutionärer Hinsicht verblüffend, denn alle Schnurrvögel verfügen über wunderbare vokale Gesänge, die immer noch einen wichtigen Teil ihres ästhetischen Repertoires ausmachen. Warum sollte eine Vogelart – oder gar viele verschiedene – eine vollkommen neue Gesangsmethode entwickeln, wenn die althergebrachten vokalen Gesänge seit über siebzig Millionen Jahren gut, ja sogar prachtvoll funktioniert haben?

Wie Augen, Gliedmaßen und Federn sind die mechanischen Klänge der Schnurrvögel Beispiele für evolutionäre Innovationen – vollkommen neuartige biologische Merkmale, die zu keinem stammesgeschichtlichen beziehungsweise vorherigen Merkmal homolog sind.[130] Evolutionäre Innovationen sind intellektuell spannend, weil sie mehr erfordern als einfache, inkrementelle, quantitative Veränderungen – mehr als nur evolutionäre Flickschusterei, wenn man so will. Innovationen bringen die Entwicklung genuin neuer Phänomene und Merkmale beziehungsweise qualitativer evolutionärer Neuheiten mit sich.

Die Entwicklung von Gliedmaßen, Augen und Federn ist ein wichtiges Thema in der Evolutionsbiologie. Zu den evolutionären Ursprüngen der Federn habe ich selbst viel geforscht. Die mechanischen Geräusche der Schnurrvögel unterscheiden sich jedoch von all diesen evolutionären Neuheiten, weil es sich bei ihnen um *ästhetische* Innovationen handelt, die sich durch Partnerwahl entwickelt haben. Ästhetische Innovationen bieten uns die einmalige Gelegenheit, sowohl die Wirkungsweise der sexuellen Koevolution als auch das Auftreten evolutionärer Innovationen zu untersuchen. Die biologische Forschung hat in den letzten Jahren aufgedeckt, dass die Adaptation bestenfalls eine unvollständige Erklärung für den Prozess der evolutionären Innovation liefert.[131] Ich hoffe, durch die Erforschung der ästhetischen Innovation an dieser Stelle zeigen zu können, dass die adaptive Partnerwahl ebenfalls nur eine unzureichende Erklärung des Ursprungs und der Diversifikation von Ornamenten darstellt.

Wie haben sich nun also die innovativen mechanischen Klänge bei den Schnurrvögeln entwickelt? Die beste Hypothese lautet, dass die Vögel durch ihre Balzaktivitäten zufällige Geräusche produzierten – ein Schwirren, Rascheln oder andere Klänge von Federn in Bewegung –, so wie auch beim Laufen oder Tanzen zufällige Geräusche entstehen, weil die Füße den Boden berühren.[132] Durch ästhetische Koevolution wurden diese zufälligen Geräusche dann jedoch gemeinsam mit dem Rest des Ausdrucksverhaltens zu einem Bestandteil weiblicher Präferenzen. In der Folge entwickelten sich spezifische Vorlieben für solche Klänge, die sich weiter diversifizierten, bis die Klänge schließlich zu einem eigenen Bestandteil des ästhetischen Repertoires der Art wurden, in etwa so, wie sich der Stepptanz zu einer eigenständigen Tanzgattung entwickelte. Die Präferenzen für Partner mit mechanischen Flügelgesängen entwickelten sich vermutlich aus früheren akustischen Vorlieben für vokale Werbegesänge und wurden im Laufe der Evolution zu distinkten, neuen Präferenzen.

Der Keulenschwingenpipra hat mit der Innovation wirklich ernst gemacht. Die meisten Schnurrvögel begnügen sich, wie Stepptänzer, mit perkussiven Knall-, Knack- oder Raschelgeräuschen, doch der männliche Keulenschwingenpipra *singt* wirklich. Er singt sogar womöglich besser als er fliegt. Wie wir noch sehen werden, ist dieser Vogel nicht nur ein Beispiel für ästhetische Innovation, er zeigt uns auch, wie sich Adaptation und ästhetische Selektion widersprechen können und die dekadente Schönheit siegen kann.

Zum ersten Mal hörte ich die Flügelgesänge des Keulenschwingenpipras 1985, an unserem ersten Morgen

[130] Durch die Analyse der Phylogenese mechanischer Geräusche bei Schnurrvögeln weiß man, dass sie mehrere Ursprünge besitzen; vgl. Richard O. Prum, »Sexual Selection and the Evolution of Mechanical Sound Production in Manakins (Aves: Pipridae)«, in: *Animal Behaviour* 55 (1998), S. 977–994.
[131] Für eine Analyse der Grenzen der Adaptation als Erklärung der morphologischen Innovation siehe Günter P. Wagner, *Homology, Genes, and Evolutionary Innovation*, Princeton 2014.
[132] Vgl. Prum, »Sexual Selection and the Evolution of Mechanical Sound Production in Manakins«, und Christopher J. Clark, Richard O. Prum, »Aeroelastic Flutter of Feathers, Flight, and the Evolution of Non-vocal Communication in Birds«, in: *Journal of Experimental Biology* 218 (2015), S. 3520–3527.

in El Placer, wo Ann und ich die wunderbaren und unerwarteten Baumstamm-Tänze der Goldschwingenpipras entdeckten.¹³³ In dem vielstimmigen, wirren Chor, der an jenem Morgen aus dem moosigen Wald zu hören war, hielt ich diese merkwürdigen elektronischen Klänge zuerst für die musikalischen Äußerungen eines Papageis – ein kurzes, kaum hörbares Stückchen aus dem hochgradig wechselhaften, ruhigen, trällernden Geschnatter, das diese Vögel manchmal untereinander austauschen, wenn sie in Gruppen eng beieinander sitzen. Später am Tag stellte ich verblüfft fest, dass das Geräusch aus der unteren Waldschicht kam und von dem legendären, kaum bekannten Keulenschwingenpipra stammte. In den darauffolgenden Wochen fanden wir bei unserer Suche nach weiteren Goldschwingenpipra-Revieren in denselben Wäldern auch einige Leks von Keulenschwingenpipras und ich machte mich begierig daran, sie zu beobachten und ihre verzerrten musikalischen Darbietungen aufzunehmen. Die Flügelgesänge sind ein wesentlicher Bestandteil der Lek-Balz dieser Spezies.¹³⁴ Tatsächlich verfügen männliche Keulenschwingenpipras im Vergleich zu anderen Schnurrvögeln über ein stark reduziertes stimmliches Repertoire und haben keinen vokalen Werbegesang. Eine sehr einfache Stimmäußerung – eine Reihe von scharfen *Keah*-Lauten – produziert der Vogel in geduckter Haltung bei der Balz.

In den Japannetzen, die wir in El Placer zur Beringung von Goldschwingenpipras benutzten, fingen wir auch Keulenschwingenpipras. Die Flügelfedern der weiblichen Exemplare waren in jeder Hinsicht normal; die inneren Armschwingen der adulten Männchen – die Federn, die am kräftigeren der beiden Unterarmknochen, der Elle oder Ulna ansetzen – waren dagegen wirklich bizarr. Der britische Ornithologe Philip Lutley Sclater hatte sie 1860 in seiner Beschreibung der Spezies bildlich dargestellt. Darwin verwen-

---

133 Eine kurze Beschreibung der Flügelgesänge von Keulenschwingenpipras in Westkolumbien liefert Edwin O. Willis, »Notes on a Display and Nest of the Club-winged Manakin«, in: *The Auk* 83 (1966), S. 475 f. Willis stellte die Hypothese auf, dass das Geräusch durch das »Zusammenschlagen der verdickten Armschwingen« erzeugt werde, kam jedoch zu dem Schluss, dass er auch die Möglichkeit einer Stimmäußerung nicht ausschließen könne. Dies war zum Zeitpunkt meiner Beobachtung 1985 die einzige existierende Beschreibung des Gesangs; Aufnahmen der Klänge gab es gar nicht.
134 Kimberly Bostwick ging den anekdotischen Beobachtungen von Willis nach und führte eine umfassende Verhaltensstudie des Balzrepertoires der Keulenschwingenpipras in Ecuador durch; vgl. Kimberly S. Bostwick, »Display Behaviors, Mechanical Sounds, and Their Implications for Evolutionary Relationships of the Club-winged Manakin (*Machaeropterus deliciosus*)«, in: *The Auk* 117.2 (2000), S. 465–478.
135 Vgl. Philip L. Sclater, »Note on Pipra deliciosa«, in: *Ibis* 4 (1862), S. 175–178, und Darwin, *Die Abstammung des Menschen*, Bd. II, S. 60, Fig. 45.

Die sekundären Schwungfedern oder Armschwingen des männlichen Keulenschwingenpipras. Rechts oben: Der ausgebreitete Flügel von unten. Links oben: Die gekrümmte, schaufelartige Spitze der fünften Armschwinge. Links unten: Die geschwollene Spitze der sechsten Armschwinge mit einer Reihe hervorstehender Hubbel. Aus: Kimberly S. Bostwick, Richard O. Prum, »Courting Bird Sings with Stridulating Wing Feathers«, in: Science 309 (2005), S. 736.

dete Sclaters Illustrationen in *Die Abstammung des Menschen* im Kapitel über die Instrumentalmusik der Vögel, wo er die Hypothese aufstellt, dass sich die mechanischen Klänge der Pipras und anderer Vögel durch Partnerwahl entwickelt haben.[135] Besonders die (vom Handgelenk nach innen) fünfte, sechste und siebte sekundäre Schwungfeder des männlichen Keulenschwingenpipras haben einen deutlich verdickten, angeschwollenen Schaft (Rhachis). An den Enden bilden die sechste und siebte Armschwinge verdrehte Knubbel, die wie die knotigen Knäufe winziger Shillelaghs (irischer Knüppel) oder die Spitzen missgestalteter Softeishörnchen aussehen. Die fünfte Armschwinge weist dagegen in der Nähe der Spitze eine 45 Grad starke Krümmung auf, durch die eine glatte, nach innen Richtung Körper zeigende Schaufel entsteht.

Als ich zum ersten Mal sah, wie diese Gesänge erzeugt wurden, hatte ich Mühe, mir vorzustellen, wie Federn ein solches Geräusch machen sollten –

selbst die versteiften und gekrümmten Schwungfedern männlicher Keulenschwingenpipras. Es sollte weitere zwanzig Jahre dauern, bis ich dahinter kam. Diese lange Verzögerung hatte mehrere Gründe. Das erste Problem war die Technik. Wir mussten warten, bis Hochgeschwindigkeitskameras erfunden wurden, die robust genug waren, um in einem Nebelwald eingesetzt zu werden. Der zweite Grund war das Personal. Ende der 1990er Jahre hatte ich schließlich das Glück, mit Kimberley Bostwick eine unternehmungslustige und ehrgeizige Doktorandin für mein Labor gewinnen zu können, die gerade ihr Bachelor-Studium an der Cornell University abgeschlossen hatte, just als die erste Generation von feldtauglichen Hochgeschwindigkeitskameras verfügbar wurde.[136] Wie immer, war das vielleicht größte Hindernis jedoch *intellektueller* Natur. Den Mechanismus, den die Vögel, wie sich herausstellte, tatsächlich zur Lauterzeugung benutzen, hatte ich schon 1985 in El Placer in Erwägung gezogen, aber sogleich wieder als lächerlich weit hergeholt verworfen. Glücklicherweise führte Kims Beharrlichkeit sowohl dazu, dass wir die Antwort fanden, als auch dazu, mich davon zu überzeugen, dass ich völlig falsch lag.

Kim Bostwick begann ihre bahnbrechende Forschung an ihrem Promotionsthema der funktionellen Morphologie der Erzeugung von Federlauten mit den »einfachen« Schnurrvögeln. So zeigte sie zum Beispiel mit Hilfe von Hochgeschwindigkeitskameras, dass Säbelpipras (*Manacus manacus*) und Weißbandpipras (*Manacus candei*) ihre Knall-Geräusche dadurch erzeugen, dass sie ihre Flügeloberseiten *über* dem Rücken zusammenschlagen. Ihre verächtlich klingenden Schnurr-Geräusche produzieren sie mit einer ungeheuer schnellen Folge derselben Flügelschlag-Bewegungen.[137]

Die Flügelgeräusche der Gattung *Manacus* sind

---

[136] Vgl. Rex Dalton, »High Speed Biomechanics Caught on Camera«, in: *Nature* 418 (2002), S. 721 f.

[137] Vgl. Bostwick/Prum, »High-Speed Video Analysis of Wing-Snapping«. Interessanterweise waren die Weibchen der Gattung *Manacus* nach der Entstehung des mechanischen Geräuschs mit dem bloßen feuerwerksartigen Knallen offenbar nicht zufrieden. Sie sorgten für weitere Innovationen, namentlich die Einführung des mechanischen Klangrepertoires mit Schnurr-Geräusch und Rascheln im Flug (vgl. ebd.).

[138] Die schnellsten Muskelkontraktionen bei Wirbeltieren hängen alle mit der Klangerzeugung zusammen. Schnelle Muskeln erzeugen zum Beispiel das Klappern der Klapperschlange (um die 90 Hertz) oder das Pfeifen mit der Schwimmblase beim Froschfisch (um die 200 Hertz) (vgl. Lawrence C. Rome u. a., »The Whistle and the Rattle. The Design of Sound Producing Muscles«, in: *Proceedings of the National Academy of Science* 93 [1996], S. 8095–8100). Jeder dieser Organismen produziert allerdings Klänge in der Frequenz der Muskelkontraktionen. Die Keulenschwingenpipras verbinden dagegen schnelle Muskeln mit einem frequenzsteigernden Stridulationsorgan und erzeugen so weitaus höherfrequente Kommunikationslaute.

ÄSTHETISCHE INNOVATION UND DEKADENZ

zweifellos Verhaltensinnovationen, aber der Mechanismus zur Klangerzeugung ist dennoch recht einfach. Das Knallen, Knacken und Schnalzen mit den Flügeln entsteht durch Schlagbewegungen der Federn, und diese Klänge sind akustisch genauso scharf und abrupt wie die Bewegungen, die sie hervorbringen. Der klingelnde, musikalische Flügelgesang des Keulenschwingenpipras ist dagegen einzigartig. Er hat eine echte Frequenz, eine Tonhöhe und einen eigenen Klang, wie eine Geige oder der Klingelton eines Telefons, und der längste Ton klingt über eine Drittelsekunde lang.

Im Jahr 2002 führte Kim über mehrere Wochen Feldforschungen im Nordwesten Ecuadors durch, und es gelang ihr schließlich, wunderbare Hochgeschwindigkeits-Videosequenzen von Keulenschwingenpipras beim Flügelgesang einzufangen. Mit 500 oder 1000 Bildern pro Sekunde enthüllten die Videos, dass die Schwungfedern bei der Erzeugung des anhaltenden WANNGG-Klanges in einer fast vertikalen Ebene über dem Rücken des Vogels hin und her schwingen und dass diese Schwingungen durch winzige, blitzschnelle, seitliche Bewegungen der Handgelenke angetrieben werden. Die Schwungfedern des linken und rechten Flügels schwingen synchron nach außen und wieder nach innen. Am Ende des Schwungs nach innen kollidieren die geschwollenen Schwungfedern des rechten und linken Flügels mittig über dem Rücken und schnellen wieder nach außen zurück. Diese Federschwingungen halten mit der Wahnsinnsgeschwindigkeit von fast 100 Hertz eine Drittelsekunde lang an. Die winzigen Pumpbewegungen der Handgelenke gehören zu den schnellsten Muskelbewegungen, die je bei einem Wirbeltier beobachtet wurden.[138]

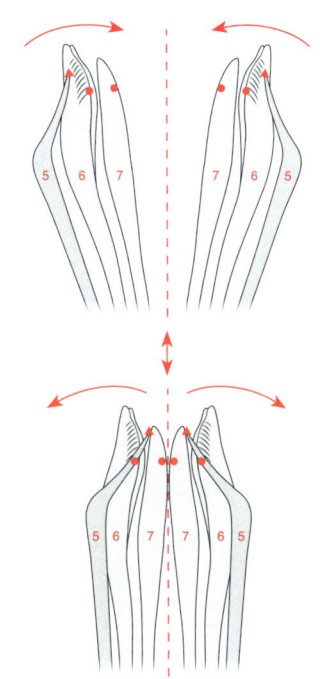

Grafisches Modell der Klangerzeugung durch die Armschwingen des männlichen Keulenschwingenpipras. Wenn die Federn mit 100 Hertz über dem Rücken des Vogels nach innen (oben) und außen (unten) schwingen, streift die Schaufel an der Spitze der fünften Armschwinge die Verdickungen der geschwollenen sechsten Armschwinge und versetzt diese in Schwingungen, die der Höhe des erzeugten Tons (1500 Hertz) entsprechen. Nach Bostwick/Prum, »Courting Bird Sings with Stridulating Wing Feathers«.

Bostwicks wunderbare Videos beantworteten eine Menge Fragen, warfen aber auch neue Probleme auf. Die Frequenz der Flügelschwingungen beträgt fast 100 Hertz, die des Flügelgesangs liegt jedoch bei etwa 1500 Hertz. Musikalisch entspricht das einem Ton zwischen einem hohen Fis und einem hohen G oder etwa einer Quinte über dem hohen C (die Tasten 70 beziehungsweise 71 auf dem Klavier). Mit anderen Worten, die Tonfrequenz des Gesangs lag ungefähr fünfzehnmal höher als die Schwingungsanzahl der Flügelfedern. Die Frage war nun, wie der Vogel die Frequenz dieser Bewegung so vervielfachen konnte, dass er die Frequenz des Tons erreichte. Wie konnte das funktionieren?

Bostwick erkannte (und überzeugte mich dann davon!), dass für die Klangerzeugung Wechselwirkungen *zwischen* den Federn ganz entscheidend waren. Mit jeder Schwingung reibt die scharfe Schaufel am gekrümmten Ende der fünften Armschwinge auf- und abwärts gegen den geschwollenen Knauf der sechsten Armschwinge. Auf deren Oberfläche befindet sich eine Reihe winziger Erhöhungen genau an der Stelle, die mit der Schaufel der fünften in Berührung kommt. Wie wenn man mit dem Bogen über eine Geige streicht oder mit den Fingern an den Zinken eines Kamms entlangfährt, überträgt die Schaufel der fünften Armschwinge eine Reihe mechanischer Impulse auf die sechste, welche dann die sechste und siebte Armschwinge in der Frequenz eines hohen Fis bis G zum Klingen bringen.

Dieser Stridulation genannte Mechanismus der Lauterzeugung ist derselbe, mit dem auch Grillen, Heuschrecken und Zikaden zirpen und singen. Stridulation war die »lächerliche« Hypothese, die ich, als ich jene Vögel vor zwanzig Jahren zum ersten Mal sah, sofort komplett verwarf, weil ich sie für unmöglich hielt. So viel zur wissenschaftlichen Intuition.

So wie der Klang einer Violinsaite von deren Länge, Masse und Spannung bestimmt wird, hängt die Frequenz eines Tons immer von dem Resonator ab, der ihn erzeugt. Ich konnte mir 1985 einfach nicht vorstellen, dass eine Feder – und sei es die dicke Armschwinge eines Keulenschwingenpipras – ein effektiver Resonator sein kann. Doch wie es unsere Analyse des Hochgeschwindigkeitsvideos schon angedeutet hatte, konnten Bostwick und andere Mitarbeiter später zeigen, dass die fünfte, sechste und siebte Armschwinge des männlichen Keulenschwingenpipras außergewöhnliche Resonanzeigenschaften bei 1500 Hertz besitzen, die bei anderen, normalen Piprafedern fehlen.[139] Die gekoppelten Schwingungen zwischen den Armschwingen sorgen darüber hinaus dafür, dass die Lautstärke des Tons zusätzlich verstärkt wird. Das akustische Zusammenwirken der vielen Federn, die an der Elle des Männchens befestigt sind, verleiht dem Klang seine charakteristische harmonische Struktur und seine ausgesprochen musikalische, klingende, geigenartige Eigenart. Bostwicks Analysen zeigten, dass die Schönheit der Vögel sowohl innovativ als auch fast bis zur Lächerlichkeit komplex sein kann.

Die ästhetischen Innovationen der Keulenschwingenpipras stellen eine enorme Herausforderung für die Theorie der adaptiven Partnerwahl dar. Es ist möglich, dass die Flügelgesänge der Männchen mit Qualitätsvariationen korrelieren, aber solche Korrelationen werden ja auch schon für die vokalen Gesänge der Vögel angenommen. Wenn also die vokalen Vogelgesänge bereits robuste Qualitätsindikatoren sind, warum sollte eine Spezies dann ein solch hochentwickeltes, ehrliches Anzeichen zugunsten einer völlig neuen und unerprobten Technik der Klangerzeugung aufgeben?[140] Die Erklärungen der adaptiven Partnerwahl erinnern oft an Rudyard Kiplings *Genau-so-Geschichten*, in denen außergewöhnliche Eigenschaften von Tieren – der Hals der Giraffe, der Rüssel des Elefanten oder die Flecken des Leoparden – mit einer Reihe von absonderlichen Ereignissen erklärt werden.[141] Im Fall des Keulenschwingenpipras steht jedoch die *Genau-so-Geschichte* über die stimmlichen Gesänge im Widerspruch zu der über die Flügelklänge. Sie können nicht beide zu hundert Prozent wahr sein.

Die Alternative ist: *Beauty Happens*, Schönheit passiert, das heißt, willkürliche Paarungsverhalten und -präferenzen koevolvieren in Abwesenheit der natürlichen Selektion der Präferenzen für Qualitätsinformationen oder Paarungseffizienz. Gemäß dieser

[139] Vgl. Kimberly S. Bostwick u. a., »Resonating Feathers Produce Courtship Song«, in: *Proceedings of the Royal Society of London B* 277 (2010), S. 835–841.
[140] Der Wert der adaptiven Information eines beliebigen sexuellen Signals muss sich entwickeln. Diese Information wird durch den Vorgang der Partnerwahl verfeinert, so dass sie in immer höherem Maße mit der Qualität korreliert. Wenn nun ein bestimmtes Balzverhalten schon ein robuster Qualitätsindikator ist, stellt sich die Frage, warum man die adaptiven Vorteile jemals aufgeben und gegen neue, ungeprüfte ornamentale Attribute eintauschen sollte, deren Informationswert anfangs niedriger ist. Der Mechanismus der ehrlichen Signalgebung schränkt die Entwicklung von Balzrepertoires und ästhetischen Innovationen ein.
[141] Vgl. Rudyard Kipling, *Genau-so-Geschichten oder Wie das Kamel seinen Höcker kriegte*, Zürich 2011.

Hypothese sind die stridulierenden Flügelgesänge des Keulenschwingenpipras nur ein weiteres wunderbares und unerwartetes Beispiel für die fantastische ästhetische Radiation der Schnurrvögel.

Wenn Schönheit willkürlich auftritt, dann verbessern sexuelle Schmuckmerkmale nicht unbedingt die Überlebensfähigkeit, sondern können sich für die Individuen, die sie besitzen, sogar als sehr kostspielig erweisen. Nach der Vorhersage entwickelt sich jedes Ausdrucksmerkmal so, dass ein Gleichgewicht zwischen seinem sexuellen Nutzen und seinen Überlebenskosten entsteht, und dieses Gleichgewicht kann *weit* von dem Optimum entfernt sein, das die natürliche Selektion allein anhand der Kriterien Überleben und Fortpflanzungsfähigkeit der Männchen präferieren würde. Die sexuellen Vorteile der Partnergewinnung können die Überlebensvorteile einer guten Anpassung überwiegen. Oder anders gesagt: Ein gut aussehender, aber jung sterbender Draufgänger vom Schlage eines James Dean hinterlässt möglicherweise mehr Nachkommen als ein stiller Bibliothekar, der achtzig Jahre alt wird.

Wie weit geht die Schönheit – und die Präferenz für sie –, um sich ihren sexuellen Vorteil zu sichern? Ziemlich weit! Kim Bostwick hat in weiteren Forschungen über den Keulenschwingenpipra eine endgültige wissenschaftliche Antwort auf eine uralte Menschheitsfrage gefunden. Sie konnte zeigen, dass Schönheit sich *nicht* nur auf das Äußere bezieht, und ihre Entdeckungen liefern tiefe Einblicke in die Funktionsweise der ästhetischen Evolution.[142]

Das Hervorbringen jener ungewöhnlichen Flügelgesänge erfordert mehr als nur ungewöhnliche Federn und Bewegungen. Es erfordert große evolutionäre Veränderungen der Form und Zusammensetzung der Flügelknochen sowie der Größe und Befestigung der zugehörigen Muskeln. Die Flügelknochen und -muskeln sind bei Vögeln überraschend invariant. Der Vogelflug stellt so hohe funktionelle Anforderungen an die Struktur des Flügels, dass die Vögel weltweit nur relativ kleine Veränderungen an dessen grund-

---

142 Vgl. Kimberly S. Bostwick u. a., »Massive, Solidified Bone in the Wing of a Volant Courting Bird«, in: *Biology Letters* 8 (2012), S. 760–763.

143 Vgl. Luis M. Chiappe, *Glorified Dinosaurs. The Origin and Early Evolution of Birds*, Hoboken, N. J. 2007; Daniel J. Field u. a., »Skeletal Correlates for Body Mass Estimation in Modern and Fossil Flying Birds«, in: *PLoS One* 8 (2013), Art. e82000; sowie Teresa J. Feo u. a., »Barb Geometry of Asymmetrical Feathers Reveals a Transitional Morphology in the Evolution of Avian Flight«, in: *Proceedings of the Royal Society of London B* 282 (2015): {http://rspb.royalsocietypublishing.org/content/282/1803/20142864}, letzter Zugriff 31.7.2018.

legendem Bauplan entwickelt haben. Sie haben lediglich ein bisschen an dem hochfunktionellen Design herumgebastelt, das vor über 135 Millionen Jahre perfektioniert wurde, als mesozoische Vögel den ersten modernen Flügelschlag entwickelten.[143]

Die großen Veränderungen der Flügelanatomie, die Bostwick bei den Keulenschwingenpipras im Vergleich zu anderen Vögeln entdeckte, sind wirklich verblüffend. Bei Schnurrvögeln ist die Elle normalerweise eine einfache, hohle, säulenförmige Röhre. Die Elle des männlichen Keulenschwingenpipras sieht dagegen so anders aus, dass sie fast nicht als derselbe Knochen zu erkennen ist. Sie ist viermal breiter und hat, obwohl kürzer, ein dreimal größeres Volumen als die der anderen Schnurrvögel. An der Oberseite des Knochens befindet sich zudem ein großer Vorsprung mit tiefen Rillen und Spitzen zur Befestigung der

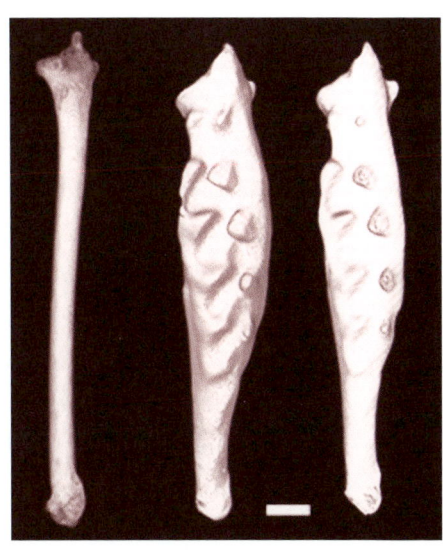

Röntgentomographische Darstellung der Ulna eines männlichen Weißscheitelpipras (Dixiphia pipra) (links), eines männlichen Keulenschwingenpipras (Mitte) und eines weiblichen Keulenschwingenpipras (rechts). Der Maßstabsbalken entspricht 2 mm.

Bänder an den oszillierenden Armschwingen. Etwas Vergleichbares gibt es bei keinem anderen Vogel auf der Welt. Noch überraschender ist allerdings, dass der Ellenknochen des männlichen Keulenschwingenpipras *massiv* ist und eine zwei- bis dreimal höhere Kalziumdichte aufweist als die Flügelknochen anderer Schnurrvögel. Bei letzteren ist über die Hälfte des Knocheninneren der Ulna hohl. Tatsächlich ist die Elle bei *jeder* anderen Vogelart auf der Erde hohl. Selbst theropode Dinosaurier wie *Tyrannosaurus rex* oder *Velociraptor* haben hohle Ellenknochen! Die männlichen Keulenschwingenpipras haben also, um ihren Flügelgesang anstimmen zu können, anatomische Merkmale ihrer Flügel, die seit über 150 Millionen Jahren unverändert Bestand hatten, auf dramatische Weise verändert. Die sexuelle Selektion zugunsten dieser innovativen Flügelgesänge zwang die Vögel dazu, das Design eines Vordergliedknochens preiszugeben, das sogar noch älter ist als der Vogelflug selbst.

Kim Bostwick vermutete, dass die breitere, kompakte Ulna mit ihrer komplexen Oberfläche zur Befestigung von Bändern zwei Funktionen erfüllt: erstens eine Verbesserung der stridulatorischen Tonerzeugung, indem sie einen stärkeren, festen Anker für die Basis der Federn bildet; und zweitens eine Verstärkung der Resonanz und der Kopplung zwischen den Armschwingen des Flügels.

Die Flügel der männlichen Keulenschwingenpipras haben sich eindeutig dazu entwickelt, zwei völlig unterschiedliche Funktionen zu erfüllen: die des Fliegens und die der Klangerzeugung. Offensichtlich können ihre Flügelknochen mit dem traditionellen anatomischen Aufbau, der allen fliegenden Vögeln (und sogar einigen ihrer nicht fliegenden Vorfahren) gemeinsam ist, nicht beide Aufgaben gleich gut bewältigen. Es müssen also anatomische Kompromisse gemacht werden. Kompromisse bei der Flügelmorphologie, um der Klangerzeugung Rechnung zu tragen, gehen allerdings mit hoher Wahrscheinlichkeit auf Kosten der Überlebensfähigkeit und der Energie des Männchens. Im Feld ist leicht zu beobachten, dass Keulenschwingenpipra-Männchen ungeschickte Flieger sind. Noch gibt es keine Daten darüber, wie sich die bizarre Morphologie der Ulna auf ihre Flugmechanik und -energetik auswirkt.[144] Aber es ist kaum vorstellbar, dass die vielen anatomischen Veränderungen an den Schwungfedern, Flügelknochen und Muskeln, die für den Flügelgesang notwendig waren, die Männchen nicht in ihrer Flug- und Manövrierfähigkeit einschränken und ihre Energieeffizienz verschlechtern.

Die überwältigende Gleichförmigkeit der Flügelanatomie fliegender Vögel ist ein starkes Indiz dafür, dass sich diese Morphologie bei all den Arten durch natürliche Selektion erhalten hat und dass sich der Keulenschwingenpipra in seiner Evolution hinsichtlich der Flugeffizienz weit vom Optimum der natürlichen Selektion wegbewegt hat. Wenn diese abgeleiteten anatomischen Merkmale keine Funktions- oder Überlebenskosten für die männlichen Keulenschwingenpipras verursachen würden, dann wäre zu erwarten, dass auch viele andere Vogelarten ähnliche Variationen ihrer Flügelmorphologie entwickelt haben. Aber das haben sie nicht.

Der Flügelgesang der Keulenschwingenpipras ist

[144] Keulenschwingenpipras sind seltene Vögel, die nicht oft, wenn überhaupt, in Gefangenschaft gehalten wurden. Es wäre sowohl logistisch als auch rechtlich problematisch, sie in ein Labor zu bringen, um die notwendigen Beobachtungen zur Messung ihrer Flugfähigkeit und ihrer Physiologie durchzuführen.

ÄSTHETISCHE INNOVATION UND DEKADENZ

ein recht anschauliches Beispiel für evolutionäre Dekadenz – eine evolutionsbedingte *Abnahme* der allgemeinen Überlebens- und Fortpflanzungsfähigkeit einer Population durch Partnerwahl. Diese unschöne Möglichkeit der evolutionären Dekadenz war für den Adaptationismus so bedrohlich, dass jeder, der sich mit der willkürlichen sexuellen Selektion beschäftigte, ohne eine Fülle von Beweisen vorzulegen, als »methodisch niederträchtig« abqualifiziert wurde. Nach der Theorie der adaptiven Partnerwahl sind jene kostspieligen Flügelknochen ein Beweis dafür, dass attraktive Männchen gut genug sind, diese zusätzlichen physiologischen und funktionellen Herausforderungen zu überleben. Wie wir jedoch in Kapitel 1 gesehen haben, kann Zahavis ursprüngliches Handicap-Prinzip (also eigentlich das Smucker's-Prinzip) nicht wirklich funktionieren; wenn die Kosten des Ornaments direkt mit dessen Nutzen verbunden sind, kann es keinen Lohn geben. Um das Handicap-Prinzip zu beheben, muss man es durchbrechen, indem man annimmt, dass bessere Männchen betrügen können, indem sie für jeden Zuwachs an Qualitätsvorteilen relativ *niedrigere* Kosten zahlen. Es gibt bei keinem Organismus irgendwelche Belege für solche Kosten, schon gar nicht beim Keulenschwingenpipra. Ich halte die ästhetisch veränderte Flügelanatomie der Keulenschwingenpipras für einen überzeugenden und hervorragenden Beweis dafür, dass sich sexuelle Dekadenz in der Natur entwickelt, aber solange wir keinen physiologischen Nachweis der Kosten haben, ist der Fall noch nicht endgültig entschieden. Um aus dieser Sackgasse herauszukommen, müssen wir noch tiefer gehen.

Vor Kurzem habe ich damit begonnen, bei *weiblichen* Keulenschwingenpipras nach Beweisen für Fehlanpassung und Dekadenz als evolutionäre Folge von Paarungspräferenzen zu suchen. Die außerordentlich bizarren Veränderungen an den Flügelknochen der Männchen wirken sich mit hoher Wahrscheinlichkeit nachteilig auf deren Flugfähigkeit aus. Aber was ist mit den Flügelknochen der *weiblichen* Keulenschwingenpipras? Diese Vögel sind in Naturkundesammlungen so selten vertreten, dass es in keinem Museum der Welt Skelettpräparate der Spezies gibt. Anhand von Röntgen- und Mikro-CT-Aufnahmen der in den Museen aufbewahrten Vogelbälge entdeckte ich jedoch, dass die Ellen weiblicher

Keulenschwingenpipras *dieselbe* stark verkrümmte und hochgradig abgeleitete Form und Größe aufwiesen wie die der Männchen. Anders als bei diesen ist das Knocheninnere bei den Weibchen allerdings nicht massiv, sondern hohl.

Wie konnte es dazu kommen? Indem sie durch Partnerwahl die männliche Fähigkeit des Flügelgesangs selektierten, haben die weiblichen Keulenschwingenpipras im Laufe der Evolution offenbar sowohl die Flügel der Männchen *als auch* ihre eigenen morphologisch umgeformt. Auch hier liegen uns noch keine physiologischen Beweise dafür vor, dass diese morphologischen Veränderungen die Flugfähigkeit oder -energetik der Weibchen beeinträchtigen. Die beste Erklärung dafür, warum diese Flügelknochen bei *allen* anderen Vögeln so invariant sind, ist jedoch, dass die natürliche Selektion ihr hochfunktionelles, röhren- und säulenförmiges Design beibehalten hat, um eine optimale Flugfähigkeit zu erreichen. Die morphologische Beständigkeit des Flügelknochen-Designs der Vögel ist, mit anderen Worten, ein starkes Indiz dafür, dass andere Variationen der Knochenform funktionell minderwertig und kostspielig in Bezug auf das Überleben und die Fortpflanzungsfähigkeit sind.[145] Obgleich die weiblichen Keulenschwingenpipras ihre Flügel nie dazu benutzen werden, ein Lied zu singen, scheinen sie doch zumindest teilweise die Funktionskosten für die außerordentlichen Veränderungen an den Flügelknochen hinnehmen zu müssen, die notwendig waren, damit die Männchen ihre attraktiven Gesänge anstimmen können. Weil die Ulna bei ihnen nicht wie bei den Männchen vollständig verknöchert ist, sondern im Inneren noch einen Hohlraum aufweist, scheint den Keulenschwingenpipra-Weibchen aber immerhin ein Teil der Kosten erspart zu bleiben, die ihre männlichen Artgenossen für ihr extremes Knochenwachstum tragen müssen.

Die Beobachtung, dass männliche Keulenschwingenpipras durch den Vorgang der Weibchenwahl wahrscheinlich schlechter werden – weniger funkti-

---

145 Das Argument, der morphologische Stillstand unter den Arten sei ein Beleg für die Beibehaltung durch natürliche Selektion entspricht einer adaptationistischen Sichtweise. Die Adaptationisten sitzen also bei unserem Beispiel in der Falle: Entweder sie stellen diesen Grundsatz in Frage oder sie lehnen die Hypothese der adaptiven Partnerwahl bei den Keulenschwingenpipras ab.

146 Diese »Dekadenz der Wählenden« entwickelt sich durch dieselben genetischen Korrelationen, die auch die willkürliche ästhetische Koevolution antreiben. Paarungsentscheidungen aufgrund von Ausdrucksmerkmalen führen zur genetischen Kovariation von Merkmal und Präferenz. Daher kann die Partnerwahl selbst die Evolution von Paarungspräferenzen vorantreiben. Und weil die Weibchen durch die Partnerwahl männliche Körper selektieren, können sie durch genetische Korrelation auch ihre *eigenen* Körper verändern.

onell, unfähiger und ineffizienter –, lässt sich unter Umständen noch damit erklären, dass sie ehrliche Informationen über ihre Qualität als Paarungspartner liefern. Aber die Beobachtung, dass *weibliche* Keulenschwingenpipras sich infolge ihrer Präferenz für exotische männliche Flügelgesänge wahrscheinlich *selbst* weniger funktionell, unfähiger und ineffizienter beim Fliegen gemacht haben, lässt sich nur als dekadent bezeichnen.[146] Dadurch, dass sie Männchen bevorzugen, die mit extremen Flügelknochen attraktive Gesänge hervorbringen, gefährden die Weibchen wohlgemerkt nicht ihr *eigenes* Überleben und ihre Fortpflanzungsfähigkeit.[147] Weibchen mit Vorlieben für Männchen mit maladaptiven Flügelknochen zahlen nur einen indirekten, genetischen Preis für ihre Präferenzen, weil ihre Töchter eventuell ungünstigere Flügel erben, was das Überleben und die Fortpflanzungsfähigkeit von *deren* Töchtern beeinträchtigt. Diese indirekten genetischen Kosten der Partnerwahl können jedoch durch den gleichzeitigen indirekten Nutzen attraktiver männlicher Nachkommen aufgewogen werden. Da die maladaptiven Kosten ästhetisch extremer Partnerentscheidungen von jeder Wählenden-Generation aufgeschoben werden, kann die ganze Population von Generation zu Generation immer weiter in die Dekadenz und Dysfunktion abgleiten. Die natürliche Selektion wird sie nicht vor der Dekadenz bewahren, denn die maladaptiven Funktionskosten sind indirekt und werden durch den Nutzen schöner, sexuell attraktiver Nachkommen mehr als ausgeglichen. Dennoch nimmt die Maladaption in der Gesamtpopulation immer weiter zu, weil die Anpassung zwischen den Organismen und der Umwelt mit der Zeit immer schlechter wird. Die Überlebens- und Fortpflanzungsfähigkeit aller Individuen – Männchen *und* Weibchen – leidet.

Die Evolution dekadenter Flügelknochen beim Keulenschwingenpipra scheint sich einer Laune der Vogelbiologie zu verdanken. Bei allen Vögeln entwickeln sich die Flügelknochen sehr früh im Embryonalstadium, ungefähr sechs Tage nach Brutbeginn und damit noch *vor* dem Einsetzen der sexuellen Differenzierung.[148] Mit anderen Worten, der sechs Tage alte Vogelembryo hat noch kein Geschlecht. Die Selektion evolutionärer Veränderungen der Form und Größe

[147] Die Koevolution zwischen den weiblichen Präferenzen und den präferierten Ausdrucksmerkmalen lässt sich nur sehr schwer direkt beweisen, aber die Evolution korrelierter weiblicher Zeichen männlicher Schmuckmerkmale liefert einen Prima-facie-Beweis dafür, dass sich die Weibchen durch ihre Partnerwahl tatsächlich koevolutionär zu den Männchen entwickeln.

der *männlichen* Flügelknochen wirkt sich dementsprechend auch auf die *weiblichen* Flügelknochen aus. Folglich führen weibliche Paarungspräferenzen, die für ästhetische Umgestaltungen bei den Männchen sorgen, zu dekadenten Umgestaltungen der ganzen Art. Sobald die sexuelle Differenzierung beim Embryo stattgefunden hat, besteht jedoch die Möglichkeit, dass sich die Geschlechter in verschiedene Richtungen entwickeln. Später in der Entwicklung auftretende Ereignisse – wie die vollständige Verknöcherung der Flügelknochen – können geschlechtsspezifisch sein. Aus diesem Grund haben weibliche Keulenschwingenpipras keine vollständig verknöcherten, massiven Flügelknochen wie die Männchen.

Die stridulierenden Flügelgesänge des Keulenschwingenpipras sind mehr als nur die bizarre, innovative Gesangsart eines bestimmten Vogels. Sie zeigen einmal mehr, dass die natürliche Selektion keine universell starke und deterministische Kraft der Evolution ist. Einige der evolutionären Folgen des sexuellen Begehrens und der Wahl in der Natur sind *nicht* adaptiv. Manche Resultate sind geradezu dekadent. Die natürliche Selektion ist nicht die einzige organische Gestaltungsquelle in der Natur.

Wie weit kann die Dekadenz gehen? Neue theoretische Modelle, die in meinem Labor entwickelt werden, zeigen, dass sie sich tatsächlich durch die indirekten Kosten von Paarungspräferenzen entwickeln kann. Mathematische Genmodelle eines ähnlichen Evolutionsprozesses lassen zudem darauf schließen, dass die Kosten dekadenter Ausdrucksmerkmale zum *Aussterben* ganzer Populationen oder Arten führen können.[149] Das bedeutet, dass wir nicht nur die Rolle der sexuellen Selektion bei der Förderung der Evolution neuer Arten anerkennen müssen; wir dürfen auch nicht außer Acht lassen, dass die sexuelle Se-

---

148 Die knorpeligen Vorläufer von Elle und Speiche entwickeln sich bei Hühnern ab dem sechsten Tag, bei Enten beginnt die Knochenbildung am siebten Tag der Bebrütung (vgl. Alexis L. Romanoff, *The Avian Embryo. Structural and Functional Development*, New York 1960, S. 1002). Die Geschlechtsdifferenzierung der Gonaden beginnt bei Hühnern am siebten Bruttag (vgl. ebd., S. 822). Sexualhormone, die an der Geschlechtsdifferenzierung nichtgonadaler Körpergewebe beteiligt sind, beginnen jedoch ab dem zehnten Bruttag im Körper zu zirkulieren, wenn andere geschlechtsdimorphe Organe wie der Stimmkopf sich zu differenzieren beginnen (vgl. ebd., S. 541 u. 842).
149 Vgl. Russell Lande, »Sexual Dimorphism, Sexual Selection, and Adaptation in Polygenic Characters«, in: *Evolution* 34.2 (1980), S. 292–305.
150 Das Phänomen ist zu unterscheiden von der Evolution genuiner weiblicher Ornamente, wie sie bei Arten mit wechselseitiger Partnerwahl oder bei polyandrischen Arten mit reiner Männchenwahl auftreten. Es geht vielmehr darum, dass die Weibchen, wie bei den Keulenschwingenpipras, Merkmale mit ausschließlich schmückenden Funktionen aufweisen, die sie niemals nutzen und deren Besitz ihnen daher keinerlei Vorteil bringt.

lektion den Rückgang oder das Aussterben von Arten begünstigen kann. Ist es verwunderlich, dass viele der schönsten und ästhetisch extremsten Kreaturen der Welt so selten sind? Ich glaube nicht.

Sobald wir uns die Möglichkeit einmal klar vor Augen geführt haben, erkennen wir, dass das Phänomen der evolutionären Dekadenz gar nicht so selten und vielleicht nicht einmal ungewöhnlich ist. Es gibt viele weitere Fälle, in denen die Weibchenwahl zu weiblichen Versionen männlicher Ornamente geführt hat, die für die Weibchen völlig nutzlos sind.[150] Dieses Phänomen löste eine heftige Debatte zwischen Charles Darwin und Alfred Russel Wallace über die Natur des Geschlechtsunterschieds im Gefieder von Vögeln aus. Rückblickend erwiesen sich ihre hitzigen Diskussionen als unfruchtbar, denn keiner der beiden hatte eine klare Vorstellung von den Mechanismen der Genetik und Vererbung. Doch die Heftigkeit ihrer Auseinandersetzung beweist, dass das Thema immer noch von zentraler Bedeutung für die Frage ist, ob die Evolution durch Partnerwahl notwendigerweise ein adaptiver Prozess sein muss, wie Wallace behauptet.

 Die Existenz nutzloser Ornamente bei Weibchen stellt die Logik und Wahrscheinlichkeit der ehrlichen Werbung in Frage. Wenn die Herstellung und Aufrechterhaltung männlicher Sexualornamente kostspielig ist und die Überlebensfähigkeit beeinträchtigt, und wenn diese Kosten ein entscheidender Faktor sind, um die Ehrlichkeit der Ornamente zu gewährleisten, wie können dann Weibchen diese Kosten tragen, ohne irgendeinen Nutzen daraus zu ziehen? Oder andersherum: Wenn es für die Weibchen *nicht* kostspielig ist, die Ornamente auszubilden und mit ihnen zu überleben, wie können diese Merkmale dann robuste und ehrliche Indikatoren der Qualität der Männchen als Paarungspartner sein? All das ist ein großes Rätsel für die Verfechter der adaptiven Partnerwahl und es gibt zahlreiche Beweise für dieses Problem, die aber größtenteils ignoriert werden.

 Einige der auffälligsten Beispiele für das Phänomen finden wir in anderen Merkmalen, die, wie die dekadenten Flügelknochen der Keulenschwingenpipras, sehr früh in der Entwicklung ihren Ursprung haben. So hat etwa der männliche Nacktkopf-Paradiesvogel (*Cicinnurus respublica*) aus Westneuguinea einen nackten, leuchtend hellblauen Scheitel, auf dem ein enges Muster aus feinen

Streifen verläuft, die aus sehr kurzen, tiefschwarzen Federn bestehen [↻ Farbtafel 13]. Die bizarre Tonsur ist eines von fast einem Dutzend farbenprächtigen Schmuckelementen seines Gefieders, die er bei seinen ausgefallenen Balzvorführungen präsentiert, während er von den Weibchen aus nächster Nähe beobachtet wird. Der männliche Nacktkopf-Paradiesvogel balzt auf dem Stamm eines kleinen Baumschösslings auf einem von Pflanzen und Blättern gereinigten Balzplatz am Waldboden. Wenn sich das Weibchen dem Männchen von oben nähert, stellt dieses seinen grün glänzenden Brustschild aus, reckt den leuchtend roten Schwanz nach oben, an dessen Ende sich zwei geschnörkelte grüne Federn befinden, und zieht seinen Kopf ein, wobei es die strahlend blaue Haut seines Scheitels präsentiert. Die Weibchen besitzen, obwohl sie keinerlei Verwendung dafür haben, *dieselbe* nackte blau gefleckte Krone wie die Männchen, wenngleich in einem etwas dunkleren Blauton.

Auch beim südamerikanischen Kapuzinerkotinga (*Perissocephalus tricolor*), der im Lek balzt und zur Familie der Schmuckvögel (*Cotingidae*) gehört, die eng mit den Schnurrvögeln verwandt sind, haben Männchen und Weibchen kahle, ornamentale bläuliche Kronen, obwohl letztere sie bei der Balz nicht verwenden.

Wie im Fall der Flügelknochen bei den Schnurrvögeln erfordert auch die Entwicklung wirklich federloser, ornamentaler nackter Haut bei Vögeln evolutionäre Veränderungen bei der Verteilung der Federbälge oder Follikel auf der Haut, die sich früh im Leben des Embryos entwickeln, bevor die Geschlechtsdifferenzierung einsetzt.[151] Für die kahlen Scheitel von Nacktkopf-Paradiesvögeln und Kapuzinerkotingas muss die Follikel-Entwicklung an den entsprechenden Stellen der embryonalen Kopfhaut unterdrückt werden. Die Weibchenwahl zugunsten von Männchen mit »sexy Tonsuren« führt somit zur korrelierten Evolution nutzloser, ja dekadenter weiblicher Kahlheit.

Vermindern die blauen Scheitel die Überlebenschancen weiblicher Nacktkopf-Paradiesvögel und Kapuzinerkotingas? Das Tragen einer leuchtend blauen Krone hilft dem Weibchen bestimmt nicht, sich vor Räubern zu schützen, während es alleine im offenen Nest seine Eier bebrütet. Die nutzlosen blauen Scheitel verursachen also höchstwahrscheinlich sowohl Überlebens- als auch Fekunditätskosten. Dennoch kann man sie gewiss nicht als Adaptationen bezeichnen, weil sie die funktionelle Anpassung zwischen Weibchen und Umwelt in keiner Weise verbessern.

Dasselbe Phänomen tritt beim leuchtend orangefarbenen »Irokesen«-Kamm des männlichen Tiefland-Felsenhahns auf [↗ Farbtafel 14]. Normalerweise wachsen die Federn am Scheitel der Vögel aus ihren Follikeln in Richtung Schwanz, sodass sie flach am Schädel anliegen und eine glatte Gefiederkontur bilden. Beim eigentümlichen Kamm des männlichen Tiefland-Felsenhahns wachsen die Federn auf beiden Seiten des Scheitels jedoch auf dessen Mitte *zu*, sodass sie abstehen und den eleganten »Iro« entstehen lassen. Diese Federn sind nicht zur Mitte hin gebogen. Vielmehr ist die Ausrichtung der einzelnen Follikel rechts des Scheitels um 90 Grad *im Uhrzeigersinn* und links des Scheitels um 90 Grad *gegen den Uhrzeigersinn* gedreht, so dass die Scheitelfedern nach innen wachsen.[152] Was für eine Raffinesse! Wie bei den Flügelknochen und Tonsuren der anderen Vögel, wird auch hier die entscheidende Ausrichtung der Follikel gleich bei deren Entstehung am siebten oder achten Entwicklungstag festgelegt, wenn der Embryo noch kein Geschlecht hat.[153] Entsprechend zeigt sich bei genauer Betrachtung des graubraunen Tiefland-Felsenhahn-Weibchens erwartungsgemäß, dass dessen zierliche, kurze Scheitelfedern beiderseits der Mittellinie *ebenfalls* um 90 Grad gedreht sind, wodurch eine feine, dezente, kleine, büschelige Falte auf der Scheitelspitze entsteht. Natürlich hat das Weibchen selbst für diesen bescheidenen Schopf keinerlei Verwendung.

Die Liste der Beispiele ließe sich beliebig verlängern. Unter polygynen Vogelarten mit außergewöhnlichen Ornamenten sind nutzlose Nicht-Ornamente bei Weibchen sehr verbreitet. Zusammengenommen sind alle diese Merkmale ein weiterer Beleg für die dekadenten Folgen der willkürlichen Entstehung der Schönheit.

Wenn man Ihnen beigebracht hat, dass die Evolution gleichbedeutend mit der Anpassung durch natürliche Selektion und der ständigen Verbesserung der Arten ist, dann kann die Evolution der ästhetischen Dekadenz verstörend wirken. Doch reicht schon eine ein-

151 Vgl. Romanoff, *The Avian Embryo*, S. 1019, sowie Alfred M. Lucas, Peter R. Stettenheim, *Avian Anatomy. Integument*, Washington, D.C. 1972.
152 Die Rolle der Ausrichtung der Follikel für die Entwicklung ungewöhnlicher Schöpfe bei Vögeln wurde an domestizierten Spitzschopftauben nachgewiesen. Vgl. Michael D. Shapiro u. a., »Genomic Diversity and Evolution of the Head Crest in the Rock Pigeon«, in: *Science* 339 (2013), S. 1063–1067.
153 Vgl. ebd.

fache Betrachtung unserer eigenen, menschlichen Fähigkeit zu irrationalen und unpraktischen Wünschen, um uns an jener allzu einfachen Sichtweise zweifeln zu lassen. Und warum sollten Tiere *vernünftiger* sein als wir?

Die amerikanische Lyrikerin des Jazz-Zeitalters Edna St. Vincent Millay schrieb in ihrem Gedicht »Erste Feige«:

> Meine Kerze brennt an beiden Enden;
> Sie dauert nicht die Nacht;
> Aber ah, meine Feinde und oh, meine Freunde –
> Ein schönes Licht sie macht![154]

Wie Darwin und Millay begriffen, ist zu überleben nicht die einzige Priorität im Leben, wenn der sexuelle Erfolg von der Partnerwahl bestimmt wird. Die sexuelle Attraktivität wird gegen die Überlebens- und Fortpflanzungsfähigkeit abgewogen – die natürliche gegen die sexuelle Selektion – und das Ergebnis ist häufig evolutionäre Dekadenz, die Verschlechterung der adaptiven Passung eines Organismus und seiner Umwelt. Bei vielen Arten, etwa beim Keulenschwingenpipra, können die Kosten für den sexuellen Erfolg geradezu astronomisch sein. Auch bei Weibchen kann es durch die Evolution ihrer eigenen ästhetisch extremen sexuellen Begierden zu einer adaptiven Verschlechterung, das heißt zu einer geringeren Überlebenschance und Fortpflanzungsfähigkeit kommen. Das Entkommen aus den adaptiven Zwängen, das die evolutionäre Dekadenz möglich macht, erleichtert aber auch ästhetische Innovationen und regt die große Kreativität der Vogelschönheit an.

Im Jahr 2007 spazierten eines Tages Derek Briggs, Yale-Professor der Paläontologie, und sein Doktorand Jakob Vinther in mein Büro in New Haven. Sie wollten mir ein Bild zeigen, das Jakob gemacht hatte – die Rasterelektronenmikroskop-Aufnahme einer Feder in 20 000-facher Vergrößerung. Auf dem Graustufenbild sah man Dutzende winziger, wurstförmiger Objekte, die in etwa parallel zueinander lagen. »Wonach sieht das für Sie aus?«, fragten mich die beiden. »Das sieht aus wie Melanosomen«, antwortete ich. »Ich hab' es Ihnen doch gesagt!«, rief Jakob Derek triumphierend zu. Anscheinend ging es hier um etwas Wichtiges. Melanosomen sind mikroskopisch kleine Kompartimente mit Melanin-Pigmenten, die den Federn ihre schwarze, graue oder braune Farbe geben. Was Jakob und Derek mir anfangs verschwiegen hatten, war, dass die elektronenmikroskopische Abbildung von der Feder eines fossilen Vogels der Fur-Formation aus dem Unteren Eozän in Dänemark stammte. Wenn es sich hier wirklich um Melanosomen handelte, so waren sie ungefähr 55 *Millionen Jahre alt*.

Die Melaninpigmente in Vogelfedern werden von speziellen Melanin produzierenden Pigmentzellen synthetisiert und in winzige, membranumhüllte Organellen eingelagert, die als Melanosomen bezeichnet werden. Wie bei der Pigmentierung menschlicher Haare geben die Melaninpigmentzellen bei Vögeln während der Federentwicklung reife Melanosomen an einzelne Federzellen ab. Bei der Reifung der Federzellen werden die Melanosomen in das harte Beta-Keratin-Protein der Feder eingeschlossen, um die Farbe der reifen Feder zu erzeugen. Melanine sind uralte Pigmente und werden von nahezu allen Tieren gebildet. Ihre chemische Struktur ist darüber hinaus vielfältig. Das schwarze Gefieder der Amerikanerkrähe (*Corvus brachyrhynchos*) und die schwarze Haarfarbe beim Menschen werden zum Beispiel von Eumelanin-Molekülen erzeugt.[155] Für die rötlichbraune Gefiederfarbe der Walddrossel (*Hylocichla mustelina*) und die rote Haarfarbe beim Menschen ist dagegen das Molekül Phäomelanin verantwortlich.

Paläontologen führen seit den frühen 1980er Jahren rasterelektronenmikroskopische Untersuchungen an fossilen Federn durch. Dabei beobachteten sie auch schon die zylindrischen Objekte und konnten sogar bestätigen, dass diese, anders als der sie umschließende Fels, aus kohlenstoffhaltigen, organischen Molekülen bestanden. Nun sind Paläontologen aber in der Regel auf Knochen spezialisiert und machen sich traditionell wenig Gedanken über Zellbiologie. Aus der Form und Größe jener Objekte schlossen sie daher, dass es sich bei diesen Strukturen um *fossile Bakterien* handelte, welche die Feder während der Fossilisation aufgefressen hatten. Weil die Paläontologen ein starkes Interesse an den spezifischen Mechanismen haben, durch die verschiedene Fossilien

154 Vgl. {de.wikipedia.org/wiki/Edna_St._Vincent_Millay}, letzter Zugriff 3.2.2019.

155 Eine Darstellung der Melanine in Vogelfedern liefert Kevin J. McGraw, »Mechanics of Melanin-Based Coloration in Birds«, in: Geoffrey E. Hill, Kevin J. McGraw (Hg.), *Bird Coloration*. Volume 1: Mechanisms and Measurements, Cambridge, Mass. 2006, S. 243–294.

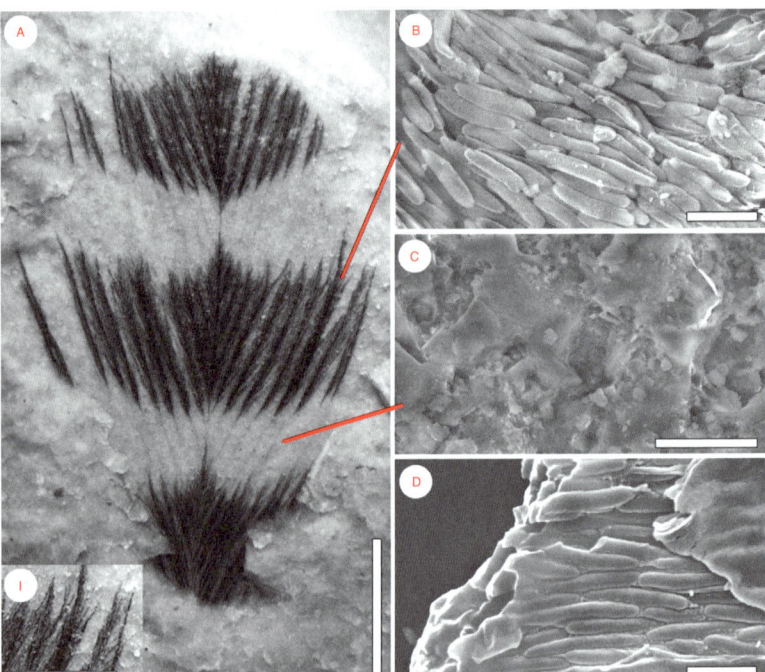

Melaninpigmentierung in fossilen und lebenden Vogelfedern. (a) Fossile Feder aus der Crato-Formation, Unterkreide, Brasilien, mit schwarzen und hellen Streifen. (b) Die dunklen Streifen lassen Melanosomen erkennen. (c) Die hellen Bereiche zeigen nur die Felsmatrix. (d) Melanosomen aus der Feder eines modernen Rotflügelstärlings (Agelaius phoeniceus) sind nahezu identisch geformt wie die in dem Fossil. Maßstabsbalken: (a) 3 mm, kleines Bild 1 mm; (b) 1 µm; (c) 10 µm; (d) 1 µm. Aus: Jakob Vinther u. a., »The Colour of Fossil Feathers«, in: Biology Letters 4 (2008), S. 522–525.

konserviert werden, wurde dies als eine bedeutende Entdeckung behandelt. Allerdings war die Hypothese von Anfang an nicht besonders schlüssig. Warum wurden die Bakterien zum Beispiel häufig konserviert, während sie die trockenen, nahezu unverdaulichen Federn fraßen, aber nie beim Verzehr der vielen saftigen, appetitlichen Teile des verwesenden Körpers? Auf jeden Fall wurde die Bakterien-Hypothese in der Paläontologie zu einer anerkannten Tatsache. Jakobs Entdeckung bot eine spannende Gelegenheit, dieses Dogma zu hinterfragen.

Um zu überprüfen, ob es sich bei den mikroskopischen fossilen Strukturen nun um Bakterien oder Melanosomen handelte, brauchten wir ein unanfechtbares Beispiel einer fossilen Feder mit erhaltenem Melaninpigmentmuster. Glücklicherweise besitzt Derek Briggs ein enzyklopädisches Wissen über außergewöhnliche, gut erhaltene Fossilien aus den Museen der ganzen Welt, und so erinnerte er sich an eine ungefähr 108 Millionen Jahre alte, prachtvolle, horizontal *gestreifte,* fossile Feder aus der Crato-Formation in Brasilien, die im Geologie-Museum der University of Leicester aufbewahrt wurde. In dem Fossil hatten sich erstaunliche Details der Federstruktur, einschließlich der feinsten Fasern der Federäste erhalten. Außerdem wies das gestreifte Farbmuster die typischen Merkmale der natürlichen Pigmentmuster von Federn auf und konnte nicht mit fossilen Bakterien verwechselt werden.

Mit Hilfe eines Elektronenmikroskops konnten wir bestätigen, dass die schwarzen Streifen der Feder eine Fülle von winzigen, nur wenige Mikrometer langen und ungefähr ein- bis zweihundert Nanometer breiten »Würsten« enthielten, die große Ähnlichkeit mit den Eumelanosomen der Federn lebender Vögel haben.[156] Die weißen Streifen der fossilen Feder waren dagegen gänzlich *frei* von Strukturen dieser Art. Die beste Erklärung dafür lautet eindeutig, dass es sich bei den mikroskopischen Strukturen um konservierte Melanosomen aus der ursprünglichen Feder selbst handelt. Unter den richtigen Bedingungen scheinen Melanosomen wunderbar zu fossilisieren; sie können Hunderte Millionen Jahre überdauern und Aspekte der ursprünglichen Farbmuster dieser uralten Tiere konservieren.

Unsere Entdeckung versteinerter Melanosomen hat ganz neuartige Forschungsprogramme angestoßen, die sich der Färbung fossiler Wirbeltiere einschließlich ihrer Federn, Haare, Haut, Schuppen, Nägel und sogar Netzhäute widmen. Die spannendste Frage, die in diesem neuen Feld der paläontologischen Farbforschung *möglich* war, lautete natürlich, welche Farbe die *Dinosaurier* hatten. Infolge unserer Entdeckung war dies plötzlich nicht mehr nur noch Stoff für Science-Fiction-Geschichten, sondern eine ernstzunehmende Frage, auf die sich eine Antwort finden ließ. Federn entwickelten sich zuerst in einer Abstammungslinie fleischfressender, zweibeiniger theropoder Dinosaurier, bevor es Vögel oder Flugsaurier gab.[157] Wir hatten im Prinzip gezeigt, dass wir die Melaninfärbung der Gefieder der Nichtvogeldinosaurier rekonstruieren konnten.

[156] Vgl. Vinther u. a., »The Colour of Fossil Feathers«.

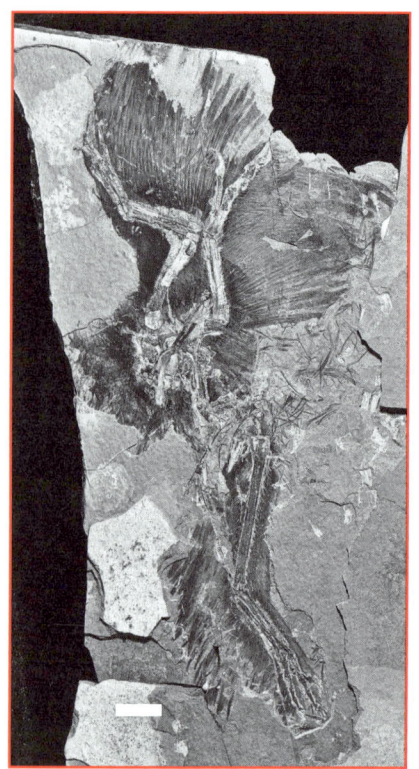

Exemplar des theropoden Dinosauriers Anchiornis huxleyi *aus dem Naturhistorischen Museum Peking (BMNHC PH828). Der Maßstabsbalken entspricht 2 cm.*

Tatsächlich ist das gestreifte brasilianische Federfossil alt genug, um aus dem Gefieder eines Nichtvogeldinosauriers stammen zu können! Alles, was wir brauchten, waren winzige Proben fossiler Dinosaurierfedern, um sie elektronenmikroskopisch untersuchen zu können. Die gefiederten Dinosaurier, die vorwiegend aus Sedimenten der Kreidezeit und des Oberjura in der nordostchinesischen Provinz Liaoning stammen, gehören zu den aufregendsten und revolutionärsten paläontologischen Entdeckungen des letzten Jahrhunderts. Doch die Rekonstruktion ihrer Gefiederfärbung sollte die Aufregung noch einmal um einiges steigern!

Mit einem erweiterten Team von Mitarbeitern begannen wir im darauffolgenden Jahr im Naturgeschichtlichen Museum Peking mit der Erforschung des aus dem Oberjura stammenden Fossils des raubvogelähnlichen Dinosauriers *Anchiornis huxleyi*, das in der Liaoning-Formation gefunden wurde.[158] *Anchiornis* war ein kleiner zweibeiniger Theropode mit einem langen, knochigen Schwanz, winzigen Zähnen und langen, flügelartigen Federn an den vorderen *und* hinteren Gliedmaßen. *Anchiornis* ist einer jener rätselhaften »vierflügeligen« Dinosaurier, die eng mit den Raptoren (wie dem *Velociraptor*, der im Film *Jurassic Park* die Kinder durch die Küche jagt), dem frühesten fossilen Vogel *Archaeopteryx lithographica* und dem Vorfahren aller lebenden Vögel verwandt ist.

Auch wenn die Liaoning-Formation für ihre hohe Konservierungsqualität bekannt ist, sah dieses spezielle Exemplar des *Anchiornis* nicht sonderlich vielversprechend aus. Es wirkte eher wie ein totgefahrenes Tier aus dem Jura – stark geschunden, der Kopf war entfernt und auf einer anderen Platte konserviert worden, die Gliedmaßen in alle Richtungen gespreizt – jedoch besaß es ein dichtes Geflecht dunkler Federn, die seine Knochen umgaben. Wir entnahmen schließlich aus drei Dutzend Stellen am ganzen Körper winzige, senfkorngroße Proben zur elektronenmikroskopischen Analyse. Angesichts des erbärmlichen Zustands des Präparats, hofften wir, überhaupt irgendwelche Melanosomen zu finden.

Nach unserer Rückkehr nach New Haven ergab die elektronenmikroskopische Untersuchung der verschiedenen Proben, dass es in einigen von ihnen noch gut erhaltene Melanosomen gab, während in anderen nur noch Reste zu erkennen waren und manche Bereiche gar keine Melanosomen aufwiesen. Unsere nächste Neuerung bestand darin, die Größe, Form und Dichte der Melanosomen aus dem *Anchiornis*-Fossil mit denen lebender Vögel zu vergleichen. Wie sich herausstellte, sind die Eumelanosomen aus schwarzen und grauen Federn tendenziell lang und wurstförmig, die Phäomelanosomen aus rötlichen oder rot-braunen Federn dagegen eher rundlich und bohnenförmig. Durch einen Vergleich der Abmessungen der Melanosomen des *Anchiornis* mit denen lebender Vögel konnten wir die Farbe der fossilen Federn bestimmen. Und weil wir Proben von vielen Stellen des Präparats entnommen hatten, gelang es uns, fast das *gesamte Federkleid* des Sauriers zu rekonstruieren.

Die neu ermittelten Farben der Probennummern – schwarz, grau, rötlich-braun und weiß – auf ihre anatomischen Positionen im Federkleid des Tieres zu übertragen und so das Gefieder des *Anchiornis* wieder zum Leben zu erwecken, war einer der aufregendsten Momente meiner gesamten wissenschaftlichen Karriere. Das resultierende Bild war atemberaubender, als wir es uns je hätten vorstellen können!

Die Gefiederfärbung von *Anchiornis huxleyi* zu beschreiben, war, als verfasste man den allerersten Eintrag im *Bestimmungsbuch der Dinosaurier aus dem Jura*. Als Kind hatten mich Bestimmungsbücher dazu inspiriert, in die Welt hinauszuziehen und Vögel zu studieren. Und nun hatte ich als Wissenschaftler die Gelegenheit, mir noch einmal ein völlig neues Bild von ihnen zu machen.

157 Vgl. Richard O. Prum, »Development and Evolutionary Origin of Feathers«, in: *Journal of Experimental Zoology (Molecular and Developmental Evolution)* 285 (1999); S. 291–306, ders., Alan H. Brush, »The Evolutionary Origin and Diversification of Feathers«, in: *Quarterly Review of Biology* 77 (2002), S. 261–295; und dies., »Which Came First, the Feather or the Bird?«, in: *Scientific American* 288.3 (2003), S. 84–93.
158 Vgl. Quanguo Li u. a., »Plumage Color Patterns of an Extinct Dinosaur«, in: *Science* 327 (2010), S. 1369–1372.

Wie sah *Anchiornis huxleyi* aus? Sein Körpergefieder war zum größten Teil dunkelgrau mit schwarzen Stellen an den Vorderflügeln [↗ Farbtafel 15]. Die langen Schopffedern an der Spitze des Kopfes waren rötlich braun. Am eindrucksvollsten waren jedoch die langen, weißen Federn an den Vorder- und Hintergliedmaßen mit ihren schwarzen Spitzen oder Sprenkeln – wie bei der modernen Zuchtrasse des Hamburger Sprenkelhuhns. Diese schwarz gesprenkelten Federn an den Extremitäten bewirkten eine deutliche Betonung der Hinterkante der Feder und erzeugten eine Reihe schwarzer Streifen auf den Flügeln.

Interessant ist, dass die langen Gliederfedern des *Anchiornis* nicht asymmetrisch geformt waren wie die Schwungfedern moderner Vögel. Es ist daher nicht klar, ob diese Kreatur seine Extremitäten überhaupt als »Flügel« zum Gleiten benutzt hat. *Anchiornis* war überdies bis zu den Zehen stark gefiedert und besaß nicht die schuppigen Beine und Zehen der meisten lebenden Vögel.

Die Entdeckung der Farbe eines Dinosauriers ist mehr als nur Spaß; sie wirft eine ganze Reihe fundamental neuer Fragen über die Biologie der Dinosaurier und über die Ursprünge dessen auf, was wir als Vogelbiologie betrachten. Die ausgeprägten und komplexen Pigmentmuster im Gefieder von *Anchiornis* wurden offensichtlich als sexuelle oder soziale Signale benutzt. Folglich nahm die Evolution von ästhetischem Gefiederschmuck nicht erst bei den Vögeln, sondern schon viel früher, bei den terrestrischen theropoden Dinosauriern ihren Ursprung. Die Saurier entwickelten sich koevolutionär dazu, schön zu sein – schön füreinander –, lange bevor eine bestimmte, außergewöhnliche Abstammungslinie der Dinosaurier sich zu fliegenden Vögeln entwickelte. Die reiche ästhetische Geschichte der Vögel reicht bis zu ihren theropoden Wurzeln im Zeitalter des Jura zurück.

Noch bedeutender ist die Frage, ob die Evolution der Schönheit möglicherweise zur Evolution der Federn selbst beigetragen hat. Seit Ende der 1990er Jahre beschäftige ich mich in einem anderen und eigentlich unverbundenen Forschungszweig mit dem evolutionären Ursprung und der Diversifizierung von Federn. Genauer gesagt schlug ich 1999 ein Stufenmodell der Federentwicklung vor, das auf Einzelheiten des Federwachstums basierte.[159] Dieser allgemeine

Forschungsbereich wird als evolutionäre Entwicklungsbiologie oder kurz Evo-Devo bezeichnet. Die Evo-Devo-Theorie der Federevolution hat seither sowohl durch paläontologische Daten aus fossilen Federn theropoder Dinosaurier als auch durch experimentelle Tests der molekularen Mechanismen der Federentwicklung starke Unterstützung gefunden.[160]

Kurz gefasst besagte meine Evo-Devo-Theorie des Ursprungs der Federn, dass sich diese anfangs aus einfachen Röhren entwickelten – Sie können sie sich in etwa wie dünne Nudeln, zum Beispiel Ziti, vorstellen, die aus der Haut wachsen. In der nächsten Evolutionsstufe unterteilten sich die Röhrchen, so dass ein flaumiges Büschel entstand. Erst dann, in den nachfolgenden Stufen, entwickelten Federn die Fähigkeit, die plane Oberfläche zu erzeugen – die sogenannte Federfahne –, welche die Vögel letztlich dazu nutzten, die physikalischen Kräfte für den Flug zu entwickeln.

Die Evo-Devo-Theorie der Federevolution impliziert, dass sich Federn *vor* dem Ursprung der Vögel und *vor* der Entstehung des Fluges entwickelt und in all ihrer morphologischen Komplexität diversifiziert haben. Die flachen Federn der theropoden Dinosaurier entwickelten sich demnach aus einem anderen Grund und wurden später von der Saurierlinie, aus der die modernen Vögel hervorgingen, zum Fliegen *zweckentfremdet*. Auf diese Weise kippten die Evo-Devo-Theorie des Federursprungs und die neuen paläontologischen Funde gefiederter Dinosaurier die jahrhundertealte Hypothese, dass sich Federn durch natürliche Selektion aerodynamischer Fähigkeiten – das heißt Gleiten und Fliegen – entwickelt haben. Zu sagen, dass sich Federn zum Fliegen entwickelten, ist, als würde man behaupten, dass sich Finger zum Klavierspielen entwickelten. In Wahrheit konnten nur die fortschrittlichsten Strukturen auf eine so komplexe Weise funktionieren.

Die aerodynamische Theorie der Herkunft der Federn ist ein Beispiel für eine adaptationistische Herangehensweise an den Ursprung des Neuen. Dieses große intellektuelle Projekt des 20. Jahrhunderts ist jedoch gescheitert. Während der hundert Jahre, in denen jedermann sicher war, dass Federn sich durch

[159] Vgl. Prum, »Development and Evolutionary Origin of Feathers«.
[160] Vgl. Prum/Brush, »The Evolutionary Origin and Diversification of Feathers«; dies., »Which Came First, the Feather or the Bird?«; sowie Matthew P. Harris u. a., »Shh-Bmp2 Signaling Module and the Evolutionary Origin and Diversification of Feathers«, in: *Journal of Experimental Zoology (Molecular and Developmental Evolution)* 294 (2002), S. 160–176.

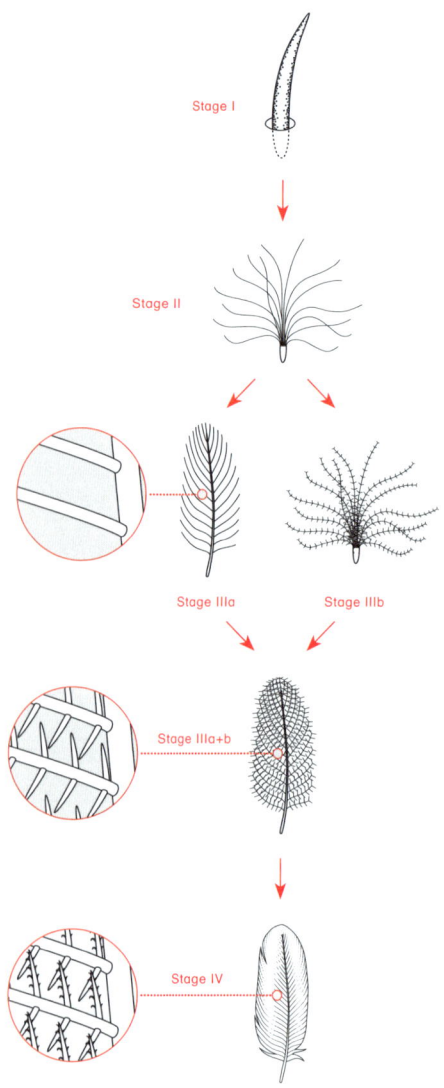

Die hypothetischen Stufen der evolutionären Entwicklungstheorie der Federevolution (nach Prum, »Development and Evolutionary Origin of Feathers«). Federn entwickelten sich durch eine Reihe von evolutionären Innovationen: von einer hohlen Röhre (Stufe I) über ein flaumiges Büschel (Stufe II) zu immer komplexeren Formen. Die zusammenhängende, glatte Fahne (Stufe IV) hat sich möglicherweise ursprünglich entwickelt, um eine Oberfläche für die Präsentation komplexer Pigmentmuster innerhalb der Feder zu bieten, die zur ästhetischen sozialen und sexuellen Signalgebung dienten.

natürliche Selektion aus Schuppen entwickelt hatten und zum Flug dienten, erfuhren wir nichts darüber, wie sich die Federn eigentlich herausbildeten. Was die Evolution von Neuerungen bei den Federn angeht, kamen wir erst weiter, als wir die Fragen der selektiven Funktion der jeweiligen Neuerung hintanstellten und begannen, in den Details der Federentwicklung nach Beweisen und Vorhersagemöglichkeiten zu suchen. Der Vorteil dieses Evo-Devo-Ansatzes liegt darin, dass wir uns ein Bild davon machen können, *was* im Laufe der Federevolution geschah, bevor wir versuchen zu erforschen, *warum* es geschah.[161]

Wenn wir den Verlauf der Federevolution erst einmal verstanden haben, können wir auf Fragen nach den selektiven Vorteilen der verschiedenen Entwicklungsstufen zurückkommen. Es gibt überzeugende Hypothesen darüber, dass sich die frühen Stadien der Röhren- und Flaumfedern zur Wärmeregulierung und wegen ihrer wasserabweisenden Eigenschaft entwickelten. Dagegen gibt es noch keine anerkannte Hypothese darüber, warum sich aus den flaumigen Daunenfedern (Stufe II) Federn mit Schaft und Fahne (Stufe IIIa bis IV) entwickelten. Welchen evolutionären Vorteil könnte die glatte, flache Fahne vor der Entwicklung des Fluges gehabt haben? Klar ist, dass ein Gefieder aus Daunen, wie beim modernen Küken, warm und wasserabweisend genug ist, um allen thermoregulatorischen Ansprüchen zu genügen. Schließlich schaffen es auch Entenküken mit ihrem Daunenkleid sehr warm und trocken zu bleiben.

Ist es möglich, dass der ursprüngliche Selektionsvorteil der planen Fahne ein *ästhetischer* war? Daunen sind natürlich flaumig und die kleinen mit Daunen bedeckten Küken sehen süß aus; aber die Komplexität der Farbmuster, die sich mit Flaumfedern erreichen lässt, ist doch in ästhetischer Hinsicht stark eingeschränkt. Wie Haare können Daunenfedern verschiedene Farben haben und auch ihre Ansätze und Spitzen können in begrenztem Maße unterschiedlich gefärbt sein. Aber das war es dann auch schon. Die innovative glatte Federfahne erzeugt dagegen eine klar umrissene zweidimensionale Oberfläche, die es möglich macht, auf jeder einzelnen Feder eine völlig neue Welt komplexer Farbmuster entstehen zu lassen. Viele plane Federn zusammen können komplexe Gefiederflecken bilden und dem Körpergefieder insgesamt einen frischen, glatten, neuen Umriss verleihen.

Die glatte Fahne der Feder könnte sich, mit anderen Worten, durch ästhetische Selektion entwickelt haben, um eine zweidimensionale *Leinwand* zu schaffen, auf die sich komplexe Pigmentmuster malen lassen – einschließlich Streifen, Tupfen, Punkte und Pailletten. Die entscheidende Neuerung der planen Federfahne hat sich möglicherweise entwickelt, weil sie eine vollkommen neuartige Möglichkeit bot, schön zu sein.

Das war ein *wirklich* großer Wurf, denn die Vögel entwickelten sich später dazu, ebendiese planen Federn mit Schaft und Fahne dazu zu benutzen, die zum Fliegen notwendigen aerodynamischen Kräfte zu erzeugen. Die Federn haben sich nicht zum Fliegen entwickelt; vielmehr hat sich das Fliegen *aus* den Federn entwickelt. Und eine der besten Hypothesen über diese Schlüsselinnovation, die es den Vögeln ermöglichte, in die Lüfte aufzusteigen, ist der Wunsch nach Schönheit.

Die aufwendigen ästhetischen Leistungen der Vögel sind mehr als nur ein buntes Merkmal der lebenden Arten. Vielmehr hat das koevolutionäre Begehren nach Schönheit die Evolution der Vögel vermutlich überhaupt erst möglich gemacht.

So spektakulär diese Erkenntnis auch sein mag –

161 Für eine ausführliche Auseinandersetzung mit diesem Thema vgl. Richard O. Prum, »Evolution of the Morphological Innovations of Feathers«, in: *Journal of Experimental Zoology: Part B, Molecular and Developmental Evolution* 304B (2005), S. 570–579.

es geht noch weiter! Vor ungefähr 66 Millionen Jahren schlug ein riesiger Meteor auf der Erde ein und hinterließ einen Krater von 180 Kilometern Durchmesser in der Gegend des heutigen Chicxulub im mexikanischen Teil der Halbinsel Yucatán. Die auf den Einschlag folgende Kaskade ökologischer Veränderungen auf der Erde führte an Land und im Meer zu einem Massenaussterben, dessen prominentesten Opfer die Dinosaurier waren. Heute wissen wir natürlich, dass die Dinosaurier *nicht* ausgestorben sind. Vielmehr überlebten *drei* Abstammungslinien das globale Artensterben am Ende der Kreidezeit; sie waren die fliegenden Vorfahren der drei Hauptlinien lebender Vögel.[162] Diese drei Abstammungslinien sollten sich später ausbreiten, diversifizieren (eine von ihnen explosiv) und zu den über 10 000 Vogelarten entwickeln, welche die Erde heute bevölkern.

Warum haben die Vögel das Aussterbeereignis an der Kreide-Paläogen-Grenze überlebt und andere Dinosaurier nicht? Dies ist eine schwierige Frage, was wir aber sagen können, ist, dass der Besitz von Federn allein nicht ausreichte, da viele andere Abstammungslinien gefiederter Theropoden die Kreide-Paläogen-Grenze nicht überlebten – darunter auch die vollständig mit Federn bedeckten fleischfressenden Saurier wie *Velociraptor*, die Ornithomimosaurier und die Troodontiden. Die einzigen Abstammungslinien, die das Massenaussterben an der Kreide-Paläogen-Grenze überlebten, waren Arten, die mit ihren Federn *fliegen* konnten. Vielleicht konnten diese Vögel dank ihrer Flugfähigkeit den schlimmsten ökologischen Auswirkungen des Chicxulub-Einschlags entkommen, ausweichen oder sich schnell zerstreuen und vorübergehende Zufluchtsorte im darauffolgenden Umweltchaos finden. Wir wissen es nicht genau. Aber ohne die Fähigkeit zu fliegen wären die Vorfahren der modernen Vögel wahrscheinlich zusammen mit all den anderen Dinosauriern ebenfalls ausgestorben. Die potenziell *ästhetische* Innovation der planen Federn begünstigte demnach *sowohl* die Evolution des Fluges *als auch* das Überleben der vogelähnlichen Dinosaurier beim Massenaussterben am Übergang von der Kreidezeit zum Paläogen. Einen größeren Einfluss der Rolle der Schönheit und des Begehrens in der Geschichte des Lebens kann man sich kaum vorstellen.

Ich habe im Verlauf dieses Buches argumentiert, dass die ungeheure Schönheit in der Natur wahrscheinlich größtenteils bedeutungslos und willkürlich

---

162 Vgl. Prum u. a., »A Comprehensive Phylogeny of Birds (Aves)«.

ist und den Wählenden nicht mehr bietet als die Möglichkeit, bewundert und bevorzugt zu werden. Die Erforschung der Evolution ästhetischer Komplexität, Innovation und Dekadenz zeigt jedoch, dass diese Perspektive keine trostlose, frivole oder nihilistische Sicht der Rolle der Schönheit in der Natur ist. Je genauer wir die Geschichte des Lebens aus einer ästhetischen Perspektive untersuchen, desto mehr stellen wir vielmehr fest, dass die ästhetische Koevolution einen mächtigen, innovativen und entscheidenden Einfluss auf die Quantität und Form der biologischen Vielfalt hatte. Wenn Paarungspräferenzen nicht nur an die eng umgrenzte Aufgabe gebunden sind, adaptive Vorteile zu bieten, können Schönheit und Begehren frei experimentieren, Neuerungen hervorbringen und so die natürliche Welt transformieren. Ein Ergebnis davon sind heute glücklicherweise die Vögel.

KAPITEL 5

Straße frei für Entensex

Vor ein paar Jahren waren meine Frau Ann und ich mit vier anderen Paaren zu einer netten Abendgesellschaft in unserer Nachbarschaft in New Haven eingeladen. Wir dinierten bei Kerzenlicht, das Essen war köstlich und die Tafel war mit schönen Tischtüchern, kristallenen Weingläsern und schwerem, geerbtem Tafelsilber geschmückt, während eine Schar Kinder vor einem Trickfilm in einem eigenen Raum aß. Viele von uns begegneten sich zum ersten Mal und so tauschten wir die üblichen Höflichkeiten und Plaudereien aus.

Beim Essen sprach mich dann die Mutter einiger der Kinder an, die nebenan Spaghetti verputzten: »Oh, Sie sind Ornithologe! Dann muss ich Sie jetzt einmal etwas fragen.« Ich bereitete mich schon innerlich darauf vor, wieder eine der zahllosen Bestimmungsfragen beantworten zu müssen, die Leute nach einer persönlichen Begegnung mit Vögeln haben, doch ihre Frage erwies sich als viel interessanter. »Ich habe meinen Kindern neulich aus *Straße frei, die Enten kommen* vorgelesen.«[163] Mit einem Nicken signalisierte ich, dass ich die klassische Geschichte von Robert McCloskey kannte, ein Buch, das auch mir als Kind vorgelesen worden war und das ich meinerseits meinen drei Jungs vorgelesen hatte – so oft, dass ich es fast auswendig konnte. »Da gibt es ja diese Stelle, wo sich das Entenpaar niederlässt und ein Nest baut, in das sie ihre Eier legt. Es sieht so aus wie der Beginn eines glücklichen Familienlebens, aber dann haut *er* einfach ab! Wie ist das eigentlich?«

Noch bevor ich Luft holen konnte, warf mir Ann von der anderen Seite des Tisches einen unmissverständlichen, bösen Blick zu. Dazu murmelte sie: »Tu

[163] Robert McCloskey, *Straße frei, die Enten kommen*, Reinbek 1967.

es nicht!« Augenblicklich war die gesamte Aufmerksamkeit auf uns gerichtet und jeder wollte natürlich wissen, was genau ich nicht tun sollte. Wie um alle Beteiligten zu warnen, fragte Ann die neugierige Mutter: »Sie haben meinem Mann gerade keine Frage über *Entensex* gestellt, oder?«

Von dieser beiläufigen Erkundigung über das Familienleben von Enten bewegte sich unser Gespräch auf ein Gebiet, auf dem ich mich weit besser auskannte als die Anwesenden wohl vermuteten. Denn dank Dr. Patricia Brennan, die von 2005 bis 2010 mit bemerkenswerter Unternehmungslust als Postdoktorandin in meinem Labor in Yale arbeitete, hatten meine Forschungen in jenen Jahren einen unerwarteten Umweg auf das Feld des Sexualverhaltens und der Genitalanatomie der Wasservögel genommen. Genau wie meine Frau es befürchtet hatte, beherrschen somit Fragen über die abartigen Eigenheiten des Sexuallebens von Enten die weiteren Gespräche des Abends.

Entensex kann außerordentlich ästhetisch oder entsetzlich gewalttätig und zutiefst verstörend sein, aber er ist in jedem Fall ein faszinierendes Thema. Er ist vielleicht nicht der geeignetste Gesprächsgegenstand für eine Tischgesellschaft mit neuen Bekannten – das mag auch der Grund sein, warum wir danach nie mehr zusammen mit der Frau, die die Frage gestellt hatte, eingeladen wurden; aber wenn man erst einmal all die verstörenden Details untersucht und verstanden hat, wartet die Geschichte des Entensex am Ende eigentlich mit einer recht versöhnlichen Einsicht in die Beziehung zwischen den Geschlechtern, die Natur des Begehrens, die weibliche sexuelle Selbstbestimmung und die Evolution der Schönheit in der Natur auf.

Das Drama des Entensex ruft den antiken griechischen Mythos von Leda und dem Schwan in Erinnerung, dem zufolge Zeus die schöne, junge Leda sexuell in Besitz nahm, nachdem er die Gestalt eines Schwans angenommen hatte. Diese mythische Szene hat das Interesse zahlreicher Künstler geweckt, von den Griechen über Leonardo da Vinci bis hin zu William Butler Yeats. Auch wenn sie oft als Vergewaltigung dargestellt wird, schwingt in ihr auch meist eine gewisse Zweideutigkeit mit und in die Plötzlichkeit der Tat mischt sich ein Element des gegenseitigen Begehrens. Vielleicht ahnten die Griechen ja, dass der Sex von Wasservögeln etwas Faszinierendes hat. Falls es so war, hatten sie recht, denn die Enthüllung der evolutionären Implikationen der sozialen Komplexität des Entensex steht erst ganz am Anfang.

An einem bewölkten Wintertag des Jahres 1973, ich war zwölf Jahre alt, machte ich mich zu einem meiner ersten vogelkundlichen Ausflüge am Meer auf. Ich stand am Ufer des Merrimack River in Newburyport, Massachusetts, ein Stückchen stromaufwärts von der Stelle, wo er sich zur Bucht verbreitert. Mit Zeitungaustragen und Rasenmähen hatte ich mir gerade genug verdient, um mir mein erstes Spektiv, ein Fernrohr zum Betrachten von Vögeln in größerer Distanz, zu kaufen, und freute mich nun darauf, an diesem berühmten Ort für *Birdwatcher* Enten, Möwen, Seetaucher und andere Wasservögel zu beobachten. Es war ein kalter Februartag, Eisstücke lagen am Ufer und trieben in einigen ruhigeren Stellen des Flusses, aber ich war euphorisch. Ich sah mehrere dichte Entenschwärme, die gegen die starke Strömung der Ebbe anpaddelten.

Beim ersten Blick durch mein neues Fernrohr gelang mir gleich eine Erstsichtung, ein *Lifer*! Es war ein Schwarm von einigen Dutzend Schellenten (*Bucephala clangula*). Die Männchen waren auf dem Rücken pechschwarz, an den Seiten, an Bauch und Brust schneeweiß und hatten einen grün glänzenden Kopf. Auf ihren glitzernd grünen Wangen trugen sie einen großen, runden, weißen Punkt. Wie ihr englischer Name *Goldeneye* verriet, hatten sie leuchtend goldgelbe Augen. Die Weibchen waren schlichter, ihr Gefieder war an den Seiten und am Hals grau und am Kopf braun, aber sie hatten dieselben gelben Augen.

Aus irgendeinem Grund – den ich erst Jahre später verstehen sollte – waren die Männchen in dem Schwarm deutlich in der Überzahl. Von den insgesamt etwa zwei Dutzend Vögeln waren nur fünf oder sechs Weibchen. Ich genoss die Szene und sah den Enten zu, wie sie untertauchten, um zu fressen, und dann wieder an der Oberfläche erschienen, als plötzlich ein Erpel seinen Kopf emporstreckte und gleich darauf wieder zurückschnellen ließ, so dass er seinen Bürzel berührte – ein Verhalten, das als Kopfwerfen bekannt ist. In dieser unbequemen Haltung öffnete er kurz seinen Schnabel in Richtung Himmel und brachte den Kopf anschließend mit einem kurzen Hin-und-her-Wackeln zurück in seine normale Position. Bald darauf schlossen sich andere Männchen an und

Die Balzsequenz des Kopfwerfens der männlichen Schellente.

die Erpel des Schwarms prahlten um die Wette, rangelten um die besten Plätze in der Nähe der Weibchen und jagten einander. Wäre ich an jenem Tag näher am Geschehen gewesen, hätte ich den krächzenden, zweitönigen Ruf hören können, den das Schellentenmännchen während des Kopfwerfens von sich gibt. Die Erpel zeigten noch verschiedene andere Balzelemente, die passende seemännische Bezeichnungen tragen, wie etwa den »Bugspriet« oder den »Masttopp«. Beim Bugspriet schwimmen die Männchen mit aufgerichtetem Kopf und Schnabel umher, während beim Masttopp der Kopf zuerst nach oben gereckt und dann gesenkt und über der Wasseroberfläche ausgestreckt wird. Trotz der Eiseskälte war diese Gruppe von Schellenten mit Balzaktivitäten beschäftigt. Während der gesamten Wintermonate warben sie mit ihren Darbietungen um die Weibchen, um dann zu ihren Nistplätzen an von Wald umgebenen Seen im Norden Kanadas zurückzukehren.

Bei jenem unvergesslichen Ausflug machte ich zum ersten Mal Bekanntschaft mit der komplexen Sozialwelt der Enten. Auch bei anderen Wasservögeln zeigen die Männchen ein solch auffälliges Balzverhalten. Die Darbietungen variieren je nach Art, bestehen aber in der Regel aus einer Reihe spezifischer Haltungen und Gesten, die jeweils nur wenige Sekunden andauern. Die Grundelemente sind recht einfach, aber die Erpel können sie endlos wiederholen; und weil die Balz der Enten fast ausschließlich im Wasser stattfindet, wird dabei auch immer viel geplanscht, hin und her geschwommen und gespritzt.

Die Balzrepertoires einiger Entenarten sind so ausgefallen, dass sie geradezu komisch wirken können. So führt zum Beispiel die männliche Schwarzkopfruderente (*Oxyura jamaicensis*) ein besonders eindrucksvolles *Blubber*-Schauspiel auf. Mit aufgerichtetem Schwanz und geschwellter Brust- und Halspartie – die Luft dazu wird in spezielle Säcke beiderseits der Speiseröhre gepumpt – senkt das Männchen rasch den Kopf und schlägt seinen blauen Schnabel an die rötlich braune Brust, wodurch ein tiefer, trommelnder Plopp-Laut entsteht. Mit seinen Brustfedern erzeugt es dabei schaumige Blasen auf dem Wasser. Es steigert dieses An-die-Brust-Schlagen zu einem anschwellenden Trommelwirbel aus zehn bis zwölf Plopps, die in einem knarrenden, ächzenden Ruf enden, der sich anhört wie die brechende Feder eines Aufziehspielzeugs. Die Mischung aus Federn, Posen, Trommeln, Stimmlauten und schaumigen Blasen sorgt für eine äußerst aufsehenerregende Darbietung.

Ein besonders extremes Beispiel der Entenbalz liefert uns die hübsche und zierliche männliche Mandarinente (*Aix galericulata*) aus Eurasien. Bei vielen Entenarten gibt es das sogenannte Scheinputzen, bei dem die Erpel demonstrativ ihr Rückengefieder glattstreichen.[164] Die Mandarinente kombiniert das Scheinputzen jedoch mit einem Trinkverhalten, das weniger wie ein Balzritual aussieht als vielmehr wie eine ex-

[164] Konrad Lorenz hat eine detaillierte Vergleichsuntersuchung zur Evolution des Balzverhaltens der Enten vorgelegt (vgl. Konrad Lorenz, »Vergleichende Bewegungsstudien an Anatiden«, in: *Journal für Ornithologie* 89 [1941], S. 194–293; Neudruck in: ders., *Über tierisches und menschliches Verhalten. Gesammelte Abhandlungen*, Band II, München 1965, S. 13–113). Seine Forschungen waren äußerst innovativ und nahmen die zukünftige Entwicklung der phylogenetischen Ethologie vorweg. In diesem und anderen Werken nannte Lorenz als eine der Quellen für neue Kommunikationssignale das »Übersprungverhalten« – zufällige Bewegungsmuster, die ursprünglich in Augenblicken sozialer oder motivationaler Spannung ausgeführt wurden. Auch das Scheinputzen hat sich laut Lorenz aus solchen Bewegungen entwickelt, die es auch beim Menschen gibt, etwa wenn jemand beim ersten Date nervös an seinen Haaren herumspielt. Im Laufe der Zeit konnten sich diese Verhaltensweisen dann durch den Prozess der Ritualisierung zu Kommunikationshandlungen entwickeln; der Ritualisierungsprozess beinhaltet Übertreibung und geringere Variation, so dass die betreffende Handlung gegenüber dem sonstigen Verhalten der Vögel hervorsticht.

Balzverhalten des Mandarinerpels mit Guck-Guck-Spiel und Scheinputzen.

travagante Demonstration der Unfähigkeit zu trinken durch ständiges Sabbern. Das Scheinputzen wirkt beim Mandarinerpel dank seiner einzigartig geformten, leuchtend rotbraun gefärbten inneren Schwungfedern, die auf seinem Rücken senkrecht nach oben abstehen, noch dramatischer. Der »Zweck« dieser ungewöhnlichen Federn wird erst während des Scheinputzens ersichtlich, wenn das Männchen den Kopf nach hinten dreht (immer in Richtung des Weibchens) und seinen leuchtend rosafarbenen Schnabel *hinter* die aufgerichtete, glatte Feder steckt, sodass sein Auge für das Weibchen gerade noch sichtbar ist, wie bei einem koketten Guck-Guck-Spiel.

Ich könnte noch unzählige weitere Beispiele anführen. Gemeinsam ist all diesen reichen und komplexen Balzritualen der Wasservögel, dass sie sich durch Weibchenwahl entwickelt haben. Die Männchen machen diese ganzen Mätzchen im Bestreben, von den extrem wählerischen Weibchen als Partner auserkoren zu werden. Auf der Grundlage ihrer Beobachtungen der männlichen Balzvorführung trifft die Ente ihre Entscheidung, mit wem sie sich paaren will. Bei vielen Arten, wie den Schellenten, wählen die Weibchen ihre Partner im Winterquartier, und ein einmal gebildetes Paar bleibt während der restlichen Wintermonate zusammen. Während des Winters findet noch keine Paarung statt, weil keines der beiden Geschlechter dafür bereit ist. Der Jahreszyklus der sexuellen Entwicklung bei Vögeln ist eine wilde hormonelle Achterbahnfahrt, deren Aufs und Abs saisonal bedingt sind. In der brutfreien Winterzeit sind sie völlig geschlechtslos und nur wenige Monate später, wenn im Frühling die Paarungszeit beginnt, haben sie tausendfach vergrößerte Gonaden. Wenn die Paarungszeit heranrückt, zieht das Paar gemeinsam zu seiner Brutstätte. Dort angekommen setzt das Männchen seine Balz fort und verteidigt das Weibchen gegen die anderen Erpel. Nach ausführlichen Balzvorführungen paaren sich die beiden auf dem Wasser. Das Weibchen signalisiert seine Bereitschaft zur

Kopulation mit einer deutlichen Verführungsgeste, bei der es seinen Hals nach vorne streckt, den Körper waagerecht hält und den Schwanz hebt.

Warum sind Entenweibchen in Bezug auf ihre Paarungspartner so wählerisch? Weil sie es *können*. Erinnern Sie sich, dass die Schellentenweibchen, die ich beobachtete, gegenüber den Männchen um sie herum deutlich in der Unterzahl waren? Bei den meisten Entenarten ist das Geschlechterverhältnis stark zugunsten der Männchen verzerrt, so dass die Weibchen eine sehr große Auswahl haben. Angesichts dieser Fülle von Optionen haben weibliche Enten zahlreiche detaillierte Paarungspräferenzen für farbenfrohe männliche Gefieder, extravagante Balzrituale und komplexe, kuriose akustische Reize entwickelt. Und weil viele Enten schon mit der Balz beginnen, lange bevor sie im Frühling ihre Brutstätten erreichen, haben sie reichlich Gelegenheit, die Erpel auf Herz und Nieren zu prüfen, bevor sie eine Entscheidung treffen.

Das klingt großartig für die Entenweibchen, aber leider gibt es beim Entensex auch eine dunkle Seite.

Einige Wasservögel, wie etwa Kanadagänse, Pfeifschwäne oder Kragenenten, bilden zwar dauerhafte monogame Paare, in denen beide Elternteile bei der Verteidigung des exklusiven Nistgebiets helfen und die Jungen gemeinsam aufziehen, die meisten Entenarten tun dies jedoch nicht, auch nicht die Stockenten, nach denen ich damals beim Abendessen gefragt worden war. Im Unterschied zu den paarbildenden Wasservögeln sind sie nicht territorial. Sie nisten an Standorten, an denen das Nahrungsangebot so konzentriert ist und die Populationen so dicht sind, dass es für ein einzelnes Paar unmöglich ist, ein exklusives Futtergebiet zu verteidigen. Und weil sie kein Revierverhalten aufweisen, unterscheiden sich ihre Sexual- und Sozialbeziehungen deutlich von denen der territorialen Arten.

Bei diesen nichtterritorialen Enten besteht die Hauptaufgabe des Männchens nach der Ankunft des Paares im Brutgebiet darin, seine Partnerin zu begatten und sie während der zehn bis fünfzehn Tage der Eiablage vor den sexuellen Plünderungen durch andere Männchen zu schützen. Der Erpel hat natürlich einen starken evolutionären Anreiz dazu, da er damit seine Vaterschaft sichert. Sobald die Eier gelegt sind, gibt es freilich für Papa Ente nicht mehr viel zu tun. Die Entenmutter braucht ihn nicht, weil der Nestbau und das Bebrüten der Eier ausschließlich von ihr erledigt wird. Und die Küken brauchen ihn auch nicht, weil sie sich schon kurz nach dem Schlüpfen selbst ernähren können. Da die Männchen weder gebraucht werden, um ein Revier gegen Artgenossen zu verteidigen, noch um beim Füttern der Jungen zu helfen, beschränkt sich die elterliche Fürsorge bei den Wasservögeln im Wesentlichen darauf, zu verhindern, dass die Küken gefressen werden. Für diese Aufgabe ist unter Umständen ein Elternteil sogar besser geeignet als zwei, weil eine höhere Aktivität automatisch mehr Räuber anlockt und das leuchtende Gefieder der Männchen wie ein Magnet auf sie wirkt. Genau wie McCloskey in *Straße frei, die Enten kommen* schreibt, verlassen also bei vielen nichtterritorialen Wasservogelarten die Männchen die Weibchen, sobald diese mit dem Bebrüten der Eier begonnen haben. An diesem Punkt, an dem seine Vaterschaft sichergestellt ist, kann der Erpel keinen evolutionären Vorteil mehr daraus ziehen, das Weibchen zu verteidigen, und dieses hätte seinerseits vermutlich nichts davon, wenn er bei ihm bliebe. Die Frage meiner Tischnachbarin – »Wie ist das eigentlich?« – wäre damit beantwortet.

Aber jetzt kommt der schockierende Teil – der Teil des Sexualverhaltens der Enten, der in McCloskeys ansonsten wissenschaftlich akkuratem Kinderbuch über die niedliche Entenfamilie nicht vorkommt und nach dem wohl die wenigsten überhaupt fragen würden. McCloskey berichtet nichts über die Mühen, die es den Entenvater möglicherweise kostete, seine Partnerin zu verteidigen, oder darüber, was mit ihr geschehen kann, wenn seine Verteidigung misslingt, oder wohin der Erpel eigentlich geht, nachdem er sie verlassen hat. Hier kann die Welt für die Entenweibchen dann richtig gruselig werden.

Immer dann, wenn viele Enten auf relativ engem Raum zusammen sind, wie in den dicht bevölkerten Lebensräumen der nichtterritorialen Gründelenten, ergeben sich viele Möglichkeiten zur sozialen Interaktion. Für die Männchen sind diese sozialen Möglichkeiten gleichzeitig sexuelle Möglichkeiten. Wegen des Überangebots an Männchen in der Population enden viele von ihnen ohne Sexualpartner. Was ihre Fortpflanzung angeht, haben diese unverpaarten Männchen nun zwei Möglichkeiten: Sie können ein weiteres Jahr warten und hoffen, dass sie dann mehr Glück haben werden; oder sie können versuchen, sich den unwilligen Weibchen mit Gewalt aufzudrängen. Erzwungene Kopulationen sind folglich eine alternative Fortpflanzungsstrategie der Männchen. Auch Erpel, deren Partnerinnen schon mit dem Brüten begonnen haben, können danach weiterhin andere Weibchen zur Kopulation zwingen, was den lässigen Abgang von Papa Mallard in *Straße frei, die Enten kommen* in einem noch düstereren Licht erscheinen lässt.

Der Fachbegriff, den Ornithologen und Evolutionsbiologen heute für Vergewaltigungen bei Vögeln und anderen Tieren verwenden, lautet »erzwungene Kopulation«. Das Wort »Vergewaltigung« war in der Tierbiologie über ein Jahrhundert lang durchaus üblich, wurde aber in den 1970er Jahren nach massiver feministischer Kritik größtenteils aufgegeben. Hier war es besonders Susan Brownmiller, die in ihrem Buch *Gegen unseren Willen* überzeugende und wirksame Argumente dafür lieferte, dass Vergewaltigung und deren Androhung in menschlichen Gesellschaften als Mechanismen der sozialen und politischen Unterdrückung von Frauen fungieren.[165] Die Vergewaltigung beim Menschen ist ein Akt von so großer symbolischer und sozialer Bedeutung, dass der Begriff im Kontext nichtmenschlicher Tiere unangemessen schien. Die Ornithologin Patty Gowaty schrieb dazu: »Aufgrund der gewichtigen Unterschiede zwischen Vergewaltigung und erzwungener Kopulation haben wir, die wir das Verhalten von Tieren untersuchen, uns vor Jahren darauf verständigt, bei nichtmenschlichen Tieren von ›erzwungener Kopulation‹ zu sprechen und den Begriff ›Vergewaltigung‹ für Menschen zu reservieren.«[166]

Ich verstehe und teile diese Bedenken voll und ganz, allerdings fürchte ich, dass die Verlagerung auf den Begriff »erzwungene Kopulation« in der Biologie zu einer Desensibilisierung gegenüber den sozialen und evolutionären Auswirkungen sexueller Gewalt

[165] Vgl. Susan Brownmiller, *Gegen unseren Willen. Vergewaltigung und Männerherrschaft*, Frankfurt a. M. 1978.
[166] Patricia A. Gowaty, »Forced or Aggressively Coerced Copulation«, in: Michael D. Breed, Janice Moore (Hg.), *Encyclopedia of Animal Behavior*, Burlington, Mass. 2010, S. 759–763, hier S. 760. In Anlehnung an Brownmillers Befunde über das menschliche Verhalten stellte Patty Gowaty fest, dass sexuelle Nötigung bei Vögeln die Entwicklung der sogenannten »*Convenience*-Polyandrie« fördern kann; der Begriff beschreibt den Umstand, dass ein Weibchen einen oder mehrere männliche Sexualpartner möglicherweise nur deshalb duldet, um sich vor sexueller Gewalt durch andere Männchen zu schützen (vgl. Patricia A. Gowaty, Nancy Buschhaus, »Ultimate Causation of Aggressive and Forced Copulation in Birds: Female Resistance, the CODE Hypothesis, and Social Monogamy«, in: *American Zoologist* 38 [1998], S. 207–225).

im tierischen Verhalten beigetragen hat.[167] Sie hat den Blick dafür getrübt, dass erzwungene Kopulation auch eine Form von sexueller Gewalt gegen die Interessen vieler weiblicher Tiere ist, und sie hat möglicherweise unser Verständnis der evolutionären Dynamik der sexuellen Gewalt verkümmern lassen. (In Kapitel 10 werde ich noch genauer darauf eingehen, wie diese verpasste intellektuelle Chance unser Verständnis der Wirkung von sexueller Gewalt in der menschlichen Evolution erschwert hat.)

Ich will damit nicht sagen, dass in der Tierbiologie wieder pauschal das Wort »Vergewaltigung« verwendet werden sollte, bin aber der Meinung, dass der Ausdruck »erzwungene Kopulation« unserem Verständnis der sexuellen Gewalt bei nichtmenschlichen Tieren eher abträglich ist. Im Fall der Entenweibchen ist es jedenfalls wissenschaftlich ganz entscheidend, zu erkennen, dass sexuelle Nötigung und Gewalt auch in starkem Maße *gegen ihren Willen* stattfinden.

Erzwungene Kopulationen sind bei vielen Entenarten überaus üblich, was uns dazu verleiten könnte, sie als etwas Routinemäßiges und Normales anzusehen; sie sind jedoch auch äußerst brutal, hässlich, gefährlich und können sogar tödlich enden. Die weiblichen Enten sind erkennbar bemüht, sich ihnen zu widersetzen und versuchen, vor ihren Angreifern wegzuschwimmen oder zu fliegen; schaffen sie es nicht, zu entkommen, führen sie heftige Kämpfe, um die Angreifer abzuwehren. Dies kann sich als äußerst schwierig erweisen, da die erzwungene Kopulation bei vielen Entenarten sozial organisiert ist. Dabei tun sich mehrere Männchen zusammen und fallen einzelne Weibchen an wie bei einer Gruppenvergewaltigung. Durch den gemeinsamen Angriff haben

---

[167] Ausgehend von der Idee, dass es sich bei allen weiblichen Verhaltensweisen, die den männlichen Befruchtungserfolg beeinflussen, um identische Formen adaptiver sexueller Selektion handelt, wurde beispielsweise von verschiedenen Seiten die These geäußert, der Widerstand gegen sexuelle Übergriffe sei lediglich eine Form der Partnerwahl (vgl. etwa William G. Eberhard, *Female Control. Sexual Selection by Cryptic Female Choice*, Princeton, NJ 1996; ders., »The Function of Female Resistance Behavior. Intromission by Coercion vs. Female Cooperation in Sepsid Flies [Diptera]«, in: *Revista de Biologia Tropical* 50 [2002], S. 485–505; ders., Carlos Cordero, »Sexual Conflict and Female Choice«, in: *Trends in Ecology and Evolution* 18 [2003], S. 439 f.; oder auch Margo I. Adler, »Sexual Conflict in Waterfowl. Why Do Females Resist Extra-pair Copulations?«, in: *Behavioral Ecology* 21 [2009], S. 182–192). Dieser Mechanismus des »Widerstands als Wahl« führt dann zu der Behauptung, dass Vergewaltigung im Grunde einen Anpassungsvorteil für *weibliche* Tiere bedeute. Wenn sich ein Weibchen allen sexuellen Angriffen widersetzt, dann ist das Männchen, dem es schließlich gelingt, die Eizelle zu befruchten, zwangsläufig der beste sexuelle Angreifer. Die männlichen Nachkommen werden diese Fähigkeit erben und dem Weibchen damit einen indirekten genetischen Vorteil verschaffen. Das Problem an dieser Idee ist nur, dass sie die direkten Kosten für das Weibchen und die indirekten Kosten für dessen *weiblichen* Nachwuchs außer Acht lässt.

die Männchen eine größere Chance, dass eines von ihnen den Widerstand des Weibchens brechen und die Verteidigungsbemühungen seiner Partnerin durchkreuzen kann, als wenn sie alleine agieren würden.

Die Kosten der erzwungenen Kopulation für die Weibchen sind sehr hoch. Sie werden dabei oft verletzt und nicht selten getötet.[168] Warum wehren sich die Entenweibchen dann eigentlich so heftig? Sie erleiden größeren körperlichen Schaden durch ihre Gegenwehr gegen die erzwungene Kopulation, als wenn sie sich fügen würden, was ihren heftigen Widerstand aus evolutionärer Sicht schwer erklärbar erscheinen lässt. Nichts bedroht die Möglichkeit, die eigenen Gene weiterzugeben, mehr als der Tod – warum setzen sie also mit ihrem Kampf ihr Leben aufs Spiel?

Diese Frage führt uns zum Kernproblem der komplexen Interaktion zwischen dem Weibchen, das seinem sexuellen Verlangen nach Schönheit folgt, und dem Männchen, das sexuelle Gewalt anwendet, um die Fähigkeit des Weibchens zu untergraben, sich seinen Partner auszusuchen. Bei diesen Versuchen, die Befruchtung zu erzwingen, steht mehr auf dem Spiel als nur die *direkten Kosten* für die Gesundheit und das Wohl des Weibchens: Erzwungene Befruchtungen verursachen auch *indirekte, genetische Kosten* für das Weibchen, die für dieses sogar noch entscheidender sein können. Warum? Weil die Weibchen, die sich erfolgreich mit von ihnen präferierten Männchen paaren, wahrscheinlich Nachkommen haben werden, die genau die Ausdrucksmerkmale erben, die sie – *und* andere Weibchen auch – präferieren. Durch ihre sexuell attraktiven Kinder erlangen diese Weibchen den Vorteil, eine größere Anzahl von Nachkommen zu haben. Das ist der *indirekte, genetische Nutzen* der Partnerwahl, der als treibende Kraft hinter großen Teilen der ästhetischen Koevolution steckt. Weibchen, die gewaltsam befruchtet wurden, werden dagegen Kinder haben, die von Männchen mit zufälligen Ausdrucksmerkmalen gezeugt wurden oder gar von solchen, die sie

Mit anderen Worten: Der Vorteil von Söhnen, die bessere Vergewaltiger sind, muss gegen den Nachteil von Töchtern abgewogen werden, die schlechtere Überlebenschancen und eine geringere Fekundität haben, weil sie sexuelle Gewalt erfahren haben. Die schwerwiegenden intellektuellen Implikationen der Hypothese des »Widerstands als Wahl« sind meiner Ansicht nach in großem Maße dadurch verschleiert worden, dass man nicht mit derselben Deutlichkeit von einer Hypothese der »Vergewaltigung als Wahl« spricht.

168 Für einen aktuellen Überblick siehe Patricia L. R. Brennan, Richard O. Prum, »The Limits of Sexual Conflict in the Narrow Sense. New Insights from Waterfowl Biology«, in: *Philosophical Transactions of the Royal Society of London B* 367 (2012), S. 2324–2338.

bewusst abgelehnt haben, weil sie den weiblichen ästhetischen Maßstäben nicht gerecht wurden. In jedem Fall ist die Wahrscheinlichkeit, dass die daraus resultierenden männlichen Nachkommen Gene der präferierten Merkmale erben werden, geringer; sie werden somit sexuell weniger attraktiv für andere Weibchen sein und geringere Chancen haben, eine Partnerin zu finden, was letztlich dazu führt, dass das betreffende Weibchen weniger Enkel haben wird. Das sind die *indirekten, genetischen Kosten* der männlichen sexuellen Gewalt.

Im Mittelpunkt der komplexen Brutbiologie der Enten steht der Konflikt zwischen den Geschlechtern darüber, *wer* die Abstammungslinie der Nachkommen bestimmt. Sind es die Weibchen auf der Grundlage der Partnerwahl und der koevolutionären Schönheit des männlichen Gefieders, Gesangs und Ausdrucksverhaltens? Oder sind es die Männchen kraft der gewaltsam erzwungenen Kopulation? Geoffrey Parker hat den sexuellen Konflikt 1979 als Widerstreit der evolutionären Interessen von Individuen verschiedener Geschlechter im Kontext der Fortpflanzung definiert.[169] Der Geschlechterkonflikt kann viele Aspekte der Fortpflanzung betreffen, etwa die Frage, wer sich paaren darf, wie oft Sex stattfindet oder wer wie viel in die elterliche Fürsorge und Verantwortung investiert. Eine dieser Konfliktursachen ist für die Evolution der sexuellen Schönheit entscheidend: der Streit darum, wer die Kontrolle über die Befruchtung hat – die Lieferanten der Spermien oder die Hüterinnen der Eier.

Der Entensex liefert uns ein hervorragendes Beispiel für den Streit der Geschlechter über die Befruchtung und ermöglicht uns zu untersuchen, inwiefern Darwins »Geschmack für das Schöne« die Chance zur weiteren Entwicklung der sexuellen Autonomie bietet.[170] Eine wichtige Erkenntnis liegt darin, dass bei den Wasservögeln beide grundlegenden Mechanismen der Partnerwahl – die auf der Grundlage ästhetischer Präferenzen von Weibchen für Ausdrucksmerkmale der Männchen ebenso wie die aufgrund der Männchen-Konkurrenz um die Befruchtung – auftreten *und* einen evolutionären Gegensatz bilden.

---

[169] Vgl. Geoffrey A. Parker, »Sexual Selection and Sexual Conflict«, in: Murray S. Blum, Nancy B. Blum (Hg.), *Sexual Selection and Reproductive Competition in Insects*, New York 1979, S. 123–166.

[170] Für die auf diesem Mechanismus beruhende Entwicklung der sexuellen Autonomie ist es egal, ob die indirekten genetischen Vorteile der Partnerwahl auf gute Gene oder auf den willkürlichen *Beauty-Happens*-Mechanismus zurückzuführen sind; es funktioniert beides.

Diese Feststellung ist im Grunde sehr subversiv. Wie wir gesehen haben, betrachten die Vertreter der gängigen, adaptationistischen, wallaceanischen Sichtweise seit Darwins Veröffentlichung der *Abstammung des Menschen* alle Formen der sexuellen Selektion als Formen der natürlichen Selektion. Ob bei See-Elefanten oder Paradiesvögeln – nach dieser Ansicht sind nur die objektiv »besten« Männchen bei der Paarung erfolgreich. Was aber geschieht, wenn weibliche Partnerwahl und Männchen-Konkurrenz gleichzeitig wirken *und* eindeutig in verschiedene Richtungen laufen, wie es bei den Wasservögeln der Fall ist? Bei diesen beiden unterschiedlichen Wettbewerben kann unmöglich jeder Gewinner der »Beste« sein. Wenn die sexuell aggressivsten Männchen wirklich die Besten sind, warum werden sie dann nicht von den Weibchen bevorzugt? Die Sieger der Partnerwahl und des männlichen Konkurrenzkampfs können eindeutig nicht dieselben sein.

Sexuelle Gewalt ist vielmehr eine egoistische männliche Evolutionsstrategie, die den evolutionären Interessen der weiblichen Opfer und womöglich auch denen der gesamten Art zuwiderläuft. Diese Gewalt verstümmelt und tötet Weibchen und verringert somit die Populationsgröße der Spezies. Und weil die gewaltsamen Todesfälle das Ungleichgewicht des Geschlechterverhältnisses weiter verstärken, verschärfen sie den sexuellen Konflikt noch zusätzlich, da es mehr Männchen gibt, die den Konkurrenzkampf verlieren und dadurch motiviert sind, diese kontraproduktive Strategie zu verfolgen. Damit liefert der Geschlechterkonflikt bei den Enten einen weiteren Beweis für Darwins Einsicht, dass die sexuelle und die natürliche Selektion nicht gleichbedeutend sind.

Ein Grund für die außergewöhnliche Stellung des Entensex liegt darin, dass Enten im Gegensatz zu 97 Prozent aller Vogelarten noch einen Penis haben. Der Vogelpenis ist dem von Säugetieren und anderen Reptilien stammesgeschichtlich homolog, aber der Vorfahre der meisten Vogelarten hat irgendwann im Verlauf der Evolution seinen Penis verloren (mehr dazu im weiteren Verlauf dieses Kapitels). Enten und die anderen Vogelarten, die noch einen Penis haben – dazu gehören flugunfähige Laufvögel wie Strauße, Emus, Kasuare, Kiwis und Nandus sowie deren enge Verwandte, die flugfähigen Steißhühner –, gehören zu den ältesten

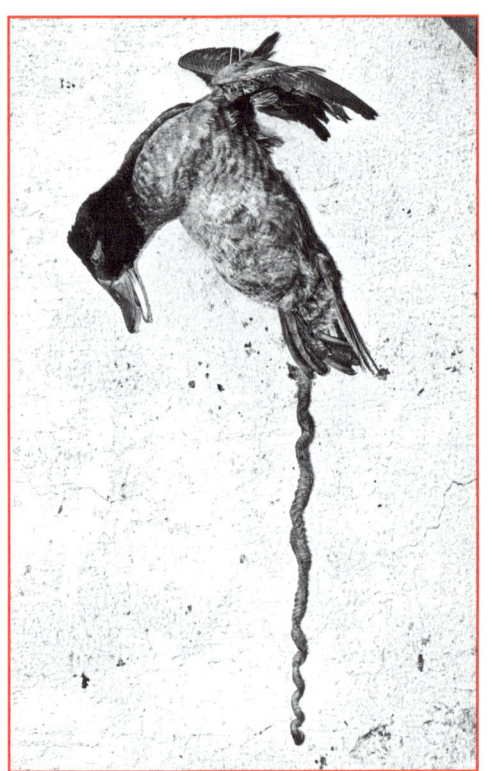

Der 42 cm lange Rekordpenis einer Argentinischen Ruderente. Foto: Kevin McCracken.

noch vorkommenden Zweigen im Vogelbaum des Lebens. Von allen Vögeln mit Penissen sind die Enten am besten ausgestattet, was das Verhältnis von Penisgröße zu Körpergröße angeht. Eine Entenart ist sogar die am besten ausgestattete aller Wirbeltiere. Der Ornithologe Kevin McCracken und seine Kollegen beschrieben 2001 in der renommierten Fachzeitschrift *Nature* den Penis einer kleinen Argentinischen Ruderente (*Oxyura vittata*).[171] Die Ente, die selbst nur etwa 30 Zentimeter maß und etwas mehr als ein Pfund wog, hatte einen 42 Zentimeter langen Penis. Der Artikel, der mittlerweile im *Guinness-Buch der Rekorde* zitiert wird, trug den Titel »Sind Enten von den Zurschaustellungen der Erpel beeindruckt?«. McCracken vertrat darin die These, dass die Entenweibchen ihre Partner möglicherweise nach der Penisgröße auswählen. Welche andere Erklärung sollte es schließlich für eine dermaßen extravagante Genitalausstattung geben?

Mittlerweile wissen wir freilich, dass die Penisgröße bei den meisten Enten für die Partnerwahl keine Rolle spielt, denn infolge des saisonalen Reproduktionszyklus ist der überlange Entenpenis, ob Sie es glauben oder nicht, während der Balzzeit, in der die Enten ihre Partner wählen, so gut wie nicht existent. Er wächst jedes Jahr *nach*, wenn die Paarungszeit naht, aber sobald sie vorbei ist, beginnt er zu schrumpfen und sich zurückzubilden, bis nur noch ein kleines Rudiment von weniger als einem Zehntel der Größe im ausgewachsenen Stadium übrig ist.

Als Alternative stellte McCracken die Vermutung an, dass die Erpel ihren überlangen Penis irgendwie dazu benutzten, das Sperma anderer, konkurrierender Männchen aus dem weiblichen Reproduktionstrakt zu entfernen. Sein

Artikel beweist einmal mehr, dass jede wissenschaftliche Entdeckung nur neue ungelöste Rätsel hervorbringt, denn er endet mit der Frage: »Wie viel von seinem Penis führt der Erpel tatsächlich ein, und macht die Anatomie des weiblichen Legedarms [der Vagina] die Befruchtung außergewöhnlich schwierig?«[172]

Im Jahr 2005 weckte diese Frage das Interesse meiner neuen Kollegin Patricia Brennan. Brennan ist Kolumbianerin, lebt aber schon seit über fünfzehn Jahren in den Vereinigten Staaten. Sie ist lebhaft, enthusiastisch und was die Wissenschaft angeht, nicht aufzuhalten. Sie hat keinerlei Scheu, über Vogelsex zu arbeiten oder zu reden. Auch wenn sie schon zwei kleine Kinder und ein paar graue Haare hat, sieht sie immer noch aus wie die Aerobic-Lehrerin, die sie in ihrer Studienzeit in Cornell war. Außerdem kann sie fantastisch Salsa tanzen, mit anderen Worten: Sie ist noch immer *una Colombiana.* In ihrer Doktorarbeit forschte sie über das dinosaurierartige, männliche Nestpflege- und Brutsystem der Steißhühner (*Tinamidae*). In den tropischen Regenwäldern Costa Ricas lernte Brennan diese überaus scheuen, hühnerähnlichen Vögel so gut kennen wie kaum jemand sonst auf der Welt.

Bei der Beobachtung von Steißhühnern bei der Paarung sah Patty eines Tages mit Entsetzen, wie aus der männlichen Kloake eine fleischige Spirale heraushing. Die Kloake (das Wort stammt bezeichnenderweise von der lateinischen Bezeichnung für einen Abwasserkanal) ist der anatomische Bereich im Anus der Vögel, der als eine Art Ausgangs-Sammelstelle fungiert und in den die Ausführgänge der Verdauungs-, Harn- und Geschlechtsorgane münden. Bei Vögeln ohne Penis findet die Befruchtung durch einen sogenannten Kloakenkuss statt – eine poetische Bezeichnung für die keusche Annäherung der Öffnungen, bei der es zum Kontakt zwischen männlichem und weiblichem Anus kommt; das Männchen gibt dabei sein Sperma ab und das Weibchen nimmt es auf. Das Männchen dringt nicht in das Weibchen ein, weil es nichts hat, was ihm dies erlauben würde. Der Penis von Steißhühnern war bereits von viktorianischen Anatomen beschrieben worden, die Präparate aus Naturkundemuseen seziert hatten; diese anatomischen Monografien waren allerdings zu wenig inspirierend, um das Thema wissenschaftlich am Leben zu halten, so dass die Existenz des Steißhuhn-Penis über ein Jahrhundert lang fast

[171] Vgl. Kevin G. McCracken u. a., »Are Ducks Impressed by Drakes' Display?«, in: *Nature* 413 (2001), S. 128.
[172] Ebd.

vollständig ignoriert wurde. Daher war Brennan so fassungslos, als sie die postkoitale Ausstülpung aus der Kloake des männlichen Steißhuhns entdeckte. Sie war vermutlich die erste, die den Steißhuhn-Penis in Aktion gesehen hatte.

Als Patty 2005 in meinem Labor zu arbeiten begann, wollte sie ihre Studien über die Steißhühner weiterführen, wobei ihr besonderes Interesse der Anatomie und Funktion ihrer Penisse galt. Steißhühner sind jedoch äußerst schmackhaft und werden daher in ihrem gesamten Lebensraum stark bejagt, weshalb sie zu den scheuesten Vögeln der Welt gehören. Sie in freier Wildbahn zu erforschen, ist daher äußerst schwierig. Die Arbeit mit Enten, die ebenfalls einen Penis besitzen, ist dagegen verhältnismäßig leicht. Also dachte Patty sich, dass Enten einen einfacheren Weg bieten könnten, um die Evolution der Genitalanatomie und -funktion von Vögeln zu erforschen.

Dieser Plan führte sie schließlich im Jahr 2009 auf eine Entenfarm ins kalifornische Längstal. Eine Entenfarm ist zwar nicht gerade ein naheliegender Ort, um die Grenzen der Evolutionswissenschaft zu verschieben, auf dem Geflügelhof, den Brennan besuchte, gab es jedoch einige sehr besondere Enten. Die Erpel waren darauf trainiert, ihren Samen in kleine Glasfläschchen zu ejakulieren. Das Ganze diente nicht etwa dazu, irgendein perverses Interesse am Entensex zu stillen; vielmehr wollten die Entenfarmer eine Hybridrasse aus der Kreuzung von männlichen Moschusenten (*Cairina moschata*) mit weiblichen Pekingenten (einer domestizierten Form der Stockente) züchten. In Gefangenschaft zeichnen sich solche Hybriden durch ihre außerordentliche Widerstandsfähigkeit und schnelle Gewichtszunahme aus – zwei Eigenschaften, die für Entenfarmer sehr attraktiv sind. Allerdings mögen Moschus- und Pekingenten einander nicht besonders, und wenn man sie in einem gemeinsamen Stall sich selbst überlässt, paaren sie sich nicht schnell genug, um eine kommerziell rentable Anzahl von Nachkommen zu produzieren. Die Antwort der modernen Landwirtschaft auf dieses Problem heißt künstliche Besamung, und dazu muss das Sperma irgendwie gesammelt werden.[173] Dies ist der Grund für den Einsatz der Glasfläschchen.

So kam es also, dass die auf dieser Farm beschäftigten Latinos, die die Aufgabe hatten, das Sperma einzusammeln und die künstlichen Besamungen durchzuführen, eines Tages mit einer wunderschönen, gebildeten, klugen und gewitzten Latina konfrontiert wurden, die eine Hochgeschwindigkeitskamera bei sich trug. Auf den Videos war zu sehen, dass die männlichen Moschusenten in der Lage sind, quasi auf Kommando ihre Leistung zu erbringen – trotz der kleinen Fläschchen, der Kamerabeobachtung und der grellen Scheinwerfer.

Im Wesentlichen läuft die künstliche Besamung wie folgt ab: Männliche und weibliche Moschusenten werden in getrennten Ställen gehalten, um ihre sexuelle Motivation zu steigern. Wenn es an der Zeit ist, das Sperma zu gewinnen, wird das Entenpaar in einen engen Käfig gesetzt, der an der Seite offen ist, an der sich die Hinterteile befinden. Das Männchen beginnt rasch damit, das Weibchen von hinten zu bespringen und zu treten. Das Weibchen wird prompt sexuell empfänglich, was sich an seiner *präkopulativen* Haltung erkennen lässt: Es streckt den Hals nach vorne, senkt den Kopf, hebt sein Hinterteil und entblößt seine Kloake, die sich erweitert und große Mengen Schleim absondert. Daraufhin beginnt das Männchen, sich zum dargebotenen Hinterteil hinabzubewegen. Und dann geschieht es.

Normalerweise würde die Erektion des Erpels im Reproduktionstrakt des Weibchens stattfinden. Bei der Spermagewinnung verhindert der Besamungstechniker jedoch das Eindringen des Männchens in das Weibchen und hält im richtigen Moment ein Gefäß an seine Kloake, das aussieht wie eine kleine gläserne Milchflasche. Der Erpelpenis erigiert und ejakuliert daraufhin in die Flasche. Wie in einer diskreten Samenbank wird die Probe dann durch ein kleines Fenster an einen anderen Mitarbeiter weitergereicht, der sie für die weiblichen Pekingenten vorbereitet, die nebenan warten. Für Brennans Forschungsprojekt hinderten die Mitarbeiter das Männchen weiterhin daran, in das Weibchen einzudringen, gestatteten aber die Erektion und ließen es in die Luft oder in die speziellen Glasapparate ejakulieren, die Brennan bei ihrem nächsten Besuch der Entenfarm mitbrachte (mehr dazu später).

Trotz ihrer uralten Homologie unterscheiden

173 Künstliche Besamung ist in der modernen Landwirtschaft allgegenwärtig. Auf einem Hof überlässt man Säugetiere bei der Paarung nie einfach sich selbst. Den wenigsten Menschen ist bewusst, dass so gut wie jeder Bissen Säugetierfleisch, den sie essen – ob vom Rind, Schwein oder Lamm –, mit einem preisgekrönten männlichen Tier, einem landwirtschaftlichen Mitarbeiter, einer künstlichen Vagina, einem Behälter mit flüssigem Stickstoff und einer großen Spritze beginnt. Geflügel wird dagegen größtenteils sich selbst überlassen, daher stellte jene Entenfarm eine seltene Gelegenheit dar.

sich die Penisse von Enten und Menschen natürlich stark voneinander. Wie bei anderen Reptilien ist der Entenpenis nicht extern, sondern befindet sich eingerollt in der Kloake und kommt nur während der Kopulation zum Vorschein. Ein weiterer Unterschied besteht darin, dass die Erektion bei den Enten anders als bei anderen Reptilien und Säugetieren nicht über Blutgefäße, sondern über das Lymphsystem erfolgt. Die männliche Ente hat im Körper beiderseits der Kloake zwei muskuläre Taschen, die Lymphbildungskörper *(Lymphobulbus phalli)*. Wenn sich diese zusammenziehen, spritzt Lymphe in den zentralen Hohlraum im Penis, wodurch sich dieser aufrichtet, blitzschnell entrollt und aus der Kloake austritt. Man kann es sich schwer vorstellen, aber das Ganze gleicht in etwa einer Mischung aus dem Versuch, mit dem Arm einen auf links gedrehten Pulloverärmel umzustülpen, und dem sanften automatischen Aufklappen eines Cabrio-Daches mit Hydraulikantrieb – nur viel, viel schneller! Das erste, was vom Penis zum Vorschein kommt, ist die Basis, und der Rest entrollt sich in einer Welle zur Spitze hin, wobei die Samenflüssigkeit über eine Rinne außen am Penis von der Basis zur Spitze läuft.

Für die Enten ist die Erektion des Penis und das Eindringen in die Vagina ein und dasselbe Ereignis. Der Entenpenis wird nicht erst steif und dann eingeführt wie bei Säugetieren und anderen Reptilien. Er wird vielmehr *in* den weiblichen Reproduktionstrakt »hineinerigiert« oder ausgestülpt und bleibt während des gesamten Vorgangs flexibel. Darüber hinaus ist der Entenpenis nicht gerade, sondern bildet eine Spirale, die von der Basis zur Spitze *gegen den Uhrzeigersinn* gedreht ist. Der Penis der Moschusente macht auf einer Strecke von zwanzig Zentimetern sechs bis zehn vollständige Drehungen.

Die Penisse von Enten und anderen Reptilien beherbergen auch keine Harnröhre oder Urethra, durch die der Samen fließen könnte. Stattdessen wird das Sperma über eine Rinne geleitet, die als *Sulcus phalli* bezeichnet wird. Der *Sulcus phalli* verläuft über die gesamte Länge des Penis, wie die Naht eines Hemdärmels. Weil der Penis jedoch gewunden ist, verläuft auch die Rinne entgegen dem Uhrzeigersinn. Die besagten viktorianischen Anatomen, welche die Penisse von Vögeln beschrieben, verspotteten den *Sulcus phalli* seinerzeit als funktional ineffektiv – wie ein undichtes, tropfendes Rohr. Aber sie hatten den

Entenpenis offensichtlich nie in Aktion gesehen und ihre Lehnstuhlvermutungen hätten nicht falscher sein können. Aus den Hochgeschwindigkeitsvideos des fliegenden Entenspermas wurde deutlich, dass der *Sulcus phalli*, auch wenn er bloß eine topologische Falte ist, genauso gut funktioniert wie die Harnröhre bei einem Säugetier.

Wie eine Auswahl von Sexspielzeugen im Automaten einer fremdartigen Alien-Bar (stellen Sie sich vielleicht einen nicht jugendfreien *Far-Side*-Cartoon von Gary Larson vor) gibt es Entenpenisse in allen möglichen Varianten – geriffelt, gerippt und sogar gezahnt. Diese Oberflächenmerkmale zeigen *nach hinten* in Richtung der Basis und werden beim Ausstülpen des Penis schnell an den Wänden des weiblichen Reproduktionstrakts in Stellung gebracht, um die schon gemachten Fortschritte abzusichern, wie die Felshaken, mit denen sich ein Bergsteiger sichert, um an einer steilen Felswand voranzukommen. Oh, und hatte ich schon die spiralförmige Drehung des Entenpenis erwähnt? Ach ja? Na gut, es gibt bei diesem Organ so viele Merkwürdigkeiten, dass man schon mal den Überblick verlieren kann.

Auch wenn Brennan nach *jahrelangem* Studium der Anatomie der Enten wirklich sehr gut vorbereitet war, war auch sie sprachlos, als sie den Entenpenis in Aktion sah. Erektionen von Enten sind, um es unverblümt zu sagen, »explosiv« – genau dieses Wort verwendeten wir in dem Artikel, den wir schließlich in den *Proceedings of the Royal Society of London B* veröffentlichten: »Das Ausstülpen des zwanzig Zentimeter langen Penis der Moschusente ist explosiv, dauert im Durchschnitt 0,36 Sekunden und erreicht eine Höchstgeschwindigkeit von 1,6 Meter pro Sekunde.«[174]

Die zwanzig Zentimeter werden also mit etwa fünfeinhalb Stundenkilometern ausgerollt. In ungefähr einer Drittelsekunde ist das ganze Ereignis vorbei, das Männchen ejakuliert, der Penis wird wieder kleiner und der Erpel zieht ihn mit einer Folge von Muskelkontraktionen in die Kloake zurück [↻ Farbtafel 16]. Brennans Daten zeigen, dass es im Schnitt zwei Minuten dauert, bis das Männchen den Rückführungsprozess des Penis in die Kloake abgeschlossen hat, das heißt, es braucht dafür 190 Mal länger als für die Erektion. Brennan konnte

[174] Vgl. Patricia L.R. Brennan u. a., »Explosive Eversion and Functional Morphology of the Duck Penis Supports Sexual Conflict in Waterfowl Genitalia«, in: *Proceedings of the Royal Society of London B* 277 (2010), S. 1309–1314.

diese Beobachtungen über die Geschwindigkeit anstellen, weil sie bei ihrem ersten Besuch auf der Entenfarm die Hochgeschwindigkeitserektionen der Enten im Freien gefilmt hatte, um den Prozess einer ungehinderten Peniserektion zu dokumentieren. Dies verschaffte uns die ersten Messwerte über das Erektionstempo und die ersten Beobachtungen der Effizienz des *Sulcus phalli* – der samenleitenden Rinne, die seitlich am Penis entlangläuft.

Nach der Ejakulation und Retraktion dauert es dann Stunden, bis das Männchen wieder sexuell leistungsfähig ist, wie die landwirtschaftlichen Mitarbeiter wussten – dies könnte daran liegen, dass sich erst wieder eine ausreichende Menge Lymphe für eine weitere explosive Erektion in den Lymphbildungskörpern bilden muss. Was auch immer der Grund ist, es dauert ein paar Stunden, bis der Erpel wieder bereit ist.

Als wir unsere Forschungsergebnisse veröffentlichten, stellte sich heraus, dass das, was die Farmarbeiter längst wussten, sowohl wissenschaftlich bemerkenswert als auch kulturell unwiderstehlich war. Das Video selbst wurde allein in den ersten paar Tagen von Zehntausenden Menschen auf YouTube aufgerufen – eine wahre Explosion des Interesses, darf man wohl sagen.

Dies führt uns zurück zu McCrackens Frage: Wie wirkt die explosive, spiralförmige, geriffelte oder sogar gezahnte Erektion des Erpels *innerhalb* der weiblichen Ente? Wieso bilden manche Männchen einen 42 Zentimeter langen Penis aus, um eine nur 30 Zentimeter große Ente zu befruchten? Um dies herauszufinden, sezierte Brennan die Reproduktionstrakte weiblicher Hofenten. Was sie fand, war anfangs völlig verwirrend. Den Lehrbüchern zufolge ist die Vagina von Vögeln eine einfache, dünnwandige Röhre, die von dem einzigen Eierstock zur Kloake verläuft. Die Beschreibung in den Lehrbüchern stimmte jedoch mit dem, was Brennan im Reproduktionstrakt weiblicher Enten fand, überhaupt nicht überein. Die Entenvaginen, die sie untersuchte, hatten verdickte Wände mit Windungen, die in eine Masse aus faserigem Bindegewebe gehüllt waren. Auf Brennan wirkten sie zunächst wie ein völliges Durcheinander, auf das sie sich keinen Reim machen konnte. Zu ihrer Überraschung fand sie dann in anderen Exemplaren Vaginen, die tatsächlich lehrbuchmäßige, einfache, dünne Röhren

STRASSE FREI FÜR ENTENSEX   199

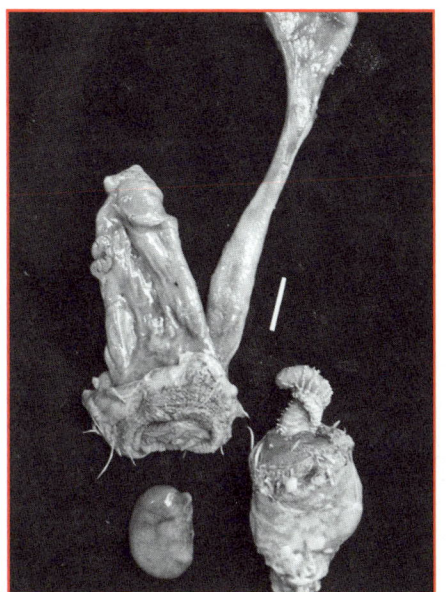 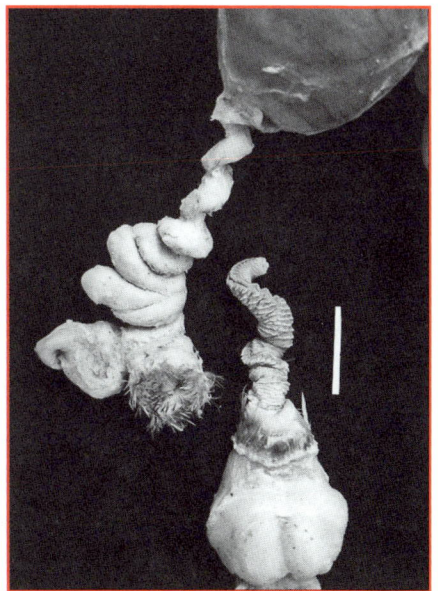

Die Koevolution der männlichen und weiblichen Genitalmorphologie bei Wasservögeln. (Links) Die männliche Kragenente hat einen sehr kleinen, etwa einen Zentimeter langen Penis und das Weibchen hat eine einfache, gerade Vagina ohne Besonderheiten. (Rechts) Die männliche Stockente hat einen langen, korkenzieherförmigen Penis mit harten, rippenartigen Erhöhungen auf der Oberfläche und das Weibchen hat koevolutionär eine Vagina mit einer Vielzahl von Sackgassen und mehreren im Uhrzeigersinn gedrehten Spiralen entwickelt. Fotos: Patricia Brennan.

waren. Sie entdeckte schließlich, dass die Proben mit den einfachen Röhren von Weibchen außerhalb der Brutzeit stammten und die mit den komplizierten Strukturen von Weibchen in der Brutzeit. Es zeigte sich somit, dass die Fortpflanzungsanatomie der Entenweibchen demselben saisonalen Rhythmus folgt, wie die der Erpel und dass sich beide jedes Jahr zur Brutzeit neu entwickeln.

Als Brennan die Möglichkeit hatte, die Vaginalanatomie einiger brütender Enten zu untersuchen, stellte sie fest, dass diese statt einer einfachen Röhre am Ende des Genitaltrakts in der Nähe der Kloake mehrere blind endende Seitentaschen oder Sackgassen aufwiesen. Weiter oberhalb fand sie eine Reihe von Drehungen und Windungen im Genitaltrakt. Das Interessante war, dass es sich dabei um Spiralen *im Uhrzeigersinn* handelte – sie waren also genau *andersherum* gedreht wie die Entenpenisse. Brennan erweiterte daraufhin ihre Stichprobe und stellte eine Vergleichsuntersuchung von vierzehn Wassergeflügelarten an, darunter Gründelenten, Tauchenten, Säger, Gänse, Schwäne und Ruderenten wie die Schwarzkopfruderente. Sie konnte zeigen, dass die Vagina umso komplexer und mit mehr Sackgassen und Windungen ausgestattet war, je länger und gewundener der Penis war – und umgekehrt: je kürzer der Penis, desto einfacher die Vagina.[175]

Was aber war die Ursache für all diese anatomischen Varianten? Der Schlüssel zum Verständnis war die Einsicht, dass zwischen den komplexeren Genitalstrukturen und dem Sozial- und Sexualleben der Spezies, die sie besitzt, eine Korrelation besteht. Bei monogamen territorialen Wasservögeln wie Schwänen, Kanadagänsen oder Kragenenten haben die Männchen einen sehr kleinen (ungefähr einen Zentimeter langen) Penis ohne Besonderheiten an der Oberfläche und die Weibchen haben eine einfache Vagina ohne Sackgassen oder Spiralen. Bei Arten ohne Territorialverhalten, bei denen häufig erzwungene Kopulationen vorkommen, wie den Moschusenten, Spießenten, Schwarzkopfruderenten, ja sogar bei den Stockenten aus *Straße frei, die Enten kommen*, haben die Männchen dagegen längere, hochgerüstete Penisse und die Weibchen immer komplexere Vaginalstrukturen entwickelt. Eine Vergleichsanalyse der Morphologie von Penissen und Vaginen zeigte, dass diese beiden Merkmale – die längeren und komplizierter strukturierten Penisse und die komplexeren und verschlungeneren Vaginen – sich eindeutig *koevolutionär* entwickelt haben.[176] Aber *warum*?

Wir vermuteten, dass der koevolutionäre Ausbau der Entenpenisse und -vaginen das Ergebnis des *sexuellen Konflikts* zwischen Männchen und Weibchen darüber war, *wer* die Vaterschaft der Nachkommen bestimmt.[177] In Fällen wie dem der Wasservögel kann der sexuelle Konflikt einen immer weiter eskalierenden Krieg der Geschlechter hervorrufen, was man als sexuell antagonistische Koevolution bezeichnet. Der Prozess führt zu einer Art Wettrüsten zwischen Männchen und Weibchen, bei dem jedes Geschlecht

---

175 Vgl. Patricia L. R. Brennan u. a., »Coevolution of Male and Female Genital Morphology in Waterfowl«, in: *PLoS ONE* 2 (2007), {https://doi.org/10.1371/journal.pone.0000418}, letzter Zugriff 14. 9. 2018.
176 Vgl. ebd.
177 Der Mechanismus der sexuell antagonistischen Koevolution bei Wasservögeln wird ausführlich dargelegt in Brennan/Prum, »The Limits of Sexual Conflict in the Narrow Sense«.

sukzessive verhaltensmäßige, morphologische oder sogar biochemische Mechanismen entwickelt, um die evolutionären Anstrengungen des anderen Geschlechts zu übertreffen und die Kontrolle oder die freie Entscheidung über die Fortpflanzung für sich zu behaupten. Das heißt, dass jeder evolutionäre Fortschritt des einen Geschlechts eine ausgleichende Gegenstrategie des anderen selektiert.

Die Erpel hatten Penisse herausgebildet, die es ihnen erlaubten, gewaltsam in die Vagina unwilliger Weibchen einzudringen, die ihrerseits eine neue Methode – einen anatomischen Mechanismus – entwickelt hatten, um den explosiven Korkenzieher-Erektionen der männlichen Enten entgegenzuwirken und diese daran zu hindern, ihre Eier mit Gewalt zu befruchten. Erinnern wir uns, dass der Entenpenis nie steif ist, sondern sich flexibel in einer Spirale gegen den Uhrzeigersinn im Reproduktionstrakt des Weibchens entfaltet. Wir vermuten, dass die blind endenden Seitentaschen der Vagina und ihre im Uhrzeigersinn verlaufende Korkenzieherform verhinderten, dass der Erpelpenis bei erzwungenen Kopulationen in den weiblichen Reproduktionstrakt vordringen konnte. Gelang es den Weibchen durch die evolutionären Fortschritte der Vaginalanatomie, die Zwangsbefruchtung zu vereiteln, so entwickelten sich die Männchen dazu, die weiblichen Abwehrmaßnahmen mit größeren, besser ausgestatteten Penissen zu kontern, woraufhin die Weibchen zur Verteidigung noch komplexere anatomische Strukturen entwickelten und so weiter und so fort.

Die Selektionsmechanismen, die in diesem dynamischen koevolutionären Prozess wirken, sind komplex. Es gibt zum einen die sexuelle Selektion durch Partnerwahl, welche die Koevolution zwischen männlichen Ausdrucksmerkmalen und weiblichen Präferenzen hervorruft; zusätzlich bewirkt die Männchen-Konkurrenz – auch eine Art der sexuellen Selektion – die Evolution des Zwang ausübenden Verhaltens und des längeren und aggressiver bestückten Penis, der es den Männchen ermöglicht, Weibchen mit Gewalt zu befruchten. Des Weiteren entwickeln sich, als Reaktion auf den indirekten genetischen Vorteil der autonomen Partnerwahl (ebenfalls eine Art von sexueller Selektion), bei den Weibchen verhaltensmäßige und anatomische Abwehrmechanismen. Genmutationen, welche zu Verhalten oder vaginalen Morphologien führen, die es den

Weibchen erleichtern, erzwungene Befruchtungen zu verhindern, werden evolvieren, weil solche Mutationen den Weibchen helfen, die indirekten, genetischen Kosten der sexuellen Gewalt – also unattraktive Söhnen, die andere Weibchen *nicht* präferieren werden – zu vermeiden.

Auf den ersten Blick ergibt sich daraus ein ziemlich deprimierendes Bild der Sozialbeziehungen von Enten. Es scheint eher der Stoff für einen apokalyptischen, dystopischen Science-Fiction-Roman als für eine mit einem Kinderbuchpreis ausgezeichnete Gutenachtgeschichte zu sein. Die Geschichte ist jedoch nicht *nur* deprimierend. Es hat bei diesem Wettrüsten sowohl Eskalationen als auch Reduktionen in verschiedenen Abstammungslinien von Enten gegeben.[178]

Einige Gruppen von Enten haben zwar immer längere und stärker bewaffnete Penisse beziehungsweise komplexere Vaginen entwickelt, es gibt aber auch Abstammungslinien, die das Wettrüsten praktisch beendet und kleinere Penisse beziehungsweise einfachere Vaginen ausgebildet haben. Diese Reduktionen scheinen das Ergebnis äußerer ökologischer Faktoren zu sein, welche die Dichte der brütenden Individuen verringern, exklusive Territorialität begünstigen und den Männchen die soziale Gelegenheit zur sexuellen Nötigung nehmen. Ohne den sexuellen Konflikt scheinen sich beide Geschlechter von diesen komplexen Strukturen weg zu entwickeln.

Wir wollten unsere Hypothese, dass die Komplexität der Vagina dazu dient, erzwungene Befruchtungen zu verhindern, überprüfen. Dazu mussten wir untersuchen, ob es irgendetwas an den vaginalen Sackgassen und Spiraldrehungen gab, das spezifisch dafür entwickelt worden war, dem Vordringen des Entenpenis mechanisch entgegenzuwirken.

Wie sollten wir das anstellen? Es ist unmöglich, Innenaufnahmen von Enten während des Ge-

---

[178] Vgl. Brennan u. a., »Coevolution of Male and Female Genital Morphology in Waterfowl«.

[179] Für ihre ersten Experimente mit diesen mechanischen Hindernissen stellte Brennan »künstliche Vaginen« aus Silikon her. Wie wir es vorausgesagt hatten, schoss der Penis völlig ungehindert hervor, wenn wir die gerade oder die gegen den Uhrzeigersinn gedrehte Röhre im Augenblick der Erektion vor die Kloake hielten. Verwendeten wir dagegen die Haarnadelkurve oder die im Uhrzeigersinn gedrehte Spirale, verfing sich der Penis kurzfristig im Röhrchen und *platzte* dann auf einer Seite hervor, indem er ein Loch in das weiche Silikon riss. Die Tests waren ein erfolgreicher, wenn auch nur anekdotischer Machbarkeitsnachweis. Wir waren sicher, dass der Penis aus der Wand des dem Weibchen nachempfundenen Silikonröhrchens hervorgeplatzt war, weil er am Vordringen gehindert worden war, aber wir konnten nicht beweisen, dass er festgesteckt hatte. Um an die Daten zu kommen, die wir brauchten, waren Designverbesserungen nötig. Deshalb sind wir zu Glas übergegangen.

schlechtsakts zu bekommen. Selbst wenn es gelänge, einen Erpel zu einer erzwungenen Kopulation mit einem Weibchen in einem MRT-Gerät zu bringen, und dieses Gerät in der Lage wäre, den Unterschied zwischen männlichem und weiblichem Gewebe deutlich sichtbar zu machen (was schlichtweg unmöglich ist), könnte man die Aufnahme auf keinen Fall in den wenigen Zehntelsekunden fertigstellen, in denen die Erektion ihr Maximum erreicht und die Ejakulation stattfindet. Um unsere Hypothese über die sexuell antagonistische Evolution zu überprüfen, war folglich kreatives Denken nötig.

Glücklicherweise gehört Kreativität zu Pattys größten Stärken, und so kam sie auf die Idee, vier Glasröhrchen zu konstruieren, mit denen wir die Wechselwirkung von männlichem und weiblichem Fortpflanzungsapparat untersuchen konnten. Zwei der Röhrchen waren so gestaltet, dass sie das Vordringen des Entenpenis in den Vaginaltrakt *nicht* behinderten. Das eine war gerade und das andere gegen den Uhrzeigersinn gedreht, so dass es der Spiralrichtung des Penis entsprach. Die beiden anderen Röhrchen wirkten als eine Art Hindernisparcours für den Entenpenis und waren nach dem Vorbild des weiblichen Reproduktionstrakts während der Brutzeit geformt. Das eine Röhrchen hatte eine Haarnadelkurve, ähnlich den weiblichen Sackgassen in der Nähe der Kloake, das zweite war *im Uhrzeigersinn gewunden* wie der obere Bereich der Entenvagina. Alle vier Röhrchen hatten denselben Durchmesser; sie unterschieden sich nur durch die Form ihres Innenraums. Wir vermuteten, dass der Entenpenis die gerade und die gegen den Uhrzeigersinn gedrehte Röhre problemlos passieren würde, und dass umgekehrt die den Weibchen nachempfundene Haarnadelkurve und die Spirale im Uhrzeigersinn die Erektion hemmen und ein vollständiges Eindringen verhindern würden.[179]

So ein Glasröhrchen ist natürlich etwas anderes als eine echte Vagina, aber es bietet immerhin den Vorteil einer standardisierten Festigkeit und einer einheitlich glatten Oberfläche, so dass dieselben Bedingungen für alle mechanischen Faktoren bestanden, außer die Form der Röhre, die das entscheidende Element für die Überprüfung unserer Hypothese war. Unsere Röhrchen waren unnatürlich, aber dafür objektiv und zuverlässig. Außerdem ist Glas durchsichtig, so dass wir das Vordringen des erigierten Entenpenis im Röhrchen beobachten und auf Video festhalten konnten.

Für die Herstellung der Glasröhrchen sprachen Patty und ich mit Daryl Smith vom Scientific Glassblowing Laboratory im Fachbereich Chemie der Yale University. Über der Tür der Abteilung stand als Motto: »Ohne Glas wäre die Wissenschaft blind.« Die Schaukästen im Gang, der zur Werkstatt führte, waren voll mit komplexen Glasapparaturen mit aufwendigen Kondensatorspulen, Kolben, Glühbirnen, Rohren mit Kohlefiltern und so weiter. Die Geschäfte liefen offenbar sehr gut. Vor der Tür wartete eine Reihe von Studenten mit Skizzen neuer Modelle, die sie für ihre Forschungsprojekte brauchten. Wenn es noch eines Beweises bedurfte, dass die klassische Kunst der Glasbläserei nach wie vor ein wichtiger Bestandteil der chemischen Wissenschaft ist, so fanden wir ihn hier. Als die Reihe an uns war, mit Smith zu sprechen, gaben wir ihm zunächst eine kurze Einführung in die Fortpflanzungsbiologie der Enten, um zu erklären, warum er für uns künstliche Entenvaginen in verschiedenen Formen herstellen sollte. Wir diskutierten die verschiedenen Gestaltungsmöglichkeiten. Als wir die letzten Details festgelegt hatten, fragte ich Smith: »War das nun die merkwürdigste Anfrage, die sie je bekommen haben?« »Nun ja«, erwiderte er, »ich wurde schon einmal gebeten, künstliche Vaginen herzustellen, aber noch nie für Enten.« Wir sparten uns weitere Nachfragen über diesen früheren Auftrag.

Ausgerüstet mit den neuen, verschieden geformten Glasröhrchen kehrte Brennan auf die Entenfarm zurück. Wenn sie die geraden oder die gegen den Uhrzeigersinn gewundenen Röhrchen an die Kloake der männlichen Moschusenten hielt, erigierten die Penisse in achtzig Prozent der Fälle vollständig und entrollten sich in derselben Geschwindigkeit wie bei den Versuchen im Freien. In den wenigen Fällen, in denen es nicht zur vollständigen Erektion kam, waren die Penisse lediglich an der obersten Spitze nicht ganz ausgerollt. Bekamen es die Moschusenten dagegen mit der Haarnadelkurve oder der Spirale *im Uhrzeigersinn* zu tun, *misslang* die vollständige Erektion zu achtzig Prozent. In jedem dieser Fälle kam es zu einem erektilen Totalversagen. Der Penis blieb in der Haarnadelkurve oder innerhalb der ersten beiden Windungen der Spirale stecken und konnte nicht weiter vordringen. Manchmal entrollte er sich *rückwärts* weiter, also in Richtung der Öffnung der Glasvagina. Diese Beobachtungen bestätigten, dass die im Uhrzeigersinn verlaufenden Spiralen der echten Entenvagina regelrechte Anti-Schraub-Vorrichtungen sind.[180]

Wer sich um die Gefühle der Entenmännchen sorgt, dem sei gesagt: Sie hatten trotz der ganzen mechanischen Hindernisse keinerlei Probleme zu ejakulieren und schienen nicht im Mindesten beeindruckt. Weil das Sperma am *Sulcus phalli* entlangläuft, kann der Entenpenis offenbar unabhängig vom Erektionsgrad ejakulieren. Diese Beobachtung scheint nahezulegen, dass die Abwehrstrukturen der Entenweibchen vollkommen nutzlos sind. Aus Sicht der Weibchen gilt jedoch: Je früher das Vordringen des Penis in die Vagina vor der Ejakulation aufgehalten werden kann, desto weiter sind die freigesetzten Spermien von den Eiern entfernt und desto größer ist ihre Chance, den ungewollten Samen durch Muskelkontraktionen auszustoßen und einer erzwungenen Befruchtung zu entgehen.[181]

Die Daten aus Brennans Glasröhrchen-Experimenten stützten unsere Hypothese, dass die bei einigen Entenarten vorkommende gewundene Vaginalmorphologie dazu dient, den explosiven und flexiblen Erpelpenis bei erzwungenen Kopulationen abzuwehren. Eine weitere Bestätigung dieser Schlussfolgerungen liefern genetische Daten aus dem wirklichen Leben, die zeigen, dass diese neuen anatomischen Merkmale tatsächlich unglaublich effektiv bei der Verhinderung gewaltsamer Befruchtungen sind. Anhand genetischer Vaterschaftsanalysen können Biologen bestimmen, ob die Nachkommen einer Ente von ihrem gewählten Sozialpartner abstammen oder von anderen Männchen außerhalb der Paarbeziehung. Bei mehreren Entenarten, so auch bei den Stockenten, bei denen erschreckende vierzig Prozent aller Kopulationen erzwungen sind, stammen nur *zwei bis fünf Prozent* der Jungen im Nest von einem Männchen ab, das nicht vom Weibchen als Partner gewählt wurde.[182] Die überwältigende Mehrzahl der

[180] Vgl. Brennan u. a., »Explosive Eversion and Functional Morphology of the Duck Penis«. Hochgeschwindigkeitsvideos dieser Experimente sind in den *Proceedings of the Royal Society B* und auf YouTube verfügbar.
[181] Haushühner können das Sperma von Hähnen nach ungewollten Kopulationen auswerfen; vgl. Tommaso Pizzari, Tim R. Birkhead, »Female Feral Fowl Eject Sperm of Subdominant Males«, in: *Nature* 405 (2000), S. 787–789.
[182] Vgl. Susan Evarts, *Male Reproductive Strategies in a Wild Population of Mallards (Anas platyrhynchos)*, Dissertation, University of Minnesota 1990. Die Arbeit wird diskutiert in Brennan/Prum, »The Limits of Sexual Conflict in the Narrow Sense«.

erzwungenen Kopulationen ist somit erfolglos. Dank ihrer raffinierten Vaginalmorphologie schaffen es 95 Prozent der weiblichen Enten, trotz anhaltender sexueller Gewalt ihre Wahlfreiheit in Bezug auf die Vaterschaft zu bewahren.[183]

Doch wie schafft es eigentlich das Männchen, das als Partner gewählt wird, die Drehungen und Windungen der auf Abwehr ausgerichteten weiblichen Anatomie zu überwinden? Wodurch unterscheidet sich der freiwillige Sex vom erzwungenen? Auch hier können die inneren Vorgänge bislang nicht direkt beobachtet werden – um an solche Daten zu kommen, müsste die MRT-Technologie riesige Fortschritte machen *und* auf dem Bauernhof einsetzbar sein. Pattys Beobachtungen auf der Entenfarm zeigten jedoch, wie oben schon erwähnt, dass die weiblichen Moschusenten, wenn sie sich selbst aktiv zur Kopulation anbieten, eine auffällige präkopulative Haltung einnehmen, ihre Kloakenmuskeln entspannen und große Mengen Gleitschleim absondern.[184] Es scheint klar zu sein, dass die Entenweibchen den Reproduktionstrakt zu einem voll funktionsfähigen und einladenden Ort machen können, wenn sie es denn wollen.

Kehren wir noch einmal zu McCrackens Frage zurück – was *machen* eigentlich die unglaublich langen Penisse dieser Erpel im Körper der Entenweibchen? Die Antwort lautet anscheinend: »Es kommt darauf an.« Wenn die Kopulation gewollt ist, bekommt das Weibchen sozusagen das volle Programm. Der Penis kann dann leicht bis in die obersten Bereiche des Reproduktionstraktes vordringen, wenn auch nur für einen Moment. Wenn sich das Weibchen allerdings gegen die Kopulation wehrt, so dienen die Länge und die Oberflächenstruktur des Penis, evolutionsbiologisch betrachtet, dazu, die durch die Komplexität der Vagina bedingten Hindernisse zu überwinden. Ich habe nicht ohne Grund oben die Metapher des Bergsteigers an der steilen Felswand verwendet. Die Grate und Haken auf dem Penis haben sich ganz offensichtlich entwickelt, damit er sich auf seinem Weg durch die verschiedenen Strukturen der Entenvagina festkrallen kann, die ihrerseits dafür ausgelegt sind, sein Fortkommen zu verhindern. Indem sie überaus erfolgreich darin sind, den Penis bei seinem gewaltsamen Eindringen ins Leere laufen oder feststecken zu lassen und die meisten Versuche der erzwungenen Befruchtung abzuwehren, haben es die Weibchen jedoch geschafft, bei diesem sexuellen Wettrüsten die Oberhand zu behalten. Obwohl sie ständig sexueller Gewalt ausgesetzt sind, konnten die Enten ihre sexuelle Autonomie bewahren und vorantreiben – die individuelle Freiheit, durch ihre eigene Wahl des Partners über die Vaterschaft zu bestimmen.

Diese düstere evolutionsbiologische Geschichte hat somit ein erstaunliches und überaus erlösendes Ende. Unsere Untersuchungen zum Entensex haben zutage gefördert, dass die Weibchenwahl trotz der Allgegenwart von sexueller Gewalt in diesen Brutsystemen die Vorherrschaft behält. Folglich entwickeln sich die Gefieder, Gesänge und Balzvorführungen der Männchen nach wie vor weiter. Die Schönheit gedeiht sogar angesichts der unaufhörlichen gewaltsamen Versuche, die Freiheit der Partnerwahl zu untergraben, die sie entstehen lässt. Die weibliche sexuelle Autonomie ist hier freilich *keine* Form der Macht von Weibchen über Männchen. Sie ist lediglich ein Mechanismus zur Sicherung der Freiheit der Partnerwahl. Entenweibchen üben keine sexuelle Kontrolle über Männchen aus und können von den von ihnen präferierten Partnern jederzeit abgelehnt werden. Weibchen entwickeln sich nicht dazu, als Reaktion auf sexuelle Gewalt ihre Macht über andere zu behaupten – und sie können dies auch gar nicht.[185] Sie können sich vielmehr nur dahin entwickeln, ihre Wahlfreiheit zu behaupten.

Insofern ist die Idee eines sexuell antagonistischen, koevolutionären Wettrüstens eigentlich irreführend, denn der »Krieg der Geschlechter« ist äußerst asymmetrisch. Männchen entwickeln Waffen der Kontrolle, während Weibchen nur koevolutionär Abwehrmechanismen herausbilden, die ihnen Wahlmöglichkeiten schaffen. Es ist kein fairer Kampf, denn nur die Männchen befinden sich wirklich im Kriegszustand. Die Enten zeigen uns jedoch, dass die weibliche sexuelle Autonomie dennoch siegen kann.

Im März 2013, kurz nachdem Barack Obama für seine zweite Amtszeit als US-Präsident vereidigt worden war, kam es einmal mehr zu einem Scheitern der Ver-

[183] Vgl. Brennan/Prum, »The Limits of Sexual Conflict in the Narrow Sense«.
[184] Vgl. Brennan u. a., »Explosive Eversion and Functional Morphology of the Duck Penis«.
[185] Der Mechanismus zur Evolution sexueller Autonomie funktioniert durch die gemeinsame, koevolutionäre, normative Einigung darüber, welche männlichen Merkmale attraktiv sind, und die kooperativen Vorteile der Wahlfreiheit für *alle* Weibchen. Anders als bei den Männchen kann daher bei den Weibchen keine Selektion zugunsten der gegenseitigen Ausnutzung oder des Durchsetzens eigener Interessen gegenüber anderen stattfinden. Es wird also nicht darauf selektiert, dass die Weibchen als Erwiderung auf die männliche sexuelle Aggression ihrerseits versuchen, die sexuelle Kontrolle zu erlangen.

handlungen zwischen republikanischen Kongressabgeordneten und dem Weißen Haus über den Bundeshaushalt, und die Republikaner lenkten den Blick auf eines ihrer Lieblingsthemen: die Verschwendung von Steuergeldern. So rückten die Forschungen, die Patty Brennan und ich zum sexuellen Konflikt und zur Evolution der Genitalanatomie von Enten angestellt hatten, in den Fokus eines Miniskandals über staatliche Auswüchse, der das Thema Entensex in den Strudel des politischen Nachrichtenkreislaufs trieb, wo ihm das Magazin *Mother Jones* die griffige Überschrift »Duckpenisgate« verpasste.[186]

Unsere Forschung über die Genitalevolution der Enten war 2009 von der National Science Foundation (NSF) gefördert worden; das Geld kam aus einem Konjunkturprogramm im Rahmen des zur Bekämpfung der Wirtschafts- und Finanzkrise erlassenen Bundesgesetzes American Recovery and Reinvestment Act (ARRA). Um für Transparenz zu sorgen, wurde die unabhängige Website Recovery.gov eingerichtet, auf der die Bürger nachverfolgen konnten, wohin ihre Steuergelder flossen. Auf diesem Weg muss wohl, so stelle ich es mir vor, ein unternehmungslustiger Praktikant der konservativen Nachrichtenwebsite Cybercast News Service (CNS) nur wenige Monate, bevor unsere Förderung auslief, auf die Sache aufmerksam geworden sein. Als CNS in seinem Blog einen Bericht über unsere Forschungsförderung veröffentlichte, entbrannte von konservativer Seite ein Twitter-Sturm der Entrüstung. So tweetete beispielsweise die Kolumnistin Michelle Malkin: »Reicht mir die Gehirnbleiche. Igitt.« (Man fragt sich natürlich, warum jemand eine Geschichte retweetet, die er doch angeblich sofort wieder vergessen will.) Der CNS-Bericht wurde schnell von Fox News aufgegriffen und die Geschichte war eine Woche lang Dauerthema.

Die Fox-News-Moderatorin Shannon Bream leitete eine über mehrere Wochen laufende Investigativ-Reihe über die Verschwendung von Bundesmitteln mit folgender Frage ein:

> Wussten Sie, dass 385 000 Dollar Ihrer Steuergelder für die Erforschung der [...] Anatomie von Enten ausgegeben worden sind? Sie haben richtig gehört – 385 000 Dollar Ihres Gelds, um die Geschlechtsteile von Enten zu erforschen. Das Ganze gehört zum Konjunkturplan von Präsident Obama

und es ist nur ein Beispiel für die Art von Haushaltsentscheidungen, die zu massiven Schulden und Defiziten geführt haben.

Der folgende dreiminütige Beitrag war eine Glanzleistung im müden Genre des Klagelieds über den aufgeblähten Staat. Ich hätte nie für möglich gehalten, dass man Zitate von Ronald Reagan (»Der Staat ist nicht die Lösung unserer Probleme, er ist das Problem!«) mit Bildern der brennenden Twin Towers, Barack Obamas Teleprompter und der amerikanischen Immobilien- und Bankenkrise zu einem Angriff auf unser Forschungsprogramm zur Koevolution tierischer Genitalien kombinieren könnte, aber Fox News tat genau das. Noch in derselben Woche diskutierte der Moderator Sean Hannity, der bekanntlich keine Scheu kennt, wenn es gegen Staat und Regierung geht, mit dem Journalisten und Talkshow-Moderator Tucker Carlson und dem Politiker Dennis Kucinich über die Berechtigung der Förderung einer Studie der Yale University über die Genitalevolution von Enten mit Bundesmitteln; der Titel der Sendung – »D. C. Wasteland« – insinuierte die Verschwendungen und Verwüstungen seitens der Regierung in Washington.

Unsere Forschungen zum Entenpenis hatten aber auch starke Fürsprecher in den Medien, darunter Chris Hayes vom Nachrichtensender MSNBC, der Wissenschaftsautor Carl Zimmer, die Magazine *Mother Jones* und *Time*, die Website *The Daily Beast* und das Recherche- und Überprüfungsprojekt *PolitiFact*. Nachdem Patricia Brennan in einem großartigen Artikel für das Online-Magazine *Slate* die wissenschaftliche Grundlagenforschung und deren Förderung verteidigt hatte, schien der Sturm eigentlich vorüber zu sein.[187]

Als jedoch acht Monate später der republikanische Senator Tom Coburn aus Oklahoma sein *Wastebook* für das Jahr 2013 veröffentlichte, in dem die 385 000 Dollar an Fördergeldern für unsere Forschung auf Platz 78 der 100 schlimmsten Beispiele für die Verschwendung von Bundesmitteln auftauchten, wurde die unwiderstehliche Geschichte über *Duckpenisgate* mit lautem Getöse wieder zum Leben erweckt.[188] Eine

186 Asawin Suebsaeng, »The Latest Conservative Outrage Is About Duck Penis«, in: *Mother Jones*, 26. 3. 2013. In seinem Bericht schreibt Suebsaeng: »Der 16-Dollar-Muffin ist nichts gegen den Entenpenis.«
187 Patricia Brennan, »Why I Study Duck Genitalia«, 3. 4. 2013, {www.slate.com/articles/health_and_science/science/2013/04/duck_penis_controversy_nsf_is_right_to_fund_basic_research_that_conservatives.html}, letzter Zugriff 20. 9. 2018.
188 Vgl. Tom Coburn, *Wastebook* 2013, Washington, D. C. 2013.

Überschrift in der *New York Post* lautete: »Verschwenderische Regierungsausgaben enthalten 385.000 Dollar teure Studie über Entenpenisse«.[189]

Von den 30 *Milliarden* Dollar an Verschwendungen, über die das *Wastebook* berichtete, pickte sich die Schlagzeile der *New York Post* ausgerechnet die 0,001 Prozent heraus, die in unsere Studie geflossen waren. Die Mischung aus Geld, Sex und Macht – Ihre Steuergelder, der Sex von Enten und das Prestige der Ivy-League-Universität Yale – machten die Geschichte einfach unwiderstehlich. Und so ging es weiter und die rechten Nachrichtenkanäle suchten nach immer neuen Wegen, um die Empörung zu schüren, die sich in früheren Zeiten zuverlässig an Ronald Reagans Cadillac fahrender »Welfare Queen« oder den 700 Dollar teuren Klobrillen des Verteidigungsministeriums entzündet hatte.

Wenn die Nachrichtenprogramme bei ihren Versuchen, diese alte Geschichte über die Verschwendungssucht des Staates wieder aufzuwärmen, auf unsere Forschung zu sprechen kamen, schwang immer auch ein gewisser sexueller Kitzel mit. Die sarkastische Frage, die Sean Hannity bei Fox News an Tucker Carlson richtete – »Müssen wir nicht wirklich über *Entengenitalien* Bescheid wissen, Tucker Carlson?« – täuschte über die echte Faszination des Menschen für dieses Thema hinweg. Wie die anderen Angreifer, ignorierte auch Hannity die Tatsache, dass wir aus der Erforschung des Sexualverhaltens der Enten *wirklich* sehr viel lernen können. Sie liefert wichtige evolutionäre Erkenntnisse, von denen einige vielleicht sogar einen unmittelbaren praktischen Wert haben. Wenn die Pharmaindustrie Viagra für einen großen Wurf hält, dann warten Sie mal, was passiert, wenn Entwicklungsbiologen die Geheimnisse der Stammzellen entschlüsseln, die es dem Entenpenis erlauben, sich jeden Frühling zu regenerieren und dabei jedes Jahr größer zu werden (was ich, glaube ich, vergessen hatte zu erwähnen)![190]

Außerdem hat unsere Forschung aufgedeckt, dass die Aussagen des Abtreibungsgegners Todd Akin über Vergewaltigungen – der Republikaner Akin, der

---

[189] S.A. Miller, »Government's Wasteful Spending Includes $385G Duck Penis Study«, in: *New York Post*, 17.12.2013. Als ich diese Überschrift zum ersten Mal las, fragte ich mich, was wohl das »G« bedeuten sollte. Jemand musste mir erst erklären, dass es für »grand«, also »Riesen« steht. Vermutlich wäre die (mir logischer erscheinende) Alternative »$385K« als Billigung des metrischen Systems und damit möglicherweise einer Weltregierung unter Führung der Vereinten Nationen empfunden worden.
[190] Bei dem von der NSF geförderten Forschungsprogramm, gegen das sich diese Nachrichtenmeldungen richteten, ging es speziell um die Saisonalität der Entwicklung des Entenpenis und die Auswirkungen der sozialen Umwelt und Konkurrenz auf die Penisgröße.

2012 in Missouri für den US-Senat kandidierte, hatte behauptet, der weibliche Körper verfüge über irgendwelche Mechanismen, um Schwangerschaften nach Vergewaltigungen zu verhindern – für Enten tatsächlich zutreffen. *Warum* sie zutreffen, verrät uns allerdings etwas sehr Wichtiges und Neues über die Evolution der sexuellen Autonomie in der Natur.

Wie bei den Fördergeldern, die 2013 ihre fünfzehn Minuten der Schande hatten, stand in diesem Kapitel eine Gruppe von Vögeln im Mittelpunkt, bei denen die Weibchenwahl durch sexuelle Nötigung seitens der Männchen in Gefahr ist. Was geschieht, wenn die Partnerwahl mit körperlicher Gewalt eingeschränkt, verhindert oder verwehrt wird?, so fragten wir. Und wie wir gesehen haben, geben die Entenweibchen, obwohl ihnen Gewalt oder sogar der Tod droht, nicht einfach klein bei. Ihre gemeinsamen Maßstäbe der Schönheit – auch wenn es sich um sinnlose, willkürliche Schönheit handelt – verleihen ihnen ein evolutionäres Druckmittel, um sich gegen sexuellen Zwang wehren und ihre Wahlfreiheit in Bezug auf die Befruchtung behaupten zu können. Die Enten erteilen uns eine großartige Lektion über die unerwartete Macht weiblicher sexueller Selbstbestimmung. Die Botschaft lautet, um es in den Worten eines berühmten Liedes von den Eurythmics und Aretha Franklin zu sagen: »*Sisters are doin' it for themselves!*« Sie werden dadurch gemeinsam zu aktiven Entscheidern und zu Garanten ihrer eigenen Wahlfreiheit. Die evolutionären Vorteile aus dem Umstand, dass sie die Partner bekommen, die sie bevorzugen – männliche Nachkommen mit den Merkmalen, die sie und andere Weibchen einverständlich attraktiv finden –, wiegen so schwer, dass sie die innere weibliche Anatomie verändert haben. Die Ausweitung der sexuellen Autonomie erlaubt es den weiblichen Wasservögeln, männliche Balzmerkmale und alles, was dazu gehört – Klänge, Farben, Verhalten, Gefieder und so weiter – weiterhin auf Schönheit hin zu selektieren. Obwohl sie unablässig sexuellen Angriffen ausgesetzt sind, haben Entenweibchen einen Weg gefunden, die Schönheit in ihrer Welt zu bewahren.

Es ist kein Zufall, dass diese Entdeckungen in unmittelbarem Zusammenhang mit der ästhetischen Sicht der Partnerwahl stehen. Nur wenn wir erkennen, dass die Partnerwahl eine Form von individueller Handlungsfähigkeit ist, können wir sexuelle Gewalt als Störung dieser Handlungsfähigkeit auffassen. Sexuelle Gewalt geschieht, um Susan Brownmiller zu paraphrasieren, auch gegen den Willen der Entenweibchen.[191]

Die Enthüllung eines ästhetischen Mechanismus für die Evolution der weiblichen sexuellen Autonomie bei Wasservögeln ist eine zutiefst *feministische* wissenschaftliche Entdeckung. Sie ist dies nicht etwa, weil sie die Wissenschaft irgendeiner aktuellen politischen Theorie oder Ideologie anpassen würde. Sie ist vielmehr deshalb eine feministische Entdeckung, weil sie zeigt, dass sexuelle Autonomie in der Natur *von Bedeutung ist.* Sexuelle Autonomie ist nicht bloß eine politische Idee, ein juristischer Begriff oder eine philosophische Theorie; sie ist vielmehr eine natürliche Folge der evolutionsgeschichtlichen Interaktionen zwischen geschlechtlicher Fortpflanzung, Paarungspräferenzen und sexueller Nötigung und Gewalt bei sozialen Arten. Und der evolutionäre Motor der sexuellen Autonomie ist die ästhetische Partnerwahl. Nur wenn wir anerkennen, dass dies reale Kräfte in der Natur sind, können wir auf dem Weg zu einem umfassenden Verständnis der natürlichen Welt vorankommen. Das sollte uns freilich nicht allzu sehr überraschen. Wie schon Stephen Colbert in seiner Satiresendung *The Colbert Report* feststellte, ist »die Realität ja bekannt für ihre linksliberalen Tendenzen«.

Die Diskussion der Genitalevolution von Enten wirft eine umfassendere Frage auf: Warum haben eigentlich die meisten Vögel *keinen* Penis? Wie kam es dazu? Und was sind die evolutionären *und* ästhetischen Konsequenzen des Verlusts des Penis? Auch hier können die Vorstellungen der ästhetischen Evolution und der sexuellen Autonomie interessante neue Einsichten liefern.

Vögel haben den Penis ursprünglich von ihren Dinosaurier-Vorfahren geerbt, dann ging er vor etwa 66 bis 70 Millionen Jahren beim jüngsten gemeinsamen Vorfahren der Gruppe, den Neoaves, verloren, die über 95 Prozent aller Vogelarten auf der Welt ausmacht.[192] Wir wissen nichts über die Ökologie oder Morphologie des Neoaves-Urvogels, bei dem der Verlust des Penis geschah, was eine Untersuchung dieses Ereignisses schwierig macht. Das heißt aber nicht, dass wir mit unseren Überlegungen darüber keine Fortschritte erzielen können.

191 Diese Erkenntnisse über die Evolution des Geschlechterkonflikts widersprechen noch einem weiteren wichtigen reduktionistischen Trend in der aktuellen Evolutionsbiologie – der Idee des »egoistischen Gens«. Richard Dawkins erklärt in seinem gleichnamigen Buch, das Gen sei die eigentliche Ebene der Selektion und die individuellen Organismen seien lediglich »Vehikel«, die ihre egoistischen Gene verbreiten (vgl. Richard Dawkins, *Das egoistische Gen*, überarb. u. erw. Neuausg., Reinbek bei Hamburg 1998). Genselektion kann zwar vorkommen, aber der Entensex lehrt uns, dass sich der Geschlechterkonflikt um die Befruchtung nicht vollständig auf die Gen-Level-Selektion reduzieren lässt. Abgesehen von dem winzigen Bruchteil ihres Genoms, der die Geschlechtsdifferenzierung steuert, haben männliche und weibliche Enten dieselben Gene. Die Weibchen besitzen Gene für lange, stachelige, verletzende Penisse und die Männchen besitzen Gene für im Uhrzeigersinn gewundene Vaginalmorphologien. Die Gene für Vaginal- und Penismorphologien konkurrieren nicht miteinander darum, Kopien von sich an kommende Generationen weiterzugeben. Diese Gene haben kein Geschlecht. Nur die Individuen haben ein Geschlecht, daher kann der sexuelle Konflikt um die Befruchtung nur auf der Ebene der individuellen Organismen stattfinden.

Diese Beobachtung lässt sich leicht beweisen, wenn man sich die Evolution des Geschlechterkonflikts bei Schildkröten anschaut, bei denen die Geschlechtsdetermination temperaturabhängig ist; wärmere Eier werden zu Weibchen, kältere zu Männchen. Es gibt keine genetischen Unterschiede zwischen männlichen und weiblichen Schildkröten. Dennoch sind sexuelle Konflikte bei Schildkröten sehr weit verbreitet. Männliche Schildkröten belästigen Weibchen durch aggressive Versuche, sie zu besteigen und zu begatten, und die Kosten dieser Belästigungen für die Weibchen sind erheblich. Egoistische Gene taugen einfach nicht als Erklärung für die Evolution sexueller Konflikte bei einer Spezies, in der es keine genetischen Unterschiede zwischen den Geschlechtern gibt. Ein ähnlicher Befund ergibt sich bei zwittrigen Tieren, die gleichzeitig Eier und Spermien bilden. In diesem Fall findet die Selektion auf der emergenten Ebene des Organs oder der Gonade statt und nicht auf der des Gens.

192 Eine Übersicht liefert Patricia L. R. Brennan u. a., »Independent Evolutionary Reductions of the Phallus in Basal Birds«, in: *Journal of Avian Biology* 39 (2008), S. 487–492. Der Penis entwickelte sich zuerst beim exklusiv gemeinsamen Vorfahren der Säugetiere und Reptilien. Bei den lebenden Vögeln haben alle Laufvögel und Steißhühner (also Strauße und ihre Verwandten) sowie alle Wasservögel einen Penis. Auch bei einigen wenigen Gruppen von Hühnervögeln (Galliformes), die am nächsten mit den Wasservögeln verwandt sind, ist er vorhanden. Diese Gruppen sind Nachkommen der ältesten unabhängigen Abstammungslinien der lebenden Vögel und haben den Reptilien-Penis von ihren Dinosaurier-Vorfahren geerbt. Der Penis verschwand mehrfach unabhängig voneinander bei Steißhühnern, verschiedenen Gruppen von Hühnervögeln und dem Vorfahren aller Neoaves – der Gruppe, zu der 95 Prozent aller Vogelarten weltweit gehören.

Der Penis könnte verlorengegangen sein, weil er nicht mehr gebraucht wurde – wie die Augen bei Höhlenfischen. Allerdings ist Kopulation für den Fortpflanzungserfolg ziemlich wichtig, weshalb wir fragen müssen, wie es möglich gewesen sein soll, dass eine Selektion *gegen* den Penis stattgefunden hat.

Es kann sein, dass der Penis der Neoaves verloren ging, weil die Weibchen penislose Männchen ausdrücklich *bevorzugten*. Warum? Wenn eine der Hauptfunktionen des Penis darin besteht, durch erzwungene Kopulationen die Weibchenwahl zu unterminieren, wie es bei den Wasservögeln der Fall ist, dann könnten sich weibliche Paarungspräferenzen *gegen* die Intromission entwickelt haben, um die Bedrohung der weiblichen sexuellen Autonomie zu verringern. Die beiden nächsten Kapitel werden sich ausführlich damit beschäftigen, wie Weibchen die Partnerwahl dazu nutzen können, ihre männlichen Artgenossen sowohl körperlich als auch hinsichtlich des Verhaltens so zu verändern, dass es ihrer Autonomie zugutekommt. Aber unabhängig davon, welcher evolutionäre Mechanismus nun dahintersteckt, hatte der Verlust des Penis deutliche Folgen für die sexuelle Autonomie bei Vögeln.

Die Penislosigkeit hat zur Folge, dass für die Aufnahme des Spermas in die Kloake die aktive Beteiligung des Weibchens praktisch unumgänglich ist. Männchen *können* zwar auch ohne einen Penis Weibchen bespringen und ihr Sperma mit Gewalt auf der Oberfläche ihrer Kloake absondern, sie können es jedoch weder *im* Weibchen absetzen noch dieses dazu zwingen, das Sperma durch Ausdehnen der Kloake aufzunehmen. Bei den über 95 Prozent der Vogelarten, die keinen Penis haben, können die Weibchen ungewolltes Sperma ausstoßen beziehungsweise abweisen. Haushennen können zum Beispiel nach erzwungenen Kopulationen mit unerwünschten Männchen deren Sperma ausstoßen.[193] Zwar gibt es auch bei den penislosen Vögeln sexuelle Belästigung und Einschüchterungsversuche und es kann auch zu Verletzungen bei Weibchen kommen, die Widerstand leisten, aber der Verlust des Penis hat erzwungene Befruchtungen so gut wie beendet. Durch den Verlust des Penis haben die weiblichen Neoaves den Geschlechterkampf um die Befruchtung im Wesentlichen gewonnen.[194]

Was sind die evolutionären Konsequenzen dieser erweiterten sexuellen Autonomie? Interessanterweise können wir uns hier Darwins Beobachtung aus

Die Abstammung des Menschen noch einmal aus einem ganz neuen Blickwinkel zuwenden: »Im Ganzen scheinen die Vögel unter allen Thieren die ästhetischsten zu sein, natürlich mit Ausnahme des Menschen, und sie haben auch nahezu denselben Geschmack für das Schöne wie wir haben.«[195]

Vor dem Hintergrund, dass die Vögel zu den wenigen Tiergruppen gehören, die eine Kombination aus komplexen sensorischen Systemen, kognitiven Fähigkeiten *und* erweiterten Möglichkeiten der Partnerwahl durch den Verlust des Penis herausgebildet haben, halte ich es nicht für Zufall, dass sie sich auch zu den »ästhetischsten [Thieren] […], natürlich mit Ausnahme des Menschen« entwickelt haben. Der aus dem Verschwinden des Penis resultierende unumkehrbare Fortschritt der sexuellen Autonomie weiblicher Vögel liefert möglicherweise die plausibelste Erklärung für die ästhetische Opulenz in der Vogelevolution.

Diese evolutionäre Opulenz, die von der Nullhypothese der Schönheit vorausgesagt wird, könnte umgekehrt zu der explosiven Speziation und ästhetischen Radiation der Vögel beigetragen haben, was wiederum helfen könnte zu erklären, warum penislose Vögel die artenreichste Gruppe terrestrischer Wirbeltiere sind. Natürlich spielen für den evolutionären Erfolg, die rasche Artbildung und Auffächerung der Vögel noch eine Menge anderer Faktoren eine Rolle, wie zum Beispiel ihr Flugvermögen, ihre Fähigkeit zur ökologischen Diversifizierung, zur Migration, zum Gesang und zum Erlernen der Gesänge. Doch jede zukünftige Untersuchung des evolutionären Erfolgs und der Artenvielfalt der Vögel sollte die Rolle der ästhetischen Evolution und den evolutionsgeschichtlichen Verlust des Penis bei den Neoaves mitberücksichtigen.

Eine weitere Auffälligkeit im Zusammenhang mit der weiblichen sexuellen Autonomie bei penislosen Vögeln ist, dass sie stark mit der sozialen Monogamie korreliert, bei der beide Elternteile einen hohen Aufwand an Zeit, Energie und Ressourcen betreiben, um ihre Nachkommen aufzuziehen. Traditionell wurde die Evolution der Monogamie bei diesen Vögeln damit er-

[193] Vgl. Pizzari/Birkhead, »Female Feral Fowl Eject Sperm of Subdominant Males«.
[194] Viele Neoaves haben interessanterweise an der Kloake einen Vorsprung herausgebildet: eine kurze, knopfförmige Beule, die sich in der Brutperiode entwickelt. Diese Struktur ist möglicherweise als männliche Gegenmaßnahme zum Verlust des Penis evolviert, um es den Männchen zu ermöglichen, die weibliche Kloake bei einer erzwungenen Kopulation gewaltsam zu öffnen.
[195] Darwin, *Die Abstammung des Menschen*, Bd. II, S. 33.

klärt, dass sie ein »nicht verhandelbares« Merkmal der Biologie der Neoaves sei. Im Unterschied zu den meisten anderen Reptilien haben die Neoaves Nachkommen, die nach dem Schlüpfen hilflos und vollkommen auf ihre Eltern angewiesen sind. Diese hilflosen Jungvögel – die Ornithologen nennen sie Nesthocker – sind leichte Beute für Fressfeinde und müssen deshalb sehr schnell heranwachsen, um so das Risiko, vor dem Flüggewerden gefressen zu werden, möglichst kleinzuhalten. Wenn sich beide Eltern an der Aufzucht beteiligen, sind sie in dieser verletzlichen Phase besser geschützt, können sich schneller entwickeln und früher flügge werden.

Das Faszinierende ist nun, dass die evolutionäre Logik hier möglicherweise genau umgekehrt funktioniert. Der Verlust des Penis und die Ausweitung der weiblichen Autonomie könnten sich bei den Vögeln entscheidend auf ihre Entwicklung, ihre Physiologie und ihr Sozialverhalten ausgewirkt haben, so dass die Nesthocker nicht die Ursache, sondern die Folge der Evolution der Monogamie bei den Vögeln sind. Alle Vogelarten mit Penissen haben Nachkommen, die sich nach dem Schlüpfen schnell selbstständig ernähren können – sogenannte Nestflüchter – und für deren Schutz und Aufzucht ein Elternteil völlig ausreicht. (Die Brutpflege durch beide Elternteile kann sich auch bei Nestflüchtern entwickeln, wenn eine Revierverteidigung notwendig ist.) Nach dem Verlust des männlichen Penis könnten sich die Weibchen jedoch dazu entwickelt haben, ihre größere sexuelle Autonomie dazu zu benutzen, *mehr* Elterninvestment von den Männchen zu fordern. Da penislose Vogelmännchen die Kopulation nicht erzwingen können, bleibt ihnen im Grunde nichts anderes übrig, als die Paarungspräferenzen der Weibchen zu erfüllen, wenn sie sich fortpflanzen wollen. Wenn sich nun die Weibchen dazu entwickeln, von ihren Partnern einen höheren Fortpflanzungsaufwand zu fordern, wird die Entwicklung bei den Männchen schnell dahin gehen, miteinander darum zu *konkurrieren,* wer die Aufgabe der Ressourcenbeschaffung für die Nachkommen jener wählerischen Weibchen besser erledigt! Das Ergebnis ist die Evolution stärkerer, engerer Paarbindungen, in denen sich die Männchen aktiv an der Brutaufzucht beteiligen. Dieser höhere Fortpflanzungsaufwand seitens der Männchen könnte wiederum die Evolution hilfloser Jungvögel gefördert haben, deren Aufzucht genau dieses große Investment erfordert. Die aus dem Verlust des Penis resultierende größere sexuelle Autonomie hat es den weiblichen Neoaves somit ermöglicht, auch im sexuellen Konflikt mit den Männchen um den Elternaufwand Fortschritte zu machen.

Das Konzept der sexuellen Autonomie verschafft uns Einblicke in die Evolution von Schutzmaßnahmen gegen sexuelle Gewalt und Nötigung, aber auch in die Evolution ganz anderer, verschiedener Wege, um im Geschlechterkonflikt zu bestehen. Wir werden diesen Ideen weiter nachgehen – in Bezug auf Vögel in den beiden folgenden Kapiteln, aber auch in Bezug auf den Menschen in den Kapiteln 10 und 11.

Was haben nun die Weibchen jener mehr als 95 Prozent der Vogelarten, deren Männchen *keinen* Penis haben, mit all der sexuellen Autonomie angefangen, die sie errungen haben? Wie unsere Beobachtungen an Laubenvögeln und Schnurrvögeln in den nächsten beiden Kapiteln zeigen werden, haben sie ihre ästhetischen und oft willkürlichen Paarungsentscheidungen vorangetrieben und damit zu der schier unendlichen Vielfalt der farbenprächtigen, melodienreichen und üppigen Schönheit in der Vogelwelt beigetragen.

KAPITEL 6

Das Schöne *aus* dem Biest

Keine Beschreibung kann einen wirklich auf die außergewöhnliche Architektur der ästhetischen Bauten vorbereiten, die von männlichen Laubenvögeln errichtet werden, um ihnen als Balzarenen zu dienen.[196] Nur wenige Kreaturen auf der Welt führen ein Leben, das so durch und durch von der Ästhetik bestimmt wird wie diese Vögel, und die Lauben sind ihre Meisterwerke, die mit ebenso viel Sorgfalt, Aufmerksamkeit und Finesse gestaltet werden wie ein Kunstwerk.

Die ästhetische Extremität der Laubenvögel ist das Ergebnis derselben evolutionären Kraft, die uns nun schon die ganze Zeit beschäftigt: der Weibchenwahl. Wir haben gesehen, in welcher Weise Paarungspräferenzen einen Selektionsdruck auf Ornamente ausüben und sich *koevolutionär* zu den präferierten Ornamenten entwickeln. Und wenn die Partnerwahl durch sexuellen Zwang beeinträchtigt wird, dann können die evolutionären Vorteile der Aufrechterhaltung der freien Partnerwahl, wie uns das Beispiel der Enten eindrucksvoll gezeigt hat, die Entwicklung von Verteidigungsstrategien vorantreiben – einschließlich verhaltensmäßiger und sogar *anatomischer* Abwehrmechanismen. Bei den Enten hat der sexuelle Konflikt zu einem brutalen, kostspieligen und selbstzerstörerischen antagonistischen Wettrüsten der Geschlechter geführt. Beide Geschlechter investieren sehr viel in Waffen und Verteidigungsmittel, viele Weibchen werden getötet oder sterben jung, das Geschlechterverhältnis wird immer ungleicher, so dass die Konkurrenzkämpfe und der sexuelle Zwang zunehmend schlimmer werden, worunter letztlich die Populationsgröße leidet. Wenn sich die Umweltbedin-

[196] Einen wunderbaren Überblick über die Biologie und Naturgeschichte der Laubenvögel bietet das Buch Clifford B. Frith, Dawn W. Frith, *The Bowerbirds. Ptilonorhynchidae*, Oxford 2004.

gungen ändern und den Zwang weniger vorteilhaft werden lassen, schwächt sich der sexuelle Konflikt natürlich ab und keines der beiden Geschlechter muss mehr diese teuren Investitionen tätigen.

Bei den Laubenvögeln finden wir eine ganz andere und einzigartige evolutionäre Antwort auf den sexuellen Zwang. Anstatt getrennte Evolutionsmechanismen für die ästhetische Partnerwahl und den Widerstand gegen die Nötigung zu entwickeln, haben die weiblichen Laubenvögel das Potenzial der Partnerwahl selbst dazu genutzt, das Sexualverhalten der Männchen so zu verändern, dass ihre eigene sexuelle Autonomie gestärkt und ausgeweitet wird. Als Folge bekommen die Weibchen genau die hoch anregenden, aufregenden und aktiven Männchen, die sie bevorzugen, jedoch in einem Verhaltenskontext, der ihnen fast vollständig die Kontrolle über ihre Partnerentscheidungen überlässt.

Laubenvögel geben uns ein besonders lebendiges Beispiel für das, was ich *ästhetische Umbildung* nenne – die Koevolution von weiblichen ästhetischen Präferenzen und männlichen Merkmalen, die die weibliche Autonomie vergrößern. Das Resultat ist ein Sexualpartner, der den Weibchen sowohl besser gefällt als auch empfänglicher für deren Wahl ist – mit anderen Worten: ein attraktives Männchen, das ein Nein als Antwort gelten lässt, falls das Weibchen sich lieber nicht mit ihm paaren will.

Ich erinnere mich noch lebhaft daran, wie ich zum ersten Mal persönlich Bekanntschaft mit der Laubenvogel-Familie machte. Es war bei meiner ersten Reise nach Australien, die ich 1990 mit meiner Frau Ann unternahm. Wir spazierten am Campingplatz des Lamington-Nationalparks entlang, der auf halber Strecke an der Ostküste des Kontinents in der Nähe von Brisbane liegt. Dort sahen wir einen männlichen Seidenlaubenvogel (*Ptilonorhynchus violaceus*). Die stämmigen Männchen dieser Vogelart haben ungefähr die Größe einer kleinen Krähe, einen kräftigen, elfenbeingelben Schnabel, eine violette Iris und ein metallisch schimmerndes, blauschwarzes Gefieder.

Was den ästhetischen Ausdruck des Seidenlaubenvogels jedoch wirklich außergewöhnlich macht, ist nicht sein Federkleid, sondern seine Laube. Wie bei fast allen anderen Arten der Laubenvogel-Familie

197 Henry Alleyne Nicholson, *A Manual of Zoology for the Use of Students*, 2 Bände, London 1870.
198 Vgl. den *OED*-Eintrag zu »bower«.

auch, erschafft das Männchen eine Balzkonstruktion – eine Art Junggesellenbude –, um Weibchen anzulocken. Schon Henry Alleyne Nicholson stellt in seinem *Manual of Zoology* von 1870 – der ersten Publikation, in der das Wort »Laubenvogel« (*bowerbird*) auftaucht – klar, dass die Laube des Laubenvogels *kein* Nest ist, sondern ein vollkommen eigenständiges Gebilde, das vom balzenden Männchen einzig zu dem Zweck errichtet wird, Partnerinnen anzulocken.[197] Die Laube hat keine andere Funktion als die eines Verführungstheaters – einer ornamentalen Bühne für die männliche Balzvorführung.

Verschiedene Laubenarchitekturen von Laubenvögeln. (Auf dieser Seite oben) Balzplatz des Zahnlaubenvogels, geschmückt mit grünen Blättern und ohne Laube. (Seite 224 links) Laubenallee eines Graulaubenvogels. (Seite 224 rechts) Maibaum-Laube eines Goldhaubengärtners. (Seite 225 links) Doppel-Maibaum-Laube eines Säulengärtners. (Seite 225 rechts) Variation der Maibaum-Laube mit Hüttendach eines Hüttengärtners.

Vor der ornithologischen Erkundung Australiens und Neuguineas durch westliche Entdeckungsreisende und Kolonisten in der Mitte des 19. Jahrhunderts bezeichnete das englische Wort *bower* (Laube) lediglich eine einfache Behausung oder Hütte (etwa einen Anbau), ein Privatgemach in einem Haus, besonders das Schlafzimmer oder Boudoir einer Dame, sowie ein laubumranktes, schattiges Plätzchen im Garten.[198] Alle diese traditionellen Bedeutungen lassen sich auch wunderbar auf die Lauben anwenden, die von den männlichen Laubenvögeln gebaut werden – allerdings dehnen die Vögel diese Bedeutungen in völlig neue Richtungen aus.

Die Laube des männlichen Seidenlaubenvogels steht an einer kleinen freien Stelle des Waldbodens und besteht aus zwei parallelen Wänden aus trockenen, aufrechten Zweigen, Ästen und Strohhalmen, durch die in der Mitte ein schmaler Gang führt [↗ Farbtafel 17]. Daher wird diese Art der Balzkonstruktion auch als Allee bezeichnet. Sie ist eine von zwei architektonischen Hauptformen der Laubenvögel.

Zusätzlich zum Bau der Laube sammelt das Seidenlaubenvogel-Männchen Gegenstände, um sie zu dekorieren. Alle diese Objekte sind königsblau und

werden auf einem Strohbett auf dem Vorplatz der Laube angeordnet. Zu den Gegenständen, die das erste Männchen, das Ann und ich sahen, gehortet hatte, gehörten aufgrund der geringen Entfernung zum Campingplatz des Nationalparks nicht nur Wildfrüchte, Federn, Beeren und Blüten, sondern ein Sammelsurium aus künstlichen und relativ haltbaren Sachen wie Milchtütendeckel, Füllerkappen, Snackschachteln und andere Plastikverpackungen – und alle, von den Blüten bis zu den Snackverpackungen, hatten den bevorzugten königsblauen Farbton. Der Seidenlaubenvogel ist zwar äußerst kritisch, was die Farben der Gegenstände angeht, die er für seine Laube sammelt, das Material und die Herkunft der Stücke sind ihm jedoch vollkommen egal, solange sie nur den richtigen Blauton haben. Der blaue Schraubverschluss einer Wasserflasche ist ihm genauso lieb wie die erlesenste blaue Feder. Das Männchen kümmert sich um seine Laube, hält sie in Ordnung, räumt auf und sammelt und organisiert seinen Schatz an blauen Gegenständen. Es verteidigt diesen auch gegen andere Männchen, die nur darauf warten, seine Laube zu zerpflücken und ihm seine kostbaren blauen Schmuckstücke zu rauben.

Der ganze Zweck dieser Architektur liegt natürlich darin, ein Weibchen zum Besuch zu verführen und sich mit ihm zu paaren. Ich selbst hatte zwar nie das Privileg (oder die Geduld), einen solchen Weibchen-Besuch zu beobachten, doch das Balzverhalten des Seidenlaubenvogels ist hinreichend dokumentiert. Wenn

DAS SCHÖNE AUS DEM BIEST

ein Weibchen kommt, betritt es die Allee zwischen den Wänden der Laube und lugt heraus auf das Männchen und seine gesammelten Gegenstände. Wie die Startbox beim Pferderennen ist der Durchgang zwischen den Laubenwänden eng und lässt dem Weibchen gerade genug Platz, um nach vorne zu schauen, wo es das wartende Männchen sehen kann. Sobald das Männchen die Aufmerksamkeit des Weibchens erlangt hat, beginnt es mit einer Reihe von schwungvollen Balzvorführungen, wobei es plötzlich sein Körpergefieder und seine Flügel aufplustert und schüttelt. Es unterstreicht diesen Balztanz mit lautem Kreischen, bizarren, pulsierenden, brummenden elektronischen Klängen und täuschend echten Nachahmungen der Gesänge anderer Vögel aus der Gegend, wie etwa des Jägerliests (besser bekannt als »Lachender Hans«, der in zahlreichenden Hollywoodfilmen zur Tonkulisse des Dschungels gehört). Schließlich hebt das Männchen mit dem Schnabel ein Stück aus seiner Sammlung blauer Objekte oder auch einen Zweig oder ein grünes Blatt auf, präsentiert es dem Weibchen und legt es dann wieder zurück auf den Boden, um mit seiner Gesangsdarbietung fortzufahren. Wenn es dem Weibchen gefällt, signalisiert es sein Interesse mit einer geduckten, zur Kopulation einladenden Haltung. Daraufhin betritt das Männchen von hinten die Laube und besteigt das dort wartende Weibchen. Versucht das Männchen dagegen, das Weibchen zu begatten, obwohl sie nicht dazu bereit ist, so kann sie nach vorne aus der Laube entkommen und einfach wegfliegen. Mit anderen Worten: Die Wände der Laube schützen sie davor, vom Männchen besprungen zu werden.

Lauben des Alleentyps können sich stark voneinander unterscheiden. Der einfache Bau des Seidenlaubenvogels besteht nur aus zwei parallelen, aus Stöckchen zusammengesetzten Wänden mit einem Durchgang, der Allee, in der Mitte. Bei anderen Arten gibt es jedoch auch noch weitaus ausgeklügeltere »Bower-Pläne«,[199] wie zum Beispiel die Mehr-Alleen-Bauten der Dreigang-Laubenvögel (*Chlamydera lauterbachi*), die mit vier Wänden auf einer erhöhten Plattform errichtet werden, oder die großen »Boulevards« der Fleckenlaubenvögel (*Chlamydera maculata*), deren Mittelgang besonders breit ist und deren Wände eher durchsichtigen Leinwänden gleichen als einer festen Ansammlung von Stöcken.

Auch die von den Männchen vor oder hinter den Lauben arrangierten Ausschmückungen variieren sehr stark zwischen den verschiedenen Arten und teilweise sogar zwischen verschiedenen Populationen innerhalb einer Art. Manche Spezies wählen als Dekoration Früchte, Blüten oder Blätter, während bei anderen auch Knochen, Schneckenhäuser, Insekten oder Federn dazugehören können. Auch die bevorzugten Farben können je nach Art oder Population verschieden sein. Oft werden die Fundstücke auf einem Bett aus Moos, Stroh oder Kieselsteinen ausgebreitet.

Ein weiterer Alleen-Bauer ist der Graulaubenvogel (*Chlamydera nuchalis*), der in trockenen, offenen Waldgebieten im ganzen nördlichen Drittel des australischen Kontinents stark verbreitet ist. In den meisten Populationen dieser Vogelart sammeln und präsentieren die Männchen helle Kiesel, Knochen und Schneckenhäuser vor ihren Lauben. Die Männchen einer bestimmten Graulaubenvogel-Population sind jedoch besonders originell bei der Wahl ihrer Dekoration, wie ich selbst miterleben durfte, als ich 2010 das Broome Bird Observatory besuchte, eine Vogelbeobachtungsstation im Nordwesten Australiens. Dieses Naturschutzgebiet liegt am Ufer der Roebuck Bay, die von steilen,

[199] Nichts ist schlimmer als ein schlechtes Wortspiel erklären zu müssen, aber dieses hier wirft tatsächlich eine interessante Frage auf. Auf dem Gebiet der evolutionären Entwicklungsbiologie bezeichnet der Begriff »Bauplan« die grundlegenden anatomischen Merkmale, die allen Mitgliedern einer höheren Gruppe oder eines Stammes gemeinsam sind. Die Bezeichnung geht auf Goethe zurück. Die Frage ist nun, wie man den Bauplan des erweiterten Phänotyps [extended phenotype] nennen soll. Den Ex-Bauplan? Was den einzigartigen ästhetischen erweiterten Phänotyp des Laubenvogel-Männchens angeht, so sind die Alleen, Maibäume und ihre architektonischen Variationen perfekte Beispiele für den Begriff des »*Bower*-Plans«.

fünf bis zwanzig Meter hohen Klippen aus rotem Lehm und Sedimentfelsen gesäumt ist. Ungefähr einen halben Kilometer von der Klippenwand entfernt beobachtete ich die Allee eines Graulaubenvogels, die von einem Hof umgeben und an der Vorder- und Rückseite mit einem großen Haufen ausgebleichter, leuchtend weißer *fossiler* Muschelschalen verziert war [↗ Farbtafel 18]. Die Laube dieses Vogels war quasi ein paläontologisches Museum, in dem faszinierende Beispiele der ausgestorbenen Biodiversität der Erde ausgestellt wurden, um potenzielle Partner anzulocken. Die territorialen Rufe dieses Männchens bedeuteten im wahrsten Sinne des Wortes: »Möchtest du dir meine Fossiliensammlung anschauen?« Die Farben und Formen der Muscheln waren so unverwechselbar, dass es leicht war, ihren Ursprung zu bestimmen. An bestimmten Stellen entlang den roten Klippen, die sich über der Bucht auftürmen, konnte man eine circa 30 Zentimeter dicke, leuchtend weiße Schicht erkennen. Eine genauere Untersuchung ergab, dass es sich dabei um weiße, versteinerte Muscheln handelte, die sich in einer früheren Epoche der geologischen Geschichte dieser Gegend des alten Kontinents in Mengen abgelagert hatte. Da ich selbst Museumskurator bin, empfand ich eine gewisse Verbundenheit mit der paläontologischen Leidenschaft dieses Laubenvogels.

Der zweite wichtige Architekturstil der Laubenvögel ist der sogenannte *Maibaum*, der aus einem Stapel aus horizontalen Ästen besteht, die um eine zentrale Stütze, meist einen kleinen Baum oder Schössling herum platziert werden. Der Stapel aus braunen Stöcken ist kegelförmig, unten am breitesten und zur Spitze hin schmaler werdend. Das Gebilde erinnert an eine Flaschenbürste oder einen bizarren, minimalistischen, postmodernen Weihnachtsbaum. An der Basis des Maibaums reinigt das Männchen einen ringförmigen Weg oder Pfad, um während der Balz gemeinsam mit dem Weibchen schnell um die Laube herum laufen zu können. Der Hof, der außerhalb dieses Rundweges liegt, wird mit Materialien dekoriert, die das Männchen gesammelt hat, darunter Blüten, Früchte, Teile von Käfern und Schmetterlingen und sogar Pilze. Einige Laubenvogelarten schmücken zusätzlich noch die Zweige und Äste ihrer weihnachtsbaumähnlichen Bauten mit dekorativen Materialien wie ausgewürgtem Fruchtfleisch. (Okay, das ist dann vielleicht doch nicht so weihnachtsbaumähnlich.)

Meine erste Laube des Maibaumtyps sah ich ebenfalls auf der schon erwähnten Australienreise. Eine Woche nach unserer Sichtung des Seidenlaubenvogels fuhren Ann und ich zum Regenwald der Atherton Tablelands im Norden des Bundesstaates Queensland. Wir hofften dort einen Säulengärtner (*Prionodura newtoniana*) und seine berühmte Laube mit *doppeltem Maibaum* zu finden. Der Säulengärtner ist der kleinste Laubenvogel. Das Männchen hat ein matt olivgrünes Körpergefieder mit leuchtend gelben Flecken an Scheitel, oberem Rücken, Kehle und Bauch. Ich kannte seine Lauben von einer klassischen Schwarz-Weiß-Zeichnung, die auf mehreren Tafeln die architektonische Vielfalt der Laubenvögel darstellt und, wie es scheint, seit Anbeginn der Zeit in jedem ornithologischen Lehrbuch auftaucht. Der doppelte Maibaum des Säulengärtners war auf einer Tafel neben der schlichten Allee eines Seidenlaubenvogels abgebildet und schien ungefähr dieselbe Größe zu haben. Ich hatte mich nie gefragt, ob die Bauten auf den beiden Tafeln im gleichen Maßstab gezeichnet waren. Als Ann und ich daher durch den Regenwald gingen und den Waldboden nach Spuren der Laube absuchten, mahnte ich flüsternd: »Wir müssen aufpassen, dass wir nicht drauftreten!« Nach einigen hundert Metern sahen wir dann hinter einer Wegbiegung ein *riesiges* Gebilde, das fast hüfthoch und über einen Meter breit war. Es wäre ziemlich mühsam gewesen, darüber zu steigen, geschweige denn, aus Versehen darauf zu treten, wie ich es befürchtet hatte.

Nachdem ich mich von meinem ersten Schock über die Größe des Baus erholt hatte, war ich nicht minder verblüfft über die Komplexität seiner Struktur. Der doppelte Maibaum bestand aus zwei riesigen Haufen waagerechter Zweige, die um zwei Schösslinge gestapelt, aber in verschiedenen Richtungen angeordnet waren. Die beiden kegelförmigen Haufen kamen in der Mitte zusammen und bildeten einen Sattel aus Zweigen. Der Säulengärtner schmückt den Bereich seiner Laube, nicht jedoch den Hof um sie herum. Dieses Männchen hatte eine Seite der Laube mit Dutzenden von kleinen Blüten eines ganz bestimmten butter- oder forsythiengelben Farbtons verziert und die andere mit zahllosen winzigen Fädchen einer Flechte in einem intensiv fluoreszierenden Grün. Die verpflanzten Flechtenfäden wuchsen prächtig in ihrem neuen Zuhause und die Blüten sahen so frisch aus wie in einem Strauß aus dem Blumenladen. Auch in dieser kühleren Höhenlage hielten sich die Blumen nicht länger als ein paar Tage; dass es keine braunen oder verwelkten Blätter gab, bewies somit, dass das Männchen seine Ausstellung durchgehend und sorgfältig pflegte.

Fünfzehn Jahre später hatte ich das Vergnügen, Brett Benz, der damals an der University of Kansas studierte, an seiner Feldforschungsstelle in der Nähe des Ortes Herowana im zentralen Hochland von Papua-Neuguinea zu besuchen. Brett erforschte dort den Goldhaubengärtner (*Amblyornis macgregoriae*), der Lauben mit einem einzelnen Maibaum baut. Diese liegen hoch oben auf steilen Berghängen unter dem dichten Blätterdach des Waldes. Die Männchen dekorieren Laube und Hof mit einer ungeheuren Vielfalt an Ornamenten, darunter verschiedenfarbige Früchte, ein bräunlicher Pilz und winzige, außergewöhnlich leuchtende und schillernde Fragmente von blauen Entimus-Rüsselkäfern.[200] Brett hatte gefilmt, wie ein Männchen mit einem *lebendigen* blauen Rüsselkäfer zu seiner Laube zurückkehrte. Es riss den sich windenden Käfer auf dem Boden seines Hofes brutal auseinander und ordnete einzelne Stücke von ihm sorgfältig in sein Lauben-Arrangement ein. Nach jeder dieser Sortier-Aktionen trat es einen Schritt zurück, legte kurz den Kopf schief und wog die verschiedenen dekorativen Möglichkeiten ab, wie ein penibler Florist beim Anfertigen eines Gestecks. Die merkwürdigsten Ornamente waren aber wohl die zahlreichen faserigen, fadenartigen, schwärzlichen Büschel, die in der Nähe der Spitzen mehrerer waagerechter Stöcke innerhalb der Laubenkonstruktion selbst hingen und die sich als Raupenkot erwiesen. Die Liste ornamentaler Fundstücke in der von dieser Spezies zusammengetragenen Sammlung war im höchsten Maße eklektisch.

Wie andere Maibaum-Bauer der Gattung der Gärtnervögel (*Amblyornis*) ist der männliche Goldhaubengärtner größtenteils graubraun wie das Weibchen auch, er hat jedoch im Unterschied zu anderen Gärtnervögeln einen langen, aufrichtbaren Schopf aus umbra-orangefarbenen Federn. Während der Balz stehen Männchen und Weibchen auf den gegenüberliegenden Seiten des Ringpfades, wobei ihre Sicht auf den jeweils anderen durch den dazwischenliegenden Maibaum versperrt ist.[201] Das Männchen späht zum Pfad nach dem Objekt seiner

[200] Wir hatten das Vergnügen, die Nanostrukturen der photonischen Kristalle in den außergewöhnlichen blauen Schuppen der Entimus-Rüsselkäfer zu beschreiben. Vgl. Vinodkumar Saranathan u. a., »Structural Diversity of Arthropod Biophotonic Nanostructures Spans Amphiphilic Phase-Space«, in: *Nano Letters* 15 (2015), S. 3735–3742.
[201] Vgl. Frith/Frith, *The Bowerbirds*.

Begierde, stellt dann plötzlich seine leuchtend orangenen Schopffedern auf, zeigt sie dem Weibchen, ändert dann blitzschnell seinen Kurs und schielt von der anderen Seite des Maibaums nach dem Weibchen; dies setzt es in rascher Folge fort und es entwickelt sich eine Art raffiniertes Guck-Guck-Spiel. Manchmal unternimmt das Männchen einen stürmischen Vorstoß den Pfad entlang in Richtung des Weibchens. Nähert es sich diesem allerdings zu ungestüm, kann das Weibchen zur Seite huschen und den Maibaum zwischen sich und dem übereifrigen Verehrer lassen – oder einfach wegfliegen.

Mehrere Elemente des Balzverhaltens männlicher Laubenvögel bedürfen einer genauen evolutionstheoretischen Erklärung: die Existenz der Lauben; die ungeheure Vielfalt ihrer Architektur, die ich mit den bisherigen knappen Beispielen nur angedeutet habe; und der wilde Mix von Gegenständen, welche die Männchen sammeln, um die Höfe ihrer Lauben auszuschmücken. Wie und warum sind diese außerordentlichen Gebilde und Verhaltensweisen entstanden? Um das herauszufinden, müssen wir ihre evolutionären Ursprünge betrachten.

Die Familie der Laubenvögel (*Ptilonorhynchidae*) umfasst zwanzig Arten in sieben oder acht Gattungen, die endemisch in Australien und Neuguinea vorkommen.[202] Wie die Schnurrvögel sind Laubenvögel Fruchtfresser und fast alle Arten sind polygyn. Ihre Balzstätten sind jedoch, anders als bei den Schnurrvögeln, nicht räumlich zu Leks vereint. Stattdessen baut und verteidigt jedes der einzeln balzenden Männchen eine eigene Laube.

Heute verstehen wir die Laube als Bestandteil des *erweiterten Phänotyps* des männlichen Laubenvogels. Der Begriff, der 1982 von Richard Dawkins in seinem gleichnamigen Buch geprägt wurde, drückt aus, dass ein Organismus mehr ist als nur die von seiner DNA bestimmten Proteine, ja sogar mehr als seine Anatomie, seine Physiologie und sein Verhalten.[203] Der vollständige Phänotyp eines Organismus schließt sämtliche Folgen mit ein, die aus der Interaktion seines Genoms mit der Umwelt resultieren, einschließlich dessen Auswirkungen *auf* die Umwelt. Der Biberdamm, der massive Veränderungen des Ökosystems herbeiführen kann, indem er Teiche entstehen lässt, die dann verschlammen und allmählich zu Sümpfen werden,

---

202 Vgl. ebd.
203 Vgl. Richard Dawkins, *Der erweiterte Phänotyp. Der lange Arm der Gene*, Heidelberg 2010.

gehört zum *erweiterten Phänotyp* des Bibers. Es können sich ganze Gemeinschaften von Organismen entwickeln, die in Bestandteilen des erweiterten Phänotyps einer anderen Spezies Nahrung oder Schutz finden. Sämtliche von lebenden Organismen stammenden baulichen Formen – nicht nur Lauben, sondern auch Vogelnester, Bienenstöcke, Termitenhügel, Präriehundbauten oder Korallenriffe – sind Manifestationen des erweiterten Phänotyps der Spezies, die sie hergestellt hat.

Wie Dawkins mit dem Untertitel seines Buches – *Der lange Arm der Gene* – schon andeutet, betrachtet er alle Elemente des erweiterten Phänotyps als weiteren Ausdruck adaptiver evolutionärer Kräfte, die auf die egoistischen Gene reagieren. Als überzeugter Neowallaceaner hält Dawkins den erweiterten Phänotyp lediglich für eine Ausdehnung der Grenzen, innerhalb derer sich die alles beherrschenden Wirkungen der adaptiven natürlichen Selektion beobachten lassen.[204] Wenn der erweiterte Phänotyp jedoch, wie im Fall der Bauten der Laubenvögel, zu einer Form des ornamentalen sexuellen Ausdrucksverhaltens wird, unterliegt er der sexuellen Selektion. An dieser Stelle trifft der erweiterte Phänotyp auf die Debatte zwischen Darwin und Wallace über das Wesen der Partnerwahl, der sexuellen und der natürlichen Selektion.

Wird der erweiterte Phänotyp ausschließlich von der adaptiven natürlichen Selektion geprägt? Oder kann auch die Dynamik der willkürlichen Schönheit (*Beauty Happens*) prägend auf den erweiterten Phänotyp wirken? Welche evolutionären Muster wären in diesem Fall zu erwarten? Laubenvögel und ihre Lauben bieten die einmalige Gelegenheit, zu untersuchen, wie weit der »lange Arm« des neowallaceanischen Paradigmas in das Reich der Schönheit hineinreicht.

204 Die einzige mir bekannte Stimme, die sich enthusiastisch zum Etikett des »Neowallaceaners« bekennt, ist die von Richard Dawkins. In seinem Buch *Geschichten vom Ursprung des Lebens* (The Ancestor's Tale, 2004) beschreibt er die Entdeckungen von Zahavi, Hamilton und Grafen eifrig als »weiterentwickelten neowallaceanischen« Triumph über die Darwin'sche Vagheit. Die Debatte zwischen Darwin und Wallace fasst Dawkins wie folgt zusammen: »Darwin hielt die Vorlieben, die zur Triebkraft der sexuellen Selektion werden, für etwas Selbstverständliches. Männer mögen einfach lieber Frauen mit glatter Haut – das war's dann. Alfred Russel Wallace, der Mitentdecker der natürlichen Selektion, konnte sich mit der Willkürlichkeit der darwinschen sexuellen Selektion nicht anfreunden. Er wollte, dass Frauen ihre Partner nicht aus einer Laune heraus, sondern aufgrund von Verdiensten auswählen. […] Nach Darwins Ansicht wählt das Pfauenweibchen seinen Partner einfach deshalb aus, weil er in ihren Augen hübsch ist. Später stellte Fisher diese darwinistische Theorie mit seinen mathematischen Überlegungen auf eine solide Grundlage. Für Wallace-Anhänger dagegen wählt das Pfauenweibchen sein Männchen nicht, weil es hübsch ist, sondern weil die leuchtend bunten Federn einen guten Gesundheitszustand und eine bessere Fitness verraten. […] Darwin unternahm nicht den Versuch, die Vorlieben der

Frauen zu erklären. Er gab sich damit zufrieden, sie zu postulieren und auf diese Weise einen Grund für das äußere Erscheinungsbild der Männer zu finden. Die Wallace-Anhänger dagegen suchten in der Evolution auch nach Erklärungen für die sexuellen Vorlieben als solche.« (Richard Dawkins, *Geschichten vom Ursprung des Lebens. Eine Zeitreise auf Darwins Spuren*, Berlin 2008, S. 382 f.)
Anstatt in Darwins ästhetischer Begrifflichkeit eine Hypothese über die evolutionäre Verfeinerung von Merkmalen und Präferenzen zu erkennen, verwechselt Dawkins die »Willkürlichkeit« der sexuellen Merkmale bei Darwin mit dessen vermeintlicher Unklarheit in Bezug auf den evolutionären Entstehungsmechanismus von Präferenzen. Die ästhetikfeindlichen Wallace-Anhänger werden als fortschrittlich dargestellt, der ästhetische Darwinismus dagegen als unscharf, träge und unvollständig. Dawkins erkennt zwar Fishers solidere theoretische Fundierung des Willkürlichen an, zieht jedoch keinerlei moderne darwinistische Alternative zu Wallaces Lösung in Betracht. Weil Fishers Antworten keine bequemen Erklärungen »mit Sinn und Verstand« sind wie die Wallace'schen Lösungen, werden sie nicht einmal als wissenschaftliche Antworten angesehen.

205 Auch wenn sie schon etwas veraltet ist, was die Qualität und die Quantität der Daten angeht, findet sich die aktuellste Phylogenese der Laubenvögel immer noch in Rab Kusmierski u. a., »Labile Evolution of Display Traits in Bowerbirds Indicate Reduced Effects of Phylogenetic Constraint«, in: *Proceedings of the Royal Society of London B* 264 (1997), S. 307–313. Die australisch-papuanischen Katzenvögel (*Ailuroedus*) sind nicht

Für den Evolutionsforscher bietet die Familie der Laubenvögel glücklicherweise eine ausreichende Vielfalt – darunter zahlreiche Beispiele noch lebender Arten, an denen sich Übergangsformen der Laubenarchitektur ablesen lassen –, um einige der entscheidenden Phasen der evolutionären Entstehung dieses einzigartigen Verhaltens »einzufangen«. Der früheste Ast im Stammbaum der Laubenvögel umfasst die drei Arten der Katzenvögel (*Ailuroedus*).[205] Wie die überwiegende Mehrheit aller Vögel – aber anders als alle anderen Mitglieder der Familie der Laubenvögel – sind die Katzenvögel monogam, ziehen ihre Jungen gemeinsam groß, gehen dauerhafte Paarbindungen ein und legen keine Balzplätze oder Lauben an. Die nimmermüden Laubenvogel-Enthusiasten Clifford und Dawn Frith aus Queensland berichten darüber hinaus, dass der Nestbau bei den Katzenvögeln ausschließlich Sache der Weibchen ist.[206] Dass die Katzenvögel am Fuß des Stammbaums der Laubenvögel stehen, zeigt somit, dass den anzestralen männlichen Laubenvögeln die Erfahrung mit oder das Interesse an den Grundlagen der Errichtung oder Verbesserung von Bauten völlig abging. Das außerordentlich große architektonische Können der Laubenvogel-Männchen ist eine spätere evolutionäre Entwicklung, die nichts mit Nestbauverhalten zu tun hat, sondern einzig und allein durch die ästhetische Partnerwahl vorangetrieben wurde.

Wie aber können wir *wissen*, dass die Gestaltung und Ausschmückung der Lauben eine ausschließlich ästhetische Funktion erfüllt? Nun, wir wissen, dass die Laube keinem anderen physischen Zweck dient als dem, der Ort zu sein, an dem die Balz stattfindet.

Sie ist ein Bühnenbild mit Requisiten, errichtet für eine Aufführung, die in der Balzzeit von Weibchen begutachtet wird.[207] Die fundamentale Rolle des Baus und der Ausschmückung von Lauben für die Weibchenwahl konnte über die letzten dreißig Jahre in einem Langzeitforschungsprogramm der University of Maryland unter Leitung von Gerry Borgia gut belegt werden. Borgia führte jahrzehntelange Beobachtungen und Experimente mit verschiedenen Laubenvogel-Arten durch, wobei besonders der ostaustralische Seidenlaubenvogel im Fokus stand. Er war ein Pionier bei der Verwendung der 8-mm-Film- und später der Videotechnik zur Vogelbeobachtung. So stellte er mehrere Kameras an verschiedenen Lauben auf, die mit auf die Alleen ausgerichteten »elektronischen Augen« ausgestattet waren, um die Aufnahmen auszulösen und alles einzufangen, was dort geschah, einschließlich von Weibchenbesuchen. Dadurch war es Borgia und seinen Studenten möglich, das weibliche Wahlverhalten sowie den wechselnden Paarungserfolg verschiedener Männchen über viele Jahre hinweg zu beobachten und zu messen.

Borgias gigantisches Forschungsprogramm hat viel von dem zutage gefördert, was wir über die Partnerwahl bei Laubenvögeln wissen, und hat eindeutig nachgewiesen, dass die spezifischen Eigenschaften der Laube und ihrer Verzierungen von entscheidender Bedeutung für die weibliche Entscheidungsfindung bei der Wahl des Partners sind. Borgias Studenten Albert Uy und Gail Patricelli beobachteten Partnerentscheidungen von 63 Weibchen, die insgesamt 34 männliche Lauben besuchten, und dokumentierten,

mit den verbreiteten nordamerikanischen Katzendrosseln (*Dumetella carolinensis*) verwandt, die zur Familie der Spottdrosseln (Mimidae) gehören.

206 Vgl. Clifford B. Frith, Dawn W. Frith, »Nesting Biology of the Spotted Catbird, *Ailuroedus melanotis*, a Monogamous Bowerbird (Ptilonorhynchidae), in Australian Wet Tropical Upland Rainforests«, in: *Australian Journal of Zoology* 49 (2001), S. 279–310.

207 Vor dem Wiederaufleben der Theorie der sexuellen Selektion Ende des 20. Jahrhunderts wurden die Lauben mit einer aktualisierten Version von Mivarts Idee erklärt, dass sensorische Reize der adaptiven physiologischen Koordination zwischen den Geschlechtern dienten (siehe Kapitel 1). Jock Marshall äußerte 1954 die These, das anzestrale Laubenvogel-Weibchen habe wegen des Fehlens der Paarbindung einen zusätzlichen sexuellen Reiz gebraucht, um zur Kopulation und zur Fortpflanzung bewegt zu werden (vgl. Alexander J. Marshall, *Bower-Birds. Their Displays and Breeding Cycles. A Preliminary Statement*, Oxford 1954). Marshall vermutete, dass sich die Laube als eine Methode entwickelte, mit der die Männchen die Weibchen an das sexuell stimulierende gemeinsame Nest der Vorfahren aus ihrer evolutionären Vergangenheit erinnerten. Dadurch würden die Weibchen dazu gebracht, sich zu paaren, ein eigenes Nest zu bauen und sich weiter fortzupflanzen. Diese Idee scheitert auf so vielen Ebenen, dass wir sie wohl am besten in der historischen Vergangenheit ruhen lassen; sie dokumentiert jedoch die intellektuellen Verrenkungen, die im 20. Jahrhundert auf dem Gebiet der Entwicklungsbiologie in Ermangelung einer Theorie der Evolution durch Partnerwahl angestellt wurden.

dass die Weibchen jeweils zwischen einem und acht Männchen beziehungsweise 2,63 Männchen im Durchschnitt aufsuchten.[208] Die meisten Weibchen suchten über mehrere Tage eine gewisse Zahl von Männchen auf und kehrten dann zurück, um nur noch eine kleinere Auswahl zu besuchen, aus der sie schließlich ihren Partner auswählten. Bei ihren Entscheidungen bevorzugten sie deutlich Männchen mit besser konstruierten und aufwendiger dekorierten Lauben. Diese revolutionären Daten sind ein starkes Indiz dafür, dass weibliche Laubenvögel ihre ästhetischen Paarungsentscheidungen auf der Basis einer Reihe von interaktiven Erfahrungswerten treffen und nicht einfach als Reaktion auf eine angeborene kognitive Reizschwelle. Es gibt somit unmittelbare Belege für die Rolle der sexuellen Selektion bei der Evolution von Lauben.

Wenden wir uns nun der Entwicklungsgeschichte der Ornamentierung zu und betrachten ein weiteres noch lebendes Mitglied der Laubenvogel-Familie, den Zahnlaubenvogel (*Scenopoeetes dentirostris*). Auch diese Art stammt von einem frühen Zweig des Laubenvogel-Stammbaums ab, ist polygyn und überlässt die Brutpflege allein dem Weibchen.[209] Doch obwohl er zu dieser Familie gehört, baut der Zahnlaubenvogel, wie die Katzenvögel, keine Laube. Anders als die Katzenvögel legt er jedoch einen Hof an, indem er eine etwa zwei Meter große Stelle am Boden säubert und mit einem Dutzend oder mehr großen grünen Blättern ausschmückt, die er sorgfältig auf der freien Fläche verteilt. Dieser primitive Hof mit seiner schlichten Ornamentierung aus Blättern gibt uns einen kleinen Einblick in die Ursprünge der Lauben und ihrer Verzierungen. Wir sehen, dass die Sammlung von Hof-Dekorationen *allen* polygynen Laubenvögeln gemeinsam ist und sich schon entwickelt hat, *bevor* die Lauben entstanden. Der Hofschmuck ist ein Merkmal im Leben dieser Gattung, das in *keiner* ihrer Arten verlorengegangen ist – ein weiteres Indiz für die Wichtigkeit der Dekorationen bei der Weibchenwahl.

Was sich natürlich im Laufe der Zeit verändert hat, ist die Art dieser Dekorationen. Die besonderen Materialien, die von den Männchen gesammelt

---

208 Vgl. J. Albert C. Uy u. a., »Complex Mate Searching in the Satin Bowerbird *Ptilonorhynchus violaceus*«, in: *American Naturalist* 158 (2001), S. 530–542.
209 Zur Naturgeschichte des Zahnlaubenvogels siehe Frith/Frith, *The Bowerbirds*.
210 Vgl. Jared M. Diamond, »Animal Art. Variation in Bower Decorating Style among Male Bowerbirds *Amblyornis inornatus*«, in: *Proceedings of the National Academy of Sciences* 83 (1986), S. 3402–3406.

werden, sowie die vielen verschiedenen Formen ihrer Verteilung haben sich innerhalb der Arten und manchmal auch nur innerhalb einer Population einer Art kontinuierlich weiterentwickelt. Es ist erstaunlich, welche Vielfalt an Materialien die verschiedenen Laubenvögel zur Dekoration benutzen – von Früchten über Pilze, Blüten, Federn, Beeren, Schmetterlinge und Samenhülsen bis hin zu Raupenkot und, nicht zu vergessen, Bonbonpapierchen oder Wäscheklammern. Einige Alleen-Bauer »bemalen« sogar die Innenwände ihrer Lauben mit zerkauten blauen, grünen oder schwarzen Pflanzenfasern. Dies ist nach allen Maßstäben eine außerordentlich breite ästhetische Palette.

Das Sammeln dieser ornamentalen Gegenstände und Materialien ist das Ergebnis *männlicher* ästhetischer Präferenzen, die sich koevolutionär mit weiblichen Paarungspräferenzen entwickelt haben. Um den Weibchen zu gefallen, haben die Männchen eine vollkommen neue Klasse von eigenen Verhaltensweisen und Präferenzen entwickelt. Dabei sind sie allmählich zu tierischen Künstlern geworden, die um die Gunst ihrer ästhetischen Förderer wetteifern.

Wie bei jedem Künstler ist ihre Materialauswahl alles andere als zufällig. Am Beispiel der paläontologischen Schätze der Graulaubenvögel aus Roebuck Bay oder der von den Seidenlaubenvögeln gesammelten Campingplatz-Abfälle konnten wir sehen, dass es beim Laubenschmuck zum Teil darauf ankommt, welche Materialien in der unmittelbaren Umgebung gerade verfügbar sind. Doch die Rolle der ästhetischen Wahl ist ebenfalls sehr wichtig. Dies zeigt die bahnbrechende Arbeit von Jared Diamond aus den frühen 1980er Jahren über die Laubenverzierungen verschiedener Populationen des Hüttengärtners (*Amblyornis inornata*) aus Irian Jaya, dem westlichsten Teil der indonesischen Hälfte der Insel Neuguinea.[210] Diamond entdeckte, dass männliche Vögel aus dem Fakfak- und dem Kumawa-Gebirge einfache Maibaum-Lauben bauten, die sie ausschließlich mit graubraunen Materialien wie Bambus, Baumrinde, Felsen oder Schneckenhäusern schmückten. Die Männchen aus dem nur 50 bis 150 Kilometer entfernten Arfak-, dem Tamrau- und dem Wandammen-Gebirge bauten dagegen aufwendige Hüttenlauben mit einem Maibaum in der Mitte und einem Außenhof, den sie mit bunten Früchten, Blüten, Teilen von Insekten, Pilzen und Samenhülsen verzierten [↗ Farbtafel 19]. Diese Unterschiede treten auf, obwohl die Männchen aller fünf Gebirgspopulationen in ihrer Umgebung genau dieselben Materialien vorfinden. Es gab sogar Unterschiede zwischen unmittelbar benachbarten Populationen von Vögeln, die Hüttenlauben bauten. Die Tiere aus dem Arfak- und dem Tamrau-Gebirge bezogen zum Beispiel weiße Ornamente in ihre Sammlung ein, die aus dem Wandammen-Gebirge dagegen nicht. Die Vögel sind hinsichtlich der verwendeten Gegenstände äußerst wählerisch.

Zur weiteren Bestätigung, dass die Laubendekorationen das Resultat spezifischer männlicher Präferenzen sind, führte Diamond Experimente durch, bei denen Hüttengärtner-Männchen aus dem Wandammen-Gebirge – die aufwendige Hüttenlauben bauen und Haufen aus diversen bunten Früchten, Blüten und anderen Materialien anlegen – eine Auswahl verschiedenfarbiger Pokerchips angeboten wurden.[211] Beim Aufsammeln der Chips zeigten die Männchen auffällige Vorlieben für bestimmte Farben, besonders für Blau, Purpur, Orange und Rot (in absteigender Reihenfolge), und ordneten sie auf ihren Laubenhöfen zusammen mit gleichfarbigen Blumen, Früchten oder Federn an. Indem er die einzelnen Pokerchips markierte, die in den verschiedenen Lauben landeten, konnte Diamond darüber hinaus zeigen, dass viele von ihnen später von anderen Männchen gestohlen wurden, um sie in ihre eigenen Lauben einzubauen. Beim Diebesgut zeigten sich dabei dieselben unterschiedlichen Farbvorlieben, das heißt, Blau wurde am häufigsten gestohlen, Rot am seltensten. Laubenvogel-Männchen aus dem Kumawa-Gebirge – die einfachere Maibaum-Lauben mit einheitlich graubraunen Ornamenten bauen – wiesen in ähnlichen Versuchen alle farbigen Chips ab.

Jahrzehnte später wiederholte Albert Uy diese Farbwahl-Experimente und erweiterte sie, indem er zusätzlich auch die weiblichen Paarungspräferenzen erfasste.[212] Uy arbeitete mit zwei der Populationen, die schon Diamond erforscht hatte, und konnte bestätigen, dass die Maibaum-Bauer aus dem Fakfak-Gebirge leuchtende Farben mieden und braune, schwarze und beige Steine bevorzugten, während die Hüttenbauer aus dem Arfak-Gebirge blaue, rote und grüne Chips präferierten. Mittels automatischer Videokameras, die auf sechzehn Hüttenlauben aus der Arfak-Population gerichtet waren, konnte Uy des Weiteren zeigen, dass die weiblichen Paarungspräferenzen stark zu-

[211] Vgl. ebd.
[212] Vgl. J. Albert C. Uy, Gerald Borgia, »Sexual Selection Drives Rapid Divergence in Bowerbird Display Traits«, in: Evolution 54 (2000), S. 273–278.

gunsten einer kleinen Untergruppe von Männchen gingen, deren Paarungserfolg signifikant mit der Größe sowohl des gesamten mit blauen Verzierungen ausgelegten Areals als auch der Hütte korrelierte – je größer desto besser. Die weiblichen Paarungspräferenzen in der Arfak-Population hatten sich folglich in enger *Koevolution* mit dem erweiterten Phänotyp der Männchen entwickelt – einer Vorliebe für blaue Ornamente und den Bau möglichst großer Hüttenlauben.

Da die Hüttengärtner-Populationen in sehr nahe gelegenen Gebirgsregionen zu finden sind, kann die Isolierung, die unter ihnen stattgefunden hat, noch nicht allzu lange zurückliegen. Die Unterschiede der Laubenverzierungen und Baustile, die es zwischen ihnen gibt, dürften sich daher in einer sehr kurzen evolutionären Zeitspanne entwickelt haben. Von entscheidender Bedeutung ist, dass sich viele Aspekte der weiblichen Paarungspräferenzen koevolutionär mit diesen Variationen des erweiterten ästhetischen Phänotyps der Männchen entwickelt haben. Dieses auffällige Muster einer rapiden Differenzierung von Ausdrucksmerkmalen und Präferenzen unter den Populationen entspricht exakt den Vorhersagen der *Beauty-Happens*-Hypothese.

Aber könnte es nicht auch eine andere Erklärung geben? Könnten die Dekorationsgegenstände, die die Männchen sammeln, Indikatoren ihrer genetischen Qualität sein? Nun ja, es wäre denkbar, dass die Auswahl an Objekten auf die männliche Qualität schließen lässt, wenn die Sammlung aus seltenen Stücken bestünde, die einen großen Aufwand an Zeit, Energie und Geschick erforderte. Jared Diamond stellte jedoch fest, dass in den Gebirgswäldern, in denen diese Hüttengärtner lebten, überall dieselben Materialien verfügbar waren, das heißt, schwarze Pilze und rote Blüten waren auf dem einen Berg nicht seltener als auf dem anderen.[213] Joah Madden und Andrew Balmford überprüften darüber hinaus in einer Studie an drei Populationen von Fleckenlaubenvögeln (*Chlamydera maculata*) im australischen Queensland explizit die Idee, dass Ornamente ehrliche Informationen über die Kosten der Suche liefern.[214] Sie fanden nichts, was die Hypothese gestützt hätte, dass die bevorzugten Laubendekorationen seltener waren als andere. Ganz im Gegenteil: Schneckenhäuser und weiße Steine wurden in Populationen bevorzugt, in

213 Vgl. Diamond, »Animal Art«.
214 Joah R. Madden, Andrew Balmford, »Spotted Bowerbirds *Chlamydera maculata* Do Not Prefer Rare or Costly Bower Decorations«, in: *Behavioral Ecology and Sociobiology* 55 (2004), S. 589–595.

denen sie *häufiger* vorkamen, nicht seltener. Auch Gegenstände, die mit sexuellem Erfolg zusammenhingen, waren häufiger, nicht seltener, als andere. Des Weiteren zogen die Fleckenlaubenvogel-Männchen es vor, aus dem Angebot verfügbarer Früchte diejenigen zur Schau zu stellen, die *langsamer* verfaulten als andere, was den Aufwand (und damit die Kosten), um den Balzplatz dauerhaft attraktiv zu halten, weiter reduzierte. Es gibt folglich keinen zwingenden Beweis dafür, dass die Laubendekorationen kostspielige, ehrliche Signale der männlichen Qualität sind. Sie scheinen vielmehr wie alle anderen ästhetischen Stile zwischen verschiedenen Arten zu variieren.

Der Evolutionsbiologe John Endler und seine Kollegen haben vor Kurzem zumindest bei einigen Populationen von Graulaubenvögeln einen faszinierenden neuen Aspekt der Ästhetik der Laubendekorationen entdeckt.[215] Sie konnten dokumentieren, dass erfolgreiche Graulaubenvogel-Männchen im Osten Queenslands Balzplätze anlegen, auf denen die Größe der Objekte allmählich *zunimmt*, je weiter sie von der Laube entfernt sind. Ihre Vermutung war, dass das Männchen eine optische Täuschung erzeugt, durch die ein verzerrtes Bild entsteht, die sogenannte erzwungene Perspektive.[216] Wenn die Gegenstände wie in diesem Fall proportional zu ihrer Entfernung von der Öffnung größer werden, entsteht der Effekt einer Verflachung des visuellen Raums, so dass die Objekte vom Inneren der Laube aus betrachtet gleichmäßiger erscheinen. Endler und seine Kollegen stellen verschiedene Spekulationen darüber an, warum diese spezielle optische Täuschung bei den weiblichen Laubenvögeln gut ankommen könnte. Sie funktioniert jedenfalls interessanterweise *nicht* so, dass das Männchen selbst für das Weibchen größer erscheint, das heißt, die Illusion kann nicht als strategisches unehrliches Signal der männlichen Größe eingesetzt werden.

Was der Grund auch sein mag, die Wirkung, die die Männchen erzeugen, ist alles andere als zufällig. Endler und Kollegen vertauschten in Experimenten die Reihenfolge der Steine, so dass sie zur Laube hin größer wurden. Sie konnten beobachten, dass die

---

[215] Vgl. John A. Endler u. a., »Great Bowerbirds Create Theaters with Forced Perspective When Seen by the Audience«, in: *Current Biology* 20 (2010), S. 1679–1684, sowie Laura A. Kelley, John A. Endler, »Illusions Promote Mating Success in Great Bowerbirds«, in: *Science* 335 (2012), S. 335–338.

[216] Dasselbe Phänomen der erzwungenen Perspektive habe ich auch schon im Zusammenhang mit der Anordnung der 300 »goldenen Kugeln« auf den Armschwingen des männlichen Argusfasans beschrieben (siehe Kapitel 2).

Männchen die Neuanordnung bemerkten, missbilligten und damit begannen, die Gegenstände wieder in die richtige Reihenfolge zu bringen, um die optische Täuschung wiederherzustellen. In der Folge konnten Laura Kelley und John Endler zeigen, dass Männchen, die stärkere Täuschungen erzeugen, größeren Paarungserfolg haben.[217]

Dies beantwortet noch immer nicht die Frage, warum sich die Präferenz für diese optische Täuschung entwickelt hat. Endler äußert die These, dass die Befähigung eines Männchens, eine solche Illusion zu erzeugen, dem Weibchen ehrliche Informationen über die kognitiven Fähigkeiten des potenziellen Partners liefert – je besser die Täuschung, desto besser das Gehirn des Männchens und desto besser seine Gene.[218] Unabhängig davon, was diese Perspektivübungen nun mitteilen oder nicht, sind die Implikationen dieser Befunde erstaunlich. Endler bemerkt, dass künstlerische Techniken zur Erzeugung der erzwungenen Perspektive in der abendländischen Kultur erst in der Renaissance des 15. Jahrhunderts entwickelt wurden. Ausgehend von der Annahme, dass es dieses Verhalten bei den Laubenvögeln schon vor dem 15. Jahrhundert gab, stellt Endler die Frage: »Warum hat sich die Perspektive bei den Laubenvögeln eher entwickelt als bei den Menschen?«

Die menschliche Erfindung der Perspektive trat natürlich zuerst in der Kunst auf. Ich finde es interessant, dass Menschen die Perspektive im Dienste der Kunst entwickelten, lange bevor wir irgendeine praktische Verwendung für sie hatten. Warum sollten wir von den Laubenvögeln nicht dasselbe erwarten? Die ästhetische Evolution kann, wie wir gesehen haben, ein ausgezeichneter Quell evolutionärer Innovationen sein. Endler scheint dies selbst einzuräumen, wenn er die »Laubenvogel-Kunst« mit menschlicher Kunst vergleicht. In einem Interview mit der *New York Times* erklärte er, die optische Täuschung sei »ein Beweis, dass Laubenvögel tatsächlich Kunst erzeugen« und dass weibliche Paarungspräferenzen und männliche

217 Vgl. Kelley/Endler, »Illusions Promote Mating Success in Great Bowerbirds«.

218 Sofern die angenommenen »guten Gehirn-Gene«, dank denen die männlichen Laubenvögel diese optischen Täuschungen erzeugen können, nicht auch von Weibchen geerbt werden können und vorteilhaft für deren Überleben oder ihre Fekundität ist, entwickeln sich diese Illusionen *nicht* per se als Indikatoren »guter Gene«. Es kann sein, dass die weibliche ästhetische Selektion des männlichen Balzverhaltens neuronale Entwicklungen und Innovationen nach sich zieht, aber wenn diese neuronalen Fortschritte nur zur ästhetischen Zurschaustellung und Begutachtung genutzt werden, dann handelt es sich um rein ästhetische Innovationen. Es ist also möglich, dass der künstlerische Geist, wenn Schönheit ins Spiel kommt, koevolviert.

ästhetische Bauvorlieben »in einem ästhetischen Sinn betrachtet werden können, weil dabei Beurteilungen vorgenommen werden.«[219]

Zurück zu unserer Frage: Warum haben sich die Lauben überhaupt entwickelt? Und warum diversifizieren sie sich in verschiedenen Arten und Populationen von Laubenvögeln immer weiter? Gerry Borgia, Stephen und Melinda Pruett-Jones äußerten 1985 die Vermutung, der Bau der Lauben und die Fähigkeit des Männchens, sein Eigentum vor Diebstahl und Zerstörung durch Artgenossen zu schützen, seien Indikatoren seines Status und seiner Qualität.[220] Diese Hypothese kann jedoch nicht die komplexen Variationen im architektonischen Aufbau und den ornamentalen Präferenzen erklären, die sich bei verschiedenen Populationen und Arten entwickelt haben. Blaue Beeren sind nicht leichter oder schwerer zu verteidigen als weiße Kieselsteine.

Ab 1995 stellte Borgia dann allerdings eine überzeugende neue Hypothese für die evolutionären Ursprünge der Lauben auf.[221] Er hatte beobachtet, dass die intensiven, energischen und oft gewalttätigen Balzrituale männlicher Laubenvögel die besuchenden Weibchen häufig erschreckten oder ängstigten. Wenn sich ein Weibchen auf dem Hof niederlässt, um das Männchen und seine Dekorationen aus der Nähe zu betrachten, setzt es sich jedes Mal der Gefahr der sexuellen Belästigung und der erzwungenen Kopulation aus. Sobald es in der Laube sitzt, sieht die Sache freilich anders aus. Borgia vermutete, dass sich der Laubenbau aufgrund von weiblichen Präferenzen für den *Schutz* vor sexueller Nötigung, körperlicher Belästigung und erzwungenen Kopulationen entwickelt hat. Er führte zahlreiche Beispiele aus der biologischen Feldforschung an, die diese Hypothese der »Bedrohungsreduktion« stützten. Es gibt viele Beobachtungen, die diese Funktion der Laube dokumentieren. Wenn ein Männchen beispielsweise versucht, sich mit einem Weibchen in einer Allee-Laube zu paaren, bevor dieses seine Bereitschaft signalisiert hat, fliegt das Weibchen nach vorne weg, sobald das Männchen es von hinten zu besteigen versucht; besucht das Weibchen

[219] Sindya N. Bhanoo, »Observatory. Design and Illusion, to Impress the Ladies«, in: *New York Times*, 24.1.2012, S. D3. Ich werde im zwölften Kapitel auf das Thema tierische Kunst zurückkommen.
[220] Vgl. Gerald Borgia u. a., »The Evolution of Bower-Building and the Assessment of Male Quality«, in: *Zeitschrift für Tierpsychologie* 67 (1985), S. 225–236.
[221] Vgl. Gerald Borgia, »Why Do Bowerbirds Build Bowers?«, in: *American Scientist* 83 (1995), S. 542–547.

eine Maibaum-Laube, kann es auf dem Rundweg seitlich weghüpfen, wobei der Maibaum immer schützend zwischen ihm und dem Männchen steht.

Zur weiteren Stützung seiner Hypothese beschrieb Borgia die extrem abrupte Balz des Zahnlaubenvogels, dessen schlichter, offener, mit Blättern dekorierter Balzplatz keine Laube und damit nichts hat, um das Weibchen zu beschützen.[222] Sobald ein Zahnlaubenvogel-Weibchen den Hof eines Männchens betritt, wird es von diesem unverzüglich und aggressiv besprungen. Der längste beobachtete Weibchenbesuch auf dem Balzhof eines Zahnlaubenvogel-Männchens dauerte 3,8 Sekunden.

Das Weibchen dieser Vogelart hat also weder die Möglichkeit, das Männchen noch dessen Schmuck aus der Nähe zu betrachten und muss daher seine Partnerwahl anhand von Beobachtungen aus der sicheren Entfernung von mehreren Metern treffen. Aus dieser Entfernung hat es keine Chance, die ästhetische Komplexität der Anlage einzuschätzen, so dass für das Männchen keine evolutionäre Notwendigkeit besteht, eine aufwendigere Balzvorführung zu entwickeln. Wenn das Weibchen den Hof erreicht, ist es schon zu spät, um noch eine abgewogene, fundierte Entscheidung zu treffen. Seidenlaubenvogel-Weibchen sitzen dagegen oft mehrere Minuten lang in der Allee der Laube, um dem Männchen aus extrem kurzer Distanz beim Balzen zuzuschauen. Durch die Architektur der Laube geschützt, haben sie hier die Möglichkeit, ihren Partner aus nur wenigen Zentimetern Entfernung zu begutachten und auszuwählen; dementsprechend sind die Vorführungen der Männchen so komplex, dass sie einer solchen gründlichen Inspektion gerecht werden.

Borgia führte mit seinen Studenten mehrere sehr kreative Versuche durch, um die »Bedrohungsreduktionshypothese« der Laubenevolution zu überprüfen. So untersuchte er gemeinsam mit Daven Presgraves die Funktion der einzigartigen »Boulevards« der Fleckenlaubenvögel, bei denen die Alleen breit sind und die Laubenwände nicht aus einer dichten Masse von Ästen bestehen, sondern eher durchsichtigen Leinwänden gleichen, die aus dünneren Zweigen und Stroh gebaut sind.[223] Wegen der Breite der Alleen und der Transparenz der seitlichen Begrenzungen können die Weibchen in der Laube sitzen und sich die Balzauf-

222 Vgl. ebd.
223 Vgl. Gerald Borgia, Daven C. Presgraves, »Coevolution of Elaborated Male Display Traits in the Spotted Bowerbird. An Experimental Test of the Threat Reduction Hypothesis«, in: *Animal Behaviour* 56 (1998), S. 1121–1128.

führungen der Männchen *durch* die dünnen Strohwände anschauen. Borgia und Presgraves beobachteten, dass der größere physische Schutz für die Weibchen mit einem männlichen Balzverhalten korrelierte, das lauter, energischer und aggressiver war als bei anderen Laubenvögeln. Zum Balzrepertoire gehört eine hastige, rasante Bewegung zur Seite, bei der die Männchen manchmal sogar mit ihrem Körper gegen die Laube prallen. Als im Experiment eine zufällig ausgewählte Wand in jeder Laube zerstört wurde, balzten die Männchen trotzdem und die Weibchen beobachteten sie dabei, allerdings nicht durch die neu entstandene Öffnung, sondern durch die verbliebene *intakte* Seitenwand der Laube. Dies stützt die Hypothese, dass die einzigartige architektonische Neuerung der Fleckenlaubenvögel dazu dient, den Weibchen ein stärkeres Gefühl der Sicherheit zu geben, während sie den hyperaggressiven Balzvorführungen der Männchen zuschauen. Klar ist auch, dass sich das überaus aggressive und stimulierende Balzrepertoire der Fleckenlaubenvogel-Männchen in *Koevolution* mit der erhöhten Sicherheit entwickelt hat, die ihre spezielle Laubenarchitektur bietet.

Borgias Bedrohungsreduktionshypothese ist wahrhaft revolutionär.[224] Sie bringt eine völlig neue Dimension der komplexen zwischengeschlechtlichen Interaktionen ins Spiel, die bis dahin in der Literatur über sexuelle Selektion und Partnerwahl kaum eine Rolle gespielt hat. Die beobachteten Verhaltens- und Bauweisen des männlichen Fleckenlaubenvogels haben sich nach Borgia als Lösung eines psychologischen Konflikts entwickelt, den die Weibchen erlebten; die architektonische Innovation der Lauben löst das Problem, dass die Weibchen sich vor dem aggressiven Balzverhalten der Männchen, die sie eigentlich bevorzugen, fürchten.[225]

Ich halte es allerdings für wahrscheinlicher, dass sich die Bedrohungsreduktion als Reaktion auf einen nicht nur psychologischen, sondern tiefergehenden sexuellen Konflikt entwickelt.[226] Um dies zu untersuchen, kehren wir noch einmal zum männlichen Zahnlaubenvogel und seinen schlichten Dekorationen aus großen, auf dem Hof verstreuten Blättern zurück. Auf der Grundlage dessen, was es aus der Entfernung von einigen Metern sieht, entscheidet das Zahnlaubenvogel-Weibchen, ob es den Hof des Männchens besucht oder nicht. Wenn

---

[224] Das Thema wird ausführlich behandelt in Richard O. Prum, »The Role of Sexual Autonomy in Evolution by Mate Choice«, in: Thierry Hoquet (Hg.), *Current Perspectives in Sexual Selection. What's Left After Darwin?*, New York 2015, S. 237–262.

es sich dafür entscheidet, wird es umgehend bestiegen und begattet. Im Laufe der Zeit könnten die Weibchen – weil Schönheit nun einmal passiert – Vorlieben für ausgefallenere oder spezifische Hofdekorationen entwickeln. Diese ästhetischen Neuerungen mögen zwar sehr angenehm sein, doch ein Weibchen, das sie präferiert, steht nun vor einer neuen Herausforderung: Eine komplexere Hofdekoration zwingt es dazu, *näher* an den offenen männlichen Balzplatz heranzutreten, um die Ornamente wirklich beurteilen zu können und dann zu entscheiden, ob es sich mit deren Schöpfer paaren will. Wenn es jedoch zu nahe kommt, setzt es sich aufgrund des überfallartigen Paarungsstils männlicher Zahnlaubenvögel dem Risiko der erzwungenen Kopulation aus, ob es sich nun dafür oder dagegen entschieden hat. Eine erzwungene Kopulation führt zu Nachkommen, die nicht die männlichen Verhaltensmerkmale erben, die dieses und auch *andere* Weibchen präferieren. Männliche Nachkommen mit solchen weniger bevorzugten Merkmalen werden sexuell unpopulär sein. Wie wir am Beispiel der Wasservögel gesehen haben, sind dies die indirekten, genetischen Kosten des sexuellen Konflikts.

Anders als bei den Enten hat dies bei den Laubenvögeln jedoch nicht zu einem kostspieligen Wettrüsten zwischen Männchen und Weibchen geführt. Statt Abwehrmechanismen zu entwickeln, selektierten die Weibchen *ästhetische Merkmale* der Männchen, welche die weibliche sexuelle Autonomie stärken und die Gefahr und die Kosten der sexuellen Nötigung verringern. Diese andersartige evolutionäre Antwort auf den Geschlechterkonflikt ist ein Beispiel für den Prozess, den ich als ästhetische Umbildung bezeichne – die ästhetische Koevolution von Balzmerkmalen und Präferenzen, die zu einer größeren sexuellen Wahlfreiheit führt.

Bei den Laubenvögeln geschah die ästhetische Umbildung in Form von Innovationen der männlichen

225 Gerry Borgia stimmt zwar zu, dass der Ursprung der Selektion weiblicher Präferenzen ein indirekter genetischer Vorteil der Kontrolle über die Vaterschaft ist, doch betrachtet er das Ergebnis als ein evolutionäres Aushandeln männlicher und weiblicher Interessen. Es gibt jedoch meiner Meinung nach ausreichend Belege dafür, dass sich Weibchen dahingehend entwickelt haben, bei der Entscheidung über die Befruchtung und die Vaterschaft vollständige Freiheit zu erlangen. Die Männchen bauen Lauben, sammeln und arrangieren Dekorationsgegenstände, singen und prahlen vor weiblichen Besuchern, weil die Weibchen sie genau daraufhin selektiert haben. Ihnen bleibt gar nichts anderes übrig. Indem die Weibchen über die Maßstäbe der Schönheit bestimmen und indem sie solche Schönheitsmaßstäbe entwickeln, die die weibliche Autonomie stärken, haben sie fast vollständig die Kontrolle über das Ergebnis der sexuellen Selektion erlangt.
226 Vgl. Prum, »The Role of Sexual Autonomy«.

Balzhöfe. Wie immer bei solchen Veränderungen begannen sie wahllos und entwickelten sich dann allmählich weiter. Vielleicht hat ein früher Vorfahre der Laubenbauer beim Ausschmücken seines Balzplatzes zusätzlich zu seinem Standardrepertoire an grünen Blättern noch ein paar Stöckchen gesammelt. Einfache Variationen bei der Anordnung der Stöckchen könnten dann zum Bau eines rudimentären Schirmes geführt haben, der dem Weibchen als Rückzugsort gedient haben könnte, um sich vor sexueller Belästigung zu schützen. Der Stöckchen sammelnde Vogel hätte sich somit in der Damenwelt beliebt gemacht, weil seine Ur-Laube den Weibchen eine bessere Möglichkeit zur Entscheidungsfindung geboten hätte. Und weil es sexuell vorteilhaft war, den Weibchen die ästhetischen Bauten zu verschaffen, die sie bevorzugten, werden in der Folge immer mehr Männchen damit begonnen haben, Lauben zu konstruieren. Im Laufe der Zeit entwickelten sich dann die verschiedenen Laubentypen mit Alleen und Maibäumen, die den Weibchen in unterschiedlicher Form jeweils größeren Schutz boten. Weibchen, die solche Lauben aufsuchten, konnten sich sicher fühlen und in Ruhe die Männchen und ihre Balzplätze begutachten. Je besser die Möglichkeit zur subjektiven sensorischen Erfahrung und Beurteilung wurde, desto stärker wurde auch das Gewicht der sexuellen Selektion auf Basis der physischen Erscheinung und des Balzverhaltens der Männchen selbst sowie der architektonischen und ornamentalen Merkmale des erweiterten Phänotyps, den sie entwickelt hatten. In der Folge nahmen die männlichen Darbietungen, Laubenkonstruktionen und Dekorationen in Koevolution mit den weiblichen Präferenzen immer elaboriertere, komplexere und artspezifischere Formen an.

Wie die adaptive Partnerwahl läuft der ästhetische Umbildungsprozess über eine Korrelation zwischen männlichem Ausdrucksverhalten und einem Aspekt des männlichen Phänotyps.[227] Bei der ästhetischen Umbildung geht es allerdings *nicht* um die Korrelation mit guten Genen oder direkten Vorteilen, sondern um die Korrelation mit einer Erweiterung der weiblichen sexuellen Autonomie. Stellen wir uns eine Population vor, in der fünfzig Prozent der Be-

---

227 Um die Sache für den Leser zu vereinfachen, habe ich die Verbindung zwischen dem Ausdrucksmerkmal und der phänotypischen Eigenschaft, die zu einer Verstärkung der weiblichen sexuellen Autonomie führt, als eine Korrelation beschrieben, was allerdings unpräzise ist. In Wirklichkeit handelt es sich um eine Kovarianz, bei der bestimmte genetische Variationen des Merkmals in einem Individuum gemeinsam mit genetischen Variationen der Autonomie verstärkenden phänotypischen Eigenschaft auftreten.

fruchtungen durch Weibchenwahl bestimmt werden und die anderen fünfzig Prozent durch männliche sexuelle Gewalt. Sollte nun ein Aspekt des männlichen Ausdrucksverhaltens aufkommen, das den sexuellen Zwang abmildert – etwa jene Anhäufung von Stöckchen in Form einer Ur-Laube, die ich oben hypothetisch angenommen habe – werden die Weibchen eine Präferenz für dieses neue Merkmal entwickeln. Die Präferenz wird sich in der gesamten Population entwickeln, weil eine Zunahme der Frequenz dieses Merkmals eine Erhöhung des Anteils der durch Weibchenwahl bestimmten Befruchtungen und damit einen höheren Anteil von Weibchen, die den indirekten genetischen Kosten der sexuellen Nötigung entgehen, zur Folge hat. Auf diese Weise überwindet die ästhetische Umbildung den sexuellen Konflikt, indem sie das Zwang ausübende männliche Verhalten auf dem Wege der Partnerwahl in eine sozialverträglichere, ästhetische Form verwandelt.

Sind die Lauben ästhetische Gebilde? Absolut. Bieten die Lauben Schutz? Ja, durchaus. Und dass sie Schutz bieten, ist genau der Grund, warum sie sich zu derartiger ästhetischer Komplexität und Vielfalt entwickelt haben. Die evolutionäre Funktion der Laube besteht im Wesentlichen darin, ein Setting zu schaffen, in dem die ästhetische Beurteilung durch das Weibchen stattfinden kann und das dieses zugleich vor Vergewaltigung schützt. Sobald die Wahlfreiheit der Weibchen sichergestellt ist, haben sie freie Hand, um ihren ästhetischen Vorlieben für immer vielfältigere und komplexere Formen der Schönheit nachzugehen.

Die Laube fungiert ebenso als *Objekt* der Wahl wie als *Vergrößerung* der Wahlfreiheit und erzeugt damit eine neuartige, sich immer mehr verstärkende ästhetische evolutionäre Rückkopplung. Sobald die Weibchen ihre sexuelle Autonomie sichergestellt haben, entwickeln sich ihre Präferenzen *koevolutionär* mit den männlichen Verhaltensweisen und Dekorationen weiter, was zu immer komplexeren, ästhetisch einheitlichen Bauten und Darbietungen führt. Wie eine Oper sprechen die Laubenaufführungen mehrere Sinne gleichzeitig an, sie bieten Gesang und Tanz in einem Theater mit farbenprächtigen Bühnenausstattungen und Requisiten, ja sogar einen komfortablen Sitz in der ersten Reihe, von dem aus das Weibchen die Show betrachten kann und auch schnellen Zugang zum »Notausgang« hat, falls die ganze Sache zu heiß wird. Am Beispiel des Fleckenlaubenvogels haben wir gesehen, dass die Evolution von ästhetischen/physischen Mechanismen, die das Weibchen vor Nötigung schützen, auch die Koevolution von zunehmend aggressiven und stimulierenden männlichen Verhaltensweisen zulassen kann, weil das Weibchen sie genießen kann, ohne physisch oder sexuell bedroht zu sein. Die Wahlfreiheit hat bei den Laubenvögeln den Prozess der ästhetischen Radiation stark beschleunigt.

Die ästhetische Umbildung des männlichen Balzverhaltens eröffnet eine völlig neue Möglichkeit der Entwicklung von sexueller Schönheit aus dem gewalttätigen männlichen »Biest«. Es ist freilich wichtig zu betonen, dass dieser Evolutionsprozess nicht entsteht, weil die Weibchen weniger aggressive Männchen bevorzugen, die sie körperlich oder sozial beherrschen können. In dem Moment, in dem sie ihre Wahl ausüben, *besitzen* die Weibchen bereits Autonomie und entwickeln keine Vorlieben für Schwächlinge. Die weiblichen Laubenvögel haben vielmehr Präferenzen entwickelt, welche die Chancen für alle Weibchen erhöhen, ihre uneingeschränkte Wahlfreiheit nach ihren ästhetischen Wünschen auszuüben.

Als Studentin von Gerry Borgia entwickelte Gail Patricelli ein faszinierendes und einzigartiges Forschungsprogramm zur Überprüfung der Bedrohungsreduktionshypothese.[228] Beim Betrachten von Videoaufnahmen der Besuche weiblicher Seidenlaubenvögel in männlichen Lauben fiel Patricelli und Borgia auf, dass die Weibchen sich häufig vor dem aggressiven männlichen Imponiergehabe erschreckten oder ängstigten. Dabei schienen sie den Männchen den Grad ihres Unbehagens mitteilen zu können, indem sie sich tief in der Laube verkrochen. Weiter beobachteten die Forscher, dass die Männchen, die ihr Verhalten entsprechend mäßigten, sexuell *erfolgreicher* waren.

---

[228] Vgl. Gail L. Patricelli u. a., »Male Displays Adjusted to Female's Response«, in: *Nature* 415 (2002), S. 279 f.; dies., »Multiple Male Traits Interact. Attractive Bower Decorations Facilitate Attractive Behavioural Displays in Satin Bowerbirds«, in: *Proceedings of the Royal Society of London B* 270 (2003), S. 2389–2395; und dies., »Female Signals Enhance the Efficiency of Mate Assessment in Satin Bowerbirds (*Ptilonorhynchus violaceus*)«, in: *Behavioral Ecology* 15 (2004), S. 297–304.

[229] Ein weiteres Forschungsergebnis war, dass die Duldung des intensiven männlichen Balzverhaltens seitens der Weibchen nichts mit der Reihenfolge der Besuche oder der Bekanntheit bestimmter Männchen aus früheren Brutzeiten zu tun hatte. Der beste Prädiktor für die weibliche Tolerierung des ungestümen Balzverhaltens war vielmehr die tatsächliche Attraktivität des Männchens sowie die Qualität seiner Dekorationen und seiner Laube. Vgl. Patricelli u. a., »Female Signals Enhance the Efficiency of Mate Assessment in Satin Bowerbirds«.

Um ihre Beobachtungen zu überprüfen, konstruierte Patricelli ein ferngesteuertes Robotermodell eines Laubenvogel-Weibchens, das sie »Fembot« taufte. Die Bewegungen der Fembots beim Stehen, Ducken, Kopfdrehen und Aufplustern sahen so echt aus, dass die Männchen sich komplett täuschen ließen, wie die Videoaufnahmen beweisen, auf denen zu sehen ist, wie sie mit den Fembots kopulieren. Indem Patricelli diese in der Laube platzierte und ihre Haltungen und Bewegungen steuerte, konnte sie drei Hypothesen bestätigen: (1) Weibliche Seidenlaubenvögel teilen den balzenden Männchen den Grad ihres Wohlbefindens mit, indem sie sich ducken und verkriechen; (2) einige Männchen passen ihre Balzintensität an, um die Weibchen zu beruhigen; (3) Männchen, die fähig sind, ihr Balzverhalten zu regulieren, damit sich die Weibchen wohler fühlen, haben letztlich den größten Erfolg beim Anlocken von Partnerinnen.[229]

Warum sollten sich Seidenlaubenvogel-Weibchen durch das aggressive Balzverhalten attraktiverer Männchen mit ansprechenderen Lauben weniger bedroht fühlen? Wenn es um die indirekten, genetischen Kosten der sexuellen Nötigung geht – männliche Nachkommen, die weniger attraktiv für Paarungspartner und damit weniger geeignet sind, die Gene des Weibchens weiterzuvererben –, dann ist es aus evolutionärer Sicht *erwartbar*, dass die Weibchen sich mit den Risiken, die ein attraktives Männchen darstellt, wohler fühlen. Erzwungene Kopulationen durch weniger attraktive Männchen beinhalten dieselbe Gefahr körperlicher Schäden, das heißt, dieselben direkten Kosten. Die attraktiveren Männchen bedeuten dagegen ein geringeres Risiko der indirekten, genetischen Kosten der sexuellen Nötigung. Patricellis Fembot-Experimente untermauern daher die Idee, dass die Lauben dazu dienen, die Weibchen vor den indirekten Kosten der sexuellen Nötigung zu schützen.

Von Patricia Brennans künstlichen Entenvaginen bis zu Gail Patricellis Fembots führt uns die Wissenschaft der Partnerwahl auf so manchen kreativen Pfad! Und wie die Enten eröffnen uns auch die Laubenvögel ein völlig neues Verständnis der Wahlfreiheit. In diesem Fall ist die sexuelle Autonomie ein evolutionärer Motor der Schönheit.

KAPITEL 7

Erst *Bromance,* dann *Romance*

Die Erkenntnis, dass die Weibchenwahl zur Explosion der Schönheit geführt hat, wie wir sie bei männlichen Schnurrvögeln und Laubenvögeln gesehen haben, ist für sich schon außergewöhnlich. Noch erstaunlicher ist, dass weibliche Paarungsvorlieben einen nachhaltigen Einfluss auf männliche Sozialbeziehungen gehabt haben könnten – und dies obwohl die Weibchen, wie ich in diesem Kapitel darlegen möchte, vieles von dem daraus resultierenden Verhalten der Männchen gar nicht mitbekommen. Doch genau so ist es im Fall der Schnurrvögel im Laufe der Evolution geschehen. Das soziale Miteinander der Männchen in einem Schnurrvogel-Lek hat sich praktisch zu einer *Bromance* entwickelt – zu langfristigen, innigen Beziehungen untereinander, die das Konkurrenzverhalten sublimieren und abmildern. Und entstanden ist all das nach meiner Überzeugung aufgrund des weiblichen Strebens nach sexueller Selbstbestimmung.

Dass man die Weibchen als die wirkenden Kräfte bei der Entstehung der Lek-Paarung anerkennt, steht im Widerspruch zu den meisten traditionellen Annahmen darüber, warum sich das Lek-Paarungssystem entwickelt hat. Diese Möglichkeit in Betracht zu ziehen, eröffnet uns jedoch, wie wir sehen werden, produktive neue Wege zum Verständnis der Komplexität und Vielfalt des höchst ungewöhnlichen Verhaltens männlicher Schnurrvögel wie auch der unterschiedlichen sozialen Organisationsformen von Leks.

Auch wenn es 54 Schnurrvogel-Arten und damit 54 Variationen ihrer Brutweisen und Sozialbeziehungen gibt, so lassen sich doch ein paar allgemeine Feststellungen über die Leks dieser Gattung machen. Rufen wir uns noch einmal die Grundlagen ins Gedächtnis: Leks sind Orte, an denen mehrere Männchen gemeinsam balzen. Innerhalb eines Leks verteidigt jedes Männchen ein eigenes Territorium, das aber bis auf die Möglichkeit zur Paarung nichts Wertvolles enthält. Je nach Art gibt es große Schwankungen, sowohl was die Größe und räumliche Ausdehnung dieser Territorien als auch ihre Anzahl innerhalb des Leks (von einigen wenigen bis zu mehreren Dutzend) angeht. Bei einigen Spezies sind die Territorien nur etwa einen bis fünf Quadratmeter groß, bei anderen können sie auch über zehn Quadratmeter messen. Bei manchen sind die Territorien dicht bevölkert und nah beieinander, bei anderen weiter verstreut. Bei manchen Arten verteidigen die Männchen »solitäre« Lek-Gebiete, die so weit auseinander liegen, dass zwischen ihnen kein Sicht- und Hörkontakt besteht. Die Männchen besetzen ihre Territorien zwischen vier und neun Monate im Jahr, manche Populationen sind sogar fast das ganze Jahr im Lek, außer wenn die Männchen in der Mauser sind. Neben den Schnurrvögeln haben sich Leks auch bei einer Vielzahl anderer Vögel, bei verschiedenen Insekten, Fischen, Fröschen und Salamandern sowie bei einigen Huftieren und Flughunden entwickelt.[230]

Die Verwirrung über das Wesen und die Funktion von Leks reicht zurück bis zu Darwin selbst, der in seiner Einschätzung gespalten war. Er diskutiert das Lek-Verhalten von Vögeln in mehreren Abschnitten von *Die Abstammung des Menschen*. In dem Unterkapitel »Gesetz des Kampfes« interpretiert er es im Kontext der Männchen-Konkurrenz, was bis zum heutigen Tag die gängige Auffassung innerhalb der Evolutionsbiologie ist.[231] In den Abschnitten »Vocal- und Instrumentalmusik« sowie »Liebesgeberden und Tänze« beschreibt er Vögel mit Lek-Verhalten dagegen im Zusammenhang mit der Weibchenwahl.[232] Über ein Jahrhundert lang nahm Darwin eine Außenseiterstellung ein, indem er überhaupt die Möglichkeit in Betracht zog, dass Leks etwas mit der Weibchenwahl zu tun haben könnten.

In Ermangelung einer Arbeitstheorie der Weibchenwahl oder der sexuellen Autonomie ist es nicht verwunderlich, dass in der Forschung über den evolutionären Ursprung von Leks deren Organisation bisher im Allgemeinen ausschließlich als Phänomen der Männchen-Konkurrenz betrachtet worden ist –

---

[230] Eine gute Übersicht über die Vielfalt und Evolution von Leks bietet Höglund/Alatalo, *Leks*.
[231] Vgl. Darwin, *Die Abstammung des Menschen*, Bd. II, S. 37–46.
[232] Vgl. ebd., S. 46–64.

als ein Ergebnis des männlichen Kampfes um Dominanz und Kontrolle. Die traditionelle Hypothese lautet, dass die Männchen innerhalb eines Leks untereinander rituelle Kämpfe ausfechten, um eine Hierarchie festzulegen, und die Weibchen sich damit abfinden, sich mit dem dominanten Männchen zu paaren. Damit gewännen die Weibchen für sich das Männchen, das per definitionem »das Beste« sei, weil es sich seinen Weg an die Spitze der Hierarchie erkämpft habe. Diese Hypothese passte gut zur Wallace'schen Idee, dass die sexuelle Selektion immer eine Form der adaptiven natürlichen Selektion ist.

Seinen extremsten Ausdruck hat die Erklärung des Lek-Verhaltens mit der Männchen-Konkurrenz möglicherweise in dem beliebten ornithologischen Lehrbuch gefunden, das ich als Student benutzte: *The Life of Birds* von Carl Welty, einem Professor am Beloit College in Wisconsin. Welty verglich darin die Leks von Vögeln mit dem Ius primae noctis (oder Recht der ersten Nacht) des europäischen Mittelalters, nach dem ein Grundherr das Recht hatte, bei Hochzeiten innerhalb seines Herrschaftsgebietes die erste Nacht mit der Braut zu verbringen.[233] Mit dieser schreiend schiefen Analogie gelang Welty das Kunststück, eine möglicherweise mythische kulturelle Gepflogenheit des Menschen, die für die größtmögliche Verneinung der weiblichen Selbstbestimmung steht, mit einem Sozialsystem der Vögel – dem polygynen Lek – gleichzusetzen, das, wie wir noch sehen werden, vielleicht das beste Beispiel für angewandte weibliche sexuelle Autonomie überhaupt ist.

Die Verhaltensökologen Steve Emlen und Lew Oring machten sich 1977 in einem einflussreichen Artikel für die traditionelle Wettbewerbstheorie der Leks stark und beschrieben diese Balzarenen als »ein Forum der Männchen-Konkurrenz«, welches es den Weibchen ermögliche, »in erster Linie auf der Grundlage des männlichen Status zu wählen«.[234] Da ihnen das offensichtliche evolutionäre Problem an dieser Theorie nicht verborgen blieb – was sollte es den Männchen bringen, sich einem Lek anzuschließen, wenn die meisten von ihnen als Verlierer aus dem Konkurrenzkampf hervorgingen? –, lieferten Emlen und Oring eine plausibel klingende Erklärung. Sie vermuteten, dass die Männchen, indem sie sich versammeln, um ihre Werbesignale zu bündeln, ihre Einladung an die

[233] Vgl. Joel Carl Welty, *The Life of Birds*, New York ³1982, S. 304.
[234] Stephen T. Emlen, Lewis W. Oring, »Ecology, Sexual Selection, and the Evolution of Mating Systems«, in: *Science* 197 (1977), S. 215–223.

Weibchen lauter äußern können, so dass sie weiter reicht und insgesamt mehr Weibchen pro Männchen anlockt, als wenn jedes nur für sich selbst werben würde. Der Verhaltensforscher Jack Bradbury zeigte jedoch kurz darauf, dass die Männchen eigentlich nichts gewinnen können, wenn sie ihre visuellen und akustischen Balzsignale vereinen.[235] Größere Gruppen balzender Männchen machen zwar insgesamt lauter Werbung als kleinere, doch diese Lautstärkeerhöhung ist nur inkrementell, das heißt, sie steht im direkten Verhältnis zur Anzahl der Männchen. Daraus folgt, dass zusätzliche Männchen, die sich einem Lek anschließen, das effektive Verbreitungsgebiet des Leks *pro Männchen* nicht vergrößern. Der Anschluss an ein Lek bedeutet für ein einzelnes Männchen keinerlei Nettogewinn in Bezug auf seine Reichweiteneffizienz oder die Anzahl von Weibchen, die es anlocken kann.

Wenn die Männchen von der Bündelung ihrer Balzbemühungen gar nicht profitieren, welchen anderen Grund könnte es dann geben, sich einem Lek anzuschließen? Bradbury und andere schlugen mehrere mögliche Modelle vor, die von der Überlegung ausgingen, welche Vorteile das Lek-Verhalten den Männchen unter Umständen bieten könnten. So prognostiziert das »Hotspot-Modell«, dass Männchen, die sich in Gebieten versammeln, in denen viele Weibchen nach Futter suchen, ihre Aussichten erhöhen, auf Weibchen zu treffen.[236] Dann gibt es das »Hotshot-Modell«, welches besagt, dass Männchen, die sich Territorien in der Nähe von anderen, besonders attraktiven Männchen sichern – den »Hotshots«, die überdurchschnittlich viele Weibchen anlocken –, profitieren, weil sich einige dieser Weibchen stattdessen mit ihnen paaren könnten.[237]

Die Beweislage für beide Modelle ist allerdings dürftig. Eine Reihe jüngerer Studien, bei denen aufregende neue wissenschaftliche Werkzeuge und Techniken wie Radiotracking oder molekulare Fingerabdrücke mit der guten alten und effizienten Nestsuche

---

[235] Vgl. Jack W. Bradbury, »The Evolution of Leks«, in: Richard D. Alexander, Donald W. Tinkle (Hg.), *Natural Selection and Social Behavior. Recent Research and Theory*, New York 1981, S. 138–169. Bradbury zeigte, dass ein Anwachsen der Anzahl an Männchen die Lautstärke der Gruppenwerbung linear ansteigen ließ. Die Stärke des Signals ist jedoch umgekehrt proportional zum Quadrat seiner Entfernung von der Quelle. Diese linearen Lautstärkezunahmen reichen folglich nicht aus, um den aktiven Bereich des Leks pro Männchen zu erhöhen und jedem Männchen eine proportionale Zunahme an Weibchenbesuchen zu bescheren.

[236] Vgl. Jack W. Bradbury u. a., »Hotspots and the Dispersion of Leks«, in: *Animal Behaviour* 34 (1986), S. 1694–1709.

[237] Vgl. Bruce M. Beehler, Mercedes S. Foster, »Hotshots, Hotspots, and Female Preference in the Organization of Lek Mating Systems«, in: *The American Naturalist* 131 (1988), S. 203–219.

kombiniert wurden, legt nahe, dass die Theorien schlichtweg falsch sind. So fanden beispielsweise Renata Durães und ihre Kollegen heraus, dass sich die Leks einiger Blauscheitelpipras (*Lepidothrix coronata*) tatsächlich in Gebieten befanden, die stark von Weibchen frequentiert wurden.[238] Entgegen der Hotspot-Hypothese waren diese Leks jedoch nicht größer, sondern kleiner als Leks in Gebieten mit weniger Verkehr. In einer Folgestudie sammelte und analysierte Durães die genetischen »Fingerabdrücke« der Männchen und Weibchen einer Blauscheitelpipra-Population.[239] Sie fand unglaubliche 66 aktive Nester und nahm molekulare Fingerabdrücke der Nestlinge, um die Vaterschaft zu bestimmen. Dann ermittelte sie, wie weit die Weibchen von ihren Nistplätzen gereist waren, um einen Paarungspartner zu finden. Durães fand heraus, dass die meisten Weibchen kein Männchen aus dem nächstgelegenen Lek wählten, sondern im Schnitt eines aus dem *dritt*nächsten, was dem Hotspot-Modell widersprach. Sie zog daraus den Schluss, dass die Weibchenwahl weder mit dem Hotspot- noch mit dem Hotshot-Modell vereinbar war.

In den 1980er Jahren gehörten Jack Bradbury und der Evolutionsbiologe David Queller zu den ersten, die seit Darwin die Vermutung äußerten, dass die Bildung von Leks etwas mit der Weibchenwahl zu tun hat. Bradbury stellte 1981 die revolutionäre Hypothese auf, dass Leks aufgrund einer weiblichen Vorliebe für die Aggregation der Männchen entstehen.[240] Er vermutete genauer gesagt, dass die Weibchen Präferenzen für die Konzentration der Männchen in Leks entwickelten, weil sie ihre potenziellen Partner besser vergleichen konnten, wenn diese sich nah beieinander aufhielten. Die Partnersuche ist viel einfacher und bequemer, wenn es eine große Auswahl auf relativ engem Raum gibt. Es ist ein bisschen so wie das Shoppen in einem Einkaufszentrum, das es einem erspart, umständlich von einem Laden zum anderen fahren zu müssen.

David Queller ging sogar noch einen Schritt weiter und schlug ein rein ästhetisches, von der sexuellen Selektion bestimmtes Modell der Lek-Evolution vor.[241]

---

[238] Vgl. Renata Durães u. a., »Intersexual Spatial Relationships in a Lekking Species. Blue-crowned Manakins and Female Hotspots«, in: *Behavioral Ecology* 18 (2007), S. 1029–1039.

[239] Vgl. Renata Durães u. a., »Female Mate Choice Across Spatial Scales. Influence of Lek and Male Attributes on Mating Success of Blue-crowned Manakins«, in: *Proceedings of the Royal Society of London B* 276 (2009), S. 1875–1881.

[240] Vgl. Bradbury, »The Evolution of Leks«. Bradburys Weibchenwahl-Modell ist ein adaptationistisches Modell, das die natürliche Selektion weiblicher Präferenzen zur Minimierung der Kosten der Partnersuche beinhaltet.

Queller zeigte, dass sich Leks entwickeln können, wenn für die soziale Aggregation dasselbe gilt wie für jedes andere männliche Ausdrucksmerkmal – etwa die Länge des Vogelschwanzes. Sobald eine weibliche Präferenz für das Merkmal besteht, wird sich dieses auch entwickeln – in diesem Fall die Männchen-Aggregation. Zwischen der genetischen Variation der Paarungspräferenz für Leks und der genetischen Variation der Lek-Bildung entsteht eine Korrelation, so dass sich Präferenz und Merkmal in Koevolution miteinander weiterentwickeln. Nach diesem Modell ist die Lek-Evolution nur eine weitere Form von willkürlicher Schönheit, die in diesem Fall allerdings nicht die körperlichen Merkmale, sondern das männliche Sozialverhalten betrifft.

Bradbury wie Queller betrachteten Leks als Organisationen, die sich entwickelt haben, um einen Mechanismus für die Weibchenwahl zu liefern. Mit ihrer Betonung der aktiven und entscheidenden Rolle der Weibchen waren sie ihrer Zeit leider weit voraus, so dass ihre revolutionären Modelle keine große Beachtung fanden. Und nachdem das Interesse an der Evolution des Lek-Verhaltens in den 1980er und 1990er Jahren kurzzeitig einen wahren Boom erlebt hatte – wobei das Hauptaugenmerk allerdings anders als bei Bradbury und Queller den vielen Versuchen galt, das Hotspot- oder Hotshot-Modell zu stützen – nahm die Forschung zu dieser Frage in der Folge rapide ab.

Die größte Schwäche der derzeitigen Modelle der Lek-Paarung – sowohl des Modells der Männchen-Konkurrenz als auch der aktuellen Weibchenwahl-Modelle – liegt darin, dass sie sich ausschließlich auf das Lek als Ort, an dem die Paarung stattfindet, konzentrieren. Sie vernachlässigen die Tatsache, dass das Lek auch ein männliches *Sozialphänomen* ist. Leks sind nicht bloß praktische Konzentrationen von Territorien, an denen Weibchen ihre Paarungspartner finden können. Anders als die Ansammlungen konkurrierender Tankstellen oder Schnellrestaurants gleich hinter einer Autobahnausfahrt, wo man sie als Autofahrer

---

241 Vgl. David C. Queller, »The Evolution of Leks Through Female Choice«, in: *Animal Behaviour* 35 (1987), S. 1424–1432. Quellers Modell war eine einfache Adaption von Kirkpatricks haploidem Modell des Fisher-Prozesses, bei der die Lek-Größe als ein männliches Ausdrucksmerkmal behandelt wurde (vgl. Kirkpatrick, »Sexual Selection and the Evolution of Female Choice«). Ein einzelnes Männchen alleine kann natürlich nicht seine Gene für die Lek-Größe zeigen, aber in einer ausreichend großen Population mobiler Individuen können sich Gruppen von Männchen mit Genen für größere Sozialität zusammentun und Reproduktionsvorteile erhalten, wenn die Weibchen bevorzugen, sich in Aggregationen zu paaren.

leicht finden kann, sind Leks hochgradig *soziale* Organisationen, in denen sich mehrere Männchen versammeln, Reviere verteidigen, miteinander kämpfen, ein oft elaboriertes, kooperatives Balzverhalten zeigen und komplexe, dauerhafte soziale Beziehungen entwickeln, die ein Leben lang halten können.

Um zu verstehen, wie elaboriert diese Beziehungen sind, müssen wir einen Blick auf das recht bizarre Sozialleben der Männchen werfen, das sich deutlich von dem der weiblichen Artgenossen unterscheidet. Nach dem Schlüpfen und Flüggewerden leben weibliche Schnurrvögel vollkommen unabhängig voneinander. Sie haben keinerlei Sozialbeziehungen zu anderen adulten Weibchen oder Männchen außer in jenen wenigen Minuten im Jahr, in denen sie die balzenden Männchen aufsuchen, einen Partner wählen und sich mit ihm paaren. Abgesehen davon haben sie nur Beziehungen zu ihren eigenen unselbstständigen Nachkommen und diese enden, sobald die Jungen das Nest verlassen haben.

Bei den Männchen sieht die Sache vollkommen anders aus. Ihre Beziehungen zu Weibchen sind wie gesagt minimal und beschränken sich auf die kurze Zeit mit ihren Müttern im Nest, die ein- bis zweiminütigen Besuche von Weibchen, die sich während der Brutzeit in ihren Revieren blicken lassen, und – sofern sie attraktiv genug sind und es schaffen, durch ihre Balzvorführungen die Gunst eines oder mehrerer dieser Weibchen zu erlangen – die kurzen Momente der Paarung. Dafür gehen sie aber komplexe, interaktive und langanhaltende Beziehungen zu anderen Männchen ein.

Sobald die jungen Schnurrvogel-Männchen flügge werden und das Nest verlassen, ziehen sie (je nach Art) für ein Jahr oder länger umher. In dieser Zeit müssen sie in einem Lek mit anderen Männchen ein Balzrevier finden und verteidigen. Anschließend beginnen sie mit dem Aufbau der Sozialbeziehungen, die für das Lek-Verhalten charakteristisch sind. Ein Schnurrvogel-Männchen verteidigt üblicherweise in jeder Brutzeit dasselbe Territorium in demselben Lek und dies über viele Jahre und oft sein ganzes Leben lang, das ein bis zwei Jahrzehnte währen kann. Aus diesem Grund können sich diese Beziehungen über lange Zeiträume entwickeln. Die Sozialbeziehungen zwischen den Männchen eines Leks bestehen also aus *täglichen* Interaktionen, die in der Regel zehn oder mehr Jahre andauern.

Warum schließen sich die Männchen nun also Leks an? Die beste Erklärung lautet, dass sie sich verbinden müssen, weil die Weibchen dies bevorzugen. Bei polygynen Arten wie den Schnurrvögeln müssen sich die Weibchen, wie wir gesehen haben, ganz alleine um die Brutpflege kümmern. Sie bauen das Nest, legen die Eier, brüten sie aus und füttern und beschützen die Nestlinge, bis sie flügge sind. Im Gegenzug für all ihre Mühen haben sie die Kontrolle über die Befruchtung erlangt. Die Männchen haben keine andere Wahl als sich den weiblichen Vorlieben zu beugen, da ein abtrünniges Männchen, das sich weigert, einem Lek beizutreten, jede Aussicht auf Fortpflanzung verliert. Die Weibchen sind am Ruder und jegliche männliche Auflehnung endet in sexueller Bedeutungslosigkeit.

Kann man sich irgendeinen Grund vorstellen, warum unabhängig lebende Weibchen, die sich einmal im Jahr paaren, *nicht* die Art von reichhaltigen und komplexen ästhetischen/sexuellen Erfahrungen präferieren sollten, die ein Lek zu bieten hat? Warum nicht genau den Sex haben, den man sich wünscht – noch dazu in einem komplizierten, intensiven, stimulierenden Balz-Zirkus? Aus Sicht der Weibchen kann man sich das Lek wie eine Art Bordell vorstellen, nur umgekehrt, denn bedient werden hier nicht die männlichen, sondern die weiblichen Gäste. Jeder Werber um die sexuelle Gunst eines Weibchens widmet diesem eine kunstvolle Vorführung, um von ihm auserwählt zu werden. Und anders als in einem echten Bordell muss die Kundin hier noch nicht einmal bezahlen. Sie kann jedes Männchen haben, das sie will, und das ganz umsonst.

Die weibliche Präferenz für die räumliche Ansammlung von Männchen könnte anfänglich eine einfache sensorische/kognitive Neigung zu einer stärkeren, intensiveren sexuellen Stimulation gewesen sein, wie sie sich aus der Beobachtung vieler singender und balzender Männchen in kurzer Distanz ergibt. Es erscheint somit sinnvoll, dass sich das Lek-Verhalten als eine Möglichkeit, diese Art von Begehren zu stillen, entwickeln konnte. Aber wie schon gesagt sind Leks nicht einfach nur Aggregationen männlicher Balzreviere; sie sind auch Orte, an denen Männchen untereinander elaborierte Sozialbeziehungen herausgebildet haben, was zunächst eine äußerst merkwürdige evolutionäre Entwicklung zu sein scheint. Schließlich sind die Männchen fast aller Arten sexuelle Rivalen und häufig aggressiv zueinander. Dass sich unter ihnen kooperatives Verhalten entwickelt, scheint ungewöhnlich. Im Grunde ist *jede* Form von Kooperationsverhalten bei Tieren evolutionstheoretisch schwierig zu erklären. Die Evolution eines solchen Verhaltens – sei es der Altruismus bei sozialen Insekten, die Entwicklung der menschlichen Sprache oder das Phänomen der Helfer am Nest – erfordert in jedem Fall die Überwindung der beträchtlichen Hürde der Vorteile des individuellen Egoismus.

Eines ist klar: Dies ist eine riesige evolutionäre Herausforderung. Der relative Paarungserfolg eines Männchens würde zunehmen, wenn es die Paarungsversuche der anderen Männchen aggressiv stören würde. Doch solche permanenten Unterbrechungen würden das Lek zerstören. Die Weibchen wären außerstande, einen Partner auszuwählen, wenn die Männchen einander ständig rücksichtslos unterbrechen und bekämpfen würden. Wie können sich Leks also entwickeln und bestehen bleiben, wenn doch jedes egoistische Männchen großes Interesse daran hat, seine Artgenossen von der Paarung abzuhalten?

Den Schlüssel zum Verständnis dieses Rätsels liefert die Erkenntnis, dass das Stören der anderen Männchen im Lek während der Weibchenbesuche eine Form der sexuellen Nötigung ist, die sich gegen die Weibchen richtet, indem es deren sexuelle Autonomie verletzt. Im Grunde stehen sich hier zwei Evolutionsmechanismen gegenüber: die Weibchenwahl und die Männchen-Konkurrenz. Damit ersterer die Oberhand gewinnen kann, müssen die Schnurrvögel irgendwie die männliche Aggressivität in den Griff kriegen.

Wie schaffen sie das? Wie bei den Laubenvögeln haben die weiblichen Schnurrvögel ihre Paarungspräferenzen dazu eingesetzt, das männliche Verhalten so umzubilden, dass sie bekommen, was sie wollen. Bei den Laubenvögeln betrifft diese Umgestaltung die Form der Lauben, die das Weibchen vor ungewollten Kopulationen schützen, während es das Männchen begutachtet und entscheidet, ob es dieses als Vater seiner Nachkommen wählt. Männliche Laubenvögel sind nach wie vor äußerst aggressiv, nicht nur untereinander, sondern auch gegenüber den Weibchen, die sie besuchen, doch die von ihnen selbst errichteten Lauben sorgen dafür, dass sich ihre Aggressivität weniger stark auf die Wahlfreiheit der Weibchen auswirken kann.

Bei den Schnurrvögeln dagegen drückt sich der Widerstand gegen sexuellen Zwang nicht in der Architektur, sondern in einer grundlegenden Umgestaltung des Sozialverhaltens und der Organisation der Männchen aus. Diese Transformation hat zu einer starken Abnahme der männlichen Aggression geführt und dadurch die Chancen der Weibchen maximiert, zu bekommen, was sie wollen. Sie hat ebenfalls dazu geführt, dass ein stabiles Lek-Paarungssystem entstehen konnte, weil es nicht ständig durch männliche Aggression gestört wurde. Die Kämpfe und Störungen unter den Männchen sind zwar nicht ganz verschwunden, aber auf ein erträgliches Maß reduziert worden, so dass ein Gleichgewicht zwischen weiblicher Wahlfreiheit und männlicher Konkurrenz entstanden ist.

Meine Vermutung lautet daher, dass es sich beim Lek-Verhalten nicht, wie es im 20. Jahrhundert größtenteils angenommen wurde, um die Zurschaustellung männlicher Dominanzhierarchie handelt, in die das Weibchen aufgrund ihres adaptiven Nutzens einwilligt. Leks sind vielmehr das Resultat weiblicher Vorlieben für sozial kooperative, ästhetische Versammlungen von Männchen.

Welche Beweise gibt es dafür, dass Leks – insbesondere die von Schnurrvögeln – sich als kooperative soziale Phänomene entwickeln? Tatsächlich ist diese evolutionäre Hypothese nur schwer zu überprüfen. Klar ist, dass die Männchen bei Arten mit Lek-Paarung eine größere räumliche Toleranz untereinander zeigen als die anderer territorialer Vögel. Wir wissen also, dass Schnurrvögel und andere in Leks balzende Männchen mindestens eine fundamentale soziale Besonderheit aufweisen. Aber es ist schwer zu sagen, ob die Weibchenwahl für diese Veränderung des männlichen Sozialverhaltens ursächlich ist. Glücklicherweise gibt es eine bei den Schnurrvögeln häufig vorkommende, äußerst ungewöhnliche Variation des Lek-Balzverhaltens, die uns einigen Aufschluss über die grundsätzlich kooperative Natur der Lek-Systeme geben kann.

Bei vielen Schnurrvogel-Arten können die Sozialbeziehungen unter den Männchen weit über ein bloßes friedliches Miteinander hinausgehen. Vielmehr kommt es oft zu hochkomplexen koordinierten Balzvorführungen von zwei oder mehr Männchen, die mitunter jahrelanger Feinabstimmung bedürfen. Die Darbietungen können sich im Einzelnen je nach Spezies dramatisch unterscheiden, doch insgesamt ist diese Form des koordinierten und kooperativen Verhaltens ein Merkmal vieler männlicher Schnurrvögel.[242]

In ästhetischer Hinsicht herrscht also bei diesen koordinierten Balzvorführungen eine große Vielfalt; was jedoch ihre soziale Funktion angeht, so scheint es nur zwei Klassen zu geben: Zum einen gibt es koordinierte Darbietungen von männlichen Paaren, die fast immer in Abwesenheit von Weibchen aufgeführt werden. Und dann gibt es bei einer ganz bestimmten Schnurrvogel-Gattung (*Chiroxiphia*) etwas, das ich obligatorisches koordiniertes Balzverhalten nenne. Hier balzen männliche Paare oder Gruppen in Anwesenheit von Weibchen und ihre Darbietungen sind eine notwendige Voraussetzung für die Partnerwahl und die Paarung. Kein Männchen der Gattung *Chiroxiphia* kann darauf hoffen, sich zu paaren, wenn es nicht an einer solchen koordinierten Aufführung mit anderen Männchen teilnimmt.

Als Tänze sind diese aufeinander abgestimmten Balzrituale wunderbar variabel. So führen etwa männliche Gelbkopfpipras, wie schon im dritten Kapitel beschrieben wurde, paarweise eine Reihe von aufwendig choreografierten Manövern aus, nach denen sie Seite an Seite, aber einander abgewandt, mit hoch gerecktem Schnabel auf demselben Ast sitzen. Bei den Blauscheitel- und Weißstirnpipras zeigen die Männchen eine koordinierte Version derselben Balzelemente, die sie bei Weibchenbesuchen solo aufführen.[243] Bei diesen Darbietungen fliegen die Tiere im »Direktflug« oder im »Hummelflug« zwischen Schösslingen hin und her oder jagen einander knapp über dem Waldboden über einen kleinen Platz.

Paare von Goldschwingenpipra-Männchen zeigen koordinierte Versionen der in Kapitel 3 beschriebenen spektakulären Stammanflug-Vorführungen. Das erste Männchen wartet dabei auf dem Baumstamm, bis das zweite seine Anflug-Show beendet hat, und sobald dieses sich nähert, schnellt es in die Luft und macht seinen Platz auf dem Stamm frei. Dann werden die Rollen getauscht und das zweite Männchen wartet auf das erste. Die männlichen Paare, die diese koordinierten Darbietungen zeigen, können in diesem Fall benachbarte Revierhal-

[242] Das koordinierte und kooperative männliche Balzverhalten hat sich innerhalb der Familie vielfach unabhängig voneinander entwickelt. Vgl. Prum, »Phylogenetic Analysis of the Evolution of Alternative Social Behavior in the Manakins«.
[243] Vgl. Prum/Johnson, »Display Behavior, Foraging Ecology, and Systematics of the Golden-winged Manakin«.

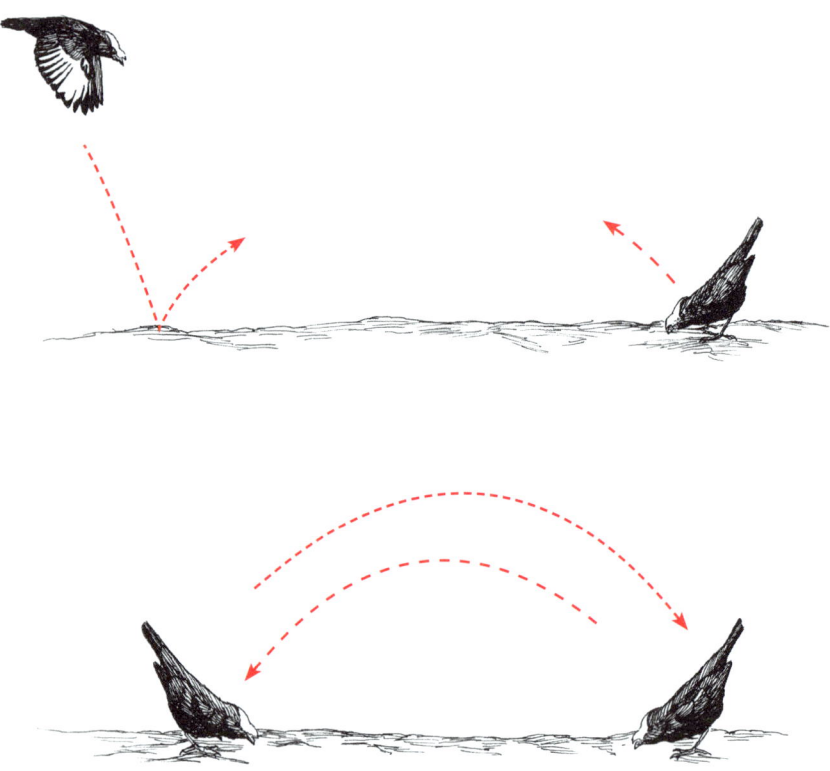

Koordiniertes Ausdrucksverhalten zweier männlicher Goldschwingenpipras. (Oben) Ein Männchen wartet mit aufgerichteten Schwanzfedern auf dem Baumstamm, während das andere den Stamm anfliegt. Wenn dieses landet und gleich wieder wegfliegt (gepunktete Linie), springt das wartende Männchen vom Stamm (gestrichelte Linie). (Unten) Die beiden Männchen kreuzen über dem Stamm und landen einander zugewandt mit aufgerichteten Schwanzfedern.

ter sein oder auch aus einem territorialen und einem jüngeren, umherstreifenden, nichtterritorialen Männchen bestehen. Keine der soeben beschriebenen Gemeinschaftsaufführungen findet während der Weibchenbesuche statt; sie funktionieren nur in den Sozialbeziehungen der Männchen untereinander.

Mit ihren Beschreibungen des koordinierten Ausdrucksverhaltens der Gattung *Pipra* haben die Ornithologen Mark Robbins, Thomas Ryder und andere unser Wissen über die Sozialbeziehungen der Schnurrvögel erweitert.[244] Zu jener Gattung gehören der Fadenpipra (*Pipra filicauda*), der Schwanzbindenpipra (*Pipra fasciicauda*) und der Rothaubenpipra (*Pipra aureola*). Ein territoriales *Pipra*-Männchen prunkt gemeinsam mit einer Reihe von Artgenossen, darunter sowohl andere Revierhalter als auch jüngere, nichtterritoriale, umherstreifende sogenannte *Floater*. Bei einer koordinierten Darbietung wartet ein territoriales Männchen typischerweise auf seinem primären Balzast, während ein anderes in einer S-Kurve angeflogen kommt, wobei es erst unterhalb und dann oberhalb des Balzastes auftaucht. Bei seiner Landung auf dem Ast stößt es einen markanten Ruf aus und verdrängt das dort sitzende Männchen. Dann wird das Ritual mit vertauschten Rollen immer wieder wiederholt. Solche koordinierten Flugschauen können mehrere Minuten ohne Unterbrechung andauern. Auch diese Vorführungen richten sich, wie die weiter oben beschriebenen, in der Regel nicht an besuchende Weibchen. Sie bedienen sich des gleichen Vokabulars wie die zwischengeschlechtliche Kommunikation – das heißt, die einzelnen Elemente der Aufführung sind dieselben, die auch ein einzelnes Männchen gegenüber einem Weibchen benutzen würde –, doch sind diese Elemente in Gemeinschaftsaufführungen eingebettet, die ausschließlich das männliche Sozialverhalten betreffen.

Alle bisher beschriebenen Verhaltensweisen gehören dem ersten, dem funktionellen Typ an – sie sind einfach nur *koordiniert*. Die zweite Klasse, das sogenannte *obligatorische koordinierte* Balzverhalten, kommt ausschließlich bei den blauen Schnurrvögeln der Gattung *Chiroxiphia* vor. Die Männchen dieser Gattung betreiben untereinander die extremste Form von präkopulativer Kooperation im gesamten Tierreich.[245] Paare oder sogar größere Gruppen von Männchen mit langjährigen Beziehungen präsentieren koordinierte Darbietungen, die meist ein *obligatorischer* Teil der Werbung um Weibchen sind.[246] Im Unterschied zu

244 Das Verhalten beschreiben David W. Snow, »The Display of the Orange-headed Manakin«, in: *Condor* 65 (1963), S. 44–48; Paul Schwartz, David W. Snow, »Display and Related Behavior of the Wire-tailed Manakin«, in: *Living Bird* 17 (1978), S. 51–78; Mark B. Robbins, »The Display Repertoire of the Band-tailed Manakin (*Pipra fasciicauda*)«, in: *Wilson Bulletin* 95 (1983), S. 321–342; Thomas B. Ryder u. a., »Social Networks in the Lek-Mating Wire-tailed Manakin (*Pipra filicauda*)«, in: *Proceedings of the Royal Society of London B* 275 (2008), S. 1367–1374; sowie Thomas B. Ryder u. a., »It Takes Two to Tango. Reproductive Skew and Social Correlates of Male Mating Success in a Lek-Breeding Bird«, in: *Proceedings of the Royal Society of London B* 276 (2009), S. 2377–2384.
245 Allgemeine Beschreibungen des Balzverhaltens und des Brutsystems von *Chiroxiphia*-Schnurrvögeln finden sich in David W. Snow, »The Display of the Blue-backed Manakin, *Chiroxiphia pareola*, in Tobago, W. I.«, in: *Zoologica* 48 (1963), S. 167–176; ders., *The Web of Adaptation*; Mercedes S. Foster, »Odd Couples in Manakins. A Study of Social Organization and Cooperative Breeding in *Chiroxiphia linearis*«, in: *American Naturalist* 11 (1977), S. 845–853; dies., »Cooperative Behavior and Social

Der koordinierte Kurvenflug eines männlichen Schwanzbindenpipra-Paares.

anderen Schnurrvögeln beobachten die Weibchen der Gattung *Chiroxiphia* diese koordinierten Vorführungen und treffen ihre Paarungsentscheidungen auf der Grundlage ihrer Bewertungen. Haben sie entschieden, welche Paar- oder Gruppenaufführung ihnen am besten gefallen hat, können sie das dominante Alphamännchen aus dieser Gruppe auswählen.

Um weibliche Besucher an den Balzplatz zu locken, singen die *Chiroxiphia*-Männchen zuerst laute, gut aufeinander abgestimmte Duette von weit höher gelegenen Ästen – *toliido ... toliido ... toliido* (oder ähnliche Silben). Wenn dann Weibchen kommen, vollführen Paare oder sogar Gruppen von Männchen ausgefeilte »Rückwärts-Bocksprünge«. Bei den meisten Arten werden diese Bocksprung-Darbietungen von zwei Männchen auf einem kleinen versteckten waagerechten Zweig in Bodennähe aufgeführt. Bei den Blaubrustpipras (*Chiroxiphia caudata*) sind es dagegen Gruppen von bis zu vier oder fünf Männchen, die dieses Verhalten zeigen [↗ Farbtafel 20]! Nachdem das Weibchen auf dem von den Männchen besetzten Balzast gelandet ist, setzt das Männchen, das ihm am nächsten ist, zum Flug an und schwebt mit aufgeplustertem rotem Schopf vor ihm in der Luft. Während es so in der Luft steht, gibt es einen lebhaften, fauchenden, zweisilbigen Ton von sich und flattert dann zurück auf den Ast an einen weiter vom Weibchen entfernten Platz. Währenddessen schiebt sich das zweite Männchen auf dem Ast nach vorne in Richtung des Weibchens, springt auf und wiederholt die Vorführung des ersten. Dieses »Bockspringen« kann von *zwanzig bis zu zweihundert* Mal wiederholt werden, je nachdem, wie gut dem Weibchen gefällt, was es geboten bekommt, und wie viele Runden es sich ansehen möchte. Am Ende stößt das Alphamännchen der Gruppe einen charakteristischen Ruf aus und das oder die rangniedrigeren Betamännchen verlassen den Ast. Das Alphatier gibt noch ein paar Extravorführungen und wenn das Weibchen dann noch da ist, paart es sich mit ihm auf dem Balzast. Das Weibchen hat während der gesamten Balzsequenz die Wahl, den Ort zu verlassen.

Die Ausführung dieser Darbietungen erfordert ein hohes Maß an Fertigkeiten und Koordination. Da die Weibchen äußerst anspruchsvoll sind, selektieren sie mit ihren Präferenzen Männchen, deren Sozialbeziehungen zu anderen Männchen lang genug währen, um ihnen ausreichend Zeit zu geben, ihre Vorstellung gründlich zu üben und etwaige Fehler auszumerzen. Es ist offenbar jahrelanges Training nötig, bis die stimmliche Koordination zwischen Männchen ein Niveau erreicht, das ausreicht, um eine Partnerin anzulocken. Die Ornithologen Jill Trainer und David McDonald konnten zeigen, dass das Timing der stimmlichen Koordination beim Gesangsduett männlicher Langschwanzpipras (*toliido ... toliido*) deren Aussichten auf sexuellen Erfolg entscheidend beeinflusst.[247]

Organization of the Swallow-tailed Manakin (*Chiroxiphia caudata*)«, in: *Behavioral Ecology and Sociobiology* 9 (1981), S. 167–177; dies., »Delayed Plumage Maturation, Neoteny, and Social System Differences in Two Manakins of the Genus *Chiroxiphia*«, in: *Evolution* 41 (1987), S. 547–558; David B. McDonald, »Cooperation Under Sexual Selection. Age Graded Changes in a Lekking Bird«, in: *American Naturalist* 134 (1989), S. 709–730; sowie Emily H. DuVal, »Cooperative Display and Lekking Behavior of the Lance-tailed Manakin (*Chiroxiphia lanceolata*)«, in: *The Auk* 124 (2007), S. 1168–1185.
246 Bei manchen Arten der Gattung *Chiroxiphia* finden auch Kopulationen ohne diese Gruppenbalz statt. So dokumentierte beispielsweise Emily DuVal, dass fast fünfzig Prozent der Kopulationen von Lanzettschwanzpipras (*Chiroxiphia lanceolata*) nach Solodarbietungen einzelner Männchen stattfanden, ohne dass es unmittelbar vorher koordinierte Balzvorführungen gegeben hätte (vgl. Emily H. DuVal, »Social Organization and Variation in Cooperative Alliances Among Male Lance-tailed Manakins«, in: *Animal Behaviour* 73 [2007], S. 391–401). Es ist jedoch nicht bekannt, ob die Weibchen zuvor schon eine Gruppenbalz derselben Männchen beobachtet hatten. Außerdem handelte es sich bei dem kopulierenden Männchen stets um ein Alphatier mit eigenem Revier, das von einem Beta-Männchen begleitet wurde; der Beta-Partner war nur beim Besuch dieses Weibchens abwesend. Männchen, die nie in Paaren oder Gruppen balzen, haben offenbar keine Aussicht auf sexuellen Erfolg. Das koordinierte Balzverhalten ist daher obligatorisch, wenn schon nicht auf der Ebene einzelner Weibchenbesuche, so doch zumindest auf der des Brutsystems.

Obligatorisches koordiniertes Balzverhalten einer Gruppe männlicher Blaubrustpipras für ein besuchendes Weibchen (auf der rechten Seite sitzend). Wenn das Männchen, das dem Weibchen am nächsten ist, aufspringt und an das hintere Astende fliegt, rutschen die anderen Männchen auf dem Ast nach vorne in Richtung des Weibchens. Das Spiel wiederholt sich Dutzende oder sogar Hunderte Male.

Diese kooperative Art des Balzverhaltens hat das gesamte Brutsystem der *Chiroxiphia*-Schnurrvögel einschneidend verändert und zu einer vollkommen neuen Form von Lek geführt. Die Männchen der Gattung verteidigen keine individuellen Territorien wie die anderen Schnurrvögel. Vielmehr wird jedes Balzrevier von einer Gruppe von Männchen kontrolliert. Dieses Team besteht aus einem dominanten Alphamännchen, das sich das Territorium mit einem untergeordneten Betamännchen – oder wie im Fall der Blaubrustpipras (*Chiroxiphia caudata*) auch mit Gamma- oder sogar Epsilonmännchen – teilt, die alle danach streben, es eines Tages als Alphatier abzulösen. Die männlichen Partnerschaften in diesen gemeinsamen Revieren sind langlebig und verfestigen sich im Laufe jahrelanger Interaktionen.

Der Weg zu einer solchen Partnerschaft ist allerdings für die Möchtegern-Alphatiere mit einigen Hürden gespickt. Die jungen Männchen müssen miteinander konkurrieren, da jedes von ihnen zum Betamännchen oder selbst zum Revierhalter aufsteigen möchte. Und bevor sie überhaupt am Wettbewerb teilnehmen können, müssen sie zuerst eine vierjährige Wartezeit durchmachen, bis sich ihr adultes Federkleid vollständig entwickelt hat. Am Anfang sehen sie wie die grünen Weibchen aus und mausern sich dann Jahr für Jahr zu einem immer männlicheren Gefieder.[248] Während dieser Zeit schließen sich die subadulten Männchen verschiedenen Gruppen an und nehmen an rudimentären Balzritualen teil. Wenn sie ihr Alterskleid bekommen, streifen die Männchen üblicherweise noch einige Jahre als Floater umher und versuchen, die Anerkennung eines Alphamännchens zu erlangen, dem sie sich als Partner anschließen können.[249] Während dieser Lehrjahre arbeiten sie kontinuierlich daran, die zeitliche Koordination ihrer Duettgesänge und -vorführungen zu verbessern.

Was bekommt nun ein *Chiroxiphia*-Männchen, wenn es denn endlich den Betastatus erreicht hat, für seine Zeit und Mühe? Tja, mit einem Weibchen paaren kann es sich immer noch nicht, weil dieses seinen Partner nur aus den verfügbaren Alphamännchen auswählt. Aber immerhin ist es jetzt in einer besseren Position, um das Alphamännchen zu beerben, falls dieses stirbt oder verschwindet – auch wenn es fünf bis zehn Jahre oder noch länger dauern kann, bis es dazu kommt. Und auch wenn ein Männchen endlich den Alphastatus erreicht hat, ist der Kampf noch nicht vorbei, denn es herrscht weiterhin ein ständiger Wettbewerb mit anderen Alphamännchen und deren Balzgemeinschaften darum, wer die meisten Partnerinnen für sich gewinnt.

Der intensive und vielschichtige Wettbewerb erzeugt die stärkste sexuelle Selektion, die je bei Wirbeltieren festgestellt wurde. David McDonald konnte beispielsweise in einer Langzeitstudie an Langschwanzpipras (*Chiroxiphia linearis*) in Costa Rica zeigen, dass einige wenige Männchen es über fünf oder mehr Jahre hinweg auf jährlich fünfzig bis hundert Kopulationen brachten, während die meisten anderen nie die Gelegenheit hatten, sich zu paaren.[250] Zu ähnlichen Ergebnissen kam die Verhaltensökolo-

[247] Vgl. Jill M. Trainer, David B. McDonald, »Vocal Repertoire of the Long-tailed Manakin and Its Relation to Male-Male Cooperation«, in: *Condor* 95 (1993), S. 769–781.

[248] Beschreibungen der Mauser bei der Gattung *Chiroxiphia* finden sich in Foster, »Delayed Plumage Maturation« und Emily H. DuVal, »Age-Based Plumage Changes in the Lance-tailed Manakin. A Two-Year Delay in Plumage Maturation«, in: *Condor* 107 (2005), S. 915–920.

[249] Wie DuVal dargelegt hat, werden einige männliche Lanzettschwanzpipras sofort zu Alphamännchen, sobald sie ihr Alterskleid bekommen haben, ohne als Betamännchen oder sonstiges gedient zu haben. Diese Jungs haben ganz offensichtlich alles, was man braucht, um in diesem sozialen Wettbewerb erfolgreich zu sein.

[250] Vgl. McDonald, »Cooperation Under Sexual Selection«.

gin Emily DuVal, die eine bemerkenswert umfassende Studie über die sexuelle Selektion bei Lanzettschwanzpipras in Panama durchführte. Durch Analysen der genetischen Fingerabdrücke von Jungvögeln im Nest zur Vaterschaftsbestimmung fand DuVal heraus, dass alle Jungen von Alphamännchen gezeugt worden waren.[251] Aus einer einzigen Alterskohorte aus 21 Männchen wurden darüber hinaus nur fünf zu Alphatieren, von denen wiederum vier für die Zeugung von 15 Nachkommen verantwortlich waren, während der Rest über einen Zeitraum von neun Jahren gar keine Nachkommen zeugte. Die Weibchen der Gattung *Chiroxiphia* haben offenbar derart starke Paarungspräferenzen, dass es weitaus mehr Verlierer als Gewinner im sexuellen Wettbewerb gibt. Die Sozialstruktur der Gattung gleicht einem gigantischen Schneeballsystem, bei dem über neunzig Prozent der Männchen verlieren *müssen*.

Warum lassen sich die Männchen also darauf ein, wenn doch die obligatorische Kooperation für die überwältigende Mehrheit von ihnen einen Totalverlust bedeutet? Der einzig mögliche Grund ist, dass die Weibchen die absolute Kontrolle haben. Die Männchen können gar nicht anders, weil es keinerlei Alternative gibt. Wie die Punktrichter bei einem Eiskunstlaufwettbewerb – oder noch besser: bei einem Stangentanzwettbewerb – für männliche Paare können die Weibchen so pingelig sein, wie sie wollen, beziehungsweise wie sie die Evolution hat werden lassen. Es ist vielleicht keine Überraschung, dass der Preis für die extremste ästhetische Darbietung an das brasilianische Team geht! Die Blaubrustpipras vollführen ihren Bocksprung-Balztanz in Gruppen von drei bis fünf Männchen in den Wäldern um die Hauptstadt des Karnevals, Rio de Janeiro, im Südosten Brasiliens. Eine solche Show bekommt man auf der ganzen Welt kein zweites Mal geboten.

Die männlichen Schnurrvögel der Gattung *Chiroxiphia* sind dem härtesten sexuellen Konkurrenzkampf ausgesetzt, der in der Natur bekannt ist. Dieser Kampf wird jedoch nicht mit Geweihen oder Aggression ausgetragen. Er erfolgt vielmehr ausschließlich durch ein ritualisiertes, kooperatives System männlicher Tänze. Die extreme Weibchenwahl hat hier aus aggressiven Konkurrenten Modesklaven in der Disco gemacht.

Koordiniertes Balzverhalten wurde traditionell (auch von mir in den 1980er Jahren) als ein Mechanismus interpretiert, mit dem die Männchen rituell eine Dominanzhierarchie aufbauen.[252] Diese Ansicht ist jedoch ein Überbleibsel der Vorstellung, dass es sich bei Leks um Orte handelt, an denen Männchen miteinander um eine solche Hierarchie konkurrieren und die Weibchen sich dann den Alphamännchen fügen. Tatsächlich spricht aber wenig dafür, dass männliche Dominanz per se zum sexuellen Erfolg bei den Schnurrvögeln beiträgt. Eine andere Erklärung für das koordinierte männliche Balzverhalten ist die Verwandtenselektion. Könnte es sein, dass die Männchen mit nahen Verwandten balzen, um den Reproduktionserfolg der Gene zu erhöhen, die sie mit ihren Halbbrüdern oder Vettern gemeinsam haben? Wohl nicht, denn wie David McDonald und Wayne Potts schlüssig nachgewiesen haben, sind die Männchen in Balzgemeinschaften von Langschwanzpipras *nicht* enger miteinander verwandt als eine Zufallsauswahl.[253] Diese und andere Erklärungen, die von Vorteilen für die Männchen ausgehen, sind schlicht unzulänglich.

Im Gegensatz dazu ist das auf der Wahl beziehungsweise sexuellen Autonomie der Weibchen beruhende Modell der Lek-Evolution in der Lage, sowohl die Entwicklung der Lek-Paarung selbst als auch die zahlreichen Varianten des sozial koordinierten Lek-Verhaltens bei den Schnurrvögeln zu erklären. Die Gruppenbalz der Schnurrvögel ist eine Weiterentwicklung des grundsätzlich kooperativen Wesens des männlichen Lek-Verhaltens im Allgemeinen. Sie ist ein weiterer Ausdruck der Zähmung der egoistischen Aggression individueller Männchen, die Leks überhaupt erst möglich macht. Und sie hat sich wahrscheinlich durch dieselben Mechanismen entwickelt, die auch die Lek-Balz hervorgebracht haben: weibliche Präferenzen für kooperative männliche Verhaltensweisen, welche die Wahlfreiheit der Weibchen stärken.

Was an dieser Hypothese auf den ersten Blick irritiert, ist, dass bei den meisten Schnurrvogelarten das koordinierte Ausdrucksverhalten der Männchen von den besuchenden Weibchen so gut wie nie direkt

---

251 Vgl. Emily H. DuVal, Bart Kempenaers, »Sexual Selection in a Lekking Bird. The Relative Opportunity for Selection by Female Choice and Male Competition«, in: *Proceedings of the Royal Society of London B* 275 (2008), S. 1995-2003.

252 Vgl. Prum, »Observations of the White-fronted Manakin« und ders., »The Displays of the White-throated Manakin«.

253 Vgl. David B. McDonald, Wayne K. Potts, »Cooperative Display and Relatedness Among Males in a Lek-Mating Bird«, in: *Science* 266 (1994), S. 1030–1032.

beobachtet wird. Die evolutionären Auswirkungen der weiblichen Vorlieben auf das koordinierte männliche Sozialverhalten müssen daher indirekt sein. Wenn aber die Weibchen dieses Verhalten gar nicht mitbekommen, warum bevorzugen sie dann Männchen, die ebendieses zeigen? Was haben sie davon?

Wie es aussieht, selektieren die Weibchen, indem sie Männchen wählen, die gut miteinander auskommen, *indirekt* Partner, die koordinierte Balzdarbietungen vorführen. Bei Männchen, die solche koordinierten Beziehungen pflegen, ist die Wahrscheinlichkeit geringer, dass sie in brutale Paarungskämpfe verstrickt sind. Die Weibchen können so Belästigungen vermeiden, die nur unnütze Zeit kosten und ihrer Partnerwahl im Weg stehen würden. Das koordinierte Ausdrucksverhalten entwickelt sich demnach, weil diese Art der Interaktion die komplexen Sozialbeziehungen unter den Männchen stärkt, die ihnen von den Weibchen aufgezwungen wurde.

Sobald das Kooperationsverhalten in der Welt ist, kann es freilich, ebenso wie andere zufällige Folgen der ästhetischen Evolution, zum Gegenstand der sexuellen Selektion werden und neuartige Paarungspräferenzen herbeiführen. Dieser Mechanismus könnte die Evolution jener einzigartigen Form des obligatorischen koordinierten Balzverhaltens erklären, die bei den Schnurrvögeln der Gattung *Chiroxiphia* zu finden ist. Vielleicht trat das koordinierte Ausdrucksverhalten der *Chiroxiphia*-Männchen bei deren Vorfahren so häufig auf, dass die Weibchen damit begannen, speziell diese stimulierende neue Form männlicher Darbietungen zu selektieren, während sich ihre Paarungspräferenzen koevolutionär mit diesen neuartigen Verhaltensweisen entwickelten. Ein einst zufälliges Sozialverhalten wurde damit zum integralen Bestandteil des Balzrepertoires und liefert uns so ein weiteres Beispiel für die evolutionäre Kaskade von Effekten, die durch die ästhetische Partnerwahl in Gang gesetzt werden kann.[254]

254 Im dritten Kapitel sahen wir schon, dass ein Vorfahr des Rotbürzelpipras zuerst die Balzpose mit aufgerichtetem Schwanz entwickelte, welche die Möglichkeit zur Evolution verlängerter Schwanzfedern schuf, die der Rotbürzelpipra bei seiner Balz präsentiert. Wir sahen aber auch, dass solche Muster nicht deterministisch sind, denn der Goldschwingenpipra zeigt zwar dieselbe Pose mit aufgerichtetem Schwanz, hat aber nie spitze Schwanzfedern entwickelt. Gleiches gilt für die Schnurrvögel der Gattung *Chiroxiphia*: Bei ihnen hat sich zwar das ursprüngliche koordinierte Ausdrucksverhalten letztlich in das obligatorische koordinierte Balzverhalten der Männchen verwandelt, eine solche evolutionäre Veränderung hat jedoch bei keiner anderen Schnurrvogel-Art stattgefunden.

Wie lässt sich die Hypothese überprüfen, dass sich die Gruppenbalz als wesentlich kooperatives Sozialverhalten durch Weibchenwahl entwickelt hat? Große Unterstützung erfährt diese Idee durch zwei interessante neue Datensätze, die eine völlig neuartige Perspektive auf die Sozialbeziehungen der Schnurrvögel eröffnen. David McDonald hat kürzlich zum ersten Mal die soziale Netzwerkanalyse genutzt, um die Beziehungen männlicher Vögel mit Lek-Verhalten nachzuverfolgen.[255] Die Netzwerkanalyse ist eine Methode zur Beschreibung der sozialen Vernetzung von Individuen; dabei werden in einem Graphen einzelne Knoten (die Individuen) durch Linien (die Beziehungen) verbunden. Strafverfolgungsbehörden, Sicherheits- und Nachrichtendienste verwenden Netzwerkanalysetools, um anhand von Mobiltelefonaufzeichnungen, E-Mails und Metadaten kriminelle und terroristische Gruppen aufzuspüren und zu verfolgen. Dieselbe Technik kann uns auch dabei helfen zu untersuchen, welche Rolle Sozialbeziehungen für den sexuellen Erfolg männlicher Schnurrvögel spielen.

Anhand der über einen Zehnjahreszeitraum gesammelten Daten von Langschwanzpipras mit ihren obligatorischen koordinierten Bocksprüngen konnte McDonald zeigen, dass der beste Prädiktor für den zukünftigen sexuellen Erfolg eines männlichen Jungvogels dessen Vernetzungsgrad in der sozialen Gemeinschaft der anderen Männchen ist.[256] Mit anderen Worten: Diejenigen jungen Männchen mit den umfangreichsten Sozialbeziehungen – also diejenigen, die am beständigsten Balzbeziehungen mit vielen verschiedenen Gruppen von Männchen unterhalten – haben die *größte Chance*, in späteren Jahren zu Alphamännchen aufzusteigen und sexuell erfolgreich zu sein. Auch Bret Ryder und seine Kollegen dokumentierten am Beispiel junger Fadenpipra-Männchen, dass der Grad ihrer sozialen Vernetzung ein starker Indikator für sozialen Aufstieg und zukünftigen sexuellen Erfolg ist.[257]

Die Daten belegen, dass der Weg zum sexuellen Erfolg bei den männlichen Schnurrvögeln über intensive Sozialbeziehungen führt – über die *Bromance* und nicht über Dominanz und Aggression. Einzelgänger und ungesellige Männchen, die mit den anderen nicht auskommen, sind die sexuellen Verlierer in einem Schnurrvogel-Lek.

[255] Vgl. David B. McDonald, »Predicting Fate from Early Connectivity in a Social Network«, in: *Proceedings of the National Academy of Sciences of the United States of America* 104 (2007), S. 10910–10914.
[256] Vgl. ebd.
[257] Vgl. Ryder u. a., »Social Networks in the Lek-Mating Wire-tailed Manakin« und Ryder u. a., »It Takes Two to Tango«.

268 DIE EVOLUTION DER SCHÖNHEIT

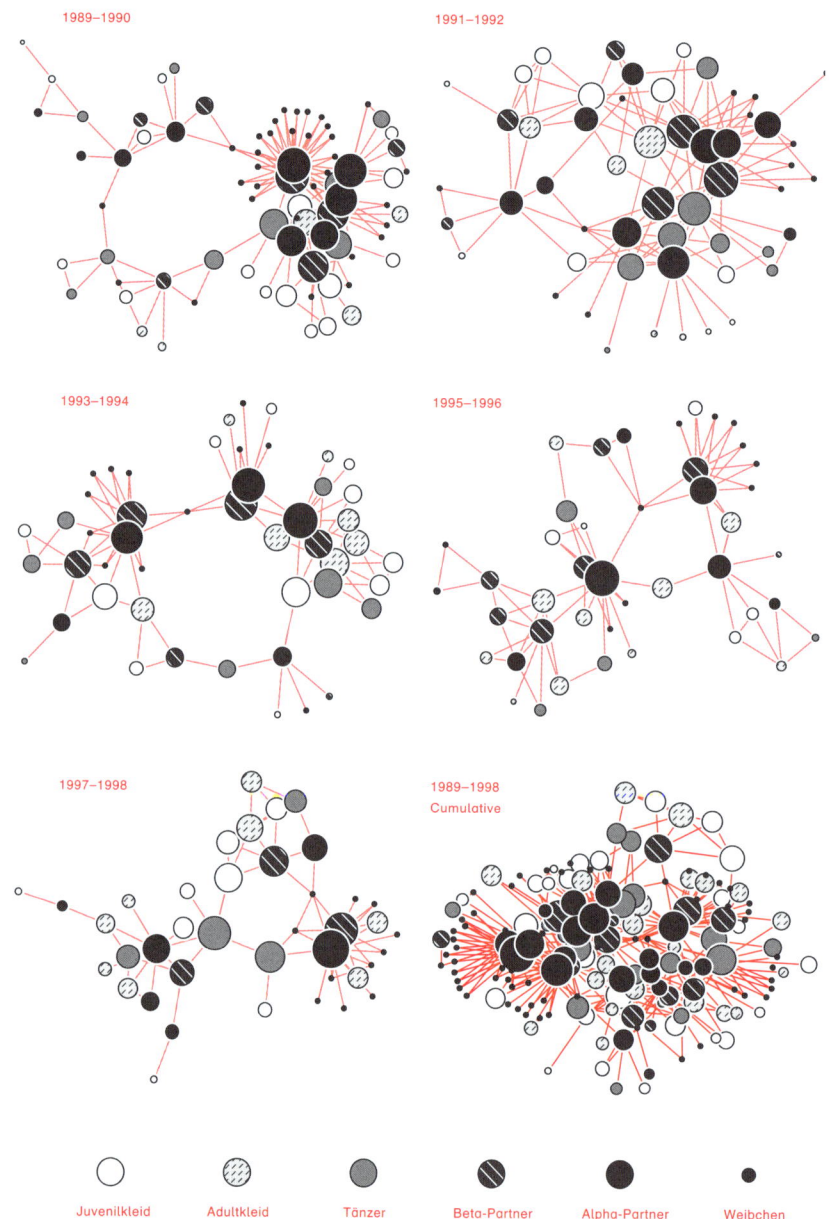

Das soziale Netzwerk männlicher Langschwanzpipras eines Jahres gemäß ihrem sozialen Status. Aus: McDonald, »Predicting Fate from Early Connectivity in a Social Network«.

Dies wirft natürlich die Frage auf, woher die weiblichen Fadenpipras eigentlich wissen, welche ihrer männlichen Artgenossen das reichhaltigste Sozialleben haben, denn schließlich bekommen sie deren koordinierte Darbietungen so gut wie nie zu Gesicht und haben vermutlich auch keinen Zugang zu ihrer Freundesliste auf Facebook. Aber auch wenn sie nur männliches Balzverhalten, das sie sehen und bewerten, *direkt* selektieren können, so selektieren sie doch auch *indirekt* Männchen mit möglichst komplexen und beständigen Sozialbeziehungen. Übung macht den Meister und daher wählen die Weibchen mit ihrer Bevorzugung der besten Darsteller zugleich vermutlich auch diejenigen Männchen, welche die vielfältigsten, häufigsten und längsten sozialen Kooperationen eingehen. Die Antwort auf die Frage, was den sozialen und sexuellen Erfolg der Schnurrvögel ausmacht, lautet also, dass es wahrscheinlich um eine Kombination aus Erbanlagen, Entwicklung und sozialer Erfahrung geht.

Bei den Schnurrvögeln haben weibliche Paarungsentscheidungen eine reine Männerwelt, die von Weibchen kaum je besucht wird, grundlegend umgestaltet, um sowohl die sexuellen Vorlieben als auch die Wahlfreiheit der Weibchen zu fördern. Die Folge war die Evolution des Leks selbst und der zahlreichen erstaunlichen Spielarten von koordiniertem männlichem Ausdrucksverhalten, das bei so vielen Arten auftritt.

Fast 150 Jahre nach Erscheinen von *Die Abstammung des Menschen* muss man fragen, ob Darwin mit seiner bereits zitierten Aussage – »Im Ganzen scheinen die Vögel unter allen Thieren die ästhetischsten zu sein, natürlich mit Ausnahme des Menschen« – womöglich nicht weit genug gegangen ist. Wenn wir die ästhetische Leistung von Individuen oder Arten danach bemessen, wie viel Energie und Aufwand sie in den ästhetischen Ausdruck stecken, dann übertreffen die Schnurrvögel den Menschen deutlich. Sämtliche männlichen Schnurrvögel – und damit die Hälfte der gesamten Spezies – verwenden den größten Teil ihrer Zeit und Energie auf das Einstudieren, Perfektionieren und Aufführen einer Reihe von aufwendig choreografierten Gesangs- und Tanznummern in Duett-, Gruppen- und Solodarbietungen. Nach Darwins Kriterien schlagen die Schnurrvögel und die Laubenvögel die Menschen um Längen!

KAPITEL 8

Beauty Happens – auch beim Menschen

Charles Darwins *Abstammung* ist im Grunde ein dickes Buch über die Evolution des Menschen mit einigen wenigen Kapiteln über Vögel und andere Tiere. Die Vögel (und anderen Tiere) schloss Darwin mit ein, um seine Hypothese zu untermauern, dass die sexuelle Selektion eine entscheidende Rolle für die Evolution des Menschen spielte. Das vorliegende Buch wählt einen ähnlichen Ansatz, nur dass das Verhältnis von Menschen zu Vögeln hier umgekehrt ist. Dieser kombinierte Ansatz ist heute noch genauso anregend und fruchtbar wie damals. Indem wir die Kenntnisse über die Partnerwahl nutzen, die wir durch unsere Untersuchung der Vogel-Evolution erworben haben, können wir zu einem viel breiteren Verständnis darüber gelangen, inwieweit die Partnerwahl das Erscheinungsbild und das Sexualverhalten unserer eigenen Spezies beeinflusst hat.

Die Kräfte, deren Wirken wir bei den Vögeln beobachtet haben – willkürliches Auftreten der Schönheit, Geschlechterkonflikt und ästhetische Umbildung – wirken auch auf den Menschen und seine Vorfahren, und die folgenden Kapitel enthalten Spekulationen darüber, wie diese Wirkungen aussehen. Ich sage »Spekulationen«, weil die ästhetische Evolution beim Menschen eine neue Wissenschaft ist und die meisten Theorien, die ich hier vorstelle, noch der weiteren Prüfung und Analyse mit Hilfe von Daten aus Vergleichsstudien und soziologischen Untersuchungen bedürfen. Wie wir jedoch am Beispiel der Vögel gesehen haben, hat die ästhetische Evolution ein großes Erklärungspotenzial, und vor allem bewahrt sie uns vor jenem ermüdenden und einengenden adaptationistischen Beharren auf der ubiquitären Macht der natürlichen Selektion.

Tatsächlich wird die Erforschung der menschlichen Partnerwahl derzeit von einem solchen Beharren dominiert, und zwar geschieht dies auf dem Feld der sogenannten evolutionären Psychologie.[258] Die gegenwärtige Evolutionspsychologie zeichnet sich durch eine verbindliche, grundlegende, oft geradezu fanatische Festlegung auf die universelle Wirksamkeit der Anpassung durch natürliche Selektion aus. Die Anwendung der Idee der Adaptation auf die menschliche Biologie ist das *Ordnungsprinzip* dieses Feldes. Ihre Vertreter sehen in menschlichen sexuellen Ornamenten und Verhaltensweisen lauter Beispiele für ehrliche Werbung und Anpassungsstrategien.[259] Es bestehen nie Zweifel darüber, was bei einer evolutionspsychologischen Studie herauskommen wird.[260] Die Frage ist nur, wie weit die Studie gehen muss, um dorthin zu gelangen.

Was ist so schlimm an dieser intellektuellen Mission? Was mir Sorgen bereitet, ist nicht nur, dass ein großer Teil der evolutionären Psychologie schlechte Wissenschaft ist.[261] Schlechte Wissenschaft wird gewöhnlich früher oder später korrigiert. Schlimmer ist dagegen, dass die evolutionäre Psychologie allmählich unser Denken über unsere sexuellen Wünsche, Verhaltensweisen und Einstellungen zu beeinflussen beginnt. Sie lehrt uns, dass bestimmte Partnerentscheidungen wissenschaftlich als adaptiv (das heißt: universell gut) abgesegnet werden, andere dagegen nicht, und diese Sichtweise verändert unser Denken über *uns selbst*.

Für *mich* ist es natürlich von Belang, ob Hauszaunkönig-Weibchen bestimmte männliche Gesänge bevorzugen, weil sie diese einfach als ästhetisch schöner empfinden als andere oder weil sie Signale für eine überlegene genetische Qualität oder einen höheren Fortpflanzungsaufwand sind. Aber solche ornithologischen Debatten sind in ihrer Wirkung recht begrenzt. Wenn man jedoch, wie wir noch sehen werden, die adaptationistische Logik fälschlicherweise auf den menschlichen Körper und unsere eigenen sexuellen Begierden überträgt, dann ist es für jeden wichtig, sich zu vergewissern, dass der wissenschaftliche Prozess nicht einer intellektuellen Bewegung geopfert worden ist.

Bevor wir damit beginnen, über die menschliche sexuelle Evolution nachzudenken, müssen wir den Menschen und seine Sexualbiologie in ihren histori-

258 Die gegenwärtige evolutionäre Psychologie ist ein geistiger Ableger der Soziobiologie, die in den 1970er und 1980er Jahren von Edward O. Wilson und anderen vertreten wurde. Die Soziobiologie fußte auf der Hypothese, dass sich das Sozial- und Sexualverhalten von Menschen und anderen Tieren mit der adaptiven Evolution durch natürliche Selektion erklären lässt. In den letzten Jahrzehnten ist die Soziobiologie des Menschen von der evolutionären Psychologie abgelöst worden, die dieselben adaptationistischen Zwecke verfolgt. Sie geht jedoch noch um einiges weiter und greift beispielsweise neowallaceanische Ideen auf, welche die Möglichkeit eines Mechanismus der ästhetischen Partnerwahl im echten Darwin'schen Sinne ausschließen. Die Entwicklungsgeschichte der Spezies Mensch und ihr Einfluss auf unsere Sexualität, Psychologie, Kognition, Sprache, Persönlichkeit und so weiter ist natürlich ein äußerst faszinierendes und fruchtbares Forschungsgebiet. Im Grunde könnte man die gesamte Arbeit über die menschliche Evolution in den folgenden Kapiteln als spekulative neue Theorie auf dem Gebiet der evolutionären Psychologie in diesem weiten Sinne betrachten. Das Problem ist, dass die Evolutionspsychologie so, wie sie sich gegenwärtig darstellt, leider *nicht* diese Disziplin ist.

259 Zwei kurze Beispiele mögen einen Eindruck von der evolutionspsychologischen Partnerwahl-Forschung geben. Aki Sinkkonen vertritt die These, der »Umbilicus« (ja genau: der Bauchnabel ist gemeint) habe sich bei den zweibeinigen, fellosen Menschen als ehrliches Signal der Partnerqualität entwickelt, obwohl er seit 200 Millionen Jahren bei allen Höheren Säugetieren vorhanden ist, lange bevor es Bipedie (oder Fellosigkeit) gab (vgl. Aki Sinkkonen, »Umbilicus as a Fitness Signal in Humans«, in: *The FASEB Journal* 23 [2009], S. 10–12). Hobbs und Gallup machten darüber hinaus die »Entdeckung«, dass 92 Prozent aller Texte erfolgreicher Popsongs aus den Billboard-Charts »eingebettete reproduktive Botschaften« enthielten. Wer hätte das gedacht? Die Existenz dieser Botschaften über Treue, Verpflichtung, Ablehnung, Erregung und Körperteile stützte natürlich ihre Hypothese, dass die Popmusik einen »adaptiven Wert« besitzt (vgl. Dawn R. Hobbs, Gordon G. Gallup Jr., »Songs as a Medium for Embedded Reproductive Messages«, in: *Evolutionary Psychology* 9 [2011], S. 390–416).

260 Für eine umfassendere Kritik der intellektuellen und empirischen Probleme der evolutionären Psychologie vgl. Johan J. Bolhuis u. a., »Darwin in Mind. New Opportunities for Evolutionary Psychology«, in: *PLoS Biology* 9 (2011), {https://doi.org/10.1371/journal.pbio.1001109}, letzter Zugriff 1.11.2018; David J. Buller, *Adapting Minds. Evolutionary Psychology and the Persistent Quest for Human Nature*, Cambridge, Mass. 2005; Robert C. Richardson, *Evolutionary Psychology as Maladapted Psychology*, Cambridge, Mass. 2010; sowie Marlene Zuk, *Paleofantasy. What Evolution Really Tells Us About Sex, Diet, and How We Live*, New York 2013.

261 Ein prominentes Beispiel einer scheiternden Zombie-Idee in der evolutionären Psychologie ist das anhaltende Interesse an der Hypothese, Abweichungen von der Körpersymmetrie ließen auf individuelle Gendefekte oder Entwicklungsfehler schließen und wir Menschen hätten folglich adaptive Paarungspräferenzen für symmetrische Gesichter und Körper entwickelt. Diese Hypothese der »fluktuierenden

Asymmetrie« hat ihren Ursprung in einer Vogelstudie aus den frühen 1990er Jahren. Sie wurde jedoch kurz darauf gründlich widerlegt und ist mittlerweile ein berühmtes Beispiel für eine gescheiterte Theorie (siehe Kapitel 2: *Beauty Happens* – Die Nullhypothese der Schönheit). Trotzdem ist sie heute, zwanzig Jahre später, in der evolutionären Psychologie immer noch weit verbreitet. Selbst deren Vertreter geben zu, dass es keinen Beweis für einen Zusammenhang zwischen symmetrischen Gesichtern und überlegenen Genen oder einer besseren Entwicklung beim Menschen gibt (vgl. Steven W. Gangestad, Glenn J. Scheyd, »The Evolution of Human Physical Attractiveness«, in: *Annual Review of Anthropology* 34 [2005], S. 523–548). Ebenso fehlt ein stimmiger Beweis dafür, dass Menschen wirklich symmetrische Gesichter bevorzugen. Tatsächlich ist die Vielfalt des menschlichen Gesichts (einschließlich der Asymmetrie) kein Missgeschick. Vielmehr hat sich die Diversität menschlicher Gesichter wahrscheinlich unter starker sozialer Selektion der Indikatoren für Individualität entwickelt (vgl. Michael J. Sheehan, Michael W. Nachman, »Morphological and Population Genomic Evidence That Human Faces Have Evolved to Signal Individual Identity«, in: *Nature Communications* 5 [2014], S. 4800). Komplexe soziale Interaktionen beruhen darauf, andere als Individuen erkennen zu können und dann entsprechend zu behandeln. Gesichter sind divers, weil es evolutionär vorteilhaft ist, als *Sie* erkennbar zu sein. Eine der Haupteigenschaften, die ein Gesicht erkennbar machen, ist die Asymmetrie. Aufgrund unserer neuronalen Mechanismen der Gesichtserkennung sind symmetrische Gesichter einfach schwerer zu erfassen, zu erkennen und zu behalten. Wir Menschen haben eine hochentwickelte Fähigkeit, die Merkmale individueller Gesichter zu erkennen und uns zu merken, und daher haben wir uns auch dazu entwickelt, eine gewisse Asymmetrie ansprechender zu finden als die Symmetrie. Dieses Phänomen ist nicht auf den Menschen beschränkt. So haben zum Beispiel auch einige hochgradig soziale Feldwespen ausgeprägte, asymmetrische Gesichtsmuster entwickelt sowie die Fähigkeit, diese zu lernen und zu erkennen (vgl. Michael J. Sheehan, Elizabeth A. Tibbets, »Specialized Face Learning Is Associated with Individual Recognition in Paper Wasps«, in: *Science* 334 [2011], S. 1271–1275). Symmetrische Gesichter sind nicht besonders schön, denn Symmetrie ist nichtssagend und langweilig. Langweilig ist nicht schön, und ein symmetrisches Gesicht kann der Gipfel der Langeweile sein. Asymmetrie dagegen ist *attraktiv*, was zum Teil daran liegt, dass sie erkennbar ist. Das ist der Grund, warum drei der glamourösesten und gefeiertsten amerikanischen Sexsymbole des 20. Jahrhunderts – Marilyn Monroe, Madonna und Cindy Crawford – mit auffälligen, jeder Symmetrie spottenden Muttermalen im Gesicht Berühmtheit erlangten. Und es ist auch der Grund, warum die meisten Frisuren – zum Beispiel Seitenscheitel – Asymmetrien im Gesicht erzeugen und verstärken. Es stimmt natürlich, dass übermäßige Asymmetrien unattraktiv sind, aber das Gleiche gilt auch für übermäßige Symmetrien. Denken Sie nur an Cyrano de Bergerac. Die adaptationistische Hypothese, nach der wir eine Vorliebe für die Symmetrie entwickelt haben, weil sie ein Indikator für die genetische Qualität ist, ist eine Zombie-Idee,

schen und prähistorischen Kontext einordnen. Die Geschichte des Lebens ist, wie wir gesehen haben, ein Baum und Menschen gehören zu einem bestimmten Zweig an diesem Baum des Lebens. Menschen sind Affen – um genau zu sein: afrikanische Menschenaffen. Die Menschenaffen im weiteren Sinn (*Hominoidea*) oder Menschenartigen sind eine Familie altweltlicher Primaten, zu denen auch Gibbons und Orang-Utans, Gorillas und Schimpansen gehören. Der nächste Verwandte beziehungsweise die Schwestergruppe der Menschenaffen ist die artenreiche Familie der Meerkatzenverwandten, zu der neben den eigentlichen Meerkatzen auch Makaken, Paviane, Mandrille, Schlank- und Stummelaffen gehören. Unter den afrikanischen Menschenaffen sind die Menschen am engsten mit den Schimpansen (*Pan troglodytes*) und den auch als Zwergschimpansen bezeichneten Bonobos (*Pan paniscus*) verwandt. Zusammen bilden Menschen, Schimpansen und Bonobos die Schwestergruppe zu den Gorillas (*Gorilla gorilla*).

Die Menschen haben eine komplexe Entwicklungsgeschichte, die seit der Abspaltung von unserem jüngsten gemeinsamen Vorfahren mit den Schimpansen vor etwa sechs bis acht Millionen Jahren zu dramatischen Veränderungen für unsere Spezies geführt hat. Weitaus später in der Evolution, nämlich erst im Verlauf der letzten 50 000 Jahre, hat das Tempo der Veränderungen zugenommen und wir haben uns rasant auf dem gesamten Erdball ausgebreitet, was zu einer enormen Vielfalt an Populationen, Sprachen, Ethnien und Kulturen geführt hat.

Aufgrund dieser Komplexität müssen alle Hypo-

die sich aller Gegenbeweise zum Trotz eisern weigert zu sterben, weil es Leute gibt, die ideologisch verpflichtet sind, an sie zu glauben. Diese Forscher tun praktisch alles, um den Zombie am Leben zu halten, wie fragwürdig die Beweismittel auch sein mögen, auf die sie sich stützen müssen. Ein Team von Evolutionspsychologen der Rutgers University, dem unter anderem der bekannte Soziobiologe Robert Trivers angehörte, veröffentlichte zum Beispiel in der Fachzeitschrift *Nature* eine Studie über die Symmetrie bei 185 jamaikanischen Männern und Frauen (vgl. William M. Brown u. a., »Dance Reveals Symmetry Especially in Young Men«, in: *Nature* 438 [2005], S. 1148–1150). In dem Artikel behaupteten sie, der menschliche Tanz sei ein Indikator für die zugrundeliegende Körpersymmetrie und damit ein ehrliches Signal für die genetische Qualität. Aus diesem Grund hätten wir die Neigung entwickelt, gute Tänzer zu bewundern und sexy zu finden. Die Arbeit wurde auf dem Titel von *Nature* groß angekündigt und in Nachrichten und Medienberichten rund um den Globus aufgegriffen. Leider erwiesen sich die Daten als zu schön, um wahr zu sein. Einige Jahre nach der Veröffentlichung deckte Trivers selbst Unregelmäßigkeiten im Datensatz auf und begann, sich von dem Artikel zu distanzieren, den er als Betrug eines seiner Mitautoren entlarvte. Eine ausführliche Untersuchung der Rutgers University kam schließlich zu dem Schluss, dass »klare und überzeugende Beweise« für eine Datenfälschung durch den Postdoc und Hauptautor der Studie vorlagen. Im Dezember 2013 wurde der Artikel schließlich von *Nature* zurückgezogen (vgl. Eugenie Samuel Reich, »Symmetry Study Deemed a Fraud«, in: *Nature* 497 [2013], S. 170 f.).

thesen über die menschliche Evolution immer vor dem Hintergrund unserer Entwicklungsgeschichte innerhalb des Baums des Lebens formuliert werden. Wir können dabei jedes entwickelte Merkmal beziehungsweise jede evolutionstheoretische Aussage einem von vier verschiedenen evolutionären Kontexten zuordnen:

> 1. Entwicklungen, die zur Zeit unserer gemeinsamen Vorfahren mit verschiedenen Abstammungslinien von Säugetieren, Primaten, Menschenaffen oder sogar noch davor stattfanden;
>
> 2. Entwicklungen, die in der spezifisch menschlichen Abstammungslinie nach der Abspaltung von unserem letzten gemeinsamen Vorfahren mit den Schimpansen stattfanden;
>
> 3. Entwicklungen, die bei den heute auf der Welt lebenden Menschen stattfanden und immer noch stattfinden; und
>
> 4. kulturelle Veränderungs- beziehungsweise Evolutionsprozesse, die erst relativ spät beim Menschen einsetzten und nach wie vor in und zwischen menschlichen Populationen auf der ganzen Welt stattfinden.

Dass Menschen Knochen, vier Gliedmaßen und Haare entwickelt haben, aber keinen Schwanz besitzen, sind Aussagen über entwicklungsgeschichtliche Ereignisse, die sich zu verschiedenen Zeitpunkten im evolutionären Kontext 1 ereignet haben.[262] Die Feststellung, dass Menschen große Gehirne haben und aufrecht gehen, ist eine Aussage über entwicklungsgeschichtliche Ereignisse, die im evolutionären Kontext 2 stattgefunden haben.

Die Beobachtung, dass die menschliche Evolution weiter anhält, ist eine Aussage über den evolutionären Kontext 3. Der vierte evolutionäre Kontext fällt zeitlich mit dem dritten zusammen, umfasst jedoch ein vollkommen neues Phänomen, die menschliche Kultur, die irgendwann, vermutlich vor etwa einer Million Jahren, entstanden ist. (Die Kultur liefert keine besonders guten Fossilien, deshalb müssen wir, was den genauen Zeitpunkt angeht, vage bleiben.)

Die Kultur, die neben und zum Teil in Wechselwirkung mit der biologischen Evolution abläuft, hat ihre eigenen Veränderungsmechanismen in Gestalt von

---

[262] Der evolutionäre Kontext 1 wird auf vorzügliche Weise dargestellt und erläutert in Neil Shubin, *Der Fisch in uns. Eine Reise durch die 3,5 Milliarden Jahre alte Geschichte unseres Körpers*, Frankfurt a. M. 2009.

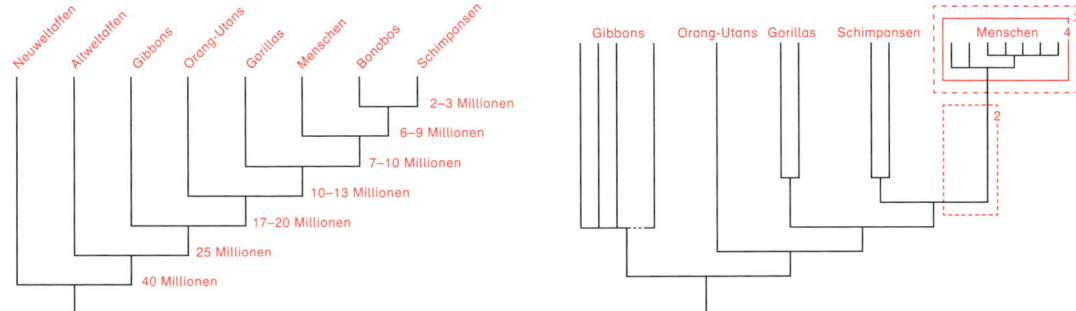

Links: Phylogenese der Affen und Menschenaffen mit Altersschätzungen der Abstammungslinien. Rechts: Phylogenese der Menschenaffen mit Hervorhebung der vier verschiedenen Kontexte von Aussagen über die menschliche Evolution: 1. Evolutionäre Ereignisse, die auch bei vielen anderen Arten auftreten (bei allen Zweigen, die zum Menschen hinführen). 2. Evolutionäre Ereignisse, die nur in der Linie auftreten, die von unseren gemeinsamen Vorfahren mit den Schimpansen zum Menschen führt. 3. Evolutionäre Ereignisse, die in bis heute vorkommenden menschlichen Populationen auftreten. 4. Kulturelle Evolution innerhalb menschlicher Populationen.

gemeinsamen Vorstellungen, Ideen, Überzeugungen und Praktiken, die mitunter tiefgreifende Auswirkungen darauf haben, wie Menschen denken, sich verhalten und *sind*.

Weil das menschliche Sexualverhalten in gewissem Sinne das von Affen ist, ist es wichtig, zu verstehen, was wir mit den sexuellen und sozialen Verhaltensweisen unserer tierischen Verwandten gemeinsam haben. Ebenso wichtig ist es aber auch, zu wissen, wo wir uns unterscheiden. Wenn wir uns das Verhalten unserer hominiden Verwandten, insbesondere der Schimpansen, ansehen, können wir besser untersuchen, in welcher Hinsicht wir uns seit der Abspaltung von unserem gemeinsamen Vorfahren anders entwickelt haben und dann relevante Fragen nach den Ursachen dieser Unterschiede stellen. Und in unserem Fall können wir auch danach fragen, ob irgendeine dieser Veränderungen ein Resultat der ästhetischen Evolution und der Weiterentwicklung der sexuellen Autonomie sein könnte.

Die meisten Primaten, einschließlich des Menschen, haben sich zu einem Leben in Horden oder Gruppen entwickelt, die von Sozialbeziehungen zusammengehalten werden. Innerhalb der verschiedenen Fortpflanzungssysteme der Primaten gibt es viele unterschiedliche Arten von Sexualverhalten, die sich aus Unterschieden der Gruppenzusammensetzung und der Sozialbeziehungen ergeben. Bei den Tieren, die zur Abstammungslinie der afrikanischen Menschenaffen gehören – Gorillas, Schimpansen, Bonobos und wir – sind diese Unterschiede äußerst beachtlich.

Gorillas leben in Gruppen aus mehreren Weibchen, die von einem einzelnen Silberrücken-Männchen dominiert werden. Der Silberrücken bestimmt das Sexualleben aller Weibchen seiner Gruppe, die somit, abgesehen von der seltenen Entscheidung, welcher Gruppe sie sich anschließen sollen, kaum Gelegenheit zur Partnerwahl haben. Schimpansen dagegen leben in größeren Gruppen, die aus mehreren Männchen und Weibchen bestehen. Männliche Schimpansen konkurrieren miteinander um die soziale Dominanz in der Gruppe und sie benutzen diese Dominanz, um sich die reproduktive Kontrolle über brünstige Weibchen zu sichern. Schimpansen-Weibchen paaren sich mehrfach mit unterschiedlichen Männchen, bilden jedoch manchmal vorübergehende »Partnerschaften«, wobei ein Paar die Gruppe für die Dauer der weiblichen Fruchtbarkeitsperiode verlässt.

Gorillas und Schimpansen haben ausschließlich Interesse am Sex, wenn ein Weibchen brünstig ist. Schimpansen-Weibchen paaren sich mehrfach während einer intensiven, zweiwöchigen Brunstzeit, die sich etwa alle vier Jahre wiederholt. Der Grund für die langen Abstände zwischen den Fruchtbarkeitsperioden mit sexueller Aktivität liegt darin, dass die Schimpansinnen nach der Paarung und Empfängnis eine siebenmonatige Schwangerschaft durchmachen und die Nachkommen anschließend noch ungefähr drei Jahre gestillt werden. Während der Stillzeit werden Östrus und Ovulation unterdrückt. Bis auf die Tatsache, dass auch beim Menschen der Eisprung während der Stillzeit unterdrückt wird, unterscheidet sich das Sexualleben von Frauen ganz offensichtlich stark von dem der weiblichen Schimpansen und Gorillas.

Wie die Schimpansen leben auch Bonobos in komplexen gemischtgeschlechtlichen Gruppen. Bonobo-Männchen konkurrieren jedoch nicht um die Dominanz in der Gruppe und zeigen ein sehr geringes Maß an Aggression, sowohl in als auch zwischen den Gruppen. Und im Gegensatz zu den anderen soeben beschriebenen Menschenaffen haben sowohl weibliche als auch männliche Bonobos häufige und ungezwungene Sexualkontakte mit vielen Individuen innerhalb der Gruppe – einschließlich gleichgeschlechtlichen –, auch wenn die Weibchen gerade nicht fruchtbar sind. Sie setzen dieses Verhalten ihr Leben lang unabhängig von der Fortpflanzungsperiode oder Fertilität fort. Während des Östrus paaren sich Bonobo-Weibchen mit mehreren Männchen und zeigen vielfältige Paarungspräferenzen.

Neben dem Sex zur Fortpflanzung gibt es unter den Bonobos häufig kurze Geschlechtsakte, die dazu dienen, Futterstreitigkeiten zu schlichten, soziale Spannungen abzubauen und die Versöhnung unter den Individuen zu fördern – ungeachtet ihres Geschlechts, Ranges oder Alters. Versuchen Sie sich ein Bonobo-Geschäftstreffen vorzustellen, bei dem zwei Topmanager ihre zähen Verhandlungen plötzlich unterbrechen, um zu kopulieren oder ihre Genitalien aneinander zu reiben, um sich anschließend auf einen Kompromiss zu einigen. So funktioniert der Bonobo-Sex.

Es ist wichtig zu verstehen, dass ein solches, nicht der Fortpflanzung dienendes Sexualverhalten dennoch *Sex* ist. Reproduktiver wie nichtreproduktiver Sex werden in erster Linie von der sinnlichen Lust motiviert, die sie bereiten. Die Folgen dieser Akte – seien sie sozial oder prokreativ – sind immer nachgelagerte Effekte des Strebens nach der Sinneslust von Sex.

Wie die Bonobos haben auch wir Menschen häufig Sex außerhalb des engen Zeitfensters der weiblichen Fruchtbarkeit. Das ist höchst ungewöhnlich – nicht nur unter Menschenaffen, sondern im gesamten Tierreich. Dennoch sind wir in den meisten Punkten auch den Bonobos nicht besonders ähnlich. Wir sind zwar ebenfalls unser gesamtes Erwachsenenleben lang sexuell aktiv, unabhängig von der Fortpflanzungssaison oder Fruchtbarkeit, aber wir unterscheiden genau, mit wem wir Sex haben (jedenfalls im Vergleich zu den Bonobos).

Wenn wir versuchen, das menschliche Sexualverhalten zu verstehen, müssen wir uns vergegenwärtigen, dass viele unserer Vorstellungen über Sexualität und Geschlecht kulturell beeinflusst oder, wie manche sagen würden, »kulturell konstruiert« sind. Weil jeder Mensch in seine jeweils spezifische Kultur eingebettet ist, spiegelt sich in seinen Einstellungen und Verhaltensweisen – den sexuellen wie auch allen anderen – notwendigerweise wider, wie sich diese Kultur entwickelt hat (evolutionärer Kontext 4). In den menschlichen Populationen auf der ganzen Welt hat sich eine ungeheure Vielfalt von sprachlichen, materiellen, wirtschaftlichen, ethnischen, nationalen, ethischen und religiösen Kulturen entwickelt und folglich gibt es eine ebenso große Vielfalt sexueller Ansichten und Praktiken. Diese fundamentale Wahrheit ändert aber nichts daran, dass die biologischen Entwicklungsprozesse (die evolutionären Kontexte 1 bis 3) für die Sexualität, die Fortpflanzung und das Sozialverhalten des Menschen zutiefst relevant bleiben. Die große Herausforderung besteht darin, zu verstehen, wie unsere biologische und unsere kulturelle Geschichte aufeinander einwirken, um die vielfältigen Ausdrücke menschlicher Sexualität hervorzubringen, die wir heute beobachten können.

Auch wenn die gesamte Fülle dieser Komplexität den Rahmen dieses Buches sprengt, möchte ich mich doch auf einige Fragen in diesem Nexus von Biologie und Kultur konzentrieren, für deren Verständnis das Studium der ästhetischen Evolution am produktivsten ist. Dabei lege ich den Fokus besonders auf die evolutionären Veränderungen der menschlichen Sexualität, die sich zwischen der Zeit unserer gemeinsamen Vorfahren mit den Schimpansen und der Erfindung der Landwirtschaft (und wahrscheinlich auch des Reichtums) vor etwa 15 000 Jahren ereigneten (evolutionärer Kontext 2).

Selbst in diesem begrenzten Kontext ist die menschliche Sexualität noch äußerst komplex. Sie wurde von Interaktionen vielfacher sexueller Selektionsmechanismen geprägt, die oft gleichzeitig wirkten. Sie umfasst die folgenden Punkte:

- Männchen-Konkurrenz
- Weibchen-Konkurrenz
- wechselseitige Paarungspräferenzen für ornamentale Attribute, die beiden Geschlechtern gemeinsam sind
- weibliche Paarungspräferenzen für männliches Ausdrucksverhalten
- männliche Paarungspräferenzen für weibliches Ausdrucksverhalten

- sexuelle Nötigung durch Männchen
- sexuelle Nötigung durch Weibchen
- Geschlechterkonflikt

Angesichts der Vielfalt und Komplexität dieser sexuellen Selektionsmechanismen ist es kein Wunder, dass unser Denken über die sexuelle Evolution des Menschen manchmal so verworren und undurchsichtig ist. Wo sollen wir anfangen? Da ich mir zum Ziel gesetzt habe, die Wirkung der ästhetischen Selektion auf die menschliche Evolution zu untersuchen, wollen wir uns auf die Betrachtung derjenigen ornamentalen Eigenschaften konzentrieren, die sich wahrscheinlich durch die Partnerwahl entwickelt haben. Bislang haben wir unser Augenmerk hauptsächlich auf weibliche Paarungspräferenzen für männliche Ausdrucksmerkmale gerichtet, weil bei den Vögeln die Weibchen die Antreiber der sexuellen Selektion und der Evolution extremer Schönheit sind. Aber natürlich sind beim Menschen, wie auch bei bestimmten Vogelarten (etwa bei Lunden und Pinguinen), beide Geschlechter an der Partnerwahl beteiligt.

Darum betrachten wir nun zunächst diejenigen sexuellen Merkmale und Vorlieben des Menschen, die sich durch *wechselseitige* Partnerwahl entwickelt haben. Diese funktioniert genauso, nur dass hier beide Geschlechter dieselben Merkmale und Präferenzen haben. Darwin schrieb, dass sich die nahezu nackte menschliche Haut – der evolutionäre Rückgang der Körperbehaarung – als ästhetisches Merkmal durch sexuelle Selektion entwickelt habe. Eine andere Möglichkeit ist, dass die geringe Behaarung eine Anpassung war, um den Körper bei Langstreckenläufen besser kühlen zu können.[263] Es sei dahingestellt, ob die Abnahme der Körperbehaarung nun ein ästhetisches Merkmal ist oder nicht, klar ist jedoch, dass ein anderes einzigartiges Merkmal – die *Beibehaltung* bestimmter behaarter Stellen in den Achselhöhlen, im Schambereich, auf der Kopfhaut und an den Augenbrauen – eindeutig ornamental *ist*. Die Tatsache, dass die Erhaltung dieser behaarten Stellen beide Geschlechter betrifft (sie sind sexuell monomorph, wie die Biologen sagen), deutet stark darauf hin, dass sie sich durch wechselseitige Partnerwahl entwickelt haben, wie die leuchtenden

[263] Vgl. Dennis M. Bramble, Daniel E. Lieberman, »Endurance Running and the Evolution of *Homo*«, in: *Nature* 432 (2004), S. 345–352, und Daniel E. Lieberman, *Unser Körper. Geschichte, Gegenwart, Zukunft*, Frankfurt a. M. 2015.

Schnäbel und Gefieder männlicher und weiblicher Lunde, Pinguine, Papageien oder Tukane. Die Hypothese, dass Achsel- und Schamhaare evolvierte sexuelle Signale sind, wird weiter dadurch gestützt, dass sie nicht vor der Pubertät wachsen. Wahrscheinlich entwickelten sich diese ungewöhnlichen Haarpartien zum Zweck der pheromonalen Kommunikation zwischen Sexualpartnern, was bei Säugetieren recht häufig vorkommt.

Achsel- und Schamhaare »kultivieren« ästhetische Sexualdüfte durch eine Mischung aus Hautabsonderungen und Mikroben. Die menschliche Haut stellt ein komplexes Ökosystem für eine Vielzahl von Mikroorganismen dar, die sich in großen Teilen in Koevolution mit dem Menschen entwickelt haben. Die Mikrobiologin und Hautspezialistin Elizabeth Grice und ihre Kollegen schreiben dazu: »Behaarte, feuchte Achseln liegen in unmittelbarer Nähe zu glatten, trockenen Unterarmen, aber diese beiden Nischen sind in ökologischer Hinsicht wahrscheinlich so verschieden wie Regenwälder und Wüsten.«[264] Einige dieser ökologischen Unterschiede sind vermutlich koevolvierte *ästhetische* Merkmale. (Zukünftige Untersuchungen des Mikrobioms von Achsel- und Schamhaaren, die sich auf den Beitrag der Hautflora zu den Körpergerüchen konzentrieren, könnten möglicherweise den Anstoß zu einem spannenden neuen Forschungsfeld der menschlichen koevolutionären mikrobiellen Ästhetik geben.)

Beim ausschließlich menschlichen Zweig des Baums des Lebens haben sich eindeutig männliche Paarungspräferenzen für weibliche Sexualornamente entwickelt, was eine Seltenheit unter den Primaten ist. Die bloße Tatsache, dass Männer überhaupt starke Präferenzen haben, scheint einer der lästigeren Binsenweisheiten der Evolutionspsychologie zu widersprechen – der Idee, dass Männer sexuell ausschweifend und Frauen zurückhaltend seien, weil Spermien billig, Eier dagegen kostspielig und knapp sind. Das Problem an diesem Stereotyp ist, dass es das menschliche Verhalten nur sehr unzureichend widerspiegelt. Denn trotz der adaptationistischen Mär von der männlichen Ausschweifung und der weiblichen Zurückhaltung ist die Anzahl der Sexualpartner, die

---

264 Elizabeth A. Grice u. a., »Topographical and Temporal Diversity of the Human Skin Microbiome«, in: *Science* 324 (2009), S. 1190–1192, hier S. 1190.
265 Genaue Daten über die Gesamtzahl der lebenslangen menschlichen Sexualpartner sind schwer zu erlangen. Es gibt eine umfangreiche Forschungsliteratur darüber, wie Männer und Frauen Selbstauskünfte über die Anzahl ihrer Sexualpartner korrigieren – Männer nach oben und Frauen nach unten –, um kulturelle Erwartungen zu erfüllen. Terri Fisher hat gezeigt, dass junge Amerikanerinnen eine *höhere*

Männer und Frauen während ihres Lebens im Durchschnitt haben, zumindest in westlichen Gesellschaften fast gleich.[265]

Außerdem kann ein uneingeschränktes Verlangen nach Sex mit zufälligen Fremden nicht viel mit der menschlichen Evolutionsgeschichte zu tun haben. Noch bis vor wenigen hundert Generationen, als die Entwicklung der Landwirtschaft zu einer größeren Populationsdichte führte, waren menschliche Gruppen so klein und verstreut, dass zufällige sexuelle Begegnungen außerhalb von Kriegszeiten extrem selten gewesen sein dürften. Das männliche Sexualverhalten konnte sich also gar nicht durch die spezifische Selektion der Kopulation mit Fremden entwickeln. In Wirklichkeit hat es sich genau in die andere Richtung entwickelt: Männer wurden wählerisch.

Beweise dafür finden wir in den Darstellungen sexueller Draufgänger, die unsere Kultur bereithält. Die Legenden um James Bond oder Don Juan wären weit weniger interessant, wenn diese berühmten Schürzenjäger einfach mit *jeder* Frau schlafen würden, die ihnen über den Weg läuft. James Bond und Don Juan sind jedoch sexuelle »Helden«, sprich: Erfüllungen männlicher Sexualfantasien, weil sie Erfolg bei vielen der *attraktivsten* Frauen haben und nicht einfach bei allen. Dass Bond in Bezug auf Frauen so wählerisch ist, macht ja gerade den Humor seines konstanten Desinteresses an der attraktiven und uneingeschränkt verfügbaren Sekretärin Miss Moneypenny aus. Sie ist zwar schön, aber zu leicht zu haben, um die Männerfantasie der sexuellen Selektivität zu erfüllen.

Zahl von lebenslangen Sexualpartnern angaben, wenn sie an einen vorgetäuschten Lügendetektor angeschlossen waren, junge Männer dagegen unter denselben Bedingungen eine *niedrigere* Zahl (vgl. Terri Fisher, »Gender Roles and Pressure to Be Truthful. The Bogus Pipeline Modifies Gender Differences in Sexual but Not Non-sexual Behavior«, in: *Sex Roles* 68 [2013], S. 401–414). Bei Auskünften über nichtsexuelles Verhalten fand sich dieses Muster dagegen nicht. Bei einer nichtrepräsentativen Vergleichsgruppe aus Teilnehmenden an einem Psychologieseminar an einer großen amerikanischen Universität gaben die Frauen interessanterweise mehr lebenslange Sexualpartner an. Es ist nicht verwunderlich, dass die Abweichungen der genannten Anzahl von Sexualpartnern gerade in die Richtung gehen, die den kulturell anerkannten Normen des männlichen und weiblichen Sexualverhaltens und auch den Vorhersagen der evolutionären Psychologie entspricht. Einige ausführliche Daten über lebenslange Sexualpartner stammen aus einer Studie zum Sexualverhalten in Schweden. Lewin und andere berichten darin, dass die Unterschiede in der Anzahl von lebenslangen Sexualpartnern bei beiden Geschlechtern zwischen 1967 und 1996 erheblich zunahmen, die mittlere Anzahl an Partnern jedoch nicht sehr verschieden war (1967: 1,4 bei Frauen und 4,7 bei Männern; 1996: 4,6 bei Frauen und 7,1 bei Männern; vgl. Bo Lewin u. a., *Sex in Sweden. On the Swedish Sexual Life*, Stockholm 2000). Die Unterschiede zwischen Männern und Frauen waren größtenteils auf eine kleine Teilmenge der sexuell aktivsten Männer zurückzuführen. Die Unterschiede zwischen Männern und Frauen sind kleiner als die zwischen 1967 und 1996.

Im Gegensatz zu Menschen zeigen alle anderen männlichen Menschenaffen ein uneingeschränktes sexuelles Verlangen, das *keine* Fortpflanzungsgelegenheit auslässt. Gorilla-, Schimpansen- und Orang-Utan-Männchen nehmen *jede* Chance auf eine Sexualbeziehung wahr, die sich ihnen bietet. Männer verhalten sich augenfällig anders. Dass männliche Menschen in Bezug auf ihre Sexualpartner so wählerisch sind, ist ein abgeleitetes Merkmal, das nur beim menschlichen Zweig der Familie der Hominoidea entstanden ist (evolutionärer Kontext 2). Entgegen dem Bestreben der Evolutionspsychologen, einen Grund für das ausschweifende Sexualleben von Männern zu liefern, bräuchten wir also eigentlich eine evolutionstheoretische Erklärung für die gegenteilige Eigenschaft.

Tatsächlich gibt es eine evolutionstheoretische Erklärung für das selektive Sexualverhalten von Männern, und zwar eine äußerst profunde, die mit den einzigartigen Eigenschaften zu tun hat, welche uns menschlich machen, wie wir in Kapitel 10 noch genauer erörtern werden. Für den Augenblick mag der Hinweis genügen, dass das selektive Verhalten damit zu tun hat, dass der menschliche Mann im Gegensatz zu anderen Menschenaffen einen hohen Fortpflanzungsaufwand betreibt; das heißt, er wendet Ressourcen, Zeit und Energie für den Schutz, die Fürsorge, die Ernährung und die Sozialisierung seiner Nachkommen auf. Wenn die Fortpflanzung ein solches Maß an ständiger väterlicher Fürsorge erfordert, ist natürlich zu erwarten, dass die Männer sich dazu entwickelten, genau auszuwählen, mit *wem* sie sich fortpflanzen.[266]

Und genau das ist passiert: Die Evolution der ästhetischen sexuellen Präferenzen bei Männern ging einher mit der Zunahme des männlichen Elterninvestments (auch dies geschah im evolutionären Kontext 2). Die Folge des wählerischen Sexualverhaltens der Männer ist die Koevolution spezifisch weiblicher Sexualornamente – wie dauerhafte Brüste oder eine besondere Körperform –, die bei anderen Menschenaffen völlig fehlen.

Das permanente Brustgewebe, die relativ schmale Taille und die breiteren Hüften sowie Fettablage-

---

[266] Das wählerische Verhalten von Männern ist in der Tierwelt nicht einzigartig und kommt zum Beispiel häufig bei Insekten vor, die kein männliches Kopulationsorgan besitzen. Wie bei den Neoaves in der Vogelwelt geht der evolutionäre Verlust des männlichen »Penis« oder Kopulationsorgans bei diesen Insekten mit Fortschritten der Weibchen im sexuellen Konflikt um die Befruchtung und den Fortpflanzungsaufwand einher. Um ein Weibchen dazu zu bringen, sein Sperma anzunehmen, macht das Insektenmännchen ihm vor der Paarung ein »Hochzeitsgeschenk«, das zum Beispiel in einem nahrhaften Käfer oder einem besonders kalorienreichen,

rungen an Hüften und Gesäß haben sich bei Frauen erst nach der Abspaltung von den gemeinsamen Vorfahren mit den Schimpansen entwickelt und bedürfen daher einer evolutionstheoretischen Erklärung. Die Basisversionen aller dieser Merkmale unterliegen natürlich einer starken *natürlichen* Selektion. Breite Hüften sind notwendig, um menschliche Babys gebären zu können, die größere Köpfe entwickelt haben als unsere hominiden Verwandten. Brüste sind notwendig zur Milcherzeugung und daher für die Ernährung von Säuglingen unabdingbar. Die effiziente Speicherung von Körperfett unterliegt einer starken natürlichen Selektion, wenn die Ressourcen begrenzt oder nicht vorhersehbar sind, wie es in der Entwicklungsgeschichte des Menschen meistens der Fall war. Auf der anderen Seite haben sich aber alle diese Merkmale durch männliche Partnerwahl *auch* zu Ornamenten entwickelt, die in einem Maße übertrieben sind, welches sich nicht allein mit der natürlichen Selektion erklären lässt, weil es weit über das Optimum der natürlichen Selektion hinausgeht.

Von den über 5000 Säugetierarten, die es auf der Welt gibt, hat einzig der Mensch dauerhafte Brüste. Die Brüste der anderen Säuger wachsen nur während der Ovulation und Laktation und sind an keinem anderen Punkt des Lebens vergrößert. Menschliche Frauen entwickeln dagegen mit dem Beginn der Geschlechtsreife vergrößerte Brüste und behalten das vergrößerte Brustgewebe ihr ganzes Leben lang. Über hundert Millionen Jahre Evolutionsgeschichte beweisen jedoch, dass die ursprüngliche »bedarfsgerechte« Brustform perfekt für das erfolgreiche Säugen der

essbaren Samenpaket, auch Spermatophore genannt, bestehen kann. Diese Liebesgaben steigern die Fruchtbarkeit des Weibchens deutlich, weil es die Nährstoffe direkt in mehr Eier umwandeln kann. Die Folge ist, dass sich die Weibchen dazu entwickeln, größere männliche Investitionen (direkte Vorteile) bei der Fortpflanzung zu verlangen. Erwartungsgemäß haben sich viele Insektenweibchen dazu entwickelt, sich mehrfach zu paaren, um mehr Geschenke zu bekommen. Für die Männchen ist deren Herstellung jedoch kostspielig und viele von ihnen haben ein ausgesprochen wählerisches Paarungsverhalten entwickelt. Bei einigen Arten von Tanzfliegen haben die Weibchen beispielsweise ihre Mundwerkzeuge zur Nahrungsaufnahme verloren und sind vollkommen von den männlichen Hochzeitsgeschenken abhängig. Infolge der männlichen Paarungspräferenzen haben sich bei den Weibchen koevolutionär aufblasbare Bauchsäcke entwickelt. Funk und Tallamy deuteten diese übertriebenen, geschwollenen Körperornamente der Tanzfliegen-Weibchen als »verführerische« Manipulationen der männlichen Vorliebe für Indikatoren, die die Qualität der Weibchen anzeigen – die geschwollenen Bäuche zeigen an, dass sie voller Eier sind (vgl. David H. Funk, Douglas W. Tallamy, »Courtship Role Reversal and Deceptive Signals in the Long-tailed Dance Fly, *Rhamphomyia longicauda*«, in: *Animal Behaviour* 59 [2000], S. 411–421). Ihre Daten sind jedoch auch vollkommen mit Fishers ursprünglichem Modell vereinbar, nach dem ein anfänglich informatives Ausdrucksmerkmal zur Koevolution von Präferenzen für ein vollkommen willkürliches und sinnloses Merkmal führt – einen schönen, großen Bauch.

Nachkommen geeignet ist. Dies zeigt uns, dass die Entwicklung dauerhafter Brüste für die Fortpflanzung selbst nicht erforderlich ist und keinen natürlichen Selektionsvorteil bietet. Wahrscheinlicher ist, dass dauerhafte Brüste bei Frauen ein ästhetisches Merkmal sind, das sich durch männliche Partnerwahl entwickelt hat.

Auch die schmale Taille, die breiten Hüften und das Gesäßfett gehen bei Frauen vermutlich über das von der natürlichen Selektion allein bestimmte Maß hinaus. Die Verteilung des Körperfetts im weiblichen Körper ist charakteristisch. Besonders das Fett im Gesäß betont die Sanduhrform, die von Brüsten, Taille und Hüften gebildet wird. Zwar lässt sich kaum bezweifeln, dass diese Merkmale für viele sexuell attraktiv sind, das heißt aber nicht, dass sie sich, wie es die evolutionäre Psychologie behauptet, als adaptive Indikatoren der Partnerqualität entwickelt haben. Auch wenn ein gewisses Maß an Körperfett ein ehrliches Anzeichen für die genetische Qualität oder die Gesundheit sein mag, erklärt dies nicht die spezifische Art der Fettverteilung im weiblichen Körper. Dennoch widmet sich eine ganze Heimindustrie von Forschern dem Versuch, zu beweisen, dass große Brüste und ein niedriger Taille-Hüft-Quotient tatsächlich Signale für das sind, was die Evolutionspsychologen den Paarungswert nennen, ein angeblich objektives Maß für die adaptive genetische Qualität und Verfassung einer bestimmten Person.

Eines der Probleme am Begriff des Paarungswerts ist, dass er auf der Annahme beruht, es *müsse* bei der sexuellen Anziehung etwas geben, das mehr wert ist als die sexuelle Anziehung alleine, womit die Möglichkeit des sexuellen Reizes willkürlicher ästhetischer Merkmale von vornherein ausgeschlossen wird.[267] Die Vertreter der evolutionären Psychologie halten wie die schon erwähnten *Goldbugs* der Finanzpolitik an der Überzeugung fest, dass es einen extrinsischen Wert hinter jedem evolvierten Ornament geben muss – einen evolutionären Goldtopf in Form von guten Genen oder direkten Vorteilen. Sie nehmen an, dass sexuelle Attraktivität eine *kodierte Bedeutung* beinhalten muss, und das schöne Individuum auf irgendeine Weise *objektiv* überlegen

---

[267] Der Paarungswert ist ein hervorragendes Beispiel dafür, wie ein kultureller Imperativ – das Bedürfnis, die sexuell und sozial Erfolgreichen als objektiv besser anzusehen – zu einem wissenschaftlichen Begriff verdinglicht wird, der jede andere Möglichkeit ausschließt. Sobald der Begriff des Paarungswertes in der Welt ist, werden sämtliche Fragen der Partnerwahl und des sexuellen Erfolgs nur noch so gestellt, dass sie adaptive Antworten liefern.

ist. Ungeachtet der großen Zahl von Forschern, die sich für die Idee der adaptiven menschlichen Partnerwahl einsetzen, sind die Daten, die für deren Existenz sprechen, überraschend mager.

Obwohl zum Beispiel große Anstrengungen unternommen werden, um die Hypothese zu bestätigen, dass das angeblich universell bevorzugte kleinere Verhältnis zwischen Taillen- und Hüftumfang bei Frauen mit deren genetischer Qualität oder Gesundheit zusammenhängt, reichen die Beweise dafür nicht aus. So ergab eine bekannte Studie, in der eine Stichprobe polnischer Frauen untersucht wurde, dass größere Brüste und ein kleinerer Taille-Hüft-Quotient mit höheren Spitzenwerten der Hormone Estradiol und Progesteron während des Menstruationszyklus korrelierten.[268] Da höhere Konzentrationen dieser Hormone mit der weiblichen Fortpflanzungsfähigkeit in Verbindung gebracht werden, schienen die Forschungsergebnisse die adaptive Hypothese zu stützen. Allerdings gab es keinen Hinweis darauf, dass die in der Studie dokumentierten Hormonschwankungen groß genug oder in einem geeigneten Bereich waren, um die Fruchtbarkeit wirklich beeinflussen zu können. Außerdem ließen sich auch keine signifikanten Auswirkungen der Körperform auf die Fortpflanzungsfähigkeit der Frauen finden, die allesamt keine Verhütungsmittel benutzten. Im Grunde *widerlegt* die Studie also die Hypothese, dass die Körperform mit der Fruchtbarkeit korreliert. Und dennoch wird sie nach wie vor häufig als *Beleg* für genau die Hypothese zitiert, die sie eigentlich falsifiziert. So funktioniert eine glaubensbasierte Wissenschaftsdisziplin: Sie sucht nach neuen Begründungen – wie unzureichend diese auch sein mögen –, um den Glauben an eine Theorie, die gescheitert ist, aufrechterhalten zu können.

Des Weiteren gibt es eine umfangreiche evolutionspsychologische Literatur über die »Weiblichkeit« des Gesichts – ein relativ kleines Kinn und große Augen, hohe Wangenknochen und volle Lippen – als evolutionären Indikator des weiblichen »Fortpflanzungswerts« beziehungsweise des verbleibenden individuellen lebenslangen Reproduktionspotenzials. Es wird angenommen, dass diese Merkmale in der Pubertät ihren Höhepunkt erreichen und mit zunehmendem Alter abnehmen. Das Problem an dieser Idee ist, dass Jugend nicht vererbbar ist! Jeder Mensch beginnt jung

---

[268] Vgl. Grażyna Jasieńska u. a., »Large Breasts and Narrow Waists Indicate High Reproductive Potential in Women«, in: *Proceedings of the Royal Society of London B* 271 (2004), S. 1213–1217.

und wird mit der Zeit älter. Männliche Präferenzen für jugendliche Partnerinnen mit großem Reproduktionspotenzial in der Zukunft mögen daher zwar vorteilhaft für die Männer sein, solche Vorlieben allein bewirken jedoch keinerlei evolutionäre Entwicklung bei den Frauen. Die einzige plausible evolutionäre Antwort auf Präferenzen für Anzeichen von Jugendlichkeit wäre die Entwicklung von Merkmalen, die in Bezug auf das Alter *lügen*. Insofern sich die männliche Partnerwahl auf den Fortpflanzungswert konzentriert, wäre demnach mit der Evolution von attraktiven, willkürlichen Merkmalen zu rechnen, die bezüglich des Alters unehrlich sind.[269] Vorlieben für die »Weiblichkeit« von Gesichtern sind mithin ein hervorragender Beweis dafür, dass die Partnerwahl eben *nicht* adaptiv, sondern willkürlich ist.

Und auch wenn schöne Menschen tendenziell mehr Freunde, bessere Jobs und höhere Einkommen haben, so ist dieser Umstand ein Beleg für die *sozialen Vorteile* der Schönheit und nicht dafür, dass schöne Menschen wirklich objektiv besser sind als andere.

Das Gegenmittel gegen diese glaubensgestützte Begeisterung für die adaptive Macht der Partnerwahl ist die Anerkennung des Nullmodells der Schönheit. Die *Beauty-Happens*-Hypothese besagt, dass weibliche Sexualornamente beim Menschen – wie das permanente Brustgewebe und die betonten Kurven an Hüften und Gesäß – willkürlich mit männlichen sexuellen Präferenzen für diese Merkmale koevolviert sind und keine Indikatoren für die genetische Qualität oder Gesundheit darstellen. Das *Beauty-Happens*-Modell schließt die Möglichkeit ehrlicher Werbung nicht aus; es verlangt lediglich, dass die Existenz des evolutionären Goldtopfes hinter der Schönheit wissenschaftlich sauber – das heißt durch eine Zurückweisung der Nullhypothese – nachgewiesen wird und nicht bloß von ideologischem Enthusiasmus getragen wird. Bisher sieht es für die Erklärung, dass Schönheit willkürlich auftritt, recht gut aus.

Komischerweise gibt es viel weniger Literatur über weibliche Präferenzen für die körperliche Attraktivität von Männern als umgekehrt. Die Evolutionspsychologen Steven Gangestad und Glenn Scheyd räumen ein: »Es gibt nur wenig Forschung, die sich mit weiblichen Vorlieben für männliche Körpermerkmale beschäftigt.«[270] Dieser Mangel an Daten ist angesichts der großen Aktivität der evolutionären Psychologie auf diesem Gebiet überraschend. Wenn die kostspieligeren Gameten von Frauen diese angeblich zum wählerischeren Geschlecht gemacht haben, dann müsste dieses stärkere Selektionsverhalten doch eigentlich zur Entwicklung extremerer, fein abgestimmter und leicht messbarer Präferenzen für viele hochgradig abgeleitete männliche ornamentale Merkmale geführt haben. Man sollte meinen, die Erforschung weiblicher sexueller Präferenzen müsste ein Leichtes sein, weil die wissenschaftlichen Früchte sehr tief hängen und nur noch gepflückt werden müssen.

Warum sind dann aber wissenschaftliche Studien über die sexuellen Präferenzen von Frauen so selten? Es sind unterschiedliche Erklärungen für diese Forschungslücke möglich. Die Forscher könnten es uninteressant finden, die sexuellen Vorlieben von Frauen zu untersuchen, aber das bezweifle ich. Ich halte es für viel wahrscheinlicher, dass die Erforschung weiblicher sexueller Vorlieben schlicht nicht dazu geeignet ist, die Theorie der adaptiven Partnerwahl zu stützen, und ihre Ergebnisse deshalb nie gedruckt wurden. Da die evolutionäre Psychologie die Mission verfolgt, zu erklären, in welcher Weise die menschliche Partnerwahl adaptiv *ist*, drohen Datensätze, die diese Mission nicht unterstützen, unveröffentlicht auf Labor-Computern und Festplatten zu verkümmern. Die Spärlichkeit an publizierten Forschungsergebnissen lässt auf Berge von unveröffentlichtem Material schließen, das den *Beauty-Happens*-Mechanismus belegen würde, wenn es denn ans Licht käme.

Selbst die Daten, die publiziert worden sind, lassen sich nur schwer als Beweise für adaptationistische Ansichten interpretieren. So gibt es zum Beispiel schlüssige Indizien dafür, dass Frauen nicht die »männlichsten« Gesichtsmerkmale bevorzugen, worunter kantige, auffallende Kiefer, eine breite, mar-

269 Wenn Männer Vorlieben für jüngere, fruchtbarere Frauen mit »weiblicheren« Gesichtsmerkmalen entwickeln, ist es möglich, dass in der Folge jede Übertreibung solcher weiblichen Gesichtsmerkmale, die in einer Population auftritt, besonders attraktiv wird. Diese Variationen würden jedoch der ursprünglichen Korrelation zwischen »weiblichen« Merkmalen und dem Alter oder »Fortpflanzungswert« nur zusätzliche Störgeräusche beimischen. Das Resultat wäre die willkürliche Verfeinerung dieser neuen, ablenkenden und unehrlichen Weiblichkeitsmerkmale, weg von ihren adaptiven Ursprüngen der Präferenz für ehrliche Informationen über das tatsächliche Alter. Das ist exakt das Szenario, das Ronald A. Fisher mit seinem Selbstverstärkungsmodell beschreibt, nach dem sich populäre, willkürliche Merkmale aus anfänglich ehrlichen, adaptiven Eigenschaften entwickeln (siehe Kapitel 1). Überdies ist es ein großartiges Beispiel dafür, warum es so schwierig ist, ein ehrliches sexuelles Signal aufrechtzuerhalten.

270 Gangestad/Scheyd, »The Evolution of Human Physical Attractiveness«, S. 537.

kante Stirn, dichte Augenbrauen sowie schmale Wangen und Lippen verstanden werden. Zahlreiche Studien haben vielmehr gezeigt, dass Frauen beim männlichen Gesicht eher Zwischenformen bevorzugen oder sogar Merkmale, die von einigen Forschern als »feminin« beschrieben werden.[271] Eine Studie kam zu dem Ergebnis, dass Frauen leichte Stoppeln einem männlicheren Vollbart vorziehen.[272] Laut verschiedenartiger Studien, die von Gangestad und Scheyd zitiert werden, scheinen diese Präferenzen in Bezug auf Gesichter mit den Vorlieben von Frauen bei männlichen Körpern übereinzustimmen. Sie mögen demnach tendenziell schlanke, aber einigermaßen muskulöse männliche Körper mit breiten Schultern und V-förmigem Torso am meisten und Männer mit größeren, muskelbepackten Körpern am wenigsten.

Diese Ergebnisse stellen für die Adaptationisten ein Rätsel dar, denn schließlich sollen maskuline Merkmale Indikatoren für Stärke und Dominanz sein und *müssten* daher von jeder klar denkenden, nach Fitness strebenden Frau bevorzugt werden. Eine mögliche Erklärung dafür, dass maskuline Merkmale überhaupt existieren, *obwohl* Frauen sie *nicht* bevorzugen, ist natürlich, dass sie sich aufgrund des männlichen Konkurrenzkampfs um Sexualpartner und sozialen Status entwickelt haben und nicht durch weibliche Partnerwahl. Einige Evolutionspsychologen haben auch die Vermutung geäußert, dass Frauen weniger maskuline Eigenschaften bevorzugen könnten, weil diese Merkmale auf Männer hindeuten, die ein größeres Elterninvestment betreiben. Sie erklären freilich nie, warum Männer mit hohem Testosteronspiegel, breiter Stirn und markanten Kieferknochen schlechte Väter sein sollen. Das wird einfach als selbstverständlich angesehen.

Ein Grund für die Erklärungsnöte hinsichtlich der offensichtlichen Ungereimtheiten bei den weib-

271 Vgl. ebd. Gangestad und Scheyd zitieren zwei Studien, die für weibliche Präferenzen eher männlicher Merkmale sprechen, zwei, die für Präferenzen eher weiblicher Merkmale sprechen, und drei, die kein bestimmtes Muster finden konnten.
272 Vgl. Nick Neave, Kerry Shields, »The Effects of Facial Hair Manipulation on Female Perceptions of Attractiveness, Masculinity, and Dominance in Male Faces«, in: *Personality and Individual Differences* 45 (2008), S. 373–377.
273 Der Ausdruck »männlicher Blick« wurde 1975 von Laura Mulvey in ihrem Essay »Visual Pleasure and Narrative Cinema« geprägt (vgl. Laura Mulvey, »Visuelle Lust und narratives Kino«, in: Liliane Weissberg (Hg.), *Weiblichkeit als Maskerade*, Frankfurt a. M. 1994, S. 48–65). Seither hat sich seine Bedeutung ausgeweitet und bezieht sich nicht mehr nur auf filmische oder künstlerische Darstellungen von Frauen, sondern auch auf die Macht chauvinistischer und patriarchalischer Einstellungen gegenüber Frauen und Frauenkörpern sowie auf die Selbstbilder weiblicher Attraktivität, die von Frauen selbst verinnerlicht werden, um diesen Erwartungen in der Folge gerecht zu werden.

lichen Präferenzen ist, dass die Evolutionspsychologen den Begriff des Paarungswertes zu eng gefasst haben, um die tatsächliche Komplexität der menschlichen Partnerwahl erfassen zu können. In gewisser Weise ist der Begriff des Paarungswertes ein wissenschaftlicher Ausdruck dessen, was Kulturtheoretiker den »männlichen Blick« nennen – ein Standpunkt, der Frauen und deren Körper nur als Objekt der erotischen Lust und Kontrolle von Männern darstellt.[273] Tatsächlich werden evolutionspsychologische Untersuchungen des weiblichen Paarungswertes fast immer so durchgeführt, dass junge Männer auf computergenerierte Bilder weiblicher Gesichter und Körper *blicken*. Kann es da wirklich überraschen, dass der Begriff so schlecht als Hilfsmittel zum besseren Verständnis der sexuellen Vorlieben von Frauen taugt? Indem sie den männlichen Blick als Adaptation verdinglicht, verankert die evolutionäre Psychologie sexistische Vorurteile in der Evolutionsbiologie des Menschen und versäumt es vor allem, die Partnerpräferenzen der anderen Hälfte der Spezies zu erklären.

Was ihre Vertreter übersehen, sind die sozialen Interaktionen, die überaus wichtig für die Partnerentscheidungen sind, die wir treffen. Soziale Interaktionen sind entscheidend dafür, wie wir sexuelle Anziehung erleben, mit wem wir Sex haben und wie wir uns verlieben. Neuere Forschungen aus dem Bereich der experimentellen Sozialpsychologie zeigen, dass unsere sozialen Interaktionen das Potenzial haben, die Informationen, die wir nur mit den Augen aufnehmen, außer Kraft zu setzen. Der Psychologe Paul Eastwick konzentriert sich in seinen Arbeiten darauf, wie soziale Interaktionen unsere Wahrnehmungen der sexuellen Attraktivität verändern können.[274] In einer Reihe von Experimenten und Metaanalysen haben Eastwick und seine Kollegen etwas nachgewiesen, das wir alle aus der Erfahrung kennen: Unsere Wahrnehmungen der sexuellen Attraktivität verändern sich, wenn wir einander kennenlernen.

Bevor es zu sozialen Interaktionen kommt, sind sich die Menschen weitgehend einig über ihre anfänglichen (das heißt oberflächlichen) Urteile bezüglich der sexuellen Attraktivität anderer. Sobald sie jedoch die Gelegenheit hatten, sozial zu interagieren, beginnen sie in ihren Urteilen abzuweichen und Persön-

274 Vgl. Paul W. Eastwick, Eli J. Finkel, »Sex Differences in Mate Preferences Revisited. Do People Know What They Initially Desire in a Romantic Partner?«, in: *Journal of Personality and Social Psychology* 94 (2008), S. 245–264, und Paul W. Eastwick, Lucy L. Hunt, »Relational Mate Value. Consensus and Uniqueness in Romantic Evaluations«, in: *Journal of Personality and Social Psychology* 106 (2014), S. 728–751.

lichkeitseigenschaften ihrer Interaktionspartner zu bemerken, die diese besonders attraktiv machen. Letztlich haben *subjektive* soziale Wahrnehmungen eine viel größere Wirkung darauf, was sie attraktiv finden, als die körperliche Erscheinung. Paul Eastwick und Lucy Hunt schreiben: »Diese Eigenheit erweist sich als Glücksfall, da sie fast jedem die Chance bietet, Beziehungen zu knüpfen, in denen beide Partner einander als einzigartig begehrenswert betrachten.«[275] Es ist ein erfreulicher Gedanke, dass Menschen im Großen und Ganzen dafür gemacht sind, trotz der Unterschiede der körperlichen Attraktivität sozial-sexuell glücklich miteinander zu werden. Der »Paarungswert« ist kein universelles und objektives Maß; er ist eine subjektive, beziehungsmäßige Erfahrung.

Eastwicks Studien deuten interessanterweise auch an, dass es bezüglich des Ausmaßes, in dem die Bewertung der Attraktivität durch Sozialbeziehungen beeinflusst wird, keinen Unterschied zwischen Männern und Frauen gibt. Die Kerle, die evolutionspsychologischen Studien über den weiblichen Paarungswert die Daten liefern, indem sie auf Computerbildschirme starren, lassen sich tatsächlich genauso leicht von den Qualitäten, die sich aus sozialen Interaktionen ergeben, beeinflussen wie Frauen. Anscheinend ist der männliche Blick auch kein so tolles Rezept für männliches Glück.

Es ist offensichtlich, dass die menschliche Partnerwahl in der realen Welt in einer komplexen Umgebung aus Individuen stattfindet, die nicht nur hinsichtlich ihrer körperlichen Merkmale, sondern auch in Bezug auf ihre Persönlichkeit und ihren Charakter variieren. Unterm Strich heißt das, dass die Entwicklung unserer Fähigkeit, auf immer komplexere Weise sozial zu interagieren, die Kriterien beeinflusst hat, nach denen wir uns bei der Partnerwahl orientieren. Mit der Entstehung von Kultur, materieller Kultur, Sprache und komplexen Sozialbeziehungen hat sich eine neue Dimension der Ästhetik menschlicher Anziehung entwickelt und stark verbreitet – die soziale Persönlichkeit. Alle Eigenschaften, die darin einfließen – Humor, Freundlichkeit, Empathie, Rücksichtnahme, Ehrlichkeit, Loyalität, Neugier, Selbstdarstellung und so weiter – prägen nun mit, was wir aneinander anziehend finden. Wahrscheinlich haben sich diese Merkmale sogar gerade deshalb entwickelt, weil sie sich als attraktiv erwiesen und dazu beitrugen, die soziale Stabilität sexueller Beziehungen zu stärken. Sich

---

275 Vgl. ebd., S. 745.

zu verlieben ist immer komplizierter – und natürlich auch emotional intensiver, schöner und mitunter herzzerreißender – geworden, weil es das Ergebnis eines koevolutionären Prozesses ist, der Millionen Jahre der wechselseitigen *ästhetischen* Partnerwahl umfasst. Gorillas und Schimpansen haben zwar auch eine soziale Persönlichkeit, aber ich glaube nicht, dass sie sich auf die gleiche Weise verlieben können wie wir, weil sie eben nicht diesen koevolutionären Prozess durchlaufen haben.

Der evolutionspsychologische Begriff des Paarungswertes suggeriert, dass wir in der Lage sind, das Bild eines potenziellen Partners zu betrachten und durch ein Wischen nach rechts oder links evolutionär fundierte Entscheidungen zu treffen. Das mag zwar eine Zeit lang Spaß machen, ist aber in der Regel keine gute Langzeitstrategie, weil sich der Paarungswert nicht auf einer objektiven Skala definieren lässt, die auf oberflächlichen Merkmalen beruht. Der wahre »Paarungswert« ergibt sich erst im Verlauf des Kennenlernens und Verliebens – und tatsächlich *dauert* das Verlieben eine Weile. Für die urbanen jungen Leute von heute ist die Zeit begrenzt und die sexuelle Auswahl nahezu grenzenlos. Während der letzten paar Millionen Jahre der menschlichen Evolution lebten die Menschen dagegen größtenteils in sehr kleinen Populationen mit geringer sexueller Wahlmöglichkeit, hatten dafür aber alle Zeit der Welt. Die menschliche Partnerwahl hat sich entwickelt, um im letzteren Kontext zu funktionieren, nicht im ersteren.

Der wahre Grund für den offensichtlichen Mangel an morphologischen Ornamenten beim menschlichen Mann liegt darin, dass die weibliche Partnerwahl in der menschlichen Evolution weitgehend auf soziale statt auf körperliche Merkmale gerichtet war. Es ist sinnvoll, dass Frauen, die (nach evolutionären Maßstäben) noch bis vor relativ kurzer Zeit allein für die Pflege ihrer Kinder zuständig waren, mehr Interesse an Eigenschaften zeigen, die das Potenzial zu einer langanhaltenden Beziehung andeuten. Die Frauen haben langfristig den Wunsch nach Männern entwickelt, die ihnen ein guter Partner und den Kindern ein guter Vater sind. Das bedeutet freilich nicht, dass man sich nicht ein wenig umsehen muss, um einen solchen Partner zu finden.

Im Übrigen hat die weibliche Partnerwahl wahrscheinlich eine entscheidende Rolle bei der Evolution eines zentralen Merkmals des männlichen Körpers gespielt: des menschlichen Penis. Es mag befremdlich erscheinen, dieses wichtige Teil als »Ornament« zu betrachten, aber wie die weiblichen Brüste wurde der männliche Penis in der menschlichen Evolution gleichzeitig durch natürliche *und* sexuelle Selektionsprozesse geformt. Es ist eine interessante Frage, welche Merkmale sich durch welchen Mechanismus entwickelt haben.

Darwin selbst tat sich schwer damit, die Wirkungen der natürlichen und der sexuellen Selektion auf einzelne Körperteile zu unterscheiden.[276] So fragte er sich beispielsweise, ob die spezialisierten Greifarme, mit denen bestimmte männliche Krebstiere während der Paarung das Weibchen festhalten, sich durch natürliche oder durch sexuelle Selektion entwickelt haben. Wenn die Funktion eines Organs für die Fortpflanzung unverzichtbar sei, so argumentiert Darwin, habe es sich durch natürliche Selektion entwickelt. Alle Aspekte desselben Organs, die durch Männchen-Konkurrenz oder Partnerwahl weiter abgeleitet wurden, entwickelten sich dagegen durch sexuelle Selektion.

Der menschliche Penis ist ein faszinierendes Beispiel für das gleichzeitige Wirken dieser beiden Evolutionsmechanismen. Aufgrund der Tatsache, dass bei Säugetieren eine innere Befruchtung erfolgt, wissen wir, dass er zur Fortpflanzung absolut notwendig ist. Die Existenz und Beibehaltung des menschlichen Penis lässt sich somit eindeutig der natürlichen Selektion zuschreiben. Andererseits unterliegen verschiedene morphologische Aspekte des Organs, die über das zur Kopulation und Befruchtung Notwendige hinausgehen, vermutlich auch der sexuellen Selektion.

Unter den Primaten gehört der Penis zu den Organen mit der größten Variabilität. Es gibt fundamentale Unterschiede zwischen den Arten hinsichtlich seiner Länge, Breite, Dicke, Form, Oberflächenbeschaffenheit und Elaboriertheit. Alle diese Variationen gehen über das hinaus, was zur eigentlichen Fortpflanzung notwendig ist. Warum haben die verschiedenen Arten also Penisse entwickelt, die sich so dramatisch unterscheiden?

Ich konzentriere mich hier natürlich auf den menschlichen Penis. Dieser ist in jeglicher Hinsicht erklärungsbedürftig. Er ist erheblich länger – sowohl

---

[276] Vgl. Darwin, *Die Abstammung des Menschen*, Bd. I, S. 259 f.

absolut als auch relativ – als bei jedem der anderen Menschenaffen, obwohl der Mensch von seiner Körpergröße her zwischen Gorillas und Schimpansen liegt. Ein erigierter Gorillapenis ist nur knapp vier Zentimeter lang. Beim Schimpansen misst er knapp acht Zentimeter, ist sehr dünn, glatt und nach vorne hin spitz zulaufend. Der menschliche Penis ist sowohl länger – im erigierten Zustand misst er ungefähr fünfzehn Zentimeter – als auch breiter als der anderer Menschenaffen. Er zeichnet sich darüber hinaus durch die auffällig verdickte Eichel (*Glans*) an seinem Ende aus, die von einem Kranz oder Rand (*Corona glandis*) umgeben ist. Bei anderen Primaten haben sich ähnliche Strukturen entwickelt, nicht aber bei afrikanischen Menschenaffen. Zu erwähnen ist auch, dass der Penis des Menschen zwar größer und ausgeprägter ist, die Hoden aber kleiner als bei unseren nächsten Verwandten, den Schimpansen, und zwar sowohl in Bezug auf ihre absolute Größe als auch in Relation zur Körpergröße.

In seinem Buch *Der dritte Schimpanse* veranschaulicht der Evolutionsbiologe Jared Diamond diese genetischen Variationen mit einer einprägsamen Skizze, die zeigt, wie männliche Gorillas, Schimpansen und Menschen jeweils »aus weiblicher Sicht« aussehen.[277] Der Gorilla wird als großer Kreis mit winzigen Hoden und einem noch kleineren Penis dargestellt. Der Schimpanse ist körperlich viel kleiner, hat riesige Hoden und einen winzigen Penis. Und der Mensch steht größenmäßig zwischen Gorilla und Schimpanse, hat aber kleine Hoden und einen riesigen Penis. Dieses Mosaik genetischer Merkmale hat sich in den Arten aufgrund jeweils verschiedener Quellen der sexuellen Selektion entwickelt. Die Variationen erzählen uns somit eine Geschichte über die dynamische Evolution der Penismorphologie – eine Geschichte, die viele verschiedene Interpretationen von unterschiedlicher Plausibilität zulässt.

Was die Hoden- und Penisgröße angeht, ist vielfach die Vermutung geäußert worden, dass sie sich durch die männliche Spermienkonkurrenz entwickelt habe. Gemäß dieser Hypothese unterliegen die Männchen, wenn die Weibchen mehrere Sexualpartner haben, der sexuellen Selektion, mehr Spermien zu produzieren, um gegen die Spermien ihrer Konkurrenten bestehen zu können, was in der Folge zur Entwicklung größerer Hoden führe. Das Fortpflanzungssystem der Schimpansen ist von häufigen Paarungen mit wech-

[277] Jared Diamond, *Der dritte Schimpanse. Evolution und Zukunft des Menschen*, Frankfurt a. M. 1994, S. 128.

selnden Partnern und großer Spermienkonkurrenz geprägt, weswegen diese Affen große Hoden haben. Gorillas haben dagegen ein Fortpflanzungssystem, das sich durch die physische Dominanz der Männchen über eine Gruppe fortpflanzungsfähiger Weibchen auszeichnet, es gibt wenig Spermienkonkurrenz und kaum Weibchenwahl, und das erklärt die winzigen Hoden.

Auch die Entwicklung des großen Penis beim Menschen hat man mit der Spermienkonkurrenz zu erklären versucht. Je größer der Penis sei, desto näher komme er der Eizelle, wenn die Spermien beim Geschlechtsverkehr freigesetzt werden, und desto größer seien die Chancen auf eine Befruchtung. So lautet jedenfalls die Theorie. In dieselbe Richtung geht die Hypothese, dass die auffällige Eichel mit ihrer Kranzfurche dazu dienen könnte, die noch in der weiblichen Vagina befindlichen Spermien anderer Männer herauszubefördern. Der Evolutionspsychologe Gordon Gallup und seine Kollegen überprüften diese Hypothese in Experimenten mit künstlichen Penissen in verschiedenen Formen, einer künstlichen Vagina (alle Utensilien wurden in Sexshops gekauft) und künstlichem Ejakulat aus Wasser und Maisstärke.[278] Erwartungsgemäß schaffte der realistische Dildo mit ausgeprägter Eichel samt Eichelkranz mehr von der Stärkepampe an den Rand der falschen Vagina als das glatte, schlanke Penismodell. Die Hypothese vom menschlichen Penis als »Spermabeseitigungswerkzeug« schien auf triumphale Weise bestätigt worden zu sein.

Leider ist es nur so, dass die Spermabeseitigungshypothese als Erklärung der Evolution von Größe und Form des menschlichen Penis nicht mit dem in Einklang zu bringen ist, was wir über den Baum des Lebens wissen. Die Tatsache, dass die Größe der menschlichen Hoden seit der Zeit unserer gemeinsamen Vorfahren mit den Schimpansen *abgenommen* hat, verrät uns, dass auch die Spermienkonkurrenz unter Menschenmännern abgenommen hat. Theorien, welche die Spermienkonkurrenz und Verdrängungsmechanismen heranziehen, um die Entwicklung des menschlichen Penis zu erklären, bieten daher Lösungen für ein evolutionäres Problem, das im Grunde im Verschwinden begriffen ist. Wenn größere Penisse mit hervortretenden Wulsten an der Spitze dazu dienen, den Samen vorheriger Paarungspartner zu entfernen, warum haben sie sich dann nicht auch bei den Schimpansen entwickelt?

---

[278] Gordon G. Gallup u. a., »The Human Penis as a Semen Displacement Device«, in: *Evolution and Human Behavior* 24 (2003), S. 277–289.

Das Ejakulat eines anderen Männchens mit dem Penis zu entfernen, wäre eine klassische, nichtästhetische, mechanische Funktion. So ein einfacher physischer Mechanismus müsste eigentlich für alle Primatenarten, bei denen eine Spermienkonkurrenz herrscht, von großem Nutzen sein. Wie beim Finkenschnabel hätte sich bei vielen Primaten das gleiche Werkzeug für diese Aufgabe konvergent entwickeln müssen. Warum also haben Schimpansen trotz der heftigen Spermienkonkurrenz, die unter ihnen herrscht, relativ kleine, dünne, glatte, spitz zulaufende Penisse – die ungefähr so groß sind wie ein menschlicher kleiner Finger? Argumente, die sich zur Erklärung der menschlichen Genitalien auf die Spermienkonkurrenz stützen, sind schlechterdings unvereinbar mit dem, was wir über unsere Verwandten, die Primaten, wissen.

Wo sind eigentlich die Hypothesen vom »ehrlichen Penis«, wenn man sie mal braucht? Merkwürdigerweise haben die Evolutionspsychologen die Idee, dass die Penisgröße ein ehrliches Anzeichen für die männliche Qualität ist, nicht begeistert aufgenommen. Während man so ziemlich jedes wahrnehmbare Merkmal des weiblichen Körpers – das Taille-Hüft-Verhältnis, die Größe und Symmetrie der Brüste, die Symmetrie und »Weiblichkeit« des Gesichts und so weiter – als potenziellen Indikator der genetischen Qualität und des Paarungswertes genauestens untersucht hat, wurde dem vorzüglich messbaren Penis nicht annähernd so viel Aufmerksamkeit zuteil. Könnte es sein, dass die männlichen Evolutionspsychologen keine Lust haben, ihre eigene Anatomie derselben gründlichen Überprüfung zu unterziehen, die sie dem weiblichen Körper angedeihen lassen? Mangelt es ihnen vielleicht am Mut ihrer Überzeugungen?

Es ist natürlich wirklich schwer vorstellbar, dass die Größe des menschlichen Penis ein Qualitätsindikator sein könnte. Ein Stückchen Fleisch, das im schlaffen Zustand durchschnittlich kaum mehr als 120 Gramm wiegt, ist kaum eine kostspielige Investition oder ein »Handicap« im Sinne Zahavis, da es, selbst wenn es doppelt so groß wäre, nur einen kleinen Bruchteil der männlichen Körpermasse ausmacht. Würde der Penis aus seltenen, begrenzten, biologisch kostspieligen Materialien bestehen, könnte seine Größenzunahme unter Umständen noch als Investition durchgehen, die auf eine überlegene Qualität schließen lässt. Seine Zusammensetzung ist aber wahrlich nichts Besonderes – nur Bindegewebe, Blutgefäße, Haut und Nerven. (Jede Menge Nerven.) Es ist auch nicht so, dass der Einsatz eines größeren Penis aufwendiger wäre; es gibt zum Beispiel keinerlei Anzeichen dafür, dass bei Männern mit größerem Penis häufiger Erektionsstörungen auftreten.

Trotz des allgemeinen Desinteresses, das unter Evolutionsbiologen am Penis herrscht, gibt es einen Aspekt, der, wie wir sehen werden, die Aufmerksamkeit zumindest eines Vertreters der Theorie der ehrlichen Anzeichen erregt hat. Es geht dabei um eine weitere biologische Innovation des menschlichen Penis. Männer unterscheiden sich von anderen Primaten dadurch, dass sie keinen Penisknochen (auch *Baculum*, *Os penis* oder *Os priapi* genannt) besitzen. Viele Säugetiere und die meisten Primaten haben einen solchen Penisknochen, so dass der Mensch hier eine Ausnahme darstellt.

Das *Baculum* ist als »der variabelste aller Knochen« bezeichnet worden.[279] Den Längenrekord hält der Walrossbulle (*Odobenus rosmarus*), dessen *Os priapi* aussieht wie ein Polizei-Schlagstock aus Elfenbein. Viele Hörnchen (*Sciuridae*), um nur ein weiteres Beispiel für den Variantenreichtum an Größen und Formen zu nennen, haben einen Penisknochen, der mit seiner spatelförmigen Spitze und fein ziselierten Zinken wie ein winziger, fremdartiger Nudelgreifer aussieht.

Im englischsprachigen Raum haben Säugetierforscher eine Eselsbrücke, um sich leichter merken zu können, welche Tiere Penisknochen entwickelt haben: Das Akronym *PRICC* steht für *primates* (Primaten), *rodents* (Nager), *insectivores* (Insektenfresser), *carnivores* (Fleischfresser) und *chiroptera* (Fledermäuse) – und *prick* ist ein vulgärsprachlicher Ausdruck für den Penis.[280] Die meisten Leser dürfte es wohl kaum überraschen, dass wir Menschen keinen Penisknochen besitzen, ein wenig Bestürzung könnte aber die Nachricht hervorrufen, dass es neben dem Menschen nur eine einzige andere Primatenart gibt – die Klammeraffen –, die von der Evolution nicht mit einem *Baculum* ausgestattet wurden. Die Existenz des Penisknochens bei den anderen Primaten stellt sicher,

---

279 Vgl. Alfred Sherwood Romer, *The Vertebrate Body*, New York 1955, S. 192.
280 Zwei Säugetierforscher, die ich zur Evolution des Penisknochens befragt hatte, erzählten mir von der Abkürzung PRICC als Eselsbrücke, mahnten aber auch gleich zur Vorsicht, da die Insektenfresser mittlerweile nicht mehr als monophyletisch angesehen werden. In den Notizbüchern der Mammalogie-Vorlesungen lebt PRICC freilich weiter – um der intellektuellen Bequemlichkeit willen lässt man auch gern ein wenig Polyphylie zu.

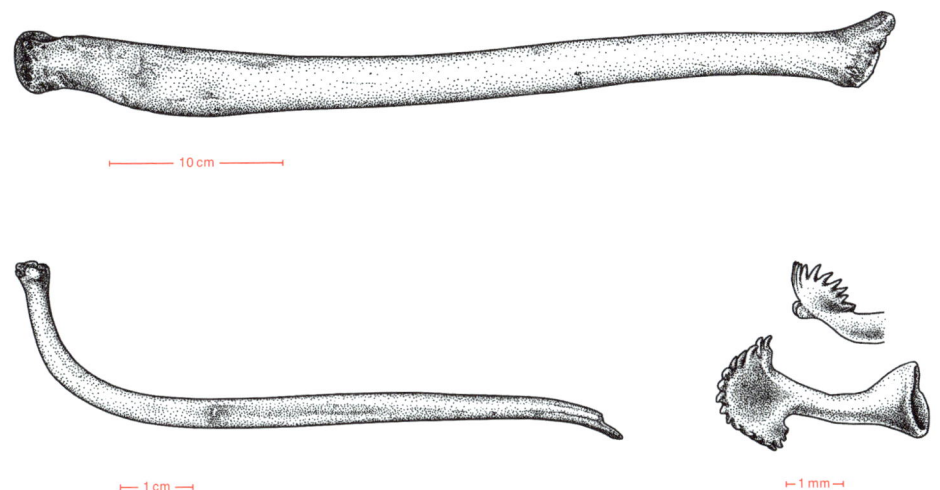

Eine Auswahl der vielgestaltigen Penisknochen: Walross (Odobenus rosmarus) *(oben),* Waschbär (Procyon lotor) *(unten links) und* Fleckenziesel (Xerospermophilus spilosoma) *(unten rechts).*

dass die Erektion bei diesen Tieren immer gelingt. Es gibt aber außer uns noch viele andere Säugetiere, die ohne ein *Baculum* auskommen – von Beutelratten bis hin zu Pferden, Elefanten und Walen –, ohne dass sie Probleme mit der Erektion hätten. Der Penisknochen muss daher neben der reinen Intromission noch eine weitere Funktion haben, auch wenn wir nicht wissen, welche. Was wir wissen, ist, dass er, außer für die Versteifung zu sorgen, noch die Funktion hat, den Penis zwischen den Erektionen zurückzuziehen. Welche Funktionen er darüber hinaus noch haben könnte, ist bislang unklar.

Im Kontext der aktuellen Diskussion interessiert mich allerdings weniger, warum manche Säugetiere einen Penisknochen besitzen, als vielmehr, warum wir Menschen ihn verloren haben. Dieses Rätsel ist keineswegs neu. Erklärungsversuche gab es schon im grundlegenden Text der jüdisch-christlichen Kultur – der Geschichte von der Erschaffung Evas im ersten Buch Mose. Zwei renommierte Wissenschaftler – der Entwicklungsbiologe Scott Gilbert vom Swarthmore College und der Bibelforscher Ziony Zevit von der University of

California, Los Angeles – machten sich 2001 gemeinsam daran, der Frage auf den Grund zu gehen, und veröffentlichten dazu einen wissenschaftlichen Artikel mit dem Titel »Congenital Human Baculum Deficiency. The Generative Bone of Genesis 2:21–23« im *American Journal of Medical Genetics*.[281] Etwa 2500 Jahre nach der Abfassung der berühmten Schöpfungsgeschichte aus der Genesis erklären Gilbert und Zevit, Gott habe Eva gar nicht aus Adams Rippe, sondern aus dessen Penisknochen geschaffen. Sie behaupten, dass jeder Israelit der damaligen Zeit die »Geschichte mit der Rippe« leicht als falsch durchschauen konnte, weil jedes Kind unschwer erkennen könne, dass Männer und Frauen die gleiche Anzahl an Rippen aufweisen. (Tatsächlich erinnere ich mich daran, wie ich als Kind auf der Sonntagsschule meine Rippen zählte und mir über genau dieses Problem Gedanken machte.) Gilbert und Zevit kritisieren darüber hinaus, die Geschichte von Adams Rippe sei erzählerisch fad – weil Rippen »keinerlei generatives Vermögen innewohnt«.[282] Offenbar braucht »die großartigste Geschichte, die je erzählt worden ist« einen stärkeren Plot als den, den wir aus den diversen Bibelübersetzungen kennen. Gilbert und Zevit führen einige eindrucksvolle linguistische Belege an, um ihre radikale Hypothese zu untermauern:

> Das hebräische Substantiv *tzela* (*tzade, lamed, ayin*), das mit »Rippe« übersetzt wird, kann tatsächlich eine Rippe im Körper bezeichnen. Es kann sich aber auch auf die Seite eines Berges oder einen Berghang beziehen (2 Sam 16,13), auf Seitengemächer (die den Tempel wie Rippen umschließen, wie in 1 Kön 6,5–6), auf die stützenden Stämme von Bäumen wie Zedern oder Tannen oder auf Balken und Bretter in Gebäuden und an Türen (1 Kön 6,15–16). Das Wort kann also dazu verwendet werden, um auf einen strukturellen Stützbalken zu verweisen.[283]

»Struktureller Stützbalken« ist eine ziemlich treffende Beschreibung für den Penisknochen. Und dann finden Gilbert und Zevit den entscheidenden Beweis in diesem biblisch-evolutionären Mysterium – überraschend deutliche anatomische Hinweise in der hebräischen Bibel:

> 1 Mos 2,21 enthält noch ein weiteres ätiologisches Detail: »Gott der Herr verschloss die Stelle mit Fleisch.« Dieses Detail würde eine sichtbare Eigentümlichkeit an Penis und Hodensack des Menschen erklären – die Raphe. Am Penis und Skrotum des Mannes kommen die Ränder der Urogenitalfalten über dem *Sinus urogenitalis* (Urogenitalkanal) zusammen und bilden eine Naht, die Raphe. [...] Der Ursprung dieser Naht am äußeren Genitale wurde mit der Geschichte »erklärt«, dass Gott die Stelle mit Fleisch schloss.[284]

Mit dieser interdisziplinären Glanzleistung gelang Gilbert und Zevit ein frischer Blick auf eine sehr alte Geschichte, der zu einer revolutionär neuen Sicht des jüdisch-christlichen Schöpfungsmythos führte. Aus irgendeinem unerklärlichen Grund hat ihr Artikel noch nicht die stürmische Aufmerksamkeit geerntet, die er verdient. In meinen Augen müsste jeder, vom Vatikan bis zu feministischen Theoretikerinnen, sich für diese Theorie interessieren und darüber diskutieren. Dennoch ist der Artikel in fünfzehn Jahren nur ganze drei Mal zitiert worden. Vielleicht hat in unserer fragmentierten intellektuellen Kultur niemand mehr die Zeit, über solche Fragen nachzudenken? Sollte es nicht mehr Menschen interessieren, ob der hebräische Gott Eva aus Adams Penisknochen erschaffen hat? Neugierige Geister sollten das eigentlich wissen wollen.

Wenn die Genesis die Geschichte des Verlusts von Adams *Baculum* als göttlichen Akt erzählt, welche Erklärungen liefert dann eigentlich die Evolutionsbiologie? Der menschliche Penis im Allgemeinen und der Verlust seines Knochens im Speziellen sind nur relativ selten evolutionstheoretisch behandelt worden; allerdings sticht ein tapferer Biologe hervor, der sich mit Eifer dieser Aufgabe widmet: Richard Dawkins stellte die These auf, der menschliche Penis habe sich zum knochenlosen Organ entwickelt, damit er – jawohl! – als ehrliches Anzeichen für Gesundheit und genetische Qualität dienen könne:

[281] Scott F. Gilbert, Ziony Zevit, »Congenital Human Baculum Deficiency. The Generative Bone of Genesis 2:21–23«, in: *American Journal of Medical Genetics* 101 (2001), S. 284 f.
[282] Ebd., S. 284.
[283] Ebd.
[284] Ebd. Die Penisse von Säugetieren und Reptilien sind homolog. Der ursprüngliche Penis der Wirbeltiere hatte eine äußere Rinne (*Sulcus*) zur Beförderung des Samens, die an den Penissen von Vögeln, Krokodilen, Eidechsen und Schlangen immer noch erhalten ist. Beim Säugetierpenis entwickelte sich eine umschlossene Harnröhre, indem die beiden Ränder des *Sulcus* miteinander verschmolzen und so aus dieser Rinne eine neue Röhre gebildet wurde.

> Ein Weibchen, das sich wie ein guter Diagnostiker verhält und das gesündeste Männchen als Partner auswählt, wird gewöhnlich gesunde Gene für seine Kinder gewinnen. [...] Es ist nicht undenkbar, daß die Frauen, wenn die natürliche Auslese ihre diagnostischen Fertigkeiten verfeinert hat, alle möglichen Hinweise auf die Gesundheit und psychische Belastbarkeit eines Mannes aus dem Tonus und der Haltung seines Penis ablesen können. Aber ein Knochen könnte dies zunichte machen! Jeder kann einen Knochen in seinem Penis wachsen lassen; man braucht dazu nicht besonders gesund oder widerstandsfähig zu sein. Daher hat der Selektionsdruck seitens der Frauen die Männer gezwungen, das *Os penis* zu verlieren, weil dann nur wirklich gesunde und starke Männer einen wirklich steifen Penis präsentieren und die Frauen ungehindert eine Diagnose vornehmen konnten. [...] Wenn der Leser der Logik meiner Hypothese über den Penis folgt, sind die Männer durch den Verlust des Knochens gehandikapt, und das Handikap besteht nicht zufällig. Die hydraulische Anpreisung funktioniert gerade deshalb, *weil* die Erektion manchmal versagt.[285]

Fairerweise muss man sagen, dass Dawkins selbst schreibt, man solle diese Hypothese »nicht allzu ernst nehmen«,[286] er habe sie nur erwähnt, um auf geschickte Weise Zahavis Handicap-Prinzip (das heißt das Smucker's-Prinzip) und dessen Zusammenhang mit guten Genen verständlich zu machen. Wenn Dawkins jedoch zugibt, die Idee sei »weniger plausibel als unterhaltsam«,[287] dann gibt er damit einen unerwartet vielsagenden Kommentar über das gesamte Feld der adaptiven Partnerwahl ab.

Dawkins Narrativ der »Frau als Ärztin« verrät sein priapeisches Vergnügen an der Hypothese, menschliche Erektionen seien einzigartige evolutionäre Symbole männlicher genetischer Überlegenheit und Kondition. In seinem Szenario wird die ekstatische Erfahrung der männlichen Schwellung wissenschaftlich zum evolvierten Indikator der individuellen männlichen Überlegenheit verdinglicht. Die pubertäre Männerfantasie erektiler Omnipotenz wird so zur erklärenden Kraft der menschlichen Evolution. In diesem Sinne ist Dawkins Narrativ der »Frau als Ärztin« ein Meisterstück der phallozentrischen Evolutionsbiologie.

[285] Dawkins, *Das egoistische Gen*, S. 466–471.
[286] Ebd., S. 471.
[287] Ebd., S. 468.

Nun ist dieses Szenario aber, wie Dawkins zugibt, nicht »plausibel«. Der Hauptgrund dafür könnte sein, dass für den durchschnittlichen Mann im paarungsfähigen Alter eine Erektion – und sei der Penis noch so steif – ebenso wenig ein Zeichen für eine überlegene Gesundheit ist wie für unsere Primatenverwandtschaft der Besitz eines Knochens. Ab einem bestimmten Alter ist praktisch jeder dazu in der Lage – »man braucht dazu nicht besonders gesund oder widerstandsfähig zu sein«. Rein vaskuläre, hydrostatische Erektionen sind für geschlechtsreife Männer unabhängig vom Gesundheitszustand keine Herausforderung. Die meisten Erektionsstörungen sind vielmehr eine Folge des Alterns, und in unserer evolutionären Vergangenheit in der afrikanischen Savanne des Pleistozäns waren die meisten Männer der Gattung *Homo* längst tot, bevor sie Probleme mit der Erektion hätten bekommen können. Nein – ungeachtet der allgegenwärtigen Werbung von Pharmaunternehmen für erektionsfördernde Arzneimittel, die eine Art globale Dysfunktionsepidemie befürchten lässt, herrscht aktuell kein Mangel an menschlichen Erektionen auf der Welt. Wie wählerisch wäre eine Frau, wenn sie gemäß Dawkins Szenario das männliche Erektionsvermögen als Kriterium der Partnerwahl nutzen würde? Nun ja, eigentlich würde nur eine relativ kleine Zahl von alten Typen ausgemustert (und mit ihnen ironischerweise auch ihre »guten Gene« der Langlebigkeit). Es erscheint daher unwahrscheinlich, dass der Verlust des Penisknochens eine evolutionäre Antwort auf das weibliche Bedürfnis war, die männliche Qualität und Gesundheit einzuschätzen. Dennoch wird Dawkins »Penis-Handicap-Hypothese« zur Erklärung des Verlusts des *Baculums*, trotz der von ihm selbst geäußerten Vorbehalte, von Vertretern der evolutionären Psychologie ernst genommen.[288]

Implizit weist Dawkins Hypothese auf eine viel plausiblere Möglichkeit hin: die durch und durch ästhetische Erklärung, dass der Verlust des Penisknochens beim Menschen auf die weibliche Partnerwahl zurückzuführen ist. Als Alternative zu den Hypothesen der ehrlichen Werbung und der Männchen-Konkurrenz ließe sich vorbringen, dass sich sowohl der Verlust des *Baculums* als auch die Zunahme der Größe und

[288] Vgl. Alessandro Cellerino, Emmanuele A. Jannini, »Male Reproductive Physiology as a Sexually Selected Handicap? Erectile Dysfunction Is Correlated with General Health and Health Prognosis and May Have Evolved as a Marker of Poor Phenotypic Quality«, in: *Medical Hypotheses* 65 (2005), S. 179–184.

Veränderungen der Form des Penis in Koevolution mit ästhetischen weiblichen Präferenzen für Penismorphologien entwickelten, die Frauen zufällig attraktiv fanden. Aber warum sollten sich Menschenfrauen dazu entwickelt haben, größere, breitere und ungewöhnlich geformte Penisse zu bevorzugen? Der Grund ist natürlich sexuelle Lust, in all ihren Facetten.

Der menschliche Penis ist ein komplexes sexuelles Ornament, dessen vielfältige Merkmale sich entwickelt haben, um in zwei verschiedenen Sinnesmodalitäten wahrgenommen zu werden: Sehen und Fühlen. Das ästhetische Resultat ist ein visuelles Ornament, das gleichzeitig als interaktive, persönliche und taktile Skulptur dient. Mit anderen Worten: Auch die genitale Schönheit tritt willkürlich auf.

Die Konvergenz dieser verschiedenen Merkmale könnte damit zusammenhängen, dass der menschliche Penis aufgrund des Verlusts des *Baculums* und der damit verbundenen Funktion der Retraktion anders als bei fast allen anderen Primatenarten im unerigierten Zustand nicht verschwindet.[289] Stattdessen *baumelt* er, und zwar deutlich sichtbar, weil die Evolution ihn größer und länger als bei den anderen Primaten hat werden lassen. Dies lässt vermuten, dass der evolutionäre Verlust des Knochens und die allmähliche Zunahme der Größe des menschlichen Penis zusammenhängen und das Ergebnis weiblicher Präferenzen für ein baumelndes genitales Ausdrucksmerkmal sind. Das Baumeln des männlichen Geschlechtsorgans wurde dann im Zuge der Evolution des aufrechten Gangs in den letzten fünf Millionen Jahren der Menschheitsgeschichte zu einem immer auffälligeren Merkmal.[290]

Weitere Unterstützung erfährt die These, dass das baumelnde genitale Gesamtpaket des Mannes eine ästhetische Funktion erfüllt, durch die Beobachtung, dass auch das menschliche *Skrotum* stärker herabhängt als bei anderen Menschenaffen.[291] Gorillas und Orang-Utans haben keinen auffälligen äußeren Hodensack. Schimpansen haben ein deutlich herabhängendes Skrotum und sehr große Hoden. Beim

---

[289] Ist es ein Zufall, dass die einzigen anderen Primaten, die den Penisknochen verloren haben – die Klammeraffen (*Ateles*) und die Wollaffen (*Lagothrix*) – ebenfalls auffällig baumelnde Genitalien haben? Interessanterweise sind es hier aber die *Weibchen*, die mit ihrer herabhängenden Klitoris das genitale Baumeln zur Schau stellen. Die Funktion und Evolution dieser weiblichen Genitalpräsentation sind noch nicht geklärt. Einige Säugetierarten besitzen jedoch einen homologen Klitorisknochen oder *Os clitoridis*. Die soziale Selektion des Verlusts des *Os clitoridis* und zugunsten der baumelnden Klitoris hat möglicherweise zum Verlust des homologen Knochens im Penis der Klammer- und Wollaffen geführt.

Menschen ist der Hodensack jedoch noch größer und hängt noch tiefer herab als bei den Schimpansen. Paradoxerweise ging diese Vergrößerung des menschlichen *Skrotums* mit einer *Verkleinerung* der Hoden selbst einher, die sowohl in absoluter als auch in relativer Hinsicht kleiner sind als die der Schimpansen. Der übermäßig große Hodensack des Menschen, der das zur Unterbringung der Testikel notwendige Maß weit übersteigt, deutet darauf hin, dass hier eher auf eine zusätzliche kommunikative als auf eine rein physiologische Funktion hin selektiert wurde. Oder anders ausgedrückt: Der Hodensack könnte deshalb so groß geworden sein, weil den Frauen gefiel, wie er baumelte.

Dies ist gewiss nicht der einzige Fall von sexueller Selektion in der Evolution des *Skrotums*. Wir kennen die Zweckentfremdung des Hodensacks zur sexuellen Schaustellung bei vielen Gruppen von Säugetieren, die in Farbe sehen. Dazu gehören die Südliche Grünmeerkatze (*Cercopithecus pygerythrus*) und die Robinson-Zwergbeutelratte (*Marmosa robinsoni*), die beide ein ausgeprägtes, Aufmerksamkeit heischendes, kaugummiblaues *Skrotum* besitzen.

Der menschliche Penis kann natürlich mehr als nur baumeln, und auch seine anderen abgeleiteten Merkmale haben sich vermutlich entwickelt, um sexuell selektierten ästhetischen Funktionen zu dienen. Eine baumelnde Genitalpräsentation gibt den Frauen Hinweise auf die Größe im erigierten Zustand. Warum könnten sie also Präferenzen für Penisse entwickelt haben, die deutlich größer sind als die aller unserer hominiden Verwandten? Welchen Nutzen bedeuten diese größeren Penisse für die Frauen? Da wir uns

290 Auch die Philosophin Maxine Sheets-Johnstone äußert die These, dass sich die Größe, die Form und das Zurschaustellen des menschlichen Penis für eine ästhetische Demonstration entwickelt haben, die visuelle und taktile Komponenten umfasst (vgl. Maxine Sheets-Johnstone, »Hominid Bipedality and Sexual Selection Theory«, in: *Evolutionary Theory* 9 [1989], S. 57–70). Sie vermutet darüber hinaus, dass sich vielleicht sogar die *Bipedie* selbst zum Teil durch sexuelle Selektion entwickelt haben könnte, um die Genitalpräsentation zu verstärken. Jared Diamond wiederum verwirft die Hypothese des ästhetischen Baumelns aufgrund von anekdotischen Belegen, dass viele Frauen die Penisse von Männern nicht besonders attraktiv finden (vgl. Jared Diamond, *Warum macht Sex Spaß? Die Evolution der menschlichen Sexualität*, München 1998). Ich denke allerdings, dass die angesprochenen Reaktionen zeitgenössischer Frauen stark davon beeinflusst wurden, dass der Penis in der modernen Welt weitgehend durch Kleidung verhüllt ist. Weil sie ihn so selten zu Gesicht bekommen, haben die Frauen kaum die Möglichkeit, ihn im Vergleich zu beurteilen. Nasen würden vermutlich auch ziemlich seltsam und unattraktiv aussehen, wenn sie nur selten zu sehen wären und erst unmittelbar vor dem Küssen ausgepackt würden.

291 Vgl. Robert L. Smith, »Human Sperm Competition«, in: ders. (Hg.), *Sperm Competition and the Evolution of Animal Mating Systems*, New York 1984, S. 601–659.

inzwischen von der Idee verabschiedet haben, dass die Penisgröße ein ehrliches Anzeichen für die genetische Qualität sei, können wir uns nun der Ästhetik des Penis zuwenden. Wahrscheinlich hat sich der größere, dickere, breitere menschliche Penis mit seiner knolligen Eichel am Ende durch weibliche Vorlieben für männliche Begattungsorgane entwickelt, die größeren Genuss erzeugen. Der erste Genuss entsteht bei der Betrachtung des baumelnden Penis aus einer gewissen Entfernung, was durch den Verlust des Penisknochens erleichtert wurde. Die Größe des zur Schau Gestellten könnte ein Indikator für die potenzielle taktile, sinnliche Erfahrung sein, die der Geschlechtsverkehr mit dem betreffenden Mann verspricht. Dieser antizipatorische Genuss wird dann gefolgt vom Genuss der direkten Erfahrung dieses Penis während der Sexualhandlungen und des Koitus.

Bedeutet das nun, dass alle Frauen große Penisse präferieren? Sie bevorzugen auf jeden Fall größere als die von Schimpansen. Aber ein Penis muss nicht unbedingt groß im Vergleich mit dem anderer Männer sein. Die Antworten von Frauen auf die Frage: »Ist die Penisgröße wichtig?«, sind sehr unterschiedlich. Dasselbe gilt interessanterweise auch für die tatsächliche Größe des männlichen Penis. Könnte zwischen diesen beiden Schwankungen ein Zusammenhang bestehen? Wenn die Penisgröße ein willkürliches ästhetisches Merkmal ist, dann kann sie, wie viele andere Aspekte menschlicher Schönheit auch, starken Schwankungen unterliegen und eine breite Geschmackspalette bedienen, und so ist es ja auch. Jedem Tierchen sein Pläsierchen.

Im Unterschied zum Penis, der deutlich sichtbar ist, werden die Größe und Form der Eichel beim Baumeln von der Vorhaut verdeckt und kommen nur bei der Erektion und beim Geschlechtsverkehr zum Vorschein. Wenn meine Vermutung stimmt, dass sich die Form der Eichel wegen der lustvollen Empfindungen, die sie hervorruft, ebenfalls durch weibliche Partnerwahl entwickelt hat, so deutet dies auf eine Präferenz für ein Merkmal hin, das nur *während* der Kopulation beurteilt werden kann, weil es ansonsten verborgen ist. Normalerweise stellen wir uns die Kopulation ja als einen Vorgang vor, der erst stattfindet, *nachdem* eine Partnerwahl getroffen wurde; wenn der Sex dann aber im Gange ist, ist der Partnerwahl-Zug sozusagen abgefahren.

Es erscheint daher merkwürdig, dass sich eine sexuelle Präferenz für ein Merkmal entwickelt haben soll, das vor der eigentlichen Kopulation gar nicht zu sehen ist. Beim Menschen aber, der ohne Rücksicht auf eine bestimmte Paarungszeit oder die Fruchtbarkeit Sex hat – und das oft –, muss die Partnerwahl nicht enden, wenn die Kopulation anfängt.[292] Sie kann sogar mit ihr beginnen. Sex bietet beiden beteiligten Individuen eine Vielzahl an Sinnesreizen, die bewertet werden und *zukünftige* Partnerentscheidungen beeinflussen können. Sämtliche wesentlichen Kriterien der ästhetischen Evolution behalten daher ihre Gültigkeit.

Im Unterschied zu anderen Menschenaffen hat sich bei den Frauen unserer Spezies ein versteckter Eisprung entwickelt, weshalb die Wahrscheinlichkeit, dass ein einzelner Geschlechtsakt zur Befruchtung führt, sehr gering ist. Statt von Paarungspräferenzen müsste man daher beim Menschen eigentlich von »Wiederverpaarungspräferenzen« sprechen. Da diese Präferenzen einer erneuten Verbindung teilweise auf den sinnlichen Erfahrungen während des Geschlechtsverkehrs selbst beruhen können, muss eine vollständige ästhetische Theorie der männlichen Genitalevolution des Menschen sowohl die Merkmale umfassen, die vor der Kopulation bewertet werden können – wie das Baumeln von Penis und Hodensack –, als auch diejenigen, die während des Aktes erfahren und bewertet werden können, einschließlich der Größe und Form des erigierten Penis selbst. Interessanterweise steht dieser Evolutionsmechanismus, der von einer weiblichen Handlungsmacht ausgeht, im direkten Widerspruch zur Idee der sexuell »zurückhaltenden« Frau.

Die weibliche Partnerwahl hat sich beim Menschen tiefgreifend auf das Erscheinungsbild der genitalen »Ornamente« des Mannes ausgewirkt, die im Laufe von Millionen von Jahren der Evolution so umgestaltet wurden, dass sie nur noch wenig Ähnlichkeit mit denen der mit uns verwandten Menschenaffen haben. Was wir bis hierhin besprochen haben, betrifft allerdings nur den evolutionären Kontext 2 – die Evolution, die nur in der Linie auftrat, die von unseren gemeinsamen Vorfahren mit den Schimpansen zum Menschen führt – und berücksichtigt weder jüngere und noch anhaltende

[292] William Eberhard hat festgestellt, dass sich die Partnerwahl bei Arten, die sich mehrfach paaren, auf Merkmale auswirken kann, die während der Kopulation bewertet werden; vgl. William G. Eberhard, *Sexual Selection and Animal Genitalia*, Cambridge, Mass. 1985, und ders., *Female Control*.

biologische Veränderungen (evolutionärer Kontext 3) noch die möglichen Einflüsse der Kultur auf die Biologie (evolutionärer Kontext 4). Die Rolle der menschlichen Kultur bei der – männlichen wie weiblichen – Partnerwahl ist von großer Bedeutung. Was in der einen Kultur als sexy gilt, kann in einer anderen verschmäht werden. Ich bin der Auffassung, dass diese willkürlichen kulturellen Präferenzen nicht nur unser Sozialverhalten und unsere sozialen Beziehungen, sondern mit der Zeit auch unsere tatsächlichen Körper und ihre Vielfalt verändern können.

Als ich 1982 im surinamischen Brownsberg-Naturpark lebte, um das Balzverhalten von Schnurrvögeln zu studieren, mietete ich mir für ein paar Dollar am Tag ein Bett in einer Schlafbaracke, in der auch die Parkarbeiter untergebracht waren. Bei diesen handelte es sich um Saramaccaner, eine ethnische Gruppe, deren Angehörige von afrikanischen Sklaven abstammen, die im frühen 17. Jahrhundert von den Plantagen an der Küste geflohen und stromaufwärts in den Wald gezogen waren, wo sie neue afrikanisch-kreolische Kulturen in der Neuen Welt bildeten. Ein oder zwei Mal in der Woche reisten Touristengruppen an, um in den Gästehäusern des Parks zu übernachten, und eine Gruppe junger Frauen kam aus dem nahe gelegenen Saramaccaner-Dorf, um die Hütten zu putzen und für die Gruppen zu kochen. Von der Veranda und aus den Fenstern unserer Baracke überzogen die Arbeiter diese Frauen dann jedes Mal mit einer endlosen Flut anzüglicher Kommentare, wenn sie mit Bettzeug und Handtüchern, Eimern und Wischmopps zwischen den Hütten hin und her liefen, und die Frauen gaben die Neckereien lachend zurück. Die größte Aufmerksamkeit bekam eine junge Frau, die ungefähr 1,65 Meter groß war und gut und gerne 90 Kilo wog. Obwohl sie weit vom idealen Taille-Hüft-Verhältnis eines evolutionspsychologischen Lehrbuchs entfernt war – eines Lehrbuchs, das natürlich auf westlichen Schönheitsidealen beruht –, war sie für die Arbeiter im Park äußerst attraktiv, und das wusste sie auch.

Wenn der Mensch das Resultat der biologischen Evolution ist, wie ist dann die große Vielfalt von *Ideen* über die menschliche Schönheit zu erklären? Bisher haben wir uns auf biologische Merkmale der menschlichen Sexualität konzentriert, von denen wir glaubhaft annehmen können, dass sie sich während der fünf bis sieben Millionen Jahre langen Evolutionsgeschichte der Menschheit nach der Abspaltung von den gemeinsamen Vorfahren mit den Schimpansen entwickelt haben (evolutionärer Kontext 2). Jetzt ist es an der Zeit, den Blick auf die vielen einzigartigen evolutionären Veränderungen zu richten, die in jüngerer Zeit stattgefunden haben.

Der Mensch hat die Veranlagung zur gesprochenen Sprache, höhere kognitive Fähigkeiten sowie komplexe Formen des Sociallebens und sozialer Interaktionen entwickelt. Wir haben uns von Afrika aus mehrfach ausgebreitet – als *Homo erectus*, Neandertaler und dann als moderner *Homo sapiens* – und uns über die ganze Welt verteilt. Und mit dieser Verbreitung über mehrere Kontinente haben wir uns weiterentwickelt und genetisch diversifiziert (evolutionärer Kontext 3). Dank der daraus resultierenden immer komplexer werdenden Fähigkeiten und Erfahrungen geht auch die Veränderung und Diversifizierung unserer Kulturen immer weiter, vermutlich mit immer höherer Geschwindigkeit (evolutionärer Kontext 4).

Die Merkmale, die sich kulturell entwickeln, sind die Folge von Wechselwirkungen zwischen der sozialen Umwelt des Individuums und den Zufälligkeiten der Menschheitsgeschichte. Mit anderen Worten: Die einzelnen Kulturen, die aus geografisch getrennten menschlichen Populationen und Untergruppen hervorgehen, sind nicht nur aufgrund von Anpassungen an ihre jeweilige Umgebung so, wie sie sind, sondern auch aufgrund früherer Ereignisse in ihrer Geschichte. Die Vielfalt menschlicher Sprachen ist ein großartiges Beispiel für die Willkür der menschlichen Kulturgeschichte. Niemand nimmt an, dass die Unterschiede zwischen Englisch, Japanisch und Navajo durch Anpassungen an die verschiedenen Umwelten entstanden sind, in denen sich diese Sprachen entwickelt haben. In der Kultur hängt die Frage, wer wir als Individuen werden, in starkem Maße von der Geschichte der sozialen Gruppen, Gemeinschaften und Nationen ab, in die wir hineingeboren werden und in denen wir leben.

Wie alle kulturell bedingten Merkmale variieren unsere Vorstellungen von menschlicher Schönheit, unser »Balz-«, »Paarungs-« und Sexualverhalten in Abhängigkeit von all diesen genannten Faktoren. Entgegen dem evolutionspsychologischen Glauben an einen universellen »Paarungswert« gibt es keine menschliche Sexualität ohne Kultur, und das Einzige, was an der Kultur universell ist, ist ihre Variabilität. Wenn wir nur ein paar Tausend Jahre zurückblicken – ein Wimpernschlag in der menschlichen Evolutionsgeschichte –, erkennen wir das sofort.

Klassisch römische und griechische Statuen zeigten derart ikonische Versionen weiblicher Schönheit, dass sie zur Anbetung taugten. Doch weil sich die Moden ändern, würden viele dieser Gesichter und Körper in der heutigen westlichen Welt nicht mehr als besonders attraktiv gelten. Solche Veränderungen des Geschmacks können nicht nur im Laufe von Jahrtausenden, sondern auch in viel kürzeren Zeiträumen auftreten. Die amerikanische Kultur hat nur wenige Jahrzehnte gebraucht, um ihre Ansichten über das Aussehen von Männern und Frauen drastisch zu verändern. Es reicht ein Blick auf Fotografien von Marilyn Monroe oder Rita Hayworth aus den 1940er und 50er Jahren und die vergleichsweise abgemagerten, teilweise anorektischen weiblichen Filmstars und Models von heute, um zu erkennen, wie rasant sich kulturelle Schönheitsmaßstäbe ändern können. Trotz ihrer legendären sexuellen Ausstrahlung würde die sinnlich üppige Marilyn Monroe heute nicht einmal die erste Runde der Castingshow *America's Next Top Model* überstehen. Wir haben auch unsere Vorstellungen darüber, was wir an männlichen Körpern attraktiv finden, verändert. Um heute im Geschäft zu bleiben, muss ein männlicher Filmstar einen ausdefinierten, muskulösen Körper haben und in Form halten, der nur noch wenig mit den schlafferen Figuren der Stars der 40er und 50er Jahre wie Cary Grant, Clark Gable oder Gary Cooper zu tun hat.

In einigen Kulturen wird, anders als in unserer, die weibliche Fettleibigkeit verehrt und sexualisiert. In Mauretanien und anderen Teilen Afrikas wird sie als so attraktiv angesehen, dass man normalgewichtige Mädchen in »Fett-Camps« schickt, wo sie gezwungen werden, riesige Portionen zu essen, um zuzunehmen.[293] Junge mauretanische Männer fühlen sich besonders von den Dehnungsstreifen sexuell erregt, die sich infolge der rapiden Gewichtszunahme auf der Haut bilden. In Amerika schicken wir dagegen junge Frauen in »Fett-Camps«, um riesige Mengen an Gewicht zu *verlieren*.

---

[293] Vgl. Abigail Haworth, »Forced to Be Fat«, in: *Marie Claire*, 20. Juli 2011.

Noch die flüchtigsten soziosexuellen Modetrends können die sexuelle Begierde und das Paarungsverhalten von Menschen stark beeinflussen. Vor ein paar Jahren erschien der anonyme Beitrag eines Mannes auf dem Klatschportal *Gawker* über eine sexuelle Begegnung, die er einige Jahre zuvor mit einer Frau gehabt hatte.[294] Zum Zeitpunkt seines Berichts war diese im Begriff, sich als Mitglied der Tea-Party-Bewegung innerhalb der Republikanischen Partei um ein hohes politisches Amt zu bewerben. Mehrere Monate nach ihrem ersten Treffen habe sie ihn, wie er schreibt, mit einer weiteren Bekannten an Halloween in seiner Wohnung aufgesucht, um ihn auf eine Party mitzunehmen. Sie seien in eine Bar gegangen und hätten exzessiv getrunken, dann seien er und die Kandidatin in spe in seine Wohnung zurückgekehrt und in seinem Bett gelandet. Was wie ein vorhersehbarer Ablauf erscheint, fand dann allerdings ein unerwartetes und abruptes Ende. Wie der Enthüllungsblogger weiter schreibt: »Als sie die Unterwäsche ablegte, merkte ich sofort, dass der Trend der Haarentfernung mit Wachs komplett an ihr vorbeigegangen war. Das war natürlich ein mächtiger Stimmungskiller und ich verlor schnell das Interesse.«[295] Noch überraschender als mein plötzlich aufkommendes Mitgefühl für die rechte Politikerin war für mich, dass der Mann offenbar davon ausging, dass *seine speziellen* sexuellen Vorlieben von seiner gesamten Leserschaft universell geteilt und gutgeheißen wurden. Obwohl das anonyme Klatschmaul erkannt hatte, dass es sich bei der selektiven Entfernung der Schamhaare um einen »Trend« handelte, fand er es dennoch »natürlich«, dass jede Frau, die sich dieser speziellen Mode nicht unterwarf, ein »Stimmungskiller« für jeden sexuell rechtdenkenden Mann wie ihn selbst sein müsse.

Es geht bei dieser Anekdote allerdings nicht nur um die kulturelle Variabilität des sexuellen Geschmacks. Sie dient vielmehr auch als ein weiterer Gegenbeweis gegen die Behauptung der evolutionären Psychologie, Männer hätten sich durch natürliche Se-

---

294 Die Art und Weise, wie diese anonyme Sexaffäre im Wahlkampf gegen die Kandidatin benutzt wurde, war so unfair und unverantwortlich, dass ich zunächst gezögert habe, sie hier zu erwähnen. Die Geschichte des Mannes liefert jedoch ein außerordentlich lebendiges Beispiel dafür, mit welcher Macht die kulturelle Mode das menschliche Sexualverhalten beeinflusst. Ich habe daher die Einzelheiten wie den Namen der Politikerin und so weiter weggelassen.

295 Zur ansteigenden Prävalenz und aktuellen rapiden Zunahme extremer Formen der Schamhaarpflege bei US-amerikanischen Frauen vgl. den jüngst erschienenen Bericht von Tami S. Rowen u. a., »Pubic Hair Grooming Prevalence and Motivation Among Women in the United States«, in: *JAMA Dermatology* 152 (2016), S. 1106–1113.

296 Wie dieser anonyme Bericht zeigt, überwachen viele Kulturen ihre Sexualpraktiken, indem sie das mächtige Gefühl des Ekels zum Einsatz bringen. Ekel ist zwar ein zutiefst biologisch strukturiertes Gefühl, doch was im Einzelnen Ekel *hervorruft* – Nahrungsmittel, Gerüche oder Sexualpraktiken –, kann stark variieren und ist in hohem Maße kulturabhängig. Sexualpraktiken lassen sich besonders wirkungsvoll durch kulturelle Geschichten regulieren, die Ekelgefühle wachrufen. Der Ekel vor Schamhaaren, von dem der unbekannte Blogger berichtet, ist ein Beispiel dafür, wie schnell sich solche kulturellen Mechanismen verändern können.

297 Studien zur Koevolution von Genen, Kultur und menschlicher Vielfalt wurden erstmals von William Durham durchgeführt, der die Entwicklung der Laktase-Expression als Beispiel für einen kulturellen Top-down-Effekt vorstellte (vgl. William H. Durham, *Coevolution. Genes, Culture, and Human Diversity*, Palo Alto 1991). Genetische und genomische Forschungsergebnisse zur Evolution der Laktase-Expression bei erwachsenen Menschen finden sich in Andrew Curry, »The Milk Revolution«, in: *Nature* 500 (2013), S. 20–22. Wenn die Laktase fehlt, wird Laktose, die ins Verdauungssystem gelangt, von Bakterien im Dickdarm aufgespalten, was zu Blähungen, Bauchschmerzen und Flatulenzen führt. Da dieser Evolutionsprozess viel zu jung ist, um zu einer Fixierung der Gene für die Produktion von Laktase bei Erwachsenen geführt zu haben, sind viele Menschen auf der Welt laktoseintolerant. Aktuelle Genomstudien dieses Phänomens haben starke Anzeichen für eine natürliche Selektion der Mutationen an mehreren Stellen upstream vom Laktase-Gen in einer Region gefunden, die bekanntermaßen an der Regulierung

lektion dazu entwickelt, universell sexuell ausschweifend zu sein. In Wirklichkeit sind Männer in sexueller Hinsicht überaus wählerisch, und die Art und Weise, in der sie das sind, wird stark von ihrer kulturellen Umgebung beeinflusst.[296]

Der Grund, warum ich auf die unterschiedlichen kulturellen Schönheitsnormen eingegangen bin, ist, dass sie das Potenzial haben, auf die biologische beziehungsweise genetische Evolution zurückzuwirken. Wenn die Kultur in evolutionären Prozessen eine *ursächliche* Rolle einnimmt, sprechen wir von einem Top-down-Effekt.

Eines der frappierendsten Beispiele für einen solchen Top-down-Effekt der menschlichen Kultur auf die Genetik ist die Evolution der Laktosetoleranz bei Erwachsenen, die es einigen Menschen erlaubt, Milchprodukte zu sich zu nehmen.[297] Laktose (Milchzucker) ist ein bestimmter Zucker, der nur in der Milch von Säugetieren vorkommt. Alle Säuglinge verdauen Laktose durch das Enzym Laktase, dessen Produktion jedoch nach der Stillzeit aufhört. In den letzten 12 000 bis 15 000 Jahren haben allerdings verschiedene Gruppen von Menschen Schafe, Kühe, Ziegen und Pferde domestiziert und die daraus folgende große Verfügbarkeit von Milch – einer reichhaltigen neuen Kalorien- und Proteinquelle für Erwachsene – führte zu einer *natürlichen Selektion* genetischer Veränderungen, die bewirken, dass Erwachsene in vielen menschlichen Populationen Milchzucker verdauen können. Die *kulturelle* Praxis der Milchviehhaltung hat also einen Top-down-Effekt auf die genetische

BEAUTY HAPPENS — AUCH BEIM MENSCHEN

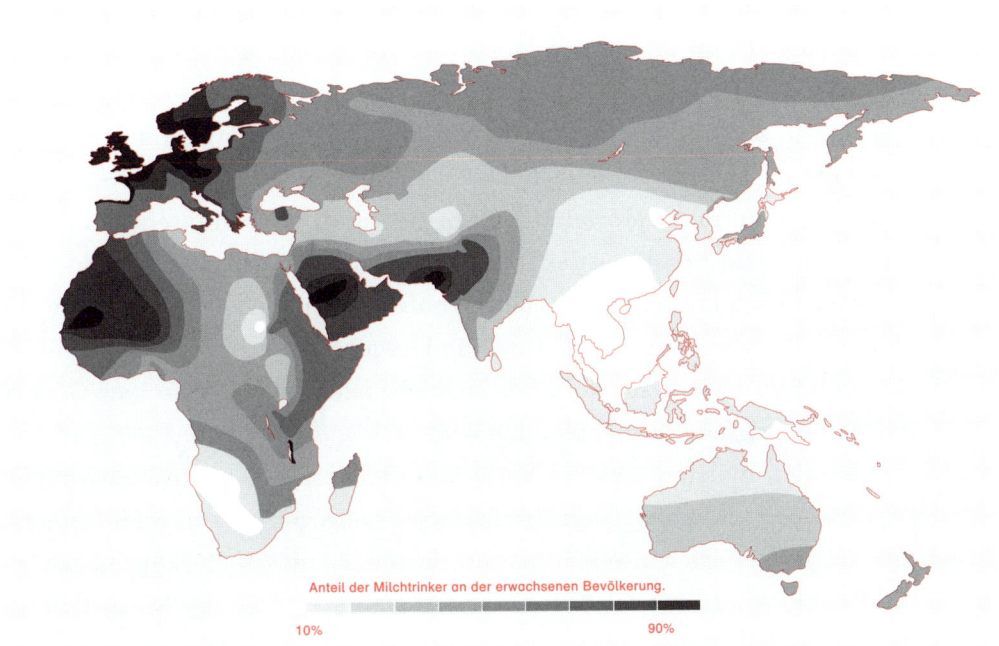

Variation der Häufigkeit von Laktosetoleranz bei Erwachsenen in menschlichen Populationen auf der Welt. Nach: Curry, »The Milk Revolution«.

Evolution des Menschen ausgeübt. Kurzum, die Kultur kann die Biologie prägen.

In ähnlicher Weise könnten meiner Ansicht nach kulturelle Vorstellungen über Schönheit und Sexualität Top-down-Effekte auf die Genetik des menschlichen Aussehens und Verhaltens haben – durch sexuelle Selektion.²⁹⁸ Es wäre eine große Herausforderung, die vergleichenden Daten zu sammeln, die zur Überprüfung dieser Idee notwendig wären. In der Hoffnung, eine solche Forschung anregen zu können, möchte ich daher einige hoch spekulative, aber plausible Möglichkeiten vorstellen, wie ein solcher Prozess funktionieren könnte.

der Laktase-Expression beteiligt ist. Diese Quelle der natürlichen Selektion ist noch nicht stark oder verbreitet genug, als dass sie zur vollständigen Fixierung dieser genetischen Neuerung in allen menschlichen Populationen hätte führen können. Es gibt noch immer viele Populationen auf der Welt – besonders in Ostasien und weiten Teilen Afrikas, wo die Milchviehhaltung historisch kaum eine Rolle spielte –, die nicht die Fähigkeit entwickelt haben, als Erwachsene Laktase zu produzieren.

298 Ähnliche Ideen wurden auch schon diskutiert in Charles Darwin, *Der Ausdruck der Gemüthsbewegungen bei dem Menschen und den Thieren*, Stuttgart 1872; Diamond, *Der dritte Schimpanse*; sowie Jerry A. Coyne, *Why Evolution Is True*, Oxford 2009, S. 235.

Ethnische Gruppen aus verschiedenen Kulturen können sich in ihrem Aussehen stark unterscheiden, doch sind wahrscheinlich nur wenige dieser Unterschiede auf natürliche Selektion zurückzuführen. So besteht zum Beispiel ein großer Zusammenhang der Variation der Hautfarbe mit der geografischen Breite, was wahrscheinlich die Folge einer starken natürlichen Selektion dunklerer Haut in äquatorialen Breiten als Schutz vor Hautkrebs oder (wahrscheinlicher) zur Erhaltung der Folsäurereserven im Körper und einer starken natürlichen Selektion hellerer Haut in höheren Breiten zur Erleichterung der Vitamin-D-Synthese war.[299] Die Haar- und Augenfarbe kovariiert häufig mit der Hautfarbe, weil bei diesen korrelierten Merkmalen vielfach dieselben Gene für die Melaninpigmentierung beteiligt sind.

Bei den meisten anderen Variationen des Aussehens in menschlichen Populationen und ethnischen Gruppen ist es dagegen sehr unwahrscheinlich, dass sie der natürlichen Selektion unterliegen. Zu diesen Merkmalen gehören die Struktur und Länge der Haare, die Form und Größe der Nase, die Form der Wangenknochen, die Breite des Gesichts, die Größe und Form der Lippen, die Form der Augenlider, die Größe und Form der Ohren, das Anliegen der Ohrläppchen, die Brustgröße, Fettverteilungsmuster im weiblichen Körper, die Menge der Gesichts- und Körperbehaarung beim Mann und die Penisgröße. Geografisch variieren diese Merkmale zwischen menschlichen Populationen und sind stark erblich bedingt, aber es besteht praktisch keine Möglichkeit, dass solche evolutionären Variationen in menschlichen Populationen Anpassungen an Variationen der Umwelt sein könnten. Zwar sind auch andere Erklärungen möglich, doch spricht meines Erachtens viel für die Hypothese, dass kulturelle Schönheitsideale nach dem Top-down-Prinzip evolutionäre Veränderungen körperlicher Eigenschaften herbeiführen können.

Werfen wir als spekulatives Beispiel einen Blick auf die Einwohner von Samoa und Hawaii, die seit ungefähr 1500 Jahren auf diesen pazifischen Inselgruppen leben. Im globalen Vergleich ragen diese Populationen heraus, was ihre immense Körpergröße und

---

[299] Vgl. Nina G. Jablonski, *Skin. A Natural History*, Berkeley 2006, und Nina G. Jablonski, George Chaplin, »Human Skin Pigmentation as an Adaptation to UV Radiation«, in: *Proceedings of the National Academy of Science* 107 (2010), S. 8962–8968. Diamond bezweifelt in *Der dritte Schimpanse*, dass die Hautfarbe eine adaptive Grundlage hat, und stellt die Hypothese auf, dass alle Variationen der menschlichen Hautfarbe das Resultat der willkürlichen sozialen und sexuellen Selektion sind.

-fülle angeht. Große Körper und ein hohes Gewicht werden in diesen Kulturen traditionell als bewundernswert und sexuell attraktiv angesehen. Ihre Könige und Königinnen waren bekannt für ihre große, schwere, imposante Gestalt. Wenn kulturelle Schönheitskriterien dazu führen, dass bestimmte Individuen innerhalb einer Gesellschaft sexuell deutlich erfolgreicher sind als andere, das heißt, mehr Nachkommen und möglicherweise mehr Ressourcen bekommen, dann ist es folgerichtig, dass die kulturell begünstigten Merkmale – im Fall der Polynesier sind das große, üppige Körper – sich auch zunehmend im Genpool niederschlagen. Auf diese Weise können kulturelle *Vorstellungen* von Attraktivität eine relativ rasche Entwicklung des Erscheinungsbildes vorantreiben.

Ein weiteres Beispiel für die Wirkungsweise dieses Top-down-Effekts lässt sich in Südafrika beobachten. Die Frauen der dort ansässigen alten ethnischen Gruppe der Khoisan sind bekannt dafür, dass sie große Mengen Körperfett am Gesäß ansammeln, was zu außergewöhnlichen, kallipygischen Körperformen führt. Da diese Merkmale in den meisten Kulturen stark positiv besetzt sind, ist es kein Wunder, dass die Khoisan-Männer diese Eigenschaft äußerst attraktiv finden. Man kann sich vorstellen, dass die Speicherung von Körperfett im Allgemeinen von der natürlichen Selektion begünstigt wird; aber wie will man erklären, dass diese spezifische anatomische Form nur in einer bestimmten Umgebung favorisiert wird, in anderen aber nicht? Wahrscheinlich sind diese besonderen Varianten der Körperform eher das Resultat vollkommen willkürlicher sexueller Präferenzen. Es scheint möglich, dass die kulturelle Würdigung einer bestimmten Form des weiblichen Körpers bei den Khoisan die Evolution erblicher Unterschiede der Körperfettverteilung vorangetrieben hat. Mit anderen Worten, die kulturelle Vorliebe für diese Körperform hat wahrscheinlich zu deren Entstehung beigetragen.[300]

300 Auch die evolutionäre Zukunft des Menschen könnte durch kulturelle Top-down-Effekte beeinflusst werden. Die Verteilung der Achsel- und Schambehaarung deutet stark darauf hin, dass sich Körpergerüche, die durch ein Zusammenspiel von abgesonderten Pheromonen, Schweiß und dem Mikrobiom der Haut entstehen, als sexuelle Signale koevolutionär entwickelt haben. Viele Menschen können die Körpergerüche bestimmter Individuen identifizieren und haben erlebt, dass sie sich von den Gerüchen ihrer Partner besonders angezogen fühlen. Allerdings hat die Kultur der Hygiene – das heißt, häufiges Waschen des Körpers mit Seife, die Benutzung von Deos, um die Gerüche zu beseitigen, und die Entfernung der Körperbehaarung – wahrscheinlich einen großen Einfluss darauf, welche Gerüche man für kulturell akzeptabel und sexuell attraktiv hält. Auch die hygienisch-kulturelle Sorge vor der Gefahr von überall in menschlichen Körpern, Körperteilen, Körperhöhlen und Körperflüssigkeiten lauernden Bakterien kann das Sexualverhalten

Die Biologen Nathan Bailey und Allen Moore haben unter Verwendung mathematischer Modelle, die weitgehend mit Fishers Modell der sich selbst verstärkenden sexuellen Selektion im Einklang stehen, dokumentiert, dass kulturelle Partnerpräferenzen Rückkopplungsschleifen erzeugen können, welche die evolutionäre Verfeinerung bestimmter Merkmale zur Folge haben, die als wünschenswert erachtet werden, aber keinen Vorteil für das Überleben oder die Fruchtbarkeit bieten, sondern nur einen ästhetischen Wert besitzen.[301] Diese Partnervorlieben stehen nicht bloß im Dienst der natürlichen Selektion. Vielmehr ist ein solcher Weglauf-Prozess im Bereich der Kultur wahrscheinlich ebenso dazu geeignet, jede Beziehung zwischen Schönheit und ehrlichen Anzeichen für Qualität zu unterminieren, wie Fisher, Lande und Kirkpatrick dies für das Gebiet der Genetik gezeigt haben, und die Evolution von Merkmalen anzuregen, die in Bezug auf die Überlebenschancen sogar kontraindiziert sein können.

Diese kulturell-genetisch bedingte evolutionäre Rückkopplung könnte hinsichtlich der ästhetischen Diversifizierung menschlicher Populationen und ethnischer Gruppen vieles erklären. Es ist wahrscheinlich, dass die kulturelle Vielfalt der Menschen einen Großteil unserer körperlichen Vielfalt hervorgebracht hat. Und dieser Evolutionsmechanismus läuft vollkommen ohne die Anpassung durch natürliche Selektion ab. Die Kultur macht es uns Menschen sogar noch schwerer, ehrliche sexuelle Signale zu entwickeln.

Die Möglichkeit der willkürlichen ästhetischen Partnerwahl des Menschen steht im direkten Gegensatz zu jenen adaptationistischen Vorstellungen über die Partnerwahl, von denen die westliche Kultur so durchdrungen ist. Ich hoffe, es ist mir in diesem Kapitel gelungen zu zeigen, dass wir nicht automatisch davon ausgehen können, dass Variationen in unserem Äußeren etwas über unseren inneren genetischen Wert verraten. Bevor wir den Schluss ziehen dürfen, dass ein bestimmtes ornamentales Merkmal adaptiv

beeinflussen. So könnte die Hygienekultur für die zwischengeschlechtliche chemische Kommunikation und ästhetische Koevolution des Menschen nach Millionen von Jahren schließlich das Ende bedeuten. Die Paarungsentscheidungen von Generationen von Menschen, die moderne Hygiene betreiben, können dazu führen, dass die Spezifität menschlicher Pheromone und unsere Sensibilität für sie allmählich verlorengeht. Die Kultur der Hygiene könnte eine ganze Sinnesdimension der menschlichen sexuellen Schönheit auslöschen. Die Menschen würden natürlich immer noch riechen; aber Körpergerüche wären dann einfach nicht mehr schön.

[301] Vgl. Nathan W. Bailey, Allen J. Moore, »Runaway Sexual Selection Without Genetic Correlations. Social Environments and Flexible Mate Choice Initiate and Enhance the Fisher Process«, in: *Evolution* 66 (2012), S. 2674–2684.

ist, müssen wir zunächst die Nullhypothese der Schönheit widerlegen. Und solange wir keine Beweise zu deren Widerlegung finden, müssen wir akzeptieren, dass auch die menschliche Schönheit willkürlich auftritt.

KAPITEL 9

Pleasure Happens – Die Nullhypothese des Genusses

Das herrschende göttliche Schöpferpaar der griechischen Mythologie – Zeus und Hera – hatten eine schwierige Ehe. Zeus war ständig auf der Suche nach neuen Möglichkeiten, junge, schöne Frauen zu verführen und mehr Kinder zu zeugen, während Hera wegen Zeus' häufiger Seitensprünge verständlicherweise in einem permanenten Zustand rasender Eifersucht war. Da Hera neben vielen anderen Titeln unter anderem auch den der Göttin der Ehe führte, war die Treulosigkeit ihres Gatten nicht nur für sie persönlich schmerzhaft, sondern auch eine öffentliche Peinlichkeit. Vor dem Hintergrund dieser anhaltenden Spannungen stritten Zeus und Hera darüber, welches der beiden Geschlechter beim Sex mehr Lust empfinde – Männer oder Frauen. Beide versuchten, ihre moralische Position zur ehelichen Treue damit zu verteidigen, dass das jeweils *andere* Geschlecht den Sex mehr genieße als das eigene. Sie beschlossen schließlich, sich zur Klärung des Streits an die einzige verlässliche Quelle zu wenden, die sie kannten – einen Weisen namens Teiresias.

Teiresias war das, was heutige Biologen einen Konsekutivzwitter nennen würden – ein Individuum, das im Laufe seines Lebens das Geschlecht wechselt (wie es bei einigen Pflanzen und Tieren vorkommt). Er war bei seiner Geburt männlich und wuchs in der Stadt Theben auf. Bei einem Spaziergang stieß er eines Tages auf zwei sich begattende Schlangen. Er schlug sie mit seinem Stock und wurde auf der Stelle in eine Frau verwandelt. Sieben Jahre später ging die Frau Teiresias den gleichen Weg entlang und traf wieder auf die zwei kopulierenden Schlangen. Vielleicht hoffte sie, dass der Zauber auch in umgekehrter

Richtung funktionierte, jedenfalls schlug sie die Schlangen *wieder* mit ihrem Wanderstab und wurde umgehend in einen Mann zurückverwandelt.

Hera und Zeus kamen zu dem Schluss, dass Teiresias der einzige Mensch war, der die sexuelle Lust von Männern und Frauen aus erster Hand kannte und vergleichen konnte. Also wandten sie sich an ihn, um ihren Streit beizulegen. Als sie Teiresias ihre Frage stellten, antwortete dieser ohne zu zögern, dass Frauen *neun Mal* so viel Lust empfänden wie Männer.

Warum ausgerechnet *neun* Mal? Für die geometriebesessenen Griechen war die Neun tatsächlich eine ganz besondere Zahl. Neun ist drei hoch zwei. Die Neun teilt uns auf poetische Weise mit, dass der sexuelle Genuss der Frau nicht nur, was das *Ausmaß*, sondern auch was die *Dimension* angeht, die des Mannes übersteigt. Mit einer einzigen symbolischen Zahl gab Teiresias somit zu verstehen, dass der geschlechtliche Genuss der Frau eine nichtlineare, exponentielle Steigerung gegenüber dem des Mannes ist.[302]

Der Teiresias-Mythos erinnert uns daran, dass der sexuelle Genuss der Frau wahrscheinlich das größte und beständigste Rätsel der Sexualität ist. Was ist sein Zweck, warum gibt es ihn? Die zeitgenössische Wissenschaft der Partnerwahl beschäftigt sich zwar mit der Evolution des weiblichen Genusses – einschließlich des weiblichen Orgasmus –, schweigt sich aber über die subjektive Erfahrung des sexuellen Genusses aus. Die Theorie der ästhetischen Evolution hat dagegen viel dazu zu sagen, und das werde ich in diesem Kapitel tun. Indem sie den Genuss als die zentrale, organisierende Kraft der Partnerwahl und diese als treibende Kraft des evolutionären Wandels begreift, vertritt die ästhetische Theorie den Standpunkt, dass das weibliche Genussstreben den Kern der Evolution menschlicher Schönheit und Sexualität bildet.

Die Theorie der ästhetischen Koevolution sagt, dass hinter jedem detaillierten Sexualornament eine ebenso detaillierte koevolutionäre sexuelle Präferenz steht. Wenn sich die Größe und Form des menschlichen Penis entwickelt haben, um eine ornamentale

---

[302] Ein Kollege von mir, der Mathematiker Michael Frame, äußerte Verwunderung über meine Logik. Zugegeben, zwei Zahlen – 1 und 9 – können aus sich heraus keinen anderen Zusammenhang andeuten als eine Gerade, eine lineare Beziehung. Ich möchte aber, dass wir poetisch über Zahlen nachdenken, so wie es die Griechen, glaube ich, instinktiv taten. Die stärkste Assoziation mit der Zahl 9 ist nach meinem Dafürhalten 3^2, was ein Lustgefälle »hoch zwei« impliziert und damit einen Unterschied, der nicht einfach nur die Größe, sondern die Ausdehnung betrifft.

Funktion zu erfüllen, dann muss es eine Reihe von weiblichen Präferenzen geben, die mit den evolutionären Veränderungen am Penis koevolviert sind. Wie ich im vorigen Kapitel erklärt habe, hatten diese Präferenzen mit den sinnlichen Erfahrungen eines gesteigerten sexuellen Genusses zu tun. Und dies führt uns direkt zur Frage des weiblichen Orgasmus – was ist sein Ursprung und Zweck? – und schließlich zu einer näheren Erläuterung der Antwort des Teiresias an Zeus und Hera, warum er eine intensivere und tiefer gehende Erfahrung sein kann als der männliche Orgasmus.

Wohl kaum ein Thema im Bereich der sexuellen Evolution des Menschen hat in den letzten Jahren in der Wissenschaft für mehr Aufregung und hitzigere Debatten gesorgt als der Ursprungs des weiblichen Orgasmus.[303] Die evolutionäre Erklärung des männlichen Orgasmus schien immer eindeutig: Da dieser unmittelbar mit der Ejakulation der Spermien zusammenhängt, hat sich der männliche sexuelle Genuss offensichtlich durch natürliche Selektion entwickelt, um Männchen zu motivieren, Fortpflanzungsgelegenheiten wahrzunehmen. Alles in allem ist der männliche Orgasmus eine saubere Lösung für das Problem der Arterhaltung und dazu noch vollkommen im Einklang mit der adaptationistischen Sichtweise. Der Ursprung und die Funktion des weiblichen Orgasmus waren dagegen schon immer äußerst umstritten, wobei es an Erklärungsversuchen wahrlich nicht mangelt. Das Überraschende an diesen Erklärungen des sexuellen Genusses ist allerdings, wie unhedonistisch sie sind.

Anfang des 20. Jahrhunderts legte Sigmund Freud eine Interpretation des weiblichen Orgasmus vor, welche die Wissenschaft nachhaltig beeinflusst hat. Er identifizierte die Klitoris als den Ort der infantilen weiblichen sexuellen Lust und die Vagina als den angemessenen Ort der sexuellen Lust der reifen Frau. Laut Freud erforderte die »normale« sexuelle Entwicklung der Frau den Übergang vom klitoralen, masturbatorischen Orgasmus zum vaginalen Orgasmus, der durch heterosexuellen Verkehr ohne Stimu-

[303] Einen hervorragenden Überblick über die Literatur zu dieser faszinierenden Frage bietet Elisabeth A. Lloyd, *The Case of the Female Orgasm. Bias in the Science of Evolution*, Cambridge, Mass., 2005. Mihaela Pavlicev und Gunter Wagner bringen eine neue These zur ursprünglichen evolutionären Entstehung des Orgasmus bei Höheren Säugetieren vor. Sie vermuten, dass sich der weibliche Orgasmus ursprünglich als sensorisches Signal für die Ovulation entwickelt hat, die wiederum durch Kopulation induziert wurde (vgl. Mihaela Pavlicev, Gunter Wagner, »The Evolutionary Origin of Female Orgasm«, in: *Journal of Experimental Zoology B: Molecular and Developmental Evolution* 326 [2016], S. 326–337).

304 Freuds Theorie des weiblichen Orgasmus war auch eine »adaptive« Theorie der Sexualfunktion, allerdings nicht aus evolutionärer, sondern aus psychologischer Sicht. Für Freud war der Schritt vom klitoralen zum vaginalen Orgasmus notwendig für die vollständige Entwicklung der sexuellen und emotionalen Reife einer Frau. Die »richtige« Art des Orgasmus bietet demnach einen *direkten Vorteil* für die Frau, indem er ihr hilft, die psychologischen Schwierigkeiten beim Übergang von der infantilen Mutterbindung zu reifen, fitnesssteigernden, heterosexuellen Beziehungen zu überwinden. In diesem Sinne bedeutet sowohl die evolutionäre als auch die psychologische »Adaptation« eine geeignete, funktionale Passung zwischen einem Phänotyp und seiner Umwelt.
305 Vgl. Mivart, »Review of *The Descent of Man*«.
306 Freuds Theorie hatte einen verheerenden Einfluss auf gebildete und privilegierte Frauen in ganz Europa und den USA. Alfred Kinsey schrieb dazu in *Das sexuelle Verhalten der Frau*: »Diese Frage ist von erheblicher Bedeutung, weil ein großer Teil der Literatur und viele Kliniker, einschließlich der Psychoanalytiker, der klinischen Psychologen und der Eheberater sich große Mühe gegeben haben, ihren weiblichen Patienten den Übergang von der ›Klitoris-Reaktion‹ auf ›vaginale Reaktionen‹ beizubringen. Hunderte von Frauen unserer Auslese und viele Tausende von Patientinnen gewisser Ärzte waren daher durch ihre Unfähigkeit, diese biologische Unmöglichkeit zu verwirklichen, tief beunruhigt.« (Kinsey u. a., *Das sexuelle Verhalten der Frau*, S. 438).
307 Vgl. Donald Symons, *The Evolution of Human Sexuality*, Oxford 1979.

lation der Klitoris erreicht werde. Frauen, die diesen mythologischen Übergang nicht schafften, wurden als »frigide« bezeichnet – als sexuell unzulänglich, emotional unreif und in Bezug auf ihre »Weiblichkeit« unterentwickelt.

Auch Freuds Hypothese wurde von der auf Mivart und Wallace zurückgehenden, die weibliche Autonomie verleugnenden und antiästhetischen intellektuellen Tradition beeinflusst (vgl. Kapitel 1), die in der weiblichen Lust lediglich einen adaptiven physiologischen Reiz sah, der dazu diente, das Sexualverhalten zwischen den Geschlechtern anzuregen und zu koordinieren, um so die Vermehrung der Art sicherzustellen.[304] Freud, Mivart und Wallace schlossen die Möglichkeit aus, dass der weibliche sexuelle Genuss ein Selbstzweck sein könnte. Wie wir gesehen haben, machte Mivart keinen Hehl aus seiner Ablehnung der weiblichen sexuellen Autonomie. Ihm graute bei dem Gedanken, dass die »lasterhaften weiblichen Capricen« irgendeine evolutionäre Wirkung haben könnten.[305] Interessant ist, dass Freuds gescheiterte Theorie des weiblichen Orgasmus möglicherweise in der gleichen Angst vor den Folgen einer Anerkennung der Autonomie der sexuellen Wünsche von Frauen wurzelt.[306]

Die moderne wissenschaftliche Debatte über die Evolution des weiblichen Orgasmus begann mit Donald Symons' Buch *The Evolution of Human Sexuality* von 1979, das die These vertrat, der Orgasmus der Frau habe sich, wie die Brustwarzen beim Mann, als *Nebenprodukt* der natürlichen Selektion der Sexualfunktionen des anderen Geschlechts entwickelt.[307] Gemäß der Nebenprodukt-Theorie gibt es männliche Brustwarzen nur, weil Brustwarzen bei Frauen unter starker natürlicher Selektion stehen, insofern sie notwendig sind, um die Nachkommen zu stillen. Entsprechend gibt es die Fähigkeit zum Orgasmus bei Frauen nur, weil der Orgasmus bei Männern unter starker natürlicher Selektion steht, insofern er einen Mechanismus zur Abgabe der Spermien während der Kopulation bietet. Solche Nebenprodukte können entstehen, weil die genetische und entwicklungsmäßige Differenzierung zwischen den Geschlechtern unvollständig ist. Männliche Brustwarzen haben denselben evolutionären Ursprung wie weibliche, und genauso ist auch die weibliche Klitoris homolog zum Penis des Mannes. Folglich sei, so vermutet Symons, die weibliche Fähigkeit zur orgastischen Reaktion im Grunde ein glücklicher Zufall – ein Nebenprodukt der natürlichen Selektion der sexuellen Reaktion des Mannes.

Symons' Nebenprodukt-Hypothese schlossen sich später unter anderem der Evolutionsbiologe Stephen Jay Gould und die Wissenschaftsphilosophin Elisabeth Lloyd an.[308] In einem Interview mit dem *Guardian* erklärte Lloyd: »Mann und Frau haben im Embryonalstadium zwei Monate lang dieselbe anatomische Struktur, bevor die Unterschiede einsetzen. Die Frau bekommt einen Orgasmus, weil der Mann ihn später brauchen wird, so wie der Mann Brustwarzen bekommt, weil die Frau sie später brauchen wird.«[309]

Das überzeugendste Indiz für die Nebenprodukt-Hypothese ist die schlichte Tatsache, dass der menschliche Geschlechtsverkehr an sich äußerst ungeeignet ist, um einen weiblichen Orgasmus hervorzurufen. Fakt ist auch, dass der weibliche Orgasmus in keinerlei Zusammenhang zur weiblichen Fruchtbarkeit steht. Frauen, die beim Sex noch nie einen Orgasmus hatten, können problemlos Babys bekommen, sagen die Nebenprodukt-Leute, und folglich könne der Orgasmus nicht als Anpassung zur Unterstützung der Fortpflanzung angesehen werden. Weitere Unterstützung erfährt die Nebenprodukt-Hypothese durch die Beobachtung, dass der weibliche Orgasmus unter nichtmenschlichen Primaten weit verbreitet ist – unter anderem bei Bärenmakaken, Schimpansen und Bonobos.[310] Nach diesem Modell gibt es evolutionstheoretisch am Orgasmus von

308 Vgl. Stephen J. Gould, »Freudian Slip«, in: *Natural History* 87.2 (1987), S. 14–21, und Lloyd, *The Case of the Female Orgasm*.
309 John Sutherland, »The Ideas Interview: Elisabeth Lloyd«, in: *The Guardian*, 26.9.2005.

Frauen nichts zu erklären: Sie erlangten diese Fähigkeit auf dieselbe zufällige Weise wie andere weibliche Primaten und dies hat nichts mit »Adaptation« zu tun.

Wenig überraschend fanden die adaptationistischen Soziobiologen der 1980er- und 90er-Jahre die Nebenprodukt-Hypothese äußerst unbefriedigend. Als Reaktion darauf erklärten sie, der weibliche Orgasmus *sei* eine Adaptation, er *habe* sich durch natürliche Selektion entwickelt und sein Zweck sei die Stärkung der Paarbindung. Man könnte hier also von einer »Guter-Sex-gleich-glückliche-Ehe«-Hypothese sprechen. Die Paarbindungs-Hypothesen fielen allerdings in den späten 1980er Jahren in Ungnade, als man feststellte, dass die weibliche Fähigkeit zum Orgasmus ein ebenso starker Motivator für sexuelle Beziehungen außerhalb der Paarbindung sein kann wie innerhalb. Dieses Umdenken ging mit der Entdeckung einher, dass viele scheinbar »monogame« Vögel eigentlich nur »sozial monogam« sind, das heißt, sie bilden zwar stabile soziale Paare, um die Brutpflege zu bewältigen, paaren sich aber auch ausgiebig außerhalb dieser Paarbeziehungen. Mitte der 1990er Jahre führte diese Entdeckung dazu, dass viele Mitglieder einer frühen Generation von Evolutionspsychologen den Fokus auf die Rolle der Spermienkonkurrenz bei der sexuellen Evolution legten und sie schließlich mit Theorien zum weiblichen Orgasmus beim Menschen verknüpften.

Sie postulierten, dass der weibliche Orgasmus eine wichtige Rolle bei jenen »außerehelichen« Paarungsszenarien spiele, und erklärten, die beim weiblichen Orgasmus auftretenden Kontraktionen der Uterusmuskulatur seien ein adaptiver Mechanismus, der sich entwickelt habe, um das Sperma genetisch höherwertiger männlicher Partner »aufzusaugen« und dadurch die Wahrscheinlichkeit zu erhöhen, dass die Eizelle am Ende von diesen Qualitäts-Spermien befruchtet wird.

310 Zu den 1966 von Masters und Johnson festgelegten Kriterien für den weiblichen Orgasmus gehören eine erhöhte Herzfrequenz sowie rasche Kontraktionen der Uterus- und Scheidenmuskulatur (vgl. William H. Masters, Virginia E. Johnson, *Die sexuelle Reaktion*, Frankfurt a. M. 1967). Diese Variablen konnten bei weiblichen Bärenmakaken (*Macaca arctoides*) in Gefangenschaft gemessen werden (vgl. David A. Goldfoot u. a., »Behavioral and Physiological Evidence of Sexual Climax in the Female Stump-tailed Macaque (*Macaca arctoides*)«, in: *Science* 208 [1980], S. 1477–1479). Wenngleich weibliche Bärenmakaken in Gefangenschaft offenbar bei Kopulationen mit Männchen einen Orgasmus erleben können, kommt dieser viel häufiger bei Besteigungen durch andere Weibchen vor (vgl. Suzanne Chevalier-Skolnikoff, »Male-Female, Female-Female, and Male-Male Sexual Behavior in the Stumptail Monkey, with Special Attention to the Female Orgasm«, in: *Archives of Sexual Behavior* 3 [1974], S. 95–116).

Wer sind nun diese qualitativ überlegenen Männer, deren Spermien so begehrenswert sind? Nach der Standardvorstellung der evolutionären Psychologie greift dieser Evolutionsmechanismus, weil Frauen auf strategische und trügerische Weise promiskuitiv sind; der »soziale« Partner einer Frau ist *nicht* der höherwertige Mann. Den Sozialpartner hat die Frau vielmehr ausgewählt, weil er ihren Nachkommen die besten direkten Vorteile in Form von Ressourcen, Fürsorge, Schutz und so weiter bieten kann. Er ist der gute, alte, verlässliche, aber nicht gerade vor Sex-Appeal strotzende Typ. Der Qualitäts-Mann ist dagegen einer, den sie während der fruchtbaren Periode außerhalb der Paarbeziehung ausfindig macht – höhere Qualität bedeutet hier, dass er aufgrund seines Sex-Appeals und seiner Attraktivität derjenige ist, von dem sie Kinder haben will, weil er diese indirekten Vorteile, das heißt gute Gene bietet. Die adaptationistische Theorie besagt also, dass eine Frau *nur* beim Sex mit dem attraktiveren, genetisch höherwertigen Mann zum Orgasmus kommt, weil der dabei zum Einsatz kommende Aufsaug-Mechanismus seinen Spermien einen Vorteil verschafft und es wahrscheinlicher macht, dass er derjenige ist, der ihre Eier befruchtet.

Elisabeth Lloyd liefert in ihrem Buch *The Case of the Female Orgasm* erdrückende Beweise gegen diese »Upsuck-Hypothese«. Sie gibt einen umfassenden geschichtlichen Überblick über die kontroverse Debatte um die Evolution des weiblichen Orgasmus, bietet eine Übersicht über die wissenschaftliche und insbesondere sexualwissenschaftliche Forschungsliteratur zum Orgasmus des Menschen und liefert eine Fülle von Daten, aus denen eindeutig hervorgeht, dass absolut nichts dafür spricht, dass der weibliche Orgasmus die Fruchtbarkeit beeinflusst. Ebenso deutet nichts darauf hin, dass Männer, die Frauen zum Orgasmus bringen, erfolgreicher bei der Befruchtung der Eizellen oder in irgendeiner Weise genetisch überlegen sind. Wenn der weibliche Orgasmus keine Auswirkung auf die Fertilität und die Fekundität hat und es keinen Zusammenhang zwischen der Genqualität des Mannes und seiner Fähigkeit, eine Frau zum Orgasmus zu bringen, gibt, dann lässt sich unmöglich die These aufrechterhalten, der Orgasmus sei eine Anpassung zur Spermiensortierung, um die genetische Qualität der Nachkommen zu verfeinern. Weiter zeigt Lloyd, dass wichtige wissenschaftliche Beiträge zur Upsuck-Hypothese auf grundlegend mangelhaften statistischen Methoden und nicht zu rechtfertigenden Datenmanipulationen beruhen und dass diese Studien in vielerlei Hinsicht von den sexuellen Vorurteilen der Forscher beeinflusst wurden.[311]

Ein wichtiges Merkmal der Debatte zwischen den Vertretern der Nebenprodukt- und denen der Upsuck-Hypothese der Evolution des weiblichen Orgasmus ist die Art und Weise, wie beide Seiten dessen *Variabilität* als Beweis für ihre jeweilige Denkrichtung reklamieren. Lloyd verteidigt die Nebenprodukt-Theorie und argumentiert, die extremen Schwankungen der Orgasmusfähigkeit von Frauen beim Geschlechtsverkehr – manche Frauen haben nie einen Orgasmus, manche fast immer und viele andere liegen irgendwo zwischen diesen beiden Erfahrungspolen – seien ein starker Beweis dafür, dass der Orgasmus nicht unter natürlicher Selektion steht. Die natürliche Selektion würde nämlich einheitlichere Ergebnisse liefern. Wenn der Orgasmus nicht das Resultat eines evolvierten Designs sei, schreibt Lloyd weiter, dann müsse man ihn als Zufall betrachten – wenngleich als einen sehr glücklichen.

Die Anhänger der Upsuck-Hypothese halten dagegen, die Variation sei gerade die Raison d'Être der orgastischen Reaktion der Frau – sie beweise ipso facto die adaptive Funktion des weiblichen Orgasmus. Für den Evolutionspsychologen David Puts spiegelt die unterschiedliche weibliche Orgasmusfähigkeit die Variabilität der, wie er schreibt, »Günstigkeit ihrer Paarungsumstände« wider.[312] Will heißen: Je höher der Paarungswert der *Frau* – das heißt, je attraktiver *sie* ist –, desto höher ist die genetische Qualität der männlichen Partner, die sie gewinnen kann, und desto wahrscheinlicher ist es, dass sie beim Sex einen Orgasmus erlebt. Attraktivere Frauen mit höherwertigen Genen und besserer Verfassung ziehen demnach attraktivere Männer an, die ebenfalls bessere

---

[311] Besonderes Augenmerk legt Lloyd auf den vollkommen mangelhaften, aber viel zitierten Artikel von R. Robin Baker, Mark A. Bellis, »Human Sperm Competition. Ejaculate Manipulation by Females and a Function for the Female Orgasm«, in: *Animal Behaviour* 46 (1993), S. 887–909. Außerdem weist sie darauf hin, dass mehrere einflussreiche Studien, die einen Zusammenhang zwischen dem Orgasmus der Frau beim Geschlechtsverkehr und der Attraktivität oder Symmetrie ihres männlichen Sexualpartners herstellen, fehlerhaft sind, weil sie es versäumen, die Spermienkonkurrenz-Hypothese zu überprüfen. Keine veröffentlichte Studie hat je wirklich die Upsuck-Hypothese überprüft, dass Frauen, die im selben Menstruationszyklus mehrere Sexualpartner haben, beim Geschlechtsverkehr mit genetisch überlegenen Männern häufiger Orgasmen bekommen (vgl. Lloyd, *The Case of the Female Orgasm*).

[312] David A. Puts, »Of Bugs and Boojums. Female Orgasm as a Facultative Adaptation«, in: *Archives of Sexual Behavior* 36 (2007), S. 337–339, hier S. 338.

Gene haben, und diese attraktiven Männer bringen die Frauen häufiger zum Orgasmus und damit dazu, ihre Qualitätsspermien aufzusaugen, um damit ihre Qualitätseier zu befruchten. Schöne Frauen sind also nicht nur zwangsläufig *besser* (weil sie bessere Gene, eine bessere Gesundheit, einen besseren Status und eine bessere Verfassung besitzen), sondern sie werden wegen der höheren genetischen Qualität der Männer, die sie als Sexualpartner gewinnen, auch noch mit größerem sexuellen Genuss belohnt.

Es dürfte schwerfallen, sich etwas auszudenken, das den Eindruck der männlichen Voreingenommenheit in der evolutionären Psychologie noch deutlicher bestätigt. Die Upsuck-Theorie zementiert die Fantasievorstellung vom überlegenen Mann als Erklärung der *unmittelbaren* und der *eigentlichen* Ursache des weiblichen Orgasmus.

Ein grundlegendes Problem an der Upsuck-Hypothese besteht darin, dass sie nicht erklären kann, warum sich Frauen in ihrer *intrinsischen* Fähigkeit, beim Sex einen Orgasmus zu erleben, unterscheiden – ungeachtet der Attraktivität der männlichen Sexualpartner.[313] Kim Wallen und Elisabeth Lloyd gehen in einem kürzlich veröffentlichten Artikel Hinweisen nach, die darauf hindeuten, dass die Häufigkeit des Orgasmus während des Geschlechtsverkehrs mit der weiblichen Genitalanatomie zusammenhängt.[314] Auf der Grundlage ihrer statistischen Untersuchung historischer Datensätze aus den 1920er und 1940er Jahren – die leider Gottes die einzigen verfügbaren Daten zu diesem Thema sind – äußern Wallen und Lloyd die These, dass die Fähigkeit einer Frau, während des Geschlechtsakts einen Orgasmus zu bekommen, umso größer ist, je näher die Klitoris an der Scheidenöffnung liegt. Diese intrinsische, anatomische Variabilität der weiblichen Orgasmusfähigkeit beim Geschlechtsverkehr deckt sich nicht nur mit den analysierten Daten, sondern auch mit unwissenschaftlichen, anekdotischen, persönlichen Erfahrungsberichten von Männern. Ein Mann verändert sich ja im Laufe der Zeit nicht in Bezug auf seine genetische Qualität; was sich aber ändert, ist, wie oft und wie

[313] Baker und Bellis erklären beispielsweise, die Schwankungen der Orgasmusfähigkeit deuten auf die strategischen Orgasmusunterschiede von Frauen und ihrer Paarungsumgebung hin. Dieser Schachzug ist freilich eine todsichere Methode, jeder Widerlegung zu entgehen, denn jede Variation in den Daten kann damit ad hoc als weiteres Beispiel einer spezifischen Variation der Anpassungsstrategie interpretiert werden.
[314] Vgl. Kim Wallen, Elisabeth A. Lloyd, »Female Sexual Arousal. Genital Anatomy and Orgasm in Intercourse«, in: *Hormones and Behavior* 59 (2011), S. 780–792.

leicht die verschiedenen Frauen, mit denen er im Laufe seines Lebens Sex hat, dabei Orgasmen erleben (auch wenn er etwas anderes behaupten sollte). Die Upsuck-Hypothese kann diese Schwankungen nicht erklären.

Eine weitere grundsätzliche Schwäche der Upsuck-Theorie ist, dass sie auf der Bedeutung der Spermienkonkurrenz beruht, die ausschließlich im Kontext der strategischen weiblichen sexuellen Promiskuität und Täuschung stattfindet. Die Vertreter der Upsuck-Theorie behaupten, dass der weibliche Orgasmus sich entwickelt habe, um der Herausforderung zu begegnen, an »gute Gene« zu kommen, wenn eine Frau innerhalb ihrer kurzen Fruchtbarkeitsperiode Sex mit mehreren Männern von unterschiedlicher genetischer Qualität habe. Wenn aber die Spermienkonkurrenz, wie sie sagen, eine so entscheidende Rolle für die Evolution des weiblichen Orgasmus gespielt hat, dann müsste die evolutionäre Weiterentwicklung des weiblichen Orgasmus, die beim Menschen stattgefunden hat, mit einer Zunahme der Spermienkonkurrenz einhergehen. Das Bild, das sich aus den Vergleichsdaten ergibt, zeigt nun aber genau das Gegenteil. Die Größe der Hoden – der verlässlichste Gradmesser für die Evolutionsgeschichte der Spermienkonkurrenz – hat beim Menschen seit der Zeit unserer gemeinsamen Vorfahren mit den Schimpansen signifikant *abgenommen*, während die Bedeutung des weiblichen Orgasmus für die menschliche Sexualität immer größer wurde. Schimpansen haben dagegen sehr große Hoden und eine starke Spermienkonkurrenz, und auch wenn Schimpansenweibchen zum Orgasmus fähig sind (was sich aus ihrer erhöhten Herzfrequenz und raschen Kontraktionen der Scheiden- und Uterusmuskulatur ablesen lässt), scheint er beim Geschlechtsverkehr nur selten vorzukommen.[315] Da sich Schimpansinnen mit mehreren Männchen von unterschiedlicher genetischer Qualität paaren, müssten sie dabei laut der Upsuck-Theorie eigentlich einen Orgasmus als Mechanismus der Spermiensortierung bekommen. Das ist aber nicht der Fall.

Als letzter Punkt ist noch zu erwähnen, dass die Vertreter der Upsuck-Hypothese die adaptiven Implikationen ihres eigenen Modells überraschenderweise nicht zu Ende gedacht haben. Wenn sich der weibliche Orgasmus beim Menschen entwickelt hat, um die Wahrscheinlichkeit der Befruchtung mechanisch zu erhöhen, sollte man annehmen, dass sich

---

315 Vgl. Mel L. Allen, William B. Lemmon, »Orgasm in Female Primates«, in: *American Journal of Primatology* 1 (1981), S. 15–34.

bei Männern adaptive Gegenstrategien entwickelt haben, um diese Spermien aufsaugenden Orgasmen bei jedem Geschlechtsverkehr *hervorzurufen*. Wozu wäre die menschliche Intelligenz nütze, wenn sie sich nicht von Männern dazu einsetzen ließe, ihren Fortpflanzungserfolg zu steigern? Als Gegenstrategie gegen die orgastische Spermiensortierung hätte sich bei Männern eigentlich ein allgemeines und reges Interesse am sexuellen Höhepunkt der Frau entwickeln müssen. Wie jedoch viele Frauen bezeugen können, ist dies nicht geschehen. Die Beweise beschränken sich jedoch nicht auf anekdotische Berichte. Anthropologische Daten aus verschiedenen Kulturen belegen, dass es viele Männer gibt, die nur geringes Interesse am weiblichen Orgasmus und an weiblicher Lust zeigen.[316] In vielen Gesellschaften leiten die Männer den Sex mit einem minimalen Vorspiel ein und kommen zum Höhepunkt, ohne sich je Gedanken über die Lust der Frau zu machen. Tatsächlich wissen die Männer vieler Kulturen nicht einmal, dass Frauen überhaupt einen Orgasmus haben *können* (jedenfalls war dieses Wissen dünn gesät, bevor es das Internet gab). Eine Umfrage aus dem Jahr 2000 ergab, dass 42 Prozent der pakistanischen Männer mit Hochschulbildung nicht wussten, dass Frauen zum Orgasmus fähig sind.[317] In vielen patriarchalischen Kulturen wird die Orgasmusfähigkeit der Frauen zusätzlich noch durch Klitoridektomien und andere Formen der Verstümmelung weiblicher Genitalien unterdrückt. Die überwältigende Gleichgültigkeit (ganz zu schweigen von der häufigen Feindseligkeit), die Männer in vielen Kulturen der Welt dem weiblichen Orgasmus und der weiblichen Lust im Allgemeinen entgegenbringen, offenbart das eklatante Erklärungsversagen der Upsuck-Theorie.

In der Debatte über die Evolution des weiblichen Orgasmus ist noch immer keine Lösung in Sicht. Die Upsuck-Hypothese ist deutlich in Misskredit geraten. Und was ist mit der Nebenprodukt-Hypothese, also der Erklärung der Homologie zwischen den Genitalien von Männern und Frauen und der physiologischen Ähnlichkeiten der orgastischen Reaktion beider Geschlechter? Selbst wenn die grundlegenden Daten, die für den weiblichen Orgasmus als Nebenprodukt spre-

[316] Vgl. William H. Davenport, »Sex in Cross-cultural Perspective«, in: Frank A. Beach (Hg.), *Human Sexuality in Four Perspectives*, Baltimore 1977, S. 115–163.
[317] Vgl. Waris Qidwai, »Perceptions About Female Sexuality Among Young Pakistani Men Presenting to Family Physicians at a Teaching Hospital in Karachi«, in: *Journal of the Pakistan Medical Association* 50.2 (2000), S. 74–77.

chen, vollkommen korrekt sind, bleibt doch die Frage, ob es hier entwicklungsgeschichtlich nicht noch *mehr* zu erklären gibt, als die Nebenprodukt-Hypothese anbietet. Hat sich der Orgasmus der Frau eigenständig entwickelt?

Die Frage wurde interessanterweise von Feministinnen aufgeworfen, die argumentierten, dass die Nebenprodukt-Hypothese die sexuelle Handlungsfähigkeit von Frauen marginalisiert und trivialisiert, und ich glaube, da ist etwas dran.[318] Soll man den zentralen Ort des sexuellen Genusses im Leben vieler Frauen einem bloßen historischen Zufall zuschreiben? Erfordern die wunderbaren Eigenschaften und Potenziale des weiblichen Orgasmus nicht eine *substanziellere* Erklärung als die der Nebenprodukt-Theorie?

Was in der ganzen Debatte bislang fehlt, ist eine wirklich darwinische, ästhetisch-evolutionäre Perspektive. Eine direkte intellektuelle Auseinandersetzung mit dem Grundproblem, das erklärt werden soll – die subjektiven sexuellen Lusterfahrungen von Frauen –, hat noch gar nicht stattgefunden. Auf jeweils unterschiedliche Weise marginalisieren und ignorieren beide Theorien den weiblichen sexuellen Genuss und betrachten ihn als irrelevant für die historische, kausale Erklärung des weiblichen Orgasmus.

Es dürfte kaum überraschen, dass die Wissenschaft so schlecht darin ist, den Genuss zu erklären, da sie, wie schon eingangs dieses Kapitels angesprochen, die eigentliche Erfahrung des Genusses unberücksichtigt lässt. Die moderne Wissenschaft der Partnerwahl bei Menschen und anderen Tieren ist nicht dafür ausgelegt, die Frage des sexuellen Genusses direkt zu behandeln. Da sie aus der Partnerwahlforschung bei anderen Tierarten hervorgegangen ist, ist sie dazu schlicht nicht in der Lage. Sie hat keine Möglichkeit, den Genuss zu erfassen, den ein Leierschwanz-Weibchen erlebt, wenn es der unablässigen Kaskade nachahmender Gesänge lauscht, die ein Leierschwanz-Männchen von seinem Balzhügel herab erklingen lässt, oder wenn es den zuckenden Schleier seiner hauchdünnen Schwanzfe-

---

318 Lloyd fasst die feministischen Einwände gegen Symons' ursprüngliche Darstellung der Nebenprodukt-Hypothese in ihrem Buch zusammen (vgl. Lloyd, *The Case of the Female Orgasm*, S. 139–143). Sie weist zu Recht darauf hin, dass der kulturelle Status der sexuellen Lust von Frauen nicht davon abhängt, ob der Orgasmus eine Adaptation ist oder nicht; das heißt, der »Anpassungswert« bestimmt nicht den kulturellen oder persönlichen Wert. Sie versäumt es jedoch, der von Fausto-Sterling u. a. vorgebrachten Kritik zu begegnen, die Upsuck-Theorie räume den »Frauen eine viel größere Handlungsfähigkeit ein als« die Nebenprodukt-Erklärung (vgl. Anne Fausto-Sterling u. a., »Evolutionary Psychology and Darwinian Feminism«, in: *Feminist Studies* 23 [1997], S. 402–417).

dern beobachtet, die es wie einen halben Schirm über seinem Körper ausbreitet. Sie hat keinen Einblick in die ästhetische Erfahrung eines weiblichen Tiefland-Felsenhahns, der neben einem schreienden, orangefarbenen Männchen steht, das reglos auf dem kahlen Boden seines Leks hockt, umgeben von anderen schreienden Männchen, die mit ihrer rauen Kakophonie die Balzszene umrahmen. Das Einzige, was wir Wissenschaftler in solchen Momenten einschätzen können, ist das Ergebnis – welches Männchen wählt das Weibchen am Ende aus? Aber indem der Fokus immer nur auf Ergebnisse gelegt wurde, haben die Biologen die äußerst lustvollen sensorischen und kognitiven Kriterien, die in die Wahl eingeflossen sind, verschleiert und ignoriert.

Wenn der Untersuchungsgegenstand dagegen unsere *eigenen, menschlichen* Genüsse sind, haben wir die Möglichkeit, die sexuelle Lust in viel umfassenderem Maße zu verstehen, weil Menschen uns im Unterschied zu anderen Tieren erzählen können, was sie erleben. Diese Fähigkeit zu kommunizieren kann unsere Analyse der Evolution des Orgasmus von Grund auf verändern. Es wird Zeit, dass die Evolutionsbiologie diese Gelegenheit ergreift. Glücklicherweise ist die Theorie der ästhetischen Evolution bestens geeignet, uns dabei zu helfen.

Die ästhetische Evolutionstheorie setzt explizit bei der subjektiven Genusserfahrung der Paarungspräferenz an. Um die Evolution des sexuellen Genusses zu verstehen, müssen wir eine logische Erweiterung der *Beauty-Happens*-Hypothese vornehmen, die ich den *Pleasure-Happens*-Mechanismus nennen werde. Beim *Beauty-Happens*-Mechanismus liegt der Fokus auf der Koevolution der Begierde beim einen und der *physischen Objekte* der Begierde – also der Ausdrucksmerkmale – beim anderen Geschlecht. Beim *Pleasure-Happens*-Mechanismus müssen wir uns dagegen auf die Koevolution der *subjektiven Genusserfahrung* und der Merkmale, die diesen Genuss hervorrufen, konzentrieren. Das heißt, wir müssen anerkennen, dass die Erfahrung der Partnerwahl an und für sich lustvoll ist. In der wissenschaftlichen Literatur zur Partnerwahl findet diese Anerkennung nach wie vor kaum statt, bei Darwin ist sie dagegen schon zu finden.

Wenngleich Darwin zu sittsam, schüchtern oder zu ängstlich vor den Reaktionen seiner Leser war, um in *Die Abstammung des Menschen* explizit den sexuellen Genuss von Menschen zu erörtern, so diskutierte er ihn doch im Hinblick auf die Tiere und stellte die These auf, dass sich deren sexuelle Darbietungen gerade wegen der intensiven sinnlichen Genüsse entwickelten, die sie hervorriefen. Weil der weibliche sexuelle Genuss und der Orgasmus Grundbestandteile der Erfahrung der Partnerwahl in Aktion sind – einschließlich all der körperlichen Interaktionen, die beim Sexualverhalten eine Rolle spielen –, ist es daher nur logisch, dass auch die Ausübung der sexuellen Bewertung in sich lustvoll ist. Die Genüsse, die damit einhergehen – auch und besonders die Erfahrung des Orgasmus – sind die Daten, auf deren Grundlage die Partnerwahl, oder treffender die *Wiederwahl eines Partners* (siehe Kapitel 8), vorgenommen wird. Damit sind wir wieder bei der Frage, wie sich diese Genüsse entwickelt haben.

Gemäß der *Pleasure-Happens*-Hypothese ist der weibliche Genuss einschließlich des Orgasmus durch indirekte Selektion evolviert (das heißt, er hat nach der Abspaltung von den gemeinsamen Vorfahren mit den Schimpansen an Kapazität und Intensität zugenommen – evolutionärer Kontext 2), weil Frauen sexuelle Präferenzen für männliche Merkmale und Verhaltensweisen ausbildeten, die sie als sexuell lustvoll empfanden. Da es bei den sexuellen Präferenzen des Menschen hauptsächlich um solche der Wiederwahl des Partners geht, die auf wiederholten sexuellen Begegnungen basieren, kann die weibliche Partnerwahl die ästhetische Bewertung der physiologischen, sensorischen und kognitiven Erfahrungen des Geschlechtsakts selbst miteinschließen. So wie sich durch die Selektion nach weiblichen Paarungspräferenzen allmählich das männliche Paarungsverhalten änderte, entwickelte sich in *Koevolution* dazu das Genussvermögen der Frauen selbst weiter und wurde komplexer, intensiver und befriedigender. Die ästhetische Erklärung lautet, um es so deutlich wie möglich zu sagen, dass sich der sexuelle Genuss und der Orgasmus bei Frauen entwickelte, weil Frauen es vorzogen, mit Männern zu schlafen – und auch *wiederholt* mit ihnen zu schlafen –, die ihre sexuelle Lust stimulierten; damit haben die Frauen auch indirekt diejenigen genetischen Variationen selektiert, die zur Ausweitung ihres eigenen Genusses beitrugen. Durch die Selektion von Merkmalen und Verhaltensweisen, die öfter zum Orgasmus führten, hat die weibliche Partnerwahl die Natur des weiblichen Genusses evolutionär verändert.

Nach der *Pleasure-Happens*-Hypothese ist der weibliche Orgasmus *keine* Adaptation, um irgendeine extrinsische, natürlich selektierte Funktion zu erfüllen – sei es das Aufsaugen von Spermien oder was immer sich die Adaptationisten auf der Suche nach einer Erklärung mit »Sinn und Verstand« noch so einfallen lassen mögen. Der weibliche Orgasmus ist auch kein bloßer historischer Zufall im Schatten des männlichen sexuellen Genusses. Vielmehr sind der sexuelle Genuss und der Orgasmus der Frau die evolutionären Folgen des weiblichen Begehrens, der weiblichen Wahl, und sie sind Selbstzweck.

Die *Pleasure-Happens*-Hypothese zur Erklärung der Evolution des Orgasmus steht im Einklang mit vielen Befunden über die weibliche Sexualität und die sexuelle Reaktion – wie zum Beispiel ihre inhärente Variabilität. Ich stimme Elisabeth Lloyds Vermutung zu, dass die Variabilität der weiblichen Orgasmusfähigkeit ein Indiz dafür ist, dass sich der Orgasmus nicht durch adaptive natürliche Selektion entwickelt hat, denn diese hätte zu einer viel zuverlässigeren, hochfunktionalen und konsistenten Erfahrung geführt. Mit der Schlussfolgerung, die Lloyd daraus zieht – dass der Orgasmus einfach ein (wenn auch glücklicher) historischer Zufall sei –, bin ich allerdings nicht einverstanden. Ich glaube vielmehr, dass der weibliche Orgasmus beim Menschen eine hoch evolutive Erfahrung ist, bei der es *um* etwas geht, und die sich *für* etwas entwickelt hat. Dieses »Etwas« ist der Genuss, der sich durch die evolutionäre Wirkung der weiblichen Partnerwahl entwickelt.

Noch gibt es keine ausreichenden Vergleichsdaten über die Orgasmen verschiedener Affen- und Hominidenarten, welche belegen könnten, dass eine Weiterentwicklung oder Steigerung des Genusses beim Orgasmus menschlicher Frauen seit der Zeit unserer gemeinsamen Vorfahren mit den Schimpansen stattgefunden hat; ich hoffe aber, dass die hier vorgestellte *Pleasure-Happens*-Hypothese weitere Untersuchungen anregen wird, um dies zu überprüfen. Schon jetzt können wir freilich sehen, dass die *Pleasure-Happens*-Hypothese mit vielen der vorhandenen Daten übereinstimmt. So kann zum Beispiel die indirekte sexuelle Selektion, die den *Pleasure-Happens*-Mechanismus antreibt, bei der evolutionären Gestaltung nicht so effizient sein wie die direkte natürliche Selektion. Außerdem ist die weibliche Wahl nicht die einzige Quelle der sexuellen Selektion bei Menschen, deshalb muss dieser Mechanismus bei der Entwicklung der weiblichen Sexualität nicht der vorherrschende sein. Der *Pleasure-Happens*-Mechanismus ist somit mit der grundsätzlichen Variabilität des weiblichen Orgasmus bei Menschen vereinbar.

Weiteren Rückhalt erhält unsere Hypothese durch die Tatsache, dass sich viele evolvierte Merkmale der menschlichen Sexualität von denen unserer hominiden Verwandten unterscheiden, die sich nur als Ausweitungen des sexuellen Genusses erklären lassen. So beträgt beispielsweise die Kopulationsdauer bei Gorillas und Schimpansen nur ein paar Sekunden. Bei Menschen dauert die Paarung dagegen im Durchschnitt mehrere Minuten und kann natürlich noch weit darüber hinausgehen. (Zur großen Frustration vieler Frauen neigt sich das breite Variationsspektrum der männlichen Kopulationsdauer allerdings eher zur kurzen Seite des Kontinuums, also in Richtung der Schimpansen.) Die Verlängerung des Geschlechtsverkehrs führt zu einer Steigerung der weiblichen Stimulation und macht den Orgasmus wahrscheinlicher, sie dient aber keiner adaptiven Funktion, denn eine Erhöhung der Kopulationsdauer führt für sich genommen nicht zu einem höheren Befruchtungserfolg und ändert auch nichts an den Siegchancen in der männlichen Spermienkonkurrenz.[319] Jede evolutionäre Erklärung der längeren Paarungsdauer des Menschen dreht sich im Grunde um die Steigerung der lustvollen sinnlichen sexuellen Erfahrung.

Ein weiteres Indiz für die besondere Bedeutung des weiblichen Genusses als Triebfeder eines Großteils der sexuellen Evolution des Menschen ist die Vielfalt von Stellungen beim Geschlechtsverkehr. Männliche Gorillas und Schimpansen besteigen die Weibchen normalerweise von hinten. Männer und Frauen sind dagegen beim Sex deutlich kreativer, was mit der ästhetischen Hypothese übereinstimmt, dass die Evolution unseres Sex-Repertoires dazu dient, die Möglichkeiten der klitoralen Stimulation und des weiblichen Genusses zu verbessern. Auch die Zunahme der Paarungshäufigkeit, der versteckte Eisprung und die Entkopplung der Sexualität von den

[319] Die sehr kurze Kopulationsdauer trotz starker Spermienkonkurrenz bei den Schimpansen beweist, dass zwischen den beiden keine Korrelation besteht. Bei Hunden und einigen anderen Säugetieren hat sich eine Verlängerung der Kopulationsdauer entwickelt – das bekannte »Hängen« beim Deckakt –, die dem Männchen in der Spermienkonkurrenz einen Vorteil verschaffen kann, indem es das Weibchen eine Zeit lang daran hindert, sich mit anderen Individuen zu paaren. Dieser Mechanismus verlängert allerdings die postejakulatorische Kopulationsdauer und unterscheidet sich damit völlig vom menschlichen Sexualverhalten, wo es um die Verlängerung der präejakulatorischen Kopulationsdauer geht.

Fruchtbarkeitsperioden der Frau trugen zur Ausweitung der Rolle des Sexualverhaltens und des sexuellen Genusses im Leben des Menschen bei.

Die ästhetische Erklärung steht auch völlig im Einklang mit der Beobachtung, dass der weibliche Orgasmus für die Fortpflanzung nicht notwendig ist. Der Orgasmus hat keinen Einfluss auf die weibliche Fruchtbarkeit, weil er sich nicht für einen adaptiven Zweck entwickelt hat. Der bloße Umstand, dass der weibliche Orgasmus für nichts *erforderlich* ist, kann sowohl seine große Schwankungsbreite *als auch* seine Genussfülle erklären. Vermutlich hat er sich zu einer so reichhaltigen und wunderbaren Empfindung entwickelt, *weil* er keine evolvierte Funktion besitzt. Er ist sexuelle Lust um ihrer selbst willen und hat sich ausschließlich als Folge des weiblichen Strebens nach Genuss entwickelt. Bei Männern geht der Orgasmus dagegen fast immer mit der Ejakulation einher und ist daher für die geschlechtliche Fortpflanzung erforderlich. Die subjektive Erfahrung des männlichen Orgasmus ist folglich eingeschränkt durch die natürliche Selektion der Eigenschaft, schleimige Samenflüssigkeiten peristaltisch durch den Samenleiter und aus der Harnröhre heraus zu pumpen. Der männliche Orgasmus ist im Wesentlichen Klempnerei – es geht darum, Flüssigkeiten durch Rohre zu leiten. Wegen dieses Zusammenhangs von Ejakulation und Orgasmus müssen Männer die Samenflüssigkeiten, die in der Prostata, den Bläschendrüsen und den Cowper-Drüsen produziert werden, wieder auffüllen, bevor sie erneut einen Orgasmus bekommen können. (Die jüngeren meiner männlichen Leser dürften besorgt zur Kenntnis nehmen, dass diese Regenerationsphase mit zunehmendem Alter immer länger wird.) Die natürlich selektierte physiologische Funktion des Orgasmus setzt also Grenzen in Bezug auf Ausmaß, Häufigkeit und Dauer des orgastischen Genusses.

Weibliche Orgasmen sind dagegen *nicht* durch eine zusätzliche physiologische Funktion eingeschränkt. Weibliche Orgasmen müssen keine Güter liefern und keine Aufgaben erfüllen. Die Kontraktionen der Scheiden-, Uterus-, Damm- und Bauchmuskulatur dienen einzig und allein dem Genuss, ohne Kompromisse und ohne den Zwang, noch eine andere Funktion erfüllen zu müssen. Dies macht verständlicher, warum viele Frauen multiple Orgasmen in rascher Folge bekommen können. Weil der weibliche Orgasmus keinen anderen Zweck erfüllen muss als den Genuss selbst, brauchen Frauen keine Regenerationsphase und haben bei der Wiederholung der Erfahrung keine anderen Grenzen als die des eigenen Begehrens.

Die ästhetische Theorie stützt somit die Aussage des Teiresias. Weil sich der Orgasmus durch einen rein ästhetischen Prozess der Partnerwahl entwickelt hat, haben Frauen tatsächlich die Fähigkeit zu größerem sexuellem Genuss als Männer, und ihr sexueller Genuss *ist* umfassender, sowohl, was die Qualität, als auch, was das Ausmaß angeht. So wie die Schönheit tritt auch der Genuss willkürlich auf.

Die Verfeinerung des weiblichen Orgasmus beim Menschen ist vielleicht der beste Beweis für die Macht der ästhetischen Evolution. Und sie ist möglicherweise auch das beste Beispiel für den irrationalen Überschwang einer ästhetisch-evolutionären Blase – einer Evolution, die keinem anderen Zweck dient als dem willkürlichen Genuss. Zum Glück hat sich der orgastische Genuss beim Menschen noch nicht so extrem entwickelt, dass er von einer natürlichen Selektion gegen zu viel Spaß gekontert wird.

Weil nun die ganze Zeit der Fokus auf dem sexuellen Genuss von Frauen lag, könnten sich die Männer mittlerweile vielleicht ein wenig ausgeschlossen und herabgesetzt fühlen, zumal sie, was das Ausmaß ihres Genusses angeht, im Vergleich zu den Frauen schlecht abgeschnitten haben und ihre Orgasmen als bloße Klempnerei verunglimpft wurden. Das heißt freilich nicht, dass Männer nicht auch tollen Sex haben. Warum *sind* nun aber die Orgasmen von Männern so lustvoll? Erinnern wir uns, dass der männliche Orgasmus immer als eine evolutionäre Anpassung erklärt wurde, die männliche Tiere dazu ermuntern sollte, sexuelle Gelegenheiten wahrzunehmen. Jede natürliche Selektion eines Verhaltens führt häufig dazu, dass sich ein physiologisches Vergnügen an diesem Verhalten entwickelt. Tiere müssen fressen, also hat sich das Fressen bei Hunger zu etwas Lohnenswertem, Befriedigendem und Lustvollem entwickelt. Die meisten Männer würden aber wohl zustimmen, dass der Genuss des Orgasmus weitaus größer, viel intensiver und um einiges lohnenswerter ist als der des Essens. Man kann daraus, wie ich denke, mit einigem Recht den Schluss ziehen, dass der Orgasmus des Mannes lustvoller ist, als er es zu reinen

Reproduktionszwecken sein müsste – das heißt, lustvoller als sich mit der natürlichen Selektion allein erklären lässt.[320] Dies führt mich zu dem Schluss, dass die natürliche Selektion nicht der einzige Mechanismus bei der Entwicklung des männlichen Orgasmus war, und dass auch die ästhetische Evolution eine entscheidende Rolle gespielt hat.

Das ist natürlich recht spekulativ, aber klar ist wohl, dass der Genuss, den Männer beim Orgasmus verspüren, seit der Zeit unserer gemeinsamen Vorfahren mit den Gorillas und Schimpansen eine evolutionäre Erweiterung erfahren hat. Andere männliche Hominiden sind zwar auf der Suche nach sexuellen Gelegenheiten ähnlich eifrig wie ihre menschlichen Geschlechtsgenossen, sie haben aber ganz offensichtlich nicht so viel Spaß am Sex wie diese. Die Orgasmen männlicher Gorillas und Schimpansen haben es offenbar nicht so in sich wie die von männlichen Menschen. Es findet so gut wie kein Vorspiel, kaum Berührung und nicht einmal Augenkontakt statt. Nach ein paar schnellen, heftigen Stößen ist es schon vorbei und die beiden Partner wenden sich, jeder für sich, wieder dem Durchstöbern des herumliegenden Laubes zu. Zu bedenken ist auch, dass die Zeitspanne bis zum Orgasmus bei Schimpansen durchschnittlich sieben Sekunden beträgt, bei Männern dagegen einige Minuten. Wenn es eine Korrelation zwischen der Qualität des orgastischen Genusses und der benötigten Zeit, um dorthin zu gelangen, gibt – was aus physiologischer Sicht nicht ganz unvernünftig erscheint –, dann erleben Menschen-Männer auf jeden Fall mehr sexuellen Genuss als Schimpansen-Männchen.

Wenn das der Fall ist, dann müssen wir uns fragen, warum und wie sich der Orgasmusgenuss beim männlichen Menschen entwickelt hat. Die Antwort lautet auch hier wahrscheinlich wieder: durch ästhetische Partnerwahl. Schimpansen- und Gorilla-Männchen sind beim Sex nicht wählerisch und packen jede sich bietende Gelegenheit beim Schopf. Ohne Partnerwahl unterliegt die Evolution des sexuellen Genusses ausschließlich dem Einfluss der natürlichen Selektion. Menschen sind hingegen äußerst wählerisch. Die Geschichte der Partnerwahl von Frauen *und* Männern, die Ausweitung des Sexualverhaltens, der Kopulationshäufigkeit und -dauer und so weiter

[320] Diese Schlussfolgerung wird zusätzlich durch die Tatsache gestützt, dass männliche Fische und Vögel eifrig nach Kopulationen streben, obwohl es bei den meisten Arten gar keine Intromission und damit auch keine Möglichkeit taktiler genitaler Sinneserfahrungen oder Genüsse bei der Paarung gibt.

haben reichlich Möglichkeiten für die ästhetische Koevolution und Elaboration auch des männlichen Orgasmusgenusses geschaffen. Die evolutionsbedingte Steigerung des sexuellen Genusses von Männern ist wahrscheinlich eine Folge der Tatsache, dass sie nicht dem evolutionspsychologischen Stereotyp des ausschweifenden Lieferanten billiger Spermien entsprechen. Nur dadurch, dass sie einige sexuelle Gelegenheiten zugunsten von anderen, bevorzugten, ausließen – mit anderen Worten, nur durch das Wirken der Partnerwahl – konnte sich der sexuelle Genuss bei Männern koevolutionär über das zur Fortpflanzung notwendige Minimum hinaus ästhetisch weiterentwickeln.

Der Hauptunterschied zwischen den Geschlechtern besteht womöglich darin, dass die Evolution des männlichen Genusses anders als die des weiblichen durch die natürliche Selektion der »Rohrleitungsfunktionen« eingeschränkt war. Zusammenfassend lässt sich feststellen, dass sowohl Männer als auch Frauen weitaus wählerischer beim Aussuchen ihrer Sexualpartner sind als unsere nahen Verwandten, die Affen; die sehr erfreuliche evolutionäre Folge daraus scheint zu sein, dass wir uns dazu entwickelt haben, viel mehr sexuellen Genuss zu empfinden als sie.

Männer und Frauen sind hier natürlich gemeinsam beteiligt und ich halte es für wahrscheinlich, dass die wechselseitige Partnerwahl, die sich auf viele gleichartige genusserweiternde und genusssteigernde sexuelle Interaktionen ausgewirkt hat, zur Weiterentwicklung des Orgasmus bei *beiden* Geschlechtern geführt hat. In seinem 2000 erschienenen Buch *The Mating Mind* weist der Evolutionspsychologe Geoffrey Miller auch dem Fisher'schen »Weglauf-Prozess« eine Rolle bei der Evolution des menschlichen Orgasmus zu.[321] Allerdings stellt er sich diesen Prozess – vielleicht aus Unbehagen am ästhetischen Denken – als »eine Art Stimulationswettrüsten« zwischen Penis und Klitoris vor.[322] Diese auf Konkurrenz und Krieg zielende Analogie trübt leider den Blick für die expansive, lustvolle, sinnliche Dimension des Orgasmus für beide Geschlechter. Die durch das weibliche Begehren hervorgerufenen Veränderungen der Penismorphologie und des Sexualverhaltens haben den sexuellen Genuss der Männer in keiner Weise beeinträchtigt. Ganz im Gegenteil. Die Evolution des Orgasmus ist nicht das Resultat eines Krieges zwischen den Geschlech-

---

[321] Vgl. Geoffrey F. Miller, *Die sexuelle Evolution. Partnerwahl und die Entstehung des Geistes*, Heidelberg 2001.
[322] Ebd., S. 272.

tern; man könnte sie eher mit einer ästhetischen, koevolutionären Liebesfeier vergleichen.

Der Mechanismus der Partnerwahl lässt sich auch so beschreiben, dass die ästhetische Koevolution durch das *sexuelle Handeln* von Individuen voranschreitet. Somit macht die *Pleasure-Happens*-Hypothese auf eine erfreulich und unerwartet feministische Weise Frauen als *die* wirkenden Kräfte der Evolution ihrer eigenen Fähigkeit zum Orgasmusgenuss aus. Weibliche Orgasmen sind sowohl unmittelbare Erfahrungen als auch evolutionäre Folgen der Tatsache, dass Frauen ihren Willen bekommen. Insofern feiert eine Frau mit jedem Orgasmus die Evolutionsgeschichte der Fähigkeit, ihre ausgedehnten und sich weiter ausdehnenden sexuellen Wünsche zu erfüllen.

Aufgrund ihrer eigenen sexuellen Erfahrungen könnten die Frauen fragen: »Wie sollte es auch anders sein?«

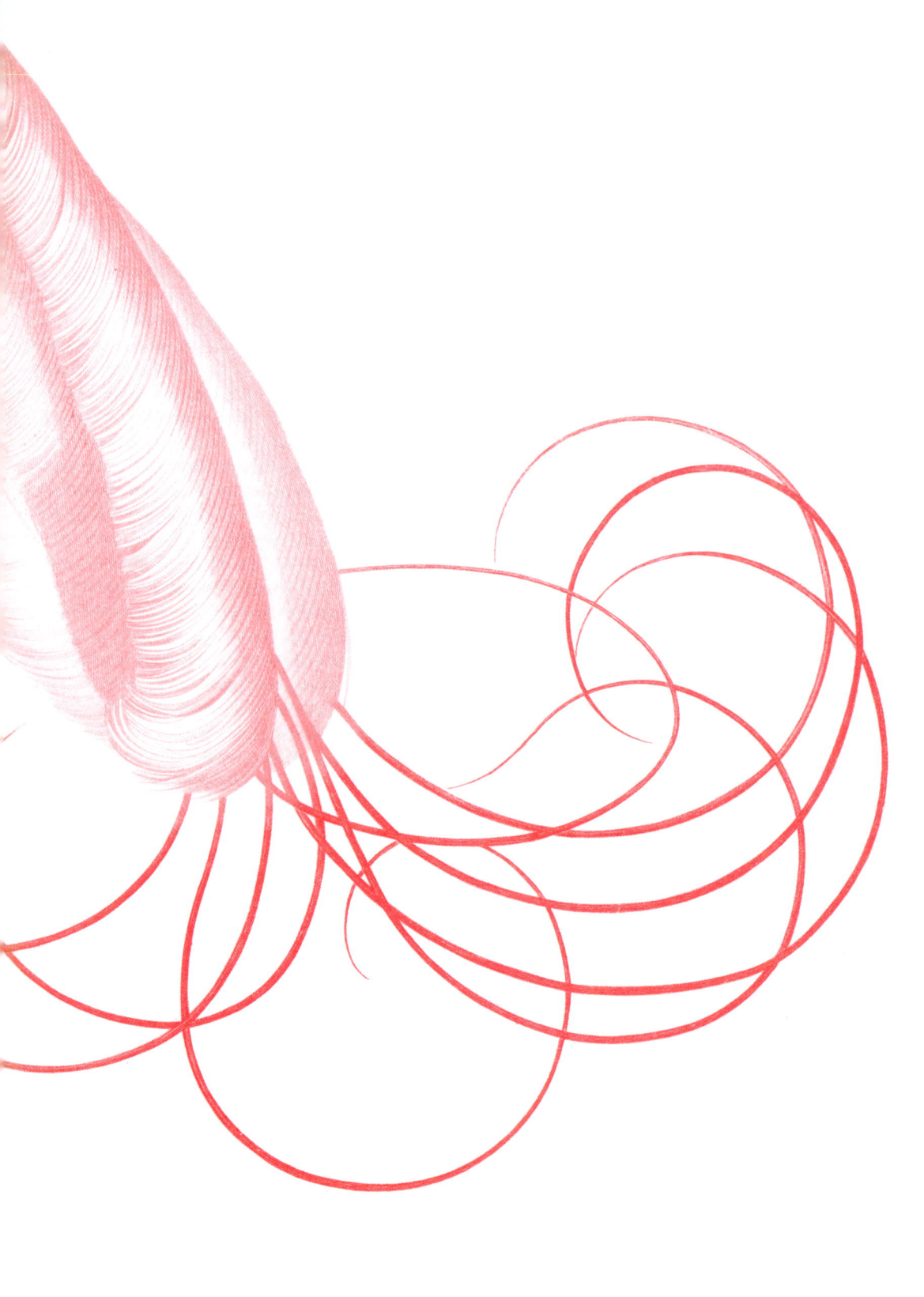

KAPITEL 10

Der Lysistrata-Effekt

Jeder kennt wohl einen dieser Cartoons, wie sie oft im *New Yorker* abgebildet sind, auf denen ein Paar im Doppelbett zu sehen ist. Über dem Kopfende hängt irgendein nichtssagendes Kunstwerk und auf den Nachtschränkchen stehen passende Nachttischlampen. Die weiteren Einzelheiten unterscheiden sich dann jeweils. Manchmal tragen beide Partner züchtige Schlafanzüge, lesen, und die Laken und Decken bedecken glatt und faltenlos ihre klar voneinander getrennten Körper. Oder die Bettlaken sind zerwühlt, die Haare zerzaust und die beiden befinden sich im Stadium des postkoitalen Nachdenkens. Einige Paare schleppen sich durch die Spätphase einer schwierigen Beziehung. Andere sind jung und handeln gerade erst die Art ihrer Beziehung aus oder haben nur eine kurze, beiläufige Affäre. An diesem Punkt macht dann einer der beiden eine markige, ironische, verträumte, treffende, genervte, hämische oder wehmütige Bemerkung. Die Mannigfaltigkeit dieser Kommentare ist ein Mikrokosmos der Sorgen, Bestrebungen, Obsessionen und Wünsche des modernen (meist weißen, heterosexuellen) Paares.

Ein ganz eigenes Subgenre bilden dabei die »Heute nicht«-Cartoons:

Sie: Schlimmer als Kopfschmerzen! Ich habe drei Kinder und einen Fulltime-Job!

oder

Sie: Heute nicht, Schatz, ich hatte heute im Kurs einen Yogasmus.

Die postkoitalen Cartoons zeigen ein ganzes Spektrum von Reflexionen über Zweisamkeit, Befriedigung, Enttäuschung und die Launen der Begierde. Manche von ihnen parodieren sogar Zahavis Idee der ehrlichen Handicaps:

> Sie: Ich habe meinen Orgasmus nur vorgetäuscht.
> Er: Nicht schlimm. Meine Rolex ist auch nicht echt.

Andere gehen der Trennung der Geschlechter auf den Grund. Ein attraktives junges Paar liegt getrennt im Bett. Er betrachtet sein iPad; sie trägt ein feines Negligé und hat die Arme verschränkt.

> Sie: Zum Starten irgendeine Stelle berühren.

Dann gibt es das Subgenre der Untreue-Cartoons. Die Frau liegt mit einem anderen im Bett, als plötzlich ihr Mann im Business-Anzug das Schlafzimmer betritt.

> Sie: Tut mir leid, Burt ... Outsourcing.

Wie viele gute Erzählungen bringen diese Cartoons Konflikte zum Ausdruck. Die humoristischen Szenen in den Schlafzimmern von Paaren fangen das menschliche Urdrama des Geschlechterkonflikts ein. Natürlich sind nicht alle Unstimmigkeiten zwischen Partnern Beispiele für den Geschlechterkonflikt im evolutionären Sinne. Jeder von uns hat persönliche Interessen und Wünsche, die sich von denen unserer Partner unterscheiden können. Es ist jedoch unschwer zu erkennen, dass man die ausdrücklich auf Wiederholung angelegten Dramen um Sex, Paarbildung, Treue, Kindererziehung, Investment, Scheidung und Familienleben informell als Manifestationen des uralten und anhaltenden evolutionären Phänomens des Geschlechterkonflikts verstehen kann.

Konflikte zwischen den Geschlechtern treten auf, wenn die evolutionären Interessen der beiden im Kontext der Fortpflanzung auseinandergehen. Wie bei den Vögeln können sich diese Konflikte beim Menschen um eine ganze Reihe von Fragen drehen, wie zum Beispiel die Anzahl und Identität der Sexualpartner, sexuelle Treue, Häufigkeit des Sex, Arten des Sexualverhaltens, Befruchtungskontrolle, den Zeitpunkt der Fortpflanzung sowie die Zahl der Nachkommen und wie viel jeder Partner – in Bezug auf Energie, Zeit und Ressourcen – in die Aufzucht dieser Nachkommen investiert.

Die geschlechtliche Fortpflanzung ist natürlich ein in sich kooperativer Akt der Selbstaufopferung auf der Ebene der Gene. Alle geschlechtlichen Individuen müssen die Hälfte ihres genetischen Gesamterfolges aufgeben, weil sie zur Erzeugung jedes einzelnen Nachkommen die Hälfte ihres Erbguts mit dem halben Erbgut eines anderen Individuums kombinieren. Dies sind die unausweichlichen genetischen Kosten der geschlechtlichen Fortpflanzung. Die Unterschiede zwischen den Geschlechtern, die mit denen der Größe und Anzahl der Gameten beginnen und sich in einer ganzen Kaskade von anatomischen, physiologischen und verhaltensmäßigen Merkmalen fortsetzen, die für die sexuelle Reproduktion notwendig sind, bieten freilich viele Gelegenheiten zum Konflikt.

Der reproduktive Gesamterfolg bemisst sich daran, wie viele Nachkommen ein Individuum hat, wie lange diese leben, wie viele Nachkommen *sie* wiederum haben und so weiter und so fort. Wenn sexuelle Selektion stattfindet, dann kann natürlich die Attraktivität dieser Nachkommen einen Einfluss darauf haben, wie viele Nachkommen sie bekommen. Die einzelnen Fortpflanzungserfolge von Männchen und Weibchen können eventuell jeweils dadurch gesteigert werden, dass der Sex häufiger oder seltener stattfindet, dass man mehr oder weniger Sexualpartner oder mehr oder weniger Nachkommen hat oder dass man mehr oder weniger Ressourcen in diese investiert. Man kann sich leicht vorstellen, dass es auf allen diesen Feldern zum Konflikt zwischen den Geschlechtern kommen kann.

Der Geschlechterkonflikt kann zu sexueller Nötigung führen – zur Gewaltanwendung oder Einschüchterung, um den Ausgang des Konflikts zu beeinflussen. Die sexuelle Nötigung ist nicht auf Männer und nicht einmal auf das eigene Sexualverhalten beschränkt. Zumindest einige der sozialen Konflikte, die Schwiegermütter und -väter hervorrufen können, sind sexuelle Konflikte um die Partnerwahl und andere reproduktive Entscheidungen ihrer Kinder. Menschen sind in dieser Hinsicht nicht alleine. Bei den koloniebildenden Weißstirnspinten (*Merops bullockoides*) in den Savannen Ostafrikas bleiben die Söhne oft für einige Brutzeiten zu Hause, um ihren Eltern zu helfen, mehr Geschwister aufzuziehen.[323] In trockenen Jahren, wenn ihre Hilfe besonders nötig ist, werden junge Weißstirnspint-Männchen häufig von ihren Eltern schikaniert und angegriffen, wenn sie versuchen, eine

[323] Vgl. Stephen T. Emlen, Peter H. Wrege, »Parent-Offspring Conflict and the Recruitment of Helpers Among Bee-Eaters«, in: *Nature* 356 (1992), S. 331–333.

Paarbindung mit einer neuen möglichen Schwiegertochter einzugehen, damit die Söhne zurückkehren und im Nest der Eltern mithelfen. Zu diesen Belästigungen gehört zum Beispiel, dass die Eltern Versuche des Sohnes unterbinden, seine Partnerin zu füttern, und dass sie sich vor die Brutröhre des neuen Paares setzen und den Eingang versperren. Das Resultat ist eine Störung der sexuellen Wahl des Nachwuchses (sprich weniger Enkel) zum eigenen reproduktiven Vorteil (sprich mehr Kinder).

So lustig die Paar-Cartoons und Schwiegermutter-Scherze auch sein mögen – in der wirklichen Welt ist der Geschlechterkonflikt alles andere als witzig. Die Nachrichten sind voll von dramatischen Geschichten über sexuelle Gewalt, häusliche Gewalt, Genitalverstümmelung, Sexhandel, ausgesetzte Kinder, Vergewaltigung, Inzest und mehr. Wir haben in diesem Buch gesehen, wie die Partnerwahl der Weibchen verschiedener Gruppen von Vögeln ermöglicht hat, zahlreiche Mechanismen zu entwickeln, die ihre sexuelle Autonomie vergrößern, die Wirksamkeit der sexuellen Nötigung verringern und sogar die sexuelle Gewalt selbst reduzieren. Wenn wir die Geschichte des Geschlechterkonflikts bei Menschen und den mit uns verwandten Primaten untersuchen, stellen wir fest, dass wir durch einen ganz ähnlichen evolutionären Kampf zur Lösung des sexuellen Konflikts, zur Überwindung des sexuellen Zwangs und zur Ausdehnung der sexuellen Autonomie von Frauen geprägt worden sind. Die Vergrößerung der sexuellen Autonomie und die Verringerung der männlichen sexuellen Kontrolle waren, wie wir noch sehen werden, möglicherweise sogar Schlüsselinnovationen, die die Evolution vieler einzigartiger und komplexer Merkmale der menschlichen Biologie ermöglichten.

Und nun kurz zurück zum Entensex.

Wir haben in diesem Buch den koevolutionären »Tanz« zwischen Partnerwahl und ästhetischer Vielfalt untersucht. Wir haben auch gesehen, wie die Partnerwahl durch sexuelle Nötigung erschwert, eingeengt, gestört, zunichtegemacht oder untergraben werden kann und welche Gegenmittel Weibchen entwickelt haben, um trotz anhaltender sexueller Gewalt und Nötigung ihre sexuelle Autonomie voranzutreiben.

Bei Vögeln sind im Wesentlichen zwei Mechanismen an der Entwicklung der weiblichen sexuellen Autonomie beteiligt. So haben beispielsweise die Weibchen vieler Wasservögel physische Abwehrmechanismen entwickelt, um die Wirksamkeit der erzwungenen Kopulation abzuschwächen. Weibchen mit Mutationen für vaginale Morphologien, die eine Zwangsbefruchtung verhindern, bekommen Söhne, die Gene für die attraktiven Merkmale ihrer Väter erben. Insofern haben diese Weibchen einen größeren reproduktiven Erfolg (sprich mehr Enkel), da andere Weibchen von ihren attraktiven Nachkommen angezogen werden. Die Voraussetzung für diesen Erfolg ist natürlich, dass sie nicht beim Sex schwer verletzt oder getötet werden.

Wie wir in Kapitel 5 gesehen haben, hat die Entwicklung dieser raffinierten Vaginalmorphologien leider einen großen Nachteil, da sie ein kostspieliges, immer schneller werdendes sexuelles Wettrüsten zwischen den Abwehrfähigkeiten der Weibchen und den Zwangsmitteln und -fähigkeiten der Männchen in Gang gesetzt hat. Als Folge davon leidet der Fortpflanzungserfolg der gesamten Art.

Andere Vögel, wie die Lauben- und die Schnurrvögel, haben es geschafft, das sexuelle Wettrüsten zu vermeiden, indem die Männchen auf dem Wege der ästhetischen Partnerwahl in einer Weise transformiert wurden, die der weiblichen sexuellen Autonomie entgegenkommt. Es ist jedoch wichtig festzuhalten, dass die koevolutionären Tänze, die diese Einschränkungen der männlichen Zwangsmittel hervorgerufen haben, nicht etwa zu weiblichen Paarungsvorlieben für verweichlichte Männchen geführt haben, die sich leicht dominieren und kontrollieren lassen. Die Weibchen haben vielmehr weiterhin Präferenzen für energiegeladene Männchen ausgebildet, die dramatische, ausgeklügelte, komplexe, multisensorische Schaustellungen präsentieren. Aus weiblicher Sicht bietet die soziale Kontrolle über Männchen keinen evolutionären Vorteil.[324] Dieser liegt vielmehr in der Ausweitung ihrer Freiheit bei der Partnerwahl und im Reproduktionserfolg (in Form attraktiver Nachkommen), der aus dieser Freiheit erwächst. Das Gleiche

---

[324] Die starke Begrenzung der Zahl von Eiern und Nachkommen bedeutet eine geringere Varianz zwischen den reproduktiv erfolgreichsten Weibchen und dem Durchschnitt, während die Varianz beim männlichen Fortpflanzungserfolg sehr hoch sein kann. Insofern können Männchen eventuell stark davon profitieren, möglichst viele Fortpflanzungschancen an sich zu reißen; Weibchen haben dagegen wenig bis nichts davon, auf diese Weise soziale Kontrolle auszuüben.

gilt, wie wir noch sehen werden, in noch stärkerem Maße für die Folgen der weiblichen sexuellen Selbstbestimmung beim Menschen.

Die menschliche Sexualität stellt einen scharfen Bruch mit den sexuellen Gewohnheiten unserer Primatenvorfahren dar. Ein »durchschnittliches« Altweltaffen-Weibchen führt ein Leben der sexuellen Unterwerfung mit wenigen Möglichkeiten zu echter sexueller Autonomie.[325] Und im Unterschied zu den Vogelarten mit Lek-Paarung, bei denen die Weibchen die gesamte Arbeit des Bebrütens und Aufziehens der Jungen übernehmen, aber dafür vollständige sexuelle Autonomie entwickelt haben, erfahren die weiblichen Altweltaffen das Schlimmste beider Welten: Typischerweise leisten sie den gesamten Fortpflanzungsaufwand, der zur Aufzucht der Jungen nötig ist, während die Männchen ausschließlich in ihren Aufstieg innerhalb der sozialen Hierarchie investieren und, sobald sie Dominanz erlangt haben, sämtliche sich bietenden sexuellen Gelegenheiten ausnutzen.[326]

Zum Leidwesen der Weibchen sind die sozialen Hierarchien der Primaten grundsätzlich instabil. Jüngere, stärkere Männchen suchen ständig nach sozialen und physischen Gelegenheiten, das dominante Männchen in ihrer Gruppe zu entthronen. Die Folgen dieser hierarchischen Instabilität für die Weibchen sind ebenso schockierend wie aufschlussreich. Wenn ein Männchen das bis dahin dominante Tier stürzt, bieten sich ihm aufgrund der neu errungenen sexuellen Kontrolle über die Weibchen natürlich neue Möglichkeiten, seinen eigenen Fortpflanzungserfolg voranzutreiben. Allerdings kann der neue Chef aus diesen reproduktiven Möglichkeiten kein unmittelbares Kapital schlagen, weil die meisten Weibchen seiner Gruppe irgendwann entweder schwanger sind oder Junge säugen. Das Säugen dauert monate- oder sogar jahrelang an; während dieser Zeit ist die Ovulation unterdrückt und die Weibchen paaren sich nicht.

Die Männchen vieler Primatenarten haben sich in der Folge dazu entwickelt, sich dadurch neue Fortpflanzungschancen zu eröffnen, dass sie alle abhängigen Jungtiere der Weibchen einer Gruppe *töten*,

[325] Angesichts der vielen Unterschiede in der Sozialstruktur und der Reproduktionsbiologie der verschiedenen Primatenarten kann man eigentlich gar nicht von einem »durchschnittlichen« Altweltaffen sprechen. Meine Kurzbeschreibung dieser Fortpflanzungssysteme greift daher zu kurz. Dennoch glaube ich, dass sie die anzestralen Bedingungen des Geschlechterkonflikts in der Klade der Altweltprimaten im Wesentlichen akkurat erfasst.

sobald sie die Kontrolle übernommen haben. Wird ein Junges getötet, kann das Weibchen es nicht mehr säugen und wird wieder brünstig und damit paarungsbereit. Der Infantizid ist eine egoistische männliche Lösung für das Problem, wie man möglichst schnell vom Vorteil des Sieges im männlichen Konkurrenzkampf profitieren kann. Die Folgen für den Fortpflanzungserfolg der Weibchen und für die Population als ganze sind allerdings verheerend. So macht beispielsweise bei den Bärenpavianen (*Papio hamadryas ursinus*) in Botswana der Infantizid durch Männchen 38 Prozent der gesamten Säuglingssterblichkeit aus – in manchen Jahren sogar bis zu 75 Prozent – und ist bedeutsamer als jede andere Todesursache.[327]

Die Tötung der Jungtiere verschafft dem neuen dominanten Männchen zwar neue Gelegenheiten zur Paarung, die Wirkung auf den lebenslangen reproduktiven Erfolg der Weibchen ist allerdings ganz und gar negativ. Der Infantizid macht den gesamten Fortpflanzungsaufwand zunichte, den das Weibchen während der langen Phase der Schwangerschaft und Stillzeit betrieben hat. Und weil die Gesamtzahl an Nachkommen, die es während seines Lebens haben kann, unter zehn liegt, bedeutet jedes Kind, das es durch Infantizid verliert, einen schweren Schlag in Bezug auf die Fähigkeit, seine Gene an die nächste Generation weiterzugeben.

Der Infantizid durch Männchen ist ein hervorragendes Beispiel für den Geschlechterkonflikt. Er fördert das egoistische Fortpflanzungsinteresse der dominanten Männchen auf Kosten der Fortpflanzungsinteressen der Weibchen. Das Ganze ist aber nicht nur schlecht für die Weibchen der Spezies; es ist vielmehr grundsätzlich maladaptiv, da in der Folge die Gesamtpopulation der Art abnehmen kann. Infantizid ist nicht adaptiv, weil er nicht für eine bessere Anpassung des Organismus an seine Umwelt sorgt. Er

326 Das reproduktive Investment umfasst die Gesamtheit an Energie, Zeit und Ressourcen, die ein Individuum für die Produktion, Gesundheit und das Überleben seiner Nachkommen einsetzt. Die bei vielen Altweltprimaten anzutreffende Kombination aus auf das Weibchen beschränkter elterlicher Fürsorge und dem völligen Fehlen von sexueller Autonomie ist bei Vögeln vollkommen unbekannt. Weibliche Schnurr- und Laubenvögel übernehmen zwar auch die gesamte Brutpflege, aber sie haben dafür vollständige sexuelle Autonomie entwickelt.

327 Vgl. Ryne Palombit, »›Friendship‹ with Males. A Female Counterstrategy to Infanticide in Chacma Baboons of the Okavango Delta«, in: Martin N. Muller, Richard W. Wrangham (Hg.), *Sexual Coercion in Primates and Humans. An Evolutionary Perspective on Male Aggression Against Females*, Cambridge, Mass. 2009, S. 377–409, hier S. 380. Manchmal sind die infantiziden Angriffe Teil einer umfassenderen disruptiven Strategie der Männchen, um überhaupt erst einmal die Dominanz in der Gruppe zu erlangen.

entwickelt sich vielmehr durch Männchen-Konkurrenz, bei der jedes dominante Männchen sich einen Vorteil gegenüber seinen Vorläufern verschaffen will. Anders als die typischen Männchenkämpfe – wie zum Beispiel bei Wapitihirschen, die mit ihren Geweihen aufeinander losgehen – ist der Infantizid jedoch ein sexueller Konflikt, denn er schadet den evolutionären Interessen der Weibchen.

Mit ihrem 1981 erschienenen Buch *The Woman That Never Evolved* gehörte die Bioanthropologin und Primatologin Sarah Blaffer Hrdy zu den ersten, die sich theoretische Gedanken über die evolutionäre Reaktion der Weibchen auf den Infantizid machten.[328] Weibliche Primaten wurden damals häufig als sexuell und sozial träge Individuen beschrieben, die lediglich passiv auf die soziale Dominanz und Hierarchie der Männchen reagierten. Ausgehend von ihrer jahrelangen Arbeit über Languren in Indien stellte Hrdy dagegen klar, dass weibliche Altweltaffen durchaus aktiv handeln und ihre eigenen sozialen und sexuellen Interessen verfolgen. Sie beobachtete, dass viele weibliche Primaten als evolutionäre Reaktion auf den Infantizid versuchten, sich während ihrer Brunstzeit mit mehreren subdominanten Männchen zu paaren. Warum? Hrdy vermutete, dass sich die Weibchen mehrfach paarten, um andere Männchen davon zu überzeugen, dass sie die Väter ihrer Nachkommen sein *könnten*. Ein Männchen ist möglicherweise weniger geneigt, ein Kind zu töten, das von ihm stammen könnte. Die weiblichen Affen entwickelten sich also zur Promiskuität, um »Versicherungspolicen« gegen die zukünftige Tötung ihrer Kinder zu erwerben, sollte eines dieser Männchen die soziale Dominanz in der Gruppe erlangen.

Wie die koevolvierten Vaginalmorphologien der Enten ist auch die von Hrdy beschriebene Strategie der Vaterschaftsversicherung eine koevolutionäre *Abwehrreaktion* auf den Geschlechterkonflikt. Man kann nicht sagen, dass die Primaten-Weibchen durch die Mehrfachpaarung sexuelle Autonomie erlangen. Vielmehr machen sie das Beste aus einer schrecklichen Situation. Sie suchen nicht deshalb mehrere Männchen auf, weil sie Vorlieben für sie entwickelt haben, sondern weil Weibchen, die sich mit mehr als einem sozial ehrgeizigen Männchen paaren, dadurch eventuell verhindern können, dass ihre Nachkommen irgendwann umgebracht werden. Die primatologische Literatur ist voll mit detaillierten Beschreibungen von weiblichen Strategien, um Männchen zu täu-

---

[328] Vgl. Sarah Blaffer Hrdy, *The Woman That Never Evolved*, Cambridge, Mass. 1981.

schen und an ihre Vaterschaft glauben zu lassen, ohne die sexuelle Kontrolle des dominanten Männchens zu gefährden. Wie die defensive Vaginalmorphologie der Enten hat allerdings auch diese defensive Paarungsstrategie einen großen Nachteil, denn auch sie setzt ein erbittertes sexuelles Wettrüsten in Gang. Dominante Männchen reagieren auf die weibliche Promiskuität mit immer aggressiveren Bemühungen, das Fortpflanzungsleben der Weibchen zu kontrollieren. Zu diesen angeheizten Zwangsstrategien gehören die Bewachung der Partnerin, gewaltsame körperliche Bestrafung und soziale Einschüchterung. In sexueller Hinsicht hat das durchschnittliche Altweltaffen-Weibchen nur die Wahl zwischen Pest und Cholera. Ein weiblicher Affe zu sein, ist wahrlich kein Vergnügen.

Bei unseren nächsten Verwandten unter den afrikanischen Affen sieht die Lage nicht wesentlich besser aus. Bei den Gorillas herrschen ähnliche von Männchen dominierte Gruppenstrukturen, wobei es allerdings in jeder sozialen Gruppe mit mehreren Weibchen meistens ein großes, beherrschendes Männchen gibt. Weil dieses dominante Männchen aufgrund seiner Physis (fast) alle anderen Männchen aus der Gruppe ausschließt, gibt es kaum Paarungskonflikte zwischen den Geschlechtern. Die Männchen wenden dennoch Gewalt an, um eine Atmosphäre der sozialen Einschüchterung zu schaffen, die ihre Dominanz untermauert. Gorilla-Weibchen, die neu zu einer Gruppe stoßen, erfahren daher *mehr* Aggression seitens der Männchen, die, wie es eine Primatenforscherin ausgedrückt hat, »bestrebt sind, neue Beziehungen zu diesen neuen Weibchen aufzubauen.«[329] Tolle Beziehung!

Wenn ein neues Gorilla-Männchen eine Gruppe übernimmt oder eine große Gruppe aufspaltet, um mit einem Teil der Weibchen eine neue Gruppe zu bilden, kommt es häufig zum männlichen Infantizid.[330] Wie weit dieser genau verbreitet ist, lässt sich nur schwer sagen, denn sofern man den Mord nicht selbst beobachtet hat, kann man nicht sicher wissen, ob ein Junges, das plötzlich verschwindet oder tot aufgefunden wird, wirklich durch einen gewalttätigen Angriff des neuen Männchens ums Leben gekommen ist.

[329] Martha M. Robbins, »Male Aggression Against Females in Mountain Gorillas. Courtship or Coercion?«, in: Muller/Wrangham (Hg.), *Sexual Coercion in Primates and Humans*, S. 112–127.
[330] Mit »männlichem Infantizid« meine ich den Infantizid durch Männchen, nicht den an Männchen. Eine Spaltung der Gruppe bietet weiblichen Gorillas die seltene Gelegenheit zur Partnerwahl, da das Weibchen unter Umständen entscheiden kann, welcher Gruppe es sich anschließt. Dabei wählt es natürlich auch, mit welchen anderen Weibchen es in die neue Gruppe geht; insofern geht es bei seiner Entscheidung möglicherweise nicht nur um die Partnerwahl.

Wenn Sie den Infantizid bei Affen erforschen, sind Sie im Grunde der Ermittler einer Mordkommission, Spezialgebiet Kindstötung, in einem sehr blattreichen Dschungel, in dem kein einziger Zeuge mit Ihnen redet. Es ist eine äußerst schwierige Aufgabe. Dennoch deuten fundierte Schätzungen darauf hin, dass ungefähr ein Drittel der Säuglingssterblichkeit bei den Gorillas auf sexuell motivierten männlichen Infantizid zurückzuführen ist.[331] Das sind enorme maladaptive Kosten zum Nachteil des allgemeinen Fortpflanzungserfolgs der Gorillas, die wahrscheinlich spürbare Auswirkungen auf die Wachstumsfähigkeit ihrer Population haben.

Schimpansen leben in großen gemischtgeschlechtlichen Gruppen, in denen es innerhalb von Stunden, Tagen oder Wochen zu Spaltungen und Vereinigungen kommen kann. Innerhalb dieser sozialen Gruppen herrscht eine komplexe Dominanzhierarchie und ein ausgedehnter sexueller Wettbewerb unter den Männchen, der zu Geschlechterkonflikten über die Vaterschaft und das weibliche Investment führt. Wenn ein Weibchen in den Östrus kommt, zeigt es seine Fruchtbarkeit durch eine deutlich sichtbare perineale Schwellung an. Mehrere Männchen unternehmen Paarungsversuche und das Weibchen fügt sich in allen Fällen. Wenn die Fruchtbarkeit des Weibchens jedoch am zehnten Tag des Östrus ihren Gipfel erreicht, verstärkt das dominante Männchen seine Bemühungen, das Weibchen vor anderen Männchen zu schützen und sein Sexualverhalten streng zu kontrollieren. So kommt es, dass etwa fünfzig Prozent aller Befruchtungen auf Alphamännchen gehen, obwohl die Weibchen allen Paarungsversuchen nachgeben.[332] Es kommt auch vor, dass ein Männchen und ein Weibchen während des weiblichen Östrus zeitweise die größere soziale Gruppe verlassen. Solche kurzfristigen sexuellen Paarbindungen (*consortships*) könnten Ausdruck der Weibchenwahl sein; da die Männchen jedoch häufig gewalttätige Angriffe und Einschüchterungsversuche unternehmen, um die Weibchen zu diesen sexuellen Ausflügen zu zwingen, lässt sich nicht sagen, wie viele der Männchen wirklich von den Weibchen frei gewählt werden. Solange eine solche Bindung anhält,

---

331 David Watts, persönliche Mitteilung.
332 Eine allgemeine Zusammenfassung des Fortpflanzungsverhaltens von Schimpansen bietet Martin N. Muller, John C. Mitani, »Conflict and Cooperation in Wild Chimpanzees«, in: *Advances in the Study of Behavior* 35 (2005), S. 275–331. Die Schätzung der Vaterschaftsrate stammt aus Christophe Boesch u. a., »Male Competition and Paternity in Wild Chimpanzees of the Taï Forrest«, in: *American Journal of Physical Anthropology* 130 (2006), S. 103–115.

kann das Paar nicht von anderen Männchen gestört werden und die Vaterschaft ist somit sichergestellt.[333]

Erzwungene Kopulationen sind bei Schimpansen zwar grundsätzlich unbekannt, dies liegt aber nicht daran, dass die Weibchen sexuell autonom sind. Der Grund ist vielmehr, dass einem drängenden Männchen kaum je der sexuelle Zugang verwehrt wird. Wie bei den Gorillas schafft die männliche Gewalt gegen Weibchen ein Klima der sexuellen Einschüchterung. Es ist sogar so, dass die Schimpansinnen auf dem Höhepunkt ihrer Fruchtbarkeit am ehesten die Nähe zu denjenigen Männchen suchen und häufiger mit ihnen zu kopulieren versuchen, die sie über die gesamte Östrusperiode hinweg am aggressivsten behandelt haben.[334]

Der Infantizid bei Schimpansen ist zwar gut dokumentiert, doch die meisten spezifischen Beobachtungen bleiben anekdotisch. Wie bei den Gorillas lassen sich daher auch bei den Schimpansen nur schwer Schätzungen über Kindstötungen abgeben. Fest steht aber, dass sie eine allgegenwärtige Gefahr im Leben der Schimpansen und eine ernsthafte Herausforderung für den Fortpflanzungserfolg der Weibchen darstellen.

Wie die Schimpansen leben auch Bonobos oder Zwergschimpansen in großen Gruppen, die aus Männchen und Weibchen bestehen. Ihr Sexualverhalten unterscheidet sich jedoch stark von dem der Schimpansen, ja von allen anderen Säugetieren. Wie wir schon gesehen haben, entwickelten sich Bonobos dazu, ihr Sexualverhalten zur Schlichtung sozialer Konflikte einzusetzen, und sie tun dies mit Artgenossen beiderlei Geschlechts über alle Altersklassen und sozialen Statuskategorien hinweg. Im Allgemeinen sind Männchen und Weibchen sozial gleichgestellt (beziehungsweise kodominant) und haben gleichen Zugang zu allen ökologischen Ressourcen. Weibchen unterhalten starke soziale Allianzen oder Freundschaften untereinander. Die Folge ist, dass sexueller Zwang zur Befruchtung bei Bonobos so gut wie nicht vorkommt und es auch keinerlei Hinweise auf Infantizid oder irgendeine andere Art von extremer Gewalt innerhalb der Gruppe gibt.[335]

333 Vgl. Martin N. Muller u. a., »Male Aggression Against Females and Sexual Coercion in Chimpanzees«, in: Muller/Wrangham (Hg.), *Sexual Coercion in Primates and Humans*, S. 184–217.
334 Vgl. ebd.
335 Vgl. Tommaso Paoli, »The Absence of Sexual Coercion in Bonobos«, in: Muller/Wrangham (Hg.), *Sexual Coercion in Primates and Humans*, S. 410–423. Die Vaterschaft bei den Bonobos ist nicht zufällig verteilt, sondern hängt vom sozialen Rang des Männchens ab, der wiederum zum Teil vom Rang seiner Mutter innerhalb der Gruppe bestimmt

wird (vgl. Ulrich Gerloff u. a., »Intra-community Relationships, Dispersal Pattern and Paternity Success in a Wild Living Community of Bonobos [*Pan paniscus*] Determined from DNA Analysis of Faecal Samples«, in: *Proceedings of the Royal Society of London B* 266 [1999], S. 1189–1195).

336 Die Art der sexuellen Gewalt bei Menschen hat sich in der Evolution seit unseren hominiden Vorfahren auch qualitativ verändert. Shannon Novak und Mallorie Hatch haben eine faszinierende forensische Studie über Schädelverletzungen durch gewalttätige Auseinandersetzungen einzelner Schimpansen beziehungsweise Menschen durchgeführt (vgl. Shannon A. Novak, Mallorie A. Hatch, »Intimate Wounds. Craniofacial Trauma in Women and Female Chimpanzees«, in: Muller/Wrangham (Hg.), *Sexual Coercion in Primates and Humans*, S. 322–345). Sie fanden heraus, dass weibliche Schimpansen eine signifikant höhere Anzahl von Verletzungen an der Ober- und Rückseite des Schädels aufwiesen, während es bei Männchen mehr direkte Gesichtsverletzungen gab. Der Grund ist, dass männliche Schimpansen ihren Angreifern das Gesicht zuwenden, während weibliche eher fliehen oder sich auf den Boden kauern. Menschliche Frauen, die in der Partnerschaft männlicher Gewalt ausgesetzt sind, haben dagegen eher Gesichts- als Schädelverletzungen, was dem Muster bei männlichen Schimpansen entspricht. Trotz der verheerenden Wirkung von sexueller Gewalt auf Frauen zeigen diese Daten, dass Frauen offenbar nach der Abspaltung von den gemeinsamen Vorfahren mit den Schimpansen eine neue, auf Konfrontation ausgerichtete, frontale Haltung gegenüber männlicher Gewalt entwickelt haben.

Doch wie bei Schimpansen und Gorillas müssen auch hier die Weibchen die ganze Arbeit der Schwangerschaft und der Aufzucht der Jungen allein verrichten.

Zusammenfassend lässt sich sagen, dass die Weibchen bei unseren nächsten Verwandten – beiden Schimpansenarten – äußerst promiskuitiv sind (wenngleich aus unterschiedlichen Gründen), nur gelegentlich spezifische Paarungspräferenzen zeigen und den gesamten Elternaufwand allein betreiben. Dass ihre Nachkommen von männlichen Artgenossen getötet werden, kommt allerdings nur bei den Schimpansen vor.

Geschlechterkonflikte und sexuellen Zwang gibt es praktisch in jeder menschlichen Gesellschaft auf der ganzen Welt, sie unterscheiden sich jedoch, was ihre Häufigkeit, ihr Ausmaß und ihre tödliche Wirkung angeht, stark von dem, was wir bei unseren engen Verwandten unter den Affen beobachten können.[336] Der Unterschied zwischen uns und den meisten unserer Verwandten bei den Affen und Hominiden ist sogar noch dramatischer, wenn wir speziell den Infantizid durch Männchen betrachten. Durch die Brille der Humanbiologie betrachtet ist der durchschnittliche männliche Pavian, Gorilla oder Schimpanse ein Kinder mordender Irrer, der nur auf seine Chance wartet. Der männliche Infantizid macht 38 Prozent der Säuglingstode bei Pavianen und ungefähr 33 Prozent bei Gorillas aus. Was bei männlichen Affen und Hominiden ein normales Verhalten ist, ist in menschlichen Gesellschaften so gut wie unbekannt. Männer sind zwar für die überwältigende Mehrzahl von menschlichen Gewalttaten verantwortlich, was auch den gelegentlichen Tod von Kindern einschließt, aber sie bringen *nicht* einfach zu ihrem eigenen reproduktiven Vorteil kleine Kinder um.[337] Tatsächlich behandelt der größte Teil der anthropologischen Literatur über Kindstötungen Infantizide durch Mütter.[338]

Die nahezu vollständige Eliminierung des männlichen Infantizids beim Menschen stellt einen bedeutenden Wandel in der Biologie der Primaten dar. Dieser Übergang beinhaltete eine Verringerung der Paarungskonkurrenz unter Männchen und des sexuellen Zwangs sowie einen qualitativen und quantitativen Aufschwung der weiblichen sexuellen Autonomie. Wie ist es dazu gekommen?

Die entscheidende Frage ist, unter welchen Bedingungen Männer ihre Waffen strecken. Welcher evolutionäre Mechanismus ist imstande, der Wirkung der Männchen-Konkurrenz, die den sexuellen Zwang verschärft, etwas entgegenzusetzen? Für uns Menschen steht hier in evolutionärer Hinsicht wirklich viel auf dem Spiel. Die meisten Merkmale, die uns als Menschen ausmachen – wie Intelligenz, komplexes soziales Bewusstsein, kooperatives Sozialverhalten, Sprache, Kultur und materielle Kultur – hängen entscheidend von einer verlängerten Zeit der Kindesentwicklung sowie einem hohen und dauerhaften Elterninvestment ab. Der Aufbau eines komplexeren Gehirns, um all diese innovativen kognitiven Fähigkeiten zu erreichen, erfordert mehr Zeit und mehr Elternaufwand. Wie aber hätten sich unsere menschlichen Vorfahren dazu entwickeln können, *mehr* Ressourcen für jeden einzelnen Nachkommen aufzuwenden, wenn die häufigste Todesursache bei Säuglingen der Infantizid durch männliche Gewalt war? Die Antwort lautet: gar nicht – unter diesen Umständen wäre es unmöglich gewesen. Eine evolutionäre Lösung für das Problem der Kindstötung war für die Entwicklung der menschlichen Biologie absolut unumgänglich.

[337] In den Vereinigten Staaten sind die drei häufigsten Ursachen der Säuglingssterblichkeit – angeborene Fehlbildungen, Frühgeburt beziehungsweise niedriges Geburtsgewicht und plötzlicher Kindstod – zusammen für 44 Prozent aller Säuglingstode verantwortlich (vgl. CDC, »QuickStats. Infant Mortality Rates for 10 Leading Causes of Infant Death – United States, 2005«, in: Centers for Disease Control and Prevention (Hg.), *Morbidity and Mortality Weekly Report* 2007, S. 1115). Die Wahrscheinlichkeit, dass ein Kind von einem nichtverwandten Stiefelternteil ermordet oder tödlich misshandelt wird, ist zwar hundertmal höher als die Tötung durch seine genetischen Eltern, der Infantizid macht aber insgesamt weniger als ein Hunderttausendstel aller Säuglingstode aus (vgl. Martin Daly, Margo Wilson, »Evolutionary Social Psychology and Family Homicide«, in: *Science* 242 [1988], S. 519–524).
[338] Vgl. dazu beispielsweise Susan C. M. Scrimshaw, »Infanticide in Human Populations. Societal and Individual Concerns«, in: Glenn Hausfater, Sarah Blaffer Hrdy (Hg.), *Infanticide. Comparative and Evolutionary Perspectives*, London 1984, S. 439–462.

Die vorherrschende Sicht in der evolutionären Anthropologie ist, dass sich das komplexe Sozialverhalten des Menschen durch das Zusammenspiel von Männchen-Konkurrenz und natürlicher Selektion im Hinblick auf die Nahrungsökologie – die effizientere und ertragreichere Ausnutzung von Nahrungsmitteln in der Umwelt – entwickelt hat. So vertreten etwa die Evolutionsanthropologen und Primatologen Brian Hare, Victoria Wobber und Richard Wrangham die These, das ausgesprochen sanfte und kooperative Verhaltenstemperament der Bonobos habe sich durch »Selbstdomestizierung« entwickelt, also einen ökologischen natürlichen Selektionsprozess gegen Aggression.[339] Angetrieben wurde dieser Prozess in ihren Augen durch die besonderen Merkmale der Nahrungsökologie der Bonobos, wie das Vorhandensein höherwertiger Bodenkräuter als Futterquelle oder die fehlende Konkurrenz durch Gorillas. Die Einzelheiten der These sind noch ungeklärt, aber der Tenor lautet, dass kooperativere Gruppen eine größere soziale Stabilität aufwiesen und ihre ökologische Gesamteffizienz steigern konnten. Kurzum, die Selbstdomestizierungs-Hypothese begreift die Evolution der sozialen Toleranz und Kooperation eher als ökologische Anpassung der Art und nicht als Veränderung des Sozial- und Sexualverhaltens der Männchen.

Brian Hare und Michael Tomasello haben den Gedanken weitergeführt und vermuten, dass die auf die Nahrungsökologie gerichtete natürliche Selektion auch beim Menschen weniger Aggression und mehr soziale Toleranz bevorzugt haben könnte. In Anbetracht der Tatsache, dass Bonobos und Menschen die soziale Kooperation historisch unabhängig voneinander entwickelten, argumentieren sie, die soziale Veranlagung der Menschen könne durch einen ähnlichen Mechanismus der »Selbstdomestizierung« entstanden sein.[340] Hare und Tomasello fällt es jedoch schwer, zu dokumentieren, wie die Selbstdomestizierung beim Menschen tatsächlich abgelaufen sein könnte. Sie vermuten, dass dabei kooperative Aggression eine Rolle gespielt hat, wobei sich verschiedene rangniedrige Gruppenmitglieder zusammentaten, um überaggres-

---

339 Vgl. Brian Hare u. a., »The Self-Domestication Hypothesis. Evolution of Bonobo Psychology Is Due to Selection Against Aggression«, in: *Animal Behaviour* 83 (2012), S. 573–585.
340 Vgl. Brian Hare, Michael Tomasello, »Human-Like Social Skills in Dogs?«, in: *Trends in Cognitive Sciences* 9 (2005), S. 439–444. Mit »historisch unabhängig« meine ich, dass die Evolution eines toleranteren sozialen Temperaments bei den Vorfahren der modernen Menschen und Bonobos jeweils getrennt voneinander an unterschiedlichen Orten und zu unterschiedlichen Zeiten stattfand.

sive oder despotische (männliche) Individuen zu töten, auszustoßen oder zu bestrafen. Es ist jedoch unklar, warum eine Selektion kooperativer Aggression nicht einfach zu einer weiteren Verstärkung der Aggression geführt haben sollte, statt zu einer Abrüstung. Außerdem *erfordert* dieser Mechanismus für die Entstehung einer kooperativen sozialen Veranlagung ja genau die Art von Kooperation, die mit ihm erklärt werden soll; die Individuen müssen, mit anderen Worten, schon in der Lage sein, zu kooperieren, um sich gegen jemanden zusammentun zu können, dessen Aggression sie zügeln wollen. Und schließlich haben die Autoren auch nicht dargelegt, welche ökologischen Umstände die menschliche Selbstdomestizierung begünstigt haben könnten, auf der ihre Hypothese beruht.

Von wenigen Ausnahmen abgesehen hat es die Evolutionsbiologie des Menschen versäumt, die Rolle der weiblichen Partnerwahl, des Geschlechterkonflikts und der sexuellen Autonomie in ihre Theorien über die menschlichen Ursprünge einzubeziehen. Es ist auch wichtig, darauf hinzuweisen, dass die Evolution der menschlichen sozialen Intelligenz und Kooperation eine Transformation der *männlichen* Aggression, des *männlichen* Temperaments und insbesondere der *männlichen* Praxis der Kindstötung erforderte. Wäre es daher nicht sinnvoll, jene Evolutionsmechanismen zu untersuchen, die explizit auf männliche Gewalt gerichtet sind, und jene evolutionären Akteure zu erforschen, die am meisten von deren Transformation profitieren würden – sprich: die weiblichen Individuen?

Wie bei vielen fundamentalen Fragen über die Evolution der menschlichen Sexualität können wir auch hier wieder feststellen, dass die alten Griechen ein gewisses Verständnis für dieses Problem gehabt zu haben scheinen, welches sie nicht in ihren wissenschaftlichen Theorien, sondern in der Gattung der Komödie zum Ausdruck brachten. In dem Stück *Lysistrata* von Aristophanes (das 411 vor Christus uraufgeführt wurde) ruft die athenische Hausfrau Lysistrata die Frauen der verfeindeten Stadtstaaten von Athen und Sparta zu dem gemeinsamen Versprechen auf, sich sämtlicher sexuellen Beziehungen zu ihren Männern und Liebhabern zu enthalten, bis diese sich zu Friedensverhandlungen bereit erklären, um den kostspieligen und schädlichen Peloponnesischen Krieg zu beenden. Der Sexstreik der Frauen führt zu einer komischen Verschärfung des

Geschlechterkonflikts, der letztlich mit der bedingungslosen Kapitulation der Männer endet. Durch die konzertierte Behauptung der eigenen sexuellen Autonomie seitens der Frauen ist der Frieden in Griechenland wiederhergestellt.

Auch wenn die Handlung des Stückes nicht in einen evolutionären Zeitrahmen gespannt ist, enthält es doch einige Beobachtungen, die evolutionstheoretisch relevant sind. Frauen sind weit weniger tolerant gegenüber Gewalt als Männer. Zwar kommen mehr Männer als Frauen in dieser Gewalt um, aber die Frauen zahlen einen hohen Preis, was ihren Fortpflanzungserfolg angeht, weil sie mehr als die Männer in die Erziehung der Söhne investieren, die dann im Krieg und anderen Gewaltumständen sterben. Wie der Infantizid ist auch der Verlust der Kinder im Krieg ein schwerer Schlag für ihren lebenslangen Reproduktionserfolg. Darüber hinaus zeigt die Komödie, dass die Paarungsentscheidungen von Frauen ein starkes Gegengewicht zur Gewalt der Männer darstellen können. Der Sexstreik hat Erfolg, weil *alle* Frauen von Athen und Sparta sich einig sind; es ist die Einigkeit der Frauen, die ihnen ihre Stärke verleiht. Lysistratas Mechanismus zur Veränderung der Männer ist nicht bloß sexuell, sondern explizit *ästhetisch*. Die griechischen Frauen im Drama verweigern es, *freiwillig* Sex zu haben, bis die Männer weniger aggressiv geworden sind. Lysistrata rät den Frauen von Athen und Sparta für den Fall, dass ihre Männer sich ihnen aufzwingen, sich nicht zu wehren, aber dafür zu sorgen, dass die Männer so wenig Spaß wie möglich daran haben. Sie erklärt, dass die Männer sich schnell langweilen und die vollständige ästhetische Erfahrung des einvernehmlichen Sex vermissen werden. Die Frauen versuchen also, ihren Männern den koevolutionären *ästhetischen* Genuss am Sex zu verwehren, wenn sie dazu gezwungen werden. Letztlich gelingt es den Frauen Athens und Spartas, die männliche Aggression zu entschärfen, *ohne* ein kostspieliges, aggressives Wettrüsten in Gang zu setzen.

Lysistrata lehrt uns somit als Antwort auf die Frage, »Unter welchen Bedingungen strecken Männer ihre Waffen?«, dass die wirksamste Methode zur Bekämpfung der männlichen Gewalt darin besteht, sie dort zu treffen, wo es ihnen am meisten wehtut: unter der Gürtellinie.

Genau dies ist meiner Vermutung nach der Evolutionsmechanismus für die geringere männliche Aggression, die soziale Veranlagung zur Kooperation und die soziale Intelligenz des Menschen. Ich glaube, dass sich diese Veränderungen *nicht* auf dem Wege der natürlichen, sondern auf dem der ästhetischen *sexuellen Selektion* durch weibliche Partnerwahl entwickelt haben.

Das Ganze könnte folgendermaßen funktionieren: Stellen Sie sich eine anzestrale Hominidenpopulation vor, in der die Befruchtung zum einen durch männliche Gewalt und Zwang und zum anderen durch weibliche Paarungspräferenzen für bestimmte Ausdrucksmerkmale bestimmt wird. Es ist nun wie bei den Lauben- oder Schnurrvögeln: Wenn eine neue weibliche Paarungspräferenz für eine neue Variante eines männlichen Ausdrucksmerkmals entsteht, die zufällig mit einer Ausweitung der weiblichen sexuellen Autonomie korreliert – wie die schützende Laube bei den Laubenvögeln oder die hochkooperativen männlichen Sozialbeziehungen in Schnurrvogel-Leks –, dann wird sich diese Paarungspräferenz weiter entwickeln, weil diese Merkmale und Präferenzen die Häufigkeit nicht erzwungener Partnerwahlen für alle Weibchen der Population erhöhen. Mit anderen Worten: Die Weibchenwahl wird die weibliche Wahlfreiheit weiter vergrößern. Weibliche Vorlieben für die betreffenden Merkmale untergraben die männliche Fähigkeit, Befruchtungen durch körperliche Gewalt und Zwang durchzusetzen, so dass ein immer größerer Anteil der Befruchtungen von der Wahl der Weibchen bestimmt wird. Der selbstorganisierende Mechanismus der ästhetischen Koevolution wird, wie wir es schon bei so vielen anderen Körper- und Verhaltensmerkmalen gesehen haben, eine neue Rückkopplungsschleife entstehen lassen, welche die Fähigkeit der Weibchen verstärkt, ihre Partnerentscheidungen gegen sexuelle Gewalt und Zwang durchzusetzen.

Gemäß dieser Hypothese veränderten menschliche Frauen die Natur des männlichen Sozialverhaltens, indem sie die Übereinkunft entwickelten, dass männliche Eigenschaften, die mit Aggression und sexuellem Zwang in Verbindung stehen, nicht sexy sind.

Wenn es jedoch bei unseren hominiden Vorfahren gar keine Weibchenwahl gab, wie konnte sie sich dann beim Menschen überhaupt entwickeln? Die Ursprünge der Partnerwahl beim Menschen sind leider nur schwer zu erforschen, da sie wahrscheinlich kurz nach der Zeit unserer gemeinsamen Vorfahren mit den Schimpansen liegen. Doch auch wenn sich Gorillas und Schimpansen in

Sachen Weibchenwahl nicht sehr weit entwickelt haben, so lässt sich in unseren hominiden Vorfahren doch das kognitive Potenzial dazu erkennen. Menschen, die mit Schimpansen und Gorillas vertraut sind, ob in freier Wildbahn oder in Gefangenschaft, zeichnen ein leuchtendes Bild von deren reicher sozialer Persönlichkeit und ihrer Fähigkeit, starke persönliche Neigungen und Abneigungen zum Ausdruck zu bringen. Dies macht deutlich, dass die Affen kognitiv in der Lage sind, einander zu erkennen und zu bewerten. Wenn es in Gorilla-Gruppen zu Spaltungen oder bei Schimpansen zu kurzfristigen sexuellen Paarbindungen kommt, haben die Weibchen eine kleine Chance zur Partnerwahl. Sie erfüllen also die kognitiven Voraussetzungen für Paarungspräferenzen und Partnerentscheidungen, was ihnen aber fehlt, ist die soziale Gelegenheit, nach ihren Wünschen zu handeln. Ungeachtet der genauen ökologischen und sozialen Umstände, die zur Entstehung der Partnerwahl bei unseren hominiden Vorfahren geführt haben könnten, kann man sich leicht vorstellen, dass frühe Hominini-Weibchen sofort in der Lage waren, von der Partnerwahl Gebrauch zu machen, sobald sie die soziale Gelegenheit dazu bekamen.

Ich habe diesen Evolutionsmechanismus *ästhetische Umbildung* genannt, weil es der ästhetischen Partnerwahl bedarf, um männliche Artgenossen so zu verändern beziehungsweise umzubilden, dass sie weniger auf Zwang, Zerstörung und Gewalt setzen. Bei Menschen umfasst die ästhetische Umbildung einen spezifischen Prozess der *ästhetischen Entwaffnung*. Darunter ist im Wesentlichen die Verringerung der männlichen Kampfmittel (die sich im Prozess der Männchen-Konkurrenz entwickelt haben) durch weibliche Partnerwahl zu verstehen. Zwei erstklassige Beispiele für diesen Prozess der menschlichen Evolutionsgeschichte sind körperliche Merkmale – ein größerer Körper und verlängerte, messerscharfe Eckzähne –, mit deren Hilfe männliche Primaten gewaltsam Kontrolle über einander und über Weibchen und deren abhängige Jungen auszuüben versuchen.

Männer sind zwar tendenziell immer noch größer als Frauen, allerdings hat im Laufe unserer Evolutionsgeschichte der Sexualdimorphismus der menschlichen Körpergröße enorm abgenommen, das heißt, der Unterschied zwischen den Geschlechtern, was die

341 Vgl. Adam D. Gordon, »Scaling of Size and Dimorphism in Primates II: Macroevolution«, in: *International Journal of Primatology* 27 (2006), S. 63–105.

Körpermasse angeht, ist deutlich kleiner geworden.³⁴¹ Orang-Utan- und Gorilla-Männchen sind riesig, fast doppelt so groß wie ihre weiblichen Artgenossen. Bei Schimpansen und Bonobos ist der Geschlechtsdimorphismus der Körpergröße viel geringer; hier sind die Männchen nur etwa 25 bis 35 Prozent größer als die Weibchen. Bei Menschen ist der Unterschied jedoch noch kleiner: Männer sind im Durchschnitt nur 16 Prozent größer als Frauen. Die körperlichen Vorteile, die Männer im Konflikt mit Frauen nutzen könnten, sind also stark vermindert. Dennoch sind Männer natürlich nach wie vor allein aufgrund ihrer Größe in körperlichen Auseinandersetzungen mit Frauen deutlich im Vorteil. Wenn man bedenkt, dass die Gewichtsklassen im Boxen oder Ringen, die einen fairen Kampf gewährleisten sollen, auf Unterschieden der Körpermasse von nur 2,5 bis 5 Prozent beruhen, wird schnell klar, dass eine Differenz von 16 Prozent zugunsten der Männer in einem physischen Kampf ein entscheidender Faktor sein dürfte.

Die bemerkenswerte Verringerung des sexuellen Größendimorphismus beim Menschen ist allerdings kein reiner Zufall, denn üblicherweise wird der Unterschied immer extremer – nicht kleiner –, je mehr die Körpergröße zunimmt, und dies ist beim Menschen der Fall, da sowohl Männer als auch Frauen in der Evolution nach der Abspaltung von unseren gemeinsamen Vorfahren mit den Schimpansen insgesamt größer und schwerer geworden sind. (Die Tatsache, dass geschlechtsspezifische Größenunterschiede umso deutlicher hervortreten, je größer eine Art ist, wurde zuerst von dem Zoologen Bernhard Rensch beobachtet und ist als Rensch'sche Regel bekannt.³⁴²)

Eine weibliche Vorliebe für mehr Gleichheit in Bezug auf die Körpergröße hätte natürlich zur Folge,

342 Vgl. Bernhard Rensch, »Die Abhängigkeit der relativen Sexualdifferenz von der Körpergröße«, in: *Bonner Zoologische Beiträge* 1 (1950), S. 58–69. Die Rensch'sche Regel ist im Grunde ein Nullmodell der Evolution des sexuellen Größendimorphismus mit der Evolution der Körpergröße, das auf vielen unabhängigen Beobachtungen aus der Natur beruht. Wenn die Körper einer Tierart im Verlauf der Evolution größer werden und nichts Besonderes geschieht, was diesen Prozess beeinflusst, nimmt der Größenunterschied zwischen den männlichen und weiblichen Vertretern der Art im Verhältnis sogar noch mehr zu. Die Tatsache, dass es bei uns Menschen genau umgekehrt war – obwohl wir insgesamt größer wurden, hat der sexuelle Größenunterschied abgenommen –, deutet darauf hin, dass wir das Nullmodell verwerfen können und dass in der menschlichen Evolution etwas Besonderes geschehen *ist* (evolutionärer Kontext 2). Bei diesem besonderen Etwas handelte es sich wahrscheinlich um die Selektion zugunsten eines verminderten sexuellen Größendimorphismus. Die Frage ist nun: welche Art von Selektion – natürliche oder sexuelle? Ich vermute, dass die sexuelle Selektion in Form von weiblichen Paarungsentscheidungen für den verminderten Größendimorphismus gesorgt hat, also weibliche Präferenzen für Männchen, die ihnen größenmäßig ähnlicher waren.

dass der Größenvorteil der Männchen schrumpft und die Chancen der Weibchen steigen, sich gegen sexuellen Zwang und andere Formen von Gewalt zur Wehr zu setzen. Es ist auch möglich, dass die Weibchenwahl zugunsten eines geringeren Größendimorphismus zu korrelierten Verhaltensänderungen auf Seiten der Männchen geführt hat – insbesondere zu einer Verminderung der Aggression und einer Zunahme der sozialen Toleranz. Interessanterweise gibt es bei Haushunden starke Hinweise auf eine derartige genetische Korrelation zwischen verschiedenen *ästhetischen* Merkmalen (wie geschwungene Schwänze, Schlappohren, kürzere Schnauzen und kleinere Zähne – genau die Dinge, die Menschen bei Hunden niedlich finden) und dem *Verhaltenstemperament* (wie geringere Aggression, höhere soziale Toleranz und erhöhte kognitive Sensibilität gegenüber sozialen Reizen). In einem über Jahrzehnte laufenden Experiment aus der Sowjetzeit zur Domestizierung von Füchsen, in dem ausschließlich auf soziale Toleranz selektiert wurde, entwickelten die Tiere zum Beispiel genau die für Haushunde typischen, niedlichen körperlichen Merkmale.[343] Auch Hare, Wobber und Wrangham weisen darauf hin, dass die evolutionsgeschichtliche Verminderung der Aggression bei Bonobos mit einer ganzen Reihe von anderen, korrelierten Veränderungen einhergeht, wie einem geringeren sexuellen Größendimorphismus, kindlichen, rosafarbenen Lippen bei erwachsenen Tieren, einer langsameren Sozialentwicklung, passiveren Reaktionen auf sozialen Stress und einer größeren Sensibilität gegenüber sozialen Reizen durch Menschen (bei Experimenten in Gefangenschaft) als bei Schimpansen.[344] Es scheint daher plausibel, dass die Wahl bestimmter männlicher Körpermerkmale – wie der Größe – durch die Weibchen möglicherweise auch einen starken evolutionären Einfluss auf das Sexual- und Sozialverhalten der Männchen hatte.

Ein weiteres geschlechtsdimorphes Merkmal, das bei den meisten Altweltprimaten zu finden ist, ist ein extremer Unterschied der Morphologie der Eckzähne (*Dentes canini*, auch Augen-, Hunds- oder

---

[343] Vgl. Lyudmilla N. Trut, »Experimental Studies of Early Canid Domestication«, in: Anatoly Ruvinsky, Jeff Sampson (Hg.), *The Genetics of the Dog*, Wallingford 2001, S. 15–41; die Implikationen dieser Studie werden ausführlich diskutiert in Hare/Tomasello, »Human-Like Social Skills in Dogs?«.
[344] Vgl. Hare u. a., »The Self-Domestication Hypothesis«.
[345] Vgl. Alan Walker, »Mechanisms of Honing in the Male Baboon Canine«, in: *American Journal of Physical Anthropology* 65 (1984), S. 47–60. Der Zahnschmelz auf der Innenseite der oberen Eckzähne ist dünner als auf der Außenseite der dritten Prämolaren, so dass die Eckzähne durch Kaubewegungen laufend geschärft werden.

Variation der Eckzahngröße beim männlichen Flachlandgorilla (links), Schimpansen (Mitte) und Menschen (rechts). Fotos: Shutterstock (links) und Ronan Donovan (Mitte und rechts).

Fangzähne genannt) zwischen Männchen und Weibchen. Bei männlichen Makaken, Pavianen, Orang-Utans, Gorillas und Schimpansen sind die Eckzähne länger und haben eine breitere Basis als die der Weibchen. Diese verlängerten Eckzähne werden durch stetigen Abrieb (sogenanntes Honen) an den dritten Prämolaren des Unterkiefers messerscharf gehalten.[345] Wie bei den Altweltaffen ist der geschlechtsspezifische Unterschied der Eckzähne auch bei Orang-Utans und Gorillas extrem, was auf die große Bedeutung des physischen Wettbewerbs für den sexuellen Erfolg der Männchen schließen lässt. Bei den beiden Schimpansenarten ist der Eckzahn-Dimorphismus weniger stark ausgeprägt, was zu ihrer geringeren Körpergröße passt.

Man muss sich nur das lächelnde Gesicht eines beliebigen Mannes anschauen, um zu erkennen, dass seit der Zeit unserer gemeinsamen Vorfahren mit anderen Menschenaffen eine gewaltige evolutionäre Verkleinerung der männlichen Eckzähne stattgefunden hat. Sie sind bei Männern und Frauen praktisch gleich groß, obwohl der Mensch insgesamt gewachsen ist – ein weiterer Verstoß gegen die Rensch'sche Regel. Die evolutionsgeschichtliche Abnahme des Eckzahndimorphismus bei den Hominini setzte kurz nach der Abspaltung von den gemeinsamen Vorfahren mit den Schimpansen ein. Die Eckzähne der Arten

Sahelanthropus tchadensis (vor sieben Millionen Jahren) und *Ardipithecus ramidus* (vor 4,4 Millionen Jahren) sind weniger konisch als die der Schimpansen und weisen keine Anzeichen dafür auf, dass sie an den Prämolaren abgeschliffen wurden.[346] Vor 3,2 bis 3,5 Millionen Jahren, der Zeit der frühen Homininenart *Australopithecus afarensis* – der die berühmte Lucy angehört – war der Eckzahndimorphismus auf das Maß geschrumpft, das wir vom modernen *Homo sapiens* kennen. Die Paläoanthropologie erklärt die Verkleinerung der männlichen Eckzähne beim *Australopithecus afarensis* traditionell als Anpassung an das Kauen komplexer Pflanzennahrung mit seitlichen Kieferbewegungen.[347] Wie sich jedoch unlängst herausstellte, begann die Verkleinerung der Eckzähne schon viel früher in unserer Evolutionsgeschichte und war in Arten wie *Ardipithecus ramidus*, liebevoll auch Ardi genannt, bereits fortgeschritten, obwohl bei ihr gar keine Spezialisierung der Ernährung wie beim *Australopithecus* stattgefunden hatte. Das Fehlen einer soliden adaptiven, ökologischen, auf der Ernährung basierenden Erklärung für die Reduktion des Eckzahndimorphismus bei den Menschenartigen zeigt, dass eine neue evolutionsgeschichtliche Hypothese erforderlich ist – die der weiblichen Partnerwahl.

Das Entscheidende ist, dass die meisten männlichen Altwelt- und Menschenaffen tödliche Waffen im Maul tragen, die den Weibchen fehlen. Die vergrößerten Eckzähne der Männchen sind keine ökologischen, der Ernährung dienenden Werkzeuge, sondern soziale Waffen, die eingesetzt werden, um sexuelle Kontrolle auszuüben. Wie Darwin vermutete, haben sich diese Waffen nicht wegen ihrer Überlebensvorteile entwickelt, sondern aufgrund der sexuellen Vorteile bei der aggressiven Machtausübung gegenüber weiblichen Partnern und gleichgeschlechtlichen Rivalen. Nichtmenschliche Primaten-Männchen nutzen diese Waffen bei Auseinandersetzungen mit anderen Männchen, zur gewaltsamen Unterdrückung von Weibchen und für tödliche Angriffe auf abhängige Jungtiere. Ein Mantelpavian setzt seine extrem großen Eckzähne ein, um von ihm beherrschte brünstige Weibchen zu beißen oder damit zu *drohen*, sobald ei-

---

346 Vgl. Daniel E. Lieberman, *The Evolution of the Human Head*, Cambridge, Mass. 2011.
347 Vgl. Clifford J. Jolly, »The Seed-Eaters. A New Model of Hominid Differentiation Based on a Baboon Analogy«, in: *Man* 5 (1970), S. 5–26; William L. Hylander, »Functional Links Between Canine Height and Jaw Gape in Catarrhines with Special Reference to Early Hominins«, in: *American Journal of Physical Anthropology* 150 (2013), S. 247–259; sowie Lieberman, *The Evolution of the Human Head*.

nes von ihnen auch nur ein wenig von seiner Seite weicht oder sich in Richtung eines der umherstreifenden männlichen Junggesellen aus der Gruppe bewegt.[348] Männliche Berggorillas benutzen ihre Eckzähne in Auseinandersetzungen mit anderen Männchen um die Kontrolle über die Gruppe und gegen die abhängigen Jungen von Weibchen in der Gruppe.[349] Bei den Schimpansen gehören heftige Bisse zum Repertoire der männlichen Aggression gegen Weibchen.[350]

So wie die Paarungsvorlieben für Männchen, die ihnen größenmäßig ähnlicher sind, vergrößert auch die Präferenz für entschärfte männliche Eckzähne die weibliche Wahlfreiheit. Eine Reduzierung der männlichen Waffen macht den Zwang und den Infantizid seitens der Männchen weniger wirksam und erhöht die Erfolgsaussichten der Weibchen, ihre Partner selbst zu wählen. Die Präferenz für Männchen mit kleineren Eckzähnen verschafft den Weibchen den indirekten genetischen Vorteil attraktiverer Nachkommen, die von anderen Weibchen freier als bevorzugte Partner gewählt werden. Das Resultat ist eine *ästhetische* Ausweitung der weiblichen sozialen und sexuellen Autonomie.[351]

Wie im Fall der Verringerung des Größendimorphismus führte auch die ästhetische Entwaffnung nicht zur Entwicklung verweichlichter, schwächlicher oder unterwürfiger Männchen. Im Gegenteil: Die weiblichen Paarungspräferenzen für attraktive Merkmale wie männliche Körperproportionen oder heftige sexuelle Stimulation entwickelten sich weiter. Es gibt keine evolutionären Vorteile der sexuellen Kontrolle weiblicher Individuen, sondern nur Vorteile der Wahlfreiheit. Dementsprechend ist dieser ganze

348 Vgl. Larissa Swedell, Amy Schreier, »Male Aggression Toward Females in Hamadryas Baboons. Conditioning, Coercion, and Control«, in: Muller/Wrangham (Hg.), *Sexual Coercion in Primates and Humans*, S. 244–268.
349 Vgl. Robbins, »Male Aggression Against Females in Mountain Gorillas«.
350 Vgl. Muller u. a., »Male Aggression Against Females and Sexual Coercion in Chimpanzees«.
351 Aus der Hypothese der ästhetischen Entwaffnung ergibt sich, dass sich das Lächeln durch weibliche Paarungspräferenzen für ein positives, nichtaggressives soziales Signal entwickelt haben könnte, welches die ästhetische Größeneinschätzung der Eckzähne unmittelbar begünstigt. Frühere Theorien zum Ursprung des Lächelns, die bis zu Darwin zurückreichen, besagten, dass das menschliche Lächeln aus dem Ausdrucksverhalten des Zähne-Zeigens unserer Primatenvorfahren hervorging, das entweder Dominanz/Aggression oder Furcht/Unterwürfigkeit anzeigen kann. Allerdings behandelt keines dieser Narrative explizit den »Inhalt« des Lächelns oder die Frage, warum diese Formen des Zähne-Zeigens neue Bedeutungen entwickelt haben sollten. Ein Lächeln ist ja mehr als nur das Zeigen der Zähne (wie bei einer Grimasse). Es ist eine wirksame und ausdrückliche Präsentation der eigenen Eckzähne in positiver, gewaltloser Absicht. Die neuartige evolutionäre Verknüpfung des Zeigens der Eckzähne mit nichtaggressiven, positiven sozialen und verführerischen Botschaften scheint sich eher durch die Selektion ästhetischer Zurschaustellung der Eckzahngröße entwickelt zu haben.

Prozess auch nicht adaptiv, das heißt, er führt nicht zu einer besseren Anpassung zwischen dem Organismus und seiner Umwelt. Er entwickelt sich vielmehr, weil die weibliche sexuelle Autonomie die Kosten des männlichen sexuellen Zwangs verringert, indem sie zu besseren Überlebenschancen für die Säuglinge, weniger direkten Schäden für die Weibchen und einem stärkeren Populationswachstum führt.

Die Hypothese der ästhetischen Umbildung/Entwaffnung im Zuge der menschlichen Evolution ist spekulativ, aber plausibel. Das Modell bietet eine leistungsstarke Erklärung für viele Merkmale der menschlichen Entwicklung, für die es noch keine befriedigende adaptive, ökologische Erklärung gibt, darunter die starke Abnahme des sexuellen Größendimorphismus, den enormen Rückgang männlicher sexueller Gewalt- und Zwangsausübung einschließlich des männlichen Infantizids, die Ausweitung der weiblichen Partnerwahl und die Evolution männlicher Sexualornamente. Aber lässt sich dieses Modell auch überprüfen? Gibt es irgendwelche Beweise, die dafür oder dagegen sprechen?

Die erste Herausforderung besteht darin herauszufinden, ob die Hypothese überhaupt theoretisch möglich ist. Samuel Snow und ich arbeiten an einem mathematischen, genetischen Modell des ästhetischen Umbildungsprozesses, das zeigen soll, dass sich bei vorhandenen genetischen Variationen von Merkmalen und Präferenzen tatsächlich eine Mutation eines Ausdrucksmerkmals entwickeln kann, die nebenbei die weibliche Autonomie vorantreibt.[352] Dieses Modell liefert natürlich nicht den Beweis, dass ein solcher Evolutionsmechanismus in der menschlichen Entwicklungsgeschichte tatsächlich wirksam wurde; es zeigt lediglich, dass es so gewesen sein *könnte*.

Der zur Zeit wahrscheinlich stärkste Beleg für die Idee, dass bei Männern ein ästhetischer Umbildungsprozess stattgefunden hat, geht aus Daten hervor, die zeigen, dass die sexuellen Präferenzen heutiger Frauen im Durchschnitt nicht in Richtung derjenigen Merkmale gehen, die mit männlicher körperlicher Dominanz assoziiert werden.[353] Vielmehr bevorzugen Frauen, wie schon in Kapitel 8 gezeigt wurde, im Allgemeinen Merkmale, die in der Mitte des »Männlichkeits«-Spektrums liegen – das heißt schlan-

---

[352] Vgl. Samuel S. Snow u. a., »Evolution of Resistance to Sexual Coercion Through the Indirect Benefits of Mate Choice«, im Erscheinen.
[353] Vgl. Gangestad/Scheyd, »The Evolution of Human Physical Attractiveness« sowie Neave/Shields, »The Effects of Facial Hair Manipulation«.

kere, weniger muskulöse Körper, eine nicht so hervorstehende Stirn und eine mäßige Gesichts- und Körperbehaarung. Die Tatsache, dass die eher maskulinen Merkmale bei Männern nach wie vor bestehen, deutet darauf hin, dass andere evolutionäre Kräfte – möglicherweise die Männchen-Konkurrenz – männlichere Züge begünstigt haben.

Wenn die Vertreter der evolutionären Anthropologie die Konzepte der ästhetischen Evolution, der sexuellen Autonomie und der ästhetischen Umbildung in ihren Analysen der vergleichenden Verhaltensökologie der Primaten, des Fossilberichts der menschlichen Evolution, der evolutionären Archäologie und der vergleichenden Anthropologie zur Anwendung bringen, werden weitere, detailliertere Überprüfungen der Hypothese der ästhetischen Entwaffnung möglich sein. Schon jetzt ist deutlich, dass die vorherrschende Sicht der homininen Evolution als Zusammenspiel aus Männchen-Konkurrenz und adaptiver, ökologischer, natürlicher Selektion zur Erklärung der Schlüsselinnovationen, die sich in der Entwicklung der kognitiven, sozialen und kulturellen Komplexität der Menschheit ereignet haben, nicht ausreicht. Wenn wir die weibliche ästhetische Partnerwahl, den sexuellen Zwang und die weibliche sexuelle Autonomie bei der menschlichen Evolution mitberücksichtigen, werden wir nach meiner Überzeugung zu einem besseren Verständnis darüber gelangen, wie wir zu Menschen wurden.

Der Fokus unserer Untersuchung des menschlichen Geschlechterkonflikts lag bislang auf dem Streit über die Befruchtung, also der Frage, wer über die Vaterschaft der Nachkommen entscheidet. Zu Konflikten kann es aber auch darüber kommen, wer sich nach der Geburt um diese Nachkommen kümmert und wie viel Energie, Zeit und Ressourcen jedes der Elternteile in ihre Pflege investiert. Nach der evolutionsbedingten Verminderung des männlichen Infantizids haben die Menschen im anhaltenden Geschlechterkonflikt um das Elterninvestment einen *zweiten* großen Schritt in Richtung der weiblichen Interessen gemacht. Bei den meisten Altweltaffen, Orang-Utans, Gorillas und Schimpansen leisten die Männchen so gut wie *keine* elterliche Fürsorge. Selbst bei den ausgesprochen friedfertigen und egalitären Bonobos betreiben die Männchen keinen

Elternaufwand, außer dass sie ihre Nahrung teilen, was sie aber ohnehin auch mit anderen Mitgliedern der Gruppe tun. Bei allen diesen Arten scheitern die Weibchen daran, die Männchen an den elterlichen Investitionen zu beteiligen. Ja, im Grunde scheint es bei diesen Primaten gar keinen offenen Geschlechterkonflikt um den Elternaufwand zu geben, weil die Weibchen *alle* elterlichen Investitionen allein tätigen. Bei Menschen ist dies offensichtlich anders. In praktisch allen menschlichen Gesellschaften und Umgebungen betreiben Männer erheblichen Aufwand für ihren Nachwuchs in Form von Nahrung, ökonomischen Ressourcen, Schutz, väterlicher Identifikation und emotionalem Engagement. Eine beständige Fürsorge durch beide Elternteile dürfte vor der neolithischen Revolution sogar noch wichtiger gewesen sein. Das für den Menschen charakteristische Modell der gemeinschaftlichen Kinderbetreuung ist somit eine weitere bedeutende Innovation in der menschlichen Fortpflanzungsbiologie, die einer evolutionstheoretischen Erklärung bedarf.

Sobald unsere weiblichen Vorfahren ihre sexuelle Autonomie so weit gestärkt hatten, dass sie den Infantizid durch die Männchen deutlich zurückgedrängt oder ganz beseitigt hatten, konnten sie möglicherweise mit Hilfe der Partnerwahl zusätzliche Gewinne auf anderen Feldern des anhaltenden Geschlechterkonflikts erzielen. Insbesondere beschränkte sich die weibliche Wahl nicht mehr nur auf die unmittelbar wahrnehmbaren physischen Merkmale der potenziellen Partner, sondern umfasste auch die weitere soziale Persönlichkeit und Beziehungserfahrung, was letztlich zur Evolution des *väterlichen* Investments führte. Mit dieser Veränderung ging die ästhetische Ausweitung des Geschlechtsverkehrs selbst einher, der häufiger, länger, variabler, komplexer, lustvoller und fesselnder wurde, weniger mit der Fortpflanzung verknüpft war, die Frage der Vaterschaft (durch verborgene Ovulation) stärker im Unklaren ließ *und* mit neuen emotionalen Inhalten und Bedeutungen aufgeladen wurde. Durch die weibliche Auswahl sozial einnehmenderer und zwischenmenschlich engagierter männlicher Partner entwickelten sich die Männer allmählich dazu, neue väterliche Investitionen – in Form von Nahrung, Schutz und einer Beziehung des Miteinander – für ihre Partnerinnen und deren Nachkommen zu leisten. Letztlich entwickelte sich der männliche Fortpflanzungsaufwand aufgrund des männlichen Konkurrenzkampfs – das heißt, aufgrund des Wettstreits darum, wählerischen Frauen zu gefallen und so dauerhaften sexuellen Zugang zu erlangen und soziale Beziehungen aufzubauen, die mit der Paarbindung einhergehen.

Das reproduktive Investment der Männer in den Nachwuchs sorgte natürlich für erhebliche Verbesserungen der Gesundheit, des Wohlbefindens und der Überlebenschancen der Kinder, wodurch deren Aussichten stiegen, selbst die Geschlechtsreife und das fortpflanzungsfähige Alter zu erreichen. Ebenso verbesserte es die Überlebenschancen, das Wohlbefinden und die Fruchtbarkeit der Frauen und trug dazu bei, den Zeitabstand zwischen zwei Geburten zu verkürzen (der bei Menschen deutlich kleiner ist als bei anderen Menschenaffen) und ihren lebenslangen Fortpflanzungserfolg zu steigern. Die Verringerung des Zeitabstands zwischen zwei Geburten ist exakt der Grund dafür, dass wir Menschen unser Populationswachstum im Vergleich zu anderen Hominiden so stark steigern konnten. Die elterliche Fürsorge seitens der Männer war also ein adaptiver *direkter Vorteil* der weiblichen Partnerwahl.

In diesem Stadium der menschlichen Evolution entwickelte sich die Partnerwahl durch eine Reihe von sozialen und emotionalen zwischenmenschlichen Interaktionen weiter, in deren Verlauf wir die Möglichkeit bekamen, die sozialen, emotionalen und sogar psychologischen Eigenschaften zu prüfen und zu bewerten, die uns bei unserer Suche nach einem passenden Partner *individuell* wichtig sind. Aus diesem evolutionären Grund ist die Entwicklung einer dauerhaften sexuellen Bindung nicht das Ergebnis von harten, legalistischen Verhandlungen, die von den Gesetzen der Spieltheorie bestimmt werden. Daher empfinden wir auch Eheverträge als etwas Unromantisches und Abstoßendes. Sich zu verlieben ist vielmehr eine zutiefst *ästhetische* Erfahrung, welche die gegenseitige soziale, kognitive *und* körperliche Verführung miteinschließt.

Dieses Evolutionsmodell besagt, dass sich die Paarbindung beim Menschen nicht, wie von einigen Kulturtheoretikern angenommen, durch die männliche Ausübung von Zwang und Kontrolle über die weibliche Fortpflanzungsfreiheit entwickelt hat. Die menschliche Paarbindung ist, mit anderen Worten, keine Harems- oder Einmanngruppe. Sie entwickelte sich vielmehr durch einen deutlichen evolutionären Vormarsch weiblicher Interessen im Geschlechterkonflikt mit den Männern um das Elterninvestment. Letztlich ist die menschliche Paarbindung eine ästhetisch koevolvierte Sozialbeziehung, durch die Frauen und Männer ihre jeweiligen Fortpflanzungsinteressen vorantreiben konnten. Natürlich waren diese Paarbindungen nie absolut oder unverletzlich. Es geht hier nicht um eine Evolutionstheorie der Monogamie, bis dass der Tod uns scheidet. Um sich entwickeln zu können, müssen Paarbindungen nur lange genug halten, um einen entscheidenden positiven Einfluss auf die Entwicklung und das Überleben der Nachkommen zu haben. An irgendeinem Punkt der Entwicklung des männlichen Fortpflanzungsaufwands setzte die kulturelle Evolution ein und es entstand eine völlig neue Klasse von sozialen Komplexitäten und Variationen.

Die Entwicklung der väterlichen Fürsorge beim Menschen ist, um es deutlich zu sagen, wirklich etwas Besonderes. Männliches Investment in die elterliche Pflege ist bei Primaten und bei Säugetieren im Allgemeinen selten.[354] In der menschlichen Evolution war die väterliche Fürsorge besonders wichtig, weil die menschlichen Nachkommen so viel Pflege und Aufwand erfordern, langsamer reifen und in ihrer Entwicklung viel komplexere soziale, kulturelle und kognitive Herausforderungen zu bewältigen haben als andere Primaten. Nach der Lösung des Infantizid-Problems war die Entwicklung der väterlichen Fürsorge meiner Ansicht nach die zweitwichtigste evolutionäre Aufgabe bei der Entstehung der kognitiven und kulturellen Komplexität des Menschen. Auch diese zweite große evolutionäre Transformation beinhaltete interessanterweise eine Aufwertung der weiblichen Interessen im Geschlechterkonflikt.[355]

In meinen Augen gibt es äußerst schlagkräftige Argumente für die Bedeutung der weiblichen Partnerwahl in der Evolution der Gattung Mensch. Dass das evolutionäre Problem der männlichen sexuellen Gewalt, des Zwangs und des Infantizids durch eine

---

[354] Zu den Primaten, bei denen väterliche Fürsorge zu finden ist, gehören einige Gibbons, Tamarine und Nachtaffen (vgl. Eduardo Fernandez-Duque u. a., »The Biology of Paternal Care in Human and Nonhuman Primates«, in: *Annual Review of Anthropology* 38 [2009], S. 115–130).

[355] In einer Untersuchung der Biologie von *Ardipithecus ramidus* äußert der Paläoanthropologe C. Owen Lovejoy die These, die weiblichen Wahlentscheidungen für weniger aggressive Männer, weniger Gewalt zwischen Männern, kleinere Eckzähne und den Verlust des Honens der Eckzähne an den Prämolaren seien alle während der Evolution der Gattung Homo im Spätpliozän aufgetreten (vgl. C. Owen Lovejoy, »Reexamining Human Origins in Light of *Ardipithecus ramidus*«, in: *Science* 326 [2009], S. 74e1–8). Lovejoy stellt sich einen Evolutionsprozess vor, der von der natürlichen Selektion einer neuen »adaptive suite« morphologischer, verhaltensmäßiger und lebensgeschichtlicher Merkmale im Zusammenhang mit kooperativem Verhalten, männlichem

ästhetische Umbildung der Männlichkeit gelöst wurde, verschaffte den Frauen mit Sicherheit eine größere sexuelle Autonomie. Die männliche Entwaffnung könnte aber darüber hinaus auch die entscheidende Innovation für die anschließende Evolution der sozialen, kognitiven und kulturellen Komplexität des Menschen gewesen sein. Weniger aggressive, kooperativere Männer, die in dauerhaften Beziehungen mit Frauen lebten, schufen eine Umgebung der größeren sozialen Stabilität für ihre Nachkommen, was wiederum deren längere Entwicklungszeit und den größeren Aufwand für jedes einzelne Kind ermöglichte, die für die Entwicklung all jener Eigenschaften notwendig sind, die wir als Beweis unserer Menschlichkeit schätzen – Intelligenz, soziale Kognition, Sprache, Kooperation, Kultur, materielle Kultur und schließlich Technik. Diese neue Sicht der menschlichen Evolution zu überprüfen, wird sehr viel Arbeit erfordern, aber es könnte nicht mehr auf dem Spiel stehen.

Fortpflanzungsaufwand und Partnerwahl angetrieben wurde. So vermutet er beispielsweise, dass die Evolution der Bipedie durch das männliche Verhalten begünstigt wurde, Nahrung herbeizuschaffen, um dafür Sex zu bekommen. Lovejoy bietet allerdings keine spezifischen ökologischen, lebensgeschichtlichen oder selektiven Erklärungen für die gleichzeitige Abnahme der männlichen sozialen Dominanz, den Ursprung des männlichen Investments oder die männliche und weibliche Partnerwahl an. Seine revolutionären Szenarien zeigen, dass die im vorliegenden Kapitel aufgezeigten Probleme im Zusammenhang mit der Evolution der menschlichen Fortpflanzung in der evolutionären Anthropologie weitgehend als entscheidend für die Erklärung der menschlichen Ursprünge erkannt werden; die Disziplin muss jedoch noch einen eindeutigen evolutionären Mechanismus benennen, der diese Veränderungen herbeigeführt hat, wenn sie sich nicht auf Theorien des Geschlechterkonflikts, der ästhetischen Partnerwahl und der sexuellen Autonomie beruft.

KAPITEL 11

Homo sapiens
wird
queer

Jahrzehntelang zeigten die oben angesprochenen Schlafzimmer-Cartoons im *New Yorker* ausschließlich heterosexuelle Paare. Doch wie viele amerikanische Kulturinstitutionen begann auch dieses Magazin langsam damit, die Existenz schwuler und lesbischer Beziehungen anzuerkennen, und so fanden auch sie gelegentlich Eingang in die Karikaturen. Die ersten waren im Vergleich zu den häufigen Darstellungen heterosexueller Paare in zerwühlten Laken nach dem Geschlechtsakt noch relativ verklemmt. Einer der frühesten Cartoons mit einem schwulen Paar thematisierte sogar auf einfühlsame Weise die Beklemmungen in Verbindung mit dem peinlichen interkulturellen Aushandeln, das nötig war, um die schlichte Tatsache schwuler Paare im Bett in den öffentlichen Diskurs zu tragen. Auf dieser großartigen Zeichnung von William Haefeli aus dem Jahr 1999 liegen zwei vollständig bekleidete Männer in Wintermänteln nebeneinander auf einer kleinen, kahlen Matratze, die neben vielen anderen im Ausstellungsraum eines großen Warenhauses steht. Der eine Mann sagt zum anderen: »Ich finde nach wie vor, wir sollten eine Queen-Size-Matratze nehmen – trotz der naheliegenden Scherze, die das beim Verkaufspersonal hervorrufen wird.« Wie die traditionellen Cartoons im *New Yorker* könnte man die vorangegangenen Kapitel dieses Buches über die Evolution der menschlichen Sexualität als Bekräftigung einer heteronormativen Vorstellung der »Natur des Menschen« auffassen – also der Idee, dass die Heterosexualität das einzig »natürliche« menschliche Sexualverhalten sei, das einzige, das von der Evolutionsbiologie irgendwie geduldet wird. Die Verschiedenheit sexueller Vorlieben ist jedoch eine zutiefst menschliche Eigenschaft, die jede Naturgeschichte des menschlichen Begehrens zu berücksichtigen hat.

Die sexuelle Vielfalt stellt für evolutionstheoretische Erklärungsansätze eine besondere Herausforderung dar. Wie soll man ein Sexualverhalten evolutionsbiologisch erklären, das in keiner direkten Beziehung zur Fortpflanzung – Spermium trifft Ei – steht? Einer der spannendsten Aspekte der aufstrebenden Theorie der ästhetischen Evolution ist die Aussicht, dass sie möglicherweise Licht in dieses anhaltende Mysterium der Unterschiede des menschlichen sexuellen Begehrens bringt. Um den Ursprung der Variationen des sexuellen Begehrens zu verstehen, ist es notwendig, dass wir uns gezielt auf die Evolution des *subjektiven* Begehrens von Individuen konzentrieren – das heißt, auf die individuellen ästhetischen Erfahrungen sexueller Anziehung.

Ich werde hier nicht die Entwicklung der sexuellen Identität behandeln; es geht also nicht um die begrifflichen Kategorien der Heterosexualität, Homosexualität, Bisexualität und so weiter. Die Idee, dass das Sexualverhalten die Identität einer Person kennzeichnet oder definiert, ist im Grunde eine recht moderne, kulturelle Erfindung – vielleicht nicht älter als 150 Jahre. Wir leben in einer Gesellschaft, die daran gewöhnt ist, das Sexualverhalten mit der sexuellen Identität in Beziehung zu setzen, und neigen daher zu der Annahme, geschlechtliche Identitätskategorien seien biologisch real und bedürften folglich einer naturwissenschaftlichen Erklärung.[356] Das Problem daran ist, dass die naturwissenschaftliche Erforschung des Ursprungs der »Homosexualität« versucht, die Entwicklung eines sozialen Konstrukts zu erklären. David Halperin, Professor für englische Literatur an der University of Michigan, legte mir in einem Gespräch dar: »Eine Theorie über die Evolution der Homosexualität ist das Gleiche wie eine Theorie über die Evolution von Hipstern oder Yuppies!« Die umfan-

356 Wie die ethnischen Identitäten wurden auch die kulturellen Kategorien der sexuellen Identität einem biologischen Phänomen übergestülpt, das viel reicher, variabler, kontinuierlicher und komplexer ist als die kulturellen Kategorien, mit denen wir versuchen, Ordnung in diese Realität zu bringen. Kategorien der sexuellen Identität sind wichtige, progressive politische Instrumente im Kampf für die politische und gesellschaftliche Anerkennung der Rechte von lesbischen, schwulen, bisexuellen und Transgender-Individuen. Aber diese Kategorien können auch zu einer Last werden, da sie die Tatsache verschleiern, dass die Verschiedenheit und Vielfalt menschlicher sexueller Vorlieben und Verhaltensweisen innerhalb eines Kontinuums existiert.
357 Eine vorzügliche Ausnahme von diesem Trend bildet die Arbeit von Nathan W. Bailey, Marlene Zuk, »Same-Sex Sexual Behavior and Evolution«, in: *Trends in Ecology & Evolution* 24 (2009), S. 439–446.
358 Gleichgeschlechtliches Verhalten ist bei einer Vielzahl von Tieren bekannt

greiche wissenschaftliche Literatur über die »Evolution der Homosexualität« fasst dieses Problem meist völlig falsch auf und untergräbt sich folglich selbst.[357]

Mir geht es hier stattdessen um die Erforschung der biologischen und evolutionären Geschichte des gleichgeschlechtlichen Sexualverhaltens oder kurz des gleichgeschlechtlichen Verhaltens des Menschen. Insbesondere möchte ich evolutionäre Veränderungen der Vielfalt des sexuellen Begehrens des Menschen nach der Abspaltung von den gemeinsamen Vorfahren mit den Schimpansen und vor der modernen kulturellen Konstruktion der sexuellen Identität untersuchen (evolutionärer Kontext 2, vgl. Abb S. 279). Es ist freilich wichtig, während dieser Erörterung nicht zu vergessen, dass gleichgeschlechtliches Verhalten, wie viele andere nicht der Fortpflanzung dienende sexuelle Handlungen – Küssen, Streicheln, Oralsex und so weiter –, immer noch *Sex* ist, auch wenn es nicht zur Begegnung von Spermium und Ei kommt.[358]

Die sexuellen Vorlieben der Menschen bilden ein Kontinuum – von ausschließlich gleichgeschlechtlichem Verhalten über Menschen, die sich normalerweise, gelegentlich oder selten homosexuell verhalten, bis hin zu Menschen, die sich ausschließlich heterosexuell verhalten. Wie bei vielen anderen komplexen menschlichen Merkmalen auch, stammen die genetischen Einflüsse auf die sexuelle Präferenz aus *vielen* verschiedenen genetischen Variationen auf *vielen* verschiedenen Genen, die während der Entwicklung miteinander und mit ihrer Umwelt auf komplexe Weise interagieren. Infolgedessen variieren die Breite

(vgl. Bruce Bagemihl, *Biological Exuberance. Animal Homosexuality and Natural Diversity*, New York 1999, und Joan Roughgarden, *Evolution's Rainbow. Diversity, Gender, and Sexuality in Nature and People*, Berkeley 2009). Im 20. Jahrhundert wurde gleichgeschlechtliches Verhalten von der Biologie größtenteils als Anomalie ignoriert, oder man bemühte sich, es als eine Form von nichtsexuellem, sozialem Verhalten umzudeuten. Ein Beispiel ist der viktorianische Naturforscher George Murray Levick, der ein Buch über die Naturgeschichte und das Verhalten von Adeliepinguinen (*Pygoscelis adeliae*) und anderen antarktischen Pinguinarten veröffentlichte (George M. Levick, *Antarctic Penguins. A Study of Their Social Habits*, London 1914). Er beobachtete zahlreiche Fälle von gleichgeschlechtlichem Verhalten, die er aber nicht publizierte. Sie verblieben unveröffentlicht in seinen Notizbüchern, wo er sie in Altgriechisch niederschrieb, um diese anzüglichen Details vor der breiten Masse geheim zu halten und nur den gebildetsten seiner Leser zugänglich zu machen. Die Aufzeichnungen wurden vor Kurzem wiederentdeckt, übersetzt und veröffentlicht (Douglas G. D. Russell u. a., »Dr. George Murray Levick (1876–1956). Unpublished Notes on the Sexual Habits of the Adélie Penguin«, in: *Polar Record* 48 [2012], S. 387–393). Es ist freilich wichtig zu betonen, dass das gleichgeschlechtliche Verhalten – ob nun bei nichtmenschlichen Tieren oder bei Menschen – eine äußerst vielfältige Klasse von Phänomenen umfasst, für die es keine einheitliche kausale Erklärung gibt. Ich glaube nicht, dass es möglich ist, *irgendwelche* weitgehenden wissenschaftlichen Verallgemeinerungen über diese vielfältige Erscheinung zu treffen, die über ihre Definition hinausgehen.

und Spezifität der resultierenden sexuellen Präferenzen, Reize, Begehren und Verhaltensreaktionen sehr stark. An welcher Stelle des Variationskontinuums ein Individuum landet, hängt zum einen von der kombinierten Wirkung jener vielen kleinen genetischen Einflüsse und zum anderen von zahlreichen sozialen, ökologischen und kulturellen Einflüssen ab.[359]

Ein noch grundlegenderes Problem ist, dass in der aktuellen wissenschaftlichen Literatur über die Evolution der menschlichen »Homosexualität« fast immer von der Annahme ausgegangen wird, es *gebe* ein evolutionäres Rätsel. Dabei ist gar nicht klar, ob gleichgeschlechtliche Vorlieben vor der Einführung moderner Konzepte der sexuellen Identität überhaupt mit einem geringeren Fortpflanzungserfolg verbunden waren. Wir Menschen haben uns dazu entwickelt, öfter, länger, lustvoller und auf vielfältigere Weise Sex zu haben als unsere hominiden Vorfahren, und viele der daraus resultierenden Sexualpraktiken tragen nicht direkt zur Fortpflanzung bei, stehen dem Reproduktionserfolg aber in keiner Weise im Weg. Haben heterosexuelle Paare, die Oralsex praktizieren, einen geringeren Fortpflanzungserfolg als andere? Die Frage ist natürlich albern, denn es gibt keinen Grund, so etwas anzunehmen. Aber im Grunde geht es im Fall des gleichgeschlechtlichen Verhaltens um genau dieselbe Frage. Die bisherige evolutionsbiologische Forschung hat ihre Chance verpasst, weil sie in großen Teilen versucht hat, evolutionäre Erklärungen für eine kulturelle Kategorie zu finden, statt die evolutionäre Entstehung und Aufrechterhaltung der Verschiedenheit der subjektiven Erfahrung der sexuellen Anziehung – das sexuelle Begehren selbst – zu untersuchen.

Bis heute versuchen die meisten Theorien der Entwicklung des gleichgeschlechtlichen Verhaltens dieses zu erklären, indem sie adaptive Lösungen für den angenommenen Verlust des Fortpflanzungserfolgs vorschlagen. So wird vielfach die These vertreten, Individuen mit gleichgeschlechtlichen Vorlieben könnten für das Überleben und den Fortpflanzungserfolg *anderer* Individuen aus ihrer erweiterten Sippe hilfreich sein. Gemäß dieser These der *Verwandtens-*

[359] Dass es diese ständigen erheblichen Schwankungen der sexuellen Präferenzen gibt, bedeutet ironischerweise auch, dass einige der kulturellen Ansichten und Urteile darüber, ob gleichgeschlechtliches Verhalten eine persönliche »Wahl« ist, für viele Menschen tatsächlich zutreffen. Für jene Minderheit von Individuen an den Enden des Variationskontinuums der sexuellen Präferenz ist das gleichgeschlechtliche Verhalten keine »Wahl«. Für die Mehrheit der Menschen innerhalb der Verteilung *kann* gleichgeschlechtliches Verhalten dagegen unter vielen verschiedenen sexuellen Reizen durchaus eine mögliche Wahl sein.

elektion gibt es das gleichgeschlechtliche Verhalten, weil die nichtreproduktiven Individuen mit den gleichgeschlechtlichen Vorlieben wesentlich zur Pflege ihrer jüngeren Geschwister, Nichten, Neffen, Cousinen, Cousins und so weiter beitragen. Da diese »hilfsbereiten Onkel« oder »Tanten« genetische Gemeinsamkeiten mit ihren Verwandten haben, ist es möglich, dass Kopien der Gene, die für die gleichgeschlechtlichen Vorlieben mitverantwortlich sind, durch die anderen Familienmitglieder indirekt an die nächste Generation weitergegeben werden.

Das Problem an der These der »hilfsbereiten Onkel« ist, dass es keinen eindeutigen Zusammenhang zwischen der Vorliebe für das gleiche Geschlecht und der Neigung, bei der Aufzucht der Kinder der Verwandtschaft zu helfen, gibt.[360] Und die wichtigste Tatsache, die einer evolutionswissenschaftlichen Erklärung bedarf, wird von der Verwandtenselektionshypothese überhaupt nicht berücksichtigt: die Vielfältigkeit des menschlichen sexuellen Begehrens.

Kurzum, es gibt keine Anhaltspunkte dafür, dass gleichgeschlechtliches Verhalten per se dazu führt, dass man Fortpflanzungsaufwand für verwandte Nachkommen betreibt.[361] Ein direkterer Weg zu einem solchen Investment wäre die Entwicklung *asexueller Individuen*, die überhaupt kein sexuelles Verhalten zeigen – wie die Arbeiterinnenkasten bei Ameisen und Bienen. Die *Abwesenheit* des sexuellen Begehrens ist jedoch genau das Gegenteil von dem, was beim Phänomen des gleichgeschlechtlichen Verhaltens erklärt werden muss. Die Argumente der Verwandtenselektion scheitern an der Beantwortung der Kernfrage, wie sich Variationen des sexuellen Begehrens selbst entwickeln und halten konnten.[362]

---

360 Die Idee, dass Individuen mit ausschließlich gleichgeschlechtlichen Vorlieben in Ermangelung eigener Nachkommen genug Zeit und Energie (oder ein Interesse daran) haben, die jüngeren Generationen ihrer Familie großzuziehen, ist nur eine weitere kulturelle Konstruktion. Tatsächlich scheint diese Vorstellung eher eine homophobe kulturelle Lösung für das Problem zu sein, wie man praktischen Nutzen aus Leuten ziehen kann, denen ihre eigene sexuelle Autonomie verwehrt wurde, und weniger ein Evolutionsmechanismus, der erklärt, warum es sie eigentlich gibt.

361 In einigen Kulturen können sich Männer mit kulturell abweichenden Gender-Darstellungen mit weiblichen Geschlechterrollen identifizieren und diese übernehmen, wozu auch oft die Kinderbetreuung gehört. Es ist aber überhaupt nicht klar, ob es sich dabei um ein biologisches Phänomen handelt oder um einen kulturellen Top-down-Effekt, bei dem sich Menschen an die wenigen verfügbaren kulturellen Rollen für abweichende Gender-Darstellungen anpassen.

362 Laut einer anderen neueren Hypothese könnten spezifische Gene, die den Fortpflanzungserfolg des einen Geschlechts fördern, maladaptives Verhalten beim anderen Geschlecht herbeiführen (vgl. Andrea Camperio Ciani u. a., »Sexually Antagonistic Selection in Human Male Homosexuality«, in: *PLoS One* 3 [2008], e2282). Wenn die natürliche Selektion einer reproduktiven Eigenschaft bei einem Geschlecht, zum Beispiel bei Müttern, stark genug ist,

könnten die evolutionären Vorteile dieser Eigenschaft die Minderung des reproduktiven Erfolgs bei einigen Nachkommen, die diese genetischen Variationen erben – sprich: Söhnen mit gleichgeschlechtlichen Vorlieben – wettmachen. Dieser Mechanismus könnte funktionieren, weil Genkopien im Durchschnitt zur Hälfte in Frauen und zur Hälfte in Männern vorkommen. Ein hinreichend großer Vorteil im einen Kontext könnte einen kleineren Nachteil im anderen überwinden und zur Entwicklung solcher Gene führen. Auch wenn dieser Mechanismus evolutionsbiologisch plausibel ist, bleibt er doch insofern vollkommen spekulativ, als es keine spezifische Hypothese darüber gibt, welche Arten von Genen einerseits zur Verbesserung des Fortpflanzungserfolgs von Müttern und andererseits zur einer Veränderung der sexuellen Präferenzen der Söhne beitragen könnten. Dieser Mechanismus behandelt die Verschiedenartigkeit sexueller Vorlieben als ein zufälliges und unbeabsichtigtes Nebenprodukt der Adaptation des anderen Geschlechts. Das gleichgeschlechtliche Verhalten resultiert nach dieser Hypothese lediglich aus der mangelnden Effizienz der natürlichen Selektion, aus demselben Genpool angepasste Individuen beiderlei Geschlechts zu erzeugen. Wie bei der Hypothese der Verwandtenselektion wird auch hier die Evolution der subjektiven Erfahrung des sexuellen Begehrens selbst völlig außer Acht gelassen, die den Kern der ganzen Angelegenheit bildet. Noch aktueller ist die von Rice u. a. vorgelegte These, wonach die Homosexualität eine Folge der zufälligen intergenerationellen Vererbung epigenetischer Genomveränderungen ist, die während der individuellen Sexualentwicklung auftreten (vgl. William R. Rice u. a., »Homosexuality as a Consequence of Epigenetically Canalized Sexual Development«, in: *Quarterly Review of Biology* 87 [2012], S. 343–368). Diese Veränderungen, so die Vermutung, regulieren die Sensibilität heranwachsender Embryos gegenüber mütterlichen Androgenen in utero und werden im späteren Entwicklungsverlauf »abgeschaltet« oder zurückgesetzt. Wenn dieses Zurücksetzen nicht geschieht, könnten die epigenetischen Modifikationen an die nächste Generation weitergegeben werden und für eine Androgen-Überempfindlichkeit beziehungsweise -Unempfindlichkeit bei den andersgeschlechtlichen Nachkommen sorgen. Auch dieser Evolutionsmechanismus ist theoretisch plausibel, aber er setzt fälschlicherweise gleichgeschlechtliche Vorlieben und Verhaltensweisen mit einer entwicklungsbedingten »Feminisierung« beziehungsweise »Maskulinisierung« von Männern beziehungsweise Frauen gleich. Die Autoren fassen unter »Homosexualität« jegliche nicht auf das andere Geschlecht gerichtete sexuelle Anziehung oder Erfahrung – das heißt, jeden Wert über Null auf der Kinsey-Skala. Meiner Ansicht nach suchen sie nach einer Lösung für theoretisch angenommene Fitnesskosten, die nie bewiesen wurden. Hatten Individuen mit einem Wert über Null auf der Kinsey-Skala vor der Erfindung der kulturellen Kategorien der sexuellen Identität, die von den Autoren für biologische Wahrheiten gehalten werden, eine geringere Fitness? Wir wissen es nicht. Die Idee, dass die gleichgeschlechtliche Anziehung eine sexuelle »Umkehrung« erfordert, pathologisiert sie außerdem explizit und gilt als Erklärung der Verschiedenheit gleichgeschlechtlicher Vorlieben längst als irrelevant.

Mein Vorschlag und meine Vermutung lautet, dass sich das gleichgeschlechtliche Verhalten beim Menschen, wie viele der in den vorangegangenen drei Kapiteln diskutierten sexuellen Merkmale und Verhaltensweisen, durch weibliche Partnerwahl entwickelt hat, die als Mechanismus der Förderung der weiblichen Autonomie und der Abschwächung des Geschlechterkonflikts um die Befruchtung und die elterliche Fürsorge dient.[363] Nach dieser ästhetischen Hypothese ist die Existenz des gleichgeschlechtlichen Verhaltens beim Menschen eine weitere Antwort der Evolution auf das Dauerproblem des sexuellen Zwangs durch männliche Primaten. Auch wenn ich glaube, dass *jedes* gleichgeschlechtliche Verhalten beim Menschen sich entwickelt hat, um Frauen mit größerer Autonomie und sexueller Wahlfreiheit auszustatten, behandle ich die Evolution dieses Verhaltens bei Männern und Frauen getrennt, da sich meiner Meinung nach die jeweiligen Mechanismen im Einzelnen deutlich unterscheiden.

Wir müssen uns zunächst einmal klarmachen, dass das Sozial- und Sexualverhalten von Primaten stark davon beeinflusst wird, welches Geschlecht die soziale Gruppe, in die es hineingeboren wurde, verlässt, wenn es die Geschlechtsreife erreicht hat. Der Umzug junger, adulter Tiere aus der einen in eine andere Gruppe ist notwendig, um Inzucht vorzubeugen. Viele Primatenarten folgen dazu dem klassischen Muster der Säugetiere, nach dem es die Männchen sind, die sich nach der Geschlechtsreife auf andere Gruppen verteilen, während die Weibchen in ihren Geburtsgruppen verbleiben. Bei afrikanischen Menschenaffen und einigen anderen Altweltaffen hat sich jedoch das umgekehrte Muster entwickelt und die Weibchen verteilen sich in andere Gruppen.[364] Auch die Vorfahren der Menschen lebten unter den Bedingungen der weiblichen Emigration und es gibt sie auch heute noch in vielen menschlichen Kulturen

[363] Die Psychobiologen Qazi Rahman und Glenn Wilson haben eine ähnliche Vermutung geäußert, allerdings ohne die Rolle der ästhetischen Partnerwahl und des Geschlechterkonflikts explizit anzuerkennen (vgl. Qazi Rahman, Glenn D. Wilson, »Born Gay? The Psychobiology of Human Sexual Orientation«, in: *Personality and Individual Differences* 34 [2003], S. 1337–1382, und Glenn D. Wilson, Qazi Rahman, *Born Gay. The Psychobiology of Sex Orientation*, London 2008). Ohne diese Elemente können sie die zahlreichen überprüfbaren Vorhersagen nicht genauer ausarbeiten, die diesen Mechanismus als eine schlüssigere Erklärung etablieren.

[364] Vgl. Paul J. Greenwood, »Mating Systems, Philopatry, and Dispersal in Birds and Mammals«, in: *Animal Behaviour* 28 (1980), S. 1140–1162; Elisabeth H. M. Sterck u. a., »The Evolution of Female Social Relationships in Nonhuman Primates«, in: *Behavioral Ecology and Sociobiology* 41 (1997), S. 291–309; Peter M. Kappeler, Carel P. van Schaik, »Evolution of Primate Social Systems«, in: *International Journal of Primatology* 23 (2002), S. 707–740.

auf der Welt. Eine wesentliche Konsequenz dieser weiblichen Abwanderung ist, dass junge weibliche Menschenaffen sich, wenn sie in die Welt ziehen, um sich einer neuen Gruppe anzuschließen, von ihren angestammten sozialen Netzwerken trennen müssen. Alle weiblichen Primaten aus solchen Gesellschaften beginnen ihr Sexualleben daher mit einem erheblichen Nachteil, da ihnen die soziale Unterstützung aus ihren etablierten Netzwerken fehlt, um sich gegen männlichen Zwang und gesellschaftliche Einschüchterung zu wehren. Nach ihrem Auszug müssen sie neue soziale Verbindungen knüpfen, um mit ihrer Hilfe die verschiedenen Gefahren der sexuellen Nötigung abzumildern.

Auch wenn die Weibchen in ihren Geburtsgruppen bleiben, müssen sie schützende soziale Netzwerke aufbauen. So zeigten etwa die Primatologin Barbara Smuts und andere, dass bei Pavianen männliche Freunde helfen, die Jungen der Weibchen vor marodierenden infantiziden Männchen zu schützen.[365] Eine aktuellere Arbeit der Bioanthropologin Joan Silk und ihrer Kollegen zeigt, dass Freundschaften unter Weibchen zum gegenseitigen Schutz der Nachkommen vor Infantizid und anderen Bedrohungen beitragen.[366]

Aufgrund dieser Nutzung von Freundschaften zwischen weiblichen Primaten zum Aufbau der wechselseitig unterstützenden und schützenden sozialen Netzwerke vermute ich, dass sich das weibliche gleichgeschlechtliche Verhalten beim Menschen als eine Möglichkeit entwickelt hat, neue soziale Allianzen unter Frauen zu bilden und zu stärken, auch um diejenigen zu ersetzen, die beim Verlassen der ursprünglichen Geburtsgruppen verloren gingen. Eine natürliche Selektion weiblicher Präferenzen für gleichgeschlechtliches Sexualverhalten würde zu stärkeren sozialen Bindungen von Frauen untereinander führen, wodurch sie sich wirksamer gegen männlichen sexuellen Zwang, einschließlich Infantizid, Gewalt und sozialer Einschüchterung, verteidigen könnten. Dieser Hypothese zufolge ist das weibliche gleichgeschlechtliche Verhalten eine defensive, ästhetische *und* adaptive Reaktion auf die direkten und indirekten Kosten der männlichen Ausübung von Zwang und Kontrolle über die Fortpflanzung. Sie ist defensiv, weil sie dazu dient, die Kosten des sexuellen Zwangs für den weiblichen Fortpflanzungser-

---

[365] Vgl. Barbara B. Smuts, *Sex and Friendship in Baboons*, Cambridge, Mass. 1985.

[366] Vgl. Joan B. Silk u. a., »The Benefits of Social Capital. Close Social Bonds Among Female Baboons Enhance Offspring Survival«, in: *Proceedings of the Royal Society of London B* 276 (2009), S. 3099–3104.

folg direkt abzumildern. Sie ist ästhetisch, weil sie die Entwicklung weiblicher sexueller Präferenzen umfasst. Und sie ist adaptiv, weil sie durch natürliche Selektion weiblicher Präferenzen evolviert, die sowohl die Minimierung der direkten Kosten des sexuellen Zwangs (in Form von Gewalt und Infantizid) als auch die der indirekten Kosten (in Form der beschränkten weiblichen Partnerwahl und erzwungener Befruchtungen) betreffen.

Das gleichgeschlechtliche Verhalten bei Männern hat sich möglicherweise *ebenfalls* entwickelt, um die weibliche sexuelle Autonomie voranzutreiben, allerdings, so glaube ich, durch einen anderen Evolutionsmechanismus. Ich vermute, dass es durch eine Erweiterung des Prozesses der ästhetischen Umbildung der Männlichkeit evolviert ist, die wir in den Kapiteln 6, 7 und 10 diskutiert haben. Gemäß unserer Hypothese der ästhetischen Evolution hat sich die weibliche Partnerwahl nicht nur auf männliche Körpermerkmale, sondern auch auf soziale Eigenschaften ausgewirkt, so dass sich zum einen das männliche Verhalten und zum anderen die Sozialbeziehungen von Männchen untereinander veränderten. Mit anderen Worten, die Selektion der ästhetischen und prosozialen Persönlichkeitsmerkmale, die Weibchen bei ihren Partnern bevorzugten, trugen nebenbei auch zur evolutionären Ausweitung des männlichen sexuellen Begehrens bei, einschließlich gleichgeschlechtlicher Vorlieben und Verhaltensweisen.

Sobald sich das männliche gleichgeschlechtliche Verhalten in einer Population entwickelte, sorgte dies in mehrfacher Hinsicht für eine Stärkung der weiblichen sexuellen Autonomie. Erstens führte meiner Ansicht nach schon eine relativ kleine Anzahl von Männchen mit homosexuellen Neigungen in einer Gruppe zu erheblichen Veränderungen der sozialen Umgebung. Dadurch, dass einige Männchen gleichgeschlechtliche Vorlieben entwickelten, konnte die Erweiterung der sexuellen Ausdrucksmöglichkeiten die Intensität des männlichen Interesses und Aufwandes für die sexuelle und soziale Kontrolle über Weibchen verringern und den innermännlichen sexuellen Wettbewerb entschärfen. Und insofern sexuelle Rivalen zugleich auch Sexualpartner sein konnten, trat ihre Konkurrenz noch weiter in den Hintergrund, ohne dass dies unbedingt ihren Fortpflanzungserfolg beeinträchtigen musste. Tatsächlich bin ich der Meinung, dass die evolutionären Veränderungen der männlichen sexuellen Vorlieben gerade deshalb stattgefunden haben, weil die Männchen mit Eigenschaften, die mit gleichgeschlechtlichen Vorlieben assoziiert werden, von den Weibchen als Partner *bevorzugt* wurden. Es gibt daher keinen Grund anzunehmen, dass ihr reproduktiver Erfolg in irgendeiner Weise gelitten hat. Seit sich das menschliche Sexualverhalten dazu entwickelt hat, nicht mehr mehrheitlich der Fortpflanzung zu dienen und nicht nur auf die kurze fruchtbare Zyklusphase der Frau beschränkt zu sein, kann man die gleichgeschlechtliche Anziehung einfach als eine weitere Ausweitung des Sexualverhaltens und dessen sozialen Funktionen betrachten.

Zweitens könnte das männliche gleichgeschlechtliche Verhalten die anschließende Evolution weniger aggressiver, kooperativerer Sozialbeziehungen von Männern *außerhalb* des sexuellen Kontexts gefördert haben. Diese gleichgeschlechtlichen Beziehungen könnten zur Entwicklung des gemeinschaftlichen Jagens, der gemeinsamen Verteidigung und anderer füreinander und für die Gesellschaft nützlicher Verhaltensweisen beigetragen haben – exakt die Arten von Sozialverhalten, welche die Hypothese der menschlichen »Selbstdomestizierung« erklären sollte (siehe Kapitel 10).

Da sich die weiblichen ästhetischen Präferenzen in Koevolution mit männlichen Eigenschaften im Zusammenhang mit erweiterten männlichen sexuellen Präferenzen weiterentwickelten, könnte der Prozess der ästhetischen Umbildung drittens eine Minderheit von Männchen mit vorwiegend oder sogar ausschließlich gleichgeschlechtlichen Vorlieben hervorgebracht haben. Diese Männchen könnten dann unterstützende und schützende nichtsexuelle Beziehungen mit Weibchen eingegangen sein. (Die Ausschließlichkeit der sexuellen Präferenz vor der Erfindung des sexuellen Identitätskonzepts ist natürlich noch eine offene Frage.) Wenn die genetischen Einflüsse auf die sexuelle Präferenz, wie bei anderen komplexen menschlichen Eigenschaften, ein Resultat vieler Variationen von jeweils geringer Einzelwirkung auf vielen verschiedenen Genen sind, erben einige männliche Nachkommen eine überdurchschnittlich hohe Anzahl der verschiedenen genetischen Variationen, die für die sozialen Verhaltensmerkmale mitverantwortlich sind, welche die Weibchen attraktiv finden. Solche Individuen befinden sich im Kontinuum der sexuellen Präferenzen auf der Seite der vorwiegend oder ausschließlich gleichgeschlechtlichen Vorlieben und stehen für soziale Allianzen mit den Weibchen ihrer Gruppe zur Verfügung, die nicht der Fortpflanzung dienen, keinem Wettbewerb ausgesetzt sind und ohne Zwang auskommen. In Pavian-Gesellschaften dienen etwa Freundschaften zwischen Männchen und Weibchen dazu, diese vor körperlichen Angriffen zu schützen, Infantizide zu verhindern und die gesellschaftlichen Interessen der Weibchen und ihrer Nachkommen innerhalb des sozialen Gruppenverbands voranzubringen.[367] Ich vermute daher, dass soziale Allianzen zwischen Männern mit vorwiegend gleichgeschlechtlichen sexuellen Präferenzen und Frauen – wir können auch sagen: Freundschaften zwischen Homo-Männern und Hetero-Frauen – kein zufälliges oder rein kulturelles Merkmal der Unterschiedlichkeit sexueller Präferenzen beim Menschen sind, sondern eine *evolvierte Funktion* der menschlichen sexuellen Variation.[368]

Etwaige, aus der Evolution gleichgeschlechtlicher Präferenzen resultierende Verschlechterungen des männlichen Fortpflanzungserfolgs sind kein evolutionäres Rätsel, weil die weibliche Partnerwahl notwendigerweise zu einer Veränderung des männlichen Fortpflanzungserfolgs führt. Im Spiel der Partnerwahl gibt es immer Gewinner und Verlierer. Mögliche reproduktive Einbußen bei den Männern zeigen nur, dass sich die gleichgeschlechtlichen Präferenzen nicht als Adaptation für Männer entwickelt haben, sondern zur Förderung der weiblichen sexuellen Autonomie.

Im vorherigen Kapitel schrieb ich, dass die menschliche Evolution stark von der weiblichen ästhetischen Umbildung der Männlichkeit beeinflusst worden ist, was zugleich die weibliche Wahlfreiheit beförderte. Hier möchte ich nun die These vorstellen, dass sich das männliche gleichgeschlechtliche Verhalten durch eine Erweiterung desselben Prozesses entwickelt hat. Auch in diesem Fall bedeutet dies *nicht*, dass dieses Verhalten durch weibliche Präferenzen für

367 Vgl. Palombit, »›Friendship‹ with Males«.
368 Ich halte diese These der evolvierten sozialen Funktion für die Variation der sexuellen Präferenzen aus mehreren Gründen für plausibler als die der Verwandtenselektion oder des »hilfsbereiten Onkels«. Erstens ist der genannte Selektionsvorteil nur einer, aber nicht der einzige, den dieser Selektionsmechanismus bietet. Zweitens deutet vieles darauf hin, dass ganz ähnliche nichtsexuelle Freundschaften zwischen Männchen und Weibchen die weibliche Fitness bei nichtmenschlichen Primaten erhöhen, was vollkommen außerhalb des kulturellen Kontexts des Menschen steht. Drittens glaube ich, dass es in gegenwärtigen menschlichen Gesellschaften mehr Belege für Freundschaften zwischen Homo-Männern und Hetero-Frauen gibt als dafür, dass Abweichungen des sexuellen Begehrens etwas mit der Aufzucht von Nichten und Neffen zu tun haben.

schwächere, unterwürfige, verweiblichte oder verweichlichte Männer evolviert ist, welche die Frauen sozial oder physisch beherrschen können, wenngleich die weiblichen Präferenzen durchaus dazu führen, dass Männer es schwerer haben, Frauen zukünftiger Generationen zu dominieren. Vielmehr bewirkt die weibliche Wahl, dass die Gesamtwirkung der männlichen sexuellen Zwangsausübung und Kontrolle nachlässt und so der Anteil an Befruchtungen zunimmt, die aufgrund der Partnerwahl erfolgen. Je mehr der sexuelle Zwang abnimmt, desto höher wird die Wahrscheinlichkeit, dass die weibliche Wahl Erfolg hat, und es entsteht ein Schneeballeffekt der sexuellen Autonomie.

Die ästhetische Theorie der Evolution des gleichgeschlechtlichen Verhaltens von Männern besagt nicht, dass homosexuelle Männer körperliche oder soziale Persönlichkeitsmerkmale haben, die sich in irgendeiner Weise von denen anderer Männer unterscheiden. Im Gegenteil: Der Theorie zufolge haben sie nichts Besonderes an sich, weil die Eigenschaften, die sich mit der gleichgeschlechtlichen Orientierung entwickelt haben, zu einem typischen Bestandteil von Männlichkeit im Allgemeinen wurden. Individuen mit ausschließlich gleichgeschlechtlichen Präferenzen unterscheiden sich daher nur in der Ausschließlichkeit, nicht im Vorhandensein ihres gleichgeschlechtlichen Begehrens.

Wie schon gesagt sind diese ästhetischen Theorien der Evolution des gleichgeschlechtlichen Verhaltens beim Menschen natürlich hoch spekulativ. Ich halte diese Spekulationen allerdings für verantwortungsvoll und gerechtfertigt, denn erstens ist die Frage von grundlegender Bedeutung, zweitens wird die Evolution des gleichgeschlechtlichen Begehrens von den gegenwärtigen adaptationistischen Erklärungen nicht direkt angesprochen und drittens hatten die aktuellen adaptationistischen Theorien bislang einen bedauerlichen Einfluss auf den öffentlichen und kulturellen Diskurs über die menschliche Sexualität, insbesondere indem sie die Tendenz verstärken, uns selbst nur als (fehlerhafte) sexuelle Objekte zu betrachten statt als autonome und würdige sexuelle Subjekte. Es besteht eindeutig Bedarf an einer neuen Evolutionstheorie zu dieser Frage. Immerhin können wir die ästhetischen Hypothesen überprüfen, indem wir uns ansehen, wie plausibel sie sind und ob sie im Einklang mit den aktuellen Daten über die Sexualität bei menschlichen und nichtmenschlichen Tieren stehen. Ich möchte mit der Einschätzung ihrer Plausibilität beginnen, indem ich zunächst betrachte, welche Annahmen ihnen zugrunde liegen.

Ästhetische Evolutionstheorien gehen zum Beispiel von der Existenz vererbbarer genetischer Variationen der sexuellen Präferenz und damit zusammenhängender Verhaltensmerkmale aus. Wie bei vielen anderen sozialen Verhaltensmerkmalen des Menschen spricht vieles dafür, dass auch die vorwiegend gleichgeschlechtliche sexuelle Präferenz – das heißt die selbstidentifizierte Homosexualität – stark erblich bedingt ist.[369]

Was die Entwicklung des gleichgeschlechtlichen Sexualverhaltens bei Frauen angeht, so ist die Plausibilität des Evolutionsmechanismus der natürlichen Selektion weiblicher sozialer Allianzen im Allgemeinen gut belegt. Hier ist also nur noch die Übertragung eines bereits gut bekannten Evolutionsmechanismus auf einen neuen Kontext erforderlich.

Die Hypothese, dass die weibliche Partnerwahl zur Evolution von männlichem Sozialverhalten führen kann, welches die weibliche sexuelle Autonomie vergrößert, ist allerdings ein neuer Gedanke. Sam Snow und ich arbeiten an der Entwicklung eines mathematischen genetischen Modells, mit dem sich die Wirksamkeit des für Laubenvögel, Schnurrvögel und Menschen angenommenen ästhetischen Umbildungsmechanismus beweisen lässt. Solche Modelle stellen fest, dass ein Evolutionsmechanismus unter bestimmten realistischen Annahmen auftreten kann.

Die ästhetische Theorie besagt, dass die Weibchenwahl das männliche Sozialverhalten auch in Bereichen verändern kann, in denen gar keine Interaktionen zwischen Männchen und Weibchen stattfinden – genau diesen Prozess konnten wir bei Vögeln mit Lek-Verhalten beobachten. Bei den Schnurrvögeln hat die Weibchenwahl den männlichen Konkurrenzkampf so umgestaltet, dass die engen Beziehungen untereinander (»*Bromance*«) zur entscheidenden Voraussetzung dafür wurden, bei der Paarung (»*Romance*«) erfolgreich zu sein. Das gleichgeschlechtliche Verhalten von Männern ist möglicherweise eine weitere Form dieser von der weiblichen

[369] Pillard und Bailey berichten aus verschiedenen Vergleichsstudien mit ein- und zweieiigen Zwillingen Heritabilitätsschätzungen selbstidentifizierter Homosexualität von bis zu 0,74 (vgl. Richard C. Pillard, J. Michael Bailey, »Human Sexual Orientation Has a Heritable Component«, in: *Human Biology* 70 [1998], S. 347–365).

Partnerwahl angestoßenen ästhetischen Umbildung männlicher Sozialbeziehungen, eine weitere evolutionäre Lösung für das Problem der männlichen sexuellen Zwangsausübung.

Starke Beweise für die hier vorgeschlagenen antikoerzitiven, sozialen Funktionen des gleichgeschlechtlichen Verhaltens beim Menschen liefern die Bonobos, die zu unseren engsten Verwandten im Baum des Lebens gehören. Bonobos sind bekannt dafür, dass sie häufig Geschlechtsverkehr mit wechselnden Partnern haben, der meist nicht der Fortpflanzung dient und auch gleichgeschlechtliches Verhalten miteinschließt. Mit Sex lösen sie verschiedene Arten sozialer Konflikte (wobei es hauptsächlich um Nahrung geht). Die Folge ist, dass Bonobo-Gesellschaften ausgesprochen egalitär und friedlich sind. Sie zeichnen sich durch das fast vollständige Fehlen von sexuellem Zwang aus, obwohl die Bonobo-Männchen einen deutlicheren Größenvorteil gegenüber den Weibchen haben, als dies bei Menschen der Fall ist.[370] Die Bonobos zeigen somit, dass gleichgeschlechtliches Verhalten durchaus dazu dienen *kann*, die Geschlechterhierarchie und die männliche Zwangs- und Kontrollausübung bei Primaten zu untergraben, dass gleichgeschlechtliches Verhalten unter Weibchen weibliche Allianzen stärken und die sexuelle und soziale Konkurrenz unter Männchen vermindern *kann* und dass gleichgeschlechtliches Verhalten unter Männchen die Konkurrenz vermindern und den sozialen Gruppenzusammenhalt stärken *kann*. Trotz dieser Ähnlichkeiten der sozialen Funktion hat sich das gleichgeschlechtliche Verhalten bei den Bonobos jedoch unabhängig und durch einen ganz anderen Mechanismus entwickelt als bei den Menschen.

Die ästhetische Hypothese der Evolution von gleichgeschlechtlichem Verhalten deckt sich mit dem, was wir über die evolutionäre Weiterentwicklung der menschlichen Sexualität *nach* der Abspaltung von den gemeinsamen Vorfahren mit den Bonobos und Schimpansen wissen. Gorilla- und Schimpansen-Männchen nutzen *jede* sich bietende Gelegenheit zum Sex mit Weibchen, allerdings *nur* während deren kurzer fruchtbarer Phase; menschliche Männer dagegen sind *sowohl* sexuell wählerisch *als auch* am Sex außerhalb des kurz bemessenen fertilen Fensters interessiert. Auch die weiblichen Menschenaffen unternehmen wenig in Richtung Partnerwahl, während menschliche Frauen hochselektiv vorgehen.

---

[370] Vgl. Paoli, »The Absence of Sexual Coercion in Bonobos«.

HOMO SAPIENS WIRD QUEER

Die menschliche Evolution hat noch viele weitere Veränderungen des Sexualverhaltens hervorgebracht. So hat nicht nur die Häufigkeit außerhalb der kurzen Phasen der weiblichen Fruchtbarkeit zugenommen, sondern es hat auch eine Erweiterung und Vertiefung des sinnlichen und emotionalen Inhalts stattgefunden. Als sich das menschliche Sexualverhalten dazu entwickelte, neben den reproduktiven auch soziale Funktionen zu erfüllen, könnte es sich auch auf gleichgeschlechtliche Beziehungen ausgeweitet haben. Auch die Entwicklung des versteckten Eisprungs und die umfassende ästhetische Evolution des sexuellen Genusses beim Menschen konnten den Prozess der Entkopplung des Sexualverhaltens von der Fortpflanzung vorantreiben.

Frühere Theorien des gleichgeschlechtlichen Verhaltens beim Menschen konzentrierten sich entweder auf das Verhalten von Männern oder sie warfen das gleichgeschlechtliche Verhalten von Männern und Frauen in einen Topf und behandelten es als ein und dasselbe Phänomen. Die hier vorgestellten Hypothesen besagen dagegen, dass bei den beiden Geschlechtern jeweils unterschiedliche Evolutionsmechanismen am Werk waren. Weil sich diese Mechanismen unterscheiden, lässt sich voraussagen, dass es auch entsprechende Unterschiede der Häufigkeit und der sozialen Funktion jener Verhaltensweisen geben muss.

Das gleichgeschlechtliche Verhalten männlicher Primaten entwickelt sich beispielsweise durch sexuelle Selektion der Vorteile, die es für die Weibchen bietet, nicht für die Männchen, und daher ist die Möglichkeit der Entwicklung nichtreproduktiver Individuen kein evolutionäres Rätsel, sondern ein erwartbares Ergebnis der sexuellen Selektion. Die natürliche Selektion gleichgeschlechtlicher Präferenzen zur Bildung von Allianzen bei Weibchen sollte dagegen nicht zu signifikanten Einbußen beim weiblichen Fortpflanzungserfolg führen. Entsprechend sollte die Häufigkeit von Individuen mit ausschließlich gleichgeschlechtlichen Präferenzen bei Männchen evolutionär viel stärker zunehmen als bei Weibchen. Tatsächlich wird diese Prognose dadurch bestätigt, dass die ausschließlich homosexuelle Identität bei Männern etwa doppelt so häufig vorkommt wie bei Frauen.[371] Die Hypothese des ästhetischen Umbildungsmechanismus geht davon aus, dass sich die physischen und sozialen Merkmale im Zusammenhang mit männlichen gleichgeschlechtlichen Vorlieben genau deshalb entwickelt haben, weil sie von Weibchen beziehungsweise Frauen präferiert werden. Wenn also die Evolution gleichgeschlechtlicher Vorlieben bei einigen Männchen zu Einbußen beim individuellen Fortpflanzungserfolg führt, so ergeben sich diese Einbußen aus der Ausschließlichkeit ihrer Vorlieben und nicht etwa daraus, dass diese Männchen keine weiblichen Partner anziehen würden. Wie schon weiter oben bemerkt, haben diese Männchen nichts Besonderes an sich, da die Merkmale, die sich zusammen mit den gleichgeschlechtlichen Präferenzen entwickelt haben, zu typischen Bestandteilen der Männlichkeit des Menschen im Allgemeinen geworden sind. Diese Vorhersage deckt sich mit den (in Kapitel 8 diskutierten) Daten, die darauf hindeuten, dass Frauen bei Männern im Allgemeinen Merkmale präferieren, die irgendwo in der Mitte des »Männlichkeits«-Spektrums liegen.[372] Sie deckt sich auch mit der Beobachtung, dass die meisten Männer mit vorwiegend gleichgeschlechtlichen Vorlieben durchaus erfolgreich bei der Findung weiblicher Partner wären, wenn sie sie denn bevorzugten.

Die Hypothese der sexuellen Autonomie sagt ebenfalls voraus, dass die Eigenschaft der breiten, nichtexklusiven gleichgeschlechtlichen sexuellen Anziehung beim Menschen recht weit verbreitet, wenn nicht allgegenwärtig sein müsste. Diese Voraussage ist allerdings aufgrund der langen Geschichte der moralischen und gesellschaftlichen Verdammung gleichgeschlechtlichen Verhaltens in vielen Kulturen nur schwer zu überprüfen. Wir können noch nicht sagen, wie sich die Mehrzahl der Menschen ohne diese starke kulturelle Abschreckung verhalten würde. Es gibt jedoch reichlich Gründe für die Annahme, dass die gleichgeschlechtliche Anziehung ziemlich normal ist. Alfred Kinsey fand zum Beispiel in den 1940er und 50er Jahren heraus, dass von jeweils über 5000 befragten Personen 37 Prozent der Männer und 13 Prozent der Frauen bereits Erfahrungen mit gleichgeschlechtlichem Verhalten bis zum Orgasmus gehabt hatten.[373] Wir wissen, dass Kinseys Stichproben nicht repräsentativ für die amerikanische Bevölkerung als ganze waren. Dennoch lieferte er klare Beweise dafür, dass gleichgeschlechtliche Anziehung und sexuelle

---

[371] Einen Überblick über die entsprechende Literatur geben Pillard/Bailey, »Human Sexual Orientation Has a Heritable Component«.

[372] Ein Überblick über die Daten findet sich in Gangestad/Scheyd, »The Evolution of Human Physical Attractiveness«.

[373] Vgl. Alfred C. Kinsey u. a., *Das sexuelle Verhalten des Mannes*, Frankfurt a. M. 1964, S. 600, bzw. Alfred C. Kinsey u. a., *Das sexuelle Verhalten der Frau*, Frankfurt a. M. 1963, S. 367.

Erfahrungen viel häufiger vorkommen, als es der relativ geringe Prozentsatz von Menschen, die sich als ausschließlich gleichgeschlechtlich orientiert identifizieren, ausdrückt. Die biologische Fähigkeit zur gleichgeschlechtlichen Anziehung scheint bei Menschen beiderlei Geschlechts weit verbreitet zu sein.[374]

Darüber hinaus ist gleichgeschlechtliches Verhalten in bestimmten Kulturen und Institutionen, in denen es nicht verdammt oder unterdrückt wird, nichts Ungewöhnliches. So zeigen etwa die faszinierenden Arbeiten der feministischen Kulturanthropologin Gloria Wekker über die urbane kreolische Arbeiterkultur der surinamischen Hauptstadt Paramaribo, dass dort circa drei Viertel der Frauen dauerhafte gleichgeschlechtliche Sexualpartnerschaften unterhielten, während sie gleichzeitig in langfristigen Sexualbeziehungen mit den Vätern ihrer Kinder lebten.[375] Die Frauen in solchen Beziehungen halfen ihren Partnerinnen tatkräftig bei der Kinderbetreuung, leisteten emotionale Unterstützung und boten sexuellen Genuss. Ebenfalls bekannt ist, dass Homosexualität auch in gleichgeschlechtlichen Umgebungen wie Gefängnissen oder Internaten, wo die kulturellen Sanktionen gegen dieses Verhalten möglicherweise weniger streng sind, deutlich häufiger vorkommen kann.

Des Weiteren geht die ästhetische Theorie davon aus, dass Frauen durch ihre Freundschaften und sozialen Allianzen mit vorwiegend gleichgeschlechtlich orientierten Männern ihre sexuelle Autonomie stärken können. Angesichts der komplexen sozialen Konstruktion von Gender, sexueller Identität und Sozialbeziehungen in modernen menschlichen Kulturen ist es schwierig, diese Beobachtung genauer zu untersuchen. Wir wissen jedoch, dass diese Freundschaften in unserer Kultur allgemein anders wahrgenommen und bewertet werden als solche zwischen Hetero-Männern und lesbischen Frauen. Im Zentrum der über lange Jahre erfolgreichen NBC-Sitcom *Will & Grace* stand zum Beispiel die dauerhafte Freundschaft des schwulen Anwalts Will und seiner Mitbewohnerin Grace, einer heterosexuellen Innenarchitektin. Das Phänomen beschränkt sich freilich nicht nur auf die westliche Kultur. Der japanische Spielfilm *Oko-*

[374] Die nahezu allgegenwärtige Fähigkeit zur gleichgeschlechtlichen Anziehung befeuert wahrscheinlich die Angst vor gleichgeschlechtlichem Begehren in Gesellschaften, in denen dieses verpönt ist, und verschärft somit Homophobie und Gewalt gegen sexuelle Minderheiten.
[375] Vgl. Gloria Wekker, »›What's Identity Got to Do with It?‹ Rethinking Identity in Light of the Mati Work in Suriname«, in: Evelyn Blackwood, Saskia E. Wieringa (Hg.), *Female Desires. Same-Sex and Transgender Practices Across Cultures*, New York 1999, S. 119–138.

ge aus dem Jahr 1992 erzählt die Geschichte der Freundschaft einer jungen, heterosexuellen Büroangestellten zu einem homosexuellen Mann und dessen Liebhaber. Der Filmtitel ist eigentlich ein japanisches Wort für am Topfboden festklebenden Reis, aber auch ein Slangausdruck für eine Heterofrau, deren »beste Freundin« ein schwuler Mann ist. Dass es dieses Slangwort überhaupt gibt, lässt darauf schließen, dass das Phänomen in Japan ebenso anerkannt ist wie in westlichen Kulturen.

Mir ist dagegen kein einziger Fall einer kultigen Beziehung zwischen einer lesbischen Frau und einem heterosexuellen Mann bekannt. Nach *Will & Grace* folgte keine Serie mit einem gegenteiligen Paar – etwa *Rosie & Rocky*, in der sich die redseligen Hauptdarsteller Rosie O'Donnell und Sylvester Stallone eine Wohnung teilen würden. Es gibt auch keine evolutionären Hypothesen über eventuelle Vorteile, die für Männer oder Frauen aus einer solchen Beziehung erwachsen könnten. Um hier weiterzukommen, müssten wir allerdings ernsthafte soziologische und psychologische Studien über das Wesen von Homo-Hetero-Beziehungen und ihre Rolle im Leben echter Menschen durchführen.

Die ästhetischen Hypothesen über die Evolution des gleichgeschlechtlichen Verhaltens als Mechanismus zur Reduktion sexueller Gewalt sagen zu guter Letzt auch voraus, dass gleichgeschlechtliches Verhalten von Männern mit einem geringeren Grad an sexuellem Zwang, sexueller Gewalt und häuslicher Gewalt einhergeht als heterosexuelles Verhalten. Die Datenlage zu diesem Phänomen ist vielversprechend. Der *National Intimate Partner and Sexual Violence Survey* von 2010 kommt zu dem Ergebnis, dass die lebenslange Auftretenshäufigkeit aller Kategorien von sexueller Gewalt gegen den Partner (einschließlich Vergewaltigung, körperlicher Gewalt in der Partnerschaft und Stalking) bei Männern in gleichgeschlechtlichen Beziehungen signifikant niedriger war als bei Frauen in heterosexuellen Beziehungen.[376]

---

[376] Die lebenslange Häufigkeit der einzelnen Klassen von sexueller Gewalt in der Partnerschaft gegen heterosexuelle Frauen beziehungsweise homosexuelle Männer betrug jeweils: Vergewaltigung: 9,1 Prozent gegenüber etwa 0 Prozent; körperliche Gewalt: 32,3 Prozent gegenüber 25,2 Prozent; Stalking: 10,2 Prozent gegenüber etwa 0 Prozent; insgesamt: 35 Prozent gegenüber 29 Prozent (vgl. Mikel L. Walters u. a., *The National Intimate Partner and Sexual Violence Survey (NISVS). 2010 Findings on Victimization by Sexual Orientation*, Atlanta, GA 2013). Die Daten des Center for Disease Control and Prevention (CDC) erfassen leider nur die sexuelle Orientierung der Opfer, nicht die ihrer Beziehungspartner. Wir wissen also noch nicht, ob die Wahrscheinlichkeit von sexuellem Zwang, Gewalt oder Vergewaltigung in der Partnerschaft bei bisexuellen Männern geringer ist als bei ausschließlich heterosexuellen.

Die von mir vorgeschlagenen Evolutionsmodelle gehen von der Existenz einer genetischen Variation der gleichgeschlechtlichen Anziehung, Vorlieben und Verhaltensweisen aus. Bei vielen Menschen beschwört die Erwähnung der Genetik im Zusammenhang mit sexuellen Präferenzen freilich die Aussicht auf die Entdeckung eines »Schwulen-Gens« oder die Möglichkeit des genetischen Screenings durch Krankenkassen oder werdende Eltern herauf. Angesichts dessen, was wir über die Genetik anderer komplexer Merkmale des Menschen wissen, sind solche Befürchtungen jedoch unbegründet.

Genomuntersuchungen zeigen, dass die meisten komplexen menschlichen Merkmale – vom Herzinfarktrisiko über die Musikalität, die soziale Persönlichkeit und die Schüchternheit bis hin zum Autismus – vom Zusammenspiel *vieler* Genvariationen beeinflusst werden, die einzeln jeweils nur geringe Wirkungen an *vielen* verschiedenen Loci oder Genorten im Genom haben. Obwohl die genannten Merkmale durchaus stark erblich bedingt sein können, ist ihr Auftreten daher immer das Resultat einer einzigartigen Kombination aus Genen, Geninteraktionen und Entwicklungsumgebung. Eine aktuelle Untersuchung an Tausenden menschlichen Genomen hat zum Beispiel gezeigt, dass 82 Prozent der einfachsten DNA-Sequenz-Variationen (sogenannten Einzelnukleotid-Polymorphismen oder auch SNiPs) mit einer Häufigkeit von weniger als 1 zu 15 000, also weniger als 0,006 Prozent auftreten.[377] Schon drei oder vier solcher Variationen würden einen Menschen unter seinen sieben Milliarden Artgenossen auf der Welt genetisch *einzigartig* machen. Tatsächlich weist Ihr Genom aber viele *Tausend* dieser Variationen auf. Es ist daher kaum zu überschätzen, wie einzigartig jeder Mensch wirklich ist.

Auf diese Weise hat die Genomforschung die überwältigende Tatsache der *menschlichen Individualität* entdeckt. Da es unzählige einzigartige und besondere Genkombinationen gibt, die jedes dieser komplexen Merkmale einschließlich der sexuellen Präferenz beeinflussen, können wir mit Sicherheit sagen, dass es so etwas wie ein »Schwulen-Gen« nicht

---

[377] Vgl. Alon Keinan, Andrew G. Clark, »Recent Explosive Human Population Growth Has Resulted in an Excess of Rare Genetic Variants«, in: *Science* 336 (2012), S. 740–743. Der Hauptgrund, warum Menschen so viele seltene Genomvariationen haben, ist das explosionsartige Bevölkerungswachstum während der letzten 15 000 Jahre. Keinan und Clark beschreiben diesen Zustand als »Überschuss« seltener genetischer Varianten. Überschüssig sind sie jedoch nur unter der Annahme stabiler oder im Gleichgewicht befindlicher Evolutionsbedingungen, die für die Geschichte der gegenwärtig lebenden Menschen irrelevant sind.

gibt. Jeder genetische Einfluss auf individuelle sexuelle Vorlieben ist praktisch einzigartig. Die Genetik wird keine reduktionistische Wissenschaft der menschlichen sexuellen Anziehung hervorbringen. Deren Ursachen sind schlicht zu vielfältig.

Zusammenfassend lässt sich sagen, dass die Hypothese, wonach sich das gleichgeschlechtliche Verhalten des Menschen durch natürliche und sexuelle Selektion zugunsten der Ausdehnung der weiblichen sexuellen Autonomie entwickelt hat, mit dem Großteil der Befunde über die Unterschiedlichkeit menschlicher sexueller Vorlieben und Verhaltensweisen übereinstimmt. Was dagegen nicht ins Bild zu passen scheint, ist die Beobachtung, dass in vielen Kulturen – etwa im alten Griechenland oder bei einigen indigenen Völkern Neuguineas – gleichgeschlechtliches Verhalten von Männern mit starken Einschränkungen der sozialen und sexuellen Autonomie von Frauen einhergeht. Diese kulturellen Beispiele mögen freilich Ausnahmen sein, welche die Regel bestätigen. Das männliche gleichgeschlechtliche Verhalten ist in solchen Kulturen in hochgradig alters- und statusabhängige Beziehungen eingebettet, die in der Regel aus einem aktiven, penetrierenden, sozial dominanten, älteren und einem passiven, rezeptiven, sozial untergeordneten, jüngeren Mann bestehen. Die starre hierarchische Ordnung des gleichgeschlechtlichen Verhaltens scheint ein kultureller Mechanismus zu sein, um dieses Verhalten in eine koerzitive männliche Hierarchie einzubauen und so die autonomieverstärkende Wirkung, die dem gleichgeschlechtlichen Verhalten innewohnt, kontrollieren zu können.[378]

[378] Die patriarchalische Kooptation des gleichgeschlechtlichen Begehrens könnte ein Grund dafür sein, dass besonders hierarchische, männlich dominierte Institutionen – wie das Militär, einige traditionelle religiöse Einrichtungen oder Internate – große Schwierigkeiten damit haben, sexuelle Nötigung, sexuelle Gewalt und sexuellen Missbrauch innerhalb und zwischen den Geschlechtern zu kontrollieren oder zu verhindern. Die grundsätzlich hierarchische Struktur dieser Organisationen erleichtert und institutionalisiert die sexuelle Ausnutzung der hierarchischen Macht.

Wenngleich diese Vorschläge zur Evolution des gleichgeschlechtlichen Verhaltens noch Spekulation sind, zeigen sie meiner Ansicht nach schon, dass sich an der Schnittstelle von ästhetischer Evolution, sexueller Autonomie und der sexuellen Vielfalt des Menschen ein produktives neues Forschungsfeld auftut. Die von mir hier skizzierten Evolutionshypothesen decken sich auf überraschende Weise mit einigen Grundelementen der gegenwärtigen Gendertheorie und stützen diese. So bestätigen zum Beispiel ästhetische Theorien der Entwicklung des gleichgeschlechtlichen Verhaltens beim Menschen in einer der aktuell wichtigsten Debatten innerhalb von LGB-Gemeinden Elemente beider Lager. Auf der einen Seite gibt es Unterstützer von LGB-Rechten, die argumentieren, dass lesbische, schwule und bisexuelle Menschen sich bis auf ihr sexuelles Begehren und ihre Sexualpartner nicht von Heterosexuellen unterscheiden. Ein eloquenter Vertreter dieser Denkrichtung ist Andrew Sullivan, der unter anderem durch sein 1995 erschienenes Buch *Virtually Normal* [dt.: *Völlig normal*] viel dazu beigetragen hat, dass in den USA und vielen anderen entwickelten Ländern gleichgeschlechtliche Ehen anerkannt wurden.[379] Ästhetische Evolutionshypothesen stützen die Sicht von *Virtually Normal*, weil sie vorhersagen, dass gleichgeschlechtliche Anziehung ein evolviertes und unter Menschen weit verbreitetes Merkmal ist. Homosexuelle sind tatsächlich »wie jeder andere auch«. Sie unterscheiden sich nur hinsichtlich der *Ausschließlichkeit* und *Spezifizität* ihrer gleichgeschlechtlichen Präferenzen, nicht darin, dass sie diese haben.

Viele LGB-Menschen stoßen sich allerdings an dieser assimilationistischen Sichtweise, weil sie Unterschiede der sexuellen Orientierung, des sexuellen Begehrens und des Sexualverhaltens als grundsätzlich – und erfrischend – *disruptiv* für die heterosexuelle Gesellschaft betrachten. Diese Ansicht wird in Büchern wie *The Trouble with Normal* von Michael Warner oder *How to Be Gay* von David Halperin nachdrücklich vertreten.[380] Die Autoren stellen sich auf den Standpunkt, dass dem gleichgeschlechtlichen Begehren etwas grundsätzlich Subversives innewohnt, wodurch es die normative heterosexuelle Kultur, Hierarchie und Macht untergraben kann. Interessanterweise liefert die ästhetische Erklärung des menschlichen gleichgeschlechtlichen Verhaltens tatsächlich starke Anhaltspunkte für dessen grundsätzlich subversives Wesen. Meiner Ansicht nach besteht die evolvierte *Funktion* des gleichgeschlechtlichen Verhaltens ganz spezifisch darin, die männliche sexuelle Kontrolle und soziale Hierarchie zu unterminieren. Das evolutionsbedingte Queer-Werden der Gattung Mensch geschah demnach aufgrund des weiblichen sexuellen Begehrens, der männlichen Zwangs- und Kontrollausübung zu entkommen.

---

[379] Vgl. Andrew Sullivan, *Völlig normal. Über Homosexualität*, München 1998.
[380] Vgl. Michael Warner, *The Trouble with Normal. Sex, Politics, and the Ethics of Queer Life*, Cambridge, Mass. 1999, und David M. Halperin, *How to Be Gay*, Cambridge, Mass. 2012.

Wenn sich das gleichgeschlechtliche Begehren als Mittel entwickelt hat, die männliche sexuelle Zwangsherrschaft zu untergraben, könnte dies außerdem erklären, warum viele patriarchalische Kulturen so heftige moralische und soziale Sanktionen gegen gleichgeschlechtliches Verhalten ergriffen haben. Ein Verbot dieses Verhaltens stellt so gesehen ein weiteres Mittel zur Stärkung der männlichen Fähigkeit dar, sexuelle und soziale Kontrolle über Frauen und die Fortpflanzung auszuüben.

Ich hoffe daher, dass die Theorie der ästhetischen Evolution und des Geschlechterkonflikts eine produktive neue intellektuelle Schnittstelle zwischen Evolutionsbiologie, zeitgenössischer Kultur und Gender Studies bieten wird. Wer hätte nach Jahrzehnten der reduktionistischen, adaptationistischen Argumente aus der Soziobiologie und der evolutionären Psychologie, in denen gleichgeschlechtliches Verhalten entweder als Abweichung ignoriert oder als Form von nichtsexuellem Verhalten missdeutet wurde, gedacht, dass die Evolutionsbiologie und die Queer-Theorie jemals bei irgendetwas auf derselben Seite stehen könnten? Ich glaube sogar, dass es zukünftig noch viel mehr fruchtbare Gemeinsamkeiten zu entdecken und zu erforschen gibt.

KAPITEL 12

Die *ästhetische* Auffassung des Lebens

John Keats beendete sein Gedicht »Ode auf eine griechische Urne« mit den folgenden Versen – einer Botschaft aus der Urne selbst:

»Schönheit ist Wahrheit, Wahr ist Schön!« – Nicht viel,
Nur dies weißt du – und brauchst nicht mehr zu wissen.[381]

Auch wenn Keats dies Jahrzehnte vor Darwin niederschrieb und gewiss nichts von der Evolution wusste, sind seine Schlusszeilen doch eine merkwürdig passende Devise für die lange Tradition der Gleichsetzung von Schönheit und Ehrlichkeit in der Evolutionsbiologie. Sie sind die vielleicht prägnanteste und denkwürdigste Formulierung des Paradigmas der ehrlichen Werbung.[382]

Als Gedichtende sind diese Verse unsterblich, als Leitfaden zum Verständnis der Schönheit in der Welt sind sie allerdings untauglich. Keats' Aphorismus ist eigentlich eine Plattitüde – eine falsche Einsicht, die ihre vermeintliche Profundität dadurch gewinnt, dass sie die intellektuelle Komplexität der Welt verflacht. Sie richtet Schaden an und präsentiert sich zugleich als glorreiche Lösung.

Shakespeare dagegen – der nicht nur Jahrzehnte, sondern Jahrhunderte vor Darwin lebte – schuf eine Figur, die einen reicheren Blick auf Wahrheit und Schönheit gewährt. In der ersten Szene des dritten Akts von *Hamlet, Prinz von Dänemark* trifft der Titelheld seine geliebte Ophelia, die ihm kurz zuvor noch ohne Begründung aus dem Weg gegangen war.[383]

[381] John Keats, *Gedichte*. Übertragen von Gisela Etzel, Leipzig 1910, S. 17.
[382] Das Bemerkenswerte an den Schlusszeilen von Keats' Ode ist zum einen die strikte Synonymie von Schönheit und Wahrheit und zum anderen die nachdrückliche Betonung, dass diese Sicht eine *vollkommen zulängliche* Erklärung der Welt sei. In beiden Hinsichten nimmt Keats damit die wallaceanische Anschauung über Sexualornamente vorweg.

Ophelia, deren Handeln von ihrem Vater gelenkt wird, gibt Hamlet seine Liebesbriefe zurück und erklärt, sie lege keinen Wert mehr auf seine Dichtkunst, denn »dem edleren Gemüte // Verarmt die Gabe mit des Gebers Güte.«[384] Hamlet ist durch ihr Benehmen verständlicherweise verletzt und bezweifelt ihre Beweggründe, da er sich nichts vorzuwerfen hat. Ophelia ist so hinreißend wie eh und je, aber offensichtlich lügt sie, und so beschließt Hamlet, dem Verhältnis zwischen Wahrheit und Schönheit genauer auf den Grund zu gehen.[385]

> HAMLET: Haha! Seid ihr tugendhaft [ehrlich]?
> OPHELIA: Gnädiger Herr?
> HAMLET: Seid ihr schön?
> OPHELIA: Was meint Eure Hoheit?
> HAMLET: Daß, wenn ihr tugendhaft [ehrlich] und schön seid, Eure Tugend [Ehrlichkeit] keinen Verkehr mit Eurer Schönheit pflegen muß.
> OPHELIA: Könnte Schönheit wohl bessern Umgang haben als mit der Tugend [Ehrlichkeit]?
> HAMLET: Ja freilich: denn die Macht der Schönheit wird eher die Tugend [Ehrlichkeit] in eine Kupplerin verwandeln, als die Kraft der Tugend [Ehrlichkeit] die Schönheit sich ähnlich machen kann. Dies war ehedem paradox, aber nun bestätigt es die Zeit. Ich liebte Euch einst.[386]

[383] Im Frühjahr 2013 brachte das Yale Repertory Theatre Shakespeares *Hamlet* mit Paul Giamatti in der Rolle des sorgenvollen Prinzen auf die Bühne. Die Aufführung war ein Riesenerfolg und restlos ausverkauft. Einen Monat lang gab es in ganz New Haven nur noch dieses eine Thema. Selbst unsere wöchentlichen Labortreffen, bei denen Studenten und Postdoktoranden ihre aktuelle Forschungsarbeiten vorstellten, und sogar Diskussionsrunden über wissenschaftliche Neuerscheinungen im Bereich Evolution und Ornithologie verwandelten sich in Gespräche über *Hamlet*. Zur damaligen Zeit machte mich Jennifer Friedmann, eine Studentin der Kognitionswissenschaft, die 2013 in Yale ihren Abschluss machte und in

Der schlaue Hamlet liefert hier eine deutlich skeptischere Darstellung des »Umgangs« von Schönheit und Wahrheit als Keats' Urne. Schönheit, sagt er, kann die Wahrheit (beziehungsweise Tugend) in eine »Kupplerin« verwandeln – eine Bordellwirtin, eine Vermittlerin falscher und oberflächlicher Liebe.[387] Tatsächlich stellt Hamlet die ausgesprochen fisherianische Behauptung auf, dass die *Macht der Schönheit* die Ehrlichkeit untergrabe.[388] Hamlets Paradox ist die Herausforderung, vor der wir alle stehen, wenn wir die verführerische Kraft der Schönheit mit dem großen Wunsch vereinbaren wollen, Schönheit als etwas

DIE ÄSTHETISCHE AUFFASSUNG DES LEBENS

zu sehen, das einem höheren Zweck dient, das ein absolutes Gut ist und das universelle, objektive Qualität widerspiegelt.

Auf der einen Seite steht das Gedicht von Keats, dessen Zeilen perfekt unseren tiefen Wunsch wiedergeben, die Schönheit als »ehrliches« Zeichen für Qualität, für irgendeine Art von Überlegenheit zu sehen. Und auf der anderen Seite steht Hamlet, den das Leben gelehrt hat, dass Schönheit nicht Wahrheit ist; sie ist bloß Schönheit, sie bezeichnet nichts als sich selbst und steht sogar oft im Widerspruch zur Wahrheit. Einerseits haben wir das Festhalten am »Sinn«; andererseits das Akzeptieren der Tatsache, dass die willkürliche Macht der Schönheit die Wahrheit untergraben kann. Diese beiden widerstreitenden Ansichten bilden den Kern der aktuellen wissenschaftlichen Debatte, mit der ich mich in diesem Buch auseinandergesetzt habe.

Derselben intellektuellen Spaltung spürte auch Isaiah Berlin in seinem Essay *Der Igel und der Fuchs* nach, in dem er einen altgriechischen Aphorismus als Metapher für einen Gegensatz des intellektuellen Stils analysierte: »Der Fuchs weiß viele Dinge, aber der Igel weiß eine große Sache.«[389]

Ein intellektueller Igel auf der Suche nach einem »harmonischen Universum« sieht Berlin zufolge die Welt durch die Linse einer einzigen »zentralen Einsicht«. Die geistige Mission des Igels besteht darin, diese große Einsicht bei jeder Gelegenheit zu propagieren. Ein intellektueller Fuchs dagegen hat kein Interesse an der verführerischen Macht einer *einzigen* Idee. Er wird stattdessen von den subtilen Komplexitäten einer »großen Mannigfaltigkeit von Erfahrungen« angezogen, die er nicht in einen einzigen allumfassenden Rahmen zu spannen versucht. Igel haben eine Mission. Füchse spielen aus Freude am Spiel. Und wie Kinder, können Füchse ihr Spielzeug jederzeit fallenlassen und ein neues Spiel beginnen.

Berlins intellektuelle Stile des Igels und des Fuchses eröffnen uns einen neuen Blick auf die beiden Entdecker der natürlichen Selektion: Darwin, den Fuchs, und Wallace, den Igel. Nachdem beide den Me-

meinem Labor an einem Forschungsprojekt über die ästhetische Evolution bei Vögeln mitwirkte, auf diese erstaunliche Stelle im dritten Akt des *Hamlet* aufmerksam. Sie war verblüfft über die Ähnlichkeiten mit unseren Diskussionen über die fisherianische und wallaceanische Sicht der sexuellen Selektion, und ich bin ihr für ihren klugen Vorschlag, diese Passage zu analysieren, sehr dankbar.
384 William Shakespeare, *Sämtliche Werke in vier Bänden*, Band 4, Berlin 1975, S. 317.
385 In der deutschen Übersetzung von Schlegel und Tieck wird *honesty* (»Ehrlichkeit«) mit »Tugend« und *honest* (»ehrlich«) mit »tugendhaft« wiedergegeben [Anm. d. Übers.].

386 Ebd. Als ich diese Passage wieder las (zum ersten Mal seit der Highschool) drehte sich mir der Kopf! Offenbar setzte sich Shakespeare hier auf überraschend gewichtige Weise mit Schönheit und Ehrlichkeit auseinander, aber er hatte so viel in diese dichten Zeilen gepackt, dass ich Hilfe brauchte, um sie enträtseln zu können.
Ich suchte also fachlichen Rat bei meinem Freund und Kollegen James Bundy, dem Dekan der Yale School of Drama und Regisseur jener Produktion von *Hamlet* am Yale Repertory Theatre 2013. Beim Mittagessen gab James mir einen Schnellkurs in »Dramenanalyse für Ornithologen«. Er ermutigte mich auch dazu, mich an eine eigene, evo-ornithologische Analyse dieser Passage zu wagen. Für etwaige Fehler, Auslassungen, Übertreibungen und Irrtümer bin ich selbstverständlich allein verantwortlich.
387 Da Hamlet von »Verkehr« spricht, charakterisiert Ophelia das Verhältnis von Schönheit und Tugend als »Umgang«. Doch Hamlet verdreht die Bedeutung dieses Wortes, indem er auf ein verdorbeneres Geschäft anspielt – den rein fleischlichen Umgang in einem Bordell.
388 Wie Fisher begreift Hamlet, dass die Verbindung zwischen Schönheit und Wahrheit sehr instabil ist und auf Messers Schneide steht, weil das bloße Vorhandensein der Schönheit eine Verführungskraft erzeugt, die ihre eigene Ehrlichkeit korrumpieren kann. Hamlets Erkenntnis, dass Ophelias Schönheit kein Anzeichen ihrer Ehrlichkeit ist, folgt dem gleichen Weg wie Fishers Zweistufenmodell der Evolution durch Partnerwahl. Der Prinz beginnt sein Verhältnis mit Ophelia im rosigen Zustand wallaceanischer Zufriedenheit, in dem ihre Schönheit tatsächlich ein ehrliches Anzeichen für die innere Beschaffenheit ihrer Seele und ihrer Hingabe an ihn *ist*. Diese in sich instabile Beziehung kann jedoch nicht halten, ebenso wie Fisher erklärte, dass die Korrelation zwischen Ausdrucksmerkmalen und Qualität durch die erwachsenden Vorteile der Anziehung – die Macht der Schönheit – aufgelöst würden.
Zu Ophelias Verteidigung muss man allerdings sagen, dass sie nicht sexuell autonom handelt. Sie hat Hamlet gemieden und angelogen, weil ihr Vater sie dazu gezwungen hatte. (Ich bin nicht sehr stark auf sexuelle Zwangsausübung auf die Nachkommen durch die Eltern eingegangen, aber hier liefert uns die Literatur ein großartiges Beispiel.) Als Ophelia im letzten Akt dem Wahnsinn verfällt, äußert sie zum ersten Mal einige ihrer wahren, eigenständigen sexuellen Begierden. Sie singt ein unzüchtiges Lied über ihre eigene Entjungferung am Valentinstag durch einen betrügerischen Schurken (vielleicht Hamlet?). Dann imaginiert sie sich als Hamlets Königin, wendet sich an ihre klugen Ratgeber und feinen Hofdamen und befiehlt den Dienern, ihre Kutsche vorzufahren. In ihrem Wahnsinn kann sie endlich ihre wahren Begierden und Fantasievorstellungen zeigen. Ihr ganzes Leben lang hielt sie der väterliche Zwang von der Verwirklichung ihres sexuellen Selbst ab; Ophelia findet erst Befreiung und Selbstverwirklichung im Wahnsinn und im Tod. Vielleicht wollte Shakespeare so vor den gesellschaftlichen Risiken des weiblichen Strebens nach sexueller Autonomie in der elisabethanischen Gesellschaft warnen. Ophelias Tod ist jedenfalls die zweite Tragödie des *Hamlet*.
389 Isaiah Berlin, *Der Igel und der Fuchs. Essay über Tolstojs Geschichtsverständnis*, Frankfurt a. M. 2009, S. 1.

chanismus der adaptiven Evolution durch natürliche Selektion intuitiv erfasst hatten, gingen sie völlig unterschiedliche Wege bei der Ausarbeitung dieser zentralen Erkenntnis. Um mit der Vielfalt der Phänomene, die er in der Natur beobachtete, fertig zu werden, entwarf Darwin weitere biologische Theorien über Phylogenese, sexuelle Selektion, Ökologie, Bestäubungsbiologie, ja sogar Ökosystemdienstleistungen (wie in seiner Studie über die ökologische Wirkung von Regenwürmern) und andere. Jede Theorie war auf subtile Weise anders und erforderte neue Argumente, Denkweisen und Daten. Wallace strebte hingegen trotz seiner empirischen Breite einen »reinen Darwinismus« an, in dem die gesamte biologische Evolution auf die eine, allmächtige Erklärung der Anpassung durch natürliche Selektion heruntergestillert wurde.

Der Konflikt zwischen den Igeln und den Füchsen in der Evolutionsbiologie hält bis zum heutigen Tag unvermindert an. In den letzten Jahrzehnten haben sich durch und durch fuchsartige Anhänger der darwinischen Unterdisziplinen der Phylogenese und der evolutionären Entwicklungsbiologie (alias Evo-Devo) bemüht, ihren Platz in der Evolutionsbiologie zurückzuerobern, die von adaptationistischen Igeln beherrscht, um nicht zu sagen gekapert wurde.[390] Ich habe in diesem Buch argumentiert, dass auch die darwinische Theorie der ästhetischen Evolution wieder in die Evolutionsbiologie eingegliedert werden muss. Jede dieser darwinischen Teildisziplinen legt den Fokus auf die Vielfalt selbst – die »große Mannigfaltigkeit« spezifischer Fälle – und nicht auf gesetzesgleiche Verallgemeinerungen des adaptiven Prozesses.

Darwin beendete sein Werk *Über die Entstehung der Arten* mit dem inspirierten und poetischen Hinweis auf die »wahrlich [...] grossartige Ansicht«, die seine Theorie biete.[391] Später, in *Die Abstammung des Menschen*, beschrieb er in ähnlich bewegender Weise die Großartigkeit einer *ästhetischen* Auffassung des Lebens. Mein Ziel war es, Darwins Theorie der ästhetischen Evolution wiederzubeleben und die ganze Reichhaltigkeit, Komplexität und Vielfalt dieser *ästhetischen Auffassung des Lebens* vorzustellen. Zum Abschluss möchte ich nun diskutieren, welchen positiven Einfluss eine ästhetische Lebensauffassung auf die Wissenschaft,

[390] Siehe dazu Hull, *Science as a Process*, sowie Ron Amundson, *The Changing Role of the Embryo in Evolutionary Thought. Roots of Evo-Devo*, Cambridge 2005.
[391] Darwin, *Über die Entstehung der Arten*, S. 571.

die menschliche Kultur und den Aufbau einer respektvollen und produktiven Beziehung zwischen den beiden haben kann.

In vielerlei Hinsicht ist Darwins Idee, dass die von Tieren bei der Partnerwahl vorgenommenen ästhetischen Bewertungen eine unabhängige evolutionäre Kraft darstellen, heute noch genauso radikal wie zur Zeit ihrer Entstehung vor fast 150 Jahren. Darwin entdeckte, dass es bei der Evolution nicht nur um das *Survival of the Fittest* geht, sondern auch um den Reiz und das sinnliche Vergnügen der individuellen subjektiven Erfahrung. Die Implikationen dieser Idee für Wissenschaftler und Naturbeobachter sind weitreichend und zwingen uns dazu anzuerkennen, dass der Vogelchor bei Tagesanbruch, die kooperative Gruppenbalz der blauen Schnurrvögel der Gattung *Chiroxiphia*, das spektakuläre Gefieder des männlichen Argusfasans und viele andere wundersame Anblicke und Klänge in der Natur nicht nur *uns* erfreuen und entzücken; sie sind vielmehr Produkte einer langen Geschichte subjektiver Bewertungen, die von den Tieren selbst vorgenommen wurden.

Wie Darwin vermutete, erwächst aus der Entwicklung der sensorischen Bewertung und Wahl eine neue evolutionäre Instanz: das Vermögen individueller Urteile, um den Evolutionsprozess selbst anzutreiben. Ästhetische Evolution bedeutet, dass Tiere ästhetisch Handelnde sind, die als solche eine Rolle für ihre eigenen Evolution spielen. Für einen wallaceanischen Igel ist das natürlich eine beunruhigende Tatsache, glaubt er doch, dass die Macht der Idee der natürlichen Selektion in deren vollkommenen Zulänglichkeit liegt – ihrer Fähigkeit, *alles* zu erklären. Ich fürchte aber, um noch einmal Hamlet zu zitieren, »es gibt mehr Ding' im Himmel und auf Erden, als Eure Schulweisheit sich träumt«.[392]

Richard Dawkins beschrieb die Evolution durch natürliche Selektion einst als den »blinden Uhrmacher« – die unpersönliche, unaufhaltsame Kraft, die aus Variation, Erblichkeit und differenziellem Überleben funktionales Design hervorbringt.[393] Die Analogie ist vollkommen richtig. Weil jedoch die natürliche Selektion *nicht* die einzige Quelle des organischen Designs in der Natur ist, wie Darwin selbst als Erster erkannte, bleibt Dawkins' Analogie eine unvollständige Beschreibung des Evolu-

---

[392] Shakespeare, *Sämtliche Werke*, Band 4, S. 290.
[393] Vgl. Richard Dawkins, *Der blinde Uhrmacher. Ein neues Plädoyer für den Darwinismus*, München 1987.

tionsprozesses und der natürlichen Welt. Der blinde Uhrmacher kann sich die Natur nicht anschauen und alles sehen, was er nicht gemacht hat und nicht erklären kann. Die Natur hat ihre eigenen Augen, Ohren, Nasen und so weiter herausgebildet und dazu auch die kognitiven Mechanismen, um diese sensorischen Signale zu bewerten. Myriaden von Organismen haben sich dazu entwickelt, ihre Sinne dazu zu benutzen, sexuelle, soziale und ökologische Entscheidungen zu treffen. Auch wenn die Tiere sich ihrer Rolle nicht bewusst sind, sind sie zu Designern *ihrer selbst* geworden. Sie sind nicht mehr blind. Die ästhetische Partnerwahl erzeugt einen neuen Evolutionsmodus, der weder gleichbedeutend mit der natürlichen Selektion noch einfach nur deren Ableger ist. Das Konzept der ästhetischen Partnerwahl bildet den Kern der darwinischen Ästhetik und bleibt bis heute eine revolutionäre Idee.

Die ästhetische Auffassung des Lebens offenbart neue Wege, für die die Evolutionsbiologie bislang blind gewesen ist, weil sie die ästhetische Handlungsfähigkeit einzelner Tiere nicht erkannt hat. So wird zum Beispiel deutlich, dass große Teile der wissenschaftlichen Forschung zur Sexualität von einer großen Ängstlichkeit vor den subjektiven Erfahrungen des sexuellen Genusses und Begehrens gekennzeichnet sind – besonders, wenn es um den *weiblichen* Genuss geht. Ein Symptom dieser Ängstlichkeit sind die großen Anstrengungen, die Evolutionsbiologen unternommen haben, um der Beschäftigung mit sexuellem Genuss und Begehren komplett aus dem Weg zu gehen. Nach der Zurückweisung von Darwins ästhetischer Auffassung der Partnerwahl mussten das sexuelle Begehren und der sexuelle Genuss als zweitrangige Folgen der natürlichen Selektion abgetan werden.

Unglücklicherweise wurde die ängstliche Abkehr der Sexualwissenschaft vom sexuellen Genuss in die Struktur der wissenschaftlichen Objektivität – in die Wissenschaftsdisziplin selbst – eingebaut. Die Vorstellung von Tieren als ästhetisch Handelnden mit eigenen subjektiven Präferenzen galt als Anthropomorphismus. Die wissenschaftliche »Objektivität« verlangte, dass wir die subjektiven Erfahrungen von Tieren außer Acht ließen oder verwarfen. Es wurden adaptationistische, anhedonische Theorien der Partnerwahl entwickelt, um das

Paarungsverhalten und die Fortpflanzung von Tieren zu erklären, und diese Theorien galten dann auch als ausreichende Erklärungen für die Evolution der menschlichen Sexualität. Der sexuelle Genuss wurde nicht nur aus wissenschaftlichen Erklärungen herausgewaschen, sondern gar nicht erst untersucht, weil er kein geeigneter *Gegenstand* wissenschaftlicher Forschung sei. So etablierte sich eine antiästhetische Sexualbiologie – aus der unter anderem Zahavis Handicap-Prinzip und die Upsuck-Theorie des weiblichen Orgasmus hervorgingen –, in der die Existenz der subjektiven Erfahrung des sexuellen Genusses vollständig ignoriert und geleugnet wurde.

Die wissenschaftliche Ängstlichkeit vor dem sexuellen Genuss besteht in großen Teilen der gegenwärtigen Partnerwahlforschung fort. Das Ergebnis ist eine reingewaschene Sexualwissenschaft, der es an der geeigneten Theorie und am notwendigen Vokabular fehlt, um den sexuellen Genuss in der Natur und bei uns selbst erforschen und erklären zu können.

Eine bizarre Folge solcher traditionellen Denkmuster ist eine unerklärliche Umkehrung der Rationalität in der Natur. Weil Tiere nicht zu ästhetischem Handeln fähig seien, so wird gefolgert, spiegelten ihre Entscheidungen das universelle und rationale Wirken der natürlichen Selektion wider. Andererseits wissen wir natürlich nur zu gut, dass Menschen sehr irrational sein können, wenn es um Sex und Liebe geht. Weil Tiere nicht die kognitiven Fähigkeiten besitzen, den rohen Gesetzen der adaptiven Logik zu entkommen, sind diese dummen Biester folglich rationaler als wir. Die Ironie dabei ist, dass unsere kognitive Komplexität uns nach dieser Auffassung lediglich die neue Möglichkeit verschafft, irrational zu sein!

Eine weitere wichtige Implikation einer ästhetischen Auffassung der Evolutionsbiologie betrifft deren schmerzvolle Geschichte des politischen und ethischen Missbrauchs im 20. Jahrhundert – die Eugenik.[394] Die Theorie der Eugenik behauptete, dass menschliche Rassen, Klassen und Ethnien adaptive Unterschiede in ihrer genetischen, körperlichen, geistigen und moralischen *Qualität* entwickelt hätten. Darüber hinaus war die Eugenik eine gut organisierte soziale und politische Bewegung mit dem

---

[394] Für eine ausführliche Sozialgeschichte der Eugenik siehe Daniel J. Kevles, *In the Name of Eugenics. Genetics and the Uses of Human Heredity*, New York 1985.

Ziel, mittels gesellschaftlicher und gesetzlicher Kontrolle der Partnerwahl und der Fortpflanzung diese mangelhafte wissenschaftliche Theorie zur »Verbesserung« menschlicher Bevölkerungen anzuwenden. Da sie speziell die evolutionären Folgen der Partnerwahl betraf, bleibt die Eugenik für die menschliche sexuelle Selektion und ästhetische Evolution äußerst relevant.

Aus verschiedenen Gründen gehen Evolutionsbiologen dem Thema Eugenik lieber aus dem Weg. Erstens war zwischen den 1890er und den 1940er Jahren *jeder* professionelle Genetiker und Evolutionsbiologe in den USA und Europa entweder ein glühender Verfechter der Eugenik, ein engagierter Teilnehmer an eugenischen Sozialprogrammen oder ein fröhlicher Mitläufer. Punkt. Nur wenige von uns sind scharf darauf, sich dieser peinlichen, beschämenden und ernüchternden Wahrheit zu stellen. Zweitens lieferte die Eugenik eine pseudowissenschaftliche Rechtfertigung für Menschenrechtsverletzungen auf jeder Ebene – von alltäglichem Rassismus, Sexismus und Vorurteilen gegenüber Behinderten über Zwangssterilisationen, Inhaftierungen und Lynchmorde in den Vereinigten Staaten bis zum nationalsozialistischen Völkermord an Juden und Roma und Sinti und zum Massenmord an geistig Behinderten und Homosexuellen in Europa. Die Eugenik ist das ungeheuerlichste Beispiel der gesamten Menschheitsgeschichte für den zerstörerischen Missbrauch der Wissenschaft. Sie war von Grund auf verdorben.

Eine weitere unbequeme Wahrheit ist schließlich, dass weite Teile des intellektuellen Rahmens der gegenwärtigen Evolutionsbiologie zu ebenjener Zeit entwickelt wurden, als unsere Disziplin die Eugenik enthusiastisch feierte. Die meisten Evolutionsbiologen würden gerne glauben, dass die Eugenik nach dem Zweiten Weltkrieg in ihrem Fachbereich kein Thema mehr war, als man die eugenischen Theorien der rassischen Überlegenheit ablehnte. Leider ist es aber so, dass einige zentrale und grundlegende Bekenntnisse der Eugenik in die intellektuelle Struktur der Evolutionsbiologie »eingebrannt« waren und mit zur fehlerhaften Logik der Eugenik beitrugen. Ohne hier eine detaillierte Analyse zu liefern, möchte ich veranschaulichen, wie die Theorie der ästhetischen Evolution als ein wichtiges Gegenmittel gegen diese vergiftete Geistesgeschichte wirken kann.

Eugenik und Populationsgenetik wurden in einer Zeit entwickelt, als man die Partnerwahl entweder vollkommen zurückwies *oder* für im Wesentlichen identisch mit der natürlichen Selektion hielt. Zur selben Zeit wurde auch der Darwin'sche Begriff der *Fitness* neu definiert und so ausgeweitet, dass er die gesamte sexuelle Selektion miteinschloss. Wie wir im ersten Kapitel gesehen haben, bedeutete »Fitness« für Darwin die Fähigkeit eines Individuums, Aufgaben zu bewältigen, die zum eigenen Überleben und zur Fruchtbarkeit beitrugen, so wie bei der *körperlichen Fitness*. Im frühen 20. Jahrhundert wurde Fitness dann als ein abstrakter, mathematischer Begriff neu definiert und bedeutete nun den relativen Erfolg der eigenen Gene in nachfolgenden Generationen. Durch diese Neudefinition der Fitness verschmolzen Variationen des Überlebens, der Fruchtbarkeit *und* des Paarungs- beziehungsweise Befruchtungserfolgs in einem einzigen Begriff, wodurch die Unterschiede zwischen Darwins Konzepten der natürlichen und sexuellen Selektion verwischt wurden. Die ursprüngliche Verbindung zwischen Fitness und Adaptation blieb jedoch trotz der Neudefinition bestehen. Auf diese Weise wurde die Ablehnung der darwinischen Idee der willkürlichen ästhetischen Partnerwahl in die Sprache der modernen Evolutionsbiologie eingebrannt, wodurch es nahezu unmöglich geworden ist, über Fortpflanzung und Partnerwahl zu reden, ohne die adaptationistische Begrifflichkeit zu verwenden.

Die neue, breite Definition des Fitnessbegriffs bedeutet, dass es bei der Selektion immer um eine adaptive Verbesserung geht und *gehen sollte*. Die willkürliche Partnerwahl wurde quasi wegdefiniert und hat es aus diesem Grund innerhalb des Fachs seitdem entsprechend schwer. Diese Geisteshaltung führte unmittelbar zur logischen Unausweichlichkeit der eugenischen Theorie. Wenn man die Tatsachen der natürlichen Selektion, der menschlichen Evolution, der vererbbaren Variation in und zwischen menschlichen Populationen und der Variation der menschlichen »Fitness« und »Qualität« akzeptierte, kam man um die Logik der Eugenik praktisch nicht herum. Und tatsächlich entkam ihr in der Evolutionsbiologie niemand. Weder der eugenische Erklärungsrahmen noch die Evolutionsbiologie insgesamt sahen die Möglichkeit der willkürlichen, ästhetischen Partnerwahl vor.

Auch wenn ich nicht glaube, dass die gegenwärtige Theorie und Forschung der sexuellen Selektion eugenisch ist, bin ich doch der Auffassung, dass die Evolutionsbiologie ihre eugenische Vergangenheit – *unsere* eugenische Vergangenheit – noch nicht überwunden hat, nur weil die Theorien der rassischen Überlegenheit aus dem 20. Jahrhundert mittlerweile abgelehnt werden. Es bleiben deutliche und unschöne intellektuelle Ähnlichkeiten zwischen der Eugenik und der aktuellen adaptiven Theorie der Partnerwahl bestehen. In der Theorie und den Sozialprogrammen der Eugenik ging es sowohl um die mutmaßliche genetische Qualität der Nachkommen (sprich: gute Gene) als auch um die kulturellen, wirtschaftlichen, religiösen, sprachlichen und moralischen Voraussetzungen der Familie als Ort der menschlichen Reproduktion (sprich: direkte Vorteile). Dieses zweifache Interesse der Eugenik (an der Qualität des Erbguts und der Umwelt) klingt auch heute noch in der Sprache der adaptiven Partnerwahl durch. Tatsächlich hat der aktuelle Ausdruck »gute Gene« dieselben etymologischen Wurzeln wie »Eugenik«, das vom griechischen *eugenos* für wohlgeboren, edel stammt (*eu* – gut und *genos* – Geschlecht, Abstammung, Herkunft, Ursprung). Die Eugenik war ebenfalls ausdrücklich antiästhetisch und machte sich Sorgen über die maladaptiven Folgen der Verführungsmacht der sexuellen Leidenschaft. Im Allgemeinen lebt das eugenische Bekenntnis zu der Idee, dass es bei der Partnerwahl immer um adaptive Verbesserung geht und *gehen sollte*, heute in der Sprache und Logik der adaptiven Partnerwahl weiter.

Die Festlegung der meisten zeitgenössischen Forscher auf die Adaptation macht es schwierig, die Evolution der Variation ornamentaler Attribute beim Menschen zu untersuchen, denn dazu müssten genetische und materielle Qualitätsbeurteilungen zwischen menschlichen Populationen vorgenommen werden. Ein Grund, warum die evolutionäre Psychologie sich so stark auf die Evolution menschlicher *Universalien* konzentriert – also auf Verhaltensanpassungen, die allen Menschen gemeinsam sind – ist, dass die Anwendung derselben adaptationistischen Logik zur Untersuchung evolvierter Variationen *zwischen* verschiedenen menschlichen Populationen die eugenische Forschung explizit wiederaufleben lassen würde.

Wenn wir die Evolutionsbiologie dauerhaft von ihren eugenischen Wurzeln

Wünschenswerte Eigenschaften von Frauen

SOZIAL
Schönheit zuerst
feine Gesichtszüge
keine intellektuelle »Tiefe«
Lebhaftigkeit
schlanke Figur
winzige Taille
schmale Hüften
zierliche Handgelenke und Hände
zarte, schmal zulaufende Gliedmaßen
dünne Knöchel
winzige Füße

EUGENISCH
Schönheit unwichtig
kräftige Gesichtszüge
hohe Intelligenz
Ernsthaftigkeit
stämmige Figur
üppige Taille
breite Hüften
kräftige Handgelenke, starke Hände
feste, kräftige Gliedmaßen
kräftige Knöchel
recht große Füße

An dieser Abbildung aus einem verbreiteten eugenischen Test lassen sich die ausdrücklich antiästhetischen Ziele eugenischer Sozialprogramme sehr gut ablesen.[395] *Sie zeigt eine Gegenüberstellung der »sozial und eugenisch wünschenswerten Eigenschaften von Frauen«. Sexuelle Leidenschaft und Begehren werden darin mit den maladaptiven Folgen der unkontrollierten Wahl gleichgesetzt.*

befreien wollen, müssen wir uns Darwins *ästhetische* Auffassung des Lebens zu eigen machen und die Möglichkeit der nichtadaptiven, willkürlichen ästhetischen Evolution durch sexuelle Selektion vollständig integrieren. Dazu bedarf es mehr als nur der stillschweigenden Anerkennung der mathematischen Existenz von Fishers Theorie des sich selbst verstärkenden Prozesses. Wir müssen vielmehr die wallaceanische Transformation des Darwinismus in eine streng adaptationistische Wissenschaft rückgängig machen und uns von der Standarderwartung verabschieden, dass die Partnerwahl immer und aus sich heraus adaptiv sei, beziehungsweise sein müsse. Um unsere historischen Verbindungen zur Eugenik zu durchtrennen, müssen wir die darwinische Ansicht in der Evolutionsbiologie wiederherstellen, indem wir die natürliche und die sexuelle Selektion als zwei verschiedene Evolutionsmechanismen definieren und die adaptive Partnerwahl als Resultat spezifischer und spezieller Interaktionen *zwischen* diesen Mechanismen begreifen. Dementsprechend sollte die Evolutionsbiologie das nichtadaptive Nullmodell der Schönheit für die Evolution von Paarungspräferenzen und Ausdrucksmerkmalen durch sexuelle Selektion übernehmen.

Die Wiedereingliederung der ästhetischen Evolution in die Evolutionsbiologie kann diese Disziplin dauerhaft vor den intellektuellen Irrtümern ihrer eugenischen Vergangenheit schützen. Die Übernahme des Nullmodells der Schönheit als willkürlicher Erscheinung durchbricht die logische Unausweichlichkeit des eugenischen Denkens, indem die Erwartung eines nicht adaptiven oder sogar maladaptiven Ergebnisses formell bekräftigt wird (siehe Kapitel 2). Die daraus resultierende, wirklich darwinische Evolutionswissenschaft verbie-

---

[395] Die Abbildung stammt aus Amram Scheinfeld, *You and Heredity*, New York 1939.

tet niemandem, die adaptive Partnerwahl bei jedem Tier, einschließlich des Menschen, zu erforschen, allerdings wird die Beweislast für die Vertreter der adaptiven Partnerwahl entsprechend hoch sein. Der Evolutionsbiologie wird diese Veränderung gut tun. Und der Welt ebenfalls.

Eine wahrlich unerwartete Konsequenz der Übernahme von Darwins ästhetischer Auffassung für mich persönlich war die Gewinnung neuer Einsichten in die evolutionären Auswirkungen des sexuellen Zwangs und der sexuellen Autonomie. Als Patricia Brennan mir die Zusammenarbeit bei der Untersuchung der Evolution von Entengenitalien vorschlug, dachte ich zuerst: »Nun ja, mit *diesem* Ende des Vogels habe ich mich bisher noch nie beschäftigt.« Ich stellte mir vor, dass wir viele interessante Dinge über die Anatomie lernen würden, aber ich hätte mir nie ausgemalt, in welcher Weise das Projekt wachsen sollte und dass seine Resultate meine Sicht der Evolution so grundlegend verändern und so viele überraschende neue Richtungen und Implikationen aufzeigen würden.

Natürlich war seit Langem klar, dass sexueller Zwang und sexuelle Gewalt dem Wohl weiblicher Tiere direkt schaden. Aber die ästhetische Perspektive lässt uns verstehen, dass sexueller Zwang auch ihre individuelle *Wahlfreiheit* verletzt. Wenn man einmal erkannt hat, dass Zwang die individuelle sexuelle Autonomie untergräbt, führt dies unweigerlich zu der Entdeckung, dass die Wahlfreiheit *für die Tiere von Belang ist*. Sexuelle Autonomie ist kein mythischer und unausgereifter Rechtsbegriff, den sich Feministinnen und Liberale ausgedacht haben.[396] Sie ist vielmehr ein evoluiertes Merkmal der Gesellschaften vieler geschlechtlicher Arten. Wenn die sexuelle Autonomie durch Zwang oder Gewalt eingeschränkt oder verhindert wird, kann, wie wir bei Enten und anderen

[396] Der in Yale lehrende Juraprofessor Jed Rubenfeld argumentiert in einem Essay, der Begriff der sexuellen Autonomie, welcher der Gesetzgebung zur Vergewaltigung in den USA zugrunde liegt, sei ein unhaltbarer Mythos (vgl. Jed Rubenfeld, »The Riddle of Rape-by-Deception and the Myth of Sexual Autonomy«, in: *Yale Law Journal* 122 [2013], S. 1372–1443). Rubenfeld versteht sexuelle Autonomie grob gesagt so, dass sie das Recht einschließt, die eigenen sexuellen Wünsche gegen die Wünsche anderer *durchzusetzen*. Eine solche Auffassung der sexuellen Autonomie muss ganz offensichtlich scheitern, da die Wünsche verschiedener Individuen zwangsläufig voneinander abweichen und einander widersprechen. Nach dieser Sicht ist die sexuelle Autonomie unrealisierbar und daher ein Mythos. Rubenfeld geht kurz auf einen »schlankeren« Autonomiebegriff ein, der im Wesentlichen mit meiner Definition übereinstimmt – die Freiheit, ohne Zwang die eigenen sexuellen Wünsche zu verfolgen. Doch er lässt diese Idee schnell wieder fallen, weil sie konzeptionell verworren sei, was er

mit nur einem einzigen, noch dazu höchst merkwürdigen Beispiel begründet. Er stellt die Frage, wie man einen einsamen, behinderten, obdachlosen Bettler als sexuell autonom beschreiben könne. Die Antwort ist natürlich, dass die vielen Leiden einer solchen bedauernswerten Person nichts mit Verletzungen ihrer sexuellen Autonomie zu tun haben. Insofern ist dieser Mensch sexuell autonom; die Tatsache, dass ihm seine Autonomie keinerlei Genuss bringt, ist in diesem Zusammenhang völlig irrelevant. Autonomie ist Freiheit von Zwang, nicht die Macht, die eigenen Wünsche zu behaupten. Diese Schlussfolgerung wird auch durch die Beobachtung bestätigt, dass die sexuelle Autonomie bei Tieren nicht das Aufzwingen des sexuellen Begehrens auf andere beinhaltet. Weibliche Enten können von potenziellen Partnern auch immer noch abgelehnt werden, obwohl sie anatomische Strukturen entwickelt haben, um ihre sexuelle Autonomie angesichts drohender Zwangskopulationen zu bewahren.

Die Evolutionsbiologie beweist, dass sexuelle Autonomie kein Mythos ist. Wenngleich die Evolution der sexuellen Autonomie bei Tieren keine Rechtfertigung für eine auf dieser Definition beruhende Rechtstheorie der Vergewaltigung ist, so beweist sie doch, dass der Begriff nicht hohl ist, sondern eine natürliche Konsequenz aus Individualität, Präferenz, Wahl und komplexen sozialen Interaktionen. Ich überlasse es den Rechtsgelehrten, weiter zu ergründen, ob dieses wissenschaftliche Ergebnis als Basis der Gesetzgebung geeignet ist; klar ist jedoch, dass es bei diesen biologischen Phänomenen um genau die Art von komplexen sozialen Konflikten geht, für deren Lösung das Recht erfunden wurde.

Vögeln gesehen haben, die Partnerwahl selbst das evolutionäre Druckmittel liefern, um die Wahlfreiheit zu behaupten und auszuweiten.

In den späteren Kapiteln dieses Buches habe ich die Ansicht geäußert, dass der evolutionäre Kampf um weibliche sexuelle Autonomie eine entscheidende Rolle für die Evolution der menschlichen Sexualität und Fortpflanzung gespielt hat und ein wesentlicher Faktor für die Entwicklung der Menschheit selbst war. Wenn das aber so ist, warum genießen dann die Frauen der Welt nicht die Früchte dieses Evolutionsprozesses – die allgemeine Erfüllung der sexuellen und sozialen Autonomie? Die Tatsache, dass es immer noch Vergewaltigungen, häusliche Gewalt, weibliche Genitalverstümmelung, arrangierte Ehen, Ehrenmorde, Alltagssexismus, wirtschaftliche Abhängigkeit und politische Unterordnung von Frauen in vielen menschlichen Kulturen gibt, scheint unsere Ansicht der menschlichen Evolutionsgeschichte eindeutig zu widerlegen. Müssen wir einräumen, dass solche Verhaltensweisen ein unausweichlicher Teil der »menschlichen Natur« sind – ein Teil unseres evolutionären Erbes, den wir Menschen niemals überwinden werden? Ich denke nicht, und die Theorie des Geschlechterkonflikts kann uns helfen zu verstehen, warum.

Die Geschlechterkonflikttheorie sagt uns, dass die weibliche ästhetische Umbildung nicht die *einzige* wirkende evolutionäre Kraft ist (siehe Kapitel 5). Die Männchen entwickeln sich auch durch die Kraft der Männchen-Konkurrenz (die auch eine Form der sexuellen Selektion ist), und diese kann den sexuellen Zwang gleichzeitig aufrechterhalten und verstärken.

Möglich ist dieser Prozess, weil die Wirksamkeit der Weibchenwahl Grenzen hat. Sie kann die weibliche sexuelle Autonomie erweitern, aber sie ist *kein* Mechanismus zur Entwicklung von weiblicher Macht oder sexueller Kontrolle über Männchen. Solange Männchen weiter Mechanismen entwickeln, die ihre Fähigkeit, sexuellen Zwang und sexuelle Gewalt auszuüben, stärken, bleiben die Weibchen im Nachteil. Wie ich im Zusammenhang mit dem Entensex erläutert habe, ist der »Krieg der Geschlechter« äußerst asymmetrisch – und eigentlich gar kein richtiger Krieg. Die Männchen entwickeln Waffen und Werkzeuge der Kontrolle, während die Weibchen lediglich koevolutionär Mittel zur Verteidigung ihrer Wahlfreiheit entwickeln. Ein fairer Kampf ist das nicht.

Die ästhetische Umbildung beim Menschen hat zwar große Fortschritte für die weibliche sexuelle Selbstbestimmung gebracht, allerdings führte die anschließende Entwicklung der menschlichen Kultur wahrscheinlich zur Entstehung neuer *kultureller Mechanismen* des sexuellen Konflikts. Ich vermute, mit anderen Worten, dass sich kulturelle Ideologien männlicher Macht, sexueller Dominanz und gesellschaftlicher Hierarchie – sprich: das Patriarchat – als Gegenmaßnahmen gegen die Erweiterung der weiblichen sexuellen Autonomie entwickelt haben, um der männlichen Kontrolle über die Befruchtung, die Fortpflanzung und das Elterninvestment *neue Geltung zu verschaffen*. Die Folge ist ein neuer *Rüstungswettlauf der Geschlechter*, der diesmal auf dem Feld der menschlichen Kultur ausgetragen wird.

Genauer gesagt denke ich, dass die Fortschritte der weiblichen sexuellen Autonomie, die sich über Millionen von Jahren seit der Abspaltung von den gemeinsamen Vorfahren mit den Schimpansen ereignet haben (evolutionärer Kontext 2), von zwei relativ modernen *kulturellen* Neuerungen herausgefordert wurden – der Landwirtschaft und der damit einhergehenden Marktwirtschaft (evolutionärer Kontext 4). Beide Erfindungen tauchten parallel vor knapp 600 Menschengenerationen auf und schufen zum ersten Mal die Möglichkeit für Reichtum und die differentielle Verteilung von Reichtum. Als die Männer die kulturelle Kontrolle über diese materiellen Ressourcen gewannen, ergaben sich neue Möglichkeiten der kulturellen Konsolidierung ihrer gesellschaftlichen Macht. Durch die unabhängige und parallele Erfindung des Patriarchats in vielen Kulturen der Welt konnten die Männer ihre Macht auf nahezu alle Bereiche des weiblichen, ja des menschlichen Lebens ausdehnen. Die kulturelle Evolution des Patriarchats hat somit verhindert, dass moderne Frauen die vorherigen evolutionären Errungenschaften im Bereich der sexuellen Autonomie festigen konnten.[397]

Diese Kulturtheorie des Geschlechterkonflikts bietet eine fruchtbare und spannende neue intellektuelle Schnittstelle zwischen ästhetischer Evolution, sexuellem Konflikt, kultureller Evolution und der aktuellen Sexual- und Gender-Politik. Aus dieser Perspektive ist es beispielsweise kein Zufall, dass patriarchalische Ideologien so stark auf die Kontrolle der weiblichen Sexualität und Fortpflanzung sowie auf die Verdammung und Untersagung gleichgeschlechtlichen Verhaltens gerichtet sind. Sowohl die weibliche sexuelle Autonomie als auch das gleichgeschlechtliche Verhalten haben sich entwickelt, um die männliche hierarchische Macht und Kontrolle zu zersetzen. Wahrscheinlich war diese zersetzende Wirkung die treibende Kraft hinter der kulturellen Erfindung und Aufrechterhaltung des Patriarchats selbst.

Diese Sichtweise impliziert auch, dass das Patriarchat trotz der fast allgegenwärtigen männlichen kulturellen Dominanz weder unausweichlich noch das biologische »Schicksal« (was auch immer das sein soll) des Menschen ist. Das Patriarchat ist kein Produkt unserer Evolutionsgeschichte oder der menschlichen Biologie an sich, sondern ein Produkt der menschlichen Kultur. Es gibt die Neigung, auf die vielen Übel der männlichen Dominanz – Aggression, Verbrechen, sexuelle Gewalt, Vergewaltigung, Krieg und so weiter – mit dem müden Hinweis auf deren Unausweichlichkeit zu reagieren: »Boys will be boys. So sind Jungs nun einmal.« Diese »Jungs« sind allerdings eher das Produkt der patriarchalischen Kultur als der menschlichen Evolutionsgeschichte. Die Analyse der Geschichte des Geschlechterkonflikts beim Menschen deutet darauf hin, dass Männer evolutionär entwaffnet und dann kulturell wiederbewaffnet wurden. Erinnern wir uns, dass Män-

[397] Die fast allgegenwärtige Präsenz des Patriarchats in den heutigen menschlichen Kulturen hat auch die Rolle der weiblichen Partnerwahl in der menschlichen Evolution verschleiert. Die ästhetische Perspektive lässt uns erkennen, dass für die menschliche Evolution eine Transformation des männlichen körperlichen und sozialen Phänotyps notwendig war und dass die weibliche sexuelle Autonomie einen Mechanismus bereitstellt, um diese Veränderung herbeizuführen.

ner einen *geringeren* Größenvorteil gegenüber Frauen haben als die für ihre Friedfertigkeit berühmten Bonobos. Die sozialen und sexuellen Vorteile, die Männer gegenwärtig gegenüber Frauen genießen, lassen sich nicht allein als unvermeidliche Folge unserer biologischen, evolutionären Geschichte erklären.

Wenn das Patriarchat aus dem kulturellen Rüstungswettlauf im Konflikt der Geschlechter hervorgegangen ist, dann ist damit zu rechnen, dass es zu kulturellen Gegenmaßnahmen zur Wiederbehauptung und Bewahrung der weiblichen sexuellen und sozialen Autonomie kommt, und so ist es auch. Seit den feministischen Bewegungen für das Frauenwahlrecht, den Zugang zur Bildung und das Recht auf Eigentum und Erbschaften im 19. Jahrhundert gibt es kulturell koevolvierte Bemühungen, der Macht des Patriarchats entgegenzuwirken und die weibliche sexuelle Selbstbestimmung und Wahlfreiheit wieder zu behaupten und voranzutreiben. Auch wenn es mehrere Tausend Jahre gedauert hat: Die Resultate dieser Bemühungen – die rechtliche Anerkennung des Frauenwahlrechts, die allgemeinen Menschenrechte und die Abschaffung der legalen Sklaverei – beweisen, dass es durchaus möglich ist, tief eingewurzelte Bestandteile des Patriarchats aufzulösen, die oft immer noch irrtümlich für biologisch »natürlich« gehalten werden.

Die Idee des auf dem Feld der Kultur ausgetragenen Wettrüstens der Geschlechter ermöglicht uns ein besseres Verständnis davon, was beim Streit zwischen modernen Feministinnen und Vertretern konservativer, patriarchalischer Ansichten zur menschlichen Sexualität eigentlich auf dem Spiel steht. Die Kontrolle über die Fortpflanzung – einschließlich Empfängnisverhütung und Abtreibung – ist schließlich einer der zentralen Streitpunkte im Geschlechterkonflikt.[398]

Ebenso wie die evolvierte sexuelle Autonomie der Enten ist der Feminismus *keine* Ideologie der Macht und Kontrolle über andere, sondern eine Ideologie der Wahlfreiheit. Diese Asymmetrie in der Zielsetzung – zwischen dem patriarchalischen Ziel, die männliche Dominanz zu vergrößern, und dem feministischen Bekenntnis zur Wahlfreiheit – wohnt dem

[398] Das traditionelle patriarchalische Festhalten am Bild der Hausfrau und Mutter ist ein weiteres Beispiel für den Konflikt zwischen den Geschlechtern um das Elterninvestment. Diese kulturellen Vorstellungen dienen dazu, Frauen davon abzuhalten, sexuelle, ökonomische und soziale Unabhängigkeit zu erlangen, indem sie ihren eigenen, unabhängigen, nicht der Reproduktion dienenden, gesellschaftlichen und wirtschaftlichen Interessen nachgehen.

Geschlechterkonflikt grundsätzlich inne, ob bei Enten oder Menschen. Dies lässt die gegenwärtige kulturelle Auseinandersetzung um die allgemeine Gleichberechtigung von Mann und Frau freilich besonders frustrierend erscheinen.

Wie um ihre Nutzung von Macht und Privilegien zu rechtfertigen, stellen die Verteidiger des Patriarchats den Feminismus oft fälschlich als eine Ideologie der Macht dar. Die Feministinnen, so lautet die Behauptung, wollten die Kontrolle über das Leben von Männern übernehmen, ihnen ihre natürlichen, biologischen Vorrechte absprechen und sie in eine untergeordnete Position bringen. Der weiter oben bereits angesprochene antifeministische Jurist ging ja sogar so weit, den Rechtsgrundsatz der »sexuellen Autonomie« – auf dem der Großteil des Sexualstrafrechts beruht – in Frage zu stellen, weil er angeblich dazu berechtige, anderen die eigenen sexuellen Wünsche aufzunötigen.[399] Es ist jedoch offensichtlich, dass hinter derartigen Sichtweisen eine völlig falsche Auffassung davon steckt, was sexuelle Autonomie ist und wie sie biologisch beziehungsweise kulturell zustande kommt.

So mancher Beobachter stellt sich angesichts der aktuellen politischen Auseinandersetzungen über Empfängnisverhütung und reproduktive Rechte in den USA wohl die Frage: »Sind diese ganzen Dinge nicht schon vor *Jahrzehnten* geklärt worden?« Wenn diese Ereignisse zum kulturellen Wettrüsten zwischen den Geschlechtern gehören, müssen wir leider davon ausgehen, dass der Kampf um die weibliche sexuelle Autonomie weitergehen wird, da jede Seite immer neue Gegenmaßnahmen ins Feld führen wird, um den Vorstößen der jeweils anderen zu begegnen.

Andererseits hat auch die feministische Seite schon häufig ihr Unbehagen über Schönheitsstandards, sexuelle Ästhetik und Diskussionen über das Begehren zum Ausdruck gebracht. Schönheit wurde dabei als eine bestrafende männliche Norm angesehen, die Frauen und Mädchen als Sexualobjekte behandelt und dazu bringt, sich nach derselben selbstzerstörerischen Norm zu beurteilen. Auch das Begehren wurde als etwas gesehen, das Männern weitere Gelegenheiten zur Machtausübung über Frauen gibt. Die Theorie der ästhetischen Evolution erinnert uns

---

[399] Vgl. Rubenfeld, »The Riddle of Rape-by-Deception«.
[400] Ich habe die Grundzüge einer koevolutionären philosophischen Ästhetik in der Fachzeitschrift *Biology and Philosophy* veröffentlicht. Vgl. Prum, »Coevolutionary Aesthetics in Human and Biotic Artworlds«, in: *Biology and Philosophy* 28 (2013), S. 811–832.

jedoch daran, dass Frauen nicht nur sexuelle *Objekte*, sondern auch sexuelle *Subjekte* mit eigenen Begierden und der evolvierten Fähigkeit, sie zu verfolgen, sind. Sexuelles Begehren und sexuelle Anziehung sind nicht nur Werkzeuge der Unterjochung, sondern individuelle und kollektive Instrumente des sozialen Empowerments, die zur Ausweitung der sexuellen Autonomie selbst beitragen können. Ein normatives ästhetisches Einverständnis darüber, was bei einem Partner *wünschenswert* ist, kann eine mächtige Kraft sein, um kulturelle Veränderungen herbeizuführen. Die Lehren aus *Lysistrata* sprechen für sich. Individuen können durch ihre positiven sexuellen Entscheidungen die menschliche Gesellschaft verändern.

Ich habe in diesem Buch den Begriff der Schönheit aus den Geisteswissenschaften entlehnt und auf die Naturwissenschaften übertragen, indem ich Schönheit als Resultat eines koevolutionären Tanzes zwischen Begehren und Ausdrucksmerkmalen definiert habe. Nun möchte ich den umgekehrten Weg gehen und ausgehend von der koevolutionären Sicht der Schönheit untersuchen, wie sich diese auf die Geisteswissenschaften und insbesondere auf die Kunst anwenden lässt.

Ein besseres Verständnis der ästhetischen Evolution der Natur schafft ganz neue Möglichkeiten des intellektuellen Austauschs zwischen Evolutionsbiologie und philosophischer Ästhetik – Kunstphilosophie, ästhetischen Eigenschaften, Kunstgeschichte und Kunstkritik –, die ich in einem neuen Forschungsprojekt auszuloten begonnen habe.[400] Jahrhundertelang ging es in der »Naturästhetik« ausschließlich um die Untersuchung *menschlicher* ästhetischer Erfahrungen der Natur – ob beim Betrachten einer Landschaft, beim Lauschen des Gesangs eines Rosenbrust-Kernknackers oder beim Nachdenken über Form, Farbe und Duft einer Orchidee. Die Theorie der ästhetischen Evolution lehrt uns jedoch, dass sich die ästhetischen Formen von Rosenbrust-Kernknacker-Gesängen und Orchideen (nicht aber die von Landschaften) in Koevolution mit den Bewertungen nichtmenschlicher Akteure entwickelt haben – Kernknacker-Weibchen beziehungsweise bestäubende Insekten. Wir Menschen können ihre Schönheit anerkennen, aber wir haben keine Rolle bei deren Entstehung gespielt. Traditionell hat es die philosophische Ästhetik versäumt, den ästhetischen Reichtum der Natur zu würdigen, der in großen Teilen durch die subjektiven Bewertungen von Tieren entstanden ist. Weil wir die Schönheiten der Natur mit einen ausschließlich *menschlichen Blick* betrachten, fehlt uns meist das Verständnis für die große ästhetische Handlungsfähigkeit vieler nichtmenschlicher Tiere.[401] Um eine strengere Disziplin zu werden, muss sich die philosophische Ästhetik mit der ganzen Komplexität der biologischen Welt auseinandersetzen.

Eine weitere spannende Implikation dieser ästhetischen Auffassung des Lebens ist die Erkenntnis, dass der koevolutionäre Wandel *das* Grundmerkmal ist, das allen ästhetischen Phänomenen, einschließlich der *menschlichen Kunst*, zugrunde liegt. Wie ich an vielen Stellen dieses Buches dargelegt habe, erfordert die Evolution von Sexualornamenten wie den Schwanzfedern des Pfaus eine entsprechende Koevolution der kognitiven ästhetischen Vorlieben der Pfauhenne. Veränderungen der Paarungspräferenzen haben den Schwanz umgeformt und Veränderungen des Schwanzes haben die Paarungspräferenzen umgeformt. Den gleichen koevolutionären Prozess können wir in der Kunst beobachten. So hat zum Beispiel Mozart Sinfonien und Opern komponiert, die das Vorstellungsvermögen seiner Zuhörer dahingehend veränderten, was Musik sein und leisten kann. Die neuen musikalischen Vorlieben bewirkten dann, dass spätere Komponisten und Künstler den klassischen Stil der abendländischen Musik weiterentwickelten. In ähnlicher Weise schufen Manet, van Gogh oder Cézanne Gemälde, die das Genre der europäischen Malerei über die bestehenden Grenzen hinaus verschoben. Die dadurch veränderten ästhetischen Vorlieben des Publikums wirkten sich auf die neuen Generationen von Künstlern, Sammlern und Museen aus und führten letztlich zum Kubismus, Dadaismus und anderen modernen Kunstrichtungen des frühen 20. Jahrhunderts. Auch diese kulturellen Mechanismen des ästhetischen Wandels in der menschlichen Kunst sind grundsätzlich koevolutionär.

Die Einsicht, dass Kunst immer das Ergebnis eines koevolutionären historischen Prozesses zwischen Publikum und Künstler ist – ein koevolutionärer Tanz

---

[401] Der »menschliche Blick« bezieht sich auf ein Machtverhältnis zwischen Mensch und Natur, in dem die sinnliche und materielle Genugtuung des Menschen zum objektiven Zweck der Natur erklärt wird. Analog zum »männlichen Blick« verhindert diese anthropozentrische Perspektive, dass die Handlungsfähigkeit von Organismen sowie eigene ästhetische Zwecke nichtmenschlicher Arten überhaupt erkannt werden.

zwischen Merkmal und Begehren, Ausdruck und Geschmack –, zwingt uns, unser Verständnis davon, was Kunst ist und sein kann, zu erweitern. Wir können Kunst weder anhand der objektiven Eigenschaften eines Kunstwerks noch anhand der besonderen Erfahrungen des Betrachters definieren (mit anderen Worten: Kunst liegt nicht allein im Auge des Betrachters). Dass etwas ein Kunstwerk ist, heißt, dass es das Produkt eines historischen Prozesses der ästhetischen Koevolution ist. Oder anders ausgedrückt: *Kunst ist eine Form der Kommunikation, die mit ihrer eigenen Evaluation koevolviert.*[402]

Unsere koevolutionäre Definition der Kunst impliziert, dass diese notwendigerweise innerhalb einer ästhetischen Gemeinschaft beziehungsweise einer Population aus Produzenten und Bewertern von Ästhetik entsteht. In einem mittlerweile klassischen kunstphilosophischen Aufsatz von 1964 bezeichnete Arthur Danto diese den Geschmack bestimmende ästhetische Gemeinschaft als »die Kunstwelt«.[403] Die koevolutionäre Kunstdefinition stellt eine vollkommen neue Verbindung zwischen Evolutionsbiologie und Kunst her.

Die vielleicht revolutionärste Konsequenz aus dieser Definition ist, dass Vogelgesänge, Balzmerkmale, tierbestäubte Blüten, Früchte und so weiter ebenfalls als *Kunst* betrachtet werden müssen. Es ist *biotische Kunst*, die sich in Myriaden von *biotischen Kunstwelten* entwickelt hat, einzelnen Gemeinschaften, in denen im Verlauf der Zeit die Koevolution von ästhetischen Merkmalen und Präferenzen bei Tieren gefördert wurde.

Nun könnte man natürlich einwenden, dass jede Kunstdefinition auf jener Art der kulturellen Transmission von Ideen beruhen sollte, die wir in den menschlichen Kunstwelten antreffen. Menschliche Kunstwerke sind kulturelle Phänomene, die von ästhetischen *Ideen* verändert werden, welche in sozialen Netzwerken von Person zu Person weitergegeben werden – ein kultureller Mechanismus der ästhetischen Erneuerung und Einflussnahme. Müssen wir also, wenn wir diese kulturelle Kunstdefinition akzeptieren, nicht sagen, dass ästhetisch koevolutionäre, *genetische* Entitäten keine Kunst sein können? Nein, denn diese Definition schließt die biotische Kunst keineswegs aus. Fast die Hälfte aller Vogelarten auf der Welt *lernt* zum Beispiel seinen Gesang von anderen

[402] Vgl. Prum, »Coevolutionary Aesthetics in Human and Biotic Artworlds«.
[403] Arthur C. Danto, »Die Kunstwelt«, in: *Deutsche Zeitschrift für Philosophie* 42 (1994), S. 907–919.

Artgenossen.[404] Diese Arten haben *Vogelkulturen*, die seit mehr als 40 Millionen Jahren bestehen, sich entwickeln und diversifizieren. Infolgedessen gibt es bei erlernten Vogelgesängen regionale Variationen (das heißt Dialekte) und die kulturelle Transmission kann rasche und manchmal radikale Veränderungen dieser Gesänge herbeiführen, genauso wie dies gelegentlich in der menschlichen Kunst geschieht. Ähnliche kulturelle ästhetische Prozesse finden auch bei Walen und Fledermäusen statt.[405]

Kurzum, wenn wir das Museum und die Bibliothek verlassen, wenn wir die ästhetische Komplexität der Natur genau betrachten und wenn wir dann darüber nachdenken, wie das alles entstanden ist, dann werden wir feststellen, dass es schwierig ist, die Kunst auf eine Weise zu definieren, die einerseits alles einschließt, was wir als menschliche Kunst betrachten, und andererseits die ästhetischen Erzeugnisse aller nichtmenschlichen Tiere ausschließt.[406]

So mancher Kunstphilosoph, Kunsthistoriker oder Künstler mag die Anerkennung von Myriaden neuer biotischer Kunstformen eher für ein Ärgernis oder gar eine Schande halten als für einen interessanten Beitrag zu seinem Fachgebiet. Nach meinem Dafürhalten gibt es jedoch gute Gründe, diese inklusivere, »posthumane« Sicht der Kunst als echte Chance auf einen Fortschritt in der Ästhetik willkommen zu heißen. Ursprünglich dachten wir Menschen, wir stünden im Mittelpunkt der gesamten Schöpfung und die Sonne und die Sterne drehten sich um *uns*. Die wissenschaftlichen Entdeckungen der letzten fünfhundert Jahre haben uns dann allerdings gezwungen, diese Sicht des Kosmos und unserer Rolle darin zu revidieren. Mit jeder neuen Entdeckung hat sich der Mensch weiter vom Organisationszentrum des Universums wegbewegt. Die Realität ist, dass wir in einem stinknormalen Sonnensystem in irgendeinem abgelegenen Winkel einer Nullachtfünfzehn-Galaxie leben – im absoluten kosmischen Niemandsland. Auch wenn die Größe der Erde und ihre Entfernung von der Sonne

---

404 Zu den Vogelarten, die ihren Gesang erlernen, gehören die Singvögel, die Papageien, die Kolibris und die Glockenvögel (*Cotingidae*). Für eine Einführung in das Erlernen des Vogelgesangs und seine kulturellen Konsequenzen siehe Donald E. Kroodsma, *The Singing Life of Birds. The Art and Science of Listening to Birdsong*, Boston 2005.
405 Den dramatischen Fall einer ästhetischen Kulturrevolution bei australischen Buckelwalen schildern Michael J. Noad u. a., »Cultural Revolution in Whale Songs«, in: *Nature* 408 (2000), S. 537.
406 In meinem Artikel über koevolutionäre Ästhetik analysiere ich ausführlich, wie sich verschiedene Kunstdefinitionen darauf auswirken, ob es nichtmenschliche Kunst gibt (vgl. Prum, »Coevolutionary Aesthetics in Human and Biotic Artworlds«.

wirklich etwas Besonderes sind, so ist unsere Position im All in jeder anderen Hinsicht vollkommen zufällig, unvorhersehbar und wenig beeindruckend. Viele empfanden diesen geistigen Wandel als beunruhigend; ich denke dagegen, dass ein solches Wissen unsere Wertschätzung des erstaunlichen, unerwarteten Reichtums der biologischen Welt, der menschlichen Existenz, unserer bewussten Erfahrung und unserer technischen und kulturellen Errungenschaften nur steigern kann.

Und ebenso bin ich der Überzeugung, dass eine Neufassung der philosophischen Ästhetik in der Weise, dass der Mensch aus deren Organisationszentrum verschwindet – um die ästhetischen Erzeugnisse von menschlichen wie nichtmenschlichen Tieren vollständig zu erfassen –, unsere Wertschätzung der fabelhaften Vielfalt, Komplexität und ästhetischen Fülle sowie der variablen gesellschaftlichen Funktionen der menschlichen Kunst nur steigern kann. Eine posthumane philosophische Ästhetik, die uns und unsere Kunstwelten mit anderen Tieren in Beziehung setzt, ermöglicht uns ein viel tieferes Verständnis davon, wie wir entstanden sind und was das wirklich Besondere am Menschsein ist.

An einem nebligen Spätjunimorgen des Jahres 1974 stand ich in einem großen Hummerboot und griff begierig nach meinem Fernglas, während wir den Hafen von West Jonesport, Maine verließen.[407] Wir waren auf dem Weg zur Insel Machias Seal Island, die damals die südlichste Nistkolonie des Papageitauchers (*Fratercula arctica*) war. Der Nebel begann sich zu lichten, als wir das tiefe Wasser der Bay of Fundy erreichten, und kurz darauf wies uns Kapitän Barna Norton auf einige Große Sturmtaucher, Dunkle Sturmtaucher und Buntfuß-Sturmschwalben – kleinere Verwandte der hochseetauglichen großen Albatrosse – hin, die über die graue Wasseroberfläche zogen.

Als wir an der grasbewachsenen, fünfzehn Morgen großen Insel mit ihrer Felsenküste und ihrem pittoresken weißen Leuchtturm ankamen, brach die

[407] Mein großer Dank für diese wunderbare Reise zur Bay of Fundy vor vielen Jahren gilt Mary und Richard Burton-Beinecke, zu denen ich leider den Kontakt verloren habe. Mary war eine unitarische Pfarrerin im nahe gelegenen Arlington, Vermont, und wir hatten uns im Frühling davor bei einem Vogelbeobachtungskurs kennengelernt, der vom Vermont Institute of Natural Science organisiert worden war und den mein (inzwischen langjähriger) Freund Tom Will hielt. Mary und Richard waren so nett, mich auf einen Ausflug nach Machias Seal Island mitzunehmen und trugen damit entscheidend zu meiner wachsenden Besessenheit von Vögeln bei.

Sonne hervor. Im Gras neben den Holzstegen, die die Insel durchziehen, nisteten Tausende Fluss-Seeschwalben. Darunter mischten sich einige Hundert Küstenseeschwalben, die sich durch ihren blutroten Schnabel, silbrige Flügel, kürzere, rote Beine, graueres Brustgefieder und längere, weiße Schwanzfedern von den Fluss-Seeschwalben unterscheiden. In nur sechs Wochen sollten diese Küstenseeschwalben ihren gewaltigen Zug beginnen – den längsten aller Organismen –, der sie über den südlichen Atlantik zu ihren Winterquartieren im antarktischen Polarmeer führte, von wo aus sie im nächsten Sommer zum Brüten wieder hierher zurückkehren würden. Als wir über die Holzstege durch die Seeschwalbenkolonie gingen, lösten wir eine fortschreitende Welle der Bestürzung aus. Abwechselnd stürzten sich Seeschwalbenpaare schreiend auf uns, um unsere Köpfe mit ihren nadelspitzen Schnäbeln zu attackieren. Mit meinen zwölf Jahren war ich einer der Kleinsten in unserer Gruppe, und da die größeren Teilnehmer für die Vögel leichter zu erreichen waren, blieb mir die volle Wucht der Angriffe erspart.

Von verschiedenen Ansitzen mit Blick auf die Felsenküste aus sah ich Dutzende Papageitaucher mit ihrem schwarz-weißen, smokingähnlichen Gefieder und ihren clownhaft großen, leuchtend rot, orange und schwarz gefärbten Schnäbeln [↗ Farbtafel 21]. Die Vögel sonnten sich und saßen gesellig auf den Granitfelsen beieinander, bevor sie wieder zur Nahrungssuche aufs Meer hinausflogen. Hin und wieder kam einer von ihnen zurück, den Schnabel voll mit einem Dutzend oder mehr dünnen Fischchen, die beiderseits des Schnabels herunterhingen wie der silbrige Walrossschnauzer, der damals bei Rockstars und jungen Männern so beliebt war. Nach der Landung auf dem Felsen stieg der Papageitaucher dann mit seinem Futter zwischen den Felsen zu seinem Bau herab, um sein hungrig wartendes, einzelnes Küken zu füttern. Auf den Felsen befanden sich auch noch einige Paare von Trottellummen (*Uria aalge*) und Tordalken (*Alca torda*), den nächsten lebenden Verwandten des ausgestorbenen, flugunfähigen Riesenalks (*Alca impennis*), der vor Jahrhunderten dieselben Gewässer bevölkert hatte.

Der Tag flog dahin und ein paar Stunden später kehrte ich mit Sonnenbrand und voll stinkender Seeschwalbenscheiße, aber überglücklich zum Boot zurück. Auf dem ganzen Rückweg nach West Jonesport blieb ich wachsam, in der Hoffnung, im Kielwasser vielleicht noch einen Sturmtaucher oder eine futtersuchende Küstenseeschwalbe zu Gesicht zu bekommen. Viele Ereignisse dieses Tages – wie dass ich im Morgengrauen in meinem Zelt erwachte und den Gesang meiner ersten Zwergdrossel (*Catharus ustulatus*) vernahm – haben sich bis heute, über vierzig Jahre später, in mein Gedächtnis eingebrannt.

Nach Monaten des Träumens, Planens, Lesens und Studierens von Vögeln in meinem kleinen, von Land umschlossenen Heimatort im Süden Vermonts überstieg das Erlebnis, die Papageitaucher und andere Meeresvögel endlich leibhaftig zu sehen, meine kühnsten Erwartungen. Das Zusammentreffen von Bücherwissen und Lebenserfahrung – von *savoir* und *connaissance*, Wissen und Kennen – weckte in mir eine tiefe Freude. Es war eine frühe und prägende Vogel-Epiphanie. In den darauffolgenden Jahren sollte ich einen Großteil meines Lebens dem Versuch widmen, das Offenbarungserlebnis der Naturbeobachtung und des wissenschaftlichen Forschens und Entdeckens wiederzuerleben, auszuweiten und zu vertiefen.

Nach und nach wurde mir klar, dass die Vogelbeobachtung und die Wissenschaft jeweils unterschiedliche Möglichkeiten sind, sich selbst in der Welt zu erkennen – parallele Wege, um durch die Beschäftigung mit der Vielfalt und Komplexität der uns umgebenden Natur zu einem Ausdruck der eigenen Persönlichkeit und zu einem Sinn zu finden. Dennoch bin ich nach wie vor verblüfft, auf welche überraschenden neuen Arten sich dies immer wieder bestätigt, wie Wissen auf Umwegen zurückkehrt und Möglichkeiten für reichere, immer tiefere Erfahrungen und immer aufregendere Entdeckungen schafft und wie dieser Prozess unser Leben bereichert.

Ich brenne immer noch genauso auf die nächste Gelegenheit, die nächste Entdeckung, den nächsten neuen, schönen Vogel, wie an jenem vielversprechenden nebligen Morgen in Maine.

Danksagung

Ich bin vielen Menschen für ihre Einsichten, ihren Rat, ihre Hilfe und ihre Unterstützung beim Schreiben und Herstellen dieses Buches zu Dank verpflichtet. Mein persönlicher Dank gilt meiner Frau Ann Johnson Prum für ihre enthusiastische Ermutigung, ihre hilfreichen Einsichten, ihre Ratschläge bei der Manuskriptbearbeitung, ihre Geduld und ihr Verständnis. Ich bedanke mich auch bei meinen Kindern Gus, Owen und Liam für ihre offenherzige Neugier und ihr aufrichtiges Interesse. Ich danke meiner Zwillingsschwester Katherine für ihre Inspiration und ihr Verständnis. Unser gemeinsames, paralleles Leben in der Kindheit hatte einen unschätzbaren Einfluss auf mich, mein Interesse am Feminismus und an dem großen Geheimnis der subjektiven Erfahrungen anderer. Ich möchte mich auch bei meinen Eltern Bruce Prum und Joan Gahan Prum bedanken, die mein Interesse an Vögeln, Wissenschaft und Reisen von Anfang an unterstützt haben.

Dieses Buch wurde durch mehrere Stipendien unterstützt. Ich begann mit dem Schreiben zwischen 2011 und 2012 während eines Ikerbasque Science Stipendiums der Ikerbasque Science Foundation und des Donostia International Physics Center (DIPC) im spanischen Donostia/San Sebastián. Ich danke Pedro Miguel Echenique und Javier Aizpurua vom DIPC für ihr Interesse und ihre Unterstützung. Fertiggestellt wurde das Buch (fast) während eines Stipendiums am Wissenschaftskolleg zu Berlin 2015. Das »WiKo« bot eine unglaublich produktive, wissenschaftliche und kollegiale Umgebung und ich danke meinen vielen neuen Freunden, die ich dort kennenlernen durfte. Darüber hinaus wurde das Projekt durch Mittel des William Robertson Coe Funds der Yale University und durch ein Stipendium der MacArthur Foundation unterstützt.

Ich danke Michael DiGiorgio und Rebecca Gelernter für ihre wunderbaren Zeichnungen und Illustrationen sowie Juan José Arango, Brett Benz, Rafael Bessa, Marc Chrétien, Michael Dolittle, Ronan Donovan, Rodrigo Gavaria Obregón, Tim Laman, Kevin McCracken, Bryan Pfeiffer, João Quental, Ed Scholes und Jim Zipp für die Erlaubnis, ihre großartigen Fotografien abzudrucken.

Der Inhalt und die Richtung dieses Buches wurden durch die Einsichten und Kommentare zahlreicher Kollegen und Freunde in vielen Gesprächen und Diskussionen geprägt und verbessert; dazu gehören: Suzanne Alonzo, Ian Ayres, Dorit Bar-On, David Booth, Gerry Borgia, Brian Borovsky, Patricia Brennan, James Bundy, Tim Caro, Barbara Caspers, Innes Cuthill, Anne Dailey, Jared Diamond, Elizabeth Dillon, Michael Donoghue, Justin Eichenlaub, Teresa Feo, Michael Frame, Rich und Barbara Franke, Jennifer Friedmann, Jonathan Gilmore, Michael Gordin, Phil Gorski, Patty Gowaty, David Halperin, Brian Hare, Karsten Harries, Verity Harte, Geoff Hill, Dror Hawlena, Rebecca Helm, Geoff Hill, Jack Hitt, Rebecca Irwin, Susan Johnson Currier, Mark Kirkpatrick, Jonathan Kramnick, Susan Lindee, Pauline LeVen, Daniel Lieberman, Kevin McCracken, David McDonald, Erika Milam, Andrew Miranker, Michael Nachman, Barry Nalebuff, Tom Near, Daniel Osorio, Gail Patricelli, Robert B. Payne, Bryan Pfeiffer, Steven Pincus, Steven Pinker, Jeff Podos, Trevor Price, David Prum, Joanna Radin, Bill Rankin, Mark Robbins, Gil Rosenthal, David Rothenberg, Joan Roughgarden, Alexandre Roulin, Jed Rubenfeld, Dustin Rubenstein, Fred Rush, Bret Ryder, Lisa Sanders, Haun Saussy, Francis Sawyer, Sam See, Maria Servedio, Russ Shafer-Landau, Robert Shiller, Bryan Simmons, David Shuker, Bob Shulman, Stephen Stearns, Cassie Stoddard, Cordelia Swann, Gary Tomlinson, Chris Udry, Al Uy, Ralph Vetters, Michael Wade, Günter Wagner, David Watts, Mary Jane West-Eberhard, Tom Will, Catherine Wilson, Richard Wrangham, Marlene Zuk und Kristof Zyskowski. Ich bin sicher, es gab noch andere, die ich vergessen habe!

Ein großer Teil der Forschung, die in diesem Buch vorgestellt wird, entstand in Zusammenarbeit mit meinen Studenten und Postdoktoranden. Ich bin sehr dankbar für die kreativen Beiträge, die Diskussionen und die harte Arbeit von

DANKSAGUNG

Marina Anciães, Jacob Berv, Kimberly Bostwick, Patricia Brennan, Chris Clark, Teresa Feo, Todd Harvey, Jacob Musser, Vinod Saranathan, Ed Scholes, Sam Snow, Cassie Stoddard und Kalliope Stournaras.

Ich bedanke mich bei meiner Lektorin bei Doubleday, Kristine Puopolo, und bei ihrem Assistenten Daniel Meyer, die mich stets ermutigten und mit ihren klugen Gedanken und hervorragenden Beobachtungen unterstützten. Beth Rashbaum war unermüdlich damit beschäftigt, verschiedene Entwürfe des gesamten Buches zu bearbeiten, und half dabei, das Buch klarer, zugänglicher und lesbarer zu machen. Ich bin Beth zutiefst dankbar für ihre Geduld, ihre Hartnäckigkeit und ihre Einsichten. Natürlich bin ich allein verantwortlich für alle Fehler, Irrtümer und Auslassungen in diesem Buch.

Sehr dankbar bin ich auch meinen Agenten John Brockman und Katinka Matson für ihre Erfahrung, ihren Rat und ihre Anleitung während des gesamten Prozesses.

Schreiben kann ein einsames und ungewisses Unterfangen sein. Zu Beginn des Projekts hatte ich eine E-Mail-Korrespondenz mit dem Dichter Carter Revard über die ästhetische Evolution bei Vögeln, in der Natur und in der Kunst. Carter schloss mit dem Gedicht »Der Blumenschopf« von Robert Frost, dessen Schlussverse lauten:

»Wir tun das Werk vereint«, sprach ich von Herzen,
»ob wir's gemeinsam oder einzeln tun.«

Das Bild aus Frosts Gedicht – unsere vielen einzelnen Leben, die auf verschiedene Weisen parallel, in Abgeschiedenheit und vielleicht sogar in Unkenntnis voneinander auf ein gemeinsames Ziel der Entdeckung, der Schönheit und der Gerechtigkeit hinarbeiten – wurde zu einer Quelle der Inspiration und Ermutigung während des gesamten Projekts. Daher bin ich all denen dankbar, die parallel am wissenschaftlichen Wandel und an einer neuen, fruchtbareren Beziehung zwischen Wissenschaft und Kultur arbeiten.

Register

23andMe 100
Abtreibung, Recht auf 411
Adam 301–303
Adaptation durch natürliche Selektion
 → natürliche Selektion
Adaptationismus 231, 273, 274, 394, 399, KAP. 6, ANM. 204 U. 207, KAP. 8, ANM. 258 U. 261
— und Balzverhalten 83–84, 102–103
— Beauty Happens vs. 109 (Beauty-Happens-Hypothese), 109 (Beauty-Happens-Mechanismus), KAP. 2, ANM. 94 (Nullhypothese), ANM. 94 (Zufallshypothese der Schönheit)
— und Federevolution 175–176
— und Fitness 66–67
— und Geldlehre 103–104, 107–108
— Handicap-Prinzip befördert von 59–61, 64–65
— und Keulenschwingenpipras 157–165
— und Körpersymmetrie 100–102
— und Partnerwahl → Partnerwahl
— schwache Grundlage von 86
— und sexuelle Ornamente 43–46, 316–317
— und sexuelle Selektion 37, 58, 66–68, 86, 88, 93–104, 108–109, 161–162
— Prüfen des 145
— und der weibliche Orgasmus 321–326, 329–330
— zweistufiges Evolutionsmodell nach Fisher → Fisher, Ronald A.
adaptive Radiation 112
Adeliepinguine KAP. 11, ANM. 358
Ästhetik, philosophische 413–417
ästhetische Entwaffnung 358–365, 369, KAP. 10, ANM. 351
ästhetische Evolution 17–22, KAP. 2, ANM. 94
— der Achsel- und Schambehaarung KAP. 8, ANM. 300
— Allgegenwärtigkeit der 145
— besseres Verständnis mit Hilfe der Geisteswissenschaften 413
— Eugenik vs. 402–405
— der Federn 172–177
— und Flügelklänge der Keulenschwingenpipras 155
— als gefährliche Idee 27–28, 67
— der Gelbkopfpipras 115
— und geringere männliche Aggression 356
— Hygiene vs. KAP. 8, ANM. 300
— und Koevolution der Sexualornamente und sexuellen Präferenzen 331
— Komplexität der 93–94, 96–97
— des Kooperationsverhaltens 266
— und Kopulation 307–308
— und der männliche Orgasmus 321
— des männlichen gleichgeschlechtlichen Verhaltens 377–382, 387–388, 390–391
— Meinungsverschiedenheiten über 20–22, 24–25, 401–413
— der Menschen 277, 297–305, 337–339, 377–382, 387
— des menschlichen Penis 297–305
— Naturgeschichte 111–112
— als neue Wissenschaft 271
— und Partnerwahl 34
— Phylogenese 111–112
— und die Pleasure-Happens-Hypothese 332–339
— als radikale Auffassung 400
— als revolutionäre Idee 401
— und sensorische und kognitive Erfahrungen EINFÜHRUNG, ANM. 4
— durch soziale Selektion KAP. 3, ANM. 102
— Verlust des Vogelpenis 191–193

– vermeintlicher Disput zwischen Mathematikern und Naturalisten über 64–65
– Vielfalt in 400
– und der weibliche Orgasmus 322, 331
→ Schönheit, Evolution der; Partnerwahl; sexuelle Selektion

ästhetische Radiation
– Definition von 112
– Erforschung des Autors 131–132
– Flügelklänge der Keulenschwingenpipras 155
– bei Schnurrvögeln 112, 138–142

ästhetische Umbildung 220, 241–244, 271, 358–369, 408–409, KAP. 6, ANM. 229
– bei Laubenvögeln 241–244
– Definition von 220
– und geringere männliche Aggression bei Menschen 356–365
– und männliches gleichgeschlechtliches Verhalten 385–386
– bei Schnurrvögeln 255–256

ästhetisches Baumeln, Hypothese des 305–307, KAP. 8, ANM. 290

Affen 140, 275, 276
Afrika 309
Agassiz, Louis 30
Akerlof, George 107
Akin, Todd 210
Allele KAP. 2, ANM. 77
Altweltprimaten 275, 360
Alzheimer 99
Amerikanischer Fachärzteverband für Allgemeinmediziner (American Academy of Family Physicians) 98
American Journal of Medical Genetics 300
American Naturalist, The 82–84
American Recovery and Reinvestment Act (ARRA) 208
Anchiornis huxleyi 15, 170–172, ABB. 15
Anden 132–137
Animal Spirits (Shiller und Akerlof) 108

Anliegen der Ohrläppchen 314
Ardipithecus ramidus 362
Arfak-Gebirge 234
argentinische Ruderente 192
Argusfasane 71–82
– und der adaptive Nutzen ihrer Partnerwahl 94–97, 108–109
– Balzritual des 71–81, 93–94, 102–103
– Beschreibung des 71
– Darwin über den 37–38, 52, 69, 80, 81
– Muster der Flügelfedern 77–81, 93–94, 102, 400
– Namensgebung 78
– als polygyn 72
– Scheu des 71–74
– und die Symmetrie-Hypothese 102
– Videos von dem KAP. 2, ANM. 64
Argyll, Duke of 81
Aristophanes 355–356
arrangierte Ehen 408
Asexualität 375
Athen 356–357
Atherton Tablelands 226
Atonale Musik 103
Aufwand der Partnersuche 63
Aufzucht der Jungen 296, 342–346
Augen 31
Augenbrauen 290
Augenlider, Form der 314
Auk, The 131
Ausflug 182
außereheliche Paarung 324–325
Aussetzung von Kindern 343
Aussterben 161–163
Australien 220, 224, 226, 228

Baculum 298–301, 303–304
Bärenmakaken 323
Bailey, Nathan 316
Bakterien 167–169
Ballett 100–102, KAP. 2, ANM. 90
Balmford, Andrew 235

Balzverhalten:
- und Adaptationismus 82–84, 100–102
- der Argusfasane 71–77, 93–94, 100–102
- Evolution des, ehrliche Signalgebung KAP. 4, ANM. 140
- der Gelbkopfpipras 114–118
- der Goldhaubengärtner 227
- der Goldschwingenpipras 135–144, 150, KAP. 7, ANM. 254
- und das Handicap-Prinzip 58–63
- der Keulenschwingenpipras 147
- der Mandarinenten 183–185
- menschliche Sexualität 276
- der Östlichen Weißkehlpipras 82–84, 125–129, 135–138, 140–144, 147
- und Partnerqualität 63–67
- der Säbelpipras 118–121, 147–148
- der Schellenten 181–185
- der Schnurrvögel 114–118, 127, 131–133, 138–144, 269
- der Schwarzkopfruderenten 183–184
- der Seidenlaubenvögel 224, 239–240, 244–245
- der Vögel 144, 345–346
- der Weißstirnpipras 125–126
- willkürliches 81–85
- → Lek-Paarung

Bauchsäcke KAP. 8, ANM. 266
Baum des Lebens 31, 111, 120, 142
- Menschen 274

Bauplan KAP. 6, ANM. 199
Beagle 29
Beauty-Happens-Modell 271, KAP. 6, ANM. 218
- Adaptationismus vs. 108–109, KAP. 2, ANM. 89
- und die ästhetische Radiation der Schnurrvögel 142
- und Argusfasane 94–95

Balzverhalten der Laubenvögel 235–236, 31–32
- dekadente Folgen der 165–166

- Eugenik vs. 405–406
- und die Flügelgesänge der Keulenschwingenpipras 149
- als geeignetes Nullmodell der Evolution durch sexuelle Selektion 103–109, 316–317, KAP. 2, ANM. 94
- und Gelbkopfpipras 118–119
- Kosten 102, KAP. 2, ANM. 82
- und männliche sexuelle Ornamente beim Menschen 288–289
- als Nullmodellhypothese 90–92
- und Ornamente mit multiplen Merkmalen 94–95
- und positive Rückkopplungsschleife 104–106
- und unberechenbare Evolutionsprozesse 142
- und der weibliche Orgasmus 322
- und weibliche sexuelle Ornamente beim Menschen 287–289

Bedrohungsreduktionshypothese 238–244
Beebe, William 71–74, 80–81
behindert 403
Benz, Brett 227
Berlin, Isaiah 397
Bernanke, Ben 46
Beutelratten 299
Bewusstsein 353
Biodiversität 145, 225
Biogeografie der Vögel 14
biotische Kunstwelten 415
Bipedie KAP. 8, ANM. 259 U. 290
Birds of Ecuador (Greenfield und Ridgely) 134
Birds of North America (Robbins) 10
Birds of Surinam (Haverschmidt) 123
Bisexualität 372
Bläschendrüsen 335
Blatthornkäfer KAP. 1, ANM. 34
Blatthühnchen 39, KAP. 3, ANM. 115
Blutdruck 98
Bluttest 98

Bonobos 275–279, 323, KAP. 10, ANM. 335
– Aufzucht der Jungen 351–352, 365–366
– Gesellschaften der 351–352
– gleichgeschlechtliches Verhalten der 383–385
– Selbstdomestizierung 354–355
– Sexualdimorphismus 358
– Sexualverhalten der 351–352, 354–355
– sexueller Zwang, kein 351–352
Borgia, Gerry 231, 238–240, 244, KAP. 6, ANM. 225
Borneo 71, 72, 74
Bostwick, Kimberly 152–158, KAP. 3, ANM. 108, KAP. 4, ANM. 134
Botswana 347
Bower-Pläne 224
Bradbury, Jack 250–252, KAP. 7, ANM. 235 U. 240
Brasilien 167–170
Bream, Shannon 208
Brennan, Patricia 180, 193–200, 204–209, 245, 407, KAP. 5, ANM. 179 U. 192
Briggs, Derek 166–169
Britisch-Guayana 126, 129
British Library of Wildlife Sounds 133
Broome Bird Observatory 224
Brownmiller, Susan 187, 212
Brownsberg-Naturpark 118, 122–129, 308
Brüste 284–287, 294, 297
Brustwarzen, männliche 322–323
Brutparasitismus KAP. 3, ANM. 114
Bundy, James KAP. 12, ANM. 386
Buntschnepfe KAP. 3, ANM. 115
Burton-Beinecke, Mary KAP. 12, ANM. 407
Burton-Beinecke, Richard KAP. 12, ANM. 407

Carlson, Tucker 209, 210
Cartoon 341–344
Case of the Female Orgasm, The (Lloyd) 325, KAP. 9, ANM. 303 U. 330
Cézanne, Paul 414
Chamäleons 145
Chicxulub, Yucatán, Mexiko 176–177
Chiroxiphia-Schnurrvögel 257, 259–266, 400, KAP. 3, ANM. 111, KAP. 7, ANM. 245, 246, 248 U. 254
Coburn, Tom 209
Cocha Cashu 131
Coddington, Jonathan 114, 118, KAP. 3, ANM. 103
Colbert, Stephen 212
»**Congenital Human Baculum Deficiency**« (Gilbert und Zevit) 300
Convenience-Polyandrie KAP. 5, ANM. 166
Cooper, Gary 310
Cornell Lab of Ornithology 133
Cornell University 152–154
Costa Rica 120, 193, 263
Cowper-Drüsen 335
Crato-Formation 167–170
Crawford, Cindy KAP. 8, ANM. 261
Cybercast News Service (CNS) 208

Dada 414
Daily Beast, The 209
Danto, Arthur 415
Danum-Valley-Conservation-Area 74
Darwin, Charles 18–19, 23–29, 49–50, 66–67
– über die Argusfasanen 36–38, 52–53, 68–69, 80, 81
– über den Baum des Lebens 31, 111
– Debatte über Gefieder von Vögeln mit Wallace 44
– über Genuss bei der Partnerwahl 332
– als intellektueller Fuchs 397
– über natürliche vs. sexuelle Selektion 294
– sexuelle Selektion gefördert von
   → sexuelle Selektion
– Studium der Naturgeschichte 111
– Werdegang 29–33
Darwinism (Wallace) 47
Davis, T. A. W. 126–129
Davis, Tom 129–130
Davison, G. W. H. 75, 94

Dawkins, Richard 228, 229, 301–303, 400, KAP. 5, ANM. 191, KAP. 6, ANM. 204
De Haan, Johan Bierens 76
Deep Jungle (Dokumentarfilm) KAP. 3, ANM. 108
dekadente Schönheit 163–165
– bei Keulenschwingenpipras 148–149, 159–163
Dekoration, Evolutionsgeschichte der 232–242
Dennett, Daniel 28
Deodorant KAP. 8, ANM. 300
Descent of Man, and Selection in Relation to Sex, The (Darwin) 28, 32–34, 37, 38, 40, 43, 54, 82, 191, 269
– über Ästhetik der Vögel 151, 215, 269, 399
– Kritik an 40–43
– über Lek-Verhalten 248
deutsch 13
Diamond, Jared 233–235, 295, KAP. 8, ANM. 290 U. 299
differenzielle reproduktive Investment, das KAP. 1, ANM. 44
Dinosaurier → theropode Dinosaurier
Diskussionsgruppe Biogeografie und Systematik 113, KAP. 3, ANM. 103
Don Juan 283
Donoghue, Michael KAP. 3, ANM. 103
Doppel-Maibaum-Laube 226–227
Dreigang-Laubenvögel 224
Dritte Schimpanse, Der (Diamond) 295
Drogenabhängigkeit 99
Drosseln 19, 167, KAP. 6, ANM. 205
Duckpenisgate 207–210
Durães, Renata 251
Durham, William KAP. 8, ANM. 297
Dutton, Denis KAP. 2, ANM. 90
DuVal, Emily 264, KAP. 7, ANM. 245, 246 U. 249

Eastwick, Paul 291–292
Echolot 16
Eckzähne 358–363, KAP. 10, ANM. 351 U. 355

Ecological Theater and the Evolutionary Play, The (Hutchinson) KAP. 3, ANM. 115
Ecuador 12, 66, 132–134, 140, 147, 153, KAP. 4, ANM. 134
egoistische Gen, Das (Dawkins) KAP. 5, ANM. 191
Ehrenmorde 408
ehrliche Signalgebung
– Bauchnabel als KAP. 8, ANM. 259
– Einschränkung der Entwicklung von Balzrepertoires und ästhetischen Innovationen durch KAP. 4, ANM. 140
– und das Handicap-Prinzip 58–60, 97
– Kunst als KAP. 2, ANM. 90
– und Körpersymmetrie 100–102, KAP. 2, ANM. 87
– und Ornamente der Laubenvögel 236
– Partnerwahl 82–83
– sexuelle Ornamente → sexuelle Ornamente
Eichel 295, 296, 306
Eier 72, 96, 117, 121, 164, 179–180, 185–186, 190, 201, 254, 282, 325, KAP. 3, ANM. 114 U. 115
Einstein, Albert 85
Ejakulation 198, 203, 205, 321, 335
El Placer, Ecuador 134–138, 150, 152
Elefanten 299
elterliche Fürsorge 365–367, 377
elterliche Investitionen 59, 190, 219, 220, 297, 342, 346, 356, 365, 366, 409, KAP. 8, ANM. 266
Emigration KAP. 2, ANM. 77
Emlen, Steve 249
Empfängnisverhütung 411, 412
Emu 191
Endler, John 236–237
englisch 13
Enten 179–181
– Ejakulation 198, 203, 205
– erzwungene Kopulation bei 187–189, 200–214, 345
– freiwilliger Sex bei 206
– Genitalien von → Penis, Ente; Vagina, Ente
– Geschlechterverhältnis 219
– und männliche Konkurrenzkämpfe 39

REGISTER

- Scheinputzen 183–184, KAP. 5, ANM. 164
- Sexualverkehr von 180–181, 194–198, KAP. 5, ANM. 179
- sexueller Konflikt über Befruchtung bei 15, 187–189, 200–214, 409
- territorial vs. nicht territorial 185–186
- weibliche Partnerwahl bei 39, 183–186
- Entscheidungsfreiheit → sexuelle Autonomie

Entwicklungsbiologie (Evo-Devo) 172–177, 399

Erektionsstörung 298, 303

Erlernen der Gesänge 215

»Erste Feige« (Millay) 166

erweiterter Phänotyp 228–229, 233–234

erzwungene Kopulation
- und der Bau der Lauben 241
- bei Enten 187–189, 200–214, 345
- Schimpansen, keine 351

erzwungene Perspektive 79, 236

Essay on Classification (Agassiz) 30

Estradiol 287

Ethnizität 275, 402

Ethologie 132

Eugenik 49, 54, 402–406

Eva 299–301

Evolution:
- Ästhetik → ästhetische Evolution
- Entwicklungs- (Evo-Devo) 172–177, 399
- der Federn 15, 148
- Fishers Zweistufenmodell der 49–50, 52–54, KAP. 1, ANM. 42, KAP. 2, ANM. 77 U. 94, KAP. 8, ANM. 269, KAP. 12, ANM. 388
- fünf Mechanismen der KAP. 1, ANM. 60
- Geschichte der Schönheit 139–141, 145
- des gleichgeschlechtlichen Verhaltens → gleichgeschlechtliches Verhalten
- und kulturelle Evolution 312
- des Lek-Verhaltens 265–267, KAP. 3, ANM. 111 U. 114, KAP. 7, ANM. 241
- und menschliche Sexualität 276
- der Schönheit → Schönheit, Evolution der
- der sexuellen Ornamente 15–21, 28, EINFÜHRUNG, ANM. 6, KAP. 4, ANM. 147
- des Verhaltens der Schnurrvögel 132, 138–144
- Vogelgenitalien 194–195
- → natürliche Selektion; sexuelle Selektion

Evolution of Human Sexuality, The (Symons) 322

Evolutionsbiologie 20, 22, 24
- verlorenes Interesse an Phylogenese 112

Evolutionäre Dekadenz 159, 166–167
- und Federn 163–165

Evolutionäre Psychologie 272, 405, KAP. 8, ANM. 258
- und Eugenik 405
- und menschliche männliche Ornamente 286, 291–293
- und Penisgröße des Menschen 306
- Paarungswert 286
- schlechte Wissenschaft 272
- sexuell ausschweifende Männer 282, 312
- und der weibliche Körper des Menschen 287, 298

Evolutionäre Radiation 109

Fakfak-Gebirge 233–234

Fasanen KAP. 3, ANM. 114

Federn 14–15
- des *Anchiornis* 169–172
- der Argusfasane 77–82, 93–94, 102, 399
- Bakterien 167–169
- Debatte zwischen Darwin und Wallace über 163
- der Dinosaurier 15, 169–173, 175–177
- evolutionärer Ursprung 15, 148, 172–177
- des Fichtenwaldsängers 12
- Fossilien 167–168
- der Keulenschwingenpipras 155–163
- Klangerzeugung 155–160
- Melanosomen 167–172
- und Partnerwahl 163
- Scheitel 166
- Schwanz 74–75, 83, 100–102, 140

429

— und wechselseitige Partnerwahl 281–282
Feminismus 24, 187, 212, 301, 330, 339, 387, 411, 412
Fettleibigkeit 310
Fettverteilung im weiblichen Körper 286, 314–315
Fichtenwaldsänger 12
Field Guide to the Birds, A (Peterson) 9
Finanzmarktblase (1920er) 52
Finanzmärkte 52, 87, 88, 103–109
Fink, Bill KAP. 3, ANM. 103
Fisher, Ronald A.
— Nullhypothese 86
— und Rauchen 88
— Sexuelle Selektion 48–55, 61, 63–67, 82, 84–85, 88–91, 103–105, 132, 315–316, KAP. 1, ANM. 34, KAP. 2, ANM. 77, KAP. 6, ANM. 204, KAP. 12, ANM. 388
— Zweistufenmodell von 48–54, KAP. 1, ANM. 42, KAP. 2, ANM. 89 U. 94, KAP. 8, ANM. 266
→ Weglauf-Modell
Fitness, Definition von 65–67, 404, KAP. 1, ANM. 59
Flammenkopf 124
Fleckenlaubenvögel 224, 235–240, 244
Fledermäuse, kulturelle Prozesse 416
Flügel der Keulenschwingenpipras 152–158
Flügelklänge 147–155
fluktuierenden Asymmetrie, Hypothese der KAP. 8, ANM. 261
Fluss-Seeschwalben 418
Fortpflanzungswert 287–288
Frame, Michael KAP. 9, ANM. 302
französisch 13
Französisch-Guayana 125, 129
Frauenbewegung 43, 364, 411
Frauenwahlrecht 411
Freud, Sigmund 43, 321–322, KAP. 9, ANM. 304 U. 306
Freundschaft zwischen Männchen und Weibchen 381

Freundschaft zwischen Männchen 378
Freundschaft zwischen Weibchen 378
Freundschaft 378
Friedmann, Jennifer KAP. 12, ANM. 383
Frigidität 43, 322
Fristrup, Kurt 114, 118–120, 122
Frith, Clifford 230
Frith, Dawn 230
Fruchtbarkeit, Körperform und 287
Früchte 120–122, KAP. 3, ANM. 114
Fuchs (intellektueller Stil) 397

Galápagosfinken 18, 21, 112, EINFÜHRUNG, ANM. 5
Galápagosinseln 18, 21, 112, EINFÜHRUNG, ANM. 5
Gallup, Gordon 296
Gangestad, Steven 288, 290
Gawker 311
Gefieder → Federn
Gegen unseren Willen (Brownmiller) 187
Geisteswissenschaften 413
Geld 104, KAP. 2 ANM. 94
Gemälde 414
Genau-so-Geschichte (Kipling) 155
Gendrift KAP. 1, ANM. 60
Genesis 300–301
genetisch bedingte Krankheiten 99–100
Genetik 31, 38, 48
— Abkehr von Phylogenese KAP. 3, ANM. 101
— adaptive indirekte Vorteile von 59–60
— und Gesundheit 98–100
— und gleichgeschlechtliches Verhalten 373–374, 388–391, KAP. 11, ANM. 359
— und das Handicap-Prinzip 58–60, 98–100
— und Kunst KAP. 2, ANM. 90
— und Partnerwahl 50–52, 94–96, 98–100
genetische Variationen 50–53, 88, 95, 99–100, 252, 333, 363–364, 373–374, 380–382, 389, KAP. 2, ANM. 77
Genitalverstümmelung 329, 344, 408
Genomsequenz 98–100, 388–390

Genotypen KAP. 2, ANM. 77
Genselektion KAP. 5, ANM. 191
Gesäß 285–286
Geschichten vom Ursprung des Lebens (Dawkins) KAP. 6, ANM. 204
Geschlechterkonflikt 24, 271
– und Aufzucht der Jungen 365–367
– bei Enten 39, 187–189, 200–214, 409
– Evolution des 212, KAP. 5, ANM. 191
– kultureller Mechanismus des 409–411
– bei Menschen 24, 281, 342–344
– zu sexueller Nötigung führend 343
– Verlust des Vogelpenis 191–193
– Versäumnis der Evolutionsbiologie des Menschen 355
– als Wettrüsten 39, 200–203, 206–208, 219, 241, 411–412
Geschlechterkonflikt, Theorie 408–411
Geschlechtskrankheiten, Partnerwahl und 19–20, 59, 96–97
Geschmack für das Schöne 32, 38
Gesetz des Kampfes 32–33, 40
Gesichtssymmetrie 297, KAP. 8, ANM. 261
Gewalt 356
→ sexuelle Gewalt
Gibbons 275
Gilbert, Scott 299–301
gleichgeschlechtliche Ehe 391
gleichgeschlechtliches Verhalten 24, 371–392, KAP. 12, ANM. 359
– ästhetische Evolution des 375–382, 386–388, 391, 392
– bei Bonobos 382–385
– Erblichkeit 382–384
– genetischer Einfluss auf 373–374, 388–391, KAP. 12, ANM. 359
– Gewalt gegen KAP. 11, ANM. 374 U. 376
– Häufigkeit 385–387
– männliches 375–392
– für soziale Allianzen zwischen Männchen 380–384, KAP. 11, ANM. 368
– starre Hierarchie von 389–391

– Theorie der sozialen Konstruktion 371–372, 380–382
– These des hilfsbereiten Onkels 375, KAP. 11, ANM. 368
– These der Verwandtenselektion 375, KAP. 11, ANM. 362
– Untersagung von 410
– und weibliche Partnerwahl 375–385
– weibliche sexuelle Autonomie fortgeschritten durch 378–392
– weibliches 377, 382–383
globale Erwärmung 88
globale Finanzkrise (2008) 106
Goethe, Johann von KAP. 6, ANM. 199
Goldhaubengärtner 221, 227
Goldstandard 104, KAP. 2, ANM. 91
Goodall, Jane 65
Gorillas 274, 278
– Aufzucht der Jungen 351–352, 365–366
– Eckzähne der 359–361
– Infantizide 349, 363, KAP. 10, ANM. 330
– Kopulationsdauer 334
– und Liebe 292
– von Männchen dominierte Gruppenstrukturen 108–109, 349–351, 346–348
– Orgasmus 337–338
– Penis 295
– Sexualdimorphismus 358
– Sexualverhalten 278–279, 282, 296, 334, 337–338, 350–351, 359–361, 384–385
– sexuell nicht wählerische 282, 384–385
– sexuelle Einschüchterung 350–351
– Skrotum 304–305
– Stellungen beim Sexualverkehr 334
– weibliche Partnerwahl, keine 282, 359–361
Gould, Stephen Jay 323
Gowaty, Patty 187, KAP. 5, ANM. 166
Grafen, Alan 63–65, 84–90, KAP. 1, ANM. 54
Grant, Peter EINFÜHRUNG, ANM. 5
Grant, Rosemary 65, EINFÜHRUNG, ANM. 5
Graulaubenvögel 221, 224–225, 233, 236
Gray, Asa 28

Greenfield, Paul 134
Grice, Elizabeth 282, KAP. 8, ANM. 264
Griechenland 310, 356, 390, KAP. 9, ANM. 302
Grillen 154
Große Bartameisenpitta 124
Größe der Ohren 314
Guardian 323
Guide to the Birds of Panama (Ridgely) 11
Gute-Gene-Hypothese 21, 95, 100, KAP. 2, ANM. 79 U. 90
– und das Handicap-Prinzip 58–60
– sexuelle Ornamente 97–99, KAP. 1, ANM. 50
Guter-Sex-gleich-glückliche-Ehe-Hypothese 324
Guyana 120

Haare 170
– Körperbehaarung 281, KAP. 8, ANM. 300
Haarstruktur 314
Haefeli, William 371
Halperin, David 372, 391
Hamlet, Prinz von Dänemark (Shakespeare) 395–397, 400, KAP. 12, ANM. 386, 387 U. 388
Hängen beim Deckakt KAP. 9, ANM. 319
häusliche Gewalt 344, 408
»**Der Handicap-Mechanismus der sexuellen Selektion funktioniert nicht**« (Kirkpatrick) 61
Handicap-Prinzip 58–63, 97, 342–343
– Einschränkungen für ästhetische Komplexität 97–99
– ehrliche Signale 58–60, 97
– und Genetik 58–60, 98–100
– und die Gute-Gene-Hypothese 59–60
– und der menschliche Penis 284, 302–303
– als neowallaceanisch 59
– Nullhypothese vs. KAP. 2, ANM. 89
– Rettung durch Grafen 61–65, KAP. 1, ANM. 54
– Smucker's-Prinzip vs. 61–62, 159, 302
– sexuelle Darbietungen als Beweis gegen das 58–62

– sexueller Genuss ignoriert von dem 401–402
Hannity, Sean 209, 210
Hardy-Weinberg-Gesetz KAP. 2, ANM. 77
Hare, Brian 354, 360
Harvard University 113–114
Hatch, Mallorie KAP. 10, ANM. 336
Haushenne 214
Hauszaunkönig 272
Haut, menschliche 281
Hautfarbe 314, KAP. 8, ANM. 299
Haverschmidt, François 123
Hawaii, Einwohner 314
Hayes, Chris 209
Hayworth, Rita 310
Heisenberg, Werner 17
Hera 319–321
Herzerkrankungen 99
Heterosexualität 371–372
Heuschrecken 154
hilfsbereiten Onkel, These der 375, KAP. 11, ANM. 368
Hoden 295–296, 304–305, 328
Homo erectus 309
Hörnchen 298
Homosexuelle, Homosexualität:
– männliche 379–403
– nationalsozialistische Ermordung von 403
– weibliche 385–387
→ gleichgeschlechtliches Verhalten
Hormone 287
How to Be Gay (Halperin) 391
Hüfte 284–288, 297, 308
Hühner KAP. 3, ANM. 114, KAP. 4, ANM. 148
Hüttengärtner 221, 233–235
Hüttenlauben 233–235
Hunde 140
– und die Korrelationen zwischen männlicher Aggression und körperlichen Merkmalen 360
Hunt, Lucy 292
Hutchinson, George Evelyn KAP. 3, ANM. 115

REGISTER

Hygiene KAP. 8, ANM. 300
Hypothese, prüfen 84

Ibis 126, 131
Igel (intellektueller Stil) 397
Igel und der Fuchs, Der (Berlin) 397
Immigration KAP. 2, ANM. 77
Immobilienmarktblase 52, 106
Inzest 343–344
Infantizide 347–356, 363–368, 378–379
– bei Gorillas 349, 363, KAP. 10, ANM. 330
– bei Menschen, größtenteils keine 353, 356, 365–368, 378–380
– bei Pavianen 352, 378
– weibliches gleichgeschlechtliches Verhalten als Verteidigung gegen 378–380
Insekten 120–121
Intelligenz 352
Internet-Popularität 108–109
Investment 106
Irene Val Wanderweg 126
Irrationaler Überschwang (Shiller) 106
Irrationalität 401–402
Irwin, Rebecca 132
ius primae noctis 249

Jägerliest 223
James Bond 283
Japan 387–388
Johnson Prum, Ann 131, 132, 133, 138, 150, 179–180, 220, 222, 226
Juden 403
Jurassic Park (Film) 170

Kanadagans 185, 200
Kapuzinerkotingas 164
Kasuar 191
Katzenvögel 230–232
Keats, John 395–397, KAP. 12, ANM. 382
Kelley, Laura 237
Keynes, John Maynard 88, 107
Khoisan 315

Kieferknochen 290
Kindchenschema KAP. 3, ANM. 102
Kinn 287
Kinsey, Alfred 386, KAP. 11, ANM. 362
Kipling, Rudyard 155
Kirkpatrick, Mark 55–63, 82, 89, 90, 104, 152, KAP. 1, ANM. 50, KAP. 7, ANM. 241
Kiwi 191
Klammeraffen 140, 298
Klassen 402
Klitoridektomien 329
Klitoris 321–323, 327
– Knochen KAP. 8 ANM. 289
Kloake 193–199, 203, 204, 206, 214, KAP. 5, ANM. 179 U. 194
Körperbehaarung 281
Körperform:
– und evolutionäre Psychologie 287
– Fruchtbarkeit 287
– natürliche Selektion 284
– Partnerwahl 284
Körpergewicht 98
körperliche Untersuchung 98, KAP. 2, ANM. 82
Körpersymmetrie 100–102, KAP. 2, ANM. 87, KAP. 8, ANM. 261
Koevolution:
– und ästhetische Radiation 112
– im ästhetischen Repertoire der Vögel 141, 144–145, 149, 175–177, 219, 233–234, 236, 344–345
– ästhetische Umbildung als → ästhetische Umbildung
– der Entengenitalien 200–212
– der Kunst 415
– Lek-Balz 266–267
– der Partnerwahl 17–18, 37–39, 52, 56–57, 113–114
– der Schönheit 413–418, KAP. 2, ANM. 89
– der sexuellen Ornamente und sexuellen Vorlieben 331–332
– weibliche sexuelle Lust 332
Kognitionswissenschaften 101

kognitive Erfahrungen 15, 332, 401,
    EINFÜHRUNG, ANM. 4
Kolibris 19, KAP. 3, ANM. 114
Konjunkturzyklus 104–108
Konsekutivzwitter 319
Kooperation 354–356
– Evolution der 254, 264–266
→ Lek-Paarung
kooperative Aggression 354
kooperatives Balzverhalten 252–253,
    262–263
Kopfwerfen 181–184
Kragenente 185, 199, 200
Kragenparadiesvögel 20
Krebs 99
Krebstier 294
Krieg 410
Kubismus 414
Kucinich, Dennis 209
künstliche Besamung 194–195, KAP. 5,
    ANM. 173
Küssen 373, KAP. 8, ANM. 290
Küstenseeschwalbe 419
Kultur 292–293, 365, 368–369
– und unterschiedliche Schönheitsvor-
    stellungen 308–317, KAP. 8, ANM. 294
– weibliche sexuelle Autonomie heraus-
    gefordert 409
– Patriarchat als 409–410
kulturelle Evolution 276, 277
kulturelle Konstruktion 279
Kulturen
– Vogelkulturen 416
– Veränderungen 271–310
Kunst 237, 414–417, KAP. 2, ANM. 90
Kunstgeschichte 413
Kunstkritik 413
Kunstwelt 415

Lächeln KAP. 10, ANM. 351
Laktation 285
Laktosetoleranz 312, 313, KAP. 8, ANM. 297

Lamington-Nationalpark 220
Lande, Russell 54–58, 63–64, 82, 89, 104, 132,
    316, KAP. 1, ANM. 50
Lande-Kirkpatrick-Modell 54–58, 82, 104,
    132, 316, KAP. 1, ANM. 50
– als Nullmodell der sexuellen Selektion
    KAP. 2, ANM. 89
– sexuelle Ornamente KAP. 1, ANM. 50
Landwirtschaft 280, 409
lange Arm der Gene, Der (Dawkins) 229
Laube KAP. 6, ANM. 207
– Architektur 221–222, 224–232, 238–244,
    KAP. 6, ANM. 225
– Schutz bietend 243
– Vielfalt 243–244
Laubenallee 223–225
Laubenvögel
– Ernährung der 228
– Evolution der 232–233, 238
– Fembot-Experimente 245
– Fruchtfresser 228
– Hypothese der Bedrohungsreduktion
    238–244, 255–256
– Partnerwahl 221–224, 248–249, 344–345
– Sammeln dekorativer Objekte 223–225,
    230–231
– sexueller Zwang 221–224, 238–244
– Vielfalt 230–233
Laufvögel KAP. 5, ANM. 192
Lebens- und Arzneimittelbehörde
    (FDA) 100, KAP. 2, ANM. 83
Leda und der Schwan 180
Lek-Paarung 115–117, 247–269, 359–360,
    KAP. 3, ANM. 111 U. 114, KAP. 7, ANM. 246
– Evolution der 265–267, KAP. 3, ANM.N 109,
    111 U. 115
– der Gelbkopfpipras 115–117, 122
– Gene für die 251–252
– Hotshot-Modell des 250–251
– der Kapuzinerkontingas 164
– der Keulenschwingenpipras 147, 150
– und Koevolution 266

REGISTER

- als kooperative soziale Phänomene 252–257, 267–269
- und koordinierte Balzvorführungen 257–269
- Lek-Größe 115–116, 250
- Männchen-Konkurrenz-Modell 248–252
- und Partnerwahl 247, 249–257, 264–269, 383–384
- der Säbelpipras 118–119, 122
- sexuelle Nötigung 255–256
- und soziale Beziehungen zwischen Männchen 252
- und starke sexuelle Selektion 143
- Vielfalt von 247–249
- und weibliche sexuelle Autonomie 117–120, 247, 250–257, 264–266, 345–346, 383–384
- wissenschaftliche Arbeit des Autors über 130–133

Lemuren 140
Leonardo da Vinci 180
lesbische, schwule und bisexuelle Menschen (LGB-Gemeinden) 391
Levick, George Murray KAP. 11, ANM. 358
Liaoning-Formation 170
Life of Birds, The (Welty) 249
Lill, Alan 122
Linné, Carl von 78
Lippen 287
Lippengröße 314
Lloyd, Elisabeth 323, 325–327, 333, KAP. 9, ANM. 303, 311 U. 318
Lorenz, Konrad KAP. 5, ANM. 164
Lovejoy, C. Owen KAP. 10, ANM. 355
Lucy 362
Lungenkrebs 88, 92
Lynchmorde 403
Lysistrata (Aristophanes) 355–356, 413

Madden, Jonah 235
Maddison, David KAP. 3, ANM. 103
Maddison, Wayne KAP. 3, ANM. 103

Männchen
- Aufzucht der Jungen 365–369
- ausschweifendes Sexualleben von 282, 312, KAP. 8, ANM. 269
- gleichgeschlechtliches Verhalten der 371–391
- Orgasmus der 321
- Partnerwahl von 39, 40, 282, 312
- sexuell wählerisch 281–282, 287, 312, KAP. 8, ANM.N 266 U. 296
- sexueller Genuss von 320–321

Männchen-Konkurrenz 39, 40, 190, 200–201, 250–253
- bei der Lek-Paarung 252–253
- und maskuline Merkmale 290
- in der menschlichen Sexualität 281–283, 359–360, 364–365
- und sexueller Zwang 200–201
- und Sperma 295–296
- vermindert bei Menschen 359–360

männlicher Blick 292, KAP. 8, ANM. 273
Männlichkeit 364–369, 381–382, 386, KAP. 8, ANM. 271
Maibaum-Laube 221, 233–234, 239
Makaken 275
Malaiische Halbinsel 71
Malaysia 73, 75
Mandarinente 183–184
Mandrill 33, 275
Manet, Édouard 414
Manual of Zoology 221
Marktblasen 52–53, 104–108
Markteffizienzhypothese 106, 107
Marktwirtschaft 409
Marshall, Jock KAP. 6, ANM. 207
materielle Kultur 353, 369
Mating Mind, The (Miller) 338
Mauretanien 310
Mayr, Ernst KAP. 1, ANM. 59
McCloskey, Robert 179, 186
McCracken, Kevin 192, 198, 206
McDonald, David 261, 263, 265, 267–268

Meerkatzen 275
Melanin 314
Melanosomen 167–172
Mendel, Gregor 31
Menschen
– Eckzähne von 358–360
– gemeinsame Verwandtschaft mit Schimpansen 275
– Infantizide, größtenteils keine 359–360, KAP. 10, ANM. 337
– Kinderversorgung 366–368
– Selbstdomestizierung 354–355, 380
– Sexualdimorphismus und Körpergröße bei 358, 409–410, KAP. 10, ANM. 342
– versteckter Eisprung 307, 334, 385
Menschenaffen 275–276, 277–279
– *Ardipithecus ramidus* 362, KAP. 10, ANM. 355
– weibliche Abwanderung in soziale Gruppen 377–378
menschliche Evolution, evolutionärer Kontext von 275–276
menschliche Individualität 389, KAP. 8, ANM. 261
menschlicher Blick 414, KAP. 12, ANM. 401
menschliche Sexualität
– und Evolution 276–279
– als Kontinuum 374, 380
– männlich, wählerisch 281–282
– uneingeschränktes Verlangen 283–284
– Prägung der 279–280
→ gleichgeschlechtliches Verhalten
menschliche sexuelle Anziehung 286
– als diskriminierend 280
menschliche sexuelle Evolution 274–275
Merrimack River 181
Mesquite KAP. 3, ANM. 103
Michigan, University of 131
Migration 215
Millay, Edna St. Vincent 165–166
Miller, Geoffrey 338
Mindo, Ecuador 133, 134, 135
Mishler, Brent KAP. 3, ANM. 103

Mivart, St. George 40–47, 64, 322, KAP. 2, ANM. 94, KAP. 6, ANM. 207
Mode 53
Models 310
moderne Kunstrichtungen 414
Møller, Anders 100
Monogamie 368
Monograph of the Pheasants (Beebe) 72
Monotheismus 68
Monroe, Marilyn 310, KAP. 8, ANM. 261
Moore, Allen 316
Moschusente 194–197, 200, 204, 206
Mother Jones 208, 209
Mottenkugeln 114, KAP. 3, ANM. 105
Mozart, Wolfgang Amadeus 414
Mukoviszidose 99
multimodales Ausdrucksverhalten 97–98
Mulvey, Laura KAP. 8, ANM. 273
Museum für vergleichende Zoologie (MCZ) 113

Nachkommen
– Aussetzen von 343
– Fürsorge für 365–369
– Töten von, bei Primaten 347–349, 351–356, 363–368, 378–379
– sexuelle Selektion und Attraktivität von 52, 343–344
Nachtaffen KAP. 10, ANM. 354
Nachtkopf-Paradiesvögel 163–164
– Balzverhalten 163–164
– Biogeografie 14
– *Convenience*-Polyandrie KAP. 5, ANM. 166
– Evolution der Dinosaurier zu 172–173, 175–177
– Evolution der Schönheit der 111–145
– fehlender Penis 212–217
– Gesang 34–36, KAP. 12, ANM. 404
– Koevolution der ästhetischen Repertoires 141, 144–145, 149, 175–177
– Kulturen 417
– Partnerwahl 144–145

- Sehkraft 14
- sozial monogam 324
- sexuelle Autonomie 343–345, KAP. 6, ANM. 227
- sexuelle Ornamente 163–165
- sexuelle Selektion 163–165
- Vogelchor bei Tagesanbruch 400

Nagel, Thomas 16, EINFÜHRUNG, ANM. 4
Nahrung 59
Nahrungsökologie 354
Nashornvögel EINFÜHRUNG, ANM. 6
National Intimate Partner and Sexual Violence Survey 388
National Science Foundation (NSF) 208
Nationalsozialismus 403
Naturgeschichte 111–112
natürliche Selektion 18, 19, 21, 27–28, 34–37, 92–93, 149, 165–166, 274–275, 315–317
- und ästhetische Radiation 112
- Ansicht des Igels 397–399
- als blinder Uhrmacher 400, 401
- Entdeckung von 30–32, 48
- und erweiterte Phänotypen 229
- als einer von fünf Evolutionsmechanismen KAP. 1, ANM. 60
- und Laktosetoleranz 312–313, KAP. 8, ANM. 297
- und der männliche Orgasmus 321
- und der menschliche Penis 294
- *Nature* (Fachzeitschrift) 192, KAP. 8, ANM. 261
- *Nature* (Fernsehserie) KAP. 3, ANM. 108
- sexuelle Selektion vs. 36–38, 40–41, 43–52, 65–69, 191–192, 294, 404–406
- und Symmetrie 102
- und Wallace 46–47
- und der weibliche Körper des Menschen 284–285
- und weibliches gleichgeschichtliches Verhalten 378

Neandertaler 309
Nebenprodukt-Hypothese, weiblicher Orgasmus 322–324, 326, 329–330, KAP. 9, ANM. 318

Neoaves 212, 214–217, KAP. 5, ANM. 192 U. 194, KAP. 8, ANM. 266
Neodarwinismus 22, 28
Neowallaceaner 58–60, 63, 103–104, 108–109, 229, KAP. 1, ANM. 60, KAP. 6, ANM. 204, KAP. 8, ANM. 258
→ Adaptationismus
Nestbau 116–117
Nestflüchter 216
Nesthocker 216
Netzhäute 170
Netzwerkanalyse 267
neue Synthese KAP. 3, ANM. 101
Neuguinea 163–164, 221, 227–228, 233, 390
Neurobiologie 101, KAP. 2, ANM. 87
New Yorker 101, 341, 371–372
New York Post 210
New York Times 106, 237
Nicholson, Henry Alleyne 221
nichtzufällige Paarung KAP. 2, ANM. 77
niederländische Tulpenmanie 52
Nistplätze 59
Novak, Shannon KAP. 10, ANM. 336
Nullhypothese 86–91
Nullmodell
- Beauty Happens als 104, 108–109, KAP. 2, ANM. 89
- Hardy-Weinberg-Gesetz als KAP. 2, ANM. 77
- der Partnerwahl 90–94, 104–108

Obama, Barack 207–209
»**Ode auf eine griechische Urne**« (Keats) 395
Ökologische Diversifizierung 215
Ökonomie 104–108
Östrus 278–279, 350
- bei Schimpansen 350–351
Okoge (Film) 387–388
On the Origin of Species by Means of Natural Selection (Darwin) 28, 32, 34, 37, 39, 43–45, KAP. 1, ANM. 17
- sexuelle Selektion in 37, KAP. 1, ANM. 34

optische Täuschung 78, 79, 137, 236–237
Oralsex 373, 374
Orang-Utans 275
– Aufzucht der Jungen bei 365–366
– Eckzähne von 360–361
– Infantizide bei 352–353
– als sexuell ausschweifend 282
– Skrotum von 304–305
Orgasmus
– der höheren Säugetiere KAP. 10, ANM. 310
– männlicher 320, 334–339
– und die Nebenprodukt-Hypothese 322–324, 326, 329–330, KAP. 9, ANM. 318
– und die Pleasure-Happens-Hypothese 323–329, 401–402, KAP. 10, ANM. 304
– weiblicher 24, 321–336, 401–402, KAP. 10, ANM. 303 U. 304
Oring, Lew 249
Os priapi (Baculum) 298–301, KAP. 8, ANM. 280
Ovulation 278, 284
– Unterdrückung der 346
– versteckte 307, 334, 366, 384–385

Paarbindung 367–368, KAP. 3, ANM. 115
Paarbindungen (consortships) 350–351
Paarbindungs-Hypothese 324
Paarungswert 292–293, KAP. 8, ANM. 267
– und der weibliche Orgasmus 326
Pakistan 329
paläontologische Farbforschung 170–173
Papageien 281–282
Papageitaucher 38, 417–419, KAP. 3, ANM. 115
Papua-Neuguinea 227
Paradiesvögel 19–22, 163–164
Paramaribo, Surinam 387
Parker, Geoffrey 190
Partnerwahl 14–15
– Adaptationismus 18–26, 47–51, 53–54, 58–60, 72, 82, 88–109, 111–112, 132, 151–152, 154–147, 158–159, 163, 182–183, 242–243, 287–292, 302–303, 310–311, 316–317, 401–407, EINFÜHRUNG, ANM. 7, KAP. 2, ANM. 94, KAP. 4, ANM. 140
– und ästhetische Radiation 112
– und Körpersymmetrie 100–102
– der Keulenschwingenpipras 154–163
– Koevolution 19–20, 37–39, 52, 56–57, 111–112, 344–345
– Kontrolle der 402
– Ökonomie vs. 104–108
– ehrliche Werbungsmechanismen 82–83
– evolutionärer Nutzen von 52–53
– und Evolution neuer Spezies 57–59
– als fundamental 23–24
– und Genetik 50–52, 94–96, 98–100
– der Gelbkopfpipras 116–118
– Männchen 38, 39, 40, 281–282
– und mechanische Klänge der Schnurrvögel 149
– und multimodales Ausdrucksverhalten 97–98
– als die natürliche Selektion untergrabend 49–52
– neue ästhetische Möglichkeiten erzeugt von 143
– Nullmodell der 90–94, 103–104, 107–108
– als revolutionäre Idee 401
– und sexuelle Ornamente → sexuelle Ornamente
– und Soziobiologie KAP. 8, ANM. 258
– Unstimmigkeit mit 35–37, 401–402
– Unstimmigkeit zwischen Wallace und Darwin über 45–48
– wechselseitige 281–283, 293, KAP. 3, ANM. 115, KAP. 4, ANM. 150
– weiblicher Körper des Menschen 284–285, 294
– Widerstand gegen sexuelle Übergriffe KAP. 5, ANM. 166
– Willkür bei der 38–39, 53, 65, 82–85, 90, 94–96, 112, 132, 159, 315–316, 403–406, KAP. 1, ANM. 34
– vernachlässigte Idee der 27

→ ästhetische Evolution; Beauty Happens; evolutionäre Psychologie; sexuelle Selektion; Zweistufenmodell

Partnerwahl, Weibchen 23–24, 34–36, 39–41, 47–50, 52–55, 82, 144–145, 183–186, 190, 231–238
— Aufzucht der Jugend beeinflusst von 366–369
— Darwin über den Genuss von 332
— Eckzahndimorphismus bei den Hominini 361
— und erweiterter Phänotyp 229
— und Evolution des männlichen gleichgeschlechtlichen Verhaltens 375–382
— evolutionäre Dekadenz verursacht von 159, 166, 167
— bei Gorillas, keine 296, 359–362
— indirekter genetischer Nutzen 52–53, 138, 189–190, 363, KAP. 1, ANM. 50, KAP. 2, ANM. 94, KAP. 5, ANM. 185
— individuelle Handlungsfähigkeit 212–213
— bei Laubenvögeln 220–221, 231–232, 247, 344–346, 359–360
— und Lek-Paarung 247, 249–257, 264–268, 383–384
— Mensch 281–282, 288–296, 303–308, 312–313, 354–359, 363–365
— und menschliche Penisse 303–308
— und der männliche Orgasmus 337–338
— bei Schnurrvögeln 121–123, 143, 247, 344–346, 359–360, 383–384, KAP. 3, ANM. 114
— und sexuelle Autonomie → sexuelle Autonomie
— und sexueller Zwang 364, 380–382, KAP. 5, ANM. 166
— und Verringerung des sexuellen Größendimorphismus 357–360
— Versäumnis der Evolutionsbiologie des Menschen 355
— bei Vögeln 144–145

Patriarchat 409–410, KAP. 12, ANM. 397 U. 398
— als kulturell 409–410, KAP. 12, ANM. 398

Patricelli, Gail 231, 244–245, KAP. 6, ANM. 229

Paviane 275, 380–382
— Eckzähne von 360–361
— Infantizide bei 347, 378, 380–382

Paynter, Raymond A. 113

Pekingente 194, 195

Peloponnesischer Krieg 355

Penis
— Evolution des KAP. 5, ANM. 191, KAP. 8, ANM. 284
— bei den meisten Vögeln, kein 212–217
— bei Primaten 294–295

Penis, Ente 191–217, 407
— Evolution des 200–212
— Größe des 191–193, 196–198, 206–207, 307–310
— jährliche Regeneration 210
— beim Sexualverkehr 195–198
— spiralförmige Drehung des 198–203, KAP. 5, ANM. 179

Penis, Mensch
— Größe des 295, 304–308, 314, 331–332
— Hypothese des ästhetischen Baumelns 304–308, KAP. 8, ANM. 290
— als knochenlos 301
— und sexuelle Selektion 294
— als Spermabeseitigungswerkzeug 296–297

Peterson, Roger Tory 9

Pfauenspinnen 145

Pfauenschwanz 28, 31, 77, KAP. 6, ANM. 204

Pfeifschwäne 185

Pfeilgiftfrösche 145

Pferde 299

Pflanzen 145

photonischen Kristalle, Nanostrukturen der KAP. 6, ANM. 200

phylogenetische Ethologie 132

Phylogenese 111–113
— Definition von 111–112
— der Schnurrvögel 138–145
— verlorenes Interesse 112

- Vielfalt in 399
- der Vögel 142
- zurück im Mainstream 114–115, KAP. 3, ANM. 101
Pierpont, Nina 131
Pinguine 39, 281–282, KAP. 3, ANM. 115
Pipras
- Blaubrustpipras 260, 262, 264
- Blauscheitelpipras 251, 257
- Fadenpipras 258, 267, 269
- Gelbkopfpipras 115–118
  Balzverhalten der 115–118, 257
  Beschreibung von 115–116
  Lek-Paarung von 115–117, 122–123, 257–259
  Nestbau von 116–117
  Paarungserfolg in Schieflage 116–118
- Goldschwingenpipras 132–142, 150–151
  Balzverhalten der 135–138, 139–141, 149, KAP. 7, ANM. 246
  Beschreibung von 132–133
  Gefieder der 136–138
  Gesänge der 132–138
  Östliche Weißkehlpipras vs. 126–144
  Phylogenese der 142
- Helmpipras KAP. 3, ANM. 111
- Keulenschwingenpipras 147–163, KAP. 4, ANM. 144
  Balzverhalten der 147–148
  Gesänge der 149, 154–157, KAP. 4, ANM. 140
  Lek-Balz der 147–148, 150–151
  Partnerwahl der 154–163
  Ulna der 157–160
- Keulenschwingenpipras, Flügel und Flügelfedern 150–165, KAP. 4, ANM. 144
  evolutionäre Dekadenz von 159, 166, 167
  Klänge der 148–155, KAP. 4, ANM. 138
  Männchen vs. Weibchen 158–163
  zwei Funktionen von 157–158
- Langschwanzpipras 261, 263, 265, 267, 268
- Lanzettschwanzpipras KAP. 7, ANM. 246
- Östliche Weißkehlpipras 83–85, 125–129, 138

  Balzverhalten der 83–85, 125–131, 136–144, 147–148
  Gefieder der 123
  Goldschwingenpipras vs. 135–144
  Phylogenese der 142
  Rufe der 128–131
- Rotbürzelpipras 138–144, KAP. 7, ANM. 246
- Rothaubenpipras 259
- Säbelpipras 118–122, KAP. 3, ANM. 114
  Balzverhalten der 119–121, 147–148
  Beschreibung von 117–118
  fehlende Beschreibungen von 121–123
  Gesänge von 121–123
  Lek-Paarung von 118–119, 122
  mechanische Klänge der 147–148, 152–153
- Schwanzbindenpipra 258–260
- Weißbandpipras 152
- Weißscheitelpipra 125–126
  Ulna des 157–158
- Weißstirnpipras 122, 257
  Balzverhalten der 122–125
  Beobachtungen des Autors 122–130
  fehlende Beschreibungen von 121–123
  Gesänge von 121–123
- Zwergpipras 125, 126
Pipridae 14
Pleasure-Happens-Hypothese 332–339
PolitiFact 176
Pollen 145
Polyandrie KAP. 3, ANM. 115
- *Convenience* KAP. 5, ANM. 166
positive Rückkopplungsschleife
- sexuelle Selektion 50–54, 56–57, 97–99, 315–317, 357
- Wirtschaftsmärkte 52, 105–108
positiver Herdeneffekt 107–108
posthumane philosophische Ästhetik 416
Potts, Wayne 265
Prachthaubenadler 124
Präferenzen der Wiederwahl des Partners 332

REGISTER

PRICC (*primates* [Primaten], *rodents* [Nager], *insectivores* [Insektenfresser], *carnivores* [Fleischfresser], und *chiroptera* [Fledermäuse]) 298, KAP. 8, ANM. 280
Price, Jenny 131
Primaten
– soziale Hierarchien bei 345–347
– Töten der Nachkommen bei 346–348, 352–356
– weibliche Abwanderung in soziale Gruppen 378
Proceedings of the Royal Society of London B 197
Progesteron 287
Prostata 335
Pruett-Jones, Melinda 238
Pruett-Jones, Stephen 238
Prum, Richard O.
– in den Anden 132–137
– Entensex studiert von 203–207
– Evolution des Verhaltens von Vögel studiert von 14–15, 138–145
– Phylogenese studiert von 111–114
– in Surinam 115, 118–123, 132–137, 308
– Vogelbeobachtung von 9–14, 181–183, 417–419
– wissenschaftliche Arbeit über Lek-Verhalten von 131–132
Puts, David 326

Quantenmechanik 85
Queller, David 251–252

Raufußhühner KAP. 3, ANM. 115
Räuber 59
Ramphastos, Gattung Tukane EINFÜHRUNG, ANM. 6
Rassen 402
Rassismus 403
Rauchschwalben 100
Reagan, Ronald 209, 210
Red Queen, *The* (dt. *Eros und Evolution*) (Ridley) 65

Regenwurm 399
Reign of Law, *The* (Duke of Argyll) 81
Rekombination KAP. 1, ANM. 60
Rensch, Bernhard 359
Rensch'sche Regel 359, 361, KAP. 10, ANM. 342
reproduktives Investment 53, 95–96, 190, 216, 284, 290, 297, 342–343, 345–348, 353, 356, 365–368, 375, 409, KAP. 1, ANM. 34, KAP. 10, ANM. 326 U. 355, KAP. 12, ANM. 398
Ridgely, Robert 11, 134
Ridley, Matt 65
Riesenalk 418
Riese Argos 78
Robbins, Chandler 10
Robbins, Mark 258
Robinson-Zwergbeutelratte 305
Roebuck, Bay 224, 233
Roma und Sinti 403
Romer Library 113
Rosenbrust-Kernknacker 413
Rotflügelstärling 168
Rotnacken-Topaskolibri 124
Rubenfeld, Jed KAP. 12, ANM. 396
Ruderente 192, 200
Rutgers University KAP. 8, ANM. 261
Ryder, Bret 267
Ryder, Thomas 258

Säuglingssterblichkeit KAP. 10, ANM. 337
Säulengärtner 221, 226
Sahelanthropus tchadensis 362
Samen 335
Samenleiter 335
Samoa 314
Saramaccaner 308
Saturday Night Live 61
Scheinfeld, Amram KAP. 12, ANM. 395
Scheinputzen 183–184, KAP. 5, ANM. 164
Scheitelfeder 165
Schellenten 181–185
Scheyd, Glenn 288, 290
Schamhaare 282, 332

– Entfernung der 310–312

Schildkröten KAP. 5, ANM. 191

Schimpansen 275, 323
– Aufzucht der Jungen 350–353
– Eckzähne von 360–362
– erzwungene Kopulation, keine 351
– fehlende weibliche sexuelle Autonomie 350–351, 359–362
– Infantizide 350–353
– Kopulationsdauer 334
– Liebe 293
– menschliche Verwandtschaft 278
– Orgasmus 337–338
– Östrus 350–351
– Penis 295–297
– Sexualdimorphismus 357–362
– Sexualverhalten 278–279, 295–296, 334, 337–338, 359–361, 384–385, KAP. 10, ANM. 336
– sexuell nicht wählerisch 282–283, 384–385
– sexuelle Gewalt KAP. 10, ANM. 336
– Skrotum 304–305
– soziale Hierarchie 350–351
– Stellungen beim Sexualverkehr 334

Schlaganfall 99

Schlankaffen 275

schmuckvolle Blumen 145

Schmuckvögel 120, KAP. 3, ANM. 114

Schnabel des Finken, Der (Weiner)
EINFÜHRUNG, ANM. 5

Schnabel
– gestreckt 82, 84, 115–116, 127, 129, 141, 182–183, 257
– Größe 18, 19, 20, 295–297, EINFÜHRUNG, ANM. 6
– wechselseitige Partnerwahl 281–283

Schnurrvögel 115–146
– Alphatiere der 261, 262, 264, KAP. 7, ANM. 246
– ästhetische Radiation 112, 138–144, 156
– Balzverhalten 115–118, 126, 132, 133, 138–144, 267–268
– Ernährung bestehend aus Früchten 120–122, KAP. 3, ANM. 114
– Flügelklänge der 149–158, KAP. 4, ANM. 138
– Flügelknochen 164
– als Fruchtfresser 72, 120–122, 132, 228
– Lek-Paarung → Lek-Paarung
– mechanische Klänge der 147–154, KAP. 4, ANM. 138
– obligatorisches koordiniertes Balzverhalten der 256–260, 262, 266–267, KAP. 7, ANM. 246
– Partnerwahl 120–122, 142–143, 247, 344–346, 359–360, 383–384, KAP. 3, ANM. 114
– sexuelle Nötigung 255
– → *spezifische Spezies*
– soziale Beziehungen zwischen Männchen der 144–145
– unterschiedliche Paarungspräferenzen der 118–120, 131–132, 138–144, 247–248
– Ursprungsalter der Phylogenese der KAP. 3, ANM. 101

Schönheit
– adaptationistische Sicht der 103–105
– als ehrliches Signal 19–22, 45–46, 49–50, 58–60, 82–83, 94, 97, 397
– als wissenschaftliches Konzept 22–24
– Definition von 21–23, 412, KAP. 2, ANM. 89
– Erklärung Darwins 31–35
– Evolution der 14–15, 139–141, 145
– Geld vs. 103–106, KAP. 2, ANM. 94
– Koevolution 412–417
– kulturelle Unterschiede und 307–317
– Schönheitsstandards 19–20, 37–38, 57–58, 412–413, KAP. 6, ANM. 229
– soziale Vorteile der 287–288
– Vögel 111–145
– → *ästhetische Evolution*

Schuppen 169

Schwäne 200

Schwänze 140, 276
– Länge der 50–57, 71, 75, 252
– Pfau 28, 31–32, 414, KAP. 6, ANM. 204

REGISTER

Schwanz, gestreckt 83–84, 136, 139–140, 141–143, 252, KAP. 7, ANM. 246
Schwanzfedern 74–75, 83–84, 100–102, 140
Schwarzkopfkardinal 124
Sclater, Philip Lutley 150–151
Seidenlaubenvögel 220–222, 224–226, 231–233, 239, 244–245
– Balzverhalten der 222, 244–245
– Sammlungen der 242
Seife KAP. 8, ANM. 300
Selektion und Hardy-Weinberg-Modell KAP. 2, ANM. 77
Selbstdomestizierung 354–355, 380
Selbstverstärkungs- bzw. Weglaufmodell 50–54, 56–57, 315–317, KAP. 6, ANM. 204, KAP. 8, ANM. 269
– und die Komplexität der Ornamente 97–98
– und der männliche Orgasmus 321
Sexhandel 344
Sexismus 403, 408
Sexualdimorphismus 358, 409–410, KAP. 4, ANM. 148
Sexualität 281–282
Sexualpartner, Anzahl 282, KAP. 8, ANM. 265
Sexualstrafen 412
Sexualverkehr
– Dauer des 334, 373–374, KAP. 9, ANM. 319
– erzwungener → erzwungene Kopulation
– Häufigkeit 327–328, 334–335, 337–338, 343–344, 373–374
– Stellungen beim 334–335
→ menschliche Sexualität
sexuelle Ästhetik 412
sexuelle Anziehung und Wissen 290
sexuelle Autonomie 39–40, 207–212, 214–217, 220–221, 241–249, 322, 344–346, 378–392, KAP. 5, ANM. 185
– ästhetische Umbildung → ästhetische Umbildung
– bei Altweltprimaten, keine 346, KAP. 10, ANM. 325
– Definition von 38–39

– und fehlende weibliche sexuelle Kontrolle 207, KAP. 5, ANM. 185
– fortgeschritten durch Kultur 411
– fortgeschritten durch männliches gleichgeschlechtliches Verhalten 378–392
– als fundamental 23–24
– und Gesetzgebung zur Vergewaltigung (USA) KAP. 12, ANM. 396
– herausgefordert von Kultur 409–413
– und Lek-Paarung 117–120, 247, 249–257, 264–266, 346, 383–384
– Macht über 410
– männliches gleichgeschlechtliches Verhalten beeinflusst durch 375–382
– bei Menschen 278, 344, 363–365
– Rechtsgrundsatz 411–412
– sexuelle Nötigung vs. 23–24, 212–213, 220, 407–409
– Verlust des Vogelpenis 191–193
– Versäumnis der Evolutionsbiologie des Menschen 329–331, 355
– bei Vögeln 343–344, KAP. 6, ANM. 227
– bei weiblichen Schimpansen, keine 350–351, 359–362
sexuelle Gewalt 344, 409–410
– bei Schimpansen KAP. 10, ANM. 336
– sexuelle Autonomie vs. 407–409
sexuelle Nötigung
– bei Bonobos, keine 350–353, 383
– und *Convenience*-Polyandrie KAP. 5, ANM. 166
– bei Enten 188
– und Geschlechterkonflikt 344
– bei Laubenvögeln 220–221, 238–245
– bei Lek-Paarung 255–256
– bei Menschen 281–282, 344, 352–354, 359–360, 363–365, 380–382
– bei Schnurrvögeln 255–256
– und Sexualdimorphismus der menschlichen Körpergröße 359–361, 363–364
– sexuelle Autonomie vs. 23–24, 212–213, 220, 407–409

443

- und sexuelle Selektion KAP. 5, ANM. 166
- vermindert bei Menschen 352–354, 359, 380–382
- und weibliche Abwanderung 378
- und weibliche Partnerwahl 364, 380–382, KAP. 5, ANM. 166
- weibliches gleichgeschlechtliches Verhalten als Verteidigung gegen 378
→ erzwungene Kopulation

sexuelle Ornamente
- und Adaptationismus 45, 48–49, 316–317, KAP. 4, ANM. 140
- der Argusfasane 77–82, 93–94, 102
- und das Beauty-Happens-Modell 97, 107–108
- Darwins Erklärung von 32–36
- als ehrliche Signalgebung 19–22, 45–46, 49–50, 58–60, 82–83, 94, 97, 104–105, 397, KAP. 4, ANM. 140
- Evolution der 14–16, 17–20, 33, EINFÜHRUNG, ANM. 6, KAP. 4, ANM. 140
- Gute-Gene-Hypothese 97–100, KAP. 1, ANM. 50
- identisch bei Weibchen und Männchen KAP. 3, ANM. 115
- Körperbehaarung als 281
- und Koevolution als sexuelle Vorliebe 331–332, KAP. 4, ANM. 146
- Kopfwerfen 181–184
- und das Lande-Kirkpatrick-Modell KAP. 1, ANM. 50
- als maladaptiv 20–24
- und menschliche Sexualität 281–294, 307, 403–419
- und multiple Merkmale 97
- und Partnerwahl 18–20, 38–39, 219
- Penis als 294
- und die Symmetrie-Hypothese 102
- der Vögel 144–145, 163–165
- Wallace über adaptive 47
- Weglauf-Modell 54, 101
- weibliche KAP. 4, ANM. 150

- als willkürlich 82, 95, 315–316

sexuelle Reaktion des Menschen,
  Theorie der 43

sexueller Genuss 320–321, 373–374, KAP. 10, ANM. 303 U. 304
- fehlende Aufmerksamkeit für 400–402
→ Orgasmus

sexuelles Begehren
- Diskussion über 412–413
- fehlende Aufmerksamkeit für 400–402
- weibliche Kontrolle über 410
→ Partnerwahl

sexuelle Selektion 32–36
- und Adaptationismus 36–37, 59, 65–69, 88–89, 94, 104–105, 107–108, 151–152, 161–162, 190, 249, 316–317, KAP. 1, ANM. 34 U. 50
- und Attraktivität der Nachkommen 343–344
- Aussterben verursacht von 161–163
- Beauty Happens als geeignetes Nullmodell der → Nullmodell
- Darwins Förderung der 35–38, 52–53, 65–69, 80–85, 103–104, 108, 167, 229, 271, KAP. 1, ANM. 34
- und ehrliche Signalgebung 19–22, 45–46, 49–50, 58–60, 82–83, 397
- und erweiterter Phänotyp 229
- und Eugenik 404–406
- und evolutionäre Dekadenz 161–163
- Fishers Förderung der 48–67, 82, 84, 88–91, 103–105, 132, 315–316, KAP. 1, ANM. 42, KAP. 2, ANM. 77, KAP. 6, ANM. 204, KAP. 12, ANM. 388
- der Gelbkopfpipras 117–118
- Gleichgewicht der 55–58
- und das Handicap-Prinzip 58–68
- der Keulenschwingenpipras 128–135
- Kovarianz zwischen Genen für Ausdruckmerkmal und Präferenz 54–55
- und kulturelle Vorstellungen über Schönheit 312–314

REGISTER

– Lek-Paarung und Stärke der 142–143
– Männchen-Konkurrenz 201
– und männliches gleichgeschlechtliches Verhalten 384–386
– natürliche Selektion vs. 35–38, 44–46, 49–52, 65–69, 191–192, 294, 406
– bei Schnurrvögeln 122
– und sexuelle Nötigung KAP. 5, ANM. 166
– in *Über die Entstehung der Arten* 36–37
– Unstimmigkeit 35–37, 39–46, 82–83, 88–89, 102–104, 108
– bei Vögeln 144–145, KAP. 6, ANM. 225
– aus dem Vokabular der Biologie gestrichen 66–67
– Weglauf-Rückkopplungsschleife bei der 50–54, 56–57, 97–99, 315–317, 357, 406, KAP. 10, ANM. 342
– Willkür bei der 38–39, 53, 65, 82–85, 90, 94–96, 112, 132, 158–159, 315–316, 403–406, KAP. 1, ANM. 34
– zurück im wissenschaftlichen Mainstream 54–58, KAP. 1, ANM. 44
→ Lande-Kirkpatrick-Modell; Partnerwahl; Fishers Zweistufenmodell

Shakespeare, William 395–397
Shiller, Robert 106–108
Silk, Joan 378
Sinkkonen, Aki KAP. 8, ANM. 259
Sinneserfahrung 16, EINFÜHRUNG, ANM. 4
Sklaverei 411
Skrotum 304–305
– Baumeln 304–307
Slate (Online-Magazin) 209
Smith, Daryl 204
Smucker's-Prinzip 61–62, 159, 302–303
Smuts, Barbara 378
Snow, Barbara 140
Snow, David 120, 122, 126, 140, KAP. 3, ANM. 114
Snow, Samuel 364, 383
Stillen 323
– bei Primaten 347

soziale Hierarchien, Primaten 346–348
soziale Interaktionen 291
soziale Kognition 369
soziale Persönlichkeit 292
soziale Selektion EINFÜHRUNG, ANM. 6
Soziobiologie KAP. 8, ANM. 258
Sparta 355–356
Speiche KAP. 4, ANM. 148
Sperma 282
– und die Upsuck-Hypothese 324, 401–402, KAP. 10, ANM. 318
– Enten 192, 196–97
– und Orgasmen 321–322
– Penis als Spermabeseitigungswerkzeug 295–297
Spermienkonkurrenz 192, 295–296, 324–325
– bei Menschen 295–296, 328
Speziation 57
Spezies, Isolation von 57
Spießente 200
Spitzhörnchen 140
Sprache 275, 292, 353
– Vielfalt der 309
Statuen 310
Steißhühner 191, 193–194, KAP. 5, ANM. 192
Steppenläufer KAP. 3, ANM. 115
Stockente 179–181, 185, 194, 198–200
– erzwungene Kopulation bei 205
Straße frei, die Enten kommen (McCloskey) 179, 186, 187, 200
Strauß 191
Streicheln 373
Stridulation 154
Stummelaffen 275
subjektive Erfahrungen von Tieren 16–17, 401
Südliche Grünmeerkatze 305
Sulcus 196–198
Sullivan, Andrew 391
Sumatra 71
Surinam 115, 118–123, 131–137, 144, 308, 387

Symmetrie
— der Brüste 297
— des Gesichts 297, KAP. 8, ANM. 261
— des Körpers 100–102, KAP. 2, ANM. 87, KAP. 8, ANM. 261
Symons, Donald 322–323, KAP. 9, ANM. 318
Syrinx 14, 142

Taille 284, 286, 287, 297, 308
Tamarine KAP. 10, ANM. 354
Tamrau-Gebirge 233, 234
Tangaren 133
Tanz 93, 103
Tanzfliegen 145
Tay-Sachs-Syndrom 99
Tea-Party-Bewegung 310–312
Technik 369
Teiresias 319–321, 336
Testosteron 290
theropode Dinosaurier 144, 157
— Aussterben der Nicht-Vögel 175–177
— Federn der 14, 170, 172–173, 175–177
— Gefiederfärbung der 170–173
Théry, Marc 125, 129
Tiefland-Felsenhahn 114–115, 164, 331
Tiere, kognitive Fähigkeiten der 45
Time 209
Tomasello, Michael 354
Tordalken 418
Trainer, Jill 261
Transgender-Individuen KAP. 11, ANM. 356
Trinidad 120
Trivers, Robert KAP. 1, ANM. 44, KAP. 8, ANM. 261
Tropenwelt nebst Abhandlungen verwandten Inhaltes, Die (Wallace) 45
Trouble with Normal, The (Warner) 391
Trottellummen 418
Tukane 282
Tyrannosaurus rex 157

Übersprungsverhalten KAP. 5, ANM. 164
Ulna 157–161
Umbilicus KAP. 8, ANM. 259
Unschärferelation 17
Upsuck-Hypothese 324–330, KAP. 10, ANM. 318
— sexueller Genuss ignoriert in der 401–402
Urethra (Harnröhre) 196
Ursprünge der Menschheit 31–34, 140
— Standpunkt Wallace 45
Uy, Albert 231, 234

Vagina, Ente 193, 196, 198–206, 245, 348
— Evolution der 200–212
— Form der 198–203, 205–206, 344–345, 348–349, KAP. 5, ANM. 191
— Unterschiede zwischen 198
van Gogh, Vincent 414
Velociraptor 157, 170
Verbrechen 410
Vereinigte Staaten, Lynchmorde in den 403
Vergewaltigung 187–188, 344, 388, 408, 410, KAP. 5, ANM. 166, KAP. 12, ANM. 396
Verhaltenshomologie 137, 138, 142
versteckter Eisprung 307, 334, 385
Verwandtenselektionshypothese 375, KAP. 11, ANM. 362
Vinther, Jakob 166
Virtually Normal (Sullivan) 391
Vitamin-D-Synthese 314
Vogelkulturen 416
Vogelbeobachter, Gehirn von 12–13, EINFÜHRUNG, ANM. 3
Vogelbeobachtung 9–12, 111–113, 181–183, 418–419
Vogelchor bei Tagesanbruch 400
Vorhaut 306
Vorurteile 403

Walddrosseln 167
Wale 299
— Kultur der 416

Wallace, Alfred Russel 22, 44–50, 58–60, 321–322
– Debatte mit Darwin über Gefieder von Vögeln 163, KAP. 6, ANM. 204
– als intellektueller Igel 397, 399
– sexuelle Selektion kritisiert von 44–50, 59, 82, 88–89, 102, 107–108, 190, 229, KAP. 6, ANM. 204, KAP. 12, ANM. 388
Wallen, Kim 327
Walross 298, 299
Wandammen-Gebirge 233, 234
Wangenknochen 287
Warner, Michael 391
Waschbär 299
Wassertreter 39
Wastebook 209, 210
Watvögel KAP. 3, ANM. 115
Web of Adaptation, The (Snow) 120
wechselseitige Partnerwahl 281–283, 293, KAP. 3, ANM. 115, KAP. 4, ANM. 150
Weibchen
– Anzahl der Sexualpartner 282, KAP. 8, ANM. 265
– Freundschaft zwischen Männchen und 380–382
– Gefieder der 163–165
– gleichgeschlechtliches Verhalten der 378, 383
– Orgasmus der 24, 321–339
– Partnerwahl der → Partnerwahl, der Weibchen
– sexuelle Lust der 320–321
– sexuelle Ornamente der 282, 284
– Versorgung des Nachwuchses 295–296, 365–369
weibliche Abwanderung 378
weibliche Genitalverstümmelung 329, 408
weiblicher Körper, Fettverteilung des 286, 314–315
weibliche Konkurrenz, menschliche Sexualität 276–277
Weiblichkeit 287, 297, KAP. 8, ANM. 266

Weißflügel-Trompetervögel 131
Weißkehl-Schnäppertyrann 124
Weißstirnspinten 343
Wekker, Gloria 387
Welty, Carl 249
Wespen KAP. 8, ANM. 261
West-Eberhard, Mary Jane EINFÜHRUNG, ANM. 7
What Is It Like to Be a Bat? (Nagel) 16, EINFÜHRUNG, ANM. 4
Will & Grace (Serie) 387, 388
Will, Tom KAP. 12, ANM. 407
Willis, Edwin KAP. 4, ANM. 133 U. 134
Wilson, E. O. KAP. 11, ANM. 363
Wissen 11
Wissenschaft, Mode in 101
Wobber, Viktoria 354, 360
Wrangham, Richard 354, 360

Yeats, William Butler 180
You and Heredity (Scheinfeld) KAP. 12, ANM. 395

Zahavi, Amotz 58-62, 85, 158–159, KAP. 2, ANM. 89, KAP. 6, ANM. 204
Zahnlaubenvögel 221, 232, 239, 240, 241, KAP. 6, ANM. 209
Zeus 319, 320, 321
Zevit, Ziony 295–301
Ziertangare 124
Zikaden 154
Zimmer, Carl 209
Zustandsgleichung idealer Gase KAP. 3, ANM. 101
Zwangssterilisation 403
Zwergdrosseln 419
Zwergschimpansen → Bonobos
zwischengeschlechtliche Kommunikation 259

Farbtafeln

[1]
Ein männlicher Fichtenwaldsänger (Setophaga fusca) *hockt auf einer Balsam-Tanne in seinem Brutgebiet im nördlichen Maine. Foto: Jim Zipp.*

[2]
Balzvorführung eines männlichen Kragenparadiesvogels (Lophorina superba) vor einer Besucherin seines Baumstammes im zentralen Hochland von Papua-Neuguinea. Foto: Edwin Scholes III.

FARBTAFELN

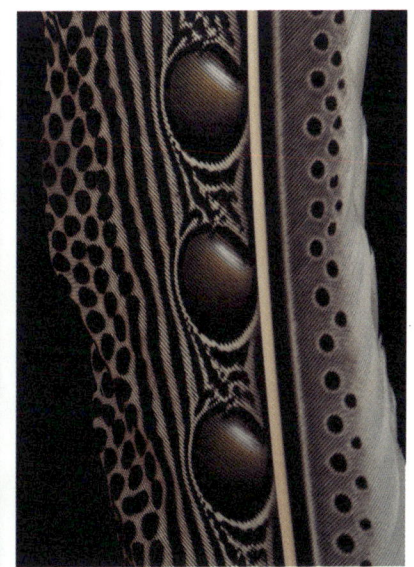

[3]
Die vierte Armschwingenfeder eines männlichen Argusfasans (Argusianus argus). Foto: Michael Doolittle.

[4]
Detail des komplexen Pigmentierungsmusters der dreidimensionalen goldenen Kugeln auf der vierten Armschwinge eines männlichen Argusfasans (Argusianus argus). Foto: Michael Doolittle.

[5]
Ein männlicher Tiefland-Felsenhahn (Rupicola rupicola) *im Tiefland-regenwald von Französisch-Guayana. Foto: Tanguy Deville.*

[6]
Ein männlicher Gelbkopfpipra (Ceratopipra erythrocephala) *sitzt auf seinem Lekplatz in den Bäumen des nördlichen Amazonas-Regenwaldes. Foto: Juan José Arango.*

[7]
Der männliche Säbelpipra (Manacus manacus) balzt auf dünnen Schösslingen, die einen gesäuberten Hof auf dem Waldboden umranden. Foto: Rodrigo Gavaria Obregón.

[8]
Der männliche Östliche Weißkehlpipra (Corapipo gutturalis) balzt auf bemoosten Stämmen gefallener Bäume am Waldboden. Foto: Tanguy Deville.

[9]
Der männliche Weißstirnpipra (Lepidothrix serena) singt auf einem Ast in der unteren Baumschicht des Waldes.

FARBTAFELN

[10]
Der männliche Goldschwingenpipra (Masius chrysopterus) hat leuchtend gelbe Flügelflecken, die normalerweise verdeckt sind, wenn der Vogel sitzt, aber auffallend aufblitzen, wenn er während der Balz den Baumstamm anfliegt. Foto: Juan José Arango.

[11]
Das Verhaltensrepertoire des Rotbürzelpipras (Ilicura militaris) liefert entscheidende Hinweise für die Analyse der Entwicklung des Balzverhaltens seiner engen Verwandten, der Weißkehl- und Goldschwingenpipras. Foto: Rafael Bessa.

[12]
Der männliche Keulenschwingenpipra (Machaeropterus deliciosus) erzeugt seinen Flügelgesang, indem er seine inneren Schwungfedern blitzschnell über dem Rücken hin und her schwingen lässt. Foto: Tim Laman.

FARBTAFELN

457

[13]
Der männliche Nacktkopf-Paradiesvogel (Cicinnurus respublica) (unten) präsentiert einem besuchenden Weibchen (oben) die nackten, federlosen Flecken leuchtend blauer Haut auf seinem Scheitel. Das Weibchen hat dieselben Scheitelflecken, allerdings in einem tieferen Blauton. Foto: Tim Laman.

[14]
Ein orangefarbener männlicher (links) und ein brauner weiblicher Tiefland-Felsenhahn (Rupicola rupicola) (rechts) ernähren sich von Palmfrüchten. Die Kämme bestehen bei beiden Geschlechtern aus Federn, die von den Seiten aus zur Mitte hin wachsen. Foto: Tanguy Deville.

FARBTAFELN

[15]
Die Gefiederfärbung des aus dem Oberjura stammenden, der Dinosaurier-Gruppe der Maniraptora zugehörigen Anchiornis huxleyi wurde anhand von elektronenmikroskopischen Untersuchungen der Melaninpigmentkörnchen (Melanosomen) seiner fossilen Federn rekonstruiert. Abbildung: Michael DiGiorgio aus: Li u. a., »Plumage Color Patterns of an Extinct Dinosaur«.

[16]
Nach der Kopulation hängt der korkenzieherförmige Penis einer männlichen Herbstpfeifgans (Dendrocygna autumnalis) für kurze Zeit herunter, bevor er wieder in die Kloake zurückgezogen wird. Foto: Bryan Pfeiffer.

[17]
Der männliche Seidenlaubenvogel (Ptilonorhynchus violaceus) baut eine Laube des Alleentyps und dekoriert den Hof davor mit einer Fülle von königsblauen Objekten aus der Umgebung. Foto: Tim Laman.

[18]
Männliche Graulaubenvögel (Chlamydera nuchalis) schmücken ihre Alleen normalerweise mit ausgebleichten Knochen und Stöcken; dieses Individuum hat seine Laube jedoch mit fossilen Muschelschalen dekoriert. Foto: Richard O. Prum.

FARBTAFELN

[19]
Dieser männliche Hüttengärtner (Amblyornis inornata) *aus dem Arfak-Gebirge im Westen Neuguineas hütet eine Sammlung seltsamer Gegenstände und Materialien im moosbepflanzten Garten vor seiner Hüttenlaube (im Uhrzeigersinn von links oben): kugelförmige, rote Früchte; morsche, von einem grünen Pilz befallene Holzspäne; Kohle, schwarze Pilze und verfaulte, schwarz gewordene rote Früchte; rote Blüten von Freycinetia-Pflanzen; schwarz glänzende Käferflügel; blaue Beeren; und gallertartige Absonderungen eines Animebaums. Foto: Brett Benz.*

[20]
Im Südosten Brasiliens führt eine Gruppe von fünf adulten Blaubrustpipra-Männchen (Chiroxiphia caudata) koordinierte, kooperative Bocksprung-Darbietungen für ein grünes Weibchen (links) auf. Wenn der Besucherin die Balzvorführung gefällt, wird sie sich mit dem dominanten Männchen der Gruppe paaren. Foto: João Quental.

[21]
Ein Papageitaucher (Fratercula arctica) bei der Rückkehr zu seiner Nisthöhle auf Machias Seal Island, New Brunswick, Kanada. In der Brutzeit weisen die Schnäbel beider Geschlechter dieselbe leuchtend bunte Färbung auf. Foto: Jim Zipp.

Richard O. Prum, 1961 geboren, ist Professor für Ornithologie an der Yale University. Schon in jungen Jahren begann er damit, intensiv Vögel zu beobachten. Seine Forschungsschwerpunkte liegen in der Evolutionsbiologie, vor allem der Evolutionsornithologie und der sexuellen Selektion. Mit *Die Evolution der Schönheit* war Prum 2019 für den Pulitzer-Preis nominiert.

Frank Born, 1965 in Kleve geboren, arbeitet als freier Übersetzer vorwiegend geistes- und sozialwissenschaftlicher Werke, u. a. von Daniel Dennett, Judith Butler und Slavoj Žižek.

Die Arbeit des Übersetzers am vorliegenden Text wurde vom Deutschen Übersetzerfonds gefördert im Rahmen des Programms »NEUSTART KULTUR« der Beauftragten der Bundesregierung für Kultur und Medien.

NATURKUNDEN NO. 83
Erste Auflage Berlin 2022

NATURKUNDEN
herausgegeben von Judith Schalansky
erscheinen bei Matthes & Seitz Berlin
ermöglicht durch Jan Szlovak, Hamburg

Der Originaltitel *The Evolution of Beauty*
erschien 2018 bei Anchor Books Editions
© Richard Prum 2017

Copyright © der deutschen Ausgabe 2022
MSB Matthes & Seitz Berlin Verlagsgesellschaft mbH
Göhrener Straße 7, 10437 Berlin
info@matthes-seitz-berlin.de
info@naturkunden.de
Alle Rechte vorbehalten

EINBAND UND TYPOGRAFIE Pauline Altmann, Palingen
durchgesehen von Judith Schalansky
SCHRIFT Rabenau von Axel Bertram und Andreas Frohloff
HERSTELLUNG Hermann Zanier, Berlin
PAPIER 100 g/m² Schleipen Fly 05 spezialweiß, 1,2-faches Volumen
DRUCK UND BINDUNG Pustet, Regensburg

ISBN 978-3-7518-0215-4

www.naturkunden.de
www.matthes-seitz-berlin.de